Hellerich / Harsch / Baur

Werkstoff-Führer Kunststoffe

Walter Hellerich
Günther Harsch
Erwin Baur

Werkstoff-Führer Kunststoffe

Eigenschaften, Prüfungen, Kennwerte

10. Auflage

HANSER

Die Autoren:
Prof. Dipl.-Ing. Dr. h. c. Walter Hellerich, Heilbronn
Prof. Dipl.-Ing. Günther Harsch, Beilstein
Dr.-Ing. Erwin Baur, Aachen

Bibliografische Information Der Deutschen Bibliothek:
Die Deutsche Bibliothek verzeichnet diese Publikation in der Deutschen Nationalbibliografie; detaillierte bibliografische Daten sind im Internet über <http://dnb.d-nb.de> abrufbar.

ISBN: 978-3-446-42436-4

Herstellung: Steffen Jörg
Coverconcept: Marc Müller-Bremer, www.rebranding.de, München
Coverrealisierung: Stephan Rönigk
Satz, Druck und Bindung: Druckhaus "Thomas Müntzer" GmbH, Bad Langensalza
Printed in Germany

Vorwort zur 10. Auflage

In 35 Jahren hat sich der „Werkstoff-Führer Kunststoffe“ mit seiner Konzeption in der Praxis und der Lehre bewährt.

Die vorliegende 10. Auflage wurde vollständig überarbeitet und dem neuesten Stand der Normung für Kunststoffe und Prüfverfahren angepasst. Die Digitalisierung ermöglichte die Überarbeitung der Bilder. Die Tabellen für die Werkstoffkennwerte wurden durch Daten aus aktuellen Datenbanken (CAMPUS, Material Data Center) erweitert, ergänzt und neu gestaltet. Daten für Biopolymere wurden, soweit vorhanden, eingearbeitet. Für die Überarbeitung der Tabellen und die Einarbeitung neuer Daten danken wir Frau Dipl.-Ing. Maria Weitermann von der Firma M-Base.

Biopolymere bekommen durch Ökologie und ggf. Probleme der Verfügbarkeit von Petro-Rohstoffen zunehmende Bedeutung. Zunächst vor allem eingesetzt als kompostierbare Werkstoffe im Verpackungsbereich, finden sie nun auch Eingang als technische Kunststoffe. Aus diesem Grund wurde ein neues Kapitel über diese Werkstoffgruppe aufgenommen.

Für die Verarbeitung von Kunststoffen ist die Kenntnis über das rheologische Verhalten wichtig. Kapitel über Rheometrie und Aufnahme von pvT-Diagrammen ergänzen die 10. Auflage.

Im Bereich Recycling und Umwelt haben sich in den letzten Jahren wirtschaftliche und gesetzliche Änderungen ergeben, die berücksichtigt wurden. Wir danken Herrn Professor Dr. Georg Clauss von der HS Heilbronn für die Überarbeitung.

Bewährtes soll man nicht ohne Grund ändern; die übersichtliche, klare und kurze Darstellung wurde daher auch in der vorliegenden Auflage beibehalten. Wie bisher wurde bei den Kunststoffen Wert auf die Basiswerkstoffe gelegt und Hinweise auf neuere Sonderwerkstoffe gegeben. Ein Kapitel mit Herstellern von Prüfmaschinen und Prüfgeräten ergänzt diese Auflage.

Wir hoffen, dass auch die 10. Auflage wieder das Interesse der Fachwelt findet.

Für die vertrauensvolle und wertvolle Zusammenarbeit mit dem Carl Hanser Verlag sind wir sehr dankbar. Unser ganz besonderer Dank gilt Frau Dr. Christine Strohm, Herrn Steffen Jörg und Frau Monika Stüve bei der Vorbereitung und Herstellung der 10. Auflage.

Im Oktober 2010

Walter Hellerich
Günther Harsch
Erwin Baur

Vorwort zur 1. Auflage

Jeder Ingenieur und Techniker, der Kunststoffe als technische Werkstoffe einsetzen will, braucht einen schnellen Überblick über die Kunststoffarten und eine gute Vergleichsmöglichkeit der wichtigsten Eigenschaften. Diese Forderungen werden in dem vorliegenden Buch erreicht durch

Angaben über Aufbau und Gefüge der wichtigsten Kunststoffe,
Hinweise auf Hersteller und Handelsnamen,
prägnante und übersichtliche Beschreibung der Eigenschaften,
Erläuterung der Eigenschaften durch typische Anwendungsbeispiele,
kurze Darstellung der speziellen Verarbeitungsbedingungen,
Information über das Temperaturverhalten durch Schubmodul-Temperatur-Kurven,
übersichtliche Darstellung der Kunststoff-Kennwerte in Bereichsdiagrammen,
eine praxisnahe Methode zur schnellen Erkennung der Kunststoffart.

Da die ermittelten Kennwerte von der Prüfung abhängen, wurde jeweils das Prüfverfahren so umfassend beschrieben, dass die wichtigsten Prüfbedingungen und die Auswirkungen auf die Kennwerte erfasst sind.

Bei der gestrafften Darstellung der Kunststoffeigenschaften und der Prüfverfahren konnten jedoch nicht alle Variationsmöglichkeiten berücksichtigt werden. Zur weiteren Information, insbesondere über Handelsnamen und Hersteller, wird auf *Saechtling/Zebrowski:* Kunststoff-Taschenbuch, Carl Hanser Verlag München verwiesen. Weitere Angaben über die Abhängigkeit der Kunststoffeigenschaften von der Temperatur und von anderen Bedingungen können aus *Oberbach*: Kunststoff-Kennwerte für Konstrukteure, und *Schreyer:* Konstruieren mit Kunststoffen, beide Carl Hanser Verlag München entnommen werden. Außerdem wird auf Firmenveröffentlichungen über die einzelnen Kunststoffe verwiesen, die uns in dankenswerter Weise zur Verfügung gestellt wurden.

Genaue Angaben über die speziellen Prüfverfahren sind aus den jeweils aufgeführten DIN-Blättern ersichtlich. Eine wertvolle Ergänzung bietet *Haenle/Gnauck/Harsch:* Praktikum der Kunststofftechnik, Carl Hanser Verlag München, in dem Grundlagen und Durchführung der Verarbeitung und Prüfung von Kunststoffen ausführlich dargestellt sind.

Durch die hier verwendete methodische Darstellung der Kunststoffe als technische Werkstoffe hinsichtlich Eigenschaften und Prüfung haben wir in der Ingenieurausbildung seit Jahren erreichen können, dass die Studenten einen schnellen und trotzdem gründlichen Überblick über die Kunststoffe bekommen und dadurch nur eine kurze Einarbeitungszeit in das Gebiet der Kunststofftechnik benötigen.

Nach diesen Erfahrungen erwarten wir, dass dieses Buch auch dem Praktiker seine Arbeit mit den Kunststoffen wesentlich erleichtern wird.

Wegen der schnellen Entwicklung auf dem Kunststoffgebiet wurden besondere Leerräume in den Tabellen und teilweise im Text zur laufenden Ergänzung vorgesehen.

Im August 1975 Die Verfasser

Inhaltsverzeichnis

I Aufbau und Verhalten von Kunststoffen

1 Grundlagen

1.1 Ausgangsstoffe, Kennzeichnung und Einteilung

Kunststoffe sind hochmolekulare Werkstoffe (Polymere), die heute noch überwiegend auf Erdölbais hergestellt werden. *Biopolymere* (s. Kap. 16.3) auf der Basis nachwachsender Rohstoffe, auch als technische Kunststoffe, finden immer mehr Anwendung.

Kunststoffe ist ein Sammel- oder Überbegriff für

- Thermoplaste und thermoplastische Elastomere,
- Duroplaste,
- Elastomere.

Ausgangsstoffe für Kunststofferzeugnisse sind Erdöl, Erdgas und Kohle als Träger von Kohlenstoff C, sowie Wasserstoff H, Sauerstoff O und Stoffe, die Stickstoff N, Chlor Cl, Schwefel S und Fluor F enthalten. Als Ausgangsstoff kommen heute teilweise auch schon Pyrolyseöle aus Recyclinganlagen zur Anwendung.

Vielfältige *Variationsmöglichkeiten* bei der Herstellung von Kunststoffen ergeben große Verschiedenartigkeit der entstehenden Kunststoffe als *Homopolymerisate, Copolymerisate, Pfropfpolymerisate, Polymergemische (Polymer-Legierungen, Polymerblends), vernetzte Systeme.*

Die Eigenschaften der Kunststoffe ergeben sich aus dem *chemischen Aufbau („Bausteine“)* und der *physikalischen Struktur*, z. B. lineare oder verzweigte Kettenmoleküle, weit- oder engmaschig vernetzte Raummoleküle.

Kunststoffe bringen gegenüber anderen Werkstoffgruppen z. T. völlig neue Eigenschaften mit, die eine Verwirklichung bestimmter technischer Probleme erst ermöglichen, z. B. in Form von *Schnappverbindungen, Federelementen, Filmscharnieren, Strukturschäumen, speziellen Gleitelementen, schmierungsfreien Lagern* oder bei der *integralen Fertigung mehrfunktioneller Formteile.*

Die *Kennzeichnung* von Kunststoffen und ihre *Normung* ist wegen der großen Vielfalt, der besonderen Eigenschaften und Verarbeitungseinflüsse anders als bei Metallen:

- International verständliche Kurzzeichen nach DIN EN ISO 1043, DIN 16780, z. B. PE, PA, PC, PF, EP (vgl. Kap. 9)
- Neues Ordnungssystem für Kunststoffe, wie es in den Formmassenormen nach DIN EN ISO enthalten ist (vgl. Kap. 9).

Biopolymere (siehe Kap. 16.3) oder Kunststoffe aus nachwachsenden Rohstoffen sind noch nicht genormt.

Gummiwerkstoffe (Elastomere) werden häufig nicht zu den Kunststoffen gezählt, obwohl sie überwiegend ebenfalls synthetisch hergestellt werden. Der Aufbau von Gummimischungen und die Verarbeitung unterscheiden sich wesentlich von der für Kunststoffe üblichen Technik (siehe Kap. 14.1).

Silicone sind ebenfalls hochmolekulare Verbindungen mit Siliziumketten und organischen Seitengruppen. Sie kommen vor als hochvernetzte Duroplaste (Kap. 12.5) oder Elastomere (Kap. 14.1).

1.2 Besonderheiten des Kohlenstoffatoms

Ein Kohlenstoffatom kann mit allen vier Wertigkeiten Bindungen eingehen (Elektronenpaarbindung), z. B. mit Wasserstoff H (Kohlenwasserstoffe), Chlor Cl und anderen Elementen, sowie organischen Molekülresten.

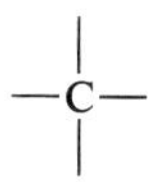
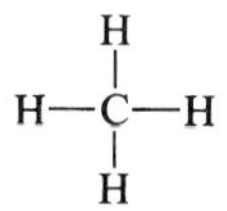
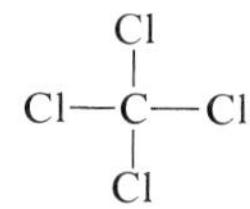

Kohlenstoff C ist vierwertig Methan Tetrachlorkohlenstoff

Kohlenstoff C kann mit sich selbst unter *Kettenbildung* Bindungen eingehen. Es entstehen dann *kettenförmige, aliphatische* Kohlenwasserstoffe C_nH_{2n+2} (Alkane). Solche *gesättigten* Kohlenwassserstoffe sind *reaktionsträge.*

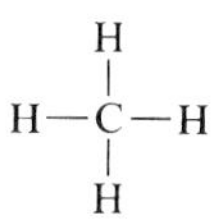
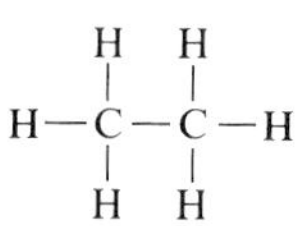
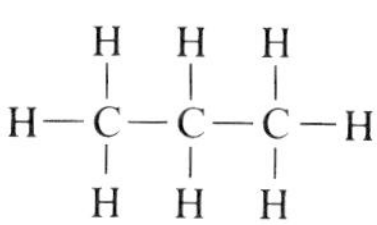

Methan Ethan Propan usw.

Unter Normalbedingungen sind die gesättigten Kohlenwasserstoffe bis C_4H_{10} *gasförmig,* ab C_5H_{32} *flüssig* und ab $C_{16}H_{34}$ *fest* (Paraffine). Daraus erkennt man, dass die *Kettenlänge* entscheidend ist für das Verhalten der Moleküle. Allerdings kommt man erst bei sehr großen Kettenlängen zu technisch brauchbaren, festen Stoffen, den *Kunststoffen* als *technischen Werkstoffen.*

Kohlenstoffatome können mit sich selbst auch *Mehrfachbindungen* eingehen zu *ungesättigten, reaktionsfreudigen* Verbindungen mit *Doppelbindungen* (Alkene) oder *Dreifachbindungen* (Alkine).

Aromaten sind *ringförmige* Kohlenwasserstoffe, z. B. Benzol C_6H_6.

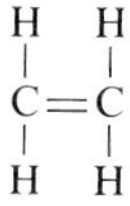

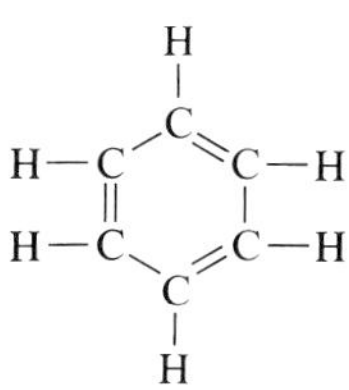
oder
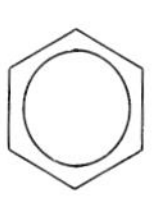

Ethen (Ethylen) Ethin (Acetylen) Benzol

Bei den *Kohlenwasserstoffen* kann der Wasserstoff durch andere Elemente (Cl, F) oder organische Molekülreste ($-CH_3$, $-CN$ usw.) ersetzt (substituiert) werden.

Bei den Molekülen mit Doppelbindungen, die sehr *reaktionsfreudig* sind, werden Reaktionen möglich, die zu *Makromolekülen* führen (Kap. 2.1).

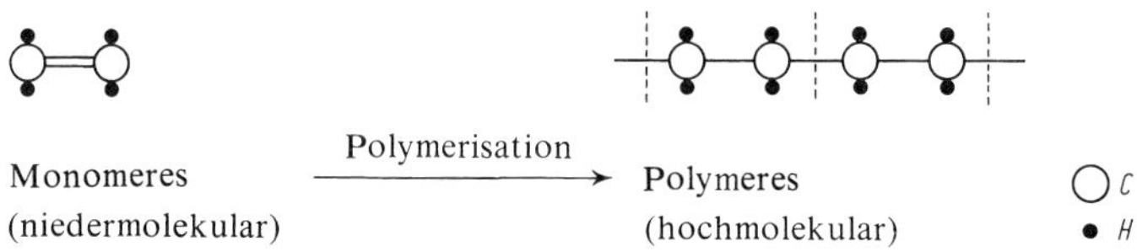

Durch die Vielfalt der Ausgangsmoleküle (Bausteine) sind sehr große *Variationsmöglichkeiten* bei der Bildung und beim Aufbau von Makromolekülen mit den unterschiedlichsten Eigenschaften gegeben. Das ergibt die Vielfalt der herzustellenden Kunststoffe als „Werkstoffe nach Maß".

Sind in einem Monomer mehr als eine Doppelbindung enthalten (Isopren, Butadien, ungesättigte Polyester UP), so ist eine *Vernetzung*, d. h. eine echte chemische Bindung zwischen den Makromolekülen möglich. Je nach Anzahl der Vernetzungspunkte ergeben sich weich- bis hartelastische Elastomere bzw. Duroplaste.

Wichtige Ausgangsstoffe (Monomere) für die Kunststofferzeugung sind (Auswahl):

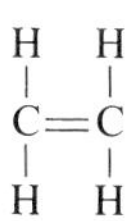
Ethylen (Ethen)

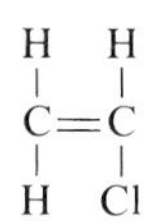
Vinylchlorid

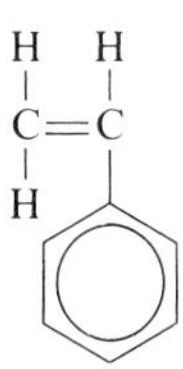
Vinylbenzol (Styrol)

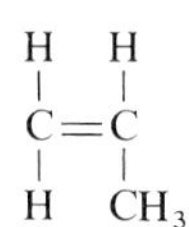
Propylen

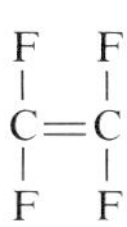
Tetrafluorethylen

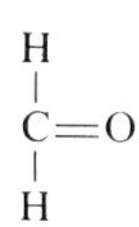
Formaldehyd

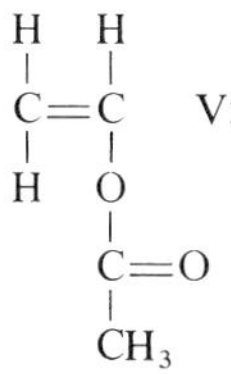
Vinylacetat

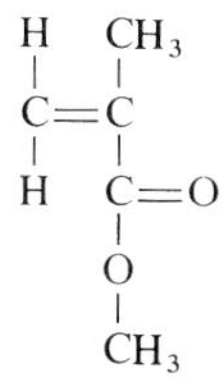
Methylmethacrylat

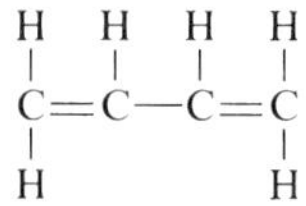 Butadien 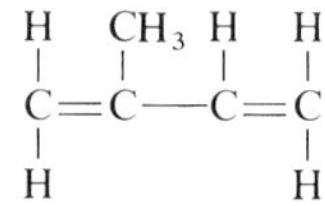 Isopren

1.3 Strukturen von Makromolekülen

Hochmolekulare Stoffe enthalten bei den *Thermoplasten* Kettenmoleküle mit bis zu 10^6 Atomen. Bei eng *vernetzten Duroplasten* und *lose vernetzten Elastomeren* kann man nur noch von einem einzigen „Riesenmolekül“ sprechen.

Amorphe Thermoplaste (Bild 1.1) bestehen aus langen Kettenmolekülen, die sich bei ihrer Bildung ineinander verschlingen und verfilzen. Die „gestreckte“, mittlere Kettenlänge beträgt ca. 10^{-10} mm bis 10^{-3} mm bei einer „Dicke der Kette“ von ca. $0{,}3 \cdot 10^{-6}$ mm.

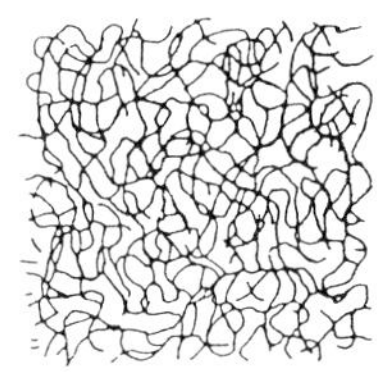

Bild 1.1 Molekülanordnung in amorphen Thermoplasten (schematisch)

Amorphe Thermoplaste kristallisieren wegen ihres unsymmetrischen Aufbaus bzw. großen Seitengruppen nicht, sie sind daher i. A. glasklar, wenn sie nicht modifiziert sind. Sie haben deshalb meist gute optische Eigenschaften und weisen geringe Verarbeitungsschwindung auf. Die *Einsatztemperaturbereiche* von amorphen Thermoplasten liegen unterhalb der *Glasübergangstemperatur* T_g (Einfriertemperatur), vgl. Kapitel 6.2 und 21.4. Weil Fadenmoleküle ohne chemische Bindungen untereinander vorliegen, können amorphe Thermoplaste nach allen „thermoplastischen“ Verarbeitungsverfahren wie Spritzgießen, Extrudieren, Warmumformen und Schweißen ver- bzw. bearbeitet werden. Ausnahmen sind sehr hochmolekulare Kunststoffe wie z. B. formpolymerisiertes („gegossenes“) PMMA.

Teilkristalline Kunststoffe (Bild 1.2) haben teilweise besonders geordnete Molekülbereiche, die als *kristalline* Bereiche bezeichnet werden. Solche Ordnungszustände sind möglich z. B. bei symmetrischem und weitgehend linearem Molekülaufbau wie z. B. bei PE-HD (Bild 1.2). Durch die Kristallisation sind teilkristalline Thermoplaste i. A. opak. Mit zunehmender Kristallinität nimmt die Transparenz ab. Die Verarbeitungsschwindung ist höher als bei amorphen Thermoplasten. Die *Einsatztemperaturbereiche* liegen zwischen der Glasübergangstemperatur T_g und der Kris-

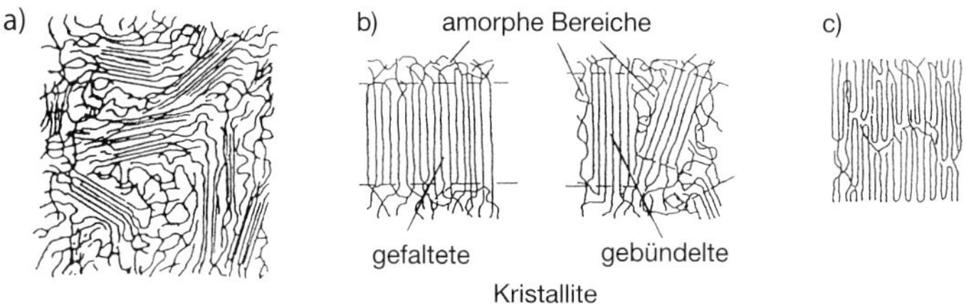

Bild 1.2 a) Molekülanordnung in teilkristallinen Thermoplasten (schematisch)
b) gefaltete und gebündelte Kristallite
c) gerichtete Kristallitstruktur nach dem Verstrecken

tallitschmelztemperatur T_m. Verarbeitungsmöglichkeiten wie bei amorphen Thermoplasten; jedoch haben die Abkühlungsbedingungen (z. B. dic Werkzeugtemperatur) großen Einfluss auf die Eigenschaften wegen unterschiedlicher Kristallinität und Nachkristallisation.

Die Eigenschaften von Thermoplasten sind abhängig vom *chemischen Aufbau der Grundbausteine*, von der *Kettenlänge*, der *Kristallinität*, und den *Kräften zwischen den Molekülketten (ZMK: Zwischenmolekulare Kräfte, Nebenvalenzen)*, siehe Kap. 2.2.

Elastomere (Bild 1.3) bestehen meist aus weitmaschig vernetzten Kettenmolekülen (Hauptvalenzbindungen). Die Anzahl der Verknüpfungspunkte ist abhängig von

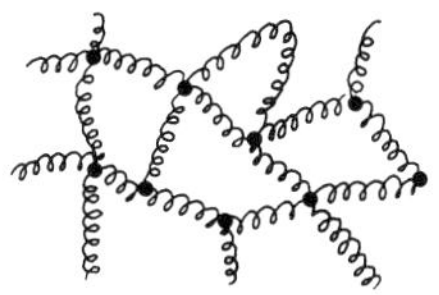

Bild 1.3 Molekülanordnung in weitmaschig vernetzten Elastomeren (schematisch)

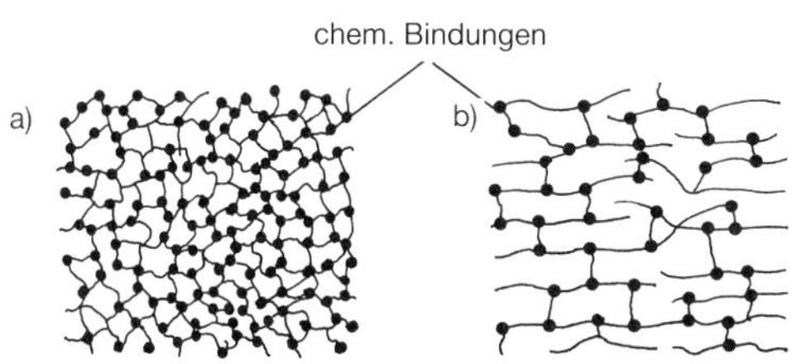

Bild 1.4 Molekülanordnung in eng vernetzten Duroplasten (schematisch)
a) Vernetzung von „Einzelbausteinen" bei duroplastischen Formmassen
b) Quervernetzung von Ketten bei UP-Gießharzen

der Anzahl an mehrfunktionellen Gruppen in den Ausgangsmonomeren und beeinflusst die Elastizität. Die weitmaschige Vernetzung erfolgt bei der Formgebung; ein Warmumformen und Schweißen ist nachträglich nicht mehr möglich. *Thermoplastische Elastomere TPE* (Kap. 14.2) sind *physikalisch vernetzt* und deshalb wie Thermoplaste zu verarbeiten.

Duroplaste (Bild 1.4) bestehen aus engmaschig, räumlich vernetzten Molekülstrukturen. Die Vernetzung erfolgt bei der Formgebung; diese Werkstoffe sind dann nach der Formgebung nicht mehr schmelzbar und daher nicht schweißbar und nur noch spanend bearbeitbar. Duroplaste werden meist durch Gießen, Laminieren, Pressen und Spritzgießen verarbeitet. Die *Einsatztemperaturbereiche* sind wegen der Vernetzung höher als bei Thermoplasten.

2 Bildung von Makromolekülen

2.1 Bildungsreaktionen

Polymerisation (nach IUPAC: Additionspolymerisation als Kettenreaktion APK) ist die Verkoppelung von reaktionsfreudigen Monomeren durch Aufbrechen der Doppelbindungen und damit ein „Aneinanderhängen" von Einzelbausteinen zu Ketten *ohne* Abspaltung von Nebenprodukten.

Die Polymerisation wird eingeleitet durch Temperatur, Druck und Katalysatoren. Bei exothermen Reaktionen muss Wärme abgeführt werden. Das entstehende Polymerisat enthält die Bausteine des Monomeren ohne Doppelbindungen bei einer höheren molaren Masse (Molekulargewicht).

Homo- oder *Unipolymerisate*, z. B. PE, PP, PS, PMMA, POM, PTFE bestehen aus gleichen Monomerbausteinen:

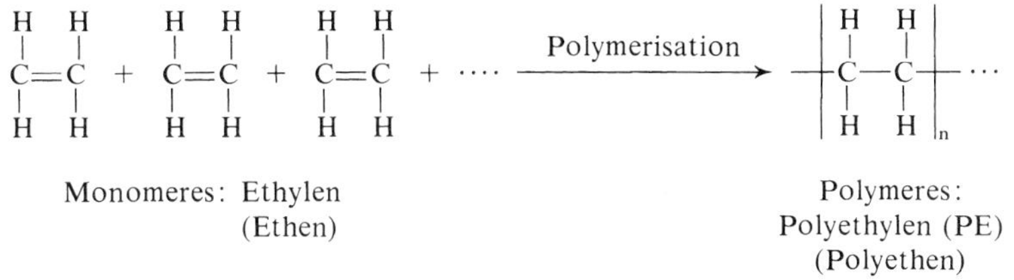

Bei *Copolymerisaten*, z. B. SAN, ABS, UP sind zur Veränderung der Eigenschaften unterschiedliche Monomere am Aufbau der Kette beteiligt:

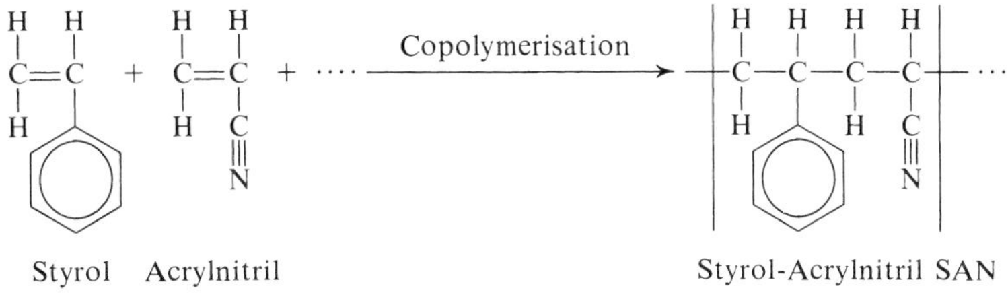

Entstehen bei der Copolymerisation lineare Makromoleküle, so sind die entstandenen Copolymerisate *Thermoplaste* (z. B. SAN, ABS).

Bei der Copolymerisation von mehrfunktionellen Monomeren oder Monomeren mit reaktionsfähigen Gruppen entstehen durch räumliche Vernetzung *duroplastische* Copolymerisate. So erfolgt bei UP bei der Verarbeitung durch Copolymerisation von ungesättigtem Polyester mit Styrol eine räumliche Vernetzung und dadurch die Aushärtung (*katalytische Härtung*); als Reaktionsmittel dienen organische Peroxide und Beschleuniger, die aber nicht Bestandteil der vernetzten Struktur sind:

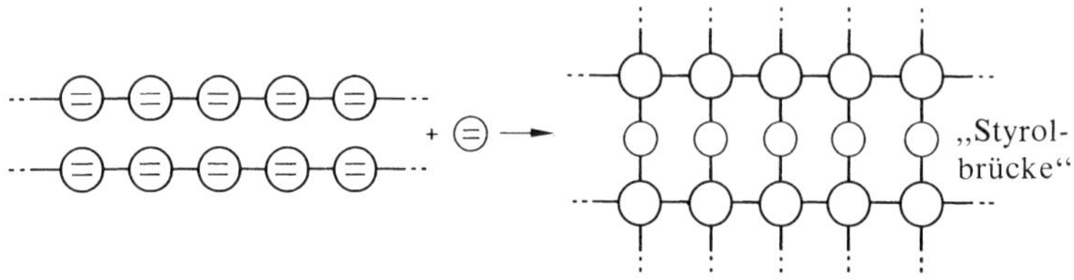

ungesättigter Polyester Styrol UP, räumlich vernetzt

Polykondensation (nach IUPAC: Kondensationspolymerisation KP) ist eine Reaktion zwischen reaktionsfähigen Gruppen unterschiedlicher Ausgangsstoffe. Allgemein sind mindestens *zweifunktionelle* (bifunktionelle) Ausgangsstoffe notwendig. Meist erfolgt die Reaktion zwischen Wasserstoff und Hydroxylgruppen (–OH) unter Bildung von Wasser (Polykondensation).

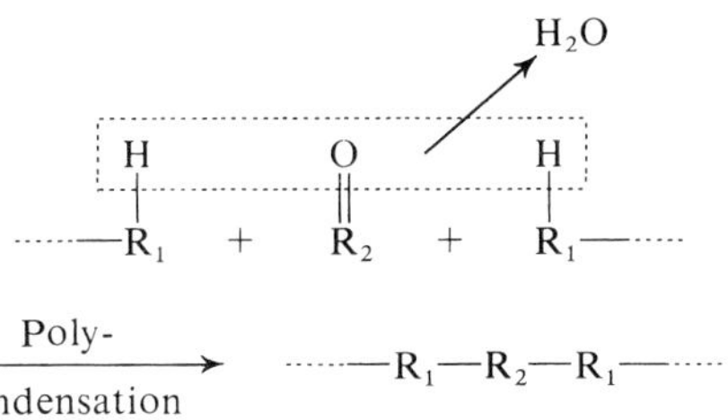

Die Polykondensation läuft schrittweise ab und kann an beliebigen Stellen unterbrochen werden. Das ist wichtig für die Herstellung, Lagerung und Verarbeitung von härtbaren Polykondensaten (Kap. 12.1).

Bei der Polykondensation entstehen *Thermoplaste*, wenn lineare Ketten gebildet werden, z. B. bei bifunktionellen Ausgangsmonomeren. So ergibt Hexamethylendiamin mit Adipinsäure das thermoplastische Polyamid PA 66 und mit Sebazinsäure das thermoplastische Polyamid PA 610:

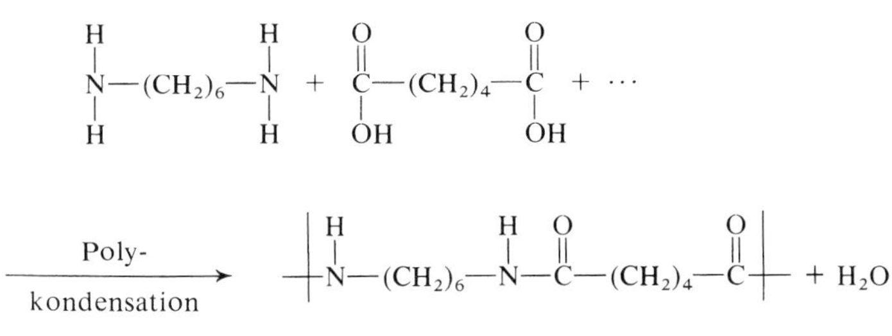

PA 66

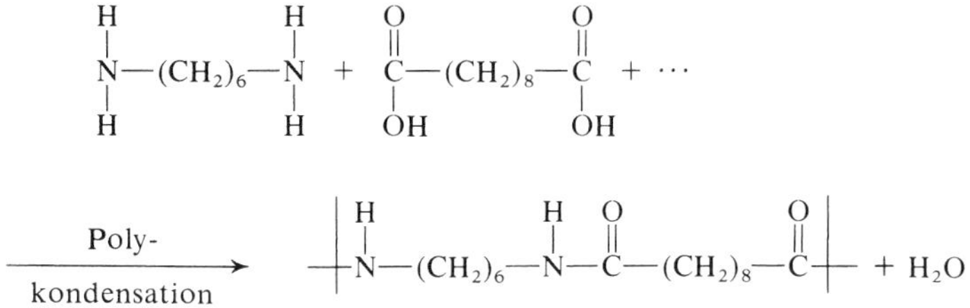

PA 610

Bei der Polykondensation entstehen *Duroplaste* (z. B. bei trifunktionellen Ausgangsstoffen), wenn die Kondensationsreaktion an mehr als zwei Stellen ablaufen kann und somit eine räumliche Vernetzung möglich ist. Aus Phenol und Formaldehyd entsteht so (bei der Formgebung) das *duroplastische* Phenolformaldehyd PF:

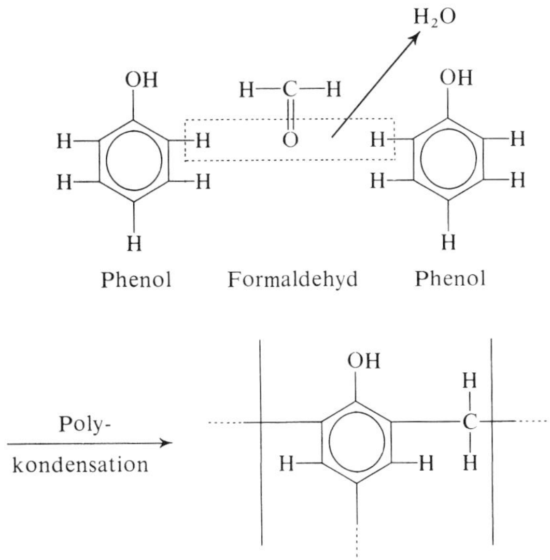

Phenolformaldehyd PF,
im Endzustand räumlich vernetzt.

Polyaddition (nach IUPAC: Additionspolymerisation als Stufenreaktion APS) ist die Verknüpfung unterschiedlicher Komponenten infolge Umlagerung von Wasserstoffatomen. Die Ausgangsmonomere müssen mindestens bifunktionell sein. Ausgangsmonomere können auch schon aus größeren Molekülen bestehen, die dann aber noch reaktionsfähige Gruppen enthalten müssen; auch ringförmige Ausgangsmonomere sind geeignet. Bei der Polyaddition entstehen *keine* Nebenprodukte. Bei den *Polyurethanen* lagern (Di- bzw. Poly-)Isocyanate Reaktionspartner mit jeglicher Art von „aktivem" Wasserstoff H (meist Polyole) additiv an. Es sind mindestens zweiwertige Substanzen notwendig.

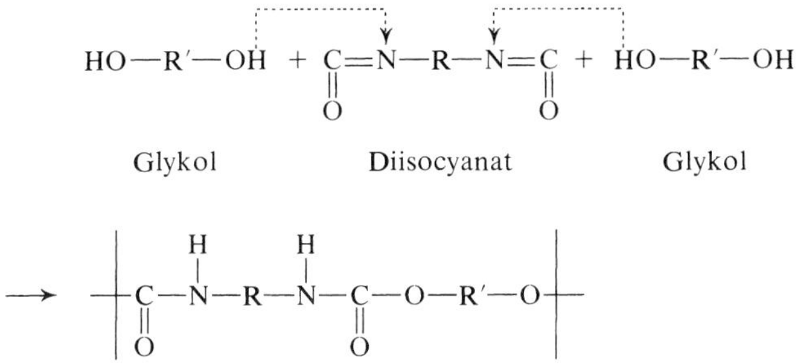

lineares Polyurethan (PUR)

Durch geeignete Wahl der Ausgangskomponenten ist eine große Vielfalt der entstehenden Polyurethane möglich (Polyurethanchemie).

Aus Diisocyanaten und zweiwertigen Alkoholen, z. B. Ethylenglykol entstehen *Thermoplaste.* Aus Diisocyananten und zweiwertigen Alkoholen mit wenigen dreiwertigen Alkoholen entstehen *weitmaschig vernetzte Elastomere. Duroplaste* entstehen mit Diisocyanaten und überwiegend dreiwertigen Alkoholen. Elastomere und duroplastische Polyurethane gibt es auch als Schäume.

Bei *Epoxidharzen* erfolgt die Reaktion zwischen Epoxid- und meist Aminogruppen.

Die Vielfalt der Epoxidharzchemie beruht darauf, dass die Epoxidgruppe mit unterschiedlichen Reaktionsmitteln (Härtern) Verbindungen eingehen kann. Die Härter müssen mehrere reaktionsfähige Wasserstoffatome enthalten. Die Härter werden, im Gegensatz zu den ungesättigten Polyesterharzen UP, in das entstehende Produkt eingebaut; die Komponenten müssen daher beim Anmischen sehr genau abgewogen werden. Bei Verwendung von dreifunktionellen Triaminen ist eine *räumliche* Vernetzung möglich. Epoxidharze und aliphatische Amine ermöglichen *Kalthärtung* meist bei Raumtemperatur. Epoxidharze und Dicarbonsäureanhydride werden bei der *Warmhärtung* oberhalb 80 °C eingesetzt. Je nach Harz-/Härtersystem ergeben sich vernetzte Produkte von *sprödhart* bis *weichelastisch.*

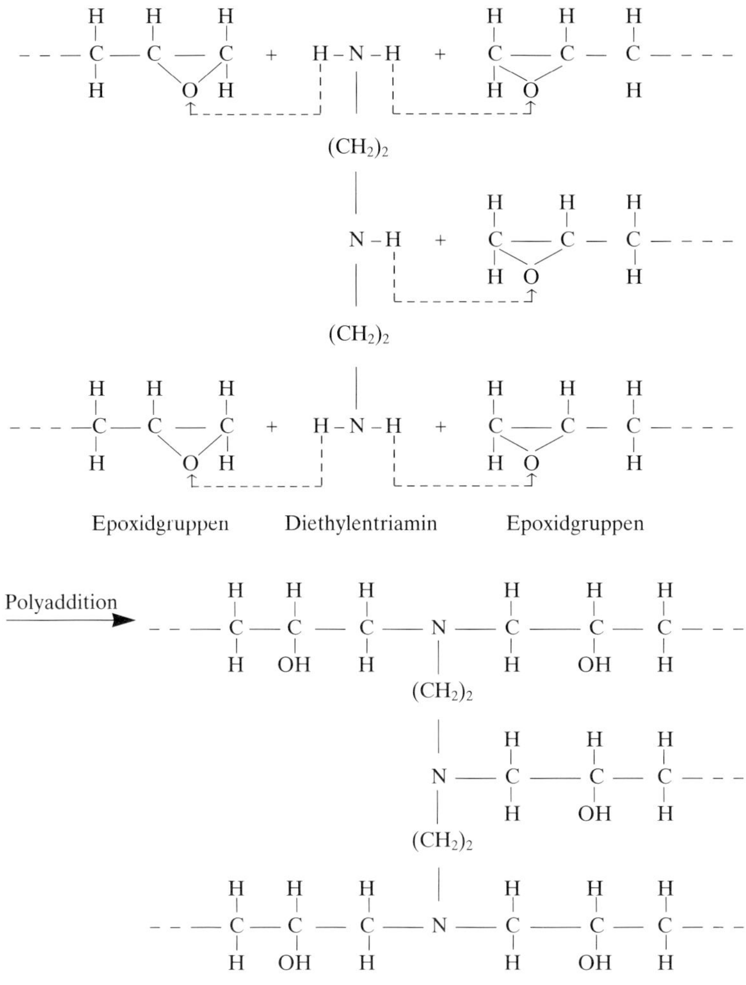

Epoxidharz EP, räumlich vernetzt (schematisch)

2.2 Innere Kräfte in Molekülsystemen

Kräfte *innerhalb* der Kettenmoleküle sind Hauptvalenzbindungen (Elektronenpaarbindungen).

Kräfte *zwischen* den Kettenmolekülen sind Nebenvalenzbindungen (ZMK: Zwischenmolekulare Kräfte), wie z. B. *Van der Waalssche Kräfte, polare Kräfte, Wasserstoffbrückenbindungen. „Mechanische Verschlingungen" durch Verknäuelung* bewirken ebenfalls einen Zusammenhalt der Makromoleküle.

Bei *Thermoplasten* sind für die Eigenschaften bestimmend:

- Van der Waalssche Kräfte; maßgebend bei unpolaren Kunststoffen, ggf. erhöht in teilkristallinen Bereichen
- Polare Kräfte, z. B. bei PVC, PA, PMMA
- Wasserstoffbrückenbindungen, z. B. bei PA 6
- Länge der Makromoleküle (Verknäuelung)

Bei *Elastomeren* sind für die Eigenschaften bestimmend:

- Hauptvalenzbindungen } Die Anteile der beiden Bindungsarten
- Nebenvalenzbindungen } beeinflussen die Elastizität

Bei *Duroplasten* sind für die Eigenschaften bestimmend:

- fast ausschließlich Hauptvalenzbindungen (alles vernetzt).

Hauptvalenzbindungen tragen am meisten zur Festigkeit der Kunststoffe bei. Sie wirken sich am stärksten bei Duroplasten aus.

Bei allen thermoplastischen Verarbeitungsprozessen bleiben die Hauptvalenzbindungen innerhalb der Makromoleküle erhalten, wenn keine (thermische) Schädigung auftritt. Hauptvalenzbindungen werden erst dann zerstört, wenn die Zersetzung der Kunststoffe beginnt.

Van der Waalssche Bindungen wirken zwischen allen Atomen und Molekülen infolge zeitlich unterschiedlicher Aufenthalte der Elektronen in der Atomhülle, wodurch sich im Mittel eine kleine Anziehungskraft ergibt. Solche Kräfte wirken auch z. B. in Flüssigkeiten aus niedermolekularen, unpolaren Molekülen. Bei Duroplasten spielen diese Kräfte nur eine untergeordnete Rolle, da die Hauptvalenzbindungen überwiegen. Die Van der Waalsschen Kräfte sind um eine Größenordnung kleiner als die Hauptvalenzkräfte und stark von der Temperatur abhängig, da mit zunehmender Temperatur die Molekülabstände größer werden. Bei Thermoplasten werden sie dabei soweit verringert, dass eine „gummiähnliche" Flexibilität der untereinander verknäuelten Kettenmoleküle eintritt (thermoelastischer Zustand, Erweichung). Bei Duroplasten ist dieser Effekt bei Temperaturerhöhung wegen der Vernetzung so gering, dass auch bei hohen Temperaturen keine Erweichung eintritt. Bei teilkristallinen Thermoplasten sind in den kristallinen Bereichen wegen der Ordnung und dichteren Packung von Molekülabschnitten die Van der Waalsschen Kräfte erhöht; dieser Effekt geht verloren, wenn die Kristallitschmelztemperatur T_m erreicht ist.

Polare Kräfte (Dipoleffekt) wirken z. B. bei PVC durch die stark negative Ladung des Chlors, d. h. die Ladungsschwerpunkte sind verschoben (Dipole). Dipole ziehen sich gegenseitig an; ihre Wirkung nimmt mit steigender Temperatur stark ab (Erweichung von PVC).

Atomgruppen mit Dipolmomenten sind:

- Hydroxylgruppe (–OH)
- Chloridgruppe (–Cl)
- Fluoridgruppe (–F)
- Nitrilgruppe (–CN)
- Estergruppe (–COOR).

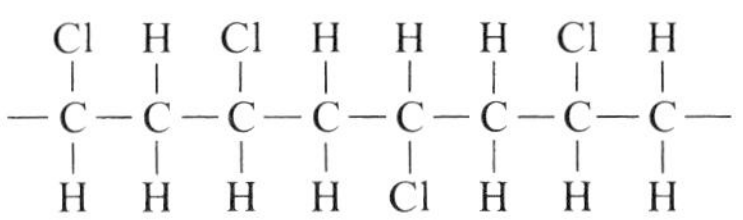

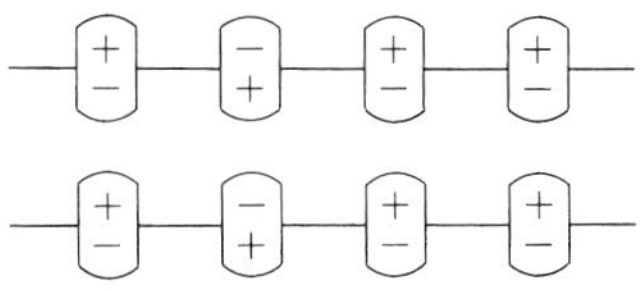

Zu den polaren Bindungen gehört auch die *Wasserstoffbrückenbindung* mit lokalisierter starker Dipolanziehung zwischen OH- und NH-Gruppen einerseits und O-Atomen anderer Ketten. Sie sind maßgebend für die Wasseraufnahme bei Cellulosederivaten und Polyamiden und haben damit Auswirkungen auf die Festigkeit und Steifigkeit.

2.3 Polymerisationsgrad, Vernetzungsgrad

Der *Polymerisationsgrad* P (engl.: DP = Degree of polymerization) ist eine kennzeichnende Größe für *thermoplastische* Kunststoffe. Man versteht darunter die Anzahl der Grundbausteine in den Kettenmolekülen. Kunststoffe bestehen i. A. nicht aus einem System von gleich langen Kettenmolekülen, sondern aus Ketten verschiedener Länge, entsprechend einer Gaußschen Verteilungskurve. Der Polymerisationsgrad kann bei der Herstellung der Kunststoffe beeinflusst werden. Der *mittlere Polymerisationsgrad* gibt den Durchschnittswert der mehr oder weniger breiten Verteilungskurve an. Zum Erzielen guter Fließeigenschaften wird oft eine möglichst „enge" Verteilungsfunktion (CR = Controlled Rheology) angestrebt (Bild 2.1), was eine größere Gleichmäßigkeit der Kunststoffeigenschaften ergibt, z. B. einen sehr engen Schmelz- bzw. Erweichungsbereich. Der mittlere Polymerisationsgrad kann als Zahlenmittelwert M_n, als Gewichtsmittelwert M_w oder als Viskositätsmittelwert M_v angegeben werden. Eine weitere wichtige Kenngröße ist das *mittlere Molekulargewicht* MW (molecular weight) oder die *mittlere molare Masse* MM (molar mass). Das Molekulargewicht ist die Summe der Massen aller Atome eines Makromoleküls. Für Polyethylen ergibt sich bei einem mittleren Polymerisationsgrad von 10000 ein Molekulargewicht von $10000 \cdot (2 \cdot 12 + 4 \cdot 1) = 280000$ (für C = 12 und H = 1).

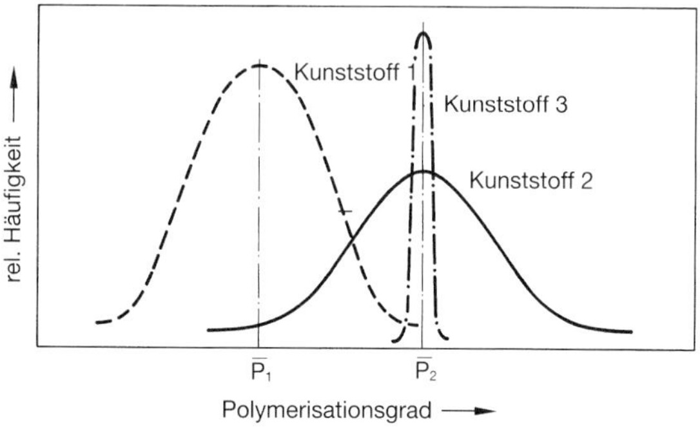

Bild 2.1 Verteilungskurven für das Molekulargewicht (schematisch)
a) Kunststoff 1: niedriger Polymerisationsgrad, geringe Viskosität
b) Kunststoff 2: höherer Polymerisationsgrad, höhere Viskosität
c) Kunststoff 3: enge Molekulargewichtsverteilung CR (controlled rheology), gute Fließfähigkeit, z. B. für dünnwandige Verpackungsbecher aus PP

Mit *zunehmendem* Polymerisationsgrad P *nehmen zu:*

Schmelzviskosität, Zugfestigkeit, Einreißfestigkeit, Härte, Bruchdehnung und Schlagzähigkeit.

Mit *zunehmendem* Polymerisationsgrad P *nehmen ab:*

Fließfähigkeit, Kristallisationsneigung, Quellung und Spannungsrissbildung.

Der *Vernetzungsgrad* ist eine kennzeichnende Größe für *Elastomere* und *Duroplaste.* Man versteht darunter den Anteil der Vernetzungspunkte im Gesamtsystem nach der Verarbeitung.

Mit *zunehmendem* Vernetzungsgrad *steigen:*

Festigkeit, Steifigkeit und Wärmeformbeständigkeit.

Das *elastische Verhalten* von Elastomeren ist durch die Variation des Vernetzungsgrades in weiten Bereichen einstellbar.

3 Strukturen von thermoplastischen Kunststoffen

3.1 Orientierung von Makromolekülen

Im normalen Zustand liegen die Ketten- oder Makromoleküle von *amorphen* Thermoplasten im ungeordneten, verknäuelten Zustand (Bild 1.1) vor, z. B. bei PS, PMMA, PC.

Bei der *Verarbeitung* der Thermoplaste kann durch hohe Scherbeanspruchung in einer zähflüssigen Schmelze eine Ausrichtung der Makromoleküle erfolgen. Dies spielt eine Rolle beim Extrudieren mit nachfolgendem Abkühlen und ggf. mechanischem Verstrecken. Beim Spritzgießen sind die *Orientierungen* abhängig von *Massetemperatur, Einspritzgeschwindigkeit* und *Werkzeugtemperatur*; sie sind unterschiedlich groß über den Querschnitt der Wanddicke eines Formteils. Besonders hoch sind die Orientierungen am Anguss und in der Außenschicht von Spritzgussteilen, weil an der kälteren Werkzeugwand eine höhere Scherbeanspruchung und damit stärkere Orientierungen der Makromoleküle erfolgt, die dort dann auch schneller eingefroren werden. Orientierungen wirken sich aus durch richtungsabhängige Eigenschaften (Anisotropie), z. B. höhere Zugfestigkeit und Schlagzähigkeit in Orientierungsrichtung. Orientierungen können nachgewiesen werden durch die *Schrumpfung* nach Warmlagerung oder bei glasklaren Formteilen durch Betrachtung im polarisierten Licht (Kap. 31.2).

Bei zähen Thermoplasten kann durch starke mechanische Verformung eine gewisse Orientierung der Makromoleküle erreicht werden, z. B. biaxiales Recken von Folien oder *Verstrecken* von Fasern und Bändern aus PE, PP, PA und linearen Polyestern.

3.2 Kristallinität

Je nach Aufbau der Makromoleküle ist eine mehr oder weniger starke, parallele Ausrichtung (kristalline Bereiche) der Makromoleküle möglich, daneben liegen aber auch noch ungeordnete (amorphe) Bereiche vor; auch eine Faltungskristallisation kann auftreten (Bilder 3.1 und 1.2c).

Maßgebend für die Kristallisation ist neben dem *Aufbau* und der *Länge* der Makromoleküle auch die *Kristallkeimbildungs-* und *Kristallwachstumsgeschwindigkeit.*

Die Kristallinität wird *erhöht* durch:

- langsame Abkühlung der Schmelze (z. B. hohe Werkzeugtemperatur beim Spritzgießen)
- Zugabe von Keimbildnern (Nukleierungsmittel)
- symmetrischen oder isotaktischen Bau der Makromoleküle
- niedrige molare Masse (kurze Ketten)
- mechanisches Verstrecken.

Niedrige Kristallinität ergibt sich durch:

- schnelle Abkühlung der Schmelze (durchsichtige Flaschen aus PET)
- unsymmetrischen Aufbau der Makromoleküle (verzweigte Makromoleküle oder ataktischer Aufbau der Makromoleküle, große Seitenketten)
- hohe molare Masse (Verschlingung infolge langer Ketten)
- Vernetzung.

Durch *Erhöhung* der Kristallinität

nehmen zu:	*nehmen ab:*
Dichte	Verformungsvermögen
Festigkeit	Transparenz
Steifigkeit.	

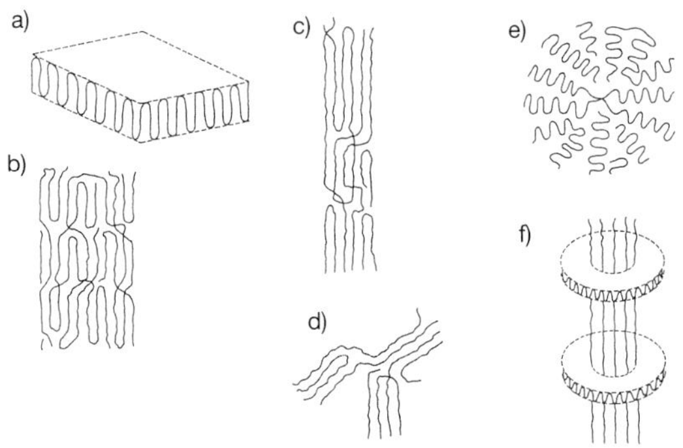

Bild 3.1 Kristallstrukturen in Polymeren (schematisch)
a) Einkristall
b) Kristalllamellen
c) Fibrillen
d) Fransenmizellen
e) Sphärolithe
f) Shish-Kebab-Struktur

Bei teilkristallinen Kunststoffen sind die kristallinen Bereiche *steif*, die amorphen dagegen *beweglicher* („amorphe Gelenke“). Beim Erwärmen schmelzen die Kristallite bei Erreichen des *Kristallitschmelzpunktes* T_m auf.

Bei der Verarbeitung von teilkristallinen Thermoplasten werden je nach Verarbeitungsbedingungen unterschiedliche *Kristallinitätsgrade* erreicht. Tabelle 3.1 zeigt maximal erreichbare Kristallinitätsgrade; man kann dabei die Auswirkungen des unterschiedlichen Aufbaus von Makromolekülen (linear, verzweigt, isotaktisch usw.) erkennen.
Kristallisation tritt hauptsächlich bei (teilkristallinen) Thermoplasten auf, kann aber auch bei weitmaschig vernetzten Elastomeren zwischen den Vernetzungspunkten vorkommen, was aber i. A. nicht erwünscht ist (Versprödung von Gummi bei tiefen Temperaturen). Engmaschig vernetzte Duroplaste weisen keine Kristallinität auf.

Tabelle 3.1 Kristallinitätsgrade verschiedener teilkristalliner Thermoplaste

Kunststoff		**erreichbarer Kristallinitätsgrad in %**
lineares Polyethylen	PE-HD	70 bis 80
verzweigtes Polyethylen	PE-LD	45 bis 55
isotaktisches Polypropylen	PP	60 bis 70
Polyamide	PA	bis 60
Polybutylenterephthalat	PBT	bis 50
Polyacetal/Polyoximethylen	POM	bis 70

Bei *flüssigkristallinen LC-Polymeren* (Kap. 16.1) ist eine Verknäuelung der Makromoleküle wegen stäbchenförmigem Molekülaufbau nicht möglich, sodass eine starke molekulare Orientierung vorliegt, z. B. bei Aramidfasern. Solche Kunststoffe haben sehr hohe Festigkeits- und Steifigkeitseigenschaften sowie hohe Einsatztemperaturbereiche.

3.3 Überstrukturen

Bei teilkristallinen Kunststoffen gibt es zwei Ordnungsstufen (vgl. auch Bild 3.1):

- Ordnung von Makromolekülen zu kristallinen Bereichen
- Übermolekulare Ordnungen, d. h. sog. Überstrukturen oder Sphärolithe.

Sphärolithe entstehen in der Schmelze aus Kristallkeimen bei langsamer Abkühlung. Die Größe der Sphärolithe beträgt 5 µm bis 100 µm, abhängig von den *thermischen Bedingungen* der Schmelze, wie Massetemperatur und Abkühlungsgeschwindigkeit, sowie von der *Keimzahl* (Verunreinigungen oder Nukleierungsmittel als Keimbildner).

Während man die kristallinen Bereiche lichtmikroskopisch nicht erkennen kann, stellen sich die *Sphärolithe* durch Betrachten von *Dünnschnitten* mit einer Dicke von etwa 10 µm im Lichtmikroskop unter polarisiertem Licht dar; dabei sind z. B. bei nicht nukleiertem PA sog. *Sphärolithenkreuze* erkennbar. Darstellung der Präparations- und Auswertetechnik für lichtmikroskopische Untersuchungen an teilkristallinen Thermoplasten, siehe Kap. 31.3.

Das Gefüge von Spritzgussteilen aus teilkristallinen Kunststoffen ist meist nicht einheitlich wegen ungleicher Abkühlung. Am Rand treten meist, je nach Abkühlbedingungen, *keine* bis *sehr kleine* Sphärolithe auf; gegen den Kern werden die Sphärolithe größer. Grobe Sphärolithe ergeben spröderes Gefüge aber ggf. höheren Verschleißwiderstand. Bei einem Bruch verlaufen die Risse dann entlang der Sphärolithgrenzen oder aber längs der Sphärolithradien.

PA 6 zeigt typische Sphärolithenkreuze; POM dagegen „fasrige" Sphärolithe (Dendriten), teilweise senkrecht zum Rand ausgerichtet (Kap. 31.3). Bei PE-HD und PBT lassen sich ebenfalls Sphärolithstrukturen nachweisen.

4 Polymerkombinationen

Bei vielen Kunststoffen erfolgt der Aufbau aus nur einer Monomerart, man spricht dann von einem *Homopolymerisat*, z. B. PE und PS.

Zur gezielten Beeinflussung von Kunststoffeigenschaften (Modifizierung) in eine bestimmte Richtung oder zur Kombination verschiedener Eigenschaften von Grundkunststoffen, stehen mehrere Verfahren zur Verfügung, die erst die große Vielfalt der Kunststoffe als „Werkstoffe nach Maß" ermöglichen.

4.1 Copolymerisation, Pfropfpolymerisation

Der Aufbau von *Co-* und *Pfropfpolymerisaten* erfolgt aus zwei oder mehr Monomerarten. Je nach Mengenanteil der einzelnen Monomere können die physikalischen, chemischen und Verarbeitungseigenschaften beeinflusst werden.

Bei der *inneren Weichmachung* werden „elastische" Bausteine, z. B. durch Copolymerisation, in Molekülketten eingebaut, wo sie wie „elastische Gelenke" wirken und insbesondere die Schlagzähigkeit verbessern, z. B. SB als Copolymerisat. Die *äußere Weichmachung* wird in den Kap. 4.2 und 5.4 behandelt.

Bei der *Copolymerisation* erfolgt eine „Vermischung" der Ausgangsstoffe (Monomere) bei der Synthese *innerhalb* der Molekülketten, wie z. B. bei SAN.

Je nach Anordnung der Einzelkomponenten (Einzelmonomere) im Molekülverband ergibt sich ein unterschiedlicher Aufbau der Polymere (Bild 4.1) mit ggf. variierenden Eigenschaften:

- Statistisches oder Random-Copolymer, mit geringer Kristallisationsneigung, z. B. durchsichtiges Random-PP mit Ethylenanteilen
- Block- oder Sequenzpolymere bei thermoplastischen Elastomeren
- alternierende Copolymere
- Pfropfcopolymere, z. B. bei der Schlagzähmodifizierung von PS durch Polybutadien.

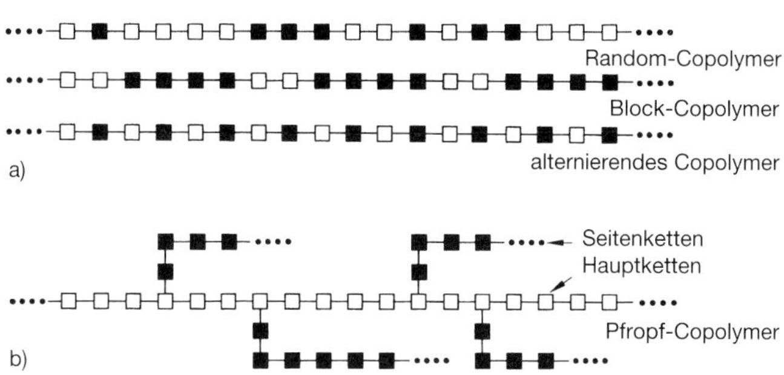

Bild 4.1 Aufbauschema von thermoplastischen Makromolekülen
a) lineare Verkettungen
b) Kettenverzweigungen

Bei den aufgeführten Co- oder Pfropfpolymeren handelt es sich um *Thermoplaste,* weil keine Vernetzung vorliegt.

Auch bei *Duroplasten* sind Kombinationen von Harzen möglich und üblich, z. B. bei den Melamin-Phenol-Formaldehyd-Formmassen MPF und UP-Harzen (Kap. 12.2 und 12.3).

4.2 Polymerblends, Polymerlegierungen, Kunststoffmischungen

Durch Vermischen fertiger aber unterschiedlicher Polymerrohstoffe werden *Polymerblends* oder *Polymerlegierungen* (Alloys) hergestellt, die ebenfalls in Form verarbeitungsfähiger Granulate vorliegen (vgl. DIN 16780). Es können dadurch optimierte Eigenschaftsprofile von Kunststoffen für Spezialanwendungen, z. B. für Stoßfängersysteme eingestellt werden, indem die unterschiedlichen Eigenschaften der Ausgangskunststoffe kombiniert werden, z. B. PP+EPDM. Wichtige Kunststofflegierungen sind: PE+PP, unterschiedliche Blends auf Basis PC, PPE, PBT, ASA und PA. Einzelheiten sind bei den Basiskunststoffen in Teil II zu finden. Die Mischungen werden so gewählt, dass bestimmte spezielle Eigenschaften gezielt erreicht werden. Es gibt darunter eine Reihe von Hochleistungskunststoffen (siehe Kap. 13).

Bei *PS-Modifikationen* werden auch feinverteilte Partikel eines elastomeren Stoffes in den thermoplastischen Kunststoff (Matrix) eingearbeitet, z. B. PS-I (SB) als „Legierung" (Bild 4.2)

Einen Sonderfall stellt die *Weichmachung* von PVC zu PVC-P (Weich-PVC) dar. Dabei werden *Weichmachermoleküle* bei höherer Temperatur in das PVC eingearbeitet, sodass sie sich zwischen die Kettenmoleküle legen und dabei ein „gummi-

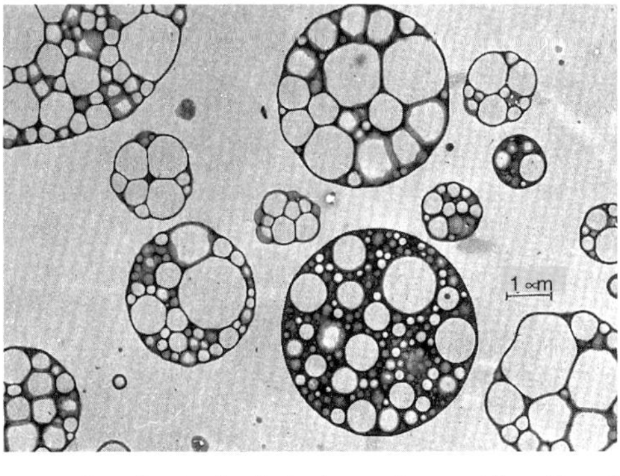

Bild 4.2 Elektronenmikroskopische Aufnahme eines schlagzähen Polystyrol (PS-HI) mit aufgepfropftem Butadienkautschuk
hell: Polystyrol, dunkel: Butadien-Kautschuk

elastisches“ Verhalten bewirken. Ein so weichgemachtes PVC kann den Weichmacher durch *Ausschwitzen* oder *Weichmacherwanderung* an die Umgebung abgeben und so wieder „verhärten“. Derart weichgemachte Kunststoffe dürfen i. A. im Lebensmittelbereich nicht eingesetzt werden, ggf. bei lebensmittelrechtlich unbedenklichen, zugelassenen Weichmachern.

Bei den *thermoplastisch verarbeitbaren Elastomeren TPE* (14.2) handelt es sich um Copolymerisate oder Blends mit überwiegenden „Weichanteilen“ im gummielastischen Zustand, eingebunden in eine amorphe oder teilkristalline Grundmasse (Matrix). Oberhalb einer werkstoffspezifischen Grenztemperatur wird der „Hartanteil“ thermoplastisch und somit thermoplastisch verarbeitbar, z. B. EVAC, Polyesterelastomere, thermoplastische Polyurethane (Kap. 14.2).

Beim Recycling von unterschiedlichen Thermoplastabfällen müssen beim *Compoundieren* ggf. durch geeignete Zusätze (Verträglichkeitsmodifikatoren) die Eigenschaften verbessert werden. Bei Polyamiden und thermoplastischen Polyestern verbessern CBC-Additive die Aufarbeitung von Rezyklaten.

5 Zusatzstoffe

In Kunststoffen sind bereits von der Herstellung her Stoffe, wie z. B. Emulgatoren und Katalysatoren in kleinen Mengen enthalten. Bei der Konfektionierung (Compoundierung) der Kunststoffe zu verarbeitungsfähigen *Formmassen* und *Granulaten* werden üblicherweise *Zusatzstoffe* in bestimmten Mengen als *Verarbeitungshilfen* und zur *Eigenschaftsänderung* zugegeben:

- *Füll- und Verstärkungsstoffe* zur gezielten Eigenschaftsverbesserung
- *Stabilisatoren* gegen thermische Schädigungen bei der Verarbeitung und als Alterungs- und UV-Schutz im Gebrauch
- *Gleitmittel* als Verarbeitungshilfen bei Thermo- und Duroplasten
- *Farbmittel* zur Einfärbung
- *Nukleierungsmittel* zur Verbesserung der Kristallisation bei teilkristallinen Thermoplasten und dadurch zur Verkürzung der Zykluszeit
- *Weichmacher* und *Flexibilisatoren* zur Erhöhung der Schlagzähigkeit
- *Flammschutzmittel* zur Reduzierung der Entflammbarkeit
- *leitfähige Zusatzstoffe*, z. B. Ruße zur Verminderung der Widerstandswerte
- *Antistatika* gegen elektrostatische Aufladung
- *Festschmierstoffe* zur Verbesserung der Gleiteigenschaften
- *Treibmittel* zur Schaumstoffherstellung
- *Haftvermittler* zur Verbesserung der Haftung zwischen Kunststoff und Verstärkungsstoffen
- *Antibakterielle* und *antifungizide* Zusätze
- *Sauerstoffabsorber* für Lebensmittelverpackungen.

5.1 Füllstoffe und Verstärkungsstoffe

Normen:

DIN 55625	Füllstoffe für Kunststoffe
DIN EN 12971	Verstärkungen – Spezifikationen für geschnittene Textilglasgarne
DIN EN 13002	Kohlenstoff-Filamentgarne
DIN EN 13003	Para-Aramid-Filamentgarne
DIN EN 13417	Verstärkung – Spezifikation für Gewebe T1: Bezeichnung T2: Prüfverfahren und allgemeine Anforderungen T3: Besondere Anforderungen
DIN EN 13677	Verstärkte Thermoplast-Formmassen – Spezifikation für GMT
DIN EN 14118	Verstärkungsprodukte – Spezifikation für Textilglasmatten (Glasseiden- und Endlosmatten) T1: Bezeichnung T2: Prüfverfahren und allgemeine Anforderungen T3: Besondere Anforderungen

DIN EN ISO 10618 Kohlenstofffasern – Bestimmung des Zugverhaltens eines harzimprägnierten Garns

Füllstoffe sind kleine Partikel, kurze oder lange Fasern, Kugeln aus *organischen* (Zellulose, Holzmehl, Sisal- und Kokosfasern) oder *anorganischen* (Gesteins- und Mineralmehle, Kreide, Talkum, Glaskugeln) Stoffen (siehe auch DIN 55625). Sie dienen bei *Duroplasten* als Streckmittel zur Harzeinsparung, zur Verbesserung der Oberflächengüte, zur Verminderung der Sprödigkeit und zur Erhöhung der Steifigkeit. Bei *Thermoplasten* dienen sie ebenfalls zur Streckung, zur Veränderung der mechanischen Eigenschaften und zur Reduktion der Schwindung. Grafit, MoS_2 und PTFE dienen bei Thermoplasten zur Verbesserung des *Gleitverhaltens.* Je nach Gehalt der Füllstoffe und in Abhängigkeit vom Verarbeitungsverfahren kann in Formteilen ungleichmäßige Verteilung und damit *Anisotropie* auftreten. Bei klassischen *Elastomeren* sind Füllstoffe wie Gasruß, Kreide, Kaolin zur Verbesserung der Eigenschaften erforderlich (Kap. 14.1).

Verstärkungsstoffe sind längere Fasern oder Faserprodukte in Form von Geweben, Matten, Vliesen oder Rovings (siehe Kap. 13). Tabelle 13.1 zeigt mechanische Eigenschaften einiger wichtiger Verstärkungsfasern.

Bei *Duroplasten* werden den Formmassen kurze Fasern (Glas, Textil) sowie Gewebeschnitzel zugegeben. Sie dienen der Erhöhung von Festigkeit, Steifigkeit und Wärmestandfestigkeit. Spezielle Formmassen bestehen aus Reaktionsharzen (UP, EP) mit Glasfaser-, Kohlenstoff-, Aramid- und PEI-Faserprodukten unterschiedlicher Form als SMC- bzw. BMC-Formmassen in teigiger oder rieselfähiger Form (siehe auch Kap. 12.3 und 12.4). Bei *Laminaten* kann „gezielt“ verstärkt werden; die Verstärkungsstoffgehalte können sehr unterschiedlich sein.

Bei *Thermoplasten* werden kurze Fasern mit ca. 1 mm Länge oder auch längere Fasern (LFT) in das Granulat beim Compoundieren eingearbeitet. Handelsüblich sind Formmassen mit unterschiedlichen Glasgehalten von etwa 45 bis 50 Gew.-%. Längere Fasern erfordern besondere Maßnahmen bei der Einarbeitung in die Thermoplaste und bei der Verarbeitung. Die Verstärkung mit Glas-, Kohlenstoff-, Aramid- und Naturfasern (GF, CF, RF, NF) bewirkt eine wesentliche Erhöhung der Steifigkeit (Elastizitätsmodul), Verringerung der Schwindung und der (Schlag-)Zähigkeit. Je nach Konstruktion und Herstellung der Formteile ist mit Anisotropien durch die faserigen Füllstoffe zu rechnen. Glaskugeln (GB) und Mineralpulver (MD) bewirken keine Anisotropie, jedoch ist auch der Verstärkungseffekt geringer.

Bei *glasmattenverstärkten Thermoplasten GMT* werden flächige Faserverstärkungen mit dem aufgeschmolzenen Thermoplasten, meist PP, zu flächigen Halbzeugen verarbeitet.

Naturfasern (Hanf, Flachs, Sisal, Jute und Baumwolle), als nachwachsende Rohstoffe, werden vor allem im Automobilbau eingesetzt. Verwendete Kunststoffe sind Thermoplaste (PE, PP) und Duroplaste. Das meist angewandte Verarbeitungsverfahren ist das *Formpressen*. Holz ist ein schon lange verwendeter natürlicher Füllstoff, z. B. in PF und MF/UF als WPC (Wood Plastics Compound).

Bei Formteilen aus (duroplastischen) Kunststoffen mit Verstärkungsmitteln wird fast immer die äußere Oberfläche aus reinem Kunststoff gebildet; bei spanender Bearbeitung werden die Verstärkungsstoffe freigelegt, was eine oft schnelle Schädigung der Formteile, vor allem bei Außenanwendungen bewirkt.

Nano-Füllstoffe sind Füllstoffe wie Ruß, Kieselsäure, Whiskers, Titandioxid TiO_2, mit einer Partikelgröße unter 100 nm, vor allem für PA 6, PA 12, PP, PMMA, PUR und EP. Erreicht wird eine starke Verbesserung der mechanischen Eigenschaften und der Flammwidrigkeit und eine Verringerung des thermischen Ausdehnungskoeffizienten.

Kohlenstoff-Nanoröhrchen, sog. Carbon Nanotubes (CNT), verbessern die mechanische Belastbarkeit und vermeiden elektrostatische Aufladung (z. B. *Baytubes* von Bayer).

5.2 Stabilisatoren

Stabilisatoren unterschiedlichen chemischen Aufbaus sind notwendig, um z. B. *Schädigungen* sowohl bei der Verarbeitung durch Wärme, als auch im Gebrauch durch Wärme-, Licht- oder UV-Einfluss zu vermeiden oder mindestens zu reduzieren. Durch UV-Strahlung und Wärmeeinfluss ergeben sich z. B. eine Reduzierung der mechanischen Eigenschaften, Verfärbungen an der Oberfläche und Glanzverlust. Manche Kunststoffe sind ohne entsprechende Stabilisatoren überhaupt nicht zu Formteilen zu verarbeiten. Die vielfältigen Stabilisatorensysteme müssen in ihrer Zusammensetzung und ihren Anteilen abgestimmt sein auf den verwendeten Kunststoff und auf die Anforderungen während des Gebrauchs der Formteile. So können bei Außenanwendungen in sonnenreichen Gegenden andere Stabilisatorensysteme in anderen Dosierungen notwendig sein, als in sonnenärmeren mit geringerer UV-Einstrahlung. Besonders wichtig ist die Stabilisierung für die Verarbeitung und den Gebrauch bei PVC. *Ruß* ist ein hervorragender UV-Stabilisator, lässt sich jedoch nur für schwarze Einfärbungen einsetzen. Für hellfarbige Kunststoffe gibt es unterschiedliche Stabilsatorensysteme. Bekannt sind, vor allem für Polyolefine die sterisch gehinderten Amine (HALS), auch in Kombination mit anderen Systemen.

Da sich Stabilisatoren verbrauchen, auch beim *Recycling*, sind bei der Aufbereitung (Compoundierung) von Kunststoffabfällen zusätzliche Stabilisatorzugaben notwendig (vgl. auch Kap. 8).

Zur Lösung des Müllproblems bei Verpackungen wurde versucht, Systeme in die Kunststoffe einzubauen, die anders als die Stabilisatoren wirken und nach bestimmter Zeit zu einem *gezielten Abbau* führen (biochemischer oder photochemischer Abbau, siehe auch Kap. 8.1).

5.3 Farbmittel

Man unterscheidet im Kunststoff unlösliche, organische oder anorganische Farbstoffe, sog. Pigmente und im Kunststoff lösliche Farbstoffe; Anteile rd. 0,5 % bis 2 %.

Pigmente ergeben bei normaler Teilchengröße eine gedeckte *Durchfärbung* des Kunststoffs, während lösliche Farbstoffe bei glasklaren Kunststoffen (PMMA, PS, PC) besondere Bedeutung haben für *farbig transparente* Formteile oder Halbzeuge. Hierzu zählen auch *lichtsammelnde* und *fluoreszierende* Farbstoffe und Effektpigmente. Rußzusätze ergeben Schwarzfärbung und gleichzeitig eine Verbesserung anderer Eigenschaften, z. B. *Verminderung der statischen Aufladung* und *Erhöhung der UV-Stabilität* (siehe auch Kap. 5.2). Spezielle Farbpigmente verbessern die Laserbeschriftbarkeit und deren Haltbarkeit. Durch Farbstoffzusätze treten bei kleinen Anteilen i. a. keine wesentlichen Änderungen mechanischer oder sonstiger Eigenschaften auf. Es ist aber zu beachten, dass Farbstoffe die Eigenschaften, z. B. Festigkeit der Kunststoffe, verändern können, wenn z. B. die Pigmente nicht gleichmäßig verteilt sind. Pigmentanhäufungen können durch lichtmikroskopische Untersuchungen nachgewiesen werden (Kap. 31.3).

Farbstoffe sind dem verarbeitungsfähigen Granulat i. A. bereits bei der Compoundierung beigemischt. Sie können jedoch auch als Pulver mit dem naturfarbenen Granulat gemischt und bei der Verarbeitung auf Schneckenmaschinen gleichmäßig verteilt werden. Eine andere Möglichkeit der Einfärbung ist die Zugabe von *Masterbatches*, d. h. Granulat mit sehr hoher Farbkonzentration zum naturfarbenen Granulat und dadurch staubfreie Verarbeitung auf Schneckenmaschinen.

5.4 Weichmacher und Flexibilisatoren

Zusätze von *Weichmachern* (DIN EN ISO 1043-3) bewirken schon bei *kleinen* Mengen eine Erhöhung der Flexibilität und damit auch der Schlagzähigkeit, z. B. bei Rezepturen von PVC-Systemen. Bei der Herstellung von weichgemachtem PVC-P (Kap. 10. 2.3) werden größere Anteile von 20 % bis 50 % an Weichmachern heiß bei der Aufbereitung eingemischt; man spricht von der *äußeren Weichmachung* (Bild 5.1) im Gegensatz zur *inneren Weichmachung* (Kap. 4).

Weichmacher sind meist niedermolekulare Produkte in zähflüssiger bis teigiger Konsistenz, die sich beim „Gelieren" des PVC zwischen die Kettenmoleküle einfügen und dadurch die Beweglichkeit der Ketten verbessern, was sich u. a. in einer höheren Schlagzähigkeit auswirkt. Je nach Art und Anteil der Weichmacher können die verschiedensten Eigenschaftskombinationen erreicht werden. Es ist aber zu beachten, dass im Gebrauch solche *äußeren Weichmacher* zum Verdampfen oder Auswandern („Weichmacherwanderung") neigen können, wodurch sich die Flexibilität irreversibel vermindert.

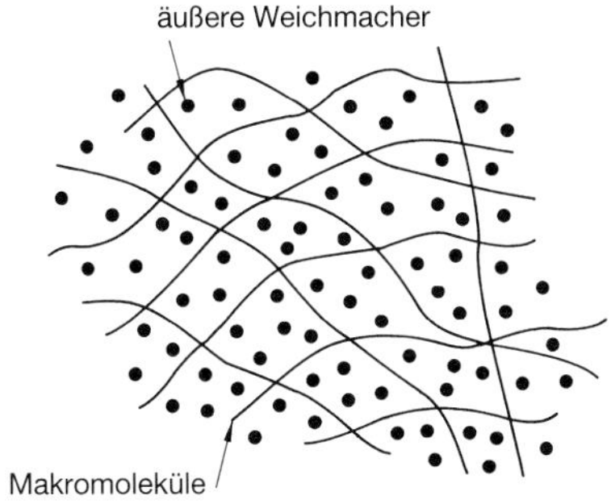

Bild 5.1 PVC-Moleküle mit eingefügten Weichmachermolekülen (schematisch)

Bei *Polyamiden* wirkt die *Aufnahme von Wassermolekülen* ebenfalls im Sinne einer Weichmachung; die Eigenschaften sind somit bei den Polyamiden vom Feuchtegehalt abhängig (Kap. 6.6 und 26).

Flexibilisatoren sind Zusätze, die vor allem die Schlagzähigkeit von Thermoplasten (POM-HI oder PBT-HI) erhöhen; EPDM erhöht die Schlagzähigkeit von PP.

5.5 Flammschutzmittel

Flammschutzmittel (siehe auch Kap. 9.1) dienen der Herabsetzung der Entflamm- und Brennbarkeit von Kunststoffen. Sie greifen in den Brennmechanismus entweder *physikalisch* durch Kühlen, Beschichten oder Verdünnen ein oder *chemisch* durch Reaktion in der Gasphase (Beseitigung energiereicher Radikale) oder festen Phase (Ausbildung einer schützenden Ascheschicht), vgl. auch Kap. 23. Zur Anwendung kommen z. B. Aluminiumhydroxid $Al(OH)_3$, halogenabspaltende oder phosphorhaltige Produkte. Aus *Umweltschutzgründen* sind die halogenhaltigen Flammschutzmittel durch neuere, allerdings z. T. weniger wirksame halogenfreie Brandschutzmittel ersetzt, die dann aber in höheren Mengenanteilen zugegeben werden müssen.

Bei Flammschutzausrüstung im Verkehrswesen, vor allem im Flugzeugbau, sind besonders die Eigenschaften bezüglich Flammwidrigkeit, Rauchentwicklung und Toxizität (FST: Flame, Smoke, Toxicity) zu bewerten.

Beachte: Durch die Zersetzung entsprechender Brandschutzmittel können sich ätzende Stoffe abspalten; bei PVC-Bränden sind Sekundärschäden durch Salzsäurebildung möglich.

Anorganische Füll- und Verstärkungsstoffe beeinflussen das Brennverhalten durch Verringerung des brennbaren Kunststoffanteils.

Kunststoffe mit Flammschutzmitteln auf der Basis von polybromierten Diphenylethern PBDE dürfen *nicht* recycliert werden.

5.6 Leitfähige Zusatzstoffe

Antistatika dienen zur Verminderung des Oberflächenwiderstands von Kunststoffen, sodass Staubanziehung durch elektrische Aufladung verhindert wird.

Leitfähige Zusatzstoffe, z. B. Spezialruße und Grafit, Kohlenstofffasern und Kohlenstoffröhrchen (Nanotubes) und eingearbeitete metallische Pulver, Flocken oder Fasern erniedrigen den spezifischen Widerstand der Kunststoffe je nach Art und Anteil. Anwendung hauptsächlich für Bauteile der Elektrotechnik (z. B. EMI-Abschirmungen), siehe auch Kap. 16.2.

5.7 Treibmittel

Außer dem Einbringen von Gasen unter Druck in aufzuschäumende Vorprodukte oder Freiwerden von Treibmitteln aus chemischen Reaktionen bei der Formteilherstellung, können Kunststoffen auch Treibmittel zugesetzt werden, die durch Wärmezufuhr verdampfen und dadurch den Kunststoff aufschäumen, z. B. Herstellung von PS-E (früher EPS) nach dem „Styropor-Verfahren“ und bei der Herstellung von Thermoplastschaumguss TSG (siehe auch Kap. 15).

Zu einem besonderen Problem sind, wegen der Umweltschädigung, die für das Schäumen von Polyurethanen verwendeten Fluorchlorkohlenwasserstoffe FCKW geworden. Insbesondere das Trichlorfluormethan R11 wurde bei Kühlgeräten für die Wärmeisolierung in PUR-Schäumen eingesetzt. Die Industrie entwickelt Ersatzprodukte oder verwendet halogenfreie Treibmittel (CO_2, aliphatische Kohlenwasserstoffe wie Propan, Butan), um eine Umweltschädigung bei ausgedienten Schaumstoffen und Kühlgeräten zu vermeiden.

6 Verhalten von Kunststoffen

Die grundlegenden Eigenschaften der Kunststoffe können aus ihrem inneren Aufbau hergeleitet werden. So leiten die Kunststoffe elektrische und Wärmeenergie schlecht, d. h. sie sind *Isolatoren*, da sie infolge der Elektronenpaarbindungen keine freien Elektronen besitzen. Die *Dichte* der Kunststoffe ist gegenüber anderen Werkstoffen verhältnismäßig niedrig infolge eines relativ „lockeren" Aufbaus. Die *thermische Beständigkeit* ist eingeschränkt, da bei diesen organischen Werkstoffen schon bei verhältnismäßig niedrigen Temperaturen Erweichung bzw. Zersetzung eintritt. Die *chemische Widerstandsfähigkeit* der Kunststoffe ist i. A. sehr gut, d. h. sie brauchen keinen besonderen Oberflächenschutz; sie haben aber eine unterschiedliche Empfindlichkeit bei Einwirkung bestimmter Chemikalien, Lösemittel, UV- und energiereicher Strahlung (s. Kap. 6.6 und 28). Es kann aber auch *Alterung* (Abbau der Makromoleküle) oder *Spannungsrissbildung* (Kap. 31.2.2) auftreten.

Duroplastische Kunststoffe sind infolge der räumlichen Vernetzung hart und spröde und benötigen meist Füll- oder Verstärkungsstoffe. Sie haben durch die Vernetzung höhere Wärmeformbeständigkeit. Sie werden i. a. mit Pigmenten gedeckt eingefärbt.

Thermoplastische Kunststoffe sind je nach Aufbau amorph oder teilkristallin und unterscheiden sich dadurch stark in ihren Eigenschaften. *Amorphe Thermoplaste* sind meist glasklar und transparent einfärbbar; *teilkristalline Thermoplaste* sind wegen der kristallinen Bereiche milchglasartig trüb (opak, transluzent oder transparent) und deshalb nur gedeckt einfärbbar. Amorphe und teilkristalline Thermoplaste können durch Füll- und Verstärkungsstoffe in ihrem Eigenschaftsbild wesentlich beeinflusst werden.

Besondere Vorteile für den Einsatz von Kunststoffen sind:

- geringe Dichte
- leichte Formgebung bei relativ niedrigen Temperaturen
- komplizierte Formen wirtschaftlich in einem Arbeitsgang herstellbar („integrale Fertigung")
- Eignung für Massenproduktion
- gute Eignung als Isolatoren
- gute Geräuschdämpfung
- Durchfärbbarkeit
- besondere Verbindungstechniken, z. B. Schnappverbindungen und Filmscharniere
- günstige Gleiteigenschaften, z. T. auch ohne Schmiermittel.

In den nachfolgenden Kapiteln sind auch Besonderheiten im Verhalten der Kunststoffe im Gegensatz zum Verhalten anderer Werkstoffe aufgeführt.

6.1 Mechanisches Verhalten

Der besondere Aufbau der Kunststoffe und die Art der Bindungskräfte gegenüber den Metallen erklärt die weniger kompakte Struktur der Kunststoffe im Vergleich zu der dichteren Atompackung im Metallkristall.

Daraus ergeben sich für die Kunststoffe:

- relativ niedrige Festigkeit
- niedriger Elastizitätsmodul (geringe Steifigkeit)
- Zeitabhängigkeit der mechanischen Eigenschaften und damit Kriechen und Entspannen bereits bei Raumtemperatur, insbesondere bei Thermoplasten (Kap. 21.7)
- relativ starke Temperaturabhängigkeit der Eigenschaften von Thermoplasten schon bei wenig erhöhten Temperaturen (Kap. 21.4)
- Schlag- und Kerbschlagempfindlichkeit, bei Thermoplasten sehr kunststoffspezifisch von *spröde* bei PS, PMMA bis *zäh* bei PC, PA feucht.

Das *Verformungsverhalten* der Kunststoffe unter mechanischer Beanspruchung muss auch im Zusammenwirken mit den thermischen Zuständen (Kap. 6.2) betrachtet werden.

Thermoplastische Kunststoffe unterscheiden sich in ihrem Verformungsverhalten grundlegend von dem der Metalle. Metallische Werkstoffe haben infolge ihres *atomaren* Aufbaus bei hohem Elastizitätsmodul ein verhältnismäßig steifes Verhalten und grundsätzlich ein inneres Gleitvermögen durch Verschiebung der Metallatome gegeneinander, ohne dass dabei eine Trennung auftritt (plastisches Verhalten), siehe Bild 6.1. Thermoplastische Kunststoffe zeigen aufgrund ihres *molekularen* Aufbaus und der unterschiedlichen inneren Kraftwirkungen ein anderes Verhalten.

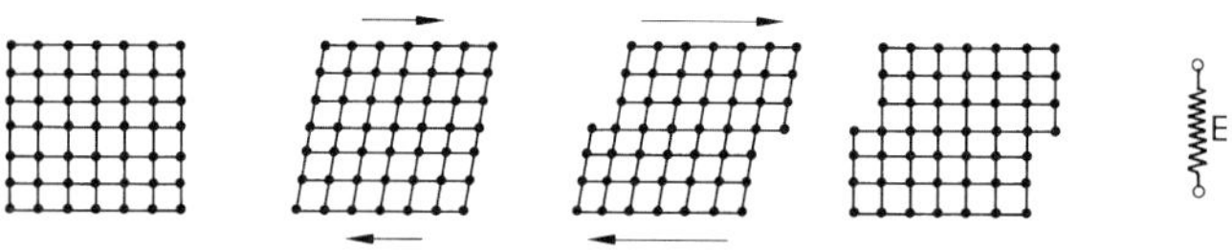

Bild 6.1 Formänderungen des Metallgitters (schematisch), elastisches Verhalten gekennzeichnet durch eine Feder („Elastizitätsmodul")

Man erkennt dabei das

- reine *energie-elastische* Verformungsverhalten (Bild 6.2a) mit kleinem „Elastizitätsmodul"
- *entropie-elastische* Verformungsverhalten (Bild 6.2b) im *thermoelastischen* Bereich, in dem die zwischenmolekularen Kräfte weitgehend gelockert sind und der „Elastizitätsmodul" um mehrere Größenordnungen abgenommen hat. Diese Art der Verformung ist zeitabhängig und ermöglicht große Formänderung bei kleinen Kräften. Die Verformungen werden bei der *Warmumformung* unter Aufrechterhaltung der Formungskraft „eingefroren"; bei der Wiedererwärmung erfolgt weitgehende *Rückdeformation*, die bei warmumgeformten Teilen unerwünscht ist, bei *Schrumpfsystemen* (Schrumpffolien, Schrumpfschläuchen) jedoch technisch ausgenutzt wird.

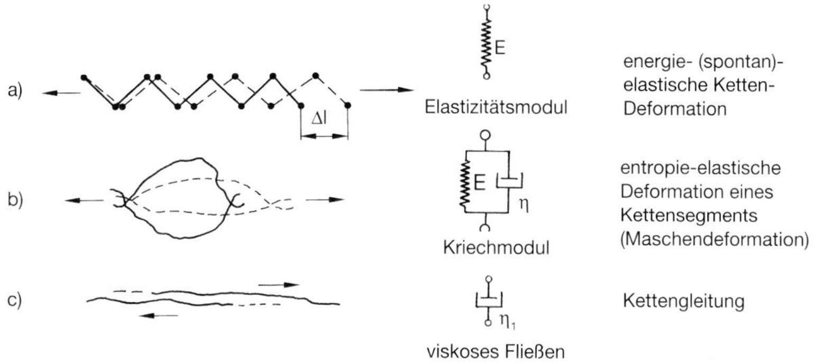

Bild 6.2 Formänderungen bei thermoplastischen Kunststoffen
a) energie-elastische Kettendeformation bei Gebrauchstemperatur Verformungsverhalten gekennzeichnet durch Feder („Elastizitätsmodul")
b) *entropie-elastische* Kettendeformation im thermoelastischen Bereich Verformungsverhalten gekennzeichnet durch Feder/Dämpfer-System („Kriechmodul")
c) *Kettengleitungen* im thermoplastischen Bereich, Lösen der mechanischen Verschlingungen (*viskoses* Verhalten), Verformungsverhalten gekennzeichnet durch *Dämpfer*

- Oberhalb der Glasübergangstemperatur T_g oder der Kristallitschmelztemperatur T_m überwiegt das *quasi-viskose* Verhalten, bei dem Kettengleitungen und Lösungen der mechanischen Verschlingungen erfolgen, insbesondere durch Scherbeanspruchungen beim *Urformen,* wie Spritzgießen und Extrudieren (Bild 6.2c). Die hohe Viskosität der Schmelze tritt auf infolge Behinderung der Kettenbeweglichkeit der Makromoleküle.

Einzelne thermoplastische Kunststoffe (PP, PA, PE, lineare Polyester) lassen sich *verstrecken*, wobei sich die Kettenmoleküle bzw. Kristallitbereiche in Beanspruchungsrichtung orientieren. Dabei wirkt sich die hohe Bindungsfestigkeit der Hauptvalenzen aus, was zu einer sehr hohen *Verfestigung* in Beanspruchungsrichtung führt und bei der Herstellung von Fasern und Bändern ausgenutzt wird.

Duroplaste sind durch fehlende innere Gleitmöglichkeiten wegen der räumlichen, chemischen Vernetzung grundsätzlich spröder als Thermoplaste. Bei erhöhter Temperatur tritt nur eine geringe Reduzierung des Elastizitätsmoduls auf, aber kein thermoelastischer und kein thermoplastischer Zustand.

Das innere Federungs- und Verformungsverhalten verleiht den Kunststoffen eine hohe Dämpfung, führt dadurch aber auch zu einer Erwärmung bei hohen Belastungsgeschwindigkeiten und hohen Beanspruchungsfrequenzen.

Bei *verstärkten Kunststoffen* ändert sich das mechanische Verhalten entsprechend Menge und Art der Füll- und Verstärkungsstoffe.

Die genannten Besonderheiten der Kunststoffeigenschaften gegenüber anderen Werkstoffen und Werkstoffgruppen sind in Teil III, Prüfung von Kunststoffen, Kennwerte ausführlich behandelt.

6.2 Thermisches Verhalten

Um die Besonderheiten des thermischen Verhaltens von Kunststoffen zu verstehen, ist es zweckmäßig, verschiedene thermische Zustände und deren Grenztemperaturen in *Bereichsdiagrammen* (Bild 6.3) gegenüber zu stellen. Man erkennt bei Wasser den eindeutigen Übergang fest/flüssig und flüssig/dampfförmig. Bei *amorphen Thermoplasten* (PS, PC, PVC-U, PVC-P) zeigen sich *Glasübergangstemperatur* T_g, bzw. ein Glasübergangstemperaturbereich und der Übergang vom thermoelastischen in den thermoplastischen Bereich (Bild 6.4). Bei *teilkristallinen Thermoplasten* (POM) erkennt man die *Glasübergangstemperatur* T_g der amorphen Anteile und die *Kristallitschmelztemperatur* T_m der kristallinen Bereiche als Übergang zum thermoplastischen Zustand (Bild 6.5). *Duroplaste* lassen das Bestehen des festen Zustands bis zur *Zersetzungstemperatur* erkennen (Bild 6.6). Zur Bestimmung der *Temperaturgrenzen* siehe Kapitel 21.4 und DIN 7724.

Alle Kunststoffe haben *Zersetzungstemperaturen* (T_Z), die nicht nur temperatur- und zeitabhängig sind sondern auch von den Umgebungsbedingungen (Sauerstoffeinwirkung oder Luftabschluss) abhängen.

Thermoplaste verspröden bei tiefen Temperaturen bei kunststoffspezifischen Temperaturen. Bei steigenden Temperaturen tritt zunächst ein stetiger Abfall des Elastizitätsmoduls mit Abnahme der Steifigkeit auf. Bei *amorphen* Thermoplasten folgt dann in einem Temperaturbereich die sog. Erweichung, d. h. der Übergang in

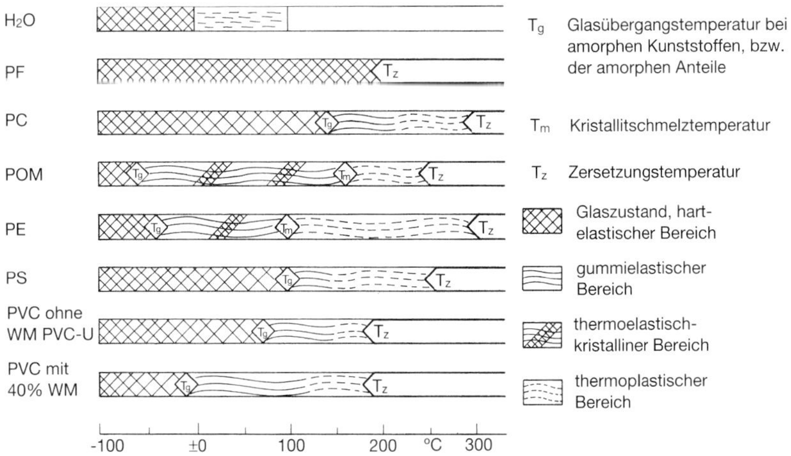

Bild 6.3 Beispiele für Zustandsbereiche verschiedener Stoffe

den *thermoelastischen*, quasi-gummielastischen Bereich. In diesem können mit kleinen Umformkräften große Formänderungen vorgenommen und durch Abkühlen eingefroren werden (Warmumformung). Bei weiterer Erwärmung wird die thermische Beweglichkeit der Kettenmoleküle so groß, dass im *thermoplastischen*

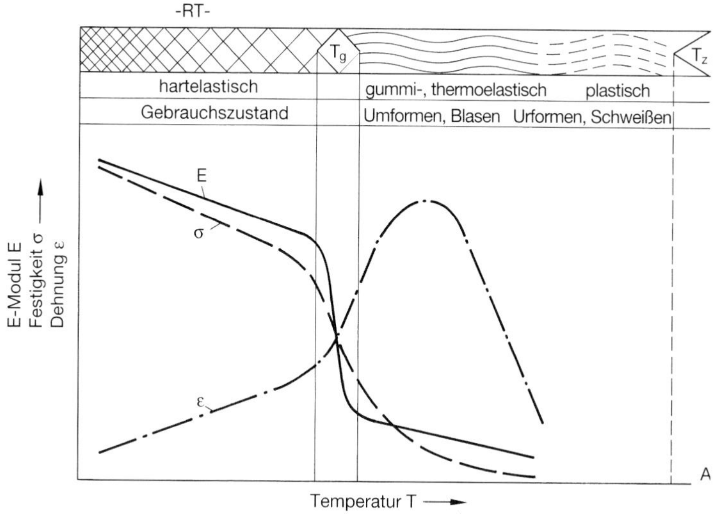

Bild 6.4 Zustandsbereiche für amorphe Thermoplaste

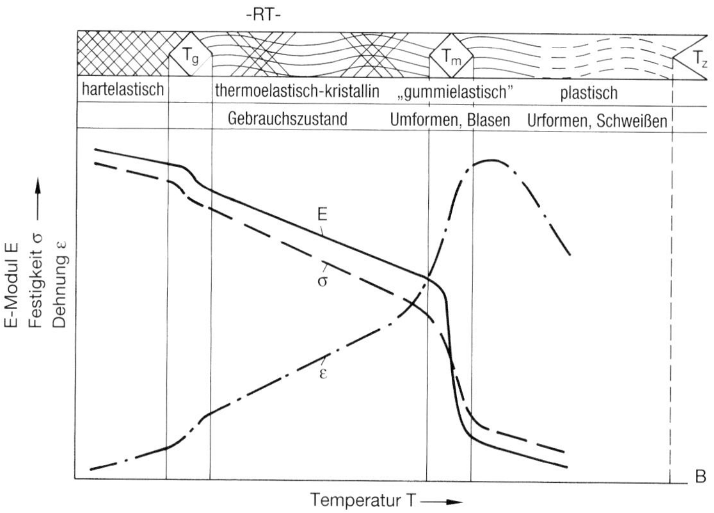

Bild 6.5 Zustandsbereiche für teilkristalline Thermoplaste

Zustand die Ketten gegeneinander abgleiten können; in diesem Bereich erfolgen *Urformung* und *Schweißen*. Dieser Bereich wird durch die *Zersetzungstemperatur* T_Z begrenzt (Bild 6.4). Bei *teilkristallinen* Thermoplasten liegen im Gebrauchsbereich erweichte, amorphe und steife, kristalline Bereiche vor. Bei steigender Temperatur ist eine Umformung erst dann möglich, wenn die kristallinen Bereiche in einem engen Temperaturbereich (Bild 6.5) bei Erreichen der *Kristallitschmelztemperatur* T_m aufzuschmelzen beginnen. Kurz darauf ist der *thermoplastische Zustand* zum *Urformen* und *Schweißen* erreicht. Er ist gekennzeichnet durch Transparentwerden des vorher opaken Kunststoffs. Dieser Bereich wird auch bei den teilkristallinen Thermoplasten durch die *Zersetzungstemperatur* T_Z begrenzt.

Duroplaste sind in ihrem gesamten Temperaturbereich spröde; sie erweichen nicht und schmelzen nicht; sie sind daher auch nicht *umform-* und *schweißbar*. Kurz unter der *Zersetzungstemperatur* T_Z tritt nur eine geringfügige Verminderung der Steifigkeit auf (Bild 6.6).

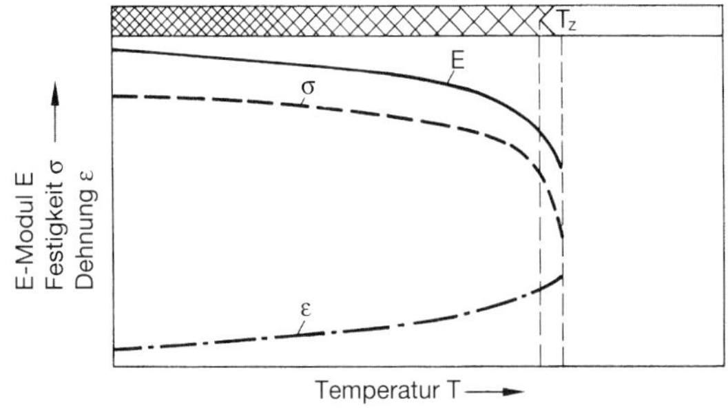

Bild 6.6 Zustandsbereiche für Duroplaste

Die Kunststoffe erleiden strukturbedingt bei Temperaturerhöhung eine verhältnismäßig große Volumenausdehnung, was sich auch in einer entsprechenden *linearen Wärmeausdehnung* (Kap. 22.5) zeigt. Bei verstärkten Kunststoffen reduziert sich die Wärmeausdehnung je nach Art und Anteil der Füll- und Verstärkungsstoffe. Wegen der in Kunststoffen fehlenden freien Elektronen haben Kunststoffe eine *niedrigere Wärmeleitung* und sind daher als thermisches Isoliermaterial geeignet. Besonders ausgeprägt ist die thermische Isolierwirkung bei Schaumstoffen wegen der zusätzlich vorhandenen Luft- oder Gaseinschlüsse.

6.3 Elektrisches Verhalten

Da die Kunststoffe wegen fehlender freier Elektronen ein günstiges elektrisches Isolierverhalten aufweisen, werden sie vielfach in der Elektrotechnik und Elektronik eingesetzt, z. B. als isolierende Gehäuse, Steckverbindungen, Substrate,

Ummantelungen von integrierten Schaltkreisen. Nachstehende elektrischen Eigenschaften sind von großer Bedeutung:

- Durchschlagfestigkeit (Kap. 24.1.1)
- Oberflächenwiderstand (Kap. 24.1.2)
- Durchgangswiderstand (Kap. 24.1.3)
- dielelektrische Eigenschaftswerte (Kap. 24.2)
- Kriechwegbildung (Kap. 24.3).

6.4 Verhalten gegen Umwelteinflüsse

Die meisten Kunststoffe, insbesondere Duroplaste, zeigen gute chemische Beständigkeit. Ein besonderes Problem stellt die Alterung von Thermoplasten und Elastomeren dar. Es handelt sich dabei um komplexe Vorgänge physikalischer und chemischer Art im Molekulargefüge in Abhängigkeit insbesondere von der Zeit, bei Einwirkung von Luftsauerstoff.

Die Widerstandsfähigkeit von Kunststoffen gegen Umwelteinflüsse kann betrachtet werden unter dem Gesichtspunkt der Einwirkung von gasförmigen, flüssigen oder festen chemischen Agenzien (Kap. 28). Ferner spielen das *Lösungs-* und *Quellverhalten,* die *Wasseraufnahme* (Kap. 26) und das *Verhalten gegenüber Strahlung* (Wärme-, UV- und energiereiche Strahlung, siehe Kap. 31.5) eine wichtige Rolle.

Ein besonderes Problem ist dabei das gleichzeitige Zusammenwirken verschiedener Einflüsse zusammen mit vorhandenen Spannungen als Eigen- und/oder Betriebsspannungen, was zur *Spannungsrissbildung* ESC (Kap. 31.2.2) führen kann.

Das Verhalten der Kunststoffe gegen diese Einflüsse hängt vom Aufbau des Kunststoffs und vom Medium ab. Besonders auffallend ist die starke Wirkung bestimmter organischer Lösemittel auf gewisse Kunststoffe; dabei gilt „Ähnliches löst Ähnliches", z. B. chlorhaltige Lösemittel bei PVC oder Benzol bei PS. Allerdings kann dieses Löseverhalten auch zum Kleben mit *Lösemittelklebstoffen* verwendet werden (aber: ggf. Gefahr der Spannungsrissbildung beachten!).

In der Praxis spielt besonders das *Technoklima* (Temperatur, Feuchte, Medium, Luftverunreinigungen wie NO_x, SO_x usw.) die ausschlaggebende Rolle. Bei den Beschreibungen der einzelnen Kunststoffe im Teil II sind jeweils besondere Angaben zur Beständigkeit gemacht, allgemeinere Angaben in Kapitel 28.

6.5 Wasseraufnahme

Die Aufnahme von Feuchte aus der umgebenden Luft oder bei Wasserlagerung (*Konditionieren*) ist bei den einzelnen Kunststoffen sehr unterschiedlich. Sehr wenig Feuchte nehmen z. B. *unpolare* Kunststoffe wie PE, PP, PS, PTFE auf, etwas mehr *polare* Kunststoffe wie PUR, Celluloseester und in hohem Maße die Polyamide PA (Kap. 10.6 und 26). Bei den Polyamiden ist es üblich, Formteile nach der Herstellung durch *Konditionieren* (Kap. 26.3) auf einen bestimmten Feuchtegehalt einzustellen. Bei den Polyamiden werden die Eigenschaften und das Volumen durch den Feuchtegehalt reversibel beeinflusst. Es ist zu empfehlen, vor der Verarbeitung das Granulat zu trocknen, um Dampfbildung bei der Verarbeitung zu vermeiden. Bei duroplastischen Kunststoffen mit organischen Füllstoffen, die zur Feuchteaufnahme neigen, kann nach spangebender Bearbeitung Feuchte in die Formteile eindringen, was Auswirkungen besonders auf die elektrischen Eigenschaften hat.

6.6 Permeation

Für die Verwendung von Kunststoffen in der Verpackungsindustrie, z. B. als Folien und Flaschen, ist die Durchlässigkeit gegenüber Gasen und Wasserdampf von großer Bedeutung. Sie ist außer vom Kunststoff auch abhängig von der Dicke der Folie und der Temperatur (siehe auch Kap. 26). Oft müssen Verbundsysteme eingesetzt werden.

6.7 Reibung und Verschleiß

Das Reibungsverhalten von Kunststoffen ist sehr komplex und ist gekennzeichnet durch das Zusammenwirken von *Werkstoffpaarung* (Gleitpartner), *Oberflächenbeschaffenheit, Schmiermittel, spezifischer Belastung* (Flächenpressung) und *Gleitgeschwindigkeit.* Von überwiegender Bedeutung bei Lagern ist die Werkstoffpaarung (Kunststoff/gehärteter Stahl oder Kunststoff/Kunststoff), wobei dann die Wärmeabfuhr, z. B. durch den metallischen Partner eine wesentliche Rolle spielt. *Reibungskoeffizienten* gelten immer nur für ganz bestimmte, übliche und bewährte Werkstoffpaarungen unter ganz bestimmten Lauf- und Schmierbedingungen (Kap. 21.9). Dasselbe gilt entsprechend auch für das *Verschleißverhalten.*

7 Verarbeiten von Kunststoffen

Bei Kunststoffen sind Fertigungsverfahren möglich, die besonders für die Herstellung von *Massenteilen* bzw. *Endlosprofilen* geeignet sind. Eine Nacharbeit ist meist nicht erforderlich (siehe Kap. 7.1). Zur Verarbeitung von Kunststoffen werden spezielle Verarbeitungsmaschinen verwendet.

Je nach Anforderungen an die Enderzeugnisse gibt es nach der Formgebung noch eine Vielzahl von *Nach-* und *Weiterbearbeitungsverfahren* (Kap. 7.2 bis 7.6).

Die möglichen Ver- und Bearbeitungsverfahren richten sich nach der Kunststoffgruppe, d. h. ob es sich um Thermoplaste, Duroplaste oder Elastomere handelt. Besondere Bedingungen gelten für Faserverbundwerkstoffe (Kap. 13).

Neben den im Folgenden aufgeführten, üblichen Verarbeitungsverfahren für Kunststoffe gibt es noch spezielle Verfahren in verschiedenen technischen Bereichen, so z. B. zur Modellherstellung durch *Stereolithografie* oder *Rapid Prototyping*; in der Elektrotechnik zur *Drahtummantelung* und in der Elektronik z. B. *zum Aufbau von Widerständen.*

7.1 Urformen

Unter *Urformen* versteht man die erstmalige Formgebung von Formteilen und Halbzeugen aus *pulverförmigen, granulatförmigen, flüssigen* oder *besonders aufbereiteten Vorprodukten* (z. B. Prepregs, GMT).

7.1.1 Urformen von Thermoplasten

Bei den Urformverfahren für Thermoplaste handelt es sich um *reversible physikalische* Formgebungsprozesse. Dabei wird die Formmasse *aufgeschmolzen, geformt* und dann in den festen Zustand *abgekühlt.*

Formteile werden i. A. aus Granulaten durch *Spritzgießen* auf Schneckenspritzgießmaschinen (Bild 7.1) hergestellt. Im Zylinder der Schneckenspritzgießmaschine wird das thermoplastische Granulat aufgeschmolzen, die Schmelze homogenisiert und in das *Werkzeug* eingespritzt. Die *Werkzeugtemperatur* liegt bei *amorphen* Thermoplasten unterhalb der Glasübergangstemperatur T_g (siehe Kap. 6.2), damit nach dem Abkühlen ein formstabiles *Formteil* aus dem Werkzeug entnommen werden kann. Bei *teilkristallinen* Thermoplasten liegen die Werkzeugtemperaturen oberhalb der Glasübergangstemperatur T_g und unterhalb der Kristallitschmelztemperatur T_m (siehe Kap. 6.2); die Werkzeugtemperatur beeinflusst die Gefügeausbildung im Formteil. Nähere Angaben für Verarbeitungsbedingungen beim Spritzgießen finden sich bei den entsprechenden Kunststoffen im Teil II. Zur Herstellung einwandfreier Formteile empfiehlt sich die *Prozessüberwachung*; dabei werden die *Prozessparameter*, die die *Qualität der Spritzgussteile* besonders beeinflussen (Massetemperatur, Werkzeugtemperatur, Druckverlauf im Werkzeug), laufend überwacht.

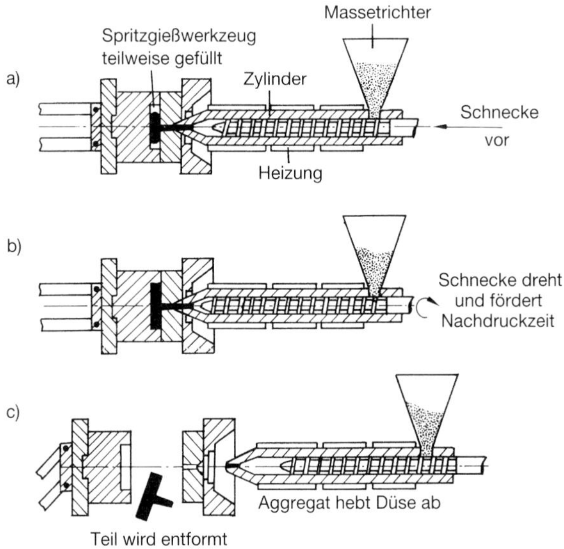

Bild 7.1 Arbeitsweise der Schneckenspritzgießmaschine
a) Einspritzen (axiale Schneckenbewegung)
b) Werkzeug gefüllt, Formteil kühlt ab, Schnecke rotiert, Plastifizierung beginnt
c) „Erkaltetes" Formteil wird entformt, vor der Schnecke steht neue Schmelze für nächstes Formteil bereit

Als Sonderverfahren des Spritzgießens sind noch zu erwähnen: *Zweikomponentenspritzgießen* (z. B. zur Kombination von harten und weichen Kunststoffen), *Kernausschmelzverfahren* (zur Herstellung von Formteilen mit komplizierten Innenkonturen), *Gasinnendrucktechnik* GIT, *Gasaußendrucktechnik* EGM – External Gas Moulding – (für anspruchsvolle, flächige Bauteile), *Hinterspritztechnik* (von Textilien und Folien im Austausch gegen die Kaschiertechnik) und das *Thermoplastschaumspritzgießen* TSG (Kap. 15). Beim *MuCell®-Verfahren* (nach Trexel) werden technische, gewichtsreduzierte, verzugsarme Spritzgussteile mit hoher Kantenpräzision mit einer kompakten Außenschicht und einer Mikroschaumstruktur von 5 µm bis 50 µm im Innern gefertigt; außerdem wird die Zykluszeit reduziert. Ein Gas wird in der Schmelze gelöst und bei der Werkzeugfüllung entsteht eine sehr gleichmäßige *Mikrozellenstruktur*.

Als spezielles Gebiet beim Spritzgießen hat sich das *Mikrospritzgießen* eingeführt. Es werden dabei Mikroteile hergestellt mit kleinsten Schussgewichten im Milligrammbereich bei höchster Präzision.

Exjection®, eine Kombination aus Spritzgießen und Extrusion ermöglicht die Herstellung langer und dünner Formteile bei geringer Schließkraft und niedrigen Ver-

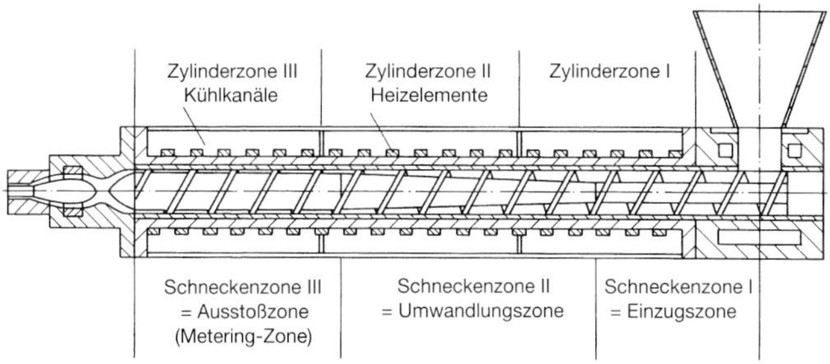

Bild 7.2 Extruder (Schneckenmaschine)

arbeitungsdrücken, wobei trotzdem funktionelle Elemente (Schnapphaken, Befestigungselemente) angeformt werden können.

Beim Spritzgießen können durch Aufbringen eines Funktionspolymers (Modifikator) in das Werkzeug Formteiloberflächen aktiviert werden, damit sie für weitere Behandlungen, wie z. B. Kleben oder Bedrucken, nicht mehr nachträglich behandelt werden müssen. Dieses Verfahren nennt sich *prozessorientierte Oberflächenbehandlung* (oberflächenreaktives Spritzgießen der TU Chemnitz).

Halbzeuge werden auf *Extrudern* (Schneckenmaschinen Bild 7.2) hergestellt. Dabei wird die homogene Schmelze kontinuierlich durch eine Profildüse ausgedrückt und das entstehende Profil nachfolgend kalibriert und abgekühlt. Ergänzende Verfahren beim Extrudieren sind das *Hohlkörperblasen* (Bild 7.3) zur Herstellung von Hohlkörpern ohne Kern und das *Schlauchfolienblasen* (Bild 7.4) zur Herstellung von dünnen Folien. Durch *Coextrusion* werden *Verbundfolien* oder *Verbundhohlkörper* mit mehreren Kunststoffschichten für Sonderzwecke hergestellt. Zum Recycling von Hohlkörpern aus dem Verpackungssektor können durch *Coextru-*

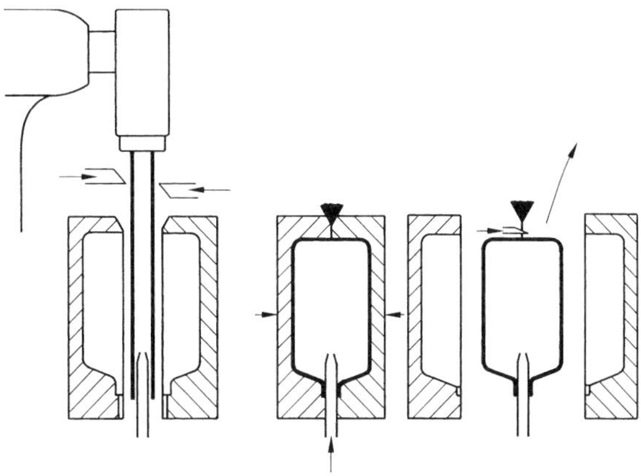

Bild 7.3 Hohlkörperblasen (Extrusionsblasformen)

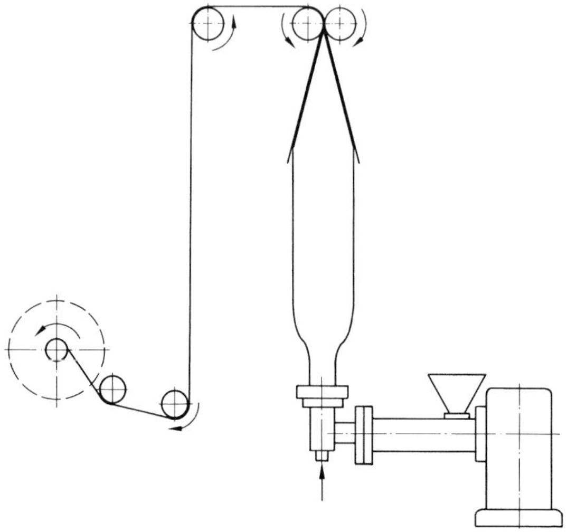

Bild 7.4 Schlauchfolienblasen

sion mehrschichtige Behälter geblasen oder mehrschichtige Rohre coextrudiert werden, wobei die *Rezyklatschicht* in der Mitte der Wandung zwischen Neumaterial zu liegen kommt. Beim *Spritzblasen* (Streckblasformen, Bild 7.5) wird zunächst ein *Vorformling* durch Spritzgießen hergestellt und dieser danach in einem zweiten Werkzeug zum Hohlkörper aufgeblasen.

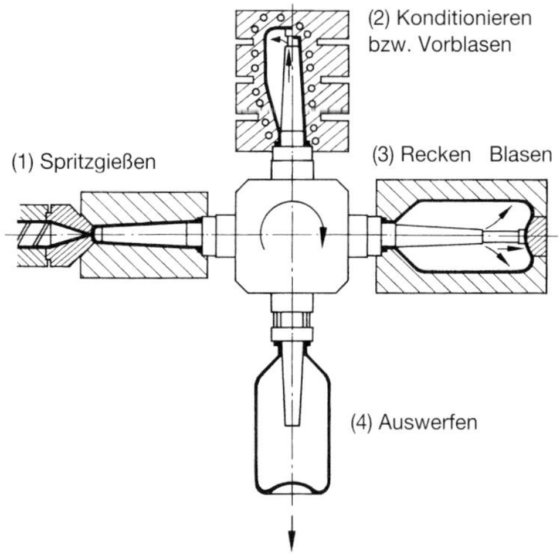

Bild 7.5 Spritzblasen

Beim *Kalandrieren* werden Kunststoffmischungen auf Kalandern (Walzwerken) zu Folien verarbeitet. Kalandrieren eignet sich besonders zur Herstellung von Folien mit engen Dickentoleranzen (Video- und Audiobänder aus Polyesterfolien) und zum dekorativen Prägen. In speziellen Anordnungen können auch Gewebe mit Kunststoffen beschichtet werden.

Beim *Rotationsformen* wird pulverförmiges, thermoplastisches Ausgangsmaterial in einem heiz- und kühlbaren Hohlwerkzeug zunächst aufgeschmolzen, durch taumelartige Bewegung des Werkzeugs an der Innenwand gleichmäßig verteilt und dann in den formstabilen, weitgehend spannungsfreien Zustand abgekühlt (*Rotationsschmelzen*). Auch monomere Ausgangsprodukte wie z. B. ε-Caprolactam eignen sich zum Rotationsformen (Formpolymerisieren von PA 6).

Beim *Wirbelsintern* werden erhitzte metallische Teile in einem Wirbelbett eines Thermoplastpulvers (PE, PA) an der Oberfläche im Schmelzfluss beschichtet; es sind nur bestimmte Schichtdicken erreichbar.

Selektives Lasersintern SLS (spezielles Rapid Prototyping) ist eine neue Möglichkeit, große, komplexe und funktionstüchtige Bauteile herzustellen.

7.1.2 Urformen von Duroplasten

Beim Urformen von Duroplasten handelt es sich um *irreversible* Formgebungsprozesse bei gleichzeitiger chemischer Reaktion. Der duroplastische Zustand ist also erst *nach* der Formgebung erreicht. Die Produkte sind danach nicht mehr schmelzbar und daher nicht schweiß- und umformbar.

Duroplastische Formteile werden aus härtbaren Formmassen (PMC, BMC, SMC) durch *Pressen, Spritzpressen* oder *Spritzgießen* hergestellt. Beim *Pressen* wird die reaktionsfähige Formmasse in das *geöffnete, beheizte* Werkzeug eingebracht. Die Härtungsreaktion erfolgt nach dem Schließen des Werkzeugs unter Einwirkung von Wärmeenergie und Druck in bestimmter Zeit. Die Formteile werden nach der Härtungsreaktion *heiß* ausgeformt und sind formstabil. Unterschiede im Härtungsvorgang bestehen zwischen *Kondensationsharzen PF, UF, MF* und *Reaktionsharzen UP* und *EP*, die ohne Abspaltung von Nebenprodukten härten. Wegen Gratbildung infolge anfänglich dünnflüssiger Schmelzen ist meist aufwendigere Nacharbeit notwendig. Eine Abwandlung des Pressens ist das *Spritzpressen* (Transfermoulding), bei dem die vorplastifizierte, fließfähige Formmasse in ein *geschlossenes* Werkzeug eingespritzt wird, wo dann die endgültige Vernetzung erfolgt. Die Toleranzen bei Spritzpressteilen sind daher gegenüber Pressteilen enger zu halten. Das *Spritzgießen* von duroplastischen Formmassen zu Formteilen hat heute größte Bedeutung. Die Auslegung und Ausstattung von Spritzzylinder mit Schnecke sowie Werkzeug ist auf das Fließ-Härtungsverhalten (Kap. 29.2) abzustimmen. Im Gegensatz zum Thermoplastspritzgießen wird im Spritzzylinder die duroplastische Formmasse bei niedrigen Temperaturen, unterhalb der Vernetzungstemperatur, vorplastifiziert und dann in das beheizte Werkzeug (Temperatur oberhalb der Vernetzungstemperatur) eingespritzt, wo die Aushärtung zum Formstoff erfolgt.

Die Verarbeitung der *härtbaren Gießharze* UP und EP ist *ohne* oder *mit* Verstärkungsmaterialien möglich (Kap. 13). Beim *Gießen* wird das reaktionsfähige, flüssige Harzgemisch in Formen eingegossen und dort *kalt* oder *warm* ausgehärtet (Kap. 12.3 und 12.4). Beim *Laminieren* (Kap. 13.1.3) wird das Formteil in einem einteiligen Positiv- oder Negativwerkzeug in Schichten aufgebaut. Fasermatten und -gewebe werden mit dem reaktionsfähigen, flüssigen Harzgemisch getränkt und das Formteil *kalt* oder *warm* ausgehärtet. *Flächenförmige Produkte* und Schichtpressstoffe werden durch Verpressen von mit Harzen getränkten Bahnen aus Papier, Geweben oder Matten und Aushärten unter Druck hergestellt.

Prepregs sind mit Harzen getränkte, flächige Gewebe oder Matten aus Glas-, Kohlenstoff- oder Aramidfasern; sie werden verarbeitungsfertig zwischen Trennfolien angeliefert (SMC, vgl. auch Kap. 13.1.3), zugeschnitten und *warm* zu Formteilen verpresst. *Teigige Formmassen* (BMC) aus Glasfaserprodukten mit Harztränkung (Harzmatten, Premix) werden durch Pressen oder Spritzgießen zu Formteilen verarbeitet; beim Spritzgießen sind spezielle Stopfvorrichtungen zum Einzug in die Schnecke notwendig.

7.1.3 Urformen von Elastomeren

Thermoplastisch verarbeitbare Elastomere TPE (Kap. 14.2) können nach den üblichen Verarbeitungsverfahren für Thermoplaste verarbeitet werden.

Alle anderen Elastomere (Gummi) werden nach Verfahren der *Kautschukverarbeitung* (Kap. 14.1), z. B. *Pressvulkanisation, Spritzgießen* oder *Tauchen* verarbeitet.

7.2 Umformen von Thermoplasten

Umformbar sind nur thermoplastische Kunststoffe. *Kaltumformen* ist selten wegen der zeitabhängigen Rückdeformation.

Warmumformen (Thermoformen) von thermoplastischem Halbzeug erfolgt bei erhöhten Temperaturen im *thermoelastischen* (gummielastischen) Temperaturbereich (Kap. 6.2). Die Abkühlung („Einfrieren“) der umgeformten Formteile muss dann unter Formzwang erfolgen.

Wichtige Umformverfahren sind das *Biegen* von Profilen, Rohren und Tafeln, das *Rohraufweiten* für Muffenverbindungen und das *Streckformen* mit Vakuum oder Druck im Negativ- oder Positivwerkzeug mit mechanischer oder pneumatischer Vorstreckung je nach Formteilgestalt und Kunststoff. Beim *Streckformen* wird die umzuformende Platte meist fest eingespannt; die Verformung erfolgt dann aus der Wanddicke heraus, im Gegensatz zum Nachfließen des nicht eingespannten Blechzuschnitts beim Tiefziehen von Metallen. Es ist eine Reihe von Umformverfahren im Gebrauch mit unterschiedlicher, pneumatischer und/oder mechanischer Vorstreckung. Die Wahl des geeigneten Verfahrens richtet sich nach der erforderlichen *Umformkraft* (mechanisch, Vakuum oder Druckluft), nach dem *umzuformenden Kunststoff*, nach der *Gestalt des Formteils* und nach der notwendigen *Wanddikkenverteilung* (Bilder 7.6 bis 7.9). *Blister-* und *Skinverpackungen* werden ebenfalls durch Warmumformung hergestellt.

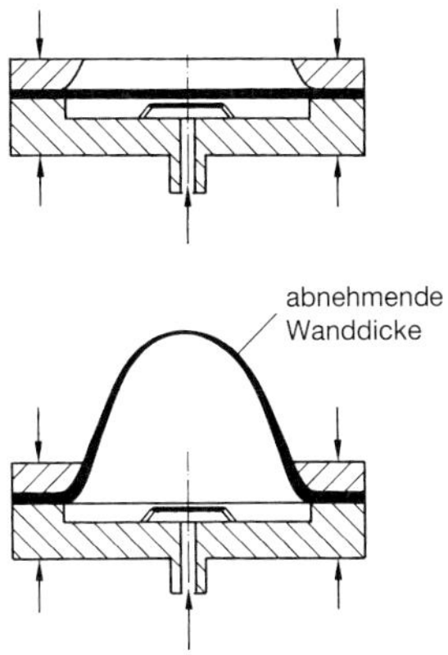

Bild 7.6 Streckformen mit Druckluft ohne Werkzeug

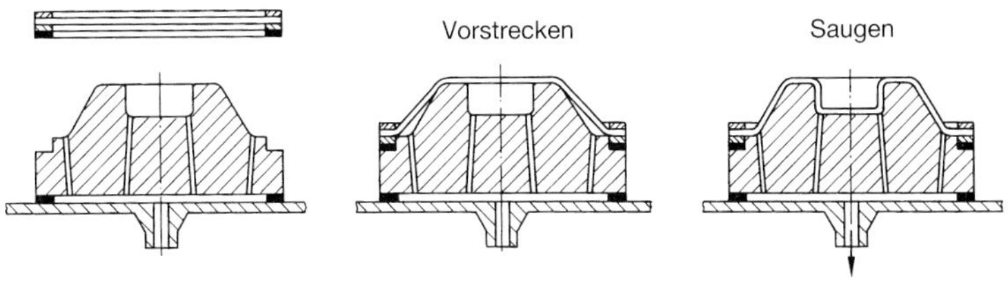

Bild 7.7 Positiv-Saugen mit mechanischem Vorstrecken

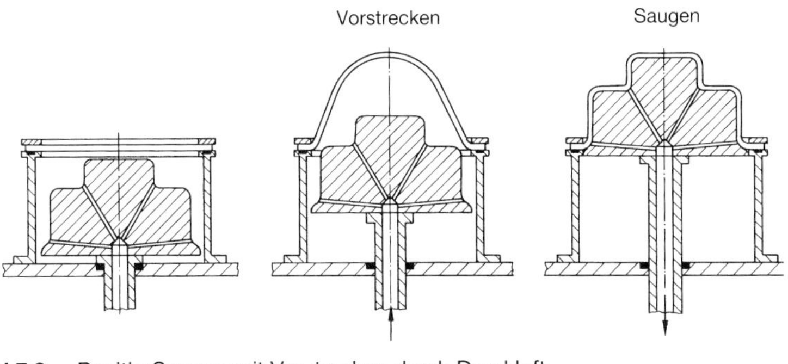

Bild 7.8 Positiv-Saugen mit Vorstrecken durch Druckluft

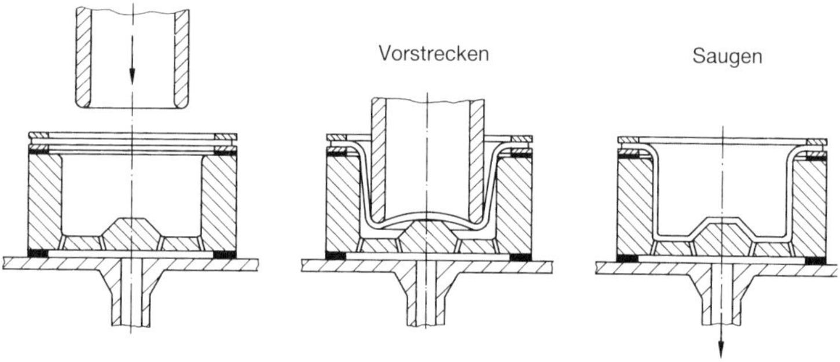

Bild 7.9 Negativ-Saugen mit mechanischem Vorstrecken

Mit der *Diaphragma-Umformtechnik* (Doppel-Diaphragma-Umformverfahren DDF nach IKV Aachen) lassen sich Formteile aus gewebeverstärkten Thermoplasten kostengünstig und variantenreich herstellen. Neuerdings ist es möglich, auch Flaschen, sogar mit Hinterschnitten, durch Thermoformen herzustellen. *Naturfaserverstärkte Kunststoffe* auf Basis PE, PP und PET werden im *Formpressverfahren* verarbeitet und vor allem im Automobilbau für Innenteile eingesetzt.

7.3 Nachbehandlungen

Zur Beeinflussung der Eigenschaften des Kunststoffs im fertigen Formteil können verschiedene Nachbehandlungsverfahren angewandt werden.

Nachkristallisation kann erforderlich sein, wenn der Kristallisationsvorgang bei der Formgebung aus unterschiedlichen Gründen nicht in der gewünschten Weise stattgefunden hat. Sie erfolgt durch Lagerung der Formteile bei erhöhten Temperaturen und ist i. A. mit einer *Nachschwindung* (Maßänderung) und *Verzug* verbunden. Die Nachschwindung kann reduziert werden, wenn in das Kunststoffgranulat *Nukleierungsmittel* eingearbeitet sind, die die Kristallisation im Werkzeug beim Spritzgießen beschleunigen.

Beim *Tempern* erfolgt ein Eigenspannungsabbau durch Lagerung der Formteile bei erhöhter Temperatur, wobei allerdings mit Verzug der Formteile zu rechnen ist.

Nachhärten bei erhöhten Temperaturen wird bei duroplastischen Formteilen angewandt, um nicht vollständig abgelaufene Härtungsprozesse zum Abschluss zu bringen; dabei ist Nachschwindung und Verzug zu beachten.

Konditionieren ist der zeitlich beschleunigte Vorgang zur Einstellung des Feuchtegehalts von stark wasseraufnehmenden Kunststoffen, vor allem Polyamiden PA. Nach den Empfehlungen der Rohstoffhersteller kommen verschiedene Methoden dafür in Frage, so z. B. Lagerung bei erhöhter Temperatur in Wasser oder feuchtem Klima oder in speziellen Klimazellen (vgl. auch Kap. 26). *Beachte:* Durch Wasseraufnahme erfolgt eine Gewichtszunahme und Maßvergrößerung!

7.4 Fügen

Duroplastische Formteile können nur durch *Verschrauben* oder *Kleben* nachträglich gefügt werden.

Thermoplastische Formteile können nach mehreren Verfahren gefügt werden. Außer Verschrauben und Verkleben wie bei Duroplasten sind noch *Schweißen, Nieten* oder *Schnappen* möglich. Beim *Schweißen* (DIN 1910 T3) können nur artgleiche Kunststoffe oder Kunststoffe mit gleichem Erweichungsbereich, z. B. PMMA und ABS, miteinander verbunden werden. Dazu sind die Fügeteile und Zusatzstoffe aufzuschmelzen, zu fügen und unter Druck abzukühlen. Je nach Schweißverfahren ist eine besondere *Nahtvorbereitung* notwendig; bzw. eine spezielle *Fügeflächengestalt* am Formteil vorzusehen (Energierichtungsgeber ERG beim Ultraschallschweißen). Beim Schweißen wird unterschieden in *Warmgasschweißen* W, *Heizelementschweißen* H, *Reib-, Vibrations- oder Rotationsschweißen* FR, *Ultraschallschweißen* US *und Hochfrequenzschweißen* HF (besonders beim polaren PVC). Weitere spezielle Schweißverfahren für Sonderzwecke sind in Anwendung, z. B. *Ultraschallsiegeln* in der Verpackungstechnik, *Laserschweißen-* und Laserdurchstrahlschweißen. Eine Sonderform des Laserschweißens ist das *Laser-Hybridschweißen* mit dem sich unterschiedliche Kunststoffe (z. B. PP und PC) verschweißen lassen.

Mit *Liftec* (Laser Induced Fusion Technology, RWTH Aachen) lassen sich (transparente/transluzente) Kunststoffe mit Metallen und Keramik formschlüssig verbinden.

Duroplaste, Thermoplaste und *Elastomere* kann man mit *geeigneten* Klebstoffen *untereinander* und mit *anderen* Werkstoffen *verkleben.* Es gibt eine Vielzahl unterschiedlicher Klebstoffsysteme: *Lösemittelklebstoffe, Kontaktklebstoffe, Haftklebstoffe, Heißsiegelklebstoffe, Schmelzklebstoffe* (Hotmelt), *Einkomponenten- und Zweikomponentenklebstoffe* und *Klebebänder* mit *unterschiedlichen* Festigkeitseigenschaften der Klebeverbindungen. Unpolare Kunststoffe (PE, PTFE, POM) können wegen ihres „Antihafteffekts" nur nach aufwendigen Oberflächenvorbehandlungen einigermaßen brauchbar verklebt werden. Leicht anlösbare Kunststoffe wie z. B. PS können mit *Lösemittelklebstoffen* verklebt werden.

Die Möglichkeiten und Anwendungen der einzelnen Fügeverfahren sind bei den jeweiligen Kunststoffen in Teil II angegeben; beim Kleben sind dort auch geeignete Klebstoffgruppen aufgeführt.

7.5 Oberflächenbehandlungen

Aus *dekorativen* oder *technischen* Gründen kann eine *nachträgliche* Oberflächenbehandlung von Formteilen notwendig werden. Zur gezielten Veränderung der Oberfläche oder Oberflächenstruktur oder zu Werbezwecken sind *Etikettieren, Lackieren, Bedrucken (Tampondruck), Laserbeschriftung, Tintenstrahlmarkieren, Heißprägen, Galvanisieren, Bedampfen, Metallisieren* und *Beflocken* im Gebrauch. Bei fast allen Verfahren ergeben sich ggf. Haftprobleme wie beim Kleben. Durch sehr unterschiedliche Vorbehandlungen müssen die Oberflächen ggf. entsprechend vorbereitet werden (Beflammen, Plasmabehandlung). Durch prozessorientierte Oberflächenmodifizierung (TU Chemnitz) lassen sich diese Nachbehandlungen vermeiden.

Direkt bei der Herstellung von Formteilen und Halbzeugen ist eine Oberflächenbehandlung möglich durch *Mehrfach-* und *Mehrkomponentenspritzguss, Hinterspritztechnik, Inmould-Dekorieren* und *-Markieren, Inmould-Coating, Co-* und *Mehrschichtextrusion.*

7.6 Spangebende Bearbeitung

Grundsätzlich können alle spangebenden Verfahren auch für Kunststoffe angewandt werden, wenn die vom Kunststoff vorgegebenen Bedingungen bzgl. *Werkzeuggeometrie* und in den *Schnittbedingungen* berücksichtigt werden. Spangebende Bearbeitung ist dann erforderlich, wenn Formteile mit inneren Hinterschnitten nicht spritzgegossen werden können, zur Herstellung kleiner Serien und für Prototypen.

Bei *Thermoplasten* sind Rückfederungseffekte, Erweichung und Wärmedehnung sowie Aufschmelzvorgänge zu beachten. Die Werkzeuge sind so zu gestalten, dass i. A. der Spanwinkel um 0° gewählt wird, damit der Kunststoff vorwiegend „schabend" abgetragen wird. In Sonderfällen, z. B. bei PA, ist beim Drehen die Werkzeuggeometrie so zu wählen, dass ein Fließspan entsteht und dadurch die Wärme sehr schnell abgeführt wird. Die *Zahnteilung* beim Fräsen oder Sägen soll um so größer sein, je weicher der zu bearbeitende Kunststoff ist. Hartmetallwerkzeuge sind zu empfehlen; Kühlung erfolgt meist mit Pressluft.

Beim *Schleifen* entspricht der großen Zahnteilung am Werkzeug bei weichen Kunststoffen eine grobe Körnung des Schleifmittels. *Polieren* erfolgt mit Polierpasten oder nass mit Filzscheiben und Poliermitteln, vor allem bei PMMA. Weitere Bearbeitungsmethoden sind *Wasserstrahl-* und *Laserschneiden* und *Laserbohren.*

Duroplaste werden mit Hartmetallwerkzeugen oder diamantbestückten Werkzeugen bearbeitet, wobei das Trennen mit *Trennscheiben* große Bedeutung hat. Beim Spanen von Duroplasten entstehen feine Stäube mit Zersetzungsprodukten und ggf. Verstärkungs- und Füllstoffanteilen (Glas!). Kühlung mit Wasser ist zweckmäßig. Günstig ist das *Wasserstrahlschneiden* für GFK.

PTFE kann nur spanend zu Formteilen verarbeitet werden. Wegen möglichen Maßänderungen ist die bei +19 °C auftretende Volumenänderung zu beachten. PTFE-Folien werden durch *Schälen* hergestellt.

7.7 Schäumen

Theoretisch können alle Kunststoffe geschäumt werden; in der Praxis werden aber nur wenige verwendet. Spritzgegossene *Thermoplastschäume* werden als TSG bezeichnet, *duroplastische Reaktionsschäume* als RSG, RIM (Reaction Injection Moulding) oder verstärkt als RRIM (Reinforced Reaction Injection Moulding).

Beim Schäumen haben besondere Bedeutung *Zellstruktur* und *Dichte* sowie der *Basiskunststoff.* Davon hängen dann die technischen Eigenschaften des Schaumes ab, wie *Härte, Zähigkeit, Steifigkeit, Temperaturbeständigkeit* und *Isoliervermögen*. Weitere Angaben siehe Kapitel 15.

8 Kunststoffe – Umwelt und Recycling*

Kunststoffe sind aus unserer heutigen Zeit nicht mehr wegzudenken. Ihr Verbrauch wächst weiter, wenn auch langsamer als früher. Durch grundlegend neue Werkstoff-Entwicklungen und neue Verarbeitungstechniken ergeben sich immer weitere Anwendungsfelder, aber auch immer mehr Umstände, bei denen die Verwendung von Kunststoffen Beeinträchtigungen der Gesundheit oder der Umwelt zur Folge haben können.

Bei der Verarbeitung können Substanzen emittiert werden, die den dort Beschäftigten nicht zuträglich sind. Auch im Gebrauch können, insbesondere bei intensivem und langzeitigem Kontakt des Verbrauchers mit Produkten aus Kunststoffen, Bestandteile abgegeben und vom Verbraucher aufgenommen werden, die gesundheitliche Beeinträchtigungen mit sich bringen. Verschärft wird die Situation dadurch, dass in der Regel zwar organische Verbindungen im Einsatz sind, diese aber synthetisch hergestellt werden und nicht natürlichen Ursprungs sind.

Bei der Herstellung von Kunststoffen spielen Überlegungen zur Resourcenschonung eine immer größere Rolle. Kunststoffe sind in aller Regel aus Erdölderivaten synthetisierte Verbindungen. Ihre Herstellung ist deshalb mit dem Verbrauch von Erdöl verbunden; geht es, wann auch immer, zur Neige, muss für die Kunststoffe eine funktionierende Kreislaufwirtschaft eingeführt sein. Für Neu- oder Ersatzproduktionen müssen andere Rohstoffquellen erschlossen/entwickelt worden sein.

Immer höhere Kunststoff-Produktion bedeutet auch immer mehr Kunststoffabfälle. In den letzten zwei Jahrzehnten wurde, insbesondere mit dem Kreislaufwirtschaftsgesetz und den angeschlossenen Verordnungen, die (Kunststoff-)Abfallwirtschaft tiefgreifend geordnet. Inzwischen werden viele Kunststoffabfälle erfasst und der Verwertung oder einer verträglichen Entsorgung zugeführt, zumindest in Deutschland.

Bei den verschiedenen Aufbereitungs- und Verwertungsverfahren ist zu beachten, dass keine schädlichen Auswirkungen von den Anlagen ausgehen. Sie unterliegen bzgl. Lärm-, Staub- und anderen Emissionen Verordnungen, wie sie für Anlagen der Grundstoff-, Aufbereitungs- oder Energieindustrie gelten.

Trotz aller unterschiedlicher Maßnahmen einzelner Staaten gelangen Kunststoffabfälle absichtlich oder unkontrolliert in wachsender Menge in die Natur. Als synthetische Verbindungen zeigen Kunststoffe keinen natürlichen Abbau und keine Verwertung in der natürlichen Umwelt. Vor allem Kunststoff-Abfälle, die ins Meer gelangen, verbleiben dort persistent; ihre Menge wächst zur Zeit beständig.

Es soll aber nicht der Eindruck erweckt werden, dass Kunststoffe für die Umwelt nur Probleme mit sich brächten. Es sei hier nur daran erinnert, dass Kunststoff-Dichtungsbahnen Abfalldeponien sicher gegen die Biosphäre abschließen, dass Kunststoffe im Verkehr durch Leichtbau Energieeinsparung ermöglichen, dass

---

* Bearbeitet von Professor Dr. Georg Clauss, Hochschule Heilbronn

a) >PS< b) >PA 66 – GF 30< c) >PF – WD 50<

Bild 8.1 Recyclingzeichen nach DIN EN ISO 11469 bzw. VDA 260 mit Darstellung der Werkstoffangaben
a) Recyclingzeichen mit Angabe des Kunststoffs >PS< zwischen „>“ und „<“ oder gekennzeichnet durch eine Ziffer (z. B. „6“) im Recyclingzeichen. Dabei bedeuten:
1: PET 2: PE-HD 3: PVC 4: PE-LD 5: PP 6: PS 7: Sonstige
b) PA 66 mit 30 % Glasfasern
c) Phenol-Formaldehyd PF Typ 31 mit 50 % Holzmehl (**W**ood **D**ust)

Kunststoffe in der Medizintechnik nicht mehr so leicht ersetzbar wären. Trotzdem gilt, dass die negativen Begleiterscheinungen mit derselben Ingenieurskunst und denselben technischen Mitteln beseitigt werden müssen, die uns zu diesen Stoffen verholfen haben.

Biopolymere bilden in mancherlei Hinsicht eine aussichtsreiche Alternative, manches der genannten Probleme von Kunststoffen vom Grundsatz her zu vermeiden. Unter Biopolymeren versteht man Kunststoffe, die aus nachwachsenden Rohstoffen hergestellt werden können und/oder Kunststoffe, die unter Kompostierbedingungen von Mikroben unter CO_2- und H_2O-Abgabe zu Humus abgebaut werden. Zahlreiche Entwicklungen in dieser Richtung haben stattgefunden; es stehen inzwischen biologisch abbaubare, aus Natur- wie aus Erdölprodukten hergestellte Kunststoffe mit unterschiedlichstem Eigenschaftsprofil zur Verfügung (vgl. Kapitel 16.3). Ist ein Kunststoff kompostierbar, gleichgültig ob auf Erdöl- oder Naturbasis, bekommt er nach aufwendiger Prüfung die Zertifizierung durch das *Kompostierbarkeitszeichen* (Bild 8.2). Die Prüfung auf Kompostierbarkeit erfolgt nach DIN EN 13432 und DIN EN 14995; das Kompostierbarkeitszeichen wird durch *DIN CERTCO* und *European Bioplastics* vergeben.

Bild 8.2 Kompostierbarkeitszeichen nach DIN CERTCO und European Bioplastics

8.1 Kunststoffe und Umwelt

Bei *Herstellung* und *Verarbeitung* von Kunststoffen können unter ungünstigen Bedingungen Belästigungen und gesundheitliche Schäden durch Dämpfe, Stäube und Zersetzungsprodukte auftreten. Dies gilt insbesondere für härtende Zubereitungen, mit denen ggf. schon direkter Kontakt vermieden werden sollte. Es sind die gesetzlichen Vorschriften zu beachten, z. B. maximale Arbeitsplatzkonzentrationen (MAK-Werte), Technische Richtlinien für Gefahrstoffe (TRGS) und neuerdings REACH (**R**egistration, **E**valuation, **A**uthorisation of **CH**emicals – Registrierung, Bewertung und Zulassung von Chemikalien). Wichtige Hinweise geben vor allem die Sicherheitsdatenblätter, die zu jedem in Verkehr gebrachten Stoff abgegeben werden.

Kunststoffe, mit denen Personen in Berührung kommen, dürfen keine die Gesundheit beeinträchtigenden Stoffe enthalten oder freisetzen. Es ist die *physiologische* Unbedenklichkeit zu gewährleisten; Probleme treten hier besonders bei Kunststoffen mit Weichmachern auf. Für Kunststoffe, die mit Lebensmitteln in Berührung kommen, gelten besondere Bestimmungen (Lebensmittelgesetz); sie sollten als *lebensmittelecht* spezifiziert sein.

In der Öffentlichkeit haben auch die in Müllheizkraftwerken (MHKW) anfallenden Zersetzungsprodukte sehr große Beachtung erlangt. Es handelt sich dabei ggf. um *halogen-* und *schwefelhaltige* Produkte, die bei nicht korrekter Verbrennungs- oder Brenngasführung giftige Verbindungen bilden, wie *Dioxine* und *Furane*. Ist ein MHKW nach dem Stand der Technik ausgestattet, werden durch gezielte Temperaturführung und Maßnahmen bei der Abgasreinigung solche schädlichen Nebenprodukte weitgehend vermieden, abgetrennt oder in kleinen Restmengen einer Inertstoff- oder Sondermüll-Deponierung zugeführt.

8.2 Kunststoff-Recycling und -Verwertung

Obwohl nur etwa 5 % des eingeführten Erdöls zu Kunststoffen verarbeitet wird, muss der Wiederverwendung und Entsorgung von Kunststoffen bzw. Kunststoffabfällen größte Beachtung geschenkt werden. Nach dem Kreislaufwirtschaftsgesetz ist die *Verwertung* der *Beseitigung* auf jeden Fall vorzuziehen, was bei gebrauchten, eventuell verschmutzten Kunststoff-Formteilen, vor allem aber bei Kunststoffteilen aus dem Hausmüll problematisch ist. Die Wiederverwendung von Kunststoffabfällen hat nicht nur zur Ressourcenschonung an Bedeutung zugenommen, sondern auch deshalb, weil ihre Deponierung in Deutschland seit dem Jahr 2005 nicht mehr gestattet ist. Bei der nachfolgend aufgelisteten Rangfolge spielen wirtschaftliche wie ökologische Gesichtspunkte eine wesentliche Rolle:

- Wiederverwendung
- werkstoffliches Recycling (Rezyklat)
- rohstoffliches Recycling (Monomere, Gase, Öle)
- energetische Verwertung.

Wiederverwendung ist die wiederholte Verwendung eines Produkts für *denselben* Verwendungszweck, z. B. Pfandflasche aus Glas, Polycarbonat PC oder Polyester PET. Bei *technischen* Kunststoff-Formteilen ist eine Wiederverwendung nur in besonderen Fällen möglich, meist im Tauschteilegeschäft zum Austausch defekter Teile (Stoßfänger, Radblenden usw.). Im Prinzip ist dieses „*Bauteil-Recycling*" für andere technische Komponenten möglich, setzt aber eine ausreichende Restlebensdauer des Tauschteils sowie ein spartenbezogenes etabliertes, möglichst flächendeckendes Ersatzteilsystem voraus.

Wenn die Verwendung als Tauschteil nicht möglich ist, ist es unter bestimmten Voraussetzungen sinnvoll, den Kunststoff für eine zweite Verarbeitung aufzubereiten, eventuell zu veredeln und dann dieselben Teile neu oder neue Teile daraus herzustellen. Die *werkstoffliche Wiederverwendung* ist der Einsatz von Kunststoffabfällen *nach entsprechender Aufbereitung* zu neuen Formmassen (Rezyklat, siehe Kap. 8.3) und ihre Verarbeitung zu *neuen Formteilen.* Manche Kunststoffe mit Flammschutzausrüstung (FR), die bestimmte Flammschutzmittel wie z. B. polybromierte Biphenyle PBB oder polybromierte Diphenylether PBDE enthalten, dürfen nicht wiederverwendet werden.

Beim „*werkstofflichen Recycling*" sollen die Moleküle des polymeren Kunststoffs so unversehrt wie möglich bleiben. Nur physikalische Behandlungen, wie Aufschmelzen, Filtern, Compoundieren, Granulieren werden eingesetzt um einen solchen „*Sekundär-Kunststoff*", das „*Rezyklat*" herzustellen. Natürlich muss das Ausgangsmaterial diverse Voraussetzungen erfüllen: es darf während seines „ersten Lebens" nicht (zu stark) geschädigt worden sein und es darf während des Recycling-Zyklus nicht vermischt oder verschmutzt werden.

Falls diese Voraussetzungen nicht erfüllt sind, können Kunststoffabfälle nicht auf diese einfache Weise zu einem werthaltigen Sekundär-Kunststoff aufbereitet werden. Da jedoch viele Kunststoffe aus chemischen Gruppen zusammengesetzt sind, stellen sie aufgrund der ehemaligen chemischen Synthese einen ggf. erheblichen Wert dar. Deshalb ist es unter Umständen sinnvoll, einen geeigneten chemischen Prozess zu entwickeln um die polymeren Makromoleküle in Monomere oder zumindest Acryl-, Ester-, Amid- oder andere Gruppen zu zerlegen und diese für eine neue Polymerisation oder eine andere chemische Synthese zu nutzen. Dieses „*rohstoffliche Recycling*" nutzt den Kunststoffabfall als „molekularen Steinbruch", um so viel wie möglich vom Wert der chemischen Struktur der Polymermoleküle zu erhalten und wiederzuverwenden. Hierzu zählen auch petrochemische Verfahren, bei denen *neue Ausgangsstoffe* (Pyrolyseöle, Synthese- oder Reduktionsgase) oder andere Produkte bei nur sehr geringen Rückständen gewonnen werden. Die Frage ist dabei allerdings, ob sich der energetische Aufwand dabei lohnt.

Energetische Verwertung ist die Ausnutzung des *Energieinhalts* von Kunststoffabfällen und Kunststoffformteilen *nach* dem Gebrauch zur *reinen Energiegewinnung* durch Verbrennen oder andere Verfahren.

In den folgenden Kapiteln sind einige Möglichkeiten der *Wiederverwendung* von Kunststoffabfällen kurz beschrieben.

8.3 Werkstoffliches Recycling

Kunststoffabfälle einer werkstofflichen Weiterverwendung zuzuführen ist eine anspruchsvolle Aufgabe. Im Ergebnis entsteht stets eine verarbeitungsfertige Formmasse, das Rezyklat. Es hängt vorwiegend vom Zustand der Abfälle ab, wie groß der Aufwand bei diesen Verfahren ist.

Die *Rückführung* von Kunststoffabfällen in der kunststoffverarbeitenden Industrie ist seit langem üblich, z. B. durch *Angussrückführung* oder Zugabe von Mahlgut zum Neugranulat und ist Stand der Technik. Nicht direkt wiederverwertbare Abfälle, z. B. „Spritzkuchen" fließen hauptsächlich in die *rohstoffliche oder energetische Verwertung*. Ein Sammeln von Granulatresten, insbesondere in unterschiedlichen Farbstellungen oder mit verschiedenen Zusätzen, und deren Wiederverwertung zu Kunststoff-Formteilen mit niedrigen Qualitätsansprüchen sollte vermieden werden, da darunter meist das Ansehen der Kunststoffe leidet. *Gemischte* und *verunreinigte Kunststoffabfälle* können nur begrenzt zur Herstellung von Formteilen ohne große Qualitätsanforderungen (Blumenkästen, Parkbänke, Schallschutzwände!) verarbeitet werden. In manchen Industriebereichen ist eine weitgehende Wiederaufarbeitung von Kunststoff-Formteilen möglich (Batteriekästen aus PP, Stoßfängersysteme).

Die sortenreine Sammlung von PVC-Profilen und PET-Flaschen mit entsprechender Aufarbeitung hat sich eingeführt. PET-Flaschen werden in großem Umfang auch zu Fasern (Mikrofasern, Fleece) recycliert.

8.3.1 Definitionen beim werkstofflichen Kunststoff-Recycling

Bei der stofflichen Wiederverwertung von Kunststoffen werden gleiche Begriffe unterschiedlich verwendet, deshalb hat TecPart (ehemals Fachverband Technische Teile im GKV) bereits vor einigen Jahren versucht, Ordnung in die Sprachenvielfalt zu bringen, indem er ein sog. *Recyclingschema* (Bild 8.3) erstellt und mit Erläuterungen versehen hat.

- *Rezyklat* ist ein Überbegriff; es handelt sich um eine Formmasse bzw. einen aufbereiteten Kunststoff mit *definierten Eigenschaften*. In vielen Fällen wird das Rezyklat in Neuware eingemischt. Ein Rezyklat hat in seinem Werdegang i.a. bereits einen Verarbeitungsprozess hinter sich. Ein *Masterbatch* oder ein *Blend*, die aus mehreren Kunststoffen durch Aufbereiten, also durch einen Verarbeitungsprozess hergestellt wurden, gelten nicht als Rezyklate.
- *Mahlgut* wird durch Mahlen von Kunststoff gewonnen. Mahlgut hat unterschiedliche und unregelmäßige Teilchengrößen von 2 mm bis 5 mm und kann Staubanteile enthalten.
- *Regranulat* wird aus Mahlgut über einen Schmelzprozess als Granulat gewonnen. Regranulat hat gleichmäßige Korngröße und keinen Staubanteil und ist problemlos verarbeitbar.

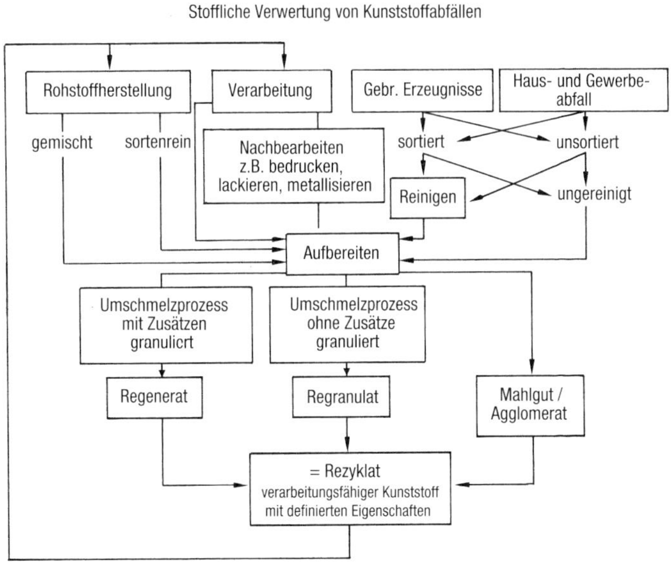

Bild 8.3 Recyclingschema nach TecPart – Verband Technische Kunststoff-Produkte e.V., Frankfurt am Main

- *Regenerat* wird über einen Schmelzprozess (Compoundieren) unter Zugabe von Zusätzen (Additiven) zur Eigenschaftsverbesserung gewonnen. Regenerat hat gleichmäßige Korngröße und keinen Staubanteil und ggf. definierte Eigenschaftswerte.

Weitere wichtige Begriffe beim Recycling sind die *Reinheit* und *Verträglichkeit* der Ausgangsmaterialien:

- *typenrein* bedeutet, dass nur *ein* Kunststoff *eines* Rohstoffherstellers mit *derselben Typbezeichnung* aufgearbeitet wird
- *sortenrein* bedeutet, dass Kunststoffe mit *gleicher* Kennzeichnung nach DIN EN ISO 11469 bzw. VDA 260, ggf. verschiedener Rohstoffhersteller aufbereitet werden
- *sortenähnlich* bedeutet, dass die aufzubereitenden Kunststoffe zwar in ihren Grundpolymeren übereinstimmen, aber in besonderen Eigenschaften, z. B. flammhemmende Zusätze, voneinander abweichen
- *vermischt* bedeutet, dass unterschiedliche Kunststoffe mit chemischer Verträglichkeit aufbereitet werden (ABS und PC). Kunststoffe sind dann *verträglich,* wenn sie in der Schmelze miteinander homogen mischbar sind und zu einem Formstoff mit befriedigenden mechanischen Eigenschaften und akzeptierbarer Oberfläche verarbeitet werden können

- *verunreinigt* bedeutet, dass die aufzubereitenden Kunststoffe aus dem vorausgegangenen Gebrauch noch Stoffe enthalten, die die Eigenschaften eines daraus herzustellenden Formteils beeinträchtigen.

8.3.2 Voraussetzungen beim werkstofflichen Recycling

Nur thermoplastische Kunststoffe können werkstofflich recycelt werden. Duroplaste und Elastomere sind vernetzt; dies geschieht während der Verarbeitung und ist irreversibel. Ein zweiter Formgebungsprozess ist unmöglich. Deshalb können diese Materialien nur gemahlen und die in ihrer Struktur vernetzten Partikel als Füllstoff wiederverwendet werden. Dies nennt man *Partikelrecycling*.

Verarbeitungsabfälle

Die Wiederverwendung von Verarbeitungsabfällen ist so alt wie die Kunststoffe und ihre Verarbeitung zu Formteilen und Halbzeugen. Es kann sich dabei handeln um *Angüsse* eines Spritzgussteils, maßlich nicht korrekte Formteile oder *Randbeschnitt* einer Folie. Aus werkstofflicher Sicht hat solcher „Abfall" dieselbe Vorgeschichte wie das Produkt. In diesem, aber nur in diesem Fall spricht man besser nicht von Abfällen, sondern von „Resten".

Es müssen aber zwei kritische Umstände gewissenhaft beachtet werden:

- Der Abfall, der zurückgeführt werden soll, muss aus einem stabilen, werkstoffgerechten Prozess stammen. Nur unter dieser Voraussetzung hat das Material die spezifizierten Eigenschaften, ist der Werkstoffzustand sicher bekannt und darf der Abfall ein zweites Mal verarbeitet werden.
- In jeder Produktion treten Sondersituationen auf, die nicht dieser Regularität entsprechen. Beim Spritzgießen umfasst das zum Beispiel den Anlauf, Pausen, Maschinendefekte, Werkzeugausprobe, Restmaterial aus der Plastifiziereinheit. Der Zustand des polymeren Materials reagiert sehr empfindlich auf jede Einwirkung höherer Temperaturen und Sauerstoff (bzw. Luft). Vor allem höhere Temperaturen und längere Verweilzeiten in den Verarbeitungsmaschinen, aber auch höhere Schneckendrehzahlen oder hoher Staudruck schädigen die Makromoleküle. Sie werden oxidiert oder zertrennt und auf diese Weise gekürzt. Die erste und meist ernsteste Konsequenz dieser Veränderung ist die erhebliche Abnahme der Schlagzähigkeit. Eine Verwendung von Abfällen aus solchen Sondersituationen muss definitiv ausgeschlossen werden.

Nur aus einem stabilen Prozess stammende Abfälle dürfen also als „*Abfälle zur Verwertung*" werkstofflich genutzt werden; Abfälle aus Sondersituationen sind als „*Abfälle zur Entsorgung*" einzustufen.

Selbst bei sorgfältigster Verarbeitung wird das Polymer unvermeidlich zu einem gewissen Grad geschädigt. Wenn Reste zurückgeführt werden um Neumaterial zu einem Anteil q zu sparen, werden das Spritzgussteil ebenso wie der neue Anguss zweimal verarbeitetes und deshalb zweimal „geschädigtes" Material enthalten.

Material, das in diesem zweiten Verarbeitungsschritt eingesetzt wurde, geht wiederum und im gleichen Anteil q in die Reste ein. Verfolgt man diesen Zyklus, so erhält man, z. B. für einen rückgeführten Anteil von 25 %, in einem Formteil einen Anteil von

$(1 - q) = 75\ \%$, der einmal
$q(1 - q) = 18,7\ \%$, der zweimal
$q^2(1 - q) = 4,7\ \%$, der dreimal
$q^3(1 - q) = 1,2\ \%$, der viermal

und fast ein halbes Prozent des Materials im Bauteil das fünfmal oder öfter verarbeitet wurde.

Was bedeutet das? Um herauszufinden, welche Schädigung ein polymeres Material durch die Verarbeitung erfährt, kann man den Formstoff mehrfach zu 100 % verarbeiten. Dazu fertigt man Bauteile oder Probekörper, mahlt sie auf, formt die Teile neu bei alleinigem Einsatz des Mahlguts und so weiter. Oft findet man erste Abweichungen in den Verarbeitungs- wie in den Bauteileigenschaften bereits nach drei, erhebliche Schädigung nach fünf Verarbeitungszyklen. Praktisch alle Komponenten des Compounds sind betroffen: die Polymermoleküle werden verkürzt, Glasfasern werden zerbrochen, Stabilisatoren altern, Farben schlagen um, Flammschutzmittel verändern sich oder zerfallen. Dies begrenzt den Anteil q, der in einer realen Verarbeitung rückgeführt werden kann. Beim Spritzgießen gilt ein Anteil von 5 % normalerweise als tolerabel ohne weitere Prüfung. Bei einem Anteil von 5 bis 25 % wird die Veränderung der Werkstoffeigenschaften immer deutlicher. So sollten die Erprobungsmuster, insbesondere von technischen Teilen, bereits unter Einsatz der direkten Anguss-Rückführung gefertigt werden, wenn dies in der Serie vorgesehen ist. Ein Anteil >25 % sollte vermieden werden. In diesem Fall ist es sinnvoller, die Angussverteiler zu 100 % zur Fertigung eines anderen, größeren Bauteils zu nutzen.

Lange Zeit war es üblich, in einer Spritzgießfertigung eine zentrale Mahlstation zu betreiben. Aber Verschmutzung, Vermischung unterschiedlicher Materialien, Alterung, Probleme bei der Zumessung eines konstanten Mahlgut-Anteils führen zu Risiken, die oft genug zu fehlerhaften Teilen führten. Heute steht oft neben jeder Spritzgießmaschine eine kleine Mühle. Diese Form der direkten Anguss-Rückführung vermeidet die im Wesentlichen logistischen Risiken, hat zu erheblich stabilerer Formteilqualität geführt und bildet den kleinstmöglichen geschlossenen Recycling-Kreislauf. Ist das rückgeführte Material wie oben vorausgesetzt unvermischt und sauber, muss nur sichergestellt werden, dass während der Verarbeitung keine gravierenden Fehler vorkommen.

Abfall aus der Verbunde-Produktion

Abfall aus Haushalten und ähnlicher Industrieabfall kann problemlos verarbeitet werden, wenn das Material unvermischt und sauber ist und die Verarbeitung fehlerfrei erfolgt.

Die Situation ist jedoch vollkommen anders, wenn der Abfall aus der Produktion stammt, aus gebrauchten Kunststoffen besteht oder wenn Verschmutzung, egal welcher Art, vorliegt. Jede Art von Einschlüssen wirkt im Sekundärwerkstoff als Spannungszentrum und deshalb als Ausgangspunkt eines (Ermüdungs-) Bruchs. Warum verhalten sich Einschlüsse anderer Polymerer wie Fremdkörper? Fast alle Polymere sind chemisch unverträglich, das heißt, dass sie keinerlei Adhäsion entwickeln, wenn sie zusammengeführt und -geschmolzen werden. Aber selbst zwei Polymere mit gleicher chemischer Basis, jedoch deutlich unterschiedlicher Fließfähigkeit werden sich nicht mischen lassen. Die Zeit hierfür wäre zu lang, die Schädigung zu groß. Neben der chemischen gibt es auch eine rheologische Unverträglichkeit. Bei Blends besteht zunächst dieselbe Situation. Nur die strikte Einhaltung einer geeigneten Partikelgröße und der Einsatz von Verträglichmachern führen zur angestrebten Zähmodifizierung. Selbstverständlich wurden vielerlei Versuche durchgeführt, um diese theoretischen Überlegungen experimentell abzuklären, speziell für Kunststoffe aus Verpackungen. Geringe Anteile eines Kunststoffs wurden einem anderen Kunststoff zugemischt. Die Eigenschaften des Matrix-Kunststoffs wurden umso mehr herabgesetzt, je unterschiedlicher die chemische Struktur der „Einschlüsse“ war. Insbesondere ergaben Beimengungen technischer Thermoplaste, vor allem von glasfaserverstärkten, völlig unbefriedigende Resultate.

Zusammenfassend kann man feststellen, dass die gravierendsten Einflüsse auf solche Eigenschaften zu beobachten sind, die das Materialverhalten

- unter schlagender Beanspruchung
- unter statischer oder dynamischer Langzeitbelastung
- speziell bei tiefen Temperaturen

charakterisieren.

8.3.3 Notwendigkeiten beim werkstofflichen Recycling

Heute ist noch bei sehr vielen technischen Geräten eine verhältnismäßig große Anzahl verschiedener Kunststoffe eingesetzt, z. B. in Haushaltsgeräten und Automobilteilen. Die systematische Wiederverwendung solcher Kunststoffteile ist erst in Einzelfällen gelöst.

Die werkstoffliche Wiederverwendung setzt voraus, dass

- die Kunststoffvielfalt reduziert wird
- die verwendeten Kunststoffe möglichst genau gekennzeichnet werden nach DIN EN ISO 11469 oder VDA 260 ggf. mit *Recyclingzeichen* (siehe Bild 8.1)
- spezielle *Kunststoffmarker* wie Fluoreszenzfarben oder ähnliches enthalten sind, damit sie einfach, schnell und exakt aussortiert werden können
- unterschiedliche Kunststoffe leicht getrennt und sortiert werden können
- wenn nicht trennbar konstruiert wird, müssen verträgliche Kunststoffe eingesetzt werden, z. B. PMMA und ABS
- recyclinggerecht konstruiert wird (VDI 2243: Konstruieren recyclinggerechter technischer Produkte)

- Lackierungen möglichst vermieden werden
- ein genaues Anforderungsprofil für das Rezyklat bekannt ist, das auch eingehalten werden kann. (Es muss immer genügend einwandfreies Rücklaufmaterial zu Verfügung stehen, was heute noch nicht in ausreichendem Umfang gewährleistet ist).

Bei allem muss aber die *Kostenfrage* beachtet werden für Sammeln, Transport, Zerlegen, Sortieren und Aufbereiten der Kunststoffe. Diese Kosten sollten in einem vernünftigen Verhältnis zur Neuware stehen. Es gibt heute *Spezialbetriebe*, die Kunststoffabfälle und gebrauchte Kunststoff-Formteile abnehmen, aufbereiten, ggf. compoundieren und dann Rezyklate mit definiertem Eigenschaftsbild, ggf. sogar zertifiziert, anbieten.

Vorteilhaft ist der Einsatz von *CBC Additiven* bei der Herstellung von Polyamiden und thermoplastischen Polyestern wegen der dann günstigen Aufarbeitung der Rezyklate. Styrol-Polymere sind einfach recyclierbar.

Anmerkung: Verpackungsabfälle, deren getrennte Erfassung diverse Probleme aufweist und die vor allem aus dem Behälter- und aus dem Lebensmittelsektor stammen und i. A. mit größeren Verschmutzungen behaftet sind, lassen sich nur schwer und aufwändig stofflich verwerten. Da solche Abfälle fast ausschließlich aus niedrigpreisigen Kunststoffen bestehen, wird durch die Kosten der Aussortierung, Reinigung und Aufbereitung der Neupreis entsprechender Primärkunststoffe in der Regel überschritten. Auch die Verwendung als Holz- und Betonersatz, z. B. für Parkbänke, Pflanzkübel, Steganlagen bietet nur beschränkt Kapazität, da die kurzlebigen Verpackungen die langlebigen Strukturbauteile mengenmäßig um ein Vielfaches übertreffen. Die Sortierqualität hat sich allerdings sukzessive verbessert, indem inzwischen Sortieranlagen auf Basis von Infrarot- und optischen Sensoren verfügbar sind. Deren Trennschärfe übertrifft die Vorsortierung durch den Verbraucher vor Abgabe der Abfälle deutlich, so dass inzwischen Konzepte auf der Basis von nur zwei Müllbehältern – trocken und nass – diskutiert und erprobt werden. Am ungenügenden Erlös für Abfälle wie die o. g. Verpackungen wird sich allerdings keine durchgreifende Veränderung ergeben, solange der Preis für Erdöl nicht deutlich steigt. Bis dahin muss die Balance zwischen Ökonomie und Ökologie durch die finanzielle Stützung der Verwertung nach Verwertungsquoten gegenüber der energetischen Nutzung der Reste gefunden werden.

Daneben ist das werkstoffliche Recycling von Kunststoffen aber auch ein Akzeptanzproblem. Es sind genügend Anwendungsfälle zu finden, für die der Einsatz von Rezyklaten mit definierten Eigenschaften ausreichend ist. Wegen der Produzentenhaftung wird vielfach aus Sicherheitsgründen Neuware vorgeschrieben, ohne dass dies unbedingt erforderlich wäre, wobei Rezyklate mit Zertifikat, d. h. definierten Eigenschaften den Anforderungen ohne weiteres genügen würden. Es ist noch große Aufklärungsarbeit zu leisten, Formteilhersteller, Abnehmer und die öffentliche Hand zu überzeugen, dass Formteile aus Rezyklaten ein bestimmtes Anforderungsprofil erfüllen können. Damit aus Rezyklaten Formteile mit gewährleisteten Eigenschaften hergestellt werden können, ist es notwendig, dass *vorher* das Eigenschaftsprofil für das Formteil und die dazu notwendigen Prüfungen festgelegt werden. Mögliche Prüfungen für Rezyklate unterscheiden sich nicht von denen für Neuware (siehe z. B. DIN EN ISO 10350 oder DIN EN ISO 11403). Aus Qualitätsgründen können jedoch weitergehende Prüfungen notwendig sein. Hier ist insbesondere an Einflüsse von Fremdpartikeln oder geänderter Compoundierung gegenüber Primärgranulat zu denken (Kapitel 8.3.2). Ist die Herkunft und Vorgeschichte des aufgearbeiteten Materials bekannt, lassen sich die potentiellen Probleme des in Frage stehenden Rezyklats in der Regel eingrenzen und so Vertrauen in seine Verwendung schaffen.

Inzwischen hat sich auch die Normung dieser Problematik angenommen. In DIN EN 15343 wird die Rückverfolgbarkeit und der Kunststoffverwertung beschrieben und in DIN EN 15347 erfolgt die Charakterisierung von Kunststoffabfällen. DIN EN 15342 (PS), DIN EN 15344 (PE), DIN EN 15345 (PP), DIN EN 15346 (PVC) und DIN EN 15348 (PET) charakterisieren Rezyklate im Sinne von Werkstoffnormen aus den am meisten verwendeten Verpackungskunststoffen.

8.4 Rohstoffliches Recycling von Kunststoffen

Falls die werkstoffliche Wiederaufarbeitung von Kunststoffabfällen unmöglich ist, sei es aus technischen oder wirtschaftlichen Gründen, besteht die Möglichkeit, die chemische Struktur der Makromoleküle zu zerlegen und die molekularen Bruchstücke für neue Synthesen zu verwenden. Allerdings fehlt es in vielen Fällen, vor allem bei kleinen Kunststoffteilen aus hochwertigen Kunststoffen an der notwendigen Menge von Rücklaufmaterial. Im Wesentlichen gibt es zwei Wege:

- in Monomere zu zerlegen
- die Verwandtschaft von Polymeren mit Mineralöl zu nutzen und sie in petrochemischen Prozessen als Mineralölersatz einzubringen.

Es sollen nur die Grundzüge dargestellt und an Beispielen erläutert werden.

Thermische Verfahren

Acrylharze können thermisch depolymerisiert werden. PMMA depolymerisiert quantitativ in MMA-Monomere; Verschmutzungen oder Additive wie z. B. Pigmente stören diesen Prozess nicht. Das flüssige Monomer muss gegen spontane Polymerisation stabilisiert werden. Unter dieser Bedingung kann es transportiert und für neue Acrylcompounds verwendet werden, oft für Vergießharze.

Solvolytische Verfahren

Viele Polymere werden durch Entzug von H–OH-Gruppen gebildet. Das gilt heute für viele thermoplastische Materialien wie Amid-, Ester-, Acetal-, Terephthalat- oder Urethanharze. Dies eröffnet die Möglichkeit sie an dieser Verbindungsstelle hydrolytisch, sauer, basisch, alkoholisch oder aminisch zu attackieren.

Diese Verfahren werden unter der Bezeichnung solvolytische Depolymerisation zusammengefasst, da das Polymer oder zumindest die Reaktionsprodukte meist im reaktiven Ansatz gelöst vorliegen.

Acetalharze (POM) werkstofflich aufzuarbeiten ist annähernd unmöglich, da sie hierfür absolut typenrein sein müssten. Sie sind außerdem nicht allzu stabil gegen (mehrfache) Verarbeitung. Depolymerisiert man aber in saurem Medium, zerfallen die Acetalharze in Trioxan, das ursprüngliche Rohmaterial für die Synthese von neuem POM. Dies kann direkt in die POM-Polymerisation zurückgeführt werden.

Polyurethane (PUR) werden aus zweiwertigen Isocyanaten und zwei- oder dreiwertigen Alkoholen polymerisiert. Um das ursprüngliche Isocyanat und den ursprünglichen Alkohol wiederzugewinnen müsste man das Polymer z. B. mit Wasser hydrolytisch spalten. Diese Reaktion verläuft aber sehr langsam und man erhält nicht das Isocyanat zurück, sondern das zugrundeliegende Amin und CO_2. So ist es kaum möglich, PUR-Matratzen zu recyceln; für die viel härteren Polster von Autositzen oder Kopfstützen sind aber Recyclinglösungen bekannt. Oft wird das PUR nicht komplett depolymerisiert, sondern gemahlen und die Partikel verwertet. Diese werden in eine reaktive Zubereitung eingerührt, wodurch ihre Oberfläche angegriffen wird, reaktive Gruppen gebildet und die Partikel „zusammengeklebt" werden. In dem reaktiven Ansatz befindet sich ein Alkohol, der die solvolytische Depolymerisation bewirkt sowie die Verklebung der Partikel zusammen mit dem eingebrachten Isocyanat. Eine solche Lösung wird angegangen, um Chemikalien und Prozesszeit zu sparen; es vermindert aber normalerweise die (mechanischen) Eigenschaften des Sekundärprodukts noch stärker.

Die Anstrengungen, Polyurethane PUR wiederzuverwenden sind so zahlreich wie die Verwendungen. Man hat gelernt, den Sekundärwerkstoff einzusetzen, um die Anforderungen eines neuen Produkts zu erfüllen.

Pyrolytische Behandlung

Es handelt sich um die Zersetzung von Kohlenwasserstoffen unter Abwesenheit von Luft bzw. Sauerstoff. Abhängig von der Temperatur (500 °C bis 850 °C) erhält man unterschiedliche Produkte: Kohlenwasserstoffe wie Wachse oder Öle bis hin zu Benzinen. Über diese Produkte hinaus hat die Pyrolyse gegenüber der Verbrennung einen zusätzlichen Vorteil: die Rauchgase werden um einen Faktor 5 bis 20 reduziert, gefährliche Substanzen verbleiben im koksartigen Rückstand.

Hydrierung

Hydrierung ist ein technisch und wirtschaftlich aufwändiges Verfahren. Typische Verfahrensbedingungen sind 150 bar bis 250 bar und etwa 450 °C. Dieses Verfahren hat aber weit über die bloße Behandlung von Kunststoffabfällen hinaus sehr positive Aspekte. Die festen Kohlenwasserstoffe (KW) im Abfall werden in gasförmige und flüssige überführt, indem die Makromoleküle gesättigt und gecrackt werden. Die Produkte reichen von Methan bis zu Schmierstoffen. Auch PVC wird zu Kohlenwasserstoffen konvertiert; das Chlor-Atom wird zu HCl hydriert und aus dem Ansatz entfernt. Das bedeutet, dass üblicher Verpackungsabfall nicht vorbehandelt werden muss, um das Cl zu entfernen. Dasselbe gilt für N, das als NH_3 entzogen wird.

Typische Hydrierprodukte aus Verpackungsabfällen sind 10 % C_1- bis C_4-Gase, 20 % Naphta, 45 % Mitteldestillat (Diesel-ähnliches Fluid) und 15 % Schweröl.

In Deutschland existieren Anlagen, die in den achtziger Jahren zur Produktion von Kohlenwasserstoffen aus Kohle errichtet wurden.

Vergasung

Für bestimmte Verwertungen ist es sinnvoll, die Kohlenwasserstoffe in kleinstmögliche Einheiten aufzuspalten. Behandelt man sie bei Temperaturen um 1000 °C bis 1200 °C unter Luft- bzw. Sauerstoffzutritt, erhält man ein Gas. Es ist aus H_2, CO und CO_2 in unterschiedlichen Konzentrationen zusammengesetzt. Derartige Gase finden Verwendung als

- Synthesegas, z. B. zur Methanolsynthese,
- Reduktionsgas, insbesondere in Hüttenwerken und
- Brenngas, das heißt synthetisches Erdgas.

Eine sehr interessante Verwendung und eine direkte Substitution von Mineralöl ergibt sich in Eisenhütten. Eisen wird unter Einsatz von Mineralöl aus Erz hergestellt. Das Öl wird direkt in die Reaktionszone eingedüst, wo es sofort zersetzt wird. Nachdem das Erz zu Eisen reduziert und das Öl dabei zu CO_2 und H_2O oxidiert wurde, geht es als Konvertergas mit einigen Resten an CO und H_2 ab, so dass durch Nachverbrennung noch in geringerem Umfang Energie gewonnen werden kann.

Kunststoffe aus Verpackungen können bis zu einem gewissen Anteil als Ersatz für das Mineralöl eingesetzt werden. Das Verfahren, insbesondere das Eindüsen wird nicht gestört, wenn eine Maische mit bis zu 20 % Kunststoffschnipseln angesetzt wird. Bei den Temperaturen in der Reaktionszone verläuft der Zerfall der Schnipsel und die Reduktion des Erzes genauso wie für das Öl. Allerdings darf die PVC-Konzentration maximal 0,3 % betragen.

1990 wurden in Deutschland ca. 600 kt Öl in der Stahlherstellung eingesetzt. Das gesamte Aufkommen an Verpackungsabfällen aus Kunststoffen lag bei gut 600 kt. Über solche Anwendungen ergibt sich schließlich für Kunststoffe aus Verpackungsabfällen eine stoffliche Verwertung von 80 %; sie stellen somit heute einen gesuchten Sekundär-Rohstoff dar.

8.5 Energetische Verwertung

Mit der Verteuerung fossiler Brennstoffe ist auf der Suche nach Alternativen auch der Energieinhalt von Abfällen verstärkt ins Blickfeld gerückt. Während zunächst die thermische Behandlung zur Massereduzierung vor Ablagerung im Vordergrund stand, hat die Nutzung des Energieinhalts kontinuierlich an Bedeutung gewonnen und so die energetische Verwertung auch von Kunststoffabfällen in ein neues Licht treten lassen.

Kunststoffe können nicht nur in petrochemischen Prozessen und Verfahren als Sekundär-Rohstoff eingesetzt werden und so Erdöl substituieren. Neben den stofflichen Eigenschaften enthalten die Kunststoff-Abfälle auch einen hohen Betrag chemisch gebundener Energie, der bis zu 60 % der zur Herstellung erforderlichen Energie betragen kann (Tabelle 8.1).

Tabelle 8.1 Energiebedarf zur Herstellung von Werkstoffen und enthaltener Heizwert

Werkstoff	**Energiebedarf Herstellung MJ/kg**	**Heizwert MJ/kg**
Polyethylen PE	70 bis 85	43
Polystyrol PS	80 bis 90	40
Papier	18	45 bis 57
Glas	10	–
Stahl	20 bis 25	–
Aluminium	115 bis 140	–

Die energetische Verwertung dient ausschließlich zur Nutzung dieser in Kunststoffabfällen steckenden Energie, in Heizkraftwerken oder in anderen energieintensiven Prozessen. Dort substituieren sie primäre Energieträger wie Kohle, Erdöl oder Erdgas, fungieren also als Sekundär-Brennstoffe. Obwohl sie von ihrer chemischen Struktur gesehen zu wertvoll sind, gibt es doch verschiedene Gründe, ausschließlich ihren kalorischen Wert zu nutzen.

Jedes Sortierverfahren zur Gewinnung von Sekundär-Werkstoffen wird unvollständig sein. Im Bandüberlauf werden sich – neben allen anderen aufgegebenen Materialien – gewisse Anteile Kunststoffe finden. Auch Verbunde, die mit wirtschaftlichem Aufwand nicht getrennt werden können, sind hier zu nennen genauso wie die „heizwertreiche organische Fraktion" des Restmülls. Seitdem das Verbot in Kraft getreten ist, reaktionsfähige Stoffe auf Deponien abzulagern, sind solche Abfälle vor der Ablagerung zu behandeln. Für Kunststoffe ist zur Inertisierung nur eine thermische Behandlung möglich. Die hierbei freiwerdende Energie ist zu nutzen – auch dies eine Vorgabe der Abfall-Gesetzgebung.

Ein wesentliches Problem bei der Nutzung von Kunststoff-Abfällen als Sekundär-Brennstoff bilden Halogene. PVC aus vielfältigen Anwendungen, aber auch Brom aus ehemaligen Flammschutzmitteln und Chlor aus früheren flammhemmenden Zusätzen sind hierbei zu nennen. In Müllheizkraftwerken wird gegebenenfalls ein unsortiertes und recht inhomogenes Stoffgemisch in die Brennkammern aufgegeben. Dies führt zu erheblichen Korrosionsproblemen. Durch sogenannte Säuresträhnen treten immer wieder sehr lokal Frühausfälle an einzelnen Wärmetauscherrohren auf. Darüber hinaus ist mit der de-novo-Synthese von Dioxinen und Furanen zu rechnen, die durch katalytische Nachbehandlung der Abgase oder durch Bindung an Aktivkohlefilter vor dem Freiwerden unschädlich gemacht oder zumindest aufgefangen werden müssen.

Um solche Probleme zu umgehen, um homogenere und schadstofffreie Brennstoffe zur Verfügung zu haben, werden Abfälle zu spezifizierten Sekundärbrennstoffen aufgearbeitet. Für Kunststoff-Abfälle heißt dies vor allem, dass der PVC-Anteil soweit reduziert wird, dass der Cl-Anteil des als Brennstoff abgegebenen Materials nicht mehr als 0,5 Gew.-% beträgt. Für die Gütesicherung nach RAL-GZ 754 hat sich die Gütegemeinschaft Sekundärbrennstoffe gebildet, die die entsprechenden Spezifikationen und Verfahren festlegt.

II Kunststoffe als Werkstoffe

9 Kennzeichnung und Normung von Kunststoffen

Normen:

DIN EN 472	Kunststoffe – Fachwörterverzeichnis
DIN EN ISO 1043	Kunststoffe – Kennbuchstaben und Kurzzeichen T1: Basispolymere und ihre besonderen Eigenschaften T2: Füllstoffe und Verstärkungsstoffe T3: Weichmacher T4: Flammschutzmittel
DIN EN ISO 11469	Kunststoffe – Sortenspezifische Identifizierung und Kennzeichnung von Kunststoff-Formteilen, ausgenommen Packmitteln (siehe auch VDA 260)
DIN EN ISO 14021	Umweltkennzeichnungen und -deklarationen – Umweltbezogene Anbietererklärungen (Umweltkennzeichnung Typ II)
DIN EN ISO 18064	Thermoplastische Elastomere – Nomenklatur und Kurzzeichen
DIN ISO 1629	Kautschuk und Latices – Einteilung, Kurzzeichen
DIN 6120	Kennzeichnung von Packstoffen und Packmitteln zu deren Verwertung – Packstoffe und Packmittel aus Kunststoff T1: Bildzeichen T2: Zusatzbezeichnung
DIN 7725	Kennzeichnung von Lebensmittelbedarfsgegenständen (zurückgezogen)
DIN 16780	Kunststoff-Formmassen – Thermoplastische Formmassen aus Polymergemischen T1: Einteilung und Bezeichnung T2: Herstellung von Probekörpern und Bestimmung von Eigenschaften
DIN 55625	Füllstoffe für Kunststoffe
ASTM D 1600-94a	Standard Terminology for Abreviated Terms to Plastics
VDA 67	Elastomere
VDA 260	Kraftfahrzeuge – Kennzeichnung von Bauteilen aus polymeren Werkstoffen

9.1 Allgemeine Kennzeichnung von Kunststoffen

Im vorliegenden Werkstoff-Führer Kunststoffe wurde bei der Angabe von Kurzzeichen für Kunststoffe auf DIN EN ISO 1043 und bei Polymergemischen auf DIN 16780 zurückgegriffen. Im Inhaltsverzeichnis sind die im Werkstoff-Führer Kunststoffe behandelten Kunststoffe aufgeführt. Von den einzelnen Kunststoffen gibt es zahlreiche *Modifikationen* als *Copolymerisate, Polymerisatmischungen, Polyblends, Legierungen, Rezyklate* usw. mit unterschiedlichen Abwandlungen der Grundeigenschaften. In Tabelle 9.1 sind die wichtigsten Kunststoffe aufgeführt.

Tabelle 9.1 Symbole für wichtige Kunststoffe

Symbol	Kunststoff[1)]
ABS	Acrylnitril-Butadien-Styrol
AMMA	Acrylnitril-Methylmethacrylat
ASA	Acrylnitril-Styrol-Acrylat
CA	Celluloseacetat
CAB	Celluloseacetatbutyrat
CAP	Celluloseacetatpropionat
CF	Kresol-Formaldehyd
CN	Cellulosenitrat
COC	Cycloolefin-Copolymer
CP	Cellulosepropionat
E/P	Ethylen/Propylen
ECTFE	Ethylen-Chlortrifluorethylen
ETFE	Ethylen-Tetrafluorethylen
EVAC	Ethylen-Vinylacetat
EP	Epoxid-Harz
LCP	Flüssigkristall-Polymer
MABS	Methacrylat-Acrylnitril-Butadien-Styrol
MBS	Methacrylat-Butadien-Styrol
MF	Melamin-Formaldehyd-Harz
MP	Melamin-Phenol-Formaldehyd-Harz
PAEK	Polyaryletherketon
PA	Polyamid
PAI	Polyamidimid
PAN	Polyacrylnitril
PARA	Polyarylamid
PB	Polybuten
PBT	Polybutylenterephthalat
PC	Polycarbonat
PCL	Polycaprolacton
PCTFE	Polychlortrifluorethylen
PDAP	Polydiallylphthalat
PE	Polyethylen (Polyethen)
PE-C	Polyethylen, chloriert
PEBA (alt)	Polyether-block-Amid (neu: TPA)
PEEK	Polyetheretherketon
PEI	Polyetherimid
PEK	Polyetherketon
PEN	Polyethylennaphthalat
PESU	Polyethersulfon
PET	Polyethylenterephthalat
PET-A	Polyethylenterephthalat, amorph
PET-C	Polyethylenterephthalat, kristallin
PET-G	Polyethylenterephthalat, Glykol-modifiziert
PEUR	Polyetherurethan
PF	Phenol-Formaldehyd
PHA	Polyhydroxylalkanoat

Symbol	Kunststoff[1)]
PI	Polyimid
PIB	Polyisobutylen
PLA	Polyactid
PMI	Polymethacrylimid
PMMA	Polymethylmethacrylat
PMMI	Polymethacrylmethylimid
PMP	Poly-4-methylpenten-(1)
POM	Polyoxymethylen (Polyformaldehyd, Polyacetal)
PP	Polypropylen
PPA	Polyphthalamid
PPE	Polyphenylenether
PPS	Polyphenylensulfid
PPSU	Polyphenylensulfon
PS	Polystyrol
PS-S	Polystyrol, syndiotaktisch
PSAC	Polysaccharid, Stärke
PSU	Polysulfon
PTFE	Polytetrafluorethylen
PUR	Polyurethan
PVAL	Polyvinylalkohol
PVB	Polyvinylbutyrat
PVC	Polyvinylchlorid
PVDC	Polyvinylidenchlorid
PVDF	Polyvinylidenfluorid
SB	Styrol-Butadien
SMS	Styrol-α-Methylstyrol
SAN	Styrol-Acrylnitril
SI	Silikon
TPE	thermoplastische Elastomere
TPA	– auf Basis Polyamid
TPC	– auf Basis Copolyester
TPO	– auf Basis von Olefinen
TPS	– auf Basis Styrol
TPU	– auf Basis Polyurethan
TPV	– auf Basis von vernetztem Kautschuk
TPZ	weitere thermoplastische Elastomere
UF	Urea-Formaldehyd (Harnstoff-Formaldehyd)
UP	Ungesättigter Polyester
VCE	Vinylchlorid-Ethylen
VCEVAC	Vinylchlorid-Ethylen-Vinylacetat

[1)] Hinter die chemische Bezeichnung wird z. T. noch „Kunststoff" oder „Copolymer" gesetzt.

Anmerkung: Nach IUPAC müssten Namensteile zwischen Klammern gesetzt werden, wenn nach „Poly" mehr als *ein* Namensteil folgt; meist werden diese Klammern aber weggelassen, was der Normenausschuss Kunststoffe (FNK) inzwischen beschlossen hat.

Den Kurzzeichen aus Tabelle 9.1 können zu weiterer Unterscheidung noch *zusätzliche Kennbuchstaben* für besondere Eigenschaften oder *Zahlen* (z. B. bei Polyamiden, vgl. Kap. 10.6) angehängt werden (Tabelle 9.2). Es ist in der Norm eindeutig festgelegt, dass keine Kennbuchstaben *vor* dem Kurzzeichen angeordnet werden dürfen, sondern nur dahinter; somit muss es z. B. heißen PS-E, statt EPS oder PE-X, statt VPE. Noch keine Norm besteht für die Angabe *syndiotaktisch*; die heute übliche Schreibweise für syndiotaktisches Polystyrol sPS ist nach Norm nicht möglich (wahrscheinliche Bezeichnung PS-S). Festlegungen für Polymere, die mit Metallocenkatalysatoren hergestellt werden, gibt es ebenfalls noch nicht, evtl. wird M oder MC (PP-MC) angehängt.

Tabelle 9.2 Kennbuchstaben für besondere Eigenschaften

Zeichen	Bedeutung	Zeichen	Bedeutung
A	amorph, Säure (modifiziert)	N	normal, Novolak
B	bromiert, block, biaxial	O	orientiert
C	chloriert, kristallin, isotaktisch	P	weichmacherhaltig, thermoplastisch
D	Dichte	R	erhöht, Resol, Random, hart
E	verschäumt, schäumbar, elastomer	S	gesättigt, sulfoniert, syndiotaktisch, duroplastisch
F	flexibel, flüssig, fluoriert	T	Temperatur(beständig), thermoplastisch, zäh modifiziert
G	glykol (modifiziert)		
H	hoch	U	ultra, weichmacherfrei, ungesättigt
I	schlagzäh	V	sehr
L	niedrig, linear	W	Gewicht
M	mittel, molekular	X	vernetzt, vernetzbar

Kunststoff-Rezyklate werden mit (REC) gekennzeichnet

Beispiele:

PVC-C	chloriertes Polyvinylchlorid
PVC-U	weichmacherfreies PVC
PVC-P	weichmacherhaltiges PVC
PE-X	vernetztes Polyethylen
PS-(H)I	schlagzähes Polystyrol
PE-UHMW	ultrahochmolekulares Polyethylen
PE-LLD	lineares Polyethylen niedriger Dichte
PA 6	Polyamid aus ε-Caprolactam

PA 66	Polyamid aus Hexamethylendiamin und Adipinsäure
PP-R	Polypropylen Random-Copolymer
PET (REC50)	Polyethylenterephthalat mit 50 % Rezyklatanteil

Bei ***Copolymerisaten*** enthält das Kurzzeichen Angaben über die *monomeren* Komponenten, die in der Regel in der Reihenfolge der absteigenden Massegehalte (Massenprozente) erscheinen. Bisher wurden die Monomere durch einen Schrägstrich getrennt (S/AN), der nach neuester Norm wieder entfällt (SAN).

Polymermischungen *(Polyblends, Polymerlegierungen)* werden nach DIN 16780 so gekennzeichnet, dass die Einzelkomponenten (Tabelle 9.1) mit einem Pluszeichen verbunden werden, die seither übliche Klammer entfällt wieder (zwischen den Polymeren und dem Pluszeichen sollen keine Leerzeichen stehen), z. B.

PBT+PC	Polymermischung aus Polybutylenterephthalat und Polycarbonat
PC+ABS	Polymermischung aus Polycarbonat und Acrylnitril/Butadien/Styrol
PPE+SB	Polymermischung aus Polyphenylenether und Styrol/Butadien
POM+PUR	Polymermischung aus Polyoxymethylen und Polyurethan
PP+EPDM	Polymermischung aus Polypropylen und Ethylen/Propylen-Dien-Kautschuk
PMMA+ABS	Polymermischung aus Polymethylmethacrylat und Acrylnitril/Butadien/Styrol

Kennzeichnung von Zusätzen

Zur Verbesserung bestimmter Eigenschaften werden Kunststoffe mit Zusätzen (vgl. Kap. 5) versehen. *Additive* werden i. A. nur in den genauen Normbezeichnungen angegeben. *Flammschutzmittelzusatz* wird mit *FR* gekennzeichnet, z. B. ABS-FR. In Klammer kann dahinter das verwendete Flammschutzmittel angegeben werden, z. B. FR(XX). Bei XX handelt es sich um eine zweistellige Code-Nummer; für die derzeit gilt:

10 bis 25	Halogenverbindungen
30	Stickstoffverbindung
40 bis 42	Organische Phosphorverbindungen
50 bis 52	Anorganische Phosphorverbindungen
60 bis 64	Metalloxide, Metallhydroxide, Metallsalze
70 bis 73	Bor- und Zinkverbindungen
75 bis 76	Siliziumverbindungen
80	Graphit

Ein schlagzäh modifiziertes Polyamid 6 mit 30 % Glasfaser und dem Flammschutzmittel roter Phosphor wird wie folgt gekennzeichnet: PA 6–GF30–FR(52).

Bei *weichmacherhaltigen* Polymeren kann außer dem Weichmacher auch der Weichmacheranteil in Prozent angegeben werden, der *vor* das Weichmacherkurzzeichen nach DIN EN ISO 1043-3 gesetzt wird, z. B. PVC-P(20DOP) für ein weichmacherhaltiges PVC mit 20 % Dioctylphthalat (DOP).

Bei *verstärkten bzw. gefüllten Kunststoffen* wird zuerst die *Kunststoffart* nach DIN EN ISO 1043-1 angegeben, gefolgt von einem waagrechten Strich mit dem *angehängten Kurzzeichen* für *Art* und *Form* des Verstärkungs- bzw. Füllstoffs und dessen *Anteil in Masseprozent* (Tabelle 9.7) nach DIN EN ISO 1043-2, z. B.:

UP-GF	glasfaserverstärkter, ungesättigter Polyester
PP-MD20	Polypropylen mir 20 % Mineralstoffpulver
POM-GB30	Polyacetalharz mit 30 % Glaskugeln.

Nach DIN EN ISO 11469 kann bei Kunststoffen mit einem Gemisch aus mehreren *Verstärkungsstoffen* unterschiedlich gekennzeichnet werden:

PA 66-(GF25 + MD15) für ein Polyamid 66 mit einem Gemisch aus 25 % Glasfasern und 15 % Mineralstoffpulver oder PA 66-(GF+MD)40, wenn nur die Gesamtmenge von 40 % angegeben wird.

Thermoplastische Elastomere erhalten nach DIN EN ISO 18064 die allgemeine Kennzeichnung TPE.

Wenn genauere Angaben gemacht werden sollen, folgt dem TP ein weiterer Buchstabe für die Art des thermoplastischen Elastomers, z. B. TPA, TPC, TPO, TPU, TPV oder TPZ und ggf. noch weitere Angaben (siehe Kap. 9.4.2).

Kennzeichnung von Formteilen nach DIN EN ISO 11469

Damit beim Recycling die Formteile einfach sortengerecht sortiert werden können, müssen sie entsprechend gekennzeichnet werden; das geschieht, wenn genügend Platz auf dem Formteil vorhanden, immer zwischen „>" und „<" wie folgt (Beispiele):

PVC mit Weichmacher DBP	>PVC-P(DBP)<
PA66 mit Füllstoffen und Flammschutzmittel	>PA66-(GF25+MD15) FR(52)<
Verbundprodukt mit sichtbarer Deckschicht aus PVC auf PUR mit einem Kern aus ABS (Hauptanteil)	>PVC, PUR, ABS<
Formteil aus ABS	>ABS<
Blend aus PC und ABS mit Hauptbestandteil PC	>PC+ABS<

Rezyklierte Kunststoffe (Kunststoff-Rezyklate) erhalten an der letzten Position ein (REC), ggf. mit Mengenangabe, z. B. PET(REC) oder PE-HD(REC50).

9.2 Aufbau einer Normbezeichnung für thermoplastische Formmassen

In heutigen Kunststoffnormen für *Thermoplaste* sind Bezeichnungen nach internationalen ISO-Normen festgelegt. Es handelt sich um eine neue Systematik für Kunststoffbenennungen. Alle Formmassenormen für Thermoplaste nach ISO sind nach demselben Prinzip aufgebaut und in ihrem technischen Inhalt aufeinander abgestimmt. Solche Bezeichnungen sind sehr lang und unübersichtlich, erlauben aber eine ziemlich exakte Beschreibung der thermoplastischen Formmassen.

Für die Formmassenormen gilt immer:

T1: Bezeichnungssystem und Basis für Spezifikationen
T2: Herstellung von Probekörpern und Bestimmung von Eigenschaften
T3: Anforderungen an ausgewählte Eigenschaften

Anmerkung: Die Rohstoffhersteller kennzeichnen ihre Formmassen nicht nach DIN EN ISO.

In DIN 16780 T1 ist die Kennzeichnung von Polymergemischen nach dieser Systematik beschrieben und erklärt.

Die Bezeichnung erfolgt in einem *Blocksystem*, das aus einem *Benennungsblock* und einem *Identifizierungsblock* besteht. Der Identifizierungsblock enthält die ISO-Norm und die *Merkmale-Datenblöcke*. Aus den Bildern 9.1 und 9.2 ist ersichtlich, welche Merkmale in den einzelnen Datenblöcken erfasst werden.

Daten-Block 1 enthält den *chemischen Aufbau* des Kunststoffs mit Kurzzeichen nach DIN EN ISO 1043-1 (Tabelle 9.1), Zusatzbezeichnungen und Sondereigenschaften können den Tabellen 9.2 und 9.3 entnommen werden. Spezielle (zusammengesetzte) Sondereigenschaften können ebenfalls angegeben werden, z. B.

R	reduced (reduziert) bzw. resistant (widerstandsfähig)
AR	verschleiß- und/oder reibwiderstandvermindert
CHR	besonders chemikalienbeständig
EMI	geeignet für elektromagnetische Abschirmung
FR	verringerte Brennbarkeit durch Brandschutzausrüstung
HI	hochschlagzäh
HR	besonders wärmealterungsbeständig
I	schlagzäh (impact)
LR	besonders licht- und/oder witterungsbeständig
RM	verringerte Wasseraufnahme
RT	erhöhte Temperaturbeständigkeit (raised temperature resistance)
T	erhöht transparent
WR	besonders hydrolyse- oder waschlaugenbeständig

Tabelle 9.3 Datenblock 1 mit Zusatzkennzeichnungen

Zeichen	Bedeutung	Zeichen	Bedeutung
A	–	N	–
B	Blockcopolymerisat	P	weichmacherhaltig
C	chloriert	Q	Mischung von Modifikationen gleicher Grundpolymere
D	–	R	Statistisches Copolymerisat, Resol
E	Emulsionspolymerisat	S	Suspensionspolymerisat
F	–	T	–
G	Gießharz	U	weichmacherfrei
H	Homopolymerisat	V	–
J	Prepolymer	W	–
K	Copolymerisat	X	ohne Angabe (vernetzt nach ISO)
L	Pfropfpolymerisat	Y	–
M	Massepolymerisat	Z	–

Daten-Block 2 enthält bis zu 4 *qualitative Merkmale*, wie z. B. die Möglichkeiten der Verarbeitung und Zusätze (Tabelle 9.4).

Daten-Block 3 enthält *quantitative Eigenschaftsangaben,* die beispielhaft in den Tabellen 9.5 und 9.6 aufgeführt sind. Welche Eigenschaften hier festgelegt werden, richtet sich nach den Anforderungen an den Kunststoff und ist i. A. in der jeweiligen Formmassenorm festgelegt oder kann vereinbart werden. Die Kennwerte für die Eigenschaften werden dabei in *Bereiche* eingeteilt und durch entsprechende Ziffern *verschlüsselt* gekennzeichnet.

Daten-Block 4 enthält Angaben über *Art* und *Form* von *Füll- und Verstärkungsstoffen* und ihren Massengehalt (Tabelle 9.7).

Daten-Block 5 ist gedacht für die Aufstellung von Spezifikationen, die zwischen Lieferant und Abnehmer vereinbart werden, z. B. für die Herstellung von Formteilen mit definierten Anforderungen. Hier können z. B. auch die Bereiche aus Datenblock 3 eingeengt oder durch Grenzwerte ergänzt werden. An dieser Stelle können auch zusätzliche Anforderungen, wie z. B. zum *Brandverhalten,* zur *Kriechstromfestigkeit,* zum *Wärmestandverhalten* usw. aufgenommen werden.

Beispiel für die Angabe einer PA 66-Formmasse:
Thermoplast ISO 1874 – PA 66, MFH, 14 –100, GF35

Es bedeuten PA 66 thermoplastische Polyamid 66-Formmasse, M Spritzgießen, F Brandschutzmittel, H Wärmealterungsstabilisator, 14 Viskositätszahl 140 ml/g, 100 Zug-E-Modul 10200 MPa, GF 35 Glasfaseranteil von 35 %.

<table>
<tr><td colspan="7">Norm-Bezeichnung</td></tr>
<tr><td rowspan="3">Benen-
nungs-
Block</td><td colspan="6">Identifizierungs-Block</td></tr>
<tr><td rowspan="2">ISO-
Norm</td><td colspan="5">Merkmale-Block</td></tr>
<tr><td>Daten-Block 1</td><td>Daten-Block 2</td><td>Daten-Block 3</td><td>Daten-Block 4</td><td>Daten-Block 5</td></tr>
</table>

Bild 9.1 Benennungs- und Identifizierungsblock mit Normnummer und Merkmaldatenblöcken

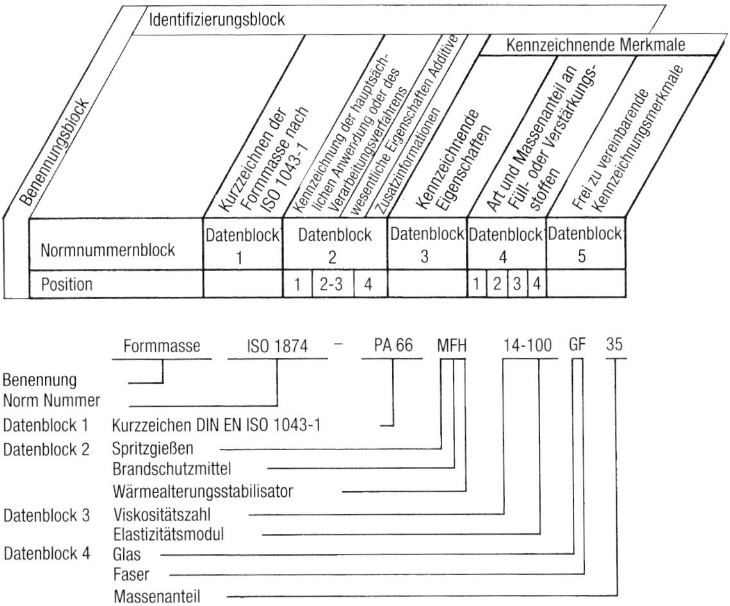

Erläuterung

Datenblock 1	PA 66	Polyamid 66-Formmasse
Datenblock 2, Pos. 1	M	für das Spritzgießen
Datenblock 2, Pos. 2	F	mit Flammschutzmittel
Datenblock 2, Pos. 3	H	mit Wärmestabilisierung
Datenblock 3, Pos. 1	14	mit einer Viskositätszahl, siehe [1]
Datenblock 3, Pos. 2	100	mit einem Elastizitätsmodul, siehe [2]
Datenblock 4, Pos. 1 u. 2	GF	mit Glas-Fasern
Datenblock 4, Pos. 3	35	mit einem Massenanteil von 35 % [3]

Mit der Kurzbezeichnung ergeben sich für die kennzeichnenden Merkmale folgende Wertebereiche:

[1] 14: J = 130 bis 160 cm^3/g

[2] 100: E = 9500 bis 10 500 MPa

[3] 35: GF-Gehalt 32,5 bis 37,5 %

Bild 9.2 Kennzeichnung einer PA 66-Formmasse

Tabelle 9.4 Datenblock 2 mit bis zu 4 qualitativen Merkmalen (Verarbeitungsmöglichkeiten, Zusätze)

Zeichen	Position 1	Zeichen	Position 2 bis 4
A	Klebstoff	A	Verarbeitungsstabilisator
B	Blasformen	B	Antiblockmittel
C	Kalandrieren	C C1 C2	Farbmittel Farbmittel, transparent Farbmittel, nicht transparent
D	für Schall- und Bildplatten	D	Pulver (Dryblend)
E	Extrusion von Rohren, Profilen, Platten	E	Treibmittel, dehnbar, expandierbar
F	Extrusion von Folien und dünnen Platten	F	Brandschutzmittel
G	allgemeine Anwendung	G	Granulat, Pellets
H	Beschichtung	H	Wärmealterungsstabilisator
J	–	J	–
K	Kabel- und Drahtummantelung	K	Metall-Desaktivator
L	Monofilamentextrusion	L	Licht- und/oder Witterungsstabilisator
M	Spritzgießen	M	Nukleierungsmittel
N	–	N	ohne Farbzusatz (naturfarben)
O	–	O	keine Angabe
P	Pastenherstellung	P	schlagzäh modifiziert
Q	Pressen	Q	–
R	Rotationsformen	R	Entformungshilfsmittel
S	Pulversintern, Pulverbeschichten	S	Gleit-, Schmiermittel
T	Bandherstellung	T	erhöhte Transparenz
U	–	U	–
V	Warm(um)formen, Thermoformen	V	–
W	–	W	Hydrolysestabilisator
X	keine Angabe	X	Vernetzungsmittel
Y	Faserherstellung	Y	verbessert elektrisch leitend
Z	–	Z	Antistatikum

Tabelle 9.5 Datenblock 3, Beispiel für die Angabe der Viskositätszahl für Polycarbonat

Zeichen	Viskositätszahl in ml/g (cm/g)
46	≤46
49	>46 bis ≤52
55	>52 bis ≤58
61	>58 bis ≤64
67	>64 bis ≤70
70	>70

Tabelle 9.6 Datenblock 3, Beispiel für die Angabe der Schmelze-Volumenfließrate für Polycarbonat

Zeichen	Schmelze-Volumenfließrate MVR 300/1,2 in cm^3/10 min
03	≤2,8
05	>2,8 bis ≤5,7
09	>5,7 bis ≤11,4
18	>11,4 bis ≤22,7
24	>22,7

Kennzeichnung von GMT nach DIN EN 13677

GMT wird unterschieden nach den kennzeichnenden Verstärkungs- oder Füllstoffen, nach der Art des Verstärkungsstoffs und dem Massenanteil, nach dem Herstellungs- und/oder Verarbeitungsverfahren und den kennzeichnenden Eigenschaften *Zugmodul/Biegemodul* und *mehrachsiges Stoßverhalten* nach DIN EN ISO 6603-2.

Thermoplast EN 13677 – PP GM140, LQ1, L/006-013

Es bedeuten PP Polypropylen, GM1 Verstärkung Glasmatte, unausgerichteter Faserverlauf, 40 Glasfasergehalt 40 %, LQ1 schmelzimprägniert, fließformgepresst, L licht- und wärmestabilisiert, 006 Biegemodul 6,5 GPa und 013 mehrachsiger Stoß 14 J.

Thermoplast EN 13677 – PP GF130, WQ1, X/022-006

Es bedeuten PP Polypropylen, GF1 Glasstapelfaser, 30 Glasfasergehalt 30 %, WQ1 Nassverfahren, fließformgepresst, X keine Angabe, 022 Biegemodul 22 GPa und 006 mehrachsiger Stoß 7 J.

Tabelle 9.7 Datenblock 4, Kennzeichnung von Art und Menge der Zusatzstoffe

Position 1		**Position 2**		**Position 3**	
Zeichen	**Material**	**Zeichen**	**Form/Struktur**	**Zeichen**	**Massenanteil in %**
A	Aramid	A	–		
B	Bor	B	Kugeln, Perlen, Bällchen		
C	Kohlenstoff	C CM	Schnitzel, Chips Schnittmatte		
D	Aluminium-Trihydrat	D	Pulver	05	bis 7,5
E	Ton	EM	Endlosmatte	10	über 7,5 bis 12,5
F	–	F	Faser	15	über 12,5 bis 17,5
G	Glas	G	Mahlgut, Granulat	20	über 17,5 bis 22,5
H	Hybrid	H	Whiskers	25	über 22,5 bis 27,5
J	–	J	–	30	über 27,5 bis 32,5
K	Calciumcarbonat, Kreide	K	Wirkwaren	35	über 32,5 bis 37,5
L1 L2	Zellulose Baumwolle	L LF	Lagen Langfaser	40	über 37,5 bis 42,5
Mi ME	Mineral/ Metall[1)]	M	Matte (dick)	45	über 42,5 bis 47,5
N	Organische Naturstoffe (Baumwolle, Sisal, Hanf, Flachs)	N NF	Faservlies (dünn) Nanofaser[2)]	50	über 47,5 bis 52,5
P	Glimmer	P	Papier	55	über 52,5 bis 57,5
Q	silikatische Füllstoffe	Q	–	60	über 57,5 bis 62,5
R		R	Roving	65	über 62,5 bis 67,5
S	synthetische organische Stoffe (feinverteiltes PTFE, Polyimide, Duroplaste)	S	Schalen, Flocken, Blättchen	70	über 67,5 bis 72,5
T	Talkum	T	Cord, gedrehtes oder geflochtenes Garn	75	über 72,5 bis 77,5
U	–	U	–	89	über 77,5 bis 82,5
V	–	V	Furnier	85	über 82,5 bis 87,5
W	Holz	W	Gewebe	90	über 87,5
X	nicht spezifiziert	X	nicht spezifiziert		
Y	–	Y	Garn		
Z	andere	Z	andere		

[1)] Nach DIN EN ISO 1043-2 (Entwurf 01-2009) wird für Metall ME eingeführt, um Verwechslungen mit M Mineral zu vermeiden. Nach Metall muss der Mengenanteil des Metalls stehen, z. B. M(E)H05FE, dabei bedeutet M(E) Metall, H Whisker, 05 Anteil 5 % und FE Eisen (Stahl).
Nach DIN EN ISO 8986 (Entwurf 04.2008) wird M nur noch für Metall verwendet. Für Mineral ist eine genaue Bezeichnung vorgesehen, z. B. I für anorganisches Mineral, K für Kreide, T für Talkum usw.
[2)] Nach DIN EN ISO 1043-2 (Entwurf 01-2009) wird NF für Nanofaser festgelegt. NF wird aber heute i. a. für Naturfaser verwendet.

9.3 Normung von Duroplasten

Duroplaste werden in sehr unterschiedlichen Formen angeboten, als *Harze* (R), *rieselfähige Formmassen* (PMC), *Prepregs* in Form von *SMC* (Sheet moulding compounds), *BMC* (Bulk moulding compounds) und *DMC* (Dough moulding compounds).

Normen:

DIN EN ISO 14526	Kunststoffe – Riesefähige Phenol-Formmassen (PF-PMC)
DIN EN ISO 14527	Kunststoffe – Rieselfähige Harnstoff-Formaldehyd- und Harnstoff/Melamin-Formaldehyd-Formmassen (UF- und UF/MF-PMC)
DIN EN ISO 14528	Kunststoffe – Rieselfähige Melamin-Formaldehyd-Formmassen (MF-PMC)
DIN EN ISO 14529	Kunststoffe – Rieselfähige Melamin/Phenol-Formmassen (MP-PMC)
DIN EN ISO 14530	Kunststoffe – Riesefähige ungesättigte Polyester-Formmassen (UP-PMC)
DIN EN ISO 15252	Kunststoffe – Rieselfähige Epoxidharz-Formmassen (EP-PMC)
DIN EN 14 598	Verstärkte härtbare Formmassen – Spezifikation für Harzmatten (SMC) und faserverstärkte Pressmassen (BMC)
DIN EN ISO 3672	Kunststoffe – Ungesättigte Polyesterharze (UP-R)
DIN EN ISO 3673	Kunststoffe – Epoxidharze (EP-R)
ISO 8604	Kunststoffe – Prepregs – Begriffdefinitionen und Kurzzeichen für Bezeichnung
ISO 8605	Textilglasverstärkte Kunststoffe – SMC-Formmassen – Basis für eine Spezifikation
ISO 8606	Kunststoffe – Prepregs – BMC- und DMC-Formmassen (Faser-Formmassen) – Basis für eine Spezifikation

Für die Formmassenormen gilt immer:

T1: Bezeichnungssystem und Basis für Spezifikationen
T2: Herstellung von Probekörpern und Bestimmung von Eigenschaften
T3: Anforderungen an ausgewählte Eigenschaften

Besondere Eigenschaften können zusätzlich gekennzeichnet werden:

A Ammoniakfrei
E Elektrische Eigenschaften
FR Flammbeständig
M Mechanische Eigenschaften
N Lebensmittelecht
R Enthält Recyclingzugabe
T Wärmebeständig
X Nicht festgelegt
Z Sonstiges

In den Normen sind Tabellen enthalten, die einen Vergleich der rieselfähigen duroplastischen Formmassen PMC nach ISO mit den alten Bezeichnungen nach

DIN erlauben; außerdem auch den Vergleich der Bezeichnungen in nationalen und internationalen Normen (siehe Kapitel 12.1 bis 12.4).

Bezeichnungssystem für PMC nach DIN EN ISO

Abkürzung für rieselfähige Formmassen ist PMC (Powder Moulding Compound), analog zu *Feuchtpressmassen BMC* und *Harzmatten SMC*.

Die Bezeichnung erfolgt wie bei Thermoplasten in einem *Daten-Blocksystem* (Bild 9.1) mit unterschiedlichen Angaben in den einzelnen Daten-Blöcken. Die verschiedenen Typen werden unterschieden durch die Angabe des Basis-Polymers, über Art und Menge des Füll-/Verstärkungsstoffs, vorgesehene Verarbeitungs- und/oder Herstellungsverfahren sowie Angaben zu besonderen *kennzeichnenden* Eigenschaften.

Für das Bezeichnungssystem ergibt sich

Benennungs-Block, z. B. PMC
Identifizierungs-Block für die Nummer der internationalen Norm, z. B. ISO 14526
Merkmale-Daten-Block mit *5 Daten-Blöcken*.

Daten-Block 1 enthält als Merkmal 1 die *Kennzeichnung des Basiskunststoffs* nach (DIN EN) ISO 1043-1 (Tabelle 9.1), als Merkmal 2 *Art* des *Füll-/Verstärkungsstoffs*, als Merkmal 3 die *Form* der verwendeten *Füll-/Verstärkungsstoffe* nach DIN ISO 1043-2 und als Merkmal 4 ihren *Massengehalt* (Tabelle 9.7). Gegenüber Tabelle 9.7 sind für Duroplaste weitere Arten und Formen von Füll- und Verstärkungsstoffen vorgesehen (Tabelle 9.8); die *Massengehalte* werden wie in Tabelle 9.7 angegeben.

Tabelle 9.8 Zusätzliche Kennzeichnung von Füll- und Verstärkungsstoffen für Duroplaste, Datenblock 1, Ergänzung zu Tabelle 9.7

Art des Füllstoffs		**Form/Struktur des Füllstoffs**	
A	Aramide	F	Faser
D	Aluminiumtrihydroxid	F1	Stapelfasern
L1	Zellulose	F2	geschnittene Fasern
L2	Baumwolle	M1	Matte, fortlaufende Stränge, mechanisch gebunden
R	Rezyklat (Recycling-Material)	M2	Matte, fortlaufende Stränge, chemisch gebunden
		M3	Matte, geschnittene Stränge, mechanisch gebunden
		M4	Matte, geschnittene Stränge, chemisch gebunden
		U	unidirektional fortlaufend

Tabelle 9.9 Verarbeitungsverfahren bzw. Anwendung für Duroplaste[1], Daten-Block 2

Verarbeitungsverfahren bzw. Anwendung für Duroplaste			
A	Bindemittel A1 Klebstoffe A2 Mastizes A3 Partikel (Fasern, Sand) A4 gewickelte Verstärkung A5 Harzklebstoff	N	Drucklose Verarbeitung N1 Gießen N2 kontinuierliche Imprägnierung N3 Handlaminieren N4 Einbetten N5 Laminieren N6 Faserspritzen N7 Wickeln
C	Beschichtungen C1 Pulverbeschichtung C2 Gelcoatschichten C3 Papierbeschichtung	P	Pultrusion
F	Schäumen	Q	Formpressen Q1 mit Fließen Q2 ohne Fließen
G	Allgemeine Verwendung	R	Rotationsformen R1 langsam R2 schleudern
H		T	Spritzpressen, Tranferpressen
K		W	Nassverarbeitung
L	Schmelzimprägnierung	X	keine Kennzeichnung
M	Spritzgießen M1 Spritzformpressen	Z	andere

[1] Bezeichnungen werden laufend dem technischen Fortschritt angepasst

Daten-Block 2 enthält Angaben über mögliche *Verarbeitungsverfahren* (Tabelle 9.9).

Daten-Block 3 enthält als Merkmal 1 Angaben über *besondere Eigenschaften* (Tabelle 9.10) und als Merkmal 2 die *kennzeichnende Eigenschaft 1* und als Merkmal 3 die *kennzeichnende Eigenschaft 2* (Tabelle 9.11).

Daten-Block 4 kann Hinweise auf weitere nationale, internationale oder Firmennormen enthalten.

Daten-Block 5 ist freigestellt für weitere Spezifikationen, die zwischen Lieferant und Abnehmer vereinbart werden können.

Die Daten-Blöcke müssen untereinander durch Kommata getrennt werden. Wird ein Daten-Block nicht belegt, muss das durch „X" (= keine Angabe) gekennzeichnet werden, jedoch nur dann, wenn ein weiterer Block folgt.

Tabelle 9.10 Besondere Eigenschaften[1] für Duroplaste, Daten-Block 3, Merkmal 1

Charakteristische Eigenschaften			
A	ammoniakfrei	O	Optische Eigenschaften O1 transluzent O2 opak O3 Eigenfarbe
C	Chemische Eigenschaften C1 Chemische Widerstandsfähigkeit C2 Hydrolysebeständigkeit C3 Vernetzung bei niedriger Temperatur C4 Vernetzung bei niedrigen Drücken C5 vorbeschleunigte Produkte	P	Verfahrensaspekte P1 Thixotropie P2 geringe flüchtige Bestandteile P3 lösemittelhaltig
D	Dichte	N	Lebensmittelechtheit (Berührung mit Lebensmitteln)
E	Elektrische Eigenschaften E1 Oberflächenwiderstand E2 Dielektrischer Verlustfaktor E3 Volumenwiderstand E4 antistatische Eigenschaften E5 Kriechstromfestigkeit	S	Oberflächeneigenschaften S1 allgemeine Anwendung S2 geringe Schwindung S3 (sehr) schwindungsarm S4 „Nullschwindung" S5 verschleißfest S6 selbstschmierend
F	Brennverhalten F1 selbstverlöschend F2 flammhemmend	T	Thermische Eigenschaften
H	stabilisiert gegen Wärmealterung	W	Wasserabsorption
I	Undurchlässigkeit I1 gegen Wasser I2 gegen Gase	X	keine Angaben
L	Licht- und Witterungsstabilisierung	Z	andere
M	Mechanische Eigenschaften M1 Schlagbeanspruchung M2 Biegefestigkeit		

[1] Bezeichnungen werden laufend dem technischen Fortschritt angepasst

Tabelle 9.11 Kennzeichnende Eigenschaften von Duroplasten, Daten-Block 3, Merkmale 2 und 3

Kennzeichnende Eigenschaft 1 (Merkmal 2)	
PMC SMC/BMC/DMC Harze	Charpy-Schlagzähigkeit (DIN EN ISO 179-1) Elastizitätsmodul aus Biegeversuch E_f Reaktivität
Kennzeichnende Eigenschaft 2 (Merkmal 3)	
PMC SMC/BMC/DMC Harze	Formbeständigkeitstemperatur (DIN EN ISO 75-2) thermische Stabilität Viskosität

Beispiele für die Kennzeichnung von Duroplasten nach (DIN EN) ISO

Rieselfähige Spritzgießmasse auf der Basis Phenolformaldehydharz
(nach DIN 7708: etwa Typ 31.5):

PMC ISO 14526 – PF (WD30+MD20), M,E
Dabei bedeuten PMC rieselfähige duroplastische Formmasse (Powder Moulding Compound), ISO 14526 die ISO-Norm, PF Phenol-Formaldehyd (Tabelle 9.1); WD30 (27,5 bis 32,5) Massenprozent Holzmehl; MD20 (17,5 bis 22,5) Massenprozent Mineralmehl (Tabellen 9.7 und 9.8); M Spritzgießen (Tabellen 9.4 und 9.9); E besondere elektrische Eigenschaften (Tabelle 9.10).

SMC auf der Basis UP-Harz:

SMC EN 14598-1 – UP(GF30+MD45)X,F
Es bedeuten SMC Sheet Moulding Compound, UP ungesättigter Polyester, GF30 Glasfaseranteil 30 %, MD45 Gesteinsmehlanteil 45 %, X kein empfohlenes Verarbeitungsverfahren und F flammwidrig ausgerüstet.

Laminierharz auf der Basis UP:

R ISO 3672 – UP,N5,C2
Dabei bedeuten R Harz; ISO 3672 die ISO-Norm; UP ungesättigtes Polyesterharz (Tabelle 9.1); N5 Laminieren (Tabelle 9.9); C2 spezielle Hydrolysebeständigkeit (Tabelle 9.10).

9.4 Kennzeichnung und Normung von Elastomeren

Normen:

DIN ISO 1629	Kautschuk und Latices – Einteilung, Kurzzeichen
DIN EN ISO 18064	Thermoplastische Elastomere – Nomenklatur und Kurzzeichen

9.4.1 Kennzeichnung von vernetzten Elastomeren

Dem Klassifizierungssystem nach DIN ISO 1629 liegt bei der Kennzeichnung die chemische Zusammensetzung der Polymerkette zugrunde; es gilt sowohl für die festen Kautschuke, als auch für die Latices (wässrige Dispersionen). Die Kurzzeichen bestehen aus 2 bis 5 Buchstaben. Der *letzte* Buchstabe kennzeichnet die *chemische Zusammensetzung* der Polymerkette und gilt als *Gruppenkennzeichen*. Die vorangestellten Buchstaben (also links vom Gruppenkennzeichen) kennzeichnen die Monomere, auf denen der Kautschuk aufgebaut ist. Je weiter links ein Kennbuchstabe steht, desto geringer ist sein Anteil. Weitere Buchstaben geben Hinweise auf Besonderheiten des Kautschuks.

Einige wichtige Kautschukgruppen (Auswahl)

M-Gruppe: Kautschuke mit einer gesättigten Polymethylen-Kette

ACM	Copolymer aus Acrylaten mit geringem Anteil eines Monomers, das die Vulkanisation ermöglicht (Acrylat-Kautschuk)
CM	chloriertes Polyethylen (PE-C nach ISO 1043)
CSM	chlorsulfoniertes Polyethylen
EPM	Ethylen-Propylen-Copolymer
EPDM	Terpolymer aus Ethylen, Propylen und einem Dien mit ungesättigtem Teil in der Seitenkette
FKM	Fluor-Kautschuk
IM	Polyisobutylen

O-Gruppe: Kautschuke mit Kohlenstoff und Sauerstoff in der Polymerkette

CO	Epichlorhydrin-Kautschuk
GPO	Polypropylenoxid-Kautschuk

Q-Gruppe: Kautschuke mit Silizium in der Polymerkette

FMQ	Silicon-Kautschuk mit Methyl- und Fluor-Gruppen
MQ	Silicon-Kautschuk nur mit Methyl-Gruppen
VMQ	Silicon-Kautschuk mit Methyl- und Vinyl-Gruppen

R-Gruppe: (R steht für Rubber): Kautschuke mit ungesättigten Ketten

NR	Naturkautschuk
IR	Isopren-Kautschuk (synthetischer Naturkautschuk)
IIR	Isobuten-Isopren-Kautschuk (Butyl-Kautschuk)
BR	Butadien-Kautschuk
CR	Chloropren-Kautschuk
NBR	Acrylnitril-Butadien-Kautschuk (Nitril-Kautschuk)
SBR	Styrol-Butadien-Kautschuk

U-Gruppe: Kautschuke mit Kohlenstoff, Sauerstoff und Stickstoff in der Polymerkette

AU	Polyesterurethan
EU	Polyetherurethan

Z-Gruppe: Kautschuke mit Phosphor und Stickstoff in der Polymerkette

FZ	Phosphazen-Kautschuk mit Fluoralkyl- oder Fluoroxyalkylgruppen
PZ	Phosphazen-Kautschuk mit Phenoxygruppen

9.4.2 Kennzeichnung von thermoplastischen Elastomeren TPE

Die thermoplastischen Elastomere werden nach DIN EN ISO 18064 gekennzeichnet. Die TPE bestehen aus Polymeren oder Polymerblends in Block-, Pfropf-, Segment- oder anderer Struktur, die dem Werkstoff bei Raumtemperatur *ohne Vulkanisation gummiähnliches Verhalten* verleiht, aber thermoplastische Verarbeitung ermöglicht.

Die thermoplastischen Elastomere erhalten die Kennzeichnung TP, gefolgt von weiteren Buchstaben, die die Kategorie kennzeichnen (Beispiele):

TPA Thermoplastische Polyamidelastomere
TPA-EE: TPA mit weichen Ether- und Esterbindungen
TPA-ES: TPA mit weichen Polyestersegmenten
TPA-ET: TPA mit weichen Polyethersegmenten

TPC Thermoplastische Copolyesterelastomere
TPC-EE: mit weichen Ether- und Esterbindungen
TPC-ES: mit weichen Polyestersegmenten
TPC-ET: mit weichen Polyethersegmenten

TPO Thermoplastisches Olefinelastomer
TPO-(EPDM+PP): Blend aus Eth(yl)en-Prop(yl)en-Dien-Terpolymer und PP mit mehr EPDM als PP; geringe oder keine Vernetzung des EPDM

TPS Thermoplastische Styrenelastomere
TPS-SBS: Styren[1]/Butadien-Blockcopolymer
TPS-SEBS: Styren/Ethenbuten/Styren-Blockcopolymer
TPS-SEPS: Styren/Ethenpropen/Styren-Blockcopolymer
TPS-SIS: Styren/Isopren-Blockcopolymer

TPU Thermoplastische Urethanelastomere
TPU-ARES: aromatische Hartsegmente und Polyester-Weichsegmente
TPU-ARET: aromatische Hartsegmente und Polyether-Weichsegmente
TPU-AREE: aromatische Hartsegmente und Polyether-/Polyester-Weichsegmente
TPU-ARCE: aromatische Hartsegmente und Polycarbonat-Weichsegmente
TPU-ARCL: aromatische Hartsegmente und Polycaprolacton-Weichsegmente
TPU-ALES: aliphatische Hartsegmente und Polyester-Weichsegmente
TPU-ALET: aliphatische Hartsegmente und Polyether-Weichsegmente

TPV Thermoplastische Kautschukvulkanisate
TPV-(EPDM+PP): Blend aus hochvernetztem EPDM und PP
TPV-(NBR+PP): Blend aus hochvernetztem Acrylnitril-Butadien-Kautschuk und PP
TPV-(NR+PP): Blend aus hochvernetztem Naturkautschuk und PP
TPV-(ENR+PP): Blend aus epoxidiertem Naturkautschuk und PP
TPV-(IIR+PP): Blend aus hochvernetztem Butykautschuk und PP

TPZ Nicht klassifiziertes thermoplastisches Elastomer
TPZ-(NBR+PVC): Blend aus Acrylnitril-Butadien-Kautschuk und PVC (sofern nicht vulkanisiert)

---

1) Styren entspricht Styrol und Polystyren entspricht Polystyrol. In den Normen wird nicht einheitlich gekennzeichnet.

10 Thermoplaste

10.1 Polyolefine

Polyolefine sind teilkristalline Thermoplaste, die sich durch eine gute chemische Beständigkeit und gute elektrische Isoliereigenschaften auszeichnen. Da sie sich nach fast allen üblichen Verfahren leicht verarbeiten lassen und preiswert sind, finden sie eine so breite Anwendung, dass sie heute zur wichtigsten Kunststoffgruppe geworden sind.

Hauptsächlich eingesetzt werden *Polyethylen (Kap. 10.1.1)* und *Polypropylen (Kap. 10.1.2)*. Für besondere Anforderungen werden *spezielle Polyolefine (Kap. 10.1.3)* verwendet. Neue Katalysatoren (*Metallocene*, Single-Site) führen bei den Polyolefinen zu speziellen Produkten, die, vor allem mit enger Molmassenverteilung, völlig neue Eigenschaftsprofile aufweisen und daher zunehmend andere Kunststoffe (vor allem solche mit ökologisch ungünstigerem Eigenschaftsprofil) ersetzen können (siehe auch Kap. 10.1.1 und 10.1.2). Homo- und Copolymere auf Ethylen(Ethen)-Basis zeigen eine große Bandbreite in ihren Eigenschaften von steif (PE-UHMW) bis sehr flexibel (EVAC). Multimodales PE-HD weist besondere Eigenschaften auf.

10.1.1 Polyethylen PE

Aufbau:

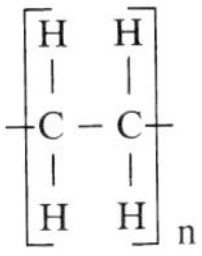

Handelsnamen (Beispiele): Affinity, Dowlex, Elite (Dow); Ambicat, Borstar (Borealis); Bexloy, Fusabond, Surlyn, Tyvek (DuPont); Combithen (Wolff); Eraclene (Polimeri); Escor, Paxon (Exxon); Finacene (Total); Ladene, Vestolen (Sabic); Hostalen, Lucalen, Luflexen, Lupolen, Luwax Purell (Basell); Marlex (Chevron); Novex, Rigidex (BP); Orevac (Arkema); Sclair (Nova); Stamylan, Vestolen (Sabic); Uniclene (Mitsui); Vestoplast (Degussa); Vinnapas (Wacker)

Normung: DIN EN ISO 1872; DIN EN ISO 4613 (EVAC, siehe auch Kap. 14.2.4); DIN EN ISO 11542 (PE-UHMW); DIN EN 15344; DIN ISO 5834.

In DIN EN ISO 1872 werden die Polyethylen (PE-)Formmassen unterschieden durch (verschlüsselte) Wertebereiche der kennzeichnenden Eigenschaften *Dichte* ϱ, *Schmelze-Massenfließrate* MFR 190/0,325 (E), MFR 190/2,16 (D), MFR 190/5 (T) oder MFR 190/21,6 (G) und Informationen über die *vorgesehene Anwendung* und/oder *Verarbeitungsverfahren, wichtige Eigenschaften, Additive, Farbstoffe, Füll- und Verstärkungsstoffe.* (MFR wird bei Überarbeitung der Normen durch MVR ersetzt).

Beispiele für die Angaben von PE-Formmassen:

Thermoplast ISO 1872 – PE,FBN,18-D045
Es bedeuten PE-Formmasse, F Folienextrusion, B Antiblockiermittel, N naturfarben, 18 Dichte 918 kg/m^3 (0,918 g/cm^3) und D045 Schmelze-Massefließrate MFR 190/2,16 (D) von 3,5 g/10 min.

Thermoplast ISO 1872 – PE,B,50-G006
Es bedeuten PE-Formmasse, B Blasformen, 50 Dichte von 952 kg/m^3 (0,952 g/cm^3), G006 Schmelze-Massefließrate 190/21,6 (G) von 0,5 g/10 min.

Thermoplast ISO 11542 – PE-UHMW,QD,2-2-1,ISO 5834-1
Es bedeuten PE-UHMW-Formmasse, Q Pressen, D Pulver, 2 Viskositätszahl von 2400 ml/g, Dehnspannung von 0,25 MPa, 1 Charpy-Kerbschlagzähigkeit (mit spezieller Doppel-V-Kerbe) von 150 kJ/m^2, ISO 5834-1 zeigt, dass dieses Material für chirurgische Implantate verwendet werden kann.

Anmerkung: Bei der hier erwähnten *Dehnspannung* handelt es sich um die Zugspannung, die erforderlich ist, um die Messlänge des Probekörpers bei 150 °C in einer Zeitspanne von 10 Minuten um 600 % zu dehnen. Die hier erwähnte *Charpy-Kerbschlagzähigkeit* wird an einer gepressten Probe 120 mm × 15 mm × 10 mm vorgenommen; die spezielle Doppel-V-Kerbe wird mit einer Rasierklinge mit einem Kerbwinkel von (14 ± 2)° eingebracht und hat eine beidseitige Tiefe von 3 mm, sodass eine Restbreite von 4 mm bestehen bleibt (siehe DIN EN ISO 11542-2).

Eigenschaften

Dichte: PE-LD (Low Density) verzweigt 0,914 g/cm^3 bis 0,94 g/cm^3; PE-LLD (Linear Low Density) 0,918 g/cm^3 bis 0,943 g/cm^3; PE-VLD (Very Low Density) 0,905 g/cm^3 bis 0,915 g/cm^3; PE-HD (High Density) linear 0,94 g/cm^3 bis 0,97 g/cm^3. PE-HD und PE-LD sind mischbar.

Gefüge: Unpolare, teilkristalline Thermoplaste mit unterschiedlichem Verzweigungsgrad und davon abhängiger Kristallinität von 40 % bis 55 % bei PE-LD und 60 % bis 80 % bei PE-HD. Praktisch keine Wasseraufnahme.

Verstärkungsstoff: Bei PE-HD zum Teil Glasfasern.

Farbe: Ungefärbt milchig weiß, opak; nur bei sehr dünnen Folien fast glasklar. In allen Farben gedeckt einfärbbar.

Mechanische Eigenschaften: Mechanische und chemische Eigenschaften abhängig von Kristallinität (gekennzeichnet durch Dichte) und von Polymerisationsgrad (gekennzeichnet durch Schmelze-Massenfließrate MFR). Daher kann ein PE-Typ weitgehend auf die verlangten Anforderungen eingestellt werden.

Je nach Kristallinität weich bis steif. Kriechneigung vor allem bei PE-LD. Festigkeit, Zähigkeit, Elastizitätsmodul, Schlagzähigkeit sind abhängig von der Kristallinität (Dichte), siehe Tabelle 10.1.

Elektrische Eigenschaften: Ausgezeichnete elektrische Isoliereigenschaften. Dielektrische Eigenschaften fast unabhängig von Dichte, Schmelze-Massenfließrate, sowie Temperatur und Frequenz. Keine HF-Erwärmung möglich. Meist starke elektrostatische Aufladung und daher Verstauben. Deshalb vielfach antistatische Ausrüstung durch Zusätze. Erhöhung der Leitfähigkeit durch 25 % bis 30 % Ruß.

Tabelle 10.1 Einfluss von Dichte und Schmelze-Massenfließrate auf die Eigenschaften von Polyethylen PE

Eigenschaft	**Erhöhung der Dichte PE-LD ⇒ PE-HD**	**Verringerung der Schmelze-Massenfließrate MFR**
Streckspannung	steigt stark	steigt
Elastizitätsmodul	steigt stark	steigt
Kugeldruckhärte	steigt	steigt etwas
Kristallit-Schmelztemperatur	steigt	keine wesentliche Änderung
Obere Gebrauchstemperatur	steigt	steigt etwas
Versprödungstemperatur	nimmt ab	nimmt stark ab
Schlagzähigkeit	steigt	steigt stark
Quellbarkeit	nimmt stark ab	nimmt etwas ab
Permeabilität	nimmt ab	nimmt etwas ab
Spannungsrissbildung	nimmt zu	nimmt ab
Transparenz	nimmt ab	keine Änderung
Fließfähigkeit	nimmt ab	nimmt stark ab

Thermische Eigenschaften: Obere Gebrauchstemperatur von PE-LD bei 60 °C bis 75 °C, von PE-HD bis 95 °C, kurzzeitig höher. In der Kälte Versprödung bei etwa −50 °C, bei höherer molarer Masse noch tiefer.

Kristallitschmelzpunkt T_m: PE-LD 105 °C bis 115 °C, PE-HD 125 °C bis 140 °C. Oxidationsstabilität von PE-LD besser als von PE-HD.

Brennt mit bläulicher Flamme, tropft brennend ab!

Beständig gegen (Auswahl): Verdünnte Säuren, Laugen, Salzlösungen; Wasser, Alkohol, Ester, Öle, bei PE-HD auch Benzin. Unterhalb von 60 °C in fast allen organischen Lösungsmitteln praktisch unlöslich.

Nicht beständig gegen (Auswahl): Starke Oxidationsmittel, insbesondere in der Wärme. Quellung in aliphatischen und aromatischen Kohlenwasserstoffen bei PE-LD. *Gasdurchlässigkeit* für Sauerstoff und viele Geruchs- und Aromastoffe größer als bei vielen anderen Kunststoffen.

Sehr geringe Wasserdampfdurchlässigkeit.

Bei direkter Sonnenbestrahlung Versprödung; Verhinderung durch Beimischung von 2 % bis 2,5 % Ruß; wichtig für Verwendung von PE im Freien.

Physiologisches Verhalten: Geruchlos, geschmacksfrei und physiologisch indifferent. Für Kontakte mit Lebensmitteln meist zugelassen.

Spannungsrissbildung: Spannungsrissbildung tritt auf insbesondere mit oberflächenaktiven Substanzen (Waschmittel, Emulgatoren). Gefahr nimmt ab mit abnehmender Dichte und abnehmender Schmelze-Massenfließrate (zunehmender Molekülkettenlänge). Spannungsrissbeständige Typen enthalten Zusätze von Polyisobutylen.

Verarbeitung

Spritzgießen: Zum Spritzgießen werden Formmassen mit gutem Fließvermögen (hohe Schmelze-Massenfließrate MFR) verwendet. Das Verhältnis der amorphen zu den kristallinen Anteilen im Endgefüge wird durch die Abkühlung der Schmelze (Werkzeugtemperatur) stark beeinflusst, was sich auf Schwindung und Nachschwindung auswirkt.

Massetemperaturen je nach Type und Formteil 160 °C (PE-LD) bis 300 °C (PE-HD); Werkzeugtemperaturen 10 °C bis 80 °C, obere Grenze für höhere Kristallisationsanteile und besseren Oberflächenglanz.

Verarbeitungsschwindung je nach Verarbeitungsparametern bei PE-LD 1,5 % bis 3,5 %, bei PE-HD bis 5 %.

Spritzdrücke für PE-LD 400 bar bis 800 bar, für PE-HD 600 bar bis 1200 bar, Spezialtypen aus PE-UHMW erfordern sehr hohe Spritzdrücke.

Extrudieren: Im Allgemeinen werden höhermolekulare Typen verwendet mit niedriger Schmelze-Massenfließrate MFR zwischen 0,2 g/10 min bis 4 g/10 min. Massetemperaturen je nach Sorte 190 °C bis 250 °C; bei Drahtummantelungen und für die Herstellung von Monofilen bis 300 °C.

Extrusionsbeschichtung im Verpackungssektor für Pappe, Papier und Aluminium.

Extrusionsblasen: Höhermolekulare Typen besonders gut geeignet. Massetemperaturen 140 °C bis 220 °C je nach Type; Werkzeugtemperatur 5 °C bis 40 °C. Bei PE-LD ermöglichen hohe Massetemperaturen und schnelle Abkühlung die Herstellung von hochtransparenten Hohlkörpern.

Warmumformen: Bei Temperaturen von 130 °C bis 150 °C (PE-LD) bzw. 170 °C bis 180 °C (PE-HD) meist im Negativverfahren; Werkzeugtemperaturen 40 °C bis 90 °C. Platten aus PE-LD hängen infolge niedriger Warmfestigkeit stark durch, daher Stützluft erforderlich.

Kleben: Da PE unpolar, keine hohe Klebfestigkeit möglich. Zweckmäßig ist Vorbehandlung der Klebflächen durch Abflammen, Tauchen in Chromschwefelsäurebad oder Einwirken elektrischer Oberflächenentladungen. Kleben mit Haftklebstoff, Schmelzklebstoff, Kontaktklebstoff (PUR, synthetischer Kautschuk), Zweikomponentenklebstoff (EP, PUR).

Schweißen: Schweißen ergibt beste Verbindungen mit Reibungs-, Warmgas- und Heizelementschweißen. Wärmeimpulsschweißen für Folien. Ultraschallschweißen nur in Sonderfällen. HF-Schweißen wegen zu geringer dielektrischer Verluste nicht möglich.

Spanen: Spanende Bearbeitung selten; ultrahochmolekulares PE-Halbzeug kann nur spanend bearbeitet werden. Spezielle Werkzeuge für Kunststoffbearbeitung zweckmäßig.

Oberflächenbehandlung: Vorbehandlung der Oberfläche durch Abflammen oder elektrische Oberflächenentladung in Vakuumkammer notwendig; anschließend sofortige Weiterverarbeitung zweckmäßig. *Bedrucken* im Siebdruck oder indirekten Buchdruck. *Lackieren* mit Zweikomponentenlacken in üblichen Auftragsverfahren. *Heißprägen* bei 110 °C bis 130 °C, für kleinere Schriften ohne Vorbehandlung der Formteile. *Metallisieren* im Hochvakuum nach Vorbehandlung durch elektrische Oberflächenentladung und anschließender Grundierung.

Wirbelsintern: Heißschmelzverfahren bei ca. 220 °C im Wirbelsintergerät mit PE-LD-Pulver. Anwendung zum Beschichten von Stahlrohren, Kühlschrankgittern, Stühlen usw. Nur begrenzte Schichtdicken möglich.

Pressverfahren: Pressen mit Vorverdichten bei 200 °C und 20 bar bis 50 bar; langsames Abkühlen. Vorwiegend mit höchstmolekularem PE mit MFR von 0,01 g/10 min, einem in weitem Temperaturbereich sehr schlagzähen Kunststoff; nicht spannungsrissanfällig; mit guten Reibungs- und Gleiteigenschaften für Zahnräder, Dichtungen, Filterplatten.

Rotationsformen insbesondere zur Herstellung von nahtlosen, spannungsarmen Großbehältern mit speziellen PE-Pulvern, z. B. PE-LLD. Nur begrenzte Wanddicken herstellbar.

■ Anwendungsbeispiele

Maschinen- und Fahrzeugbau: Handgriffe, Verschlussstopfen, Dichtungen, Gleitelemente, Korrosionsschutzüberzüge, Beschichtungen, Faltenbälge, Batteriekästen, Kunststoff-Kraftstoffbehälter KKB, auch mit coextrudierter Barriereschicht aus Ethylen-Vinylalkohol-Copolymeren (EVAL), Wasserbehälter, Textilspulen, Innenverkleidungen.

Elektrotechnik: Isolierung von Fernmelde- und Hochspannungskabeln, Installationsrohre, Verteilerdosen, Spulenkörper, Kabelbinder, Lüfterhauben für Elektromotoren.

Bauwesen: Trinkwasser-, Abwasserrohrleitungen, Druckrohre; Heizungsrohre, Fittinge; Griffe; Eimer, Abdeckfolien, Abdichtfolien, Heizöltanks, Kunstrasen.

Transportwesen, Verpackungstechnik: Transportbehälter, Flaschenkästen, Fässer, Kanister, Verpackungsfolien, Schrumpffolien, Flaschen, Tuben, Dosen, Verschlüsse und Verschlussstopfen; Abfallbehälter, Mülltonnen, Folien, Folien für Tragetaschen, Verbund- und Verpackungsfolien, z. B. für Milch und Fruchtsäfte; Multipack-Tragegriffe. Beschichtungen für Stahlrohre.

Sonstiges: Spielzeug aller Art, Behälter im Haushalt, Siebe; Gleitbeläge für Skier, Surfbretter, Monofile für Gewebe und Seile; Sektkorken; Tintenpatronen; Kolben für Einmalspritzen, sterilbefüllbare Kleinverpackungen für Blow-fill-seal-Prozess.

Sterilisierbare Hohlkörperverpackungen. Infusionsbeutel, Inhalatoren, Mikrotiterpaletten.

Polyethylen-Spezialsorten

Pulverförmiges PE

PE mit besonders definierten Korngrößen wird eingesetzt z. B. für das *Rotationsschmelzen*, Wirbelsintern und für Beschichtungen.

Anwendungen: Rotationsgeformte Hohlkörper; elektrostatische oder wirbelgesinterte Beschichtungen.

PE-LLD (linear low density)

PE-LLD hat höhere Steifigkeit und Festigkeit bei gleicher Dichte als PE-LD und ist besonders geeignet für dünne, rund 5 µm dicke Blas- und Verbundfolien im Verpackungsbereich (auch Mischungen mit PE-LD); für Rotationsgieß-Formteile (große Hohlkörper wie Container, Surfbretter).

(Ultra)Hochmolekulares PE-(U)HMW

In DIN EN ISO 11542 werden PE-UHMW-Formmassen unterschieden durch (verschlüsselte) Wertebereiche der kennzeichnenden Eigenschaften *Viskositätszahl, Dehnspannung* und *Charpy-(Kerb)schlagzähigkeit* und Informationen über die *vorgesehene Anwendung* und/oder *Verarbeitungsverfahren, wichtige Eigenschaften, Additive* und *Farbstoffe. Beispiel* für die Angabe einer PE-UHMW-Formmasse siehe unter Normung.

Hochmolekulares PE-HD-HMW, sowie ultrahochmolekulares PE-HD-UHMW werden eingesetzt für *Spezialzwecke* (z. B. Prothesen, Implantate), Lager, Zahnräder, Dichtungen, Manschetten, Gleitbeläge, Laufrollen, verschleißfeste Auskleidungen. Sie zeichnen sich aus durch ungewöhnlich hohe Schlag- und Kerbschlagzähigkeit, sowie sehr günstiges Reibungs- und Verschleißverhalten.

Verarbeitung des pulverförmigen Ausgangsmaterials durch Pressen zu Halbzeug, das nur spanend weiterverarbeitet werden kann.

Vernetztes Polyethylen PE-X

PE-HD kann nach dem Spritzgießen durch Peroxid im Werkzeug bei 200 °C bis 230 °C oder durch energiereiche Strahlung vernetzt werden.

Eigenschaften: Durch Vernetzung Erhöhung von Zeitstandfestigkeit, Schlagzähigkeit in der Kälte und Spannungsrissbeständigkeit. Kurzzeitige Gebrauchstemperaturen bis 200 °C. Bei hohen Temperaturen wegen der Vernetzung nur gummielastisches Erweichen. *Anwendung:* Formteile im Apparate- und Automobilbau, Elektrotechnik; Rohre für Warmwasser-, Fußboden- und Fernwärmeheizungen, Stahlrohrbeschichtungen Medizintechnik.

PE-LD kann nach dem Extrudieren kontinuierlich durch energiereiche Strahlung vernetzt werden. *Anwendung:* Heißwasserleitungen, Leitungen für Fußbodenheizungen, Ummantelungen für Hochspannungskabel. Schrumpfelemente.

Abbaubares PE
Compounds auf der Basis PE mit ca. 6 % abbaubaren Polymeren (z. B. Stärke, Polysaccharide) sind biologisch abbaubar (siehe Kap. 16.3).

Ethylen-Vinylacetat Formmassen EVAC
EVAC-Formmassen sind genormt in DIN EN ISO 4613 (siehe Kap. 14.2.4). Eigenschaftsänderung erfolgt durch Copolymerisation von Ethylen (E) mit Vinylace-

Tabelle 10.2 Eigenschaften von COC-Polymeren Topas (Topas)

Eigenschaft	Prüfnorm	Einheit	Kennwert-bereich
Dichte	ISO 1183	g/cm³	1,02
Zugfestigkeit σ_M	DIN EN ISO 527	MPa	66
Dehnung bei Zugfestigkeit ε_M	DIN EN ISO 527	%	3 bis 10
E-Modul E_t	DIN EN ISO 527	MPa	2600 bis 3200
Charpyschlagzähigkeit a_{cU}	DIN EN ISO 179/1eU	kJ/m²	13 bis 15
Charpy-Kerbschlag-zähigkeit a_{cN}	DIN EN ISO 179/1eA	kJ/m²	1,7 bis 2,6
Kugeldruckhärte H961/30	DIN ISO 2039-1	N/mm²	130 bis 190
Wärmeformbeständigkeits-temperatur T_f	DIN EN ISO 75	°C	75 bis 170
Thermischer Längenaus-dehnungskoeffizient α	DIN 53752	K^{-1}	$(0{,}6 \text{ bis } 0{,}7) \cdot 10^{-4}$
Dielektrizitätszahl 1 bis 10 kHz	IEC 60250	–	2,35
Spezifischer Durchgangs-widerstand	IEC 60093	Ωcm	$<10^{16}$
Kriechwegbildung CTI	IEC 60112	–	<600
Wasseraufnahme (24 h/Wasser 23 °C)	DIN EN ISO 62	%	<0,01
Wasserdampfdurchlässigkeit	DIN 53122	g/(m²·d)	0,023 bis 0,045
Verarbeitungsschwindung	DIN EN ISO 294-4	%	0,6 bis 0,7

tat (VAC). Mit zunehmendem VAC-Gehalt werden die Formstoffe flexibler bis sogar ausgeprägte Kautschukeigenschaften vorliegen. Mit zunehmendem VA-Gehalt *steigen* Zähigkeit in der Kälte, Temperaturschockfestigkeit, Flexibilität, Spannungsrissbeständigkeit, Transparenz, Witterungsbeständigkeit und Klebrigkeit; *es nehmen dagegen ab* Härte, Steifigkeit, Schmelzpunkt, Beständigkeit, Streckspannung und Formbeständigkeit in der Wärme.

Handelsnamen: Baymod L, Levapren (Lanxess); Elvax (DuPont); Evatane (Arkema); Greenflex (Polimeri); Ultrathene (Basell).

Anwendungsbeispiele:

EVAC mit VAC-Gehalt 1 bis 10 %: Beutel, Tiefkühlverpackungen, Verbundfolien.

EVAC mit VAC-Gehalt 10 % bis 30 %: ähnlich wie Weich-PVC (PCV-P), z. B. Dichtungen, rußgefüllte Kabelummantelungen.

EVAC mit VAC-Gehalt 30 % bis 40%: Klebstoffe und Beschichtungen.

EVAC mit VAC-Gehalt 40 % bis 50 %: Kabelummantelungen, Formteile und Folien höherer Zähigkeit; Schmelzklebstoffe; Zugabe für hochschlagzähes PVC (PVC-HI).

PE, hergestellt mit Single-site bzw. Metallocenkatalysatoren (PE-M)

Copolymere des Ethylens mit α-Olefinen ergeben Polymere (z. B. Luflexen von Basell) mit sehr enger Molmassenverteilung und dabei sehr günstigen optischen Eigenschaften bei hoher Zähigkeit und geringer Dichte zwischen 0,903 g/cm^3 und 0,917 g/cm^3. Durch geringe extrahierbare Bestandteile eignen sich solche Kunststoffe für den Einsatz im Lebensmittel- und medizinischen Bereich. Weitere *Anwendungen* als gut schweiß- und siegelbare, zähe und glasklare Ein- oder Mehrschichtfolien im Verpackungsbereich im Austausch zu Ionomeren; außerdem für Formteile und Behälter in der Medizintechnik (Ampullen, Katheder). Vernetzte Sorten finden Einsatz für Kabelummantelungen.

Cycloolefin-Copolymere (COC) mit Ethen sind sehr lösemittel- und chemikalienbeständig und weisen hohe Einsatztemperaturen auf (Wärmeformbeständigkeitstemperaturen bis 170 °C), Tabelle 10.2. Bei Cycloolefingehalten von über 10 % gehen diese Produkte vom teilkristallinen in den amorphen, glasklaren Zustand über. Der neue Kunststoff Topas (Thermoplastic Olefin Polymer of Amorphous Structure) von Topas kann z. B. für die Herstellung von CDs und CD-ROMs eingesetzt werden; bei geringerer Dichte gegenüber Polycarbonat PC lassen sich mehr Daten bei geringerem Signalrauschen speichern, weil eine extrem niedrige optische Doppelbrechung vorliegt. Weitere Anwendungsgebiete sind optische Linsen, Brillen, transparente Sichtscheiben; Teile für die Medizintechnik, die durch Heißdampf und Gammastrahlen sterilisiert werden können; Folien für Verpackungszwecke; Bauteile für Haushaltsartikel, Elektrotechnik und Beleuchtung.

Multimodales PE-HD

Multimodale PE-HD-Produkte (Copolymere aus PE-HD und 1-Buten oder 1-Hexen) zeichnen sich durch eine spezielle Molmassenverteilung aus. Die Produkte bestehen aus kurzkettigen, niedermolekularen, hauptsächlich kristallinen Anteilen und langkettigen, hochmolekularen, amorphen Anteilen. Die langen Kettenmoleküle verknüpfen die kristallinen Anteile zu einem Produkte mit höherer Dichte als vergleichbares *unimodulares* PE-HD. Dadurch ergeben sich außergewöhnliche Werkstoff- und Fertigteileigenschaften mit hoher Steifigkeit und vorher nicht erreichter Zähigkeit. Diese multimodalen PE-HD-Werkstoffe eignen sich insbesondere für erdverlegte Versorgungsleitungen, für Gas und Trinkwasser, sowie den Abwasserbereich, auch wenn geringe Rissanfälligkeit gefordert ist.

Multimodales Hochleistungs-Polyethylen Hostalen ACP (Advanced Cascade Process) besteht aus drei unterschiedlichen Polymerfraktionen, die sehr homogen vermischt sind. Eingesetzt wird dieses PE-HD für Folien, blasgeformte Behälter und extrudierte Rohre. Bei gutem Verarbeitungsverhalten zeichnet sich das Produkt aus durch günstige mechanische Eigenschaften, besonders gute Steifigkeit, Dichte und Spannungsrissbeständigkeit; die Wanddicken lassen sich reduzieren.

10.1.2 Polypropylen PP

Aufbau:

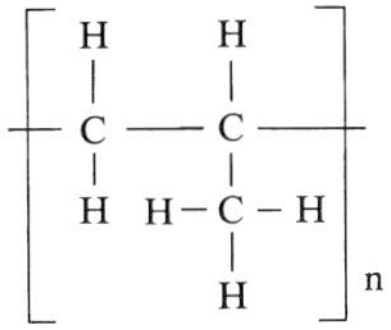

Handelsnamen (Beispiele):

Acclear, Accpro, Acctuf, Amtuf (BP); Achieve (Exxon); Adflex, Adstif, Hostacom, Metocene, Moplen, Profax (Basell); Akrolen (Akro); Bergaprop (Bergmann); Borsoft, Daplen (Borealis); Carpoprene (P-Group); Eltex (Solvay); Escorene (Exxon); Inspire (Dow); Ladene, Stamylan, Vestolen (Sabic).

Normung: DIN EN ISO 1873.

In DIN EN ISO 1873 werden die Polypropylen (PP-)Formmassen unterschieden durch (verschlüsselte) Wertebereiche der kennzeichnenden Eigenschaften, *Zug-E-Modul, Charpy-Kerbschlagzähigkeit, Schmelze-Massenfließrate* MFR 230/2,16 und Informationen über grundlegende *Polymer-Parameter*, die *vorgesehene Anwendung* und/oder *Verarbeitungsverfahren, wichtige Eigenschaften, Additive, Farbstoffe, Füll- und Verstärkungsstoffe.* (MFR wird bei Überarbeitung der Normen durch MVR ersetzt).

Zusätzliche Unterscheidung von PP-Formmassen:

H	Homopolymerisate des Propylens
B	Thermoplastisches, schlagzähes Polypropylen, bestehend aus zwei oder mehr Phasen aus einem Homopolymer H oder statistischem Copolymer R (Randomcopolymer) als Matrix und einer Kautschukphase, die sich aus

Propylen und einem anderen Polyolefin (oder Olefinen) ohne funktionelle Gruppen zusammensetzt. Die Kautschukphase kann in situ erzeugt oder der Polypropylenmatrix physikalisch beigemischt werden (früher als „Block-Copolymer" bezeichnet)

R Thermoplastische, *statistische* Copolymerisate des Propylens mit einem oder mehreren aliphatischen Olefinen ohne funktionelle Gruppen, außer der olefinischen Gruppe

PCT *Randomcopolymere* mit modifizierter Kristallinität und erhöhter Temperaturbeständigkeit (z. B. für Rohre).

Beispiel für die Angabe einer PP-Formmasse:

Thermoplast ISO 1873 – PP-B,EC,10-09-012
Es bedeuten schlagzähe PP-B-Formmasse, E Extrusion, C mit Farbmittel, 10 Zug-E-Modul von 1100 MPa, 09 Charpy-Kerbschlagzähigkeit 7 kJ/m^2 und 012 Schmelze-Massefließrate MFR 230/2,16 von 0,9 g/10 min.

Metallocenkatalysatoren erlauben bei Polypropylen Sorten mit neuen Eigenschaftskombinationen (PP-M), die andere technische Kunststoffe substituieren können. Bei Fasern aus PP führen Metallocenkatalysatoren zu feineren Titern, höherer Faserfestigkeit, besserem Rückstellverhalten und besserer Anfärbbarkeit. Durch geeignete Nukleierungsmittel hergestelltes hochsteifes, ungefülltes PP (z. B. Stamytec von Sabic) steht in Konkurrenz zu talkumgefülltem PP bei geringerer Dichte; weich-zähe Randomblockcopolymere konkurrieren mit TPO, TPU, EVAC, PVC-P und anderen. Im Verpackungssektor sind Produkte interessant, die hohe Steifigkeit mit erhöhter Zähigkeit kombinieren (hochkristalline Blockcopolymere); es lassen sich dadurch die Wanddicken von Verpackungsbechern reduzieren bei gleichzeitig verbesserter Zähigkeit in der Kälte. Speziell modifizierte PP-Typen kombinieren, gegenüber üblichen Randomcopolymeren, hohe Transparenz mit sehr hoher Steifigkeit und können für dünnwandige, transparente Verpackungsbecher eingesetzt werden.

Eigenschaften

Dichte: 0,895 g/cm^3 bis 0,92 g/cm^3.

Gefüge: Teilkristalline, weitgehend unpolare Thermoplaste mit Kristallinität zwischen 60% und 70%, erzielt durch überwiegend *isotaktische* Anordnung der Methylgruppen. *Nukleierungsmittel* bewirken *feinkristalline* Struktur. Copolymerisate mit Ethylen oder EPDM haben eine höhere Schlagzähigkeit (auch bei tiefen Temperaturen) und höhere Witterungsbeständigkeit. *Hochkristalline* PP-Homopolymere erreichen infolge hohem isotaktischen Anteil sehr hohe Steifigkeit.

Ataktische Anordnung führt zu annähernd durchsichtigen Formteilen (geringe Kristallinität) mit sehr guten Fließeigenschaften für dünnwandige Formteile.

Füll- und Verstärkungsstoffe: Talkum (besonders niedrige Schwindung), Holzmehl, Glasfasern, auch Langglasfasern, Glaskugeln, Glasmatten für großflächige Teile (GMT-PP: glasmattenverstärkte Thermoplaste-Polypropylen), Polyacrylnitrilfasern, Naturfasern, Ruß. Speziell gecoatete Füllstoffe in Verbindung mit Additiven und mineralischen Füllstoffen erhöhen die Kratzfestigkeit von PP-Oberflächen.

Farbe: Ungefärbt schwach transparent bis opak; in vielen Farben gedeckt einfärbbar bei hohem Oberflächenglanz. Spezielles PP (z. B. Metocene von LyondellBasell) ist mit einem speziellen Additiv so ausgerüstet, dass es fast glasklar ist.

Mechanische Eigenschaften: Höhere Steifigkeit, Härte und Festigkeit, aber niedrigere Kerbschlagzähigkeit als PE. Nagelbar. Für hochbeanspruchte Konstruktionsteile Verstärkung durch Glasfasern und Mineralstoffe. Durch gezielte Verbesserung durch Modifikationen und/oder bei der Herstellung (Copolymerisation, Metallocen-Katalysatoren) lassen sich heute die vielfältigsten Eigenschaftskombinationen erreichen; steife und zähe oder durchsichtige und zähe Produkte.

Elektrische Eigenschaften: Elektrische Eigenschaften ähnlich wie bei PE. Günstige dielektrische Eigenschaften unabhängig von Frequenz, deshalb keine HF-Erwärmung möglich. Wegen hoher Isoliereigenschaften Neigung zu elektrostatischer Aufladung und Staubanziehung, deshalb vielfach antistatische Ausrüstung.

Thermische Eigenschaften: Bei hohen Temperaturen Neigung von reinem PP zu Oxidation; deshalb durchweg Stabilisierung der PP-Typen. Obere Gebrauchstemperatur an Luft bis 110 °C, bei stärker stabilisierten und verstärkten Typen noch höher, z. T. bis 150 °C und 120 °C dauernd. Versprödungstemperatur bei 0 °C, bei modifizierten Typen (z. B. mit EPDM) tiefer.

Kristallitschmelztemperatur T_m: 158 °C bis 168 °C (Random-Polymere 135 °C bis 155 °C). *Brennverhalten* ähnlich PE.

Beständig gegen (Auswahl): Wässrige Lösungen von anorganischen Salzen, schwache anorganische Säuren und Laugen, Alkohol, einige Öle. Lösungen von üblichen Waschlaugen bis 100 °C.

Nicht beständig gegen (Auswahl): Starke Oxidationsmittel. Quellung in aliphatischen und aromatischen Kohlenwasserstoffen wie Benzin, Benzol, insbesondere bei erhöhten Temperaturen. Halogenkohlenwasserstoffe. Teilweise unbeständig bei Berührung mit Kupfer!

Physiologisches Verhalten: Geruchlos, geschmacksfrei, gut haut- und schleimhautverträglich. Für viele Anwendungen im Lebensmittelsektor und in der Pharmazie geeignet; physiologisch unbedenklich.

Spannungsrissbildung: Nur geringe Neigung zu Spannungsrissbildung.

Verarbeitung

Spritzgießen: PP gut für Spritzgießen geeignet. Plastifizierleistung der Spritzgießmaschine bei PP wegen niedriger Dichte nur 70 % von PS. Verschlussdüse zweckmäßig. Massetemperaturen 200 °C bis 300 °C, meist 270 °C bis 300 °C. Spritzdrücke bis 1200 bar. Werkzeugtemperaturen 20 °C bis 100 °C; hohe Temperatur ergibt besseren Oberflächenglanz. Durch Nukleierungsmittel wird die Kristallisationsgeschwindigkeit bedeutend erhöht (Verkürzung der Zykluszeit). Möglichst lange Nachdruckzeit. Schwindung 1,0 % bis 2,5 %.

Extrudieren: Möglichst Extruder mit Kurzkompressionsschnecke. Extrusionstemperaturen 230 °C bis 270 °C.

Extrusionsblasen: Ergibt Hohlkörper mit hoher Formbeständigkeit in der Wärme. Beim Streckblasen erhöhte Festigkeit durch biaxiales Recken.

Warmumformen: Streckformen, Biegen und Abkanten bei Temperaturen um die Kristallitschmelztemperatur T_m. Umformtemperaturen 145 °C bis 160 °C bei Druckluftformung; bis 200 °C bei Vakuumformung. Werkzeugtemperaturen von gekühlt bis 90 °C; niedrige Werkzeugtemperatur für höhere Transparenz, höhere für bessere Wärmeformbeständigkeit.

Kleben: Wegen hoher Chemikalienbeständigkeit und unpolarem Aufbau keine gute Klebfestigkeit möglich, aber besser als PE. Vorbehandlung und Klebstoffe wie bei PE.

Schweißen: Gute Schweißnahtfestigkeit durch Warmgas-, Reibungs- oder Heizelementschweißen. Ultraschallschweißen höchstens im Nahfeld. HF-Schweißen nicht möglich.

Spanen: Mit speziellen Werkzeugen für Kunststoffverarbeitung möglich; Kühlung meist nicht erforderlich.

Oberflächenbehandlung: Verbesserung der Haftung durch Vorbehandeln der Oberfläche (Abflammen oder elektrische Oberflächenentladungen).

Bedrucken und *Lackieren* möglich; *Heißprägen* von kleineren Schriften ohne Vorbehandlung. *Metallisieren* im Hochvakuum nach Vorbehandlung und Grundierung mit Primerfarben. Bei *galvanischem Metallisieren* sollte wegen der Kupferempfindlichkeit von PP anstelle der Kupferschicht eine Nickelschicht verwendet werden.

■ Anwendungsbeispiele

Die besonderen, variabel einstellbaren Eigenschaften der PP-Homo- und Copolymere erlauben einen sehr großen Einsatzbereich vom Verpackungsbecher und der Verpackungsfolie bis zu hochbeanspruchten technischen Formteilen.

Maschinen- und Fahrzeugbau: Heizungs- und Lüftungskanäle, Ansaugkrümmer, Kühlwasserausgleichsbehälter, Faltenbälge, Lüfterflügel, Gaspedale (mit Filmscharnier), Pumpengehäuse, Batteriegehäuse; Spoiler; Verkleidungen; Stoßfänger, Unterböden, Frontends, Instrumententafeln; Klimaanlagen, Scheinwerfergehäuse; Kotflügel für Nutzfahrzeuge; Abdeckplatten, Ventilatoren, Färbehülsen und -spulen. Konstruktionsteile, auch mit Langglasfaserverstärkung.

Haushaltartikel: Küchengeräte und -geschirr, Kaffeefilter, kochfeste Folien, Gehäuse für Haushaltgeräte, Innenteile von Geschirrspülmaschinen, Innenbehälter von Elektrowasserspeichern, Waschmaschinentrommeln, Flaschen und -verschlüsse (mit Filmscharnieren), Flaschen geschäumt. Einweggeschirr und -besteck; Dosen, Standbeutel und Behälter. Durchsichtige Verpackungen, z. T. im Austausch gegen PS.

Elektrotechnik: Trafogehäuse, Draht- und Kabelummantelungen, Installationsteile wie Steckdosen und Schalter, Batteriegehäuse, Antennenzubehör.

Bauwesen: Ablaufarmaturen und Fittinge, Rohrleitungen für Fußbodenheizungen, Radiatoren, Heißwasserbehälter. Tischplatten. Regalsysteme.

Sonstiges: Kofferschalen, Koffer mit Filmscharnieren, Werkzeugbehälter, Transportkästen, Behälter mit Filmscharnieren; Verpackungsbecher. Verpackungsbänder, (schwimmende) Taue, Monofile, Fasern, Bindegarne, Säcke, Verbundfolien, Vliese; Sommerskipisten; Schuhabsätze. Sterilisierbare medizinische Geräte, Gehäuse von Einmalspritzen, Infusionsbehälter. Bändchen für Säcke; künstlicher Rasen; Gartenmöbel; Schaumstoffe (PP-E).

Polypropylen-Spezialsorten

PP-Elastomer-Blends

Durch Einmischen von EPM- oder EPDM-Kautschuken in PP erhält man Formmassen PP+EP(D)M mit erhöhter Schlagzähigkeit und erhöhter Witterungsbeständigkeit bei guter Verarbeitbarkeit. Diese Formmassen sind besonders geeignet für Formteile im Automobilbau (Stoßfängersysteme, Spoiler, Abdeckungen, Radkastenauskleidungen usw.).

Polypropylen mit enger Molekülgrößenverteilung (controlled rheology)

Solche Werkstoffe werden eingesetzt für Formteile mit sehr geringen Wanddicken, vor allem im Verpackungsbereich für dünnwandige Becher.

Polypropylen mit definierter isotaktischer Sequenzlänge

Mithilfe einer veränderten Katalysatortechnik unter Anwendung von *Metallocenen* (metallorganische Verbindungen) entstehen spezielle Werkstoffe; bei *großer isotaktischer Sequenzlänge* werden Kristallitschmelzpunkt, Steifigkeit (E-Modul) und Härte erhöht, bei *kleinerer isotaktischer Sequenzlänge* ergeben sich Produkte hoher Transparenz und Schlagzähigkeit ähnlich wie bei Ethylen/Propylen-Copolymeren mit besseren mechanischen Eigenschaften.

Polypropylen PP-M mit gezielt hergestelltem, definiertem Eigenschaftsprofil

Werden bei der Polymerisation von Propylen Metallocenkatalysatoren eingesetzt, so ergeben sich Polypropylensorten mit sehr günstigen Eigenschaftsprofilen, so dass sich das Anwendungsgebiet von Polypropylen PP für technische Anwendungen, im Medizinbereich und der Verpackungstechnik erweitert.

Leitfähiges PP-Compound

Ein neues leitfähiges Polypropylen ermöglicht die einfache Herstellung von spritzgegossenen Schaltungsträgern (MID). Durch gezieltes Lasern tritt die Leitfähigkeitskomponente an die Oberfläche, wodurch das Bauteil zum Schaltungsträger mit beliebig formbaren Leiterbahnen wird (Peter Putsch – www.pp-mid.de). Dieses Verfahren nennt sich Putsch Conductivity Writing (PCW).

GMT (DIN EN 13677)
Glasmattenverstärktes Polypropylen wird eingesetzt für flächige Formteile z. B. im Automobilbau, wie z. B. kaschierte oder hinterspritzte Verkleidungen.

Eine Weiterentwicklung sind Bauteile auf der Basis PP-GF, die nach dem LFT- bzw. E-LFT-Verfahren (endlos- und langfaserverstärkte Thermoplaste) mit gezielter Verstärkung hergestellt werden können, vor allem im Automobilbau.

10.1.3 Spezielle Polyolefine

Basierend auf Polyethylen PE war bereits das Polypropylen mit seiner CH_3-Seitengruppe eine Weiterentwicklung mit dem Ziel, die Wärmestandfestigkeit durch Behinderung des Kriechens zu verbessern. Darauf aufbauend wurden das *Polybuten* und das *Polymethylpenten* entwickelt. Bei diesen Kunststoffen sind die Seitenglieder um 1 bzw. 2 C-Atome mit den entsprechenden H-Atomen verlängert worden. Diese Produkte werden wie das Polypropylen *isotaktisch* hergestellt und haben für einzelne Anwendungsbereiche besondere Bedeutung.

Ionomere
Ionomere (z. B. Surlyn A von DuPont, Lucalen von Basell) sind Copolymere von Ethylen mit Acrylsäure mit Metallkationen von Na, K, Mg und Zn, bei denen auch Ionenbindungen mit den Seitenbindungen des Polymers wirksam sind. Im zwischenmolekularen Bereich wirken bei normaler Temperatur nicht nur van der Waalssche Kräfte, sondern auch diese Ionenbindungen (teilweise Ionenvernetzung), die sich bei höheren Temperaturen lösen und den Werkstoff thermoplastisch verarbeitbar machen. Dadurch erhält man Kunststoffe mit sehr günstigen Eigenschaften. Diese Materialien werden wegen fehlender Weichmacherwanderung vor allem dort eingesetzt, wo bisher Weich-PVC (PVC-P) eingesetzt war.

Folien aus Ionomeren haben z. B. hohe Durchstoß- und Abriebfestigkeit, gutes Tiefziehverhalten und haften ohne Vorbehandlung auf Al-Folien und Papier (Verbundfolien); außerdem haben sie gute Fett-, Öl- und Lösungsmittelbeständigkeit bei hoher Transparenz. Durchlässigkeiten für Gase und Wasserdampf sind gering.

Einsatztemperaturbereich: –40 °C bis 40 °C.

Hauptanwendung als (Verbund-)Folien und Behälter für Lebensmittelverpackungen, vor allem fetthaltige Lebensmittel; durchsichtige Getränkeschläuche; Beschichtungen; Skin- und Blisterpackungen; Schuhsohlen, Sportschuhe.

10.1.3.1 Polybuten-1 PB-1

Aufbau:

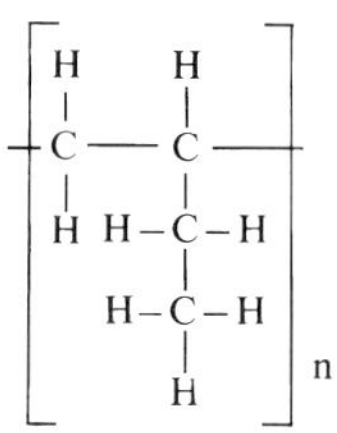

Handelsname: Polybutene-1 (Basell)

Normung: DIN EN ISO 8986

In DIN EN ISO 8986 werden die Polybuten-1-Formmassen unterschieden durch (verschlüsselte) Wertebereiche der kennzeichnenden Eigenschaften *Schmelze-Massenfließrate* MFR 190/2,16 (D) oder MFR 190/10 (F) oder MFR 190/5 (T) und Informationen über *grundlegende Polymer-Parameter*, die *vorgesehene Anwendung* und/oder *Verarbeitungsverfahren, wichtige Eigenschaften, Additive, Farbstoffe, Füll- und Verstärkungsstoffe.*

Zusätzliche Unterscheidung von PB-Formmassen:

H Homopolymerisate des Butens

B Thermoplastische *„Block"*-Copolymerisate des Butens mit weniger als 50 % Massenanteil eines oder mehrerer Olefine ohne funktionelle Gruppen außer der olefinischen Gruppe

R Thermoplastische, *statistische* Copolymerisate des Butens mit weniger als 50 % Massenanteil eines oder mehrerer Olefine ohne funktionelle Gruppen außer der olefinischen Gruppe

Q *Mischungen* von Polymeren mit einem Mindest-Massenanteil an Polybuten der Gruppen H, B und/oder R (statistische Copolymerisate)

Beispiel für die Angabe einer PB-1-Formmasse:

Thermoplast ISO 8986 – PB-R,FBS,D012
Es bedeuten PB-R statistisches Polybuten-1-Copolymer, F Folienblasen, B Antiblockmittel, S Gleitmittel und D012 Schmelze-Massefließrate MFR 190/2,16 (D) von 1,0 g/10 min.

Eigenschaften

Dichte: 0,91 g/cm^3. Teilkristalline, weitgehend isotaktische, unpolare Thermoplaste mit hohem Molekulargewicht und Kristallinität von etwa 50 %. Die Kurzzeiteigenschaften bei Raumtemperatur liegen etwa zwischen PE und PP. Infolge des hohen Molekulargewichts sind Zeitstandfestigkeit und Spannungsrissbeständigkeit wesentlich höher, die Kriechneigung auch bei höheren Temperaturen wesentlich geringer. Elektrische Eigenschaften und chemische Beständigkeit ähnlich PE und PP. Einsetzbar zwischen 0 °C und 100 °C.

Kristallitschmelztemperatur T_m: 120 °C bis 130 °C.

Verarbeitung

PB ist oberhalb 190 °C gut fließfähig. Beim Abkühlen kristallisiert PB zu etwa 50 % in einer metastabilen, flexiblen Modifikation (Dichte ca. 0,89 g/cm^3), die sich nach etwa zwei Tagen unter Nachschrumpfen in eine stabile Modifikation (Dichte 0,915 g/cm^3) umwandelt.

Spritzgießen, Extrudieren, Extrusionsblasen, Pressen bei Massetemperaturen oberhalb 190 °C. Warmumformen schwierig; Formzwang bis zum Erreichen der stabilen Modifikation erforderlich. Schweißen gut möglich.

Anwendungsbeispiele

Behälterauskleidungen; Rohre, auch für Fußbodenheizungen, Warmwasserleitungen; Großrohre, Fittinge für Rohrleitungen; Ummantelungen für Hochspannungskabel; Verpackungen für heiße Füllgüter; Schmelzklebstoffe.

10.1.3.2 Polymethylpenten PMP

Aufbau:

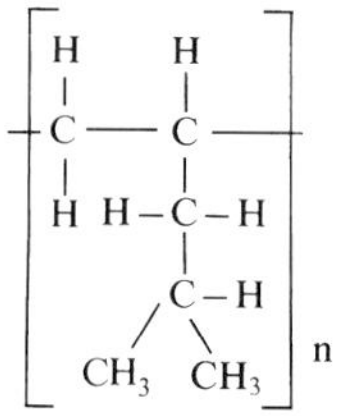

Handelsname: Crystalor (Chevron); TPX-Polymers (Mitsui)

Eigenschaften

Dichte: 0,83 g/cm^3 (Thermoplast mit niedrigster Dichte). Teilkristalliner, weitgehend isotaktischer Thermoplast. Glasklar bis leicht milchig trüb. Hohe Steifigkeit und sehr gutes Zeitstandverhalten. Keine hohe Dehnung und nur geringe Kerbschlagzähigkeit. Sehr gute elektrische Isoliereigenschaften, auch im HF-Bereich. Nicht witterungsbeständig; Neigung zur Spannungsrissbildung bei bestimmten Agenzien. Beständigkeit gegen verschiedene organische Lösungsmittel ungünstiger als bei PE und PP. Einsetzbar zwischen 0 °C und 120 °C.

Kristallitschmelzpunkt T_m: 230 °C bis 240 °C.

Verarbeitung

Vor allem durch Spritzgießen bei Massetemperaturen von 260 °C bis 320 °C und Werkzeugtemperaturen von 60 °C. Extrusion möglich, Extrusionsblasen schwieriger. Warmumformen bei ca. 240 °C. Schweißbar, jedoch nicht mit HF. Klebungen nur nach Oberflächenvorbehandlung möglich.

Anwendungsbeispiele

Sterilisierbare, durchsichtige Geräte in der Medizin und im Labor; Sichtgläser, Innenraumleuchten; Geschirr und Folien für aufwärmbare Tiefkühlkost; durchsichtige Gehäuse; Wassertanks für Kaffeemaschinen und Bügeleisen.

10.2 Vinylchlorid-Polymerisate

Die Vinylchlorid-Polymerisate sind vorwiegend amorphe Thermoplaste und besitzen sehr gute chemische Beständigkeit und nach entsprechender Stabilisierung gute Licht- und Wetterbeständigkeit. Durch *Co-* bzw. *Pfropfpolymerisation* oder durch *Abmischen* mit weichelastischen Kunststoffen können die Eigenschaften verändert, z. B. die Schlagzähigkeit wesentlich verbessert werden (PVC-HI). PVC lässt sich durch Weichmacher in weiten Bereichen in der Flexibilität beeinflussen.

Durch günstige Eigenschaften und vielfältige Verarbeitungsmöglichkeiten besitzen die Vinylchlorid-Polymerisate einen weiten Anwendungsbereich vom Kunstleder bis zum harten Spritzgussteil oder Extrusionsprofil.

Wegen des hohen Chloranteils von 56 % ist der Anteil an Erdöl- bzw. Erdgasprodukten bei PVC sehr gering. Bei ganzheitlichen Ökobilanzen zeigt PVC, vor allem im Energieverbrauch, große Vorteile; PVC hat daher, vielen Prognosen zum Trotz, gute Zukunftsaussichten.

10.2.1 Polyvinylchlorid PVC

Aufbau:

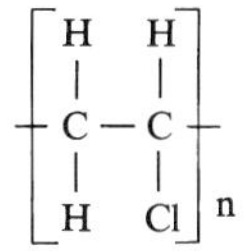

Handelsnamen (Beispiele):
Advex (Bergmann); Benvic, Solvin, Vinidur, Vinoflex (Solvin); Corvic (Ineos Vinyls); Decelith (Polyplast); Evicom, Evipol (Ineos Vinyls); Flexivolt, Induvil, Solvic (Solvay); Hostalit, Vinnolit (Vinnolit); Lacovyl (Arkema); Marvylan (Tessenderlo); Polyvin (Schulman); Vestolit (Vestolit); Vinnol (Wacker).

Normung: DIN EN ISO 1060, DIN EN ISO 1163 (PVC-U), DIN EN ISO 2898 (PVC-P), DIN EN 15346.

In DIN EN ISO 1060 werden die Homo- und Copolymere des Vinylchlorid unterschieden durch (verschlüsselte) Wertebereiche der kennzeichnenden Eigenschaften *reduzierte Viskosität* (siehe Kap. 29.1.2), *Schüttdichte, Siebrückstand auf Drahtsiebboden 63* µm *lichter Maschenweite, Weichmacheraufnahme bei Raumtemperatur* (bei Pasten *Viskosität und rheologische Charakteristik)* und Informationen über *grundlegende Polymer-Parameter,* das *Polymerisationsverfahren* und die *vorgesehene Anwendung.*

Beispiele für die Angabe von Vinylchlorid-Polymerisaten:

Thermoplast ISO 1060 – PVC-M,G,120-55-88-15
Es bedeuten PVC-M VC-Homopolymer, hergestellt durch Massepolymerisation, G allgemeine Anwendung, 120 reduzierte Viskosität 120 ml/g, 55 Schüttdichte 0,55 g/ml, 88 Siebrückstand 22 % und 15 Weichmacheraufnahme von 16 %.

Thermoplast ISO 1060 – VC/VAC 90–S,G,085-80-98
Es bedeuten VC/VAC 90-S VC/VAC-Copolymer mit einem Vinylchloridgehalt von 90 %, hergestellt durch Suspensionspolymerisation, G allgemeine Anwendung, 085 reduzierte Viskosität 85 ml/g, 80 Schüttdichte 0,80 g/ml und 98 Siebrückstand 97 %.

Unterscheidung von PVC-Sorten nach Art der Polymerisation:

S Suspensions-Polymerisate, E Emulsions-Polymerisate, M Masse-Polymerisate, X von S, E und M abweichender oder Mischprozess, einschl. Mikrosuspension.

PVC-Arten: Durch unterschiedliche Herstellungsverfahren entstehen verschiedene PVC-Polymerisate mit besonderen Eigenschaften:

PVC-E (Emulsions-PVC) enthält bis 2,5 % Emulgator und ca. 0,7 % mineralische Beimengungen. Emulgatoren verbessern die Gleitwirkung bei der Verarbeitung, beeinträchtigen aber Transparenz und elektrische Isoliereigenschaften und bewirken hydrophiles Verhalten. Entsprechend des Trocknungsverfahrens liegen die Korngrößen zwischen 15 μm und 25 μm für PVC-Pasten und 60 μm bis 300 μm für rieselfähige PVC-Typen.

PVC-S (Suspensions-PVC, Perlpolymerisate) enthält weniger als 0,1 % Sulfatasche. Geeignet für glasklare und elektrisch hochwertige PVC-Sorten; thermisch stabil; geringere Wasseraufnahme als PVC-E. Korngröße 60 μm bis 250 μm.

PVC-M (Masse-PVC) wird hergestellt durch Fällungspolymerisation und enthält weniger als 0,01 % Sulfatasche. Es handelt sich um besonders reine, hochwertige Produkte mit hoher Transparenz. Korngröße um 150 μm.

Allgemeine Eigenschaften: Vorwiegend amorphe, polare Thermoplaste. Eigenschaften abhängig vom mittleren Polymerisationsgrad (gemessen als K-Wert DIN EN ISO 1628-2, vgl. Kap. 29.1.2). Mit steigendem K-Wert *Zunahme* von Zähigkeit, Formbeständigkeit in der Wärme, Zeitstandfestigkeit aber *Abnahme* der Verarbeitbarkeit.

Schwer entflammbar, stark rußend, selbstverlöschend.

Verbesserung der Verarbeitbarkeit und Eigenschaften von PVC durch *Compoundieren,* d. h. Einmischen von Zusätzen, wie Stabilisatoren, Gleitmitteln, Farbstoffen usw.

Anwendung: Diese PVC-Arten dienen als Ausgangswerkstoffe für PVC-U und PVC-P.

10.2.2 Weichmacherfreies Polyvinylchlorid PVC-U (Hart-PVC)

Einteilung (Auswahl)

VC-Polymerisate sind pulverförmig. Es handelt sich um *Homopolymerisate* aus *Vinylchlorid, Pfropfpolymere* oder *Copolymerisate*, bei denen der (Massen-)Anteil an Vinylchlorid überwiegt. Sie enthalten noch geringe Anteile von Hilfsstoffen aus der Polymerisation, wie z. B. Wasser, Emulgatoren usw.

1. Polyvinylchlorid-Homopolymerisate PVC
2. Vinylchlorid/Ethylen-Copolymerisate VC/E
3. Vinylchlorid-Copolymerisate mit 5 % bis 20 % Vinylacetat (VC/VAC) oder Methacrylat (VC/MA) für höhere Zähigkeit und leichtere Verarbeitbarkeit, aber geringerer Formbeständigkeit in der Wärme.

4. Vinylchlorid-Copolymerisate mit Vinylidenchlorid (VC/VDC) für höhere Formbeständigkeit in der Wärme.
5. Chloriertes PVC-C mit ca. 65 % Chlor für höhere Wärmeformbeständigkeit und bessere chemische Beständigkeit bei allerdings schwierigerer Verarbeitbarkeit.
6. Vinylchlorid-Copolymerisate mit MMA (VC/MMA) als glasklare Produkte.
7. Mischungen (Legierungen) von PVC mit anderen Polymeren zur wesentlichen Erhöhung der Schlagzähigkeit und zur Verbesserung des Alterungsverhaltens, z. B. (PVC+PE-C), (PVC+NBR).

Normung: DIN EN ISO 1060, DIN EN ISO 1163

In DIN EN ISO 1163 werden die weichmacherfreien Polyvinylchlorid (PVC-U)-Formmassen unterschieden durch (verschlüsselte) Wertebereiche der kennzeichnenden Eigenschaften *Vicaterweichungstemperatur*, *Charpy-Kerbschlagzähigkeit* und *Zug-E-Modul* und Informationen über *grundlegende Polymerparameter*, die *vorgesehene Anwendung* und/oder *Verarbeitungsverfahren, wichtige Eigenschaften, Additive, Farbstoffe, Füll- und Verstärkungsstoffe.*

Beispiel für die Angabe einer PVC-U-Formmasse:

Thermoplast ISO 1163 – PVC-U,BDT,074-25-T28
Es bedeuten PVC-U PVC-Formmasse ohne Weichmacher, B Blasformen, D Dryblend, T transparent, 0,74 Vicaterweichungstemperatur 74 °C, 25 Charpy-Kerbschlagzähigkeit 25 kJ/m und T28 Zug-E-Modul 2670 MPa.

Eigenschaften

Dichte: 1,37 g/cm^3 bis 1,44 g/cm^3; chloriert 1,55 g/cm^3.

Gefüge: Vorwiegend amorphe, polare Thermoplaste. Geringe Wasseraufnahme, bei PVC-E höher als bei PVC-S und PVC-M.

Farbe: PVC-S und PVC-M glasklar herstellbar, in allen Farben transparent und gedeckt einfärbbar. PVC-E und PVC+NBR opak und nur gedeckt einfärbbar.

Mechanische Eigenschaften: Hohe mechanische Festigkeit, Steifigkeit und Härte. Kerbempfindlich, schlagfeste PVC-Typen (PVC-HI) weniger kerbempfindlich, z. B. mit Acrylat für Fensterprofile.

Elektrische Eigenschaften: Meist ausreichende Isoliereigenschaften (weniger bei PVC-E), aber keine besonders gute Kriechstromfestigkeit. Wegen hoher dielektrischer Verluste nicht für Hochfrequenzanwendungen.

Optische Eigenschaften: Glasklares PVC für untergeordnete „optische“ Anwendungen im Freien, besonders Typen auf Basis PVC-M.

Thermische Eigenschaften: PVC-U einsetzbar bis ca. +60 °C, Copolymere bis +80 °C; PVC-C bis 90 °C. Versprödung bei –5 °C, schlagzähe Typen bis –40 °C.

Brennt rußend mit gelber Flamme, aber selbstverlöschend.

Beständig gegen (Auswahl): Salzlösungen, verdünnte, teilweise auch konzentrierte Säuren; verdünnte und konzentrierte Laugen. Unpolare Lösungsmittel, Benzin,

Mineralöle, Fette, Alkohol. Verhältnismäßig gut beständig gegen energiereiche Strahlung. Gut beständig gegen Licht und Witterung, wenn ausreichend stabilisiert.

Nicht beständig gegen (Auswahl): Polare Lösemittel, z. B. Ester, Chlorkohlenwasserstoffe, Ketone, aromatische Kohlenwasserstoffe, Benzol. Flüssige Halogene, oleumhaltige Schwefelsäure, konzentrierte Salpetersäure.

Lösemittel: Tetrahydrofuran, Cyclohexanon.

Physiologisches Verhalten: Physiologisch indifferent (bei einigen Stabilisatoren auch für Verpackung von Lebensmitteln zugelassen (heute im Lebensmittelbereich meist z. B. durch PET ersetzt); monomerer VC-Anteil auf <1 ppm begrenzt).

Spannungsrissbildung: Geringe Neigung zu Spannungsrissbildung wegen guter chemischer Beständigkeit.

Verarbeitung

PVC-U-Mischungen werden in Mischern hergestellt, in Knetern oder auf Walzwerken geliert und dann weiterverarbeitet oder als *compoundierte,* granulierte Formmasse fertig vom Rohstoffhersteller bezogen. Für die thermoplastische Verarbeitung ist eine Hitzestabilisierung notwendig wegen Zersetzung und HCl-Abspaltung. Für Werkzeuge und Maschinen sind korrosionsbeständige Stähle notwendig. Wegen zähflüssiger Schmelzen sind keine hohen Fließgeschwindigkeiten möglich.

Spritzgießen: Vorwiegend PVC-Typen auf der Basis PVC-S mit niedrigem K-Wert. Massetemperaturen 170 °C bis 210 °C je nach Type, bei möglichst kurzer Verweilzeit im Zylinder. Werkzeugtemperaturen 30 °C bis 60 °C. Spritzdrücke 1000 bar bis 1800 bar. Schwindung ca. 0,5 %.

Extrudieren: Pulvermischungen und Granulat auf Ein- und Doppelschneckenextrudern gut verarbeitbar. PVC-E vortrocknen oder mit Entgasungsschnecken verarbeiten; Massetemperaturen 170 °C bis 190 °C. Hohlkörperblasen gut möglich. Streckblasen mit biaxialer Verstreckung zur Festigkeitserhöhung.

Warmumformen: Umformtemperaturen 110 °C bis 180 °C, dabei schlechte Verformbarkeit im Bereich 140 °C bis 165 °C beachten. Höhere Formbeständigkeit in der Wärme erreichbar durch Umformtemperaturen zwischen 160 °C und 180 °C. Werkzeugtemperaturen von gekühlt (Verpackungen) bis 50 °C (technische Teile).

Kleben: Kleben mit Lösungen von chloriertem PVC-C, PUR-Klebstoffen oder speziellem EP-Klebstoff. Teilweise auch UP-Harze als Haftvermittler. Angaben über Kleben siehe DIN 16970, DVS 2204, VDI 3821.

Schweißen: Schweißen nach praktisch allen Verfahren gut möglich wie Warmgas-, Heizelement-, Reibungs-, Ultraschall- und besonders Hochfrequenzschweißen HF.

Spanen: Mit üblichen Werkzeugen für Kunststoffbearbeitung hohe Arbeitsgeschwindigkeit bei ausreichender Kühlung möglich.

Anwendungsbeispiele

Maschinen- und Apparatebau: Druckleitungsrohre, Rohrverbinder, Fittinge, Lüfter, Lüftungskanäle, Armaturen, Pumpen, Behälter für chemische Industrie, Auskleidungen, Prägefolien.

Bauwesen: Abwasserrohrleitungen, Dachrinnen, Regenfallrohre, Gasrohre, Rohrpostleitungen, Drainagerohre, Rolladenstäbe; Fensterprofile, auch schwermetallfrei stabilisiert; Lichtkuppeln, Wellplatten, Fassadenelemente, Lüftungsschächte, Blendschutzzäune, Hohlkammerprofile, Schaumstoffplatten.

Elektrotechnik: Isolierrohre, transparente Abdeckungen für Verteilerkästen, Gehäuse, Kabelführungskanäle, Schallplatten.

Verpackungsindustrie: Diffusionsdichte Öl- und Getränkeflaschen, Verpackungsbecher, Blister- und Skinverpackungen (in der Verpackungsindustrie wird PVC aus Umweltgründen heute meist ersetzt durch PET).

10.2.3 Polyvinylchlorid mit Weichmacher PVC-P (Weich-PVC)

Aufbau: PVC mit Weichmacheranteilen von 20 % bis 50 %. Die Kennzeichnung erfolgt durch die Angabe der Shore-A- oder Shore-D-Härte

Wichtige Weichmacher (siehe auch DIN EN ISO 1043-3):

1. Ester mehrbasischer Säuren mit einwertigen Alkoholen, z. B. Standardweichmacher DOP (Dioctylphthalat).
2. Polymere Weichmacher, meist für Pasten.

Die Mischungen aus PVC, Weichmacher, Stabilisatoren, Gleitmitteln, Füllstoffen und Pigmenten werden im Mischer geliert und dann über Walzwerke oder Extruder zu Halbzeugen oder Formmassen verarbeitet.

Normung: DIN EN ISO 2898

In DIN EN ISO 2898 werden die weichmacherhaltigen (PVC-P)-Formmassen unterschieden durch (verschlüsselte) Wertebereiche der kennzeichnenden Eigenschaften *Shore-Härte* A oder D, *Dichte* ϱ und *Temperatur für die Torsionssteifheit* 300 MPa (TST = 300) und Informationen über die *physikalische Form, vorgesehene Anwendung* und/oder *Verarbeitungsverfahren, wichtige Eigenschaften, Additive* und *Farbstoffe.*

Beispiel für die Angabe einer weichmacherhaltigen (PVC-P)-Formmasse:

Thermoplast ISO 2898 – PVC-P,KGC,A82-25-30
Es bedeuten PVC-P weichmacherhaltige PVC-Formmasse, K Kabel- und Drahtisolation, G Granulat, C mit Farbmittel, A82 Shore-A-Härte 82, 25 Dichte 1,24 g/cm^3 und 30 Temperatur für die Torsionssteifheit 300 MPa von –31 °C.

Eigenschaften

Dichte: 1,20 g/cm^3 bis 1,35 g/cm^3.

Gefüge: Wie PVC-U, jedoch mit zwischen den Polymerketten eingelagerten Weichmachermolekülen (sog. äußere Weichmachung); amorph.

Füllstoffe: Kreide, Kaolin, Quarzmehl, Ruß. Bei Fußbodenbelägen bis zu 50 % Füllstoffe.

Farbe: Glasklare Einstellungen möglich, sonst transparent und in allen Farben gedeckt einfärbbar.

Mechanische Eigenschaften: Die Eigenschaften werden wesentlich von Art und Anteil des Weichmachers und des Füllstoffs beeinflusst. Unterscheidung i. A. durch Shore-A-Härte. Verwendung im „gummielastischen" Bereich, d. h. oberhalb der Glasübergangstemperatur T_g.

Flexibel, weich; bessere Schwingungsdämpfung aber erhöhte Kriechneigung gegenüber Weichgummi. Rückverformung nach Entlasten langsamer als bei Weichgummi. Niedrige Einreißfestigkeit; gute Abriebfestigkeit.

Elektrische Eigenschaften: Elektrische Isoliereigenschaften meist schlechter als bei PVC-U; nur mittlerer Oberflächenwiderstand und mittlere Durchschlagfestigkeit. Hohe dielektrische Verluste. Geringe Neigung zu elektrostatischer Aufladung. Für Kabelisolationen gilt VDE 0208.

Thermische Eigenschaften: Mit steigender Temperatur starke Abnahme von Festigkeit und Härte. Bei niedriger Beanspruchung bis etwa +60 °C einsetzbar, bei speziellen Weichmachern teilweise bis +105 °C. Versprödung je nach Weichmacheranteil im Bereich zwischen –10 °C und –50 °C.

Infolge Weichmacheranteil meist brennbar.

Beständigkeit: PVC-P ist i. A. chemisch weniger beständig als PVC-U.

Beständig gegen (Auswahl): Bei mittlerem Anteil von hochwertigen Weichmachern gegen Salzlösungen, anorganische Säuren bei mittlerer Konzentration; teilweise gegen Benzin, Öl, Alkohol. Bedingt beständig gegen Laugen. Gute Licht- und Alterungsbeständigkeit; ggf. Veränderungen durch Weichmacherausschwitzen.

Nicht beständig gegen (Auswahl): Organische Lösemittel und wässrige Lösungen wegen Herauslösen des Weichmachers (Versprödung). Benzol. Schon bei Normaltemperatur vielfach Ausschwitzen des Weichmachers oder Abwandern in andere Kunststoffteile oder Substanzen (Polymerweichmacher vorteilhafter).

Physiologisches Verhalten: Bei Kontakten mit Lebensmitteln, für Kinderspielzeug und Bekleidung nur bestimmte Weichmacher zugelassen (Lebensmittelgesetz).

Spannungsrissbildung: Wegen hohen Verformungsvermögens keine Gefahr für Spannungsrissbildung, aber Versprödungsgefahr durch Ausschwitzen des Weichmachers.

■ Verarbeitung

Spritzgießen: Nur Formmassen auf der Basis PVC-S und PVC-M. Massetemperaturen 170 °C bis 200 °C. Werkzeugtemperaturen 20 °C bis 60 °C. Niedrige Spritzdrücke ab 300 bar. Schwindung 1 % bis 2,5 %, abhängig von Angusslage und Weichmacheranteil.

Extrudieren: Massetemperaturen 150 °C bis 200 °C; Massedrücke 60 bar bis 250 bar.

Kalandrieren: Herstellung von PVC-P-Folien (Weich-PVC-Folien) in Breiten bis über 2 m auf Vier- oder Fünfwalzenkalandern; anschließend Prägen oder Bedrucken möglich.

Warmumformen: Warmumformen von PVC-P-Folien meist zum Überziehen (Kaschieren) von Formteilen und zum Skinnen bei 100 °C bis 110 °C.

Kleben: Kleben mit speziellen PVC-Klebstoffen (Lösemittelklebstoff); jedoch besonders zu beachten, dass Weichmacher nicht in Klebstoff abwandert und Klebefuge erweicht.

Schweißen: Meist Hochfrequenzschweißen HF üblich, jedoch auch Warmgas- oder Heizelementschweißen möglich.

Besondere Verfahren: Bedrucken und Prägen von Folien und Formteilen möglich.

Spezielle Methoden zur Verarbeitung von PVC-P-Pasten, z. B. durch *Streichen*. *Plastisoltechnologie* durch Heiß- oder Kalt-Tauchen und *Gießen* (Schalengieß- oder Rotationsgießverfahren zur Herstellung nahtloser Hohlkörper) und für Handschuhe.

Wirbelsintern zum Beschichten mit PVC-P-Pulvern.

■ Anwendungsbeispiele

Apparatebau: Beschichtungen, Auskleidungen, Schläuche, Rohre, Dichtungen, Behälter, Griffe.

Bauwesen: Dichtungen für Fenster und Türen; Fußbodenbeläge, Randleisten; Gartenschläuche, Bautenschutzfolien, Schwimmbeckenauskleidungen, Dachfolien, Falttüren, transparente Pendeltüren; Drahtummantelungen. Vorgeformte, gefaltete Rohre für das Auskleiden beschädigter Altrohre (Relining).

Elektrotechnik: Kabelisolierungen für Niederfrequenz, Kabelummantelungen, Tüllen, Kabelstecker, Schrumpfschläuche, Isolierbänder.

Landwirtschaft: Silofolien, Abdeckfolien, Schläuche.

Möbelindustrie: Kunstlederbezüge, Umleimer, Zierprofile, Dekorfolien.

Spielzeugindustrie: Puppen, Schwimmtiere, Schlauchboote, Bälle.

Lebensmitteltechnik: Förderbänder, transparente Getränkeschläuche.

Sonstiges: Schuhsohlen, Sandalen, Badeschuhe, Überschuhe, Stiefel; Schutzhandschuhe; Koffer, Handtaschen; Regenmäntel; Vorhänge, Tischdecken; flexible Fenster; Transportbehälter; Bucheinbände, Büroartikel; Gewebebeschichtungen, Selbstklebefolien; Saugfüße. Dämpfungselemente; Schutzanzüge; Schaumstoffe.

Unterbodenschutz im Automobilbau.

10.3 Styrol-Polymerisate

Die Styrol-Polymerisate gehören neben den Polyolefinen und den Polyvinylchloriden zu den Massenkunststoffen. Durch das vielfältige Zusammenwirken der verschiedenen, am Aufbau beteiligten Komponenten Styrol, Butadien, Acrylnitril u. a. sind Kunststoffe mit weit gestreuten und auf die unterschiedlichen Verwendungszwecke abgestimmten Eigenschaften herzustellen. Insbesondere kommt man so vom spröden Polystyrol PS zu Kunststoffen mit günstigerem Festigkeits-, Steifigkeits-, Zähigkeits- und Schlagzähigkeitsverhalten (vgl. auch Bild 21.4). Daneben spielen auch die wirtschaftliche Verarbeitbarkeit und gute Oberflächeneigenschaften eine ausschlaggebende Rolle für den vielfältigen Einsatz der Styrol-Polymerisate.

Eine besondere Bedeutung haben die ABS-Kunststoffe, vor allem als Gehäusewerkstoffe mit den verschiedensten speziellen Eigenschaften. Sie sind auch die wichtigste Kunststoffgruppe für galvanische Oberflächenbehandlungen.

■ Einteilung der Styrolpolymerisate

PS: *Homopolymerisat* aus Monostyrol.

PS-(H)I (SB): Kautschukmodifiziertes, schlagzähes Polystyrol als *Copolymerisat* (SB) von Styrol mit Butadien oder *Polymerisatmischung* (Blend) aus Polystyrol und Polybutadien oder anderen Elastomeren.

SAN: Polystyrolmodifikation für hohe Festigkeit, Steifigkeit und Wärmeschockbeständigkeit. *Copolymerisat* von Styrol und Acrylnitril (SAN).

ABS: Polystyrolmodifikationen von Styrol, Acrylnitril und Butadien für gute Festigkeiten und hohe Zähigkeiten. *Copolymerisate* von Styrol, Acrylnitril und Butadien (ABS) nach verschiedenen Methoden, wie z. B. *Pfropfpolymerisation*. *Polymerisatmischungen* (*Blends*), z. B. aus SAN und Butadien-Acrylnitril-Kautschuk.

Infolge der sehr unterschiedlichen chemischen und physikalischen Variationsmöglichkeiten, findet man eine sehr große Zahl unterschiedlicher Produkte mit steuerbaren speziellen Eigenschaften.

ASA: Formmasse auf der Basis von Styrol-Acrylnitril mit einer dispersen Phase aus Acrylester. Eigenschaften wie bei ABS, jedoch sehr gute Alterungs- und Witterungsbeständigkeit. Weitere Modifikationen von Acrylnitril-Styrol mit anderen Elastomeren sind z. B. AES- und ACS-Formmassen.

PS-S: Neues Styrolpolymer ist ein mit speziellen Metallocen-Katalysatoren hergestelltes syndiotaktisches Polystyrol als teilkristalliner Kunststoff mit einem Kristallitschmelzpunkt $T_m = 270\ °C$ und damit sehr hoher Wärmeformbeständigkeit. Da auch die elektrischen Eigenschaften sehr günstig sind, kann es für Anwendungen im Automobilbau und in der Elektrotechnik in Konkurrenz zu den technischen Kunststoffen PA, PBT, PPS und LCP treten.

SB- bzw. SBS-Blockcopolymere: Es handelt sich um Zwei- bzw. Dreiblockcopolymere, bei denen die Polystyrol-Kettenabschnitte die harten, die Polybutadien-Kettenabschnitte die flexiblen Bereiche darstellen. *Hauptanwendungen* sind vor allem transparente Lebensmittelverpackungen. Das neue SBS-Blockcopolymer *Styroflex* (BASF) erreicht bei 70 Gew.-% Styrol und 30 Gew.-% Butadien Eigenschaften wie ein TPE bei hoher Transparenz, sehr guter Zähigkeit, hohem Rückstellvermögen, leichter Bedruckbarkeit und hoher thermischer Stabilität. Es lassen sich auch gut Hart-Weich-Verbindungen mit PS und ABS herstellen.

Geschäumtes Polystyrol (PS-E): PS lässt sich z. B. nach dem Styropor-Verfahren (Kap. 15.1) verschäumen zu großen Formteilen, Halbzeugen und Folien für die Wärme- und Kältedämmung und zum Schutz von Verpackungsgütern. Beispiele sind Dämmplatten, Bade- und Duschwannenträger, Wand- und Deckenbausteine, Einsätze für Schutzhelme, Kindersicherheitssitze, Schwimmhilfen, Rettungsringe; Frostschutzschichten für Straßen- und Eisenbahnbau; Verpackungen für Groß- und Kleingeräte; Kühlboxen.

10.3.1 Polystyrol PS

Aufbau:

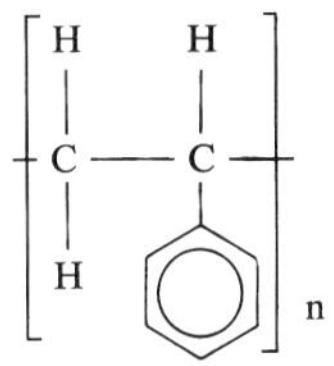

Handelsnamen (Beispiele):
Crystal PS, Dylene (Nova); Edistir (Polimeri); Elix, Questra, Trycite (Dow); Empera (Ineos Nova); K-Resin (Chevron); Lacqrene (Total); Nova (Nova); Polystyrol, Styrolux (BASF); Polywood (Polykemi); Styron (AMST); Vestyron (BP).

Normung: DIN EN ISO 1622.

In DIN EN ISO 1622 werden Polystyrol (PS)-Formmassen unterschieden durch (verschlüsselte) Wertebereiche der kennzeichnenden Eigenschaften *Vicat-Erweichungstemperatur* VST/B/50 und die *Schmelze-Massenfließrate* MFR 200/5 und Informationen über die *vorgesehene Anwendung* und/oder *Verarbeitungsverfahren, wichtige Eigenschaften, Additive, Farbstoffe, Füll- und Verstärkungsstoffe.* (MFR wird bei Überarbeitung der Normen durch MVR ersetzt).

Beispiel für die Angabe einer PS-Formmasse:

Thermoplast ISO 1622 – PS,MLN,085-12
Es bedeuten PS Polystyrol (Polystyren)-Formmasse, L Licht-/Witterungsstabilisator, N naturfarben, 085 Vicaterweichungstemperatur VST/B50 von 84 °C und 12 Schmelze-Massefließrate MFR 200/5 von 9 g/10 min.

Eigenschaften

Dichte: 1,05 g/cm³

Gefüge: Amorphe Thermoplaste mit geringer Feuchteaufnahme. Geschäumtes Polystyrol PS-E siehe „15. Geschäumte Kunststoffe".

Verstärkungsstoff: Glasfasern (selten).

Farbe: Glasklar mit hohem Oberflächenglanz; in allen Farben durchsichtig und gedeckt einfärbbar, auch in Perlmutteffekt.

Mechanische Eigenschaften: Steif, hart, spröde, sehr schlag- und kerbempfindlich. Geringe Kriechneigung. Durch veränderte Molekulargewichtsverteilung ergeben sich glasklare Produkte mit fast verdoppelter Schlagzähigkeit gegenüber den „klassischen" Polystyrolen.

Elektrische Eigenschaften: Gute elektrische Widerstandswerte, fast unabhängig vom Feuchtegehalt; Feuchte an der Oberfläche beeinflusst jedoch elektrische Eigenschaften. Sehr gute dielektrische Eigenschaften, fast frequenzunabhängig. Elektrostatische Aufladung, deshalb oft antistatische Zusätze.

Optische Eigenschaften: Für untergeordnete optische Zwecke in Innenräumen geeignet. Bei Außenanwendung Verminderung des Oberflächenglanzes und Vergilbung.

Thermische Eigenschaften: Bis 70 °C einsetzbar, wärmebeständige Typen bis 80 °C.

Brennt gut mit stark rußender Flamme ohne abzutropfen.

Beständig gegen (Auswahl): Konzentrierte und verdünnte Mineralsäuren (Ausnahme oxidierende Säuren), Laugen, Alkohole (außer höheren Alkoholen), Wasser; ziemlich alterungsbeständig.

Nicht beständig gegen (Auswahl): Organische Lösemittel wie Benzin, Ketone (Aceton); aromatische (Benzol), chlorierte Kohlenwasserstoffe; etherische Öle; UV-empfindlich (deshalb teilweise UV-stabilisierte Typen).

Physiologisches Verhalten: Physiologisch unbedenklich.

Spannungsrissbildung: Starke Spannungsrissbildung, bereits an Luft.

Verarbeitung

Spritzgießen: Spritzgießen sehr gut möglich und gebräuchlichstes Verarbeitungsverfahren. Massetemperaturen 180 °C bis 250 °C; Werkzeugtemperaturen 30 °C bis 60 °C. Spritzdrücke zwischen 600 bar und 1800 bar.

Verarbeitungsschwindung 0,4 % bis 0,7 %, praktisch keine Nachschwindung.

Besonderheiten: Um hohe Durchsichtigkeit und hohen Oberflächenglanz zu erreichen, empfiehlt sich ein Vortrocknen des Granulats von 1 h bis 2 h bei 70 °C bis 80 °C.

Extrudieren: Extrudieren von Produkten mit hoher Vicat-Erweichungstemperatur möglich. Extrusionstemperaturen 180 °C bis 220 °C. Für Verpackungszwecke werden PS-Folien biaxial gereckt (PS-O).

Warmumformen: Warmumformen wenig gebräuchlich, da beim Umformen im Formteil entstehende Spannungen zu starker Spannungsrissbildung führen. Meist nur PS-O. Umformtemperaturen 110 °C bis 150 °C beim Vakuumformen mit pneumatischer oder mechanischer Vorstreckung. Werkzeuge von gekühlt (Verpackung) bis 80 °C bei technischen Formteilen. Umformtemperatur bei PS-O 105 bis 115 °C, maximal 120 °C.

Kleben: Kleben gebräuchlichstes Verbindungsverfahren (vgl. auch VDI 3821). Meist Lösemittelklebstoffe auf Basis Toluol, Dichlormethan, Butylacetat, wobei bis zu 20 % Polystyrol gelöst sein kann. Verkleben mit anderen Werkstoffen mit Haft- oder Zweikomponentenklebstoffen.

Schweißen: Schweißen durch Heizelement-, Wärmeimpuls- und Ultraschallschweißverfahren. Hochfrequenzschweißen wegen geringer dielektrischer Verluste nicht möglich.

Spanen: Spanen gut möglich; Kühlung der Schnittstelle mit Luft oder Wasser vorteilhaft. Übliche Werkzeuge für Kunststoffverarbeitung.

Besondere Verfahren: Spritzblasen von kleineren Verpackungsbehältern. Schäumen von Folien. Dekorative Nachbehandlung von Formteilen durch *Bedrucken*, *Metallisieren im Vakuum* und *Heißprägen*.

■ Anwendungsbeispiele

Verpackungsindustrie: Verpackungen mit hohem Oberflächenglanz und Durchsichtigkeit, z. B. für Kosmetika, Konsumartikel, Bastlerbedarf, Schreibwaren. Einwegverpackungen für Lebensmittel, auch für Speiseeis.

Beleuchtungstechnik: Leuchten aller Art (mit Kristallglaseffekt), aber nur für Innenanwendung.

Feinwerktechnik/Mechatronic, Elektrotechnik: Schaugläser, Tonband- und Filmspulen, Isolierfolien, Relaisteile, Spulenkörper, Diarähmchen.

Sonstiges: Ordnungskästen für Haushalt, Werkstatt und Hobby; Etuis; Einmalspritzen; einfaches Spielzeug. Einmalgeschirr und -besteck. Modeschmuck. Kämme, Zahnbürsten; Haushaltgegenstände wie Schüsseln, Becher, Tortenhauben, Eierschneider.

PS-E-Folien für Verpackungen und als thermische Isolierfolien.

■ Polystyrol-Spezialsorten

Blends aus Polystyrol und Polyolefinen werden vor allem im Verpackungsbereich eingesetzt. Gegenüber schlagzähem Polystyrol haben diese Werkstoffe eine geringere Steifigkeit und eine schlechtere Haftung für Farben; gegenüber den Polyolefinen bieten sie den Vorteil, dass sie auf denselben Extrudern und Warmformanlagen wie für Polystyrol verarbeitet werden können. Als wesentliche Vorteile gegenüber reinem Polystyrol sind die geringere Wasserdampfdurchlässigkeit und eine deutlich verbesserte Spannungsrissbeständigkeit bei erhöhter Wärmeformbeständigkeit zu nennen.

Syndiotaktisches Polystyrol PS-S (mit Metallocenkatalysatoren gewonnen) ist *teilkristallin* (T_m = 270 °C), bringt ein völlig neues Eigenschaftsprofil mit und wird in Zukunft mit technischen Konstruktionskunststoffen konkurrieren.

Blend aus Polystyrol und Polyethylen (Styroblend von BASF) mit sehr geringer Wasserdampfdurchlässigkeit, z. B. zur Mehrschicht-Coextrusion mit PS-HI zu Platten für die Kühlschrankherstellung.

10.3.2 Schlagzäh modifiziertes Polystyrol PS-I (Styrol-Butadien SB)

Aufbau:

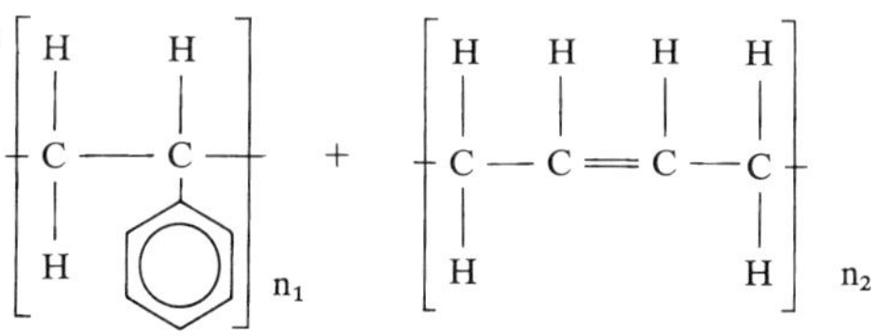

Handelsnamen (Beispiele):
Asaflex (Asahi); Avantra, Empera, Styrosun (Ineos Nova); Edistir (Polimeri); K-Resin (Chevron); Polystyrol, Styroflex, Styrolux (BASF).

Normung: DIN EN ISO 2897.

In DIN EN ISO 2897 werden schlagzähe Polystyrol (PS-I)-Formmassen unterschieden durch (verschlüsselte) Wertebereiche der kennzeichnenden Eigenschaften *Vicat-Erweichungstemperatur* VST/B/50 und die *Schmelze-Massenfließrate* MFR 200/5 und Informationen über die *vorgesehene Anwendung* und/oder *Verarbeitungsverfahren, wichtige Eigenschaften, Additive, Farbstoffe, Füll- und Verstärkungsstoffe.* (MFR wird bei Überarbeitung der Normen durch MVR ersetzt).

Beispiel für die Angabe einer schlagzähen PS-I-Formmasse.

Thermoplast ISO 2897 – PS-I,MLN,083-12-07-23
Es bedeuten PS-I schlagzähe Polystyrol-Formmasse, M Spritzgießen, L Licht- und/ oder Witterungsstabilisator, 083 Vicaterweichungstemperatur VSTB/50 von 84 °C, 12 Massefließrate MFR 200/5 von 14 g/10 min, 07 (noch!) Izod-Schlagzähigkeit von 8 kJ/mm^2 und 23 Biege-E-Modul von 2200 MPa.

■ Eigenschaften

Dichte: 1,04 g/cm^3

Gefüge: Amorphe Thermoplaste, gegenüber PS erhöhte Feuchteaufnahme. Schlagfestes Polystyrol kann als Copolymerisat von Styrol und Butadien (SB) oder als Polymerisatgemisch von Polystyrol und Butadienkautschuk vorliegen.

Glasklare SB-Polymere als Alternativkunststoff für PVC für glasklare, brillante Verpackungen, jedoch eingeschränkte Barriereeigenschaften.

Farbe: Wegen Butadienkomponente nicht mehr glasklar, sondern trüb bis opak; deshalb nur gedeckt einfärbbar in allen Farben. Bei Modifikationen mit speziellen Elastomeren sind glasklare SB-Typen herstellbar.

Mechanische Eigenschaften: Schlagzäh und stoßfest, zäh, wenig kerbempfindlich, daher auch für Einbettung von Metallteilen verwendbar; auch hochschlagfestes und spannungsrissbeständiges PS-HI im Angebot.

Elektrische Eigenschaften: Gute elektrische Eigenschaften; dielektrische Verluste gering, z. T. jedoch etwas höher als bei PS.

Starke elektrostatische Aufladung, deshalb oft auch antistatische Zusätze.

Thermische Eigenschaften: Bis 75 °C einsetzbar; durch Kautschukkomponente bei tiefen Temperaturen bis –40 °C.

Brennt mit stark rußender Flamme ohne abzutropfen.

Beständig gegen (Auswahl): Weniger beständig als PS; gegen Säuren und Laugen nur bedingt beständig. Wegen Butadienkomponente alterungsempfindlicher als PS.

Nicht beständig gegen (Auswahl): Ähnlich PS; UV-Strahlung vermeiden.

Physiologisches Verhalten: In bestimmten Einstellungen physiologisch unbedenklich.

Spannungsrissbildung: Neigung zu Spannungsrissbildung an Luft meist geringer als bei PS. Spezielle spannungsrissbeständige Typen, z. B. für Kühlschrankbehälter lieferbar.

■ Verarbeitung

Spritzgießen: Spritzgießen gut möglich, gegenüber PS etwas schlechtere Fließeigenschaften. Massetemperaturen 180 °C bis 250 °C. Werkzeugtemperaturen 10 °C bis 70 °C; 80 °C für hohen Oberflächenglanz. Spritzdrücke zwischen 600 bar und 1500 bar. Verarbeitungsschwindung 0,4 % bis 0,7 %.

Extrudieren: Extrudieren sehr gut möglich, vor allem zu Folien, Tafeln, Profilen und Rohren; auch Extrusionsblasformen anwendbar.

Extrusionstemperaturen 180 °C bis 220 °C. Vorstrecken nach dem Extrudieren möglich.

Warmumformen: Sehr weitverbreitetes Umformverfahren; hauptsächlich Vakuumformung mit mechanischer und pneumatischer Vorstreckung. Umformtemperaturen 130 °C bis 150 °C, bei höher wärmeformbeständigen Typen bis 190 °C. Werkzeugtemperaturen bis 75 °C. Auftretende Orientierungsspannungen erhöhen Anfälligkeit gegen Spannungsrissbildung.

Kleben, Schweißen: Wie bei Standard-Polystyrol PS.

Spanen: Wie bei Standard-Polystyrol PS.

Besondere Verfahren: Spritzblasen von kleinen Verpackungsteilen. Schäume von Folien. *Dekorative Nachbehandlung* wie bei Standard-Polystyrol PS.

Anwendungsbeispiele

Technische Formteile mit guter Zähigkeit und gutem Oberflächenglanz.

Feinwerktechnik/Mechatronic, Elektrotechnik: Gehäuseteile für Rundfunk-, Fernseh-, Tonband-, Video-, Foto- und Filmgeräte, vor allem Einstellungen mit zusätzlich sehr guter Fließfähigkeit. Spulenkörper; Film- und Videokassetten.

Haushaltsgeräte: Gehäuse für elektrische Haushaltgeräte; Kühlschrankinnenbehälter, -türverkleidungen, -klappen; Einweggeschirr und -besteck; Trinkbecher; Toilettenartikel; Schubkästen, Kleinmöbel, Kleiderbügel.

Sonstiges: Spielwaren; Verpackungen jeder Art, Stapelkasten; Diarähmchen; Absätze, Schuhleisten; Folien, auch geschäumt für Tiefziehverpackungen.

10.3.3 Styrol-Acrylnitril-Copolymerisat SAN

Aufbau:

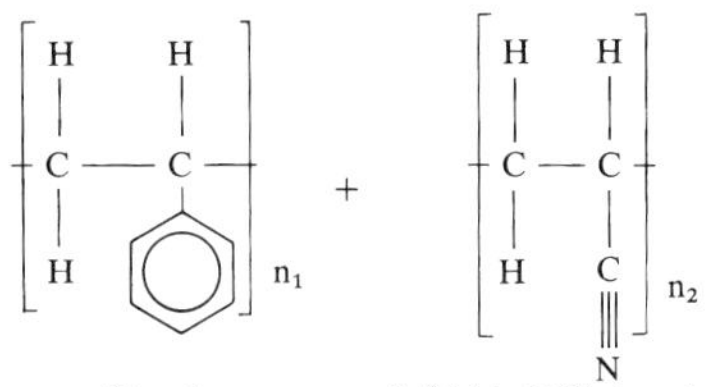

Styrol rd. 25 bis 30% Acrylnitril

Handelsnamen (Beispiele):
Absolan (Lanxess); Gesan (Sabic IP); Kibisan (Chi Mei); Kostil (Polimeri); Lastil (Lati); Luran (BASF); Lustran (Ineos ABS); Polysan (Polykemi); Tyril (Dow).

Normung: DIN EN ISO 4894.

In DIN EN ISO 4894 werden SAN-Formmassen unterschieden durch (verschlüsselte) Wertebereiche der kennzeichnenden Eigenschaften *Vicat-Erweichungstemperatur* VST/B/50 und die *Schmelze-Volumenfließrate* MVR 220/10 und Informationen über *grundlegende Polymer-Parameter, vorgesehene Anwendung* und/oder *Verarbeitungsverfahren, wichtige Eigenschaften, Additive, Farbstoffe, Füll- und Verstärkungsstoffe.*

Beispiel für die Angabe einer SAN-Formmasse:

Thermoplast ISO 4894 – SAN2,MLN,105-08
Es bedeuten SAN2 Styrol-Acrylnitril-Formmasse mit 25 Massen-% Acrylnitril, M Spritzgießen, L Licht- und/oder Witterungsstabilisator, N naturfarben, 105 Vicat-Erweichungstemperatur VST/B50 von 101 °C und 08 Schmelze-Massefließrate MFR 220/10 von 6 g/10 min.

Eigenschaften

Dichte: 1,08 g/cm^3

Gefüge: Amorphe Thermoplaste, gegenüber PS erhöhte Feuchteaufnahme.

Meist 24 % Acrylnitril, für Sonderzwecke zwischen 10 % und 45 %.

Verstärkungsstoff: Glasfasern, teilweise Glaskugeln.

Farbe: Glasklar mit hohem Oberflächenglanz; in allen Farben durchsichtig und gedeckt einfärbbar.

Mechanische Eigenschaften: Steif; erhöhte Schlagzähigkeit gegenüber PS, aber niedriger als bei SB. Höchster Elastizitätsmodul aller Styrol-Polymersiate. Verbesserte Kratzfestigkeit, hohe Oberflächenhärte. Gute Zeitstandfestigkeit. Wesentliche Erhöhung der Festigkeit und des Elastizitätsmoduls durch Glasfasern.

Elektrische Eigenschaften: Sehr gute elektrische Eigenschaften; etwas höhere dielektrische Verluste als PS, aber wenig abhängig von Frequenz und Temperatur.

Optische Eigenschaften: Ähnlich Standard-Polystyrol PS.

Thermische Eigenschaften: Bis 95 °C einsetzbar. Gute Temperaturwechselbeständigkeit. z. T. sterilisierbar.

Brennt mit stark rußender Flamme ohne abzutropfen.

Beständig gegen (Auswahl): Besser beständig als Standard-Polystyrol PS, vor allem gegen unpolare Medien wie Benzin, Öl und Aromastoffe. Mit zunehmendem Acrylnitrilgehalt steigende Verbesserung der Beständigkeit.

Nicht beständig gegen (Auswahl): Ähnlich Standard-Polystyrol; UV-Bestrahlung vermeiden.

Physiologisches Verhalten: Physiologisch unbedenklich.

Spannungsrissbildung: Spannungsrissbildung wesentlich geringer als bei Standard-Polystyrol PS.

Verarbeitung

Spritzgießen: Vortrocknen bei 70 °C bis 80 °C empfehlenswert. Spritzgießen bei Massetemperaturen von 200 °C bis 260 °C und Werkzeugtemperaturen von 40 °C bis 80 °C. Verarbeitungsschwindung 0,4 % bis 0,6 %, bei glasfaserverstärkten Typen weniger.

Extrudieren: Extrudieren vorwiegend für Folien. Extrusionsblasformen ebenfalls möglich. Extrusionstemperaturen 180 °C bis 230 °C. Biaxiales Recken gibt günstige mechanische Eigenschaften bei Blasfolien.

Warmumformen: Warmumformen möglich bei Umformtemperaturen von ca. 130 °C.

Kleben: Kleben günstigstes Fügeverfahren. Wegen höherer Beständigkeit gegen Lösemittel aber etwas schwieriger zu kleben als Standard-Polystyrol PS. Handelsübliche Lösemittelklebstoffe oder Toluol und Dichlormethan.

Schweißen: Schweißen durch Warmgas-, Heizelement-, Wärmeimpuls-, Reib- und Ultraschallschweißen möglich. Schweißen im Hochfrequenzfeld nur bei SAN mit hohem Acrylnitrilgehalt.

Spanen: Wie bei Standard-Polystyrol PS.

Besondere Verfahren: Dekorative Nachbehandlung wie bei Standard-Polystyrol PS.

Anwendungsbeispiele

Hochwertige technische Formteile mit hoher Steifigkeit und Dimensionsstabilität, wenn u. a. auch Durchsichtigkeit verlangt ist.

Feinwerktechnik/Mechatronic, Elektrotechnik: Gehäuseteile für Filmapparate, Videogeräte und Büromaschinen; Bedienungsknöpfe; Skalenscheiben; Schaugläser, Sichtscheiben; Gehäuse für Batterien; Tonband- und Filmspulen; Telefonapparate; Zählerrollen.

Haushaltgeräte: Gehäuseteile für Haushaltmaschinen, Skalenscheiben, Bedienungsknöpfe; Geschirrteile.

Sonstiges: Glasklare Verpackungen für Lebensmittel, Pharmazeutika, Kosmetika; Medizintechnik; Badezimmergarnituren; Scheinwerfergehäuse, Leuchtenabdeckungen, Warndreiecke.

Sonderwerkstoff

Acrylnitril-Copolymere mit hohem Acrylnitrilanteil und Acrylat oder Styrol sind undurchlässig für Gase, Aroma- und Geschmackstoffe. Sie eignen sich daher als *Barrierestoff* (z. B. Barex von BP) für durchsichtige Verpackungen.

10.3.4 Acrylnitril-Butadien-Styrol-Polymerisate ABS

Aufbau:

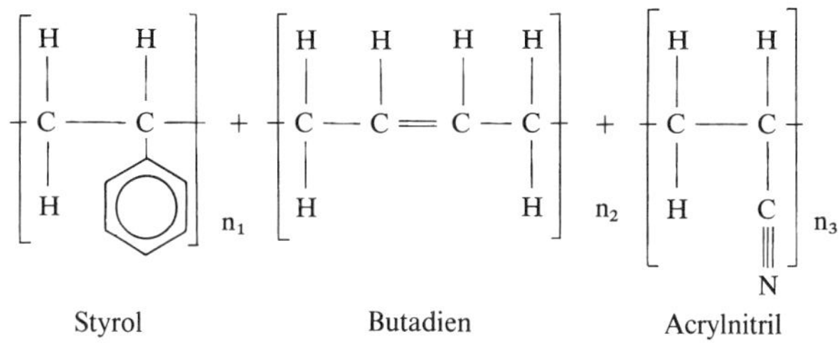

Handelsnamen (Beispiele):
Blendex, Cycolac (Sabic IP); Lastilac (Lati); Lustran ABS, Novodur (Ineos ABS); Lustropak (Lanxess); Magnum (Dow); Polyabs (Polikemi); Polylac (Chi Mei); Retelan (P-Group); Sinkral (Polimeri); Tarodur (Taro); Terluran (BASF); Ultrastyr (Eni).

Normung: DIN EN ISO 2580.

In DIN EN ISO 2580 werden ABS-Formmassen unterschieden durch (verschlüsselte) Wertebereiche der kennzeichnenden Eigenschaften *Vicat-Erweichungstemperatur* VST/B/50, *Schmelze-Volumenfließrate* MVR 220/10, *Charpy-Kerbschlagzähigkeit* 1 eA und den *Zug-Modul* und Informationen über die Zusammensetzung, *vorgesehene Anwendung* und/oder *Verarbeitungsverfahren, wichtige Eigenschaften, Additive, Farbstoffe, Füll- und Verstärkungsstoffe.*

Weitere Angaben betreffen die Mengenanteile an Stoffen außer Acrylnitril, Butadien und Styrol; das sind z. B. A Acrylester, M Maleinsäureanhydrid, P N-Phenyl-

Maleinsäureester, X andere, nicht festgelegte Stoffe. Die Mengenanteile sind festgelegt zu (0) < 5 % Massenanteil, (1) ≥ 5 % aber ≤ 15 % und (2) ≥ 15 % aber ≤ 30 %.

Beispiel für die Angabe einer ABS-Formmasse:

Thermoplast ISO 2580 – ABS 1P,MCZ,125-04-16-25
Es bedeuten ABS 1P ABS-Formmasse mit 8 % beigemischtem N-Phenyl-Maleinsäureanhydrid, M Spritzgießen, C eingefärbt, Z Antistatikum, 125 Vicat-Erweichungstemperatur VST/B50 von 121 °C, 04 Schmelze-Volumenfließrate MVR 220/10 von 5 cm^3/10 min, 16 Charpy-Kerbschlagzähigkeit 1eA von 16 kJ/m^2 und 25 Zug-E-Modul von 2600 MPa.

Eigenschaften

Dichte: 1,03 g/cm^3 bis 1,07 g/cm^3

Gefüge: Amorphe Thermoplaste mit großen Variationsmöglichkeiten im Aufbau.

Man unterscheidet:

Polymerisatgemische (*Blends*) aus z. B. fein und gleichmäßig verteiltem Butadienkautschuk in einer SAN-Grundmasse.

Copolymerisate als *Pfropf-* oder *Terpolymerisate*, z. B. SAN mit Butadien- oder Butadien-Acrylester-Kautschuk. Die Elastomerkomponente ist an das SAN-Makromolekül chemisch gebunden. Geringe Feuchteaufnahme.

Außer reinen ABS-Polymerisaten sind auch *Polyblends* ABS+PA (Triax von Ineos ABS) und PC+ABS (Bayblend von Bayer, Cycoloy von Sabic IP) lieferbar, wobei die Eigenschaften der neuen Werkstoffe vom Mischungsverhältnis der Komponenten abhängen.

ABS/PMMA-Halbzeug-Verbunde werden im Caravanbau z. T. als Ersatz für GFK eingesetzt.

Transparente Kunststoffe auf der Basis ABS sind, mit entsprechenden Kautschukkomponenten, ebenfalls auf dem Markt.

Styrol-Maleinsäureanhydrid-Terpolymere (SMA) sind zwischen hochwärmebeständigen ABS-Typen und Polycarbonat angesiedelt (z. B. Cadon von Bayer). Diese Kunststoffe zeichnen sich vor allem durch eine gute Wärmebeständigkeit und gute Schlagzähigkeit aus. In DIN EN ISO 10366 sind MABS-Formmassen (Methylmethacrylat/Acrylnitril/Butadien/Styrol, z. B. Terlux von BASF) festgelegt.

Verstärkungsstoffe: Glasfasern, Glaskugeln

Farbe: Wegen Kautschukkomponente i. A. nicht mehr durchsichtig, sondern gelblich-weiß opak; nur gedeckt einfärbbar in allen Farben. Sehr hoher Oberflächenglanz bei Pfropfpolymerisaten, mattere Oberfläche bei Polymerisatgemischen. Glasklare Sondertypen vorhanden.

Mechanische Eigenschaften: Steif; zäh, auch bei tiefen Temperaturen bis –45 °C. Hohe Härte bei guter Kratzfestigkeit. Hohe Schlag- und Kerbschlagzähigkeit. Gute Schalldämpfung durch hohe mechanische Dämpfung. Wegen guter Zähigkeit für

Einbettung von Metalleinlegeteilen geeignet. Erhöhung der Festigkeit und des E-Moduls durch Glasfasern möglich, wobei allerdings die Zähigkeit herabgesetzt wird.

Elektrische Eigenschaften: Hoher Oberflächen- und Durchgangswiderstand bei nur sehr geringfügiger elektrostatischer Aufladung. Größere dielektrische Verluste als bei Standard-Polystyrol PS.

Thermische Eigenschaften: Gut wärmebeständig, einsetzbar von etwa –45 °C bis +85 °C, z. T. bis 100 °C, bei Sondertypen auch noch darüber.

Brennt mit rußender Flamme ohne abzutropfen, auch Typen in flammwidriger Einstellung lieferbar.

Beständig gegen (Auswahl): Ähnlich SAN, je nach Anteilen der drei Komponenten Styrol, Acrylnitril und Butadien ergeben sich Abweichungen.

Wasser, wässrige Salzlösungen, verdünnte Säuren und Laugen; gesättigte Kohlenwasserstoffe (Benzin), Mineralöle; tierische und pflanzliche Fette. Alterungsbeständigkeit bei rußhaltigen Einstellungen ausreichend.

Nicht beständig gegen (Auswahl): Konzentrierte Mineralsäuren; aromatische (Benzol) und chlorierte Kohlenwasserstoffe, Ester, Ether und Ketone.

Physiologisches Verhalten: Physiologisch unbedenklich.

Spannungsrissverhalten: Spannungsrissbildung an Luft gering.

Verarbeitung

Vortrocknen: Vor dem Spritzgießen und Extrudieren ist Vortrocknen des Granulats 2 Stunden bei 80 °C bis 90 °C im Umluftofen empfehlenswert.

Spritzgießen: Spritzgießen sehr gut möglich bei Massetemperaturen von 200 bis 240 °C, bei wärmebeständigen Typen bis 280 °C; über 240 °C u. U. Verfärbungen durch beginnende Kunststoffzersetzung. Werkzeugtemperaturen 40 °C bis 85 °C. Spritzdrücke 800 bar bis 1800 bar. Verarbeitungsschwindung 0,4 % bis 0,8 %.

Extrudieren: Extrudieren sehr gut möglich, auch Extrusionsblasformen. Extrusionstemperaturen 180 °C bis 230 °C. Bei Herstellung von Blaskörpern Extrusionstemperaturen 180 °C bis 220 °C. Bei Rohrextrusion als Stützmedium nur Stickstoff verwenden.

Warmumformung: Warmumformung sehr gut möglich; bei Platten über 2,5 mm Dicke beidseitig erwärmen. Umformtemperaturen 130 °C bis 220 °C. Werkzeugtemperaturen von gekühlt (Verpackungen) bis 90 °C (technische Formteile). Plattenmaterial muss an der Oberfläche trocken sein, sonst Bläschenbildung. Lagerung von Plattenmaterial bei 20 °C und 30 % rel. Luftfeuchte, sonst Platten 2 h bis 4 h trocknen bei 85 °C bis 90 °C, je nach Plattendicke.

Kleben: Kleben gut möglich mit Lösemitteln, z. B. Methylethylketon, Dichlorethylen, wobei bis zu 20 % ABS gelöst sein kann. Für bessere Verklebungen und Verklebungen mit anderen Werkstoffen Zweikomponentenklebstoffe verwenden.

Schweißen: Schweißen im Warmgas-, Heizelement-, Reibungs- und Ultraschallschweißverfahren; ABS-Typen mit höheren dielektrischen Verlusten auch durch HF-Schweißen. Zu verschweißende Teile müssen trocken sein (Bläschenbildung!). *Besonderheit:* ABS ist mit PMMA verschweißbar (Rückleuchten im Fahrzeugbau).

Verschrauben: Verschrauben mit gewindeformenden Schrauben anwendbar.

Spanen: Spanen sehr gut möglich mit üblichen Werkzeugen für die Kunststoffbearbeitung.

Besondere Verfahren: Kaltumformen von Platten und Folien bedingt möglich. *Dekorative Nachbehandlungen* wie bei Standard-Polystyrol PS. *Laserbeschriftung* von Tasten als neues Verfahren. *Galvanisieren* von Spezialtypen nach spezieller, aufwendiger Vorbehandlung bei hoher Haftfestigkeit.

■ Anwendungsbeispiele

Feinwerktechnik/Mechatronic, Elektrotechnik: Gehäuse und Bedienungsteile für Rundfunk-, Fernseh-, Phono- und Videogeräte, Film- und Fotoapparate, Telefone, Büromaschinen, Uhren, Lampen. Chipkarten.

Fahrzeugbau: Karosserieteile, Armaturentafeln, verchromte Zierleisten, Verbandskästen, Batteriekästen, Lenksäulenverkleidungen, Mittelkonsolen, Handschuhkästen, Armlehnen, Sitzschalen, Kühlerblenden, Spoiler.

Möbelindustrie: Stühle, Sitzschalen, Hocker, Kinderstühle, Schrankelemente, Beschläge.

Haushaltsgeräte: Gehäuseteile für Staubsauger, Küchenmaschinen, Bedienungselemente, WC-Spülkästen.

Labor- und Medizintechnik (in verträglichen Qualitäten)

Sonstiges: Technisches Spielzeug, Spielzeugbausteine; Kofferschalen, Schuhabsätze; Bootskörper, Surfbretter; Sanitärinstallationsmaterial wie Rohre und Fittinge; Schutzhelme; Transportbehälter; Kugelschreiber.

10.3.5 Schlagzähe Acrylnitril-Styrol-Formmassen ASA, AEPDS, ACS

Neben den ASA-Formmassen gibt es auch noch AES- und ACS-Formmassen als schlagzähe Modifikationen von Acrylnitril-Styrol.

Aufbau: Schlagzähe Modifikation von Acrylnitril-Styrol mit einer dispersen Phase aus Acrylester bei ASA. Bei AES-Formmassen besteht die disperse Phase aus Ethylen-Propylen-Dien (EPDM)-Kautschuk und bei ACS-Formmassen aus chloriertem Polyethylen.

Handelsnamen (Beispiele):
Centrex (Ineos ABS); Geloy (Sabic IP); Luran S (BASF); Kibilac (Chi Mei); Polyasa (Polykemi).

Normung: DIN EN ISO 6402.

In DIN EN ISO 6402 werden schlagzähe ASA-, AEPDS- und ACS-Formmassen (außer Butadien-modifizierten Materialien) unterschieden durch (verschlüsselte)

Wertebereiche der kennzeichnenden Eigenschaften *Vicat-Erweichungstemperatur* VST/B/50 und die *Schmelze-Volumenfließrate* MVR 220/10, *Charpy-Kerbschlagzähigkeit* 1eA und den *Zug-Modul* E und Informationen über die *Zusammensetzung, vorgesehene Anwendung* und/oder *Verarbeitungsverfahren, wichtige Eigenschaften, Additive, Farbstoffe, Füll- und Verstärkungsstoffe.*

Beispiel für die Angabe einer schlagzähen ASA-Formmasse:

Thermoplast ISO 6402 – ASA 1P,MCZ,125-04-16-25
Es bedeuten ASA 1P ASA-Formmasse mit 8 % beigemischtem N-Phenyl-Maleinsäureanhydrid, M Spritzgießen, C eingefärbt, Z Antistatikum, 125 Vicat-Erweichungstemperatur VST/B50 von 121 °C, 04 Schmelze-Volumenfließrate MVR 220/10 von 5 cm^3/10 min, 16 Charpy-Kerbschlagzähigkeit 1eA von 16 kJ/m^2 und 25 Zug-E-Modul von 2600 MPa.

Eigenschaften

Dichte: 1,07 g/cm^3

Gefüge: Amorphe Thermoplaste als Polymergemische (Polyblends). Geringe Feuchteaufnahme. *Blend* aus PC+ASA, z. B. Terblend A von BASF.

Farbe: Wegen eingebetteten Elastomeren nicht durchsichtig, sondern opak. In allen Farben gedeckt einfärbbar bei ausgezeichneter Lichtechtheit und hohem Oberflächenglanz.

Mechanische Eigenschaften: Festigkeit, Elastizitätsmodul und Härte ähnlich SB und ABS, aber geringer als bei PS und SAN. Sehr schlagzäh, auch in der Kälte, wesentlich besser als SB und ABS. Gute Kratzfestigkeit, besser als bei SAN und ABS.

Elektrische Eigenschaften: Hoher Oberflächen- und Durchgangswiderstand bei sehr geringer elektrostatischer Aufladung. Höhere dielektrische Verluste als bei PS und SB.

Thermische Eigenschaften: Ähnlich SAN, von –45 °C bis 95 °C einsetzbar. Gute Temperaturwechselfestigkeit.

Beständig gegen (Auswahl): Gesättigte Kohlenwasserstoffe. Mineralöle und Fette. Wässrige Salzlösungen; verdünnte Säuren und Laugen. Hervorragende Alterungs- und Witterungsbeständigkeit gegen Licht, Wärme und Sauerstoff, besonders bei dunklen Einfärbungen.

Nicht beständig gegen (Auswahl): Organische Lösemittel, aromatische und chlorierte Kohlenwasserstoffe, konzentrierte Säuren.

Physiologisches Verhalten: Physiologisch unbedenklich.

Spannungsrissbildung: Spannungsrissbildung an Luft gering.

Verarbeitung

Spritzgießen: Vortrocknen 2 h bei 85 °C. Spritzgießen sehr gut möglich bei Massetemperaturen 220 °C bis 280 °C und Werkzeugtemperaturen von 40 °C bis 80 °C. Bei Verarbeitungstemperaturen über 250 °C auf mögliche Farbänderungen achten. Höhere Verarbeitungstemperaturen und geringe Formfüllungsgeschwindigkeiten erhöhen die Zähigkeit der Formteile. Verarbeitungsschwindung 0,4 % bis 0,7 %.

Extrudieren: Extrudieren sehr gut möglich, auch Extrusionsblasformen. Extrusionstemperaturen ca. 230 °C.

Warmumformen: Warmumformen gut möglich bei Umformtemperaturen von 140 °C bis 170 °C, Werkzeugtemperaturen 40 °C bis 80 °C.

Kleben: Kleben mit Lösemitteln wie Methylethylketon, Dichlorethylen, Cyclohexanon. Verkleben mit Haft- und Zweikomponenten-Klebstoffen gibt höhere Festigkeiten und ermöglicht auch Verbindungen mit anderen Werkstoffen.

Schweißen: Schweißen im Heizelement, Reibungs- und Ultraschallschweißverfahren. Wegen hoher dielektrischer Verluste auch HF-Schweißen.

Spanen: Spanen gut möglich.

Besondere Verfahren: Folien und Platten lassen sich durch Kaltumformen (Tiefziehen) bearbeiten.

Dekorative Nachbehandlung wie Standard-Polystyrol.

■ Anwendungsbeispiele

Ähnliche Einsatzgebiete wie ABS, jedoch bei hohen Anforderungen an Licht- und Witterungsbeständigkeit, d. h. besonders bei Außenanwendungen.

Feinwerktechnik/Mechatronic: Gehäuse für Elektrogeräte, Büromaschinen, Telefone.

Haushaltgeräte: Gehäuse aller Art, Dampfbügeleisen.

Fahrzeugindustrie: Wohnwagenverkleidungen, Verblendungen, Außenspiegel, Verkleidungen landwirtschaftlicher Maschinen, z. B. Rasenmähergehäuse; Bootsschalen.

Möbelindustrie: Sitz- und Liegemöbel, Tischelemente, Gartenmöbel, Pflanzschalen.

Sonstiges: Verkehrs- und Hinweisschilder, Signalampelgehäuse, Werbeschilder; Rohre, Fittinge, Bewässerungsarmaturen; Koffer; Sanitärgegenstände; Briefkästen.

10.4 Celluloseester CA, CP, CAB

Celluloseester auf der Basis von Celluloseacetat CA, Cellulosepropionat CP und Celluloseacetobutyrat CAB sind amorphe thermoplastische Kunststoffe, die spezielle Weichmacher enthalten oder mit anderen Polymeren modifiziert sind. Sie zeichnen sich aus durch hohe Zähigkeit, besonders schöne Farbgebung und kein Staubanziehen; nachteilig ist vielfach die Wasseraufnahme und ggf. die Weichmacherabgabe. Diese abgewandelten Naturstoffe verlieren immer mehr an Bedeutung.

Aufbau:

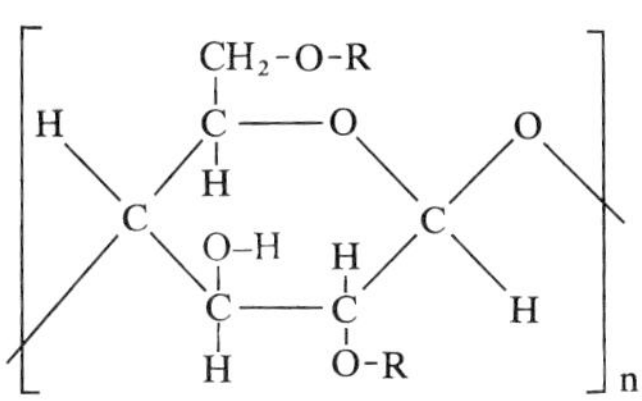

R ist bei Celluloseacetat: $-CO-CH_3$

bei Cellulosepropionat: $-CO-CH_2-CH_3$

bei Celluloseacetobutyrat: $-CO-CH_2-CH_2-CH_3$.

Handelsnamen Beispiele):

CA: Bergacell (Bergmann); Ethocel (DuPont); Setilithe (Solvay); Sicalit (Ineos Vinyls); Tenite (Eastman)

CAB: Cellidor (Albis); Tenite (Eastman)

CAP: Tenite (Eastman)

CP: Cellidor (Albis)

Normung: DIN 7742.

In DIN 7742 sind die Bezeichnungen von Celluloseester-Formmassen nach dem *chemischen Aufbau* (CA, CP/CAP, CAB*), der hauptsächlichen Anwendung*, den *wesentlichen Additiven* und den kennzeichnenden Eigenschaften *Vicat-Erweichungstemperatur* VST/B/50, dem *Masseverlust* (DIN 53738) bei 80 °C sowie nach *Art und Gestalt der Füllstoffe* festgelegt.

Eigenschaften

Die Eigenschaften werden wesentlich durch den Aufbau des Celluloseesters, sowie durch Art und Anteil des Weichmachers oder der polymeren (elastifizierenden) Komponente beeinflusst.

Dichte: *CA:* 1,26 g/cm^3 bis 1,29 g/cm^3; *CP:* 1,19 g/cm^3 bis 1,23 g/cm^3; *CAB:* 1,17 g/cm^3 bis 1,23 g/cm^3.

Gefüge: Amorphe Thermoplaste mit unterschiedlichen Weichmachergehalten oder elastifizierenden Komponenten. Große Wasseraufnahme; Wassergehalt nach 24 Stunden Wasserlagerung (DIN 53495/ISO 62) bei CA 3,0 % bis 4,5 %; bei CP 1,8 % bis 2,8 %; bei CAB 1,5 % bis 2,8 %.

Verstärkungsstoff: Glasfasern (selten).

Farbe: Glasklar mit brillantem Oberflächenglanz; in allen Farben transparent und gedeckt einfärbbar.

Mechanische Eigenschaften: Gute Festigkeit; hohe Zähigkeit, daher besonders geeignet zum Einbetten von Metallteilen. Gute Schlagzähigkeit. Neigt zum Kriechen. Gute Kratzfestigkeit mit Selbstpoliereffekt. Gute Griffigkeit. Hohes Schalldämmvermögen. Erhöhung der Festigkeit durch Gasfasern möglich.

Elektrische Eigenschaften: Geringe elektrostatische Aufladung durch extrem niedrige Halbwertzeit, daher staubfreie Oberflächen. Gute Isolation. Hohe Kriechstromfestigkeit.

Optische Eigenschaften: Glasklar mit hohem Oberflächenglanz; hohe Lichtdurchlässigkeit von ca. 90 %.

Thermische Eigenschaften: Dauergebrauchstemperatur ohne Belastung je nach Typ 70 °C bis 110 °C, in der Kälte 0 °C (CA) bis –50 °C (CP/CAB).

Brennen gelbgrün sprühend und tropfen ab; Flammschutzmittelzugabe empfehlenswert.

Beständig gegen (Auswahl): Wasser, Benzin, Mineralöle und Mineralfette; schwache Schwefelsäure. CA gegen Tetrachlorkohlenstoff und Benzol. CP gut gegen Handschweiß. CP und CAB witterungsbeständig.

Nicht beständig gegen (Auswahl): Alkohole; starke Säuren z. B. Salzsäure; Laugen.

Lösemittel: Aceton, Dichlormethan.

Physiologisches Verhalten: Wegen Auswanderungstendenz von niedermolekularen Weichmachern sind diese Kunststoffe für Berührung mit Lebensmitteln meist nicht zugelassen, einige Sondertypen nur mit Einschränkungen; polymermodifizierte Typen (Blends) zeigen keine Auswanderung.

Spannungsrissbildung: Wegen hoher Zähigkeit praktisch keine Spannungsrissempfindlichkeit an Luft.

Verarbeitung

Vortrocknen: Formmassen trocken lagern um hohe Wasseraufnahme des Granulats zu vermeiden. Bei Wassergehalten über 0,2 % Material im Umluftofen 3 h bei 80 °C trocknen.

Spritzgießen: Massetemperaturen 180 °C bis 230 °C; Festigkeit und Schlagzähigkeit steigen mit der Massetemperatur. Spritzdrücke 800 bar bis 1200 bar. Werkzeugtemperaturen 40 °C bis 70 °C. Möglichst hohe Einspritzgeschwindigkeit. Verarbeitungsschwindung 0,4 % bis 0,7 %, bei geringen Wanddicken ca. 0,2 %. Nachschwindung vernachlässigbar.

Konditionieren: Durch Lagern 24 h bei Normalklima werden gute Gebrauchseigenschaften erreicht. Tempern ist nicht üblich, da die Formteile nur geringe Spannungen enthalten.

Extrudieren: Sondertypen verwenden. Wassergehalt der Formmassen muss niedriger sein als beim Spritzgießen. Vorteilhaft Extruder mit Entgasungszone. Extrusionstemperaturen je nach Typ 155 °C bis 225 °C.

Extrusionsblasformen häufig angewandt.

Warmumformen: Vorwiegend CAB. Umformtemperaturen 180 °C bis 200 °C. Bei Druckluftformen Vorwärmen der Tafeln auf 80 °C günstig.

Kleben: Kleben mit speziellen Klebelösungen, z. B. für CA: 100 g Methylglykolacetat, 5 g CA, 1 g Diethylphthalat; für CP/CAB: 50 g Methylglykolacetat, 50 g Ethylacetat, 5 g CP oder CAB, 1,5 g Dibutyladipinat.

Vorsicht, dass Fügeteile nicht zu stark angelöst werden. Verklebung mit anderen Kunststoffen und untereinander mit Zweikomponentenklebstoffen, bei niedrigen Beanspruchungen auch mit Haftklebstoffen.

Schweißen: Grundsätzlich nach allen üblichen Schweißverfahren möglich, insbesondere Ultraschallschweißen. Schweißen aber seltener als Kleben.

Spanen mit üblichen Werkzeugen für Kunststoffverarbeitung. Vorsicht wegen örtlicher Überhitzung. Gut polierbar.

Oberflächenbehandlungen: Veredeln der Oberflächen durch *Bedrucken, Lackieren, Heißprägen* möglich, auch *Metallisieren* im Vakuum, jedoch Schutzlack erforderlich. *Oberflächenfärben* durch wasserlösliche Farbstoffe. Erhöhen der Kratzfestigkeit durch Aufbringen eines hauchdünnen Siliconfilmes.

Wirbelsintern mit speziellen Wirbelsinterpulvern zum Korrosionsschutz. Oberflächen der Metallteile müssen sauber, rostfrei und möglichst aufgerauht sein; Teile auf 300 °C bis 400 °C erhitzen und tauchen in das Wirbelbett; abkühlen an Luft. Schichtdicke der Überzüge ca. 0,3 mm bis 0,5 mm. Max. Gebrauchstemperatur 100 °C, jedoch nicht kochfest; gut witterungsbeständig.

Rotationsformen von speziell aufbereiteten CP-Formmassen unter Schutzgas zu großen Behältern mit gleichmäßigen Wanddicken.

Anwendungsbeispiele

Fahrzeugindustrie: Leuchten, durchsichtige Abdeckungen, Schaltknöpfe, Zierleisten, Helmvisiere, Hinweis- und Reklameschilder.

Werkzeuge: Werkzeugriffe, Hammerköpfe, Ölkannen, Gehörschutz.

Bau- und *Möbelindustrie:* Zierleisten, Lichtkuppeln, Armaturengriffe, Badewannen, Stuhlsitzflächen, Sessel, Tischgestelle, Lampenschirme, Leuchtenabdeckungen, Sinterüberzüge für Metallbeschläge.

Optik: Schutz-, Ski- und Taucherbrillen, Brillengestelle, Blitzlichtreflektoren Leuchtenabdeckungen, transparente und farbige Werbeschilder.

Büroteile: Kugelschreiber, Drehbleistifte, Füllfederhalter, Schreibmaschinentasten., Telefongehäuse, Zeichenschablonen.

Spielwaren: Modellspielwaren, Schienenkörper, Wagenaufbauten. Wegen Weichmacherwanderung nicht für Kleinkinderspielzeug.

Sonstiges: Bürstengriffe, Zahnbürstenkörper, Kämme, Besteckgriffe, Taschenmesserabdeckungen, Toilettenartikel, Schuhabsätze, glasklare Verpackungsfolien; Geräte und Gehäuse in der Medizintechnik.

10.5 Polymethylmethacrylat PMMA

Als Polymethylmethacrylate sind das *meist höher molekulare, gegossene PMMA* (Formpolymerisat als Halbzeug) und die *meist niedriger molekularen, spritzgieß- und extrudierbaren, homopolymeren Formmassen PMMA* im Handel, ferner Copolymere mit mindestens 80 % Methylmethacrylat (MMA). Copolymere mit bis zu 50 % Acrylnitril (AMMA) haben bessere chemische Beständigkeit und günstigere mechanische Eigenschaften, vor allem höhere Zähigkeit; sie sind aber nur als Halbzeuge erhältlich. Weitere Copolymere werden hergestellt aus MMA, Acrylnitril, Butadien und Styrol (MABS-und MBS-Formmassen), die sich durch hohe Schlagzähigkeit und hohe Transparenz auszeichnen, siehe auch DIN EN ISO 10366.

Acrylestermodifizierte Formstoffe haben gute Witterungsbeständigkeit.

Auch Blends z. B. PMMA+PC und PMMA+PVC mit günstigerem Spannungsrissverhalten, erhöhter Schlagzähigkeit und geringerer Kerbempfindlichkeit sind im Handel.

ABS/PMMA-Halbzeug-Verbunde werden im Caravanbau als Ersatz für GFK eingesetzt.

Polymethacrylimid PMI wird meist als geschlossenzelliger, vibrationsfester Hartschaumstoff (*Rohacell*) eingesetzt und in Form von Halbzeug geliefert; er weist hohe Festigkeitswerte bei hoher Wärmeformbeständigkeit auf.

Einsatzgebiete sind (Auswahl): Kernwerkstoff für Hochleistungssandwichstrukturen im Flugzeug-, Schiffs- und Kfz-Bau; Kerne für Sportgeräte wie Skier, Tennisschläger; Werkstoff für Modellbau.

Polymethacrylatmethylimid PMMI (*Plexiamid* von Röhm) zeichnet sich aus durch hohe Transparenz (90 % Lichtdurchlässigkeit) und gegenüber PMMA erhöhter Wärmeformbeständigkeit, geringerer Kriechneigung und Wärmeausdehnung, höherer Steifigkeit und Festigkeit, guter UV- und chemischer Beständigkeit.

Einsatzgebiete sind z. B. Front- und Heckleuchten, Leuchtenabdeckungen für Hochdruckdampflampen; optische Fasern, Sonnendächer und Seitenfenster für Kraftfahrzeuge; Verpackungen für Lebensmittel und Kosmetika; Medizintechnik.

Aufbau:

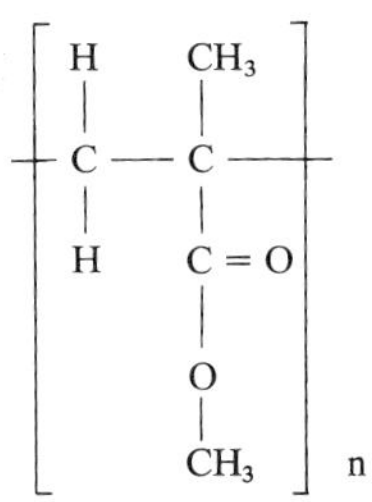

PMMA

Handelsnamen (Beispiele):

Formmassen: Acrylite, XT (Cyro); Altuglas, Tuffak (Arkema); Delpet (Asahi); Diakon, Elvacite (Lucite); Lucite (DuPont); Polyplex (Polykemi); Vu-Stat (Röhm)

Halbzeug: Altuglas, Implex (Arkema); Corian (DuPont); Cryolite (Cryo); Paraglas (Degussa); Perspex, Prismex (Lucite); Plexicor, Plexiglas (Röhm);

Normung: DIN EN ISO 8257; DIN EN ISO 7823 (T1: gegossene Tafeln, T2: extrudierte Tafeln, T3: Endlosprodukte); DIN EN ISO 10366 (MABS-Formmassen)

In DIN EN ISO 8257 werden PMMA-Formmassen unterschieden durch (verschlüsselte) Wertebereiche der kennzeichnenden Eigenschaften *Vicat-Erweichungstemperatur VST B/50, Schmelze-Massefließrate MFR 230/2,8* und ggf. *Viskositätszahl J* und weitere Informationen über *vorgesehene Anwendung* und/oder *Verarbeitungsverfahren, wichtige Eigenschaften, Additive, Farbstoffe* und ggf. *Verstärkungsstoffe.*

Beispiel für die Angabe einer PMMA-Formmasse:

Thermoplast ISO 8257 – PMMA,MLN,100-120-53
Es bedeuten M Spritzgießen, Licht- und/oder Witterungsstabilisator, N naturfarben (nicht gefärbt), 100 Vicat-Erweichungstemperatur von 101 °C, 120 Schmelzemassefließrate MFR 230/3,8 von 10 g/10 min und 53 Viskositätszahl 50 ml/g.

In DIN EN ISO 10366 werden die Methylmethacrylat/Acrylnitril/Butadien/Styrol (MABS)-Formmassen unterschieden durch (verschlüsselte) Wertebereiche der kennzeichnenden Eigenschaften *Vicat-Erweichungstemperatur, VST 50/50, Schmelze-Volumenfließrate* MVR 220/10, *Charpy-Kerbschlagzähigkeit* und den *Zug-Modul* und Informationen über die *Zusammensetzung*, die *vorgesehene Anwendung* und/oder *Verarbeitungsverfahren, wichtige Eigenschaften, Additive, Farbstoffe, Füll- und Verstärkungsstoffe.*

Zusammensetzung:

Typ A: AN-Massenanteil <30 % und MMA-Anteil >10 % aber ≤50 %
Typ B: AN-Massenanteil <30 % und MMA-Anteil >50 % aber ≤80 %
Typ C: AN-Massenanteil ≥30 % und MMA-Anteil >10 % aber ≤50 %
Typ D: AN-Massenanteil ≥30 % und MMA-Anteil >50 %

Beispiel für Angabe einer MABS-Formmasse:

Thermoplast ISO 10366 – MABS-A,MHLN,095-04-09-25
Es bedeuten MABS-A MABS-Formmasse mit einem Massenanteil von Acrylnitril AN <30 % und an Methylmethacrylat MMA >10 %, aber ≤50 %, M Spritzgießen, H Wärmestabilisator, L Lichtstabilisator, N naturfarben, 095 Vicat-Erweichungstemperatur 95 °C, 04 Schmelze-Volumenfließrate MVR 220/10 von 0,5 ml/10 min und 25 Zug-E-Modul von 2400 MPa.

Eigenschaften

Dichte: PMMA 1,19 g/cm^3; AMMA 1,17 g/cm^3; MBS 1,11 g/cm^3.

Gefüge: Amorphe Thermoplaste mit geringer Feuchte- und Wasseraufnahme. Formpolymerisierte Produkte als Halbzeuge besonders schlierenfrei und hochwertig.

Farbe: Glasklar mit hohem Oberflächenglanz, hoher Brillanz und kristallklarer Durchsicht; in allen Farben transparent und gedeckt einfärbbar. AMMA hat etwas gelbliche Eigenfarbe.

Mechanische Eigenschaften: Hart und steif, aber spröde. Gute Zug-, Druck- und Biegefestigkeit bei nur geringer Verformungsfähigkeit (außer bei Druck). Schlagzähe PMMA-Typen vorhanden für großflächige Formteile und Folien. Weitgehend kratzfest, durch spezielle Lacke weitere Verbesserung der Kratzfestigkeit, z. B. für Brillengläser. AMMA schlagzäher und MABS auch bei tiefen Temperaturen sehr schlagzäh.

Elektrische Eigenschaften: Guter Oberflächenwiderstand, gute elektrische Kriechstromfestigkeit. Elektrostatische Aufladung.

Optische Eigenschaften: Optisch hochwertig (organisches Glas), keine Eigenfarbe bei PMMA; hohe Lichtdurchlässigkeit bis 92 %; Brechungszahl 1,492 bei PMMA, 1,508 bei AMMA mit leicht gelblicher Eigenfarbe. Schnittflächen polierbar.

Durch Einlagerung kugelförmiger Polymerpartikel ergibt sich bei Leuchtenabdeckungen eine sehr gleichmäßige diffuse Lichtverteilung.

Thermische Eigenschaften: Maximale Gebrauchstemperatur von –40 °C bis +70 °C, bei wärmebeständigen Typen bis 100 °C. Gute Temperaturwechselfestigkeit, auch bei tiefen Temperaturen.

Brennt knisternd und leuchtend, praktisch rückstandslos ohne abzutropfen.

Beständig gegen (Auswahl): Aliphatische Kohlenwasserstoffe, unpolare Lösemittel, wässrige Säuren und Laugen; Fette; Alkohol bis 30 %. Gut licht-, alterungs- und witterungsbeständig. AMMA auch gegen Chlorkohlenwasserstoffe.

Nicht beständig gegen (Auswahl): Polare Lösemittel wie Chlorkohlenwasserstoffe, Alkohol über 30 %, benzolhaltiges Benzin, Spiritus, Nitrolacke und Nitroverdünnung; konzentrierte Säuren; bestimmte Weichmacher.

Physiologisches Verhalten: Physiologisch unbedenklich.

Spannungsrissbildung: Spannungsrissbildung möglich, z. B. in Spülmitteln; AMMA weniger gefährdet als PMMA.

Verarbeitung

Vortrocknen: PMMA-Formmassen müssen einwandfrei trocken sein, daher Vortrocknung notwendig, vor allem bei Herstellung dickwandiger Formteile und nach längerer Lagerung des Granulats. Trocknung ca. 4 bis 6 Stunden bei 70 °C bis 100 °C je nach Type.

Spritzgießen: Spritzgießen von Formmassen gut möglich. Massetemperaturen 200 °C bis 250 °C. Spritzdrücke 400 bar bis 1200 bar. Werkzeugtemperaturen 50 °C bis 70 °C, für höher wärmeformbeständige Typen bis 90 °C. Schwindung 0,3 % bis 0,8 %.

Besonderheiten: Bei glasklarem PMMA mit optischen Anforderungen auf größte Sauberkeit von Zylinder und Schnecke achten. Nachträgliches Tempern der Spritzgussteile vorteilhaft, vor allem wenn sie mit rissauslösenden Medien in Berührung kommen, bzw. nachträglich geklebt oder lackiert werden. Temperatur für Tempern etwa 5 K unter der Temperatur, bei der Verformung des Formteils auftritt (ca. 60 bis 90 °C), langsame Abkühlung.

Extrudieren: Extrudieren zu Platten und Profilen gut möglich, vor allem mit höhermolekularen Einstellungen. Entgasungseinrichtungen vorteilhaft. Extrusionstemperaturen 180 °C bis 230 °C. Biaxiales Recken von Halbzeugen durchführbar zur Verbesserung der mechanischen Eigenschaften. Extrudierte Platten werden für die verschiedensten Zwecke in vielfältigen Mustern nachträglich geprägt.

Warmumformen: Warmumformen von extrudiertem Halbzeug nach allen gängigen Verfahren möglich. Umformtemperaturen 150 °C bis 180 °C bei Werkzeugtemperaturen von 80 °C bis 90 °C. Formpolymerisiertes, hochmolekulares (gegossenes)

Halbzeug erfordert hohe Umformkräfte, ggf. in zweiteiligen Presswerkzeugen und höherer Umformtemperatur von 170 °C bis 200 °C bei Werkzeugtemperaturen von 80 °C bis 95 °C.

Besonderheiten: Umgeformte Teile zum Spannungsabbau 2 bis 3 Stunden bei 60 °C bis 80 °C tempern, ggf. unter Formzwang (DIN 29640).

Kleben: Kleben mit Dichlormethan; auch Polymerisations-, Epoxidharz-, Kontakt- und Haftklebstoffe möglich. Spezieller Klebstoff (*Acrifix* von Röhm) im Handel.

Beachte: Formteile oder Halbzeuge müssen spannungsfrei sein, d. h. vor dem Kleben tempern bei 60 °C bis 90 °C.

Schweißen: Warmgasschweißen mit niedermolekularem PMMA-Rundmaterial als Zusatzwerkstoff; auch PVC-Zusatzstäbe verwendbar, z. B. für farbig abgesetzte Schweißnähte. Ultraschall-, Reibungs- und HF-Schweißen möglich. AMMA ist nicht schweißbar. *Besonderheit:* PMMA kann mit ABS verschweißt werden.

Spanen: Spanen sehr gut möglich mit 0° Spanwinkel, Kühlung mit Luft oder Bohrölemulsion vorteilhaft. Hohe Schnittgeschwindigkeiten. Beim Bohren möglichst 60 °C bis 90 °C Spitzenwinkel. Übliche Werkzeuge für die Kunststoffbearbeitung harter Kunststoffe. Trennen am besten mit Diamantscheibe und Wasserkühlung. Schleifen und Polieren möglich, d. h. „Durchsichtigmachen“ von Bearbeitungsflächen und matten Stellen.

Besondere Verfahren: Nachträgliche Oberflächenbehandlung durch *Bedrucken, Lackieren, Heißprägen* und *Metallisieren im Hochvakuum.*

■ Anwendungsbeispiele

Optik: Brillengläser (leichter als Glas wegen niedriger Dichte und geringer Splittergefahr), Uhrgläser, Lupen, Linsen, Prismen, Streuscheiben, Lichtleitfasern; Photovoltaik-Elemente. Platten mit LED-Einfärbungen, abgestimmt auf die einzelnen Wellenbereiche.

Haushaltsgeräte: Schüsseln, Becher, Bestecke, Gehäuse.

Elektrotechnik und Elektronik: Schalterteile, Bedienungsknöpfe, Abdeckungen, Skalen, Leuchtenabdeckungen, Leuchtwannen, Lichtbänder, auch mit reflexionsfreier, diffuser Lichtverteilung. Optische Speicher (CD-ROM), Compact Disk (CD), DVD mit besonders hoher Speicherdichte. Plattenelemente in der Photovoltaik. Flachbildschirme.

Fahrzeugindustrie: Rückleuchten, Blinkleuchten, Tachometerabdeckscheiben, Prismenscheiben für Rückstrahler und Warndreiecke. Fahrzeug- und Flugzeugverglasungen. Witterungsbeständige Kfz-Außenteile.

Bürogeräte: Schreib- und Zeichengeräte, Füllfederhalter.

Bauwesen: Dachverglasungen, Oberlichter, Stegdoppel- und Stegdreifachplatten für Gewächshaus- und Wintergartenbau. Sanitäre Installationsteile wie Bade- und Duschwannen, Waschbecken, Duschkabinen; Sanitärzellen. Armaturenknöpfe. Möbel und Möbelteile. Durchsichtige Rohrleitungen. Lichtdurchlässige, infrarotreflektiernde Verglasungen als spezielles Coextrudat zur Wärmereduzierung.

Modellbau und Werbetechnik: Demonstrationsmodelle, Lichtwerbe- und Reklameartikel, Leuchtbuchstaben, Werbetransparente; Verkehrs- und Hinweisschilder; Modeschmuck; Einbettmaterial für Schaustücke.

Sonstiges: Sicherheitsabdeckungen an Maschinen, Geräten und Schaltschränken. Orthopädische Anwendungen, Zahnersatz. Lichtleitfasern. MABS: medizinische Einweggeräte, Armaturen.

Verpackungstechnik: AMMA für feste und flüssige Lebensmittel (Mehrschichtverpackungen), kosmetische Produkte und Fahrzeugpflegemittel. MABS für Kosmetika, Sprüh- und Reinigungsmittel.

PMMI-Anwendungen siehe Seite 129.

10.6 Polyamide PA

Polyamide besitzen gute Festigkeitseigenschaften bei hoher Zähigkeit und Schlagzähigkeit; sie haben gute Gleiteigenschaften und guten Verschleißwiderstand. Deshalb sind sie als Konstruktionskunststoffe für viele technische Anwendungsfälle, insbesondere für Maschinenelemente besonders geeignet. Die leicht fließende Schmelze ermöglicht die Herstellung komplizierter technischer Formteile. Bei Polyamiden ist allerdings zu beachten, dass sie Feuchte reversibel aufnehmen und abgeben, wodurch sich ihre Eigenschaften verändern.

Man unterscheidet die teilkristallinen *Polyamid-Homopolymer-Formmassen:* PA 46, PA 6, PA 66, PA 69, PA 610, PA 612, PA 11, PA 12, PA 1212, PA MXD6 und die *Polyamid-Copolymer-Formmassen* unterschiedlicher Zusammensetzung: PA 66/610, PA 6/12, PA 6 T/6I, PA NDT/INDT, PA 12/IPDI, PA 66/6 (90/10), die amorph oder teilkristallin sein können.

Durch Erhöhung der Amidgruppen und den Einbau aromatischer Monomere (teilaromatische Polyamide) kann die Schmelztemperatur erhöht werden, z. B. PA 6T/6I und Polyphthalamide PPA (siehe Kap. 11.5).

Aufbau: Polyamide können aus *einem* Ausgangsstoff (Baustein) aufgebaut sein, z. B. aus ε-Caprolactam bei PA 6. Sie werden dann mit *einer* Zahl gekennzeichnet, die der Anzahl der C-Atome im Baustein entspricht. Diese aliphatischen Polyamide haben die allgemeine Formel:

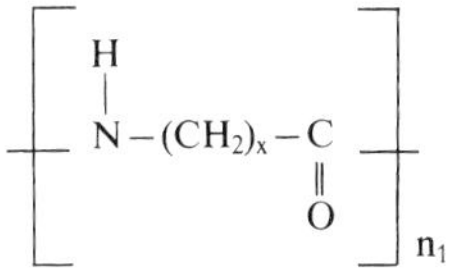

Dazu gehören PA 6 (x = 5), PA 11 (x = 10) und PA 12 (x = 11).

Andere Polyamide sind aus *zwei* verschiedenen Ausgangsstoffen (Bausteinen) aufgebaut, die dann durch Polykondensation eine Baugruppe bilden. Sie werden nach der Anzahl der C-Atome in den *beiden* Bausteinen gekennzeichnet; zuerst immer das *Diamin* mit 4 oder 6 C-Atomen, dann die C-Atome der Säurekomponente.

Diese aliphatischen Polyamide haben die allgemeine Formel:

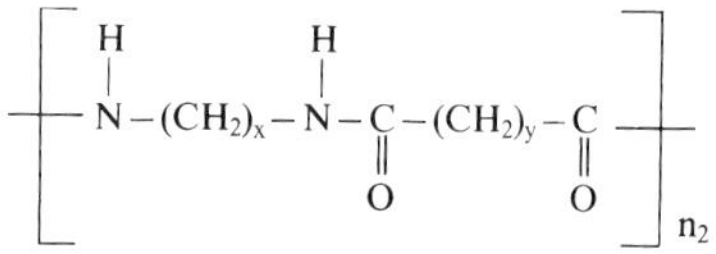

Dazu gehören z. B. PA 66 (x = 6, y = 4), PA 610 (x = 6, y = 8), PA 612 (x = 6, y = 10), PA 46 (x = 4, y = 4) und PA 1212 (x = 12, y = 10).

Tabelle 10.3a Strukturformeln, Dichte und Kristallitschmelzpunkte von Polyamid-Homo- und Copolymeren (Auswahl)

PA-Sorte	Strukturformel	Dichte ϱ g/cm^3	Kristallitschmelz-temperatur T_m °C
PA 6	[–NH–$(CH_2)_5$–CO–]	1,12 bis 1,15	215 bis 225
PA 46	[–NH–$(CH_2)_4$–NH–CO–$(CH_2)_4$–CO–]	1,18	295
PA 66	[–NH–$(CH_2)_6$–NH–CO–$(CH_2)_4$–CO–]	1,12 bis 1,14	250 bis 265
PA 610	[–NH–$(CH_2)_6$–NH–CO–$(CH_2)_8$–CO–]	1,06 bis 1,08	210 bis 225
PA 11	[–NH–$(CH_2)_{10}$–CO–]	1,03 bis 1,04	180 bis 190
PA 12	[–NH–$(CH_2)_{11}$–CO–]	1,01 bis 1,02	175 bis 185
PA NDT/INDT (alt: PA 6-3-T)	–	1,06 bis 1,12	
PA 6/6T	–	1,18	295–300
PA 6T/6I	–		330

Tabelle 10.3b Kennzeichnung aromatischer und nichtlinearer aliphatischer Monomereinheiten (Auswahl)

Zeichen der Monomereinheit	Monomereinheit abgeleitet von
T	Terephthalsäure
I	Isophthalsäure
N	2,6-Naphthalindicarbonsäure
PAPC	2,2-Bis(p-aminocyclohexyl)propan
MACM	3,3-Dimethyl-4,4-diaminodicyclohexylmethan
PACM	Bis(p-aminocyclohexyl)methan
IPD	Isophorandiamin
ND	1,6-Diamino-2,2,4-trimethylhexan
IND	1,6-Diamino-2,4,4-trimethylhexan
PPGD	Polypropylenglykoldiamin
PBGD	Polybutylenglykoldiamin
MXD	m-Xylillendiamin
PTD	p-Toluylendiamin
MTD	m-Toluylendiamin
PABM	Diphenylmethan-4,4-diamin
MC	1,3-Bis(aminomethyl)cyclohexan
X	keine Angabe

Tabelle 10.3c Kennzeichen und Aufbau von Polyamid-Homo- und Copolymeren (Auswahl)

Zeichen	chemische Zusammensetzung
PA 4T	Polyamid-Homopolymer auf Basis Tetramethylendiamin und Terephthalsäure
PA 6	Polyamid-Homopolymer auf Basis å-Caprolactam
PA 66	Polyamid-Homopolymer auf Basis Hexamethylendiamin und Adipinsäure
PA 69	Polyamid-Homopolymer auf Basis Hexamethylendiamin und Azelainsäure
PA 610	Polyamid-Homopolymer auf Basis Hexamethylendiamin und Sebacinsäure
PA 612	Polyamid-Homopolymer auf Basis Hexamethylendiamin und Dodecandisäure
PA 6T	Polyamid-Homopolymer auf Basis Hexamethylendiamin und Terephthalsäure
PA 11	Polyamid-Homopolymer auf Basis 11-Aminoundecansäure (oder Rizinusöl)
PA 12	Polyamid-Homopolymer auf Basis ω-Aminododecansäure oder Laurinlactam
PA MXD6	Polyamid-Hompolymer auf Basis m-Xylylendiamin und Adipinsäure
PA 46	Polyamid-Homopolymer auf Basis Tetramethylendiamin und Adipinsäure
PA 1212	Polyamid-Homopolymer auf Basis Dodecandiamin und 1,10-Decandicarbonsäure
PA 66/610	Polyamid-Copolymer auf Basis Hexamethylendiamin, Adipinsäure und Sebacinsäure
PA 6/12	Polyamid-Copolymer auf Basis å-Caprolactam und Laurinlactam
PA 12/IPDI	Polyamid-Copolymer auf Basis Laurinlactam, Isophorondiamin und Isophthalsäure
PA 6T/6I (PPA, s. 11.5)	Polyamid-Copolymer auf Basis Hexamethylendiamin, Terephthalsäure und Isophthalsäure
PA 66/6I	Polyamid-Copolymer auf Basis Hexamethylendiamin, Adipinsäure und Isophthalsäure
PA NDT/INDT (PA 6-3-T)	Polyamid-Copolymer auf Basis 1,6-Diamino-2,4,4-trimethylhexan, Terephthalsäure und Isophthalsäure
PA 66/6 (90/10)	Polyamid-Copolymer auf Basis 90% Massenanteil Hexamethylendiamin und Adipinsäure und 10% Massenanteil ε-Caprolactam

Tabelle 10.3a zeigt u. a. eine Zusammenstellung der Strukturformeln für Polyamidhomopolymere, Tabelle 10.3b die Kennzeichnung nicht-linearer aliphatischer Monomereinheiten bei Copolyamiden. Monomere für Polyamid-Homo- und Copolymere sind nicht nur lineare aliphatische Verbindungen, sondern auch verzweigte aliphatische, aliphatisch-aromatische, cycloaliphatische und aromatische Verbindungen. Ausgangsstoffe für Polyamid-Homo- und Copolymere siehe Tabelle 10.3c.

Handelsnamen (Beispiele):

PA 6: Akromid B (Akro); Akulon (DSM); Capron, Ultramid B, Nypel (BASF); Celanese (Ticona); Durethan B (Lanxess); Gelon, Staramide (Sabic IP); Grilon (EMS); Heramid B (Radici); Kelon B (Lati); Miramid (BASF-Leuna); Nivionplast B (P-Group); Nylatron (DSM); Nymax (Bergmann); Radilon S (Radici); Staramide (Sabic IP); Taromid (Taro); Technyl C (Rhodia); Zytel (DuPont)

PA 46: Stanyl (DSM)

PA 66: Akromid A (Akro); Capron, Ultramid A (BASF); Durethan A (Lanxess); Gelon, Staramide (Sabic IP); Grilon (EMS); Heramid A (Radici); Kelon A (Lati); Nivionplast A (P-Group); Nymax (Bergmann); Orgalloy R (Arkema); Radilon A (Radici); Technyl A (Rhodia); Vydyne (Solutia); Zytel (DuPont)

PA 610: Akromid S (Akro)

PA 612: Grilon (EMS); Pipelon, Zytel (DuPont)

PA 11: Rilsan (Arkema)

PA 12: Cristamid (Arkema); Grilamid (EMS); Lauramid (Degussa); Rilsan (Arkema); Vestamid (Degussa)

Sonderwerkstoffe, Copolyamide: Grivory (EMS); Technyl C (Rhodia); Trogamid (Degussa); Ultramid C und T (BASF);

Normung: DIN EN ISO 1874.

In DIN EN ISO 1874 werden Polyamid-Formmassen unterschieden durch Angaben über die chemische Struktur und die Zusammensetzung (Tabelle 10.3c), die vorgesehene Anwendung und/oder Verarbeitungsverfahren, wichtige Eigenschaften, Additive, Farbstoffe, Füll- und Verstärkungsstoffe und (verschlüsselte, geeignete) Wertebereiche der kennzeichnenden Eigenschaften *Viskositätszahl, Zug-E-Modul* und *Anwesenheit von Nukleierungsmittel.*

Beispiele für die Angabe von PA-Formmassen:

Thermoplast ISO 1874 – PA 6,MR, 14-030N
Es bedeuten: PA 6 thermoplastische PA 6-Formmasse, M Spritzgießen, R Formtrennmittel, 14 Viskositätszahl 150 ml/g, 030 Zug-E-Modul 2700 MPa und N Nukleierungsmittel.

Thermoplast ISO 1874 – PA 66,MFH, 14-100,GF 35
Es bedeuten PA 66 thermoplastische PA 66-Formmasse, M Spritzgießen, F Brandschutzmittel, H Wärmealterungsstabilisator, 14 Viskositätszahl 140 ml/g, 100 Zug-E-Modul 10200 MPa und 35 Glasfaseranteil 35 %.

Thermoplast ISO 1874 – PA 12-P,EHL,22-003,
Es bedeuten PA 12-P thermoplastische PA 12-Formmasse mit Weichmacher, E Extrusion, H Wärmealterungsstabilisator, L Licht- und Witterungsstabilisator, 22 Viskositätszahl 210 ml/g und 003 Zug-E-Modul 280 MPa.

Eigenschaften

Dichte: Siehe Tabelle 10.3a.

Gefüge: Teilkristalline Thermoplaste mit bis zu 60 % Kristallinität; durch *Nukleierungsmittel* verbesserte Kristallisation mit feinsphärolithischem Gefüge. Je nach Typ (besonders PA 6 und PA 66) starke Wasseraufnahme; in den amorphen Bereichen mehr als in den kristallinen Bereichen. Copolyamide mit großem Eigenschaftbereich, vor allem höherem Schmelzbereich und geringerer Wasseraufnahme und günstigen Barriereeigenschaften (PA MXD6). Bei entsprechendem Aufbau sind Copolyamide amorph (PA 6-3-T, nach DIN EN ISO 1874 PA NDT/INDT).

Zur Verbesserung bestimmter Eigenschaften werden *Polyamid-Blends* hergestellt, z. B. PA+PE, PA+PTFE.

Polyamide enthalten z. T. Weichmacher (z. B. PA 11 und PA 12).

Füll- und Verstärkungsstoffe: Glasfasern, auch Langglasfasern; Kohlenstofffasern, Glaskugeln, Mineralstoffe, Kreide, Gleitmittel wie MoS_2 und Grafit.

Farbe: Ungefärbt milchig opak; in allen Farben gedeckt einfärbbar. Amorphe Polyamide fast glasklar.

Mechanische Eigenschaften: Eigenschaften abhängig vom PA-Typ, von Kristallinität und Wassergehalt. Bei hoher Kristallinität steif und hart; nach Wasseraufnahme sehr zäh (Tabellen 10.4 und 10.5). Durch Verstrecken höhere Festigkeit (Seile, Bänder). Hohe Ermüdungsfestigkeit, gute Schlag- und Kerbschlagzähigkeit. Abriebfest; gute Gleiteigenschaften, verbessert durch MoS_2, PTFE und Grafit. Erhöhung der Festigkeit und des E-Moduls durch Glas- und Kohlenstoff-Fasern, dadurch auch Verringerung der Schwindung und Verbesserung der Wärmeformbeständigkeit. Modifizierte Copolyamide mit sehr hoher Schlag- und Kerbschlagzähigkeit.

Elektrische Eigenschaften: Elektrische Eigenschaften abhängig vom Wassergehalt. Günstiger Oberflächenwiderstand verhindert weitgehend statische Aufladungen. Für Isolierungen im HF-Bereich nicht geeignet wegen hoher dielektrischer Verluste infolge Polarität; Einsatz im Niederfrequenzbereich möglich. Gute Kriechstromfestigkeit.

Tabelle 10.4 Gewichtszunahme von spannungsfreien, hoch- und niederkristallinen Polyamiden bei unterschiedlichen Lagerbedingungen

	Gewichtszunahme in % bei Lagerung in			
	Wasser von 20 °C		**Normalklima 23/50**	
Kristallinität	**hoch**	**niedrig**	**hoch**	**niedrig**
Polyamid 46	13		3,5	
Polyamid 6	8,5	11	2,8	3,2
Polyamid 66	7,5	10	2,5	2,7
Polyamid 610	3	4	1,2	1,4
Polyamid 11	1,8	2,2	0,8	1,2
Polyamid 12	1,5	1,8	0,7	1,1
Polyamid NDT/INDT (Polyamid 6-3-T)	6,5		3	

Thermische Eigenschaften: Obere Gebrauchstemperatur je nach Typ 80 °C bis 120 °C, kurzzeitig bis 140 °C, glasfaserverstärkte Typen höher, ebenso PA 46 langzeitig bis 130 °C. Meist kochfest und sterilisierbar. Schmaler Erweichungsbereich bei Homopolyamiden. Untere Einsatztemperatur bis –40 °C, z. T. bis –70 °C.

Kristallitschmelztemperatur: siehe Tabelle 10.3

Polyamide brennen bläulich mit gelbem Rand, tropfen knisternd ab, fadenziehend. Teilweise selbstverlöschend; weitere Verbesserung durch flammwidrige Ausrüstung. Verbesserung der Wärmeformbeständigkeit durch Hitzestabilisatoren.

Beständig gegen (Auswahl): Aliphatische und aromatische Kohlenwasserstoffe, Benzin, Öle, Fette; einige Alkohole, Ester, Ketone, Ether, viele chlorierte Kohlenwasserstoffe; schwache Laugen. Hoch kristalline Typen sind widerstandsfähiger. Entsprechend stabilisierte Typen sind alterungs- und witterungsbeständig, wichtig bei dünnwandigen Formteilen.

Nicht beständig gegen (Auswahl): Mineralsäuren, starke Laugen, Lösungen von Oxidationsmitteln; Ameisensäure; Phenole, Kresole, Glykole; Chloroform.

PA amorph nicht beständig gegen Ethylalkohol, Aceton, Dichlormethan.

Physiologisches Verhalten: Bei längerer Hitzeeinwirkung Kontakt mit wasserhaltigen Lebensmitteln bedenklich (nicht bei PA 11 und PA 12). Typen mit Weichmacherzusatz nicht geeignet für Anwendung im Lebensmittelbereich.

Spannungsrissbildung: Bei ausreichender Zähigkeit im allgemeinen geringe Neigung zu Spannungsrissbildung. Vorsicht bei Zinkchloridlösungen.

Tabelle 10.5 Einfluss von Wassergehalt und Kristallinität auf Eigenschaften von Polyamiden

Eigenschaft	**bei zunehmendem Wassergehalt**	**bei zunehmender Kristallinität**
Elastizitätsmodul	nimmt ab	nimmt zu
Streckspannung	nimmt ab	nimmt zu
Schlagzähigkeit	nimmt zu	nimmt ab
Bruchdehnung	nimmt zu	nimmt ab
elektrische Isoliereigenschaften	nimmt ab	–
Dielektrizitätszahl	nimmt zu	nimmt ab
Neigung zu Wasseraufnahme	–	nimmt ab
chemische Beständigkeit	–	nimmt zu
Lichtdurchlässigkeit	–	nimmt ab

Tabelle 10.6 Masse- und Werkzeugtemperaturen beim Spritzgießen von Polyamiden

	Massetemperatur °C	**Werkzeugtemperatur °C**
PA 6	230 bis 280	80 bis 120
PA 46	bis 320	80 bis 120 (bis 150)
PA 66	260 bis 320	80 bis 120
PA 610	230 bis 280	80 bis 120
PA 11	210 bis 250	40 bis 80
PA 12	210 bis 250	40 bis 80
PA 6T/61	340 bis 350	140 bis 160

Wasseraufnahme: Die Wasseraufnahme verläuft bei Normalklima sehr langsam. Nach 4 Monaten erreichen Flachstäbe aus PA 6 bei Lagerung in Normalklima 23/50 einen Wassergehalt von 2,3 % (noch keine Sättigung). Bei trockenen Spritzgussteilen wird der im Betriebszustand zu erwartende Wassergehalt vielfach durch *Konditionieren* (s. Kap. 26.3), z. B. Wasserlagerung eingestellt, wobei der Gewichtsunterschied zwischen trockenem und wasserhaltigem Zustand gemessen wird. Einfluss von Wassergehalt und Kristallinität siehe Tabelle 10.4.

■ Verarbeitung

Vortrocknen: Feuchtes Granulat vortrocknen, am besten im Vakuumtrockenschrank einige Stunden bei 80 °C.

Spritzgießen: Wegen guter Fließfähigkeit, hoher Erstarrungsgeschwindigkeit und hervorragender Entformbarkeit sehr gut spritzgießbar. Wegen dünnflüssiger Schmelzen Verschlussdüsen und Rückstromsperren empfehlenswert. Massetemperaturen und Werkzeugtemperaturen siehe Tabelle 10.6. Hohe Werkzeugtemperaturen für hohe Kristallinität. Spritzdrücke 700 bar bis 1200 bar. Verarbeitungsschwindung 1 % bis 2 % je nach PA-Typ und Formteil, bei glasfaserverstärkten Typen weniger. Wasseraufnahme gleicht die Schwindung teilweise aus (nicht zur Einstellung von geforderten Maßen anwenden!).

Tempern von Spritzgussteilen nach der Herstellung zum Abbau von Eigenspannungen bei 130 °C bis 160 °C, dabei aber Maßänderungen durch Nachkristallisation (Nachschwindung).

Konditionieren: Einstellen eines bestimmten Wassergehalts durch Wasserlagerung oder in Konditionierzellen; Ausgleich durch Lagerung bei vereinbarten Bedingungen (vgl. auch Kap. 26.3).

Extrudieren: Extrudieren von höher molekularen PA-Typen bei Extrusionstemperaturen von 230 °C bis 290 °C. Erhöhung der Festigkeit durch Verstrecken möglich (Fasern, Bänder).

Extrusionsblasformen von Hohlkörpern unter ähnlichen Bedingungen.

Warmumformen: Warmumformen wenig gebräuchlich. Umformtemperaturen ca. 200 °C, Werkzeugtemperaturen bis 110 °C; Halbzeug vortrocknen.

Kleben: Kleben von PA mit niedriger Kristallinität besser möglich. Als Lösemittelklebstoffe Resorcinlösungen und konzentrierte Ameisensäure; außerdem Isocyanat- und Haftklebstoffe.

Schweißen: Schweißen nach allen Verfahren, am besten im trockenen Zustand durch Reibungs-, Heizelement-, Warmgas-, Ultraschallschweißen, seltener Heizelementschweißen. HF- und Wärmeimpulsschweißen hauptsächlich für dünne Folien.

Verschrauben: Verschrauben mit gewindeformenden Schrauben.

Spanen: Spanen gut möglich mit üblichen Werkzeugen für die Kunststoffbearbeitung. Für Bearbeitung auf Drehautomaten Stangenmaterial in Automatenqualität im Handel.

Besondere Verfahren: *Bedrucken* und *Lackieren* von Formteilen. *Metallisieren* im Hochvakuum nach vorherigem Grundieren. Einfaches *Färben* in wässrigen oder alkoholischen Farblösungen möglich. *Wirbelsintern, Flammspritzen* oder *elektrostatisches Beschichten* zur Herstellung von korrosionsfesten Metallüberzügen, vor allem aus PA 11.

Rapid Prototyping zur Herstellung von 3D-CAD-Funktionsmustern über einen Laser-Sinter-Prozess in Designqualität mit PA 12-Pulvern. Das *Prototypformteil* wird schichtweise (0,1 mm bis 0,2 mm) aus PA 12-Pulver aufgebaut; das Pulver wird durch einen Laserstrahl aufgeschmolzen. Das spezielle PA 12-Pulver hat einen niedrigen Kristallitschmelzpunkt und geringe Wasseraufnahme. Die Prototyp-Qualität ist oft so gut, dass die Teile sogar als funktionsgerechte und gebrauchsfertige Teile verwendet werden können.

■ Anwendungsbeispiele

Maschinenbau, Feinwerktechnik/Mechatronic: Zahnräder, Riemenscheiben, Kupplungselemente, Steuer- und Nockenscheiben, Laufrollen, Wälzlagerkäfige, Gleitlager, Schrauben, Transportketten, Dichtungen, Beschichtungen.

Fahrzeugbau: Lüfterräder, Ölfilter, Antriebsritzel; Ansaugrohre, Ladeluftrohre; Ölwannen, Düsen für Scheibenwaschanlagen, Airbaggehäuse, Hydraulikzylinder, Druckleitungen, Lagerbuchsen, Gleitelemente; Autoelektrikgehäuse, Gehäuse für Sensoren, Kabelschächte, Kabelbinder; Fahrzeugaußenteile wie z. B. Spiegelgehäuse, Radzierblenden, Kühlergrill, Schlossteile; Schiffsschrauben; Rohrleitungen; Motorradhelme. Teilaromatische Polyamide einsetzbar im Kühlwasserkreislauf wegen guter Hydrolysebeständigkeit.

Elektrotechnik: Spulenkörper, Steckverbinder, Taster, Verteilerkästen, Motorengehäuse, Lagerschilde, Kabelbinder, Gehäuse für Leitungsschutz- und Fehlerstromschutzschalter; Gehäuse für Elektrowerkzeuge, Staubsauger, Handleuchten; abriebfeste Kabelüberzüge.

Sanitärtechnik: Pumpengehäuse, Wasserhähne, Mischbatterien.

Bau- und Möbelindustrie: Türbeschläge, Möbelscharniere, Türbänder; Sitzschalen und Rückenlehnen, auch für Außeneinsatz; Absperrketten; beschichtete Gartenmöbel; Mauerdübel, Beschichtungen; Wärmedämmstege für Aluminiumfenster; atemaktive aber staubdichte Sperrfolien für Dächer.

Sonstiges: Bausteine für Lehrspielzeug; chirurgische Instrumente und Nahtmaterialien; Angelschnüre; Verpackungsfolien auch als Mehrschichtfolien PA/PE-Folien mit entsprechenden Haftvermittlern (PA als Barriereschicht), Wursthüllen; Fasern, Seile, Borsten, Bänder; Rohrposthülsen; Skibindungsteile; Trennfolie für SMC-Matten; Herzklappenflügel.

Mit Trogamid myCX (Degussa) ist ein glasklares, zähes, kratzfestes und gut chemisch beständiges Polyamid auf dem Markt, das sich für Sportbrillen und dekorative Laminierfolien eignet.

Polyamid-Sondertypen

Gusspolyamid

Durch *Reaktionsformgießen* werden Halbzeuge, dickwandige Formteile und Hohlkörper hergestellt. *(Rotationsformen)*. Ein Reaktionsgemisch aus ε-Caprolactam und Katalysator wird in beheizte Form eingebracht und innerhalb weniger Minuten bei Temperaturen unterhalb des Kristallitschmelzpunktes auspolymerisiert zu PA 6-G; bei anderen Ausgangsmaterialien erhält man PA 12-G.

Beachte: Neigung zur Lunkerbildung. Weiterbearbeitung nur durch Spanen.

Große Heizöltanks aus PA 6-G werden z. B. durch Rotationsformen hergestellt.

Copolyamide

Wasserlösliche Copolyamide sind zur Herstellung von Folien und zur Drahtlackierung geeignet. Es gibt eine Vielzahl von Copolyamiden mit speziellen Eigenschaften für unterschiedliche Anwendungen, auch als thermoplastische Elastomere TPE (vgl. Kap. 14.3.1).

Schlagzäh modifizierte Polyamide

Kombinationen (Blends) von PA 6 und PA 66 oder als Copolyamide haben hohe Temperaturbeständigkeit, gutes Verhalten bei Witterungseinfluss, gute Schlagzähigkeit im trockenen Zustand und extreme Tieftemperaturzähigkeit.

Hochwärmebeständige Polyamide

Bei günstigem Preis-Leistungs-Verhältnis schließen diese Polyamide die Lücke zwischen den technischen Kunststoffen und den hochpreisigen Spezialthermoplasten. Sie werden, auch glasfaserverstärkt, für höhere Temperaturanwendungen, z. B. im Motorraum von Kraftfahrzeugen und für die Elektrotechnik eingesetzt. Durch den hohen Kristallitschmelzpunkt $T_m = 300\,°C$ sind höhere Gebrauchstemperaturen, kurzzeitig bis knapp unter 300 °C möglich. Die Glasübergangstemperatur ist gegenüber PA 66 auf T_g ca. 130 °C angehoben, sodass sich die mechanischen Eigenschaften in diesem Bereich wenig ändern; auch das Kriechverhalten ist verbessert. Die geringere Feuchteaufnahme ergibt mit der höheren Gebrauchstemperatur eine sehr hohe Dimensionsstabilität. Eine besondere Gruppe stellen die teilaromatischen Polyamide (z. B. Polyphtalamide PPA, siehe Kap. 11.5). Anwendung für elektrische und elektronische Bauteile wie Transformatorenteile. Anwendung für elektrische und elektronische Bauteile wie Transformatorenteile, Spulenkörper, Stecker- und Sensorgehäuse- und Sensorgehäuse, SMT-Teile.

Polyarylamid (Ixef von Solvay)
Diese Kunststoffgruppe hat verbesserte Wärmebeständigkeit und erhöhte mechanische Eigenschaften, vor allem höhere Dauerschwingfestigkeit, auch gegenüber GF-verstärkten Polyamiden.

Polyamidimid PAI (*Torlon* von Solvay, siehe auch Kap. 11.3)
Dieser Kunststoff weist sehr hohe Festigkeiten auf von –190 °C bis +260 °C bei ebenfalls sehr guter chemischer Widerstandsfähigkeit, hat hohe Maßbeständigkeit, zeigt geringen Einfluss von energiereicher Strahlung und ist flammwidrig und oxidationsbeständig. Die Verarbeitung erfordert hohe Einspritzdrücke und -geschwindigkeiten bei sehr hohen Werkzeugtemperaturen von 200 °C bis 260 °C; außerdem müssen die Formteile in der Wärme nachbehandelt werden.

PA-Legierungen (Blends)
PA-Legierungen ermöglichen Kunststoffe mit gezielten Eigenschaften. Die Legierung aus PA 6 und ABS (Triax von Ineos ABS) bietet Eigenschaften, die diejenigen ihrer beiden Ausgangskunststoffe übertreffen, so z. B. in der Schlagzähigkeit. Polyamide mit Olefin- oder Butadienelastomeren werden eingesetzt für *zähe* Formteile, wie z. B. *Radkappen.*

(PA+ASA)-Blends (Altech von Albis), unverstärkt und verstärkt, vereinen ein günstiges Verhältnis zwischen Steifigkeit und Zähigkeit und eignen sich für Innenanwendungen im Fahrzeugbau.

10.7 Polyoxymethylene (Polyacetale) POM

Polyacetale zählen zu den technischen Kunststoffen. Durch ihr günstiges Eigenschaftsbild – gute Maßhaltigkeit, hohe Härte, Steifigkeit und Festigkeit bei guter Zähigkeit und Chemikalienbeständigkeit, sowie günstigem Gleit- und Abriebverhalten – können sie in vielen Fällen an die Stelle metallischer Werkstoffe treten. Neuere Entwicklungen führen zu besonders schlagzähen Polyacetalen (POM-HI).

Aufbau:

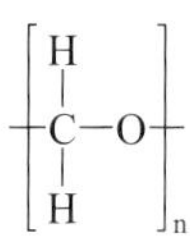

Homopolymerisat

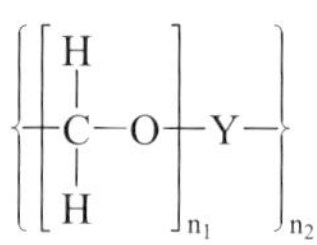

Copolymerisat (Y = Comonomer)

Handelsnamen (Beispiele):

Bergaform (Bergmann); Celcon, Encore, Hostaform, Kematal (Ticona); Delrin (DuPont); Ensital, Tecaform (Ensinger); Heraform (Radici); Kebaform (Barlog); Isotal (Sabic IP); Latan (Lati); Linex-T, Tenac (Asahi); Polyform (Polykemi); Schulaform (Schulman); Sniatal, Techtal (Rhodia); Ultraform (BASF)

Normung: DIN EN ISO 9988.

In ISO 9988 sind die POM-Formmassen unterschieden durch (verschlüsselte) Wertebereiche der kennzeichnenden Eigenschaften *Schmelze-Masse- oder Volumenfließrate* MFR 190/2,16, *Zugmodul E* und Informationen über die Basispolymere, die *vorgesehene Anwendung,* die *Verarbeitungsverfahren, wichtige Eigenschaften, Additive, Farbstoffe, Füll- und Verstärkungsstoffe. Homopolymere* werden mit -H gekennzeichnet, Copolymere mit -K.

Beispiel für die Angabe von POM-Formmassen:

Thermoplast ISO 9988 – POM-H,MRN,1-1
Es bedeuten POM-H POM-Homopolymer, M Spritzgießen, R Entformungshilfsmittel, N naturfarben, Schmelze-Massefließrate MFR 190/2,16 von 2,1 g/10 min und 1 Zug-E-Modul 2010 MPa.

Thermoplast ISO 9988 – POM-K,ELN,2-2
Es bedeuten POM-K POM-Copolymer, E Extrusion, N naturfarben, 2 Schmelzemassefließrate MFR 190/2,16 von 5 g/10 min und 2 Zug-E-Modul 2350 MPa.

Beachte: IN DIN EN ISO 9988 sind Vergleichswerte für MFR und MVR angegeben, z. B. Code-Nr. 1 entspricht MFR $\leq$ 4 g/10 min bzw. MVR $\leq$ 3,4 cm^3/10 min.

Eigenschaften

Dichte: 1,41 g/cm^3 bis 1,43 g/cm^3

Gefüge: Hochkristalline Thermoplaste; bei linearen, unverzweigten Ketten bis 75 % Kristallinität. Praktisch keine Wasseraufnahme.

Legierungen (Polyblends) aus (POM+PUR) sind *als hochschlagzähe Werkstoffe* (POM-HI) auf dem Markt.

Füll- und Verstärkungsstoffe: Glasfasern; Kohlenstoff- und Mineralfasern; Stahlfasern (elektrisch leitfähig); Mineralpulver, PTFE, MoS_2, Ruß.

Eigenfarbe: Wegen hoher Kristallinität nur opak weiß, aber in allen Farben gedeckt einfärbbar. Guter Oberflächenglanz.

Mechanische Eigenschaften: Hohe Festigkeit und Steifigkeit bei guter Zähigkeit, auch bei tiefen Temperaturen. Acetalhomopolymerisate besitzen wegen etwas höherer Kristallinität höhere Dichte, Härte und E-Modul und besseren Abriebwiderstand als Acetalcopolymerisate, dafür aber etwas geringere Verformungsfähigkeit und Schlagzähigkeit. Höher schlagzäh sind Legierungen (POM+PUR), sog. POM-HI. Günstiges Zeitstand- und Dauerschwingverhalten. Gutes Federungsvermögen infolge günstiger elastischer Eigenschaften, deshalb ausgezeichnet für *Schnappverbindungen* geeignet. Gute Verschleißfestigkeit und niedriger Gleitreibungskoeffizient, verbessert durch Zusätze von MoS_2 und PTFE. Durch Zugabe von Glasfasern Erhöhung von Festigkeit, E-Modul und Formbeständigkeit in der Wärme.

Elektrische Eigenschaften: Gute elektrische Isoliereigenschaften und hohe Durchschlagfestigkeit, praktisch unabhängig von der Luftfeuchte. Günstiges dielektrisches Verhalten.

Mit Nanotubes (CNT) gefülltes POM hat hohe elektrische Leitfähigkeit, z. B. zur Anwendung in Benzinpumpensystemen.

Thermische Eigenschaften: Einsetzbar von –40 °C bis 90 °C (100 °C), kurzzeitig bis 150 °C.

Kristallitschmelzpunkt: 165 °C bis 168 °C (Copolymerisate); 175 °C (Homopolymerisate).

Brennen mit bläulicher Flamme und riechen stechend nach Formaldehyd.

Beständig gegen (Auswahl): Sehr viele organische Medien, wie z. B. Alkohole, Aldehyde, Ester, Ether, Glykole; Benzin, Mineralöle; schwache Laugen, z. B. Waschlaugen; schwache Säuren. Gute Hydrolysebeständigkeit.

Nicht beständig gegen (Auswahl): Oxidierend wirkende Chemikalien und starke Säuren (pH >4). Bei Homopolymerisaten langzeitiger Einsatz in Wasser ab 65 °C ungünstig. Schädigung durch UV-Strahlung, daher Stabilisatoren z. B. Ruß zweckmäßig; UV-beständige Typen für Außenanwendungen vorhanden.

Physiologisches Verhalten: Physiologisch unbedenklich.

Spannungsrissbildung: An Luft praktisch nicht auftretend, in einigen Medien bei höheren inneren Spannungen möglich.

■ Verarbeitung

Spritzgießen: Spritzgießen sehr gut auf Schneckenspritzgießmaschinen möglich bei Massetemperaturen von 180 °C bis 220 °C; bei Homopolymerisaten 210 °C bis 220 °C. Spritzdrücke 800 bar bis 1700 bar; Werkzeugtemperaturen 50 °C bis 120 °C, z. T. bis 140 °C. Schwindung 1 % bis 3,5 %, abhängig von den Verarbeitungsbedingungen; glasfaserverstärkte Typen geringer. Kleiner Verzug, da geringe Schwindungsdifferenz in und senkrecht zur Fließrichtung. Gefahr von Lunker- und Porenbildung.

Vorsicht: Bei Überhitzung und/oder langer Verweilzeit im Spritzzylinder Gefahr von Gasbildung (Gasblasen von Formaldehyd). Massetemperaturen über 230 °C und lange Verweilzeiten im Spritzzylinder vermeiden. Lunkerbildung beachten.

Besonderheiten: Für Formteile mit hoher Maßgenauigkeit zur Vorwegnahme der Nachschwindung nachträgliche Wärmebehandlung bei 110 °C bis 140 °C.

Extrudieren: Extrudieren und Extrusionsblasformen möglich. Extrusionstemperaturen 180 °C bis 220 °C.

Warmumformen: Nach allen Verfahren möglich, aber wenig gebräuchlich; Umformtemperaturen 160 °C bis 170 °C.

Kleben: Kleben schwierig wegen guter Chemikalienbeständigkeit, Werkstofffestigkeit nicht erreichbar. Meist Haft-, Reaktions- oder Polyisocyanatklebstoffe. Zu verklebende Flächen sind mechanisch oder chemisch vorzubehandeln.

Schweißen: Schweißen sehr gut möglich durch Warmgas-, Heizelement-, Ultraschall-, Reibungs- und Vibrationsschweißen.

Nieten: Nieten von angespritzten Zapfen durch Warm- oder Kaltstauchen oder durch Ultraschall.

Verschrauben: Verschrauben mit gewindeformenden Schrauben möglich.

Schnappverbindungen: Schnappverbindungen als hochbelastbare Verbindungen weit verbreitet wegen hohem elastischem Rückstellverhalten und guter Zähigkeit.

Spanen: Spanen sehr gut möglich mit üblichen Werkzeugen für die Kunststoffbearbeitung; Kühlung nicht erforderlich. Für Automatenbearbeitung Stangenmaterial in Automatenqualität im Handel.

Besondere Verfahren: Veredeln der Oberflächen durch *Bedrucken, Lackieren, Beflocken, Metallisieren im Hochvakuum, Galvanisieren* und *Heißprägen;* einzelne Verfahren erfordern besondere Oberflächenvorbehandlungen. Dauerhafte, farbige *Laserbeschriftung* bei Typen mit geeigneten Pigmenten.

■ Anwendungsbeispiele

POM ist besonders gut geeignet für kleine dünnwandige (0,15 mm!) Präzisionsteile mit engen Toleranzen, bei gutem Gleit- und Verschleißverhalten.

Feinwerktechnik/Mechatronic: Zahnräder, Zählwerksteile, Büromaschinenteile, Steuerscheiben und -nocken, Funktionsteile für Video- und Fotoapparate, Schnapp- und Federelemente, Tasten- und Schieberführungen. Kleinstgetriebe, Kupplungsteile. Bauelemente in „Outserttechnik".

Maschinenbau, Fahrzeugindustrie: Zahnräder, Steuerscheiben; Laufräder, Lager, Gleitelemente; Federelemente, auch als integrale Bestandteile; Pumpenteile, Lüfterräder, Ventilkörper; Gehäuse, Schrauben; Schnappelemente wie Clipse; Spulenkörper, Wälzlagerkäfige; pneumatische Bauelemente; Befestigungselemente; Kupplungsteile. Bauteile für Kraftstoff-Einspritzsysteme und im Motorraum.

Haushaltsgeräte: Getriebeteile, Lager, Rollen. Pumpenelemente z. B. für Geschirrspül- und Waschmaschinen.

Bau- und Möbelindustrie: Scharniere, Beschläge, Tür- und Fenstergriffe; Installationsteile wie Fittinge und Ventilelemente.

Sonstiges: Gasampullen, Feuerzeugtanks, Aerolsoldosen für hohen Innendruck; Reißverschlüsse, Skibindungsteile; leitfähige Formteile bei entsprechender Füllung. Formteile für die Medizintechnik, auch in Biokompatibilität.

■ POM-Sondertypen

Elastomermodifizierte Legierungen (POM + PUR) als besonders schlagzähe POM-Typen (POM-HI).

Besonders *leichtfließende* Typen für kleinste Wanddicken (0,15 mm) und verzugsarme Formteile.

Spezialtypen mit erhöhter chemischer und Temperaturbeständigkeit für Bauteile in Kraftstoffsystemen und im Motorraum von Kraftfahrzeugen.

Speziell gleitmodifizierte POM-Typen zur Vermeidung von Lauf- und Quietschgeräuschen bei Zahnrädern und Lagern.

Für *Außenanwendungen* speziell gegen UV-Strahlung modifizierte, schwarze und farbige POM-Typen.

10.8 Thermoplastische Polyester TP (Polyalkylenterephthalate) PET, PBT

Lineare, gesättigte Polyester sind Thermoplaste und können nach den dafür üblichen Verfahren verarbeitet werden. Sie zählen zu den Konstruktionskunststoffen und werden vor allem dort eingesetzt, wo gute Maßhaltigkeit und hohe Zeitstandfestigkeit gefordert sind; besonders günstig sind das gute Gleit- und Verschleißverhalten und die günstigen thermischen Eigenschaften.

In Anwendung sind vor allem *Polyethylenterephthalat PET und Polybutylenterephthalat PBT* mit besonders guten thermischen Eigenschaften. Ein Sonderwerkstoff ist PEN.

PET ist für Verpackungsflaschen der am meisten eingesetzte Kunststoff.

Aufbau:

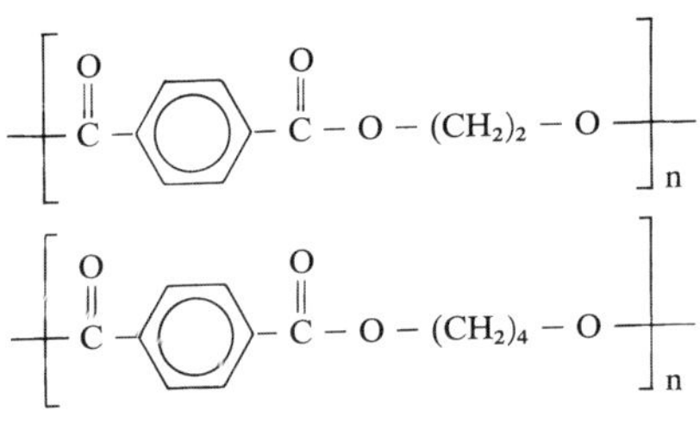

PET

PBT

Handelsnamen (Beispiele):

PET: Arnite (DSM); Crastin, Crystar, Melinar, Rynite (DuPont); Eastapak, Elegante, Spectar (Eastman); Grilpet (EMS); Impet (Ticona); Kebater (Barlog); Petal (Bergmann); Petra (BASF); Pibiter (P-Group); Pocan (Lanxess); Raditer E (Radici); Schuladur (Schulman); Tarorlox (Taro); Tecadur (Ensinger); Valox (Sabic IP)

*PBT:*Arnite (DSM); Bergadur, Estal (Bergmann); Celanex; Vandar (Ticona); Crastin (DuPont); Enduran, Valox (Sabic IP); Grilpet (EMS); Kaifa (Solvay); Later (Lati); Pibiter (P-Group); Pocan (Lanxess); Polyshine (Polykemi); Raditer B (Radici); Techster (Rhodia); Ultradur (BASF); Vestodur (Degussa)

PEN: Kaladex (DuPont)

Fasern: Dacron, Orel, Suprel (DuPont)

Folien: Embrace (Eastman); Melinex, Mylar (DuPont)

Tabelle 10.7 Kennzeichen und Aufbau von Polyester- und Copolyester-Formmassen (Auswahl)

Zeichen	Chemische Zusammensetzung
PET (TP 2 T)	Polyethylenterephthalat auf Basis Ethylenglykol und Terephthalsäure
PBT (TP 4 T)	Polybutylenterephthalat auf Basis 1,3-Propandiol und Terephthalsäure
PEN (TP 2 N)	Polyethylennaphthalat auf Basis Ethylenglykol und 2,6-Naphthalendicarbonsäure
TP 6I/6P	Copolyester auf Basis Hexandiol, Isophthalsäure und Terephthalsäure
TP 2T/2I	Copolyester auf Basis Ethylenglykol, Terephthalsäure und Isophthalsäure
TP 2T/26	Copolyester auf Basis von 90 % Massenanteil Ethylenglykol und Terephthalsäure sowie 10 % Massenanteil Ethylenglykol und Adipinsäure

Normung: DIN EN ISO 7792, DIN EN 15348 (PET-Rezyklate).

IN DIN EN ISO 7792 werden die thermoplastischen Polyester TP unterschieden durch (verschlüsselte) Wertebereiche der kennzeichnenden Eigenschaften Viskositätszahl *und Zug-E-Modul* und Informationen über *Zusammensetzung* (Tabelle 10.7), *vorgesehene Anwendung* und/oder *Verarbeitungsverfahren, wichtige Eigenschaften, Additive, Farbstoffe* und *Füll- und Verstärkungsstoffe.*

Beispiele für die Angabe von thermoplastischen Polyestern TP nach ISO 7792:

Thermoplast ISO 7792 – PET,XFHM,09-100,GF30
Es bedeuten PET Polyethylenterephthalat-Formmasse, X keine Angabe über Verarbeitung, F Brandschutzmittel, H Wärmealterungsstabilisator, M Nukleierungsmittel, 09 Viskositätszahl 85 ml/g, 100 Zug-E-Modul 10300 MPa und GF30 Glasfaseranteil 30 %.

Thermoplast ISO 7792 – PBT, MFNR,09-060,GF12
Es bedeuten PBT Polybutylenterephthalat-Formmasse, M Spritzgießen, F Brandschutzmittel, N naturfarben, R Entformungshilfsmittel, 09 Viskositätszahl 96 ml/g, 060 Zug-E-Modul 5900 MPa und GF12 Glasfaseranteil 30 %.

Eigenschaften

Dichte: PET kristallin 1,38 g/cm³, *PET* amorph 1,33 g/cm³; *PBT* 1,30 g/cm³.

Gefüge: PET kann wegen geringer Kristallisationsgeschwindigkeit je nach Verarbeitungsbedingungen und Werkstofftyp im amorph-transparenten oder teilkristallinen Zustand mit 30 % bis 40 % Kristallinität vorliegen. Bei Werkzeugtemperaturen bis max. 40 °C tritt amorphe Struktur, bei höheren Werkzeugtemperaturen bis 140 °C teilkristallines Gefüge auf. Der Kristallisationsgrad kann durch *Nukleierungsmittel* erhöht werden.

PBT ist ein teilkristalliner, thermoplastischer Kunststoff. PET und PBT haben sehr geringe Feuchteaufnahme.

Neuerdings gibt es auch sehr *schlagzähe Polyblends* aus PBT und Butadienkautschuk. Durch geänderten, aber ähnlichen Aufbau werden *thermoplastische Polyesterelastomere* hergestellt, die ohne Vulkanisation weitgehend gummiähnliche Eigenschaften aufweisen, z. B. *Arnitel* (DSM) und *Hytrel* (Du Pont), siehe auch Kap. 14.3.3.

Füll- und Verstärkungsstoffe für PET und PBT: Glasfasern, Glaskugeln, Mineralmehle, Talkum, Kohlenstoff- und Aramidfasern; Glasmatten für die Herstellung von glasmattenverstärkten Thermoplasten (GMT).

Farbe: PET im amorphen Zustand transparent, im teilkristallinen Zustand opak weiß: PBT wegen hoher Kristallinität immer opak weiß. Guter Oberflächenglanz, in allen Farben gedeckt einfärbbar. Folien aus PET und PBT transparent.

Mechanische Eigenschaften: PET *teilkristallin* hat hohe Härte, Steifigkeit und Festigkeit bei guter Zähigkeit auch bis –30 °C. Günstiges Zeitstandverhalten (besser als POM). Sehr geringer Abrieb bei günstigen Gleiteigenschaften. *PET amorph* verhält sich ähnlich wie PET teilkristallin bei geringerer Härte und Steifigkeit. PBT hat nicht ganz so günstige Eigenschaften wie PET, jedoch wesentlich leichtere Verarbeitbarkeit. Sehr gute Zähigkeit auch bei tiefen Temperaturen. PET und PBT werden zur Verbesserung der Eigenschaften mit Glasfasern verstärkt. Gleiteigenschaften werden dadurch nur wenig beeinflusst.

Elektrische Eigenschaften: Günstige elektrische Isoliereigenschaften, hohe Durchschlagfestigkeit, kaum beeinflusst durch die Luftfeuchte. Günstiges dielektrisches Verhalten.

Thermische Eigenschaften: PET teilkristallin sehr gut wärmebeständig, einsetzbar von –30 °C bis 110 °C, kurzzeitig auch darüber; im amorphen Zustand Formbeständigkeit in der Wärme geringer. Bei hohen Temperaturen kann bei amorphem PET Trübung durch einsetzende Kristallisation auftreten.

PBT gut wärmeformbeständig, einsetzbar von –50 °C bis 120 °C; bei glasfaserverstärkten Typen z. T. bis 200 °C. Neigt nicht zum Vergilben. Sehr niedrige thermische Längenausdehnung.

Kristallitschmelztemperatur T_m: PET kristallin 255 °C bis 258 °C; PBT 220 °C bis 225 °C.

PET und PBT brennen mit stark rußender Flamme und tropfen ab.

Beständig gegen (Auswahl): Aliphatische und aromatische Kohlenwasserstoffe (PBT z. T. nicht.); Öle, Fette, Treibstoffe. Höhere aliphatische Ester, wässrige Lösungen von Salzen, Basen und Säuren.

Nicht beständig gegen (Auswahl): Heißes Wasser und heißen Dampf (hydrolysebeständige Typen vorhanden); Aceton; Halogenkohlenwasserstoffe, wie Chloroform, Dichlormethan; konzentrierte Säuren und Laugen.

Physiologisches Verhalten: Meist physiologisch unbedenklich.

Spannungsrissbildung: Spannungsrissbildung an Luft bis heute nicht beobachtet.

Verarbeitung

Vortrocknen: Granulat vor der Verarbeitung 3 h bis 4 h bei 75 °C bis 90 °C vortrocknen.

Spritzgießen: Spritzgießen sehr gut möglich, Rückstromsperre empfehlenswert. Möglichst kurze Verweilzeiten im Zylinder, Überhitzung vermeiden wegen thermischer Schädigung. Massetemperaturen PET 260 °C bis 290 °C; PBT 230 °C bis 270 °C. Spritzdrücke 1000 bar bis 1700 bar wegen Gefahr von Lunkerbildung, daher langer Nachdruck; günstigere Bedingungen bei glasfaserverstärkten Typen. Werkzeugtemperaturen 30 °C bis 140 °C; amorphe Typen bei niedrigen, teilkristalline Typen bei hohen Werkzeugtemperaturen. Verarbeitungsschwindung 1 % bis 2 %, GF-Typen niedriger.

Besonderheiten: PBT ist wegen besserem Fließverhalten (ähnlich PA) meist wesentlich leichter zu verarbeiten als unverstärktes PET. Lineare Polyester benötigen große Angussquerschnitte. PBT erfordert wegen des günstigeren Kristallisationsverhaltens i. A. niedrigere Werkzeugtemperaturen von 30 °C bis 60 °C. Mit zunehmender Werkzeugtemperatur bis 140 °C wird bei Präzisionsteilen die Nachschwindung vernachlässigbar klein.

Extrudieren: PET und PBT können durch Extrudieren zu Halbzeug und Folien verarbeitet werden. Extrusionstemperaturen ca. 250 °C, dabei aber 290 °C im Zylinder nicht überschreiten. Biaxiales Vorstrecken von Folien möglich. Extrusionsblasformen (PET) für Getränkeflaschen, auch im Mehrschichtblasverfahren. Streckblasformen von spritzgegossenen PET-Preforms.

Warmumformen: Warmumformen von PET bei 95 °C bis 120 °C in Werkzeugen von 30 °C bis 40 °C für *amorphe* Formteile. Bei 140 °C bis 155 °C wird PET umgeformt in „Kristallisationswerkzeug" von 170 °C (2 s bis 4 s) und dann in „Kühlwerkzeug" von 60 °C abgekühlt; PET kristallisiert dann (z. B. für Menueschalen für Mikrowelle und konventionelle Herde).

Kleben: Klebstoffe auf der Basis Epoxidharz, Polyurethan, Cyanacrylat ergeben harte Klebfilme. Flexiblere Klebfilme mit Polychloroprenklebstoffen.

Schweißen: Schweißen durch Heizelement-, Ultraschall- und Reibungsschweißen; auch Nieten von angespritzten Zapfen durch Wärme und Ultraschall möglich.

Spanen: Spanen möglich mit üblichen Werkzeugen für die Kunststoffverarbeitung.

Besonderes Verfahren: PET und PBT lassen sich bis zum Hochglanz polieren.

■ Anwendungsbeispiele

Maßhaltige technische Funktionsteile mit guten Gleiteigenschaften bei geringem Verschleiß und günstigem Temperaturverhalten. PET ist einer der wichtigsten Kunststoffe für Verpackungen.

Feinwerktechnik/Mechatronic, Elektrotechnik: Gleitelemente, Kurven- und Steuerscheiben, Zahnräder; Spulenkörper, Steckerleisten, Schalter- und Tastenteile, Potentiometerteile, Verteilergehäuse; Gehäuse für Kfz-Zündanlagen; Lampensockel; Ummantelungen für Lichtwellenleiter.

Maschinenbau: Gleitlager, Führungen, Zahnräder, Kupplungen.

Haushaltsgeräte: Gehäuse und Griffe für Bügeleisen, Grillgeräte, Waffeleisen, Infrarotgeräte, Toaster, Fonduegeräte, Küchenspülen aus kratzfestem PBT; Pumpenteile, Ventile, Installationsteile, Sanitärtechnik.

Fahrzeugbau: Leuchtengehäuse, Lampensockel, Spiegelteile; lackierbare Stoßfängersysteme (vor allem aus elastomermodifiziertem PBT).

Sonstiges: Scharniere, Rollen, Beschläge, Laufschienen, Hebel, Griffe; Sportartikel, Fasern (Fleece).

Verpackungstechnik: Folien für pasteurisierbare und heißabfüllbare Verpackungen, Menueschalen, Standbeutel. Glasklare Mehrweg-Getränkeflaschen aus PET. bzw. PET/PEN-Kombinationen (siehe Sonderkunststoffe), auch für kohlensäurehaltige Getränke Carbonated Soft Drinks (CSD) und zur Heißabfüllung für Fruchtsäfte. MultiLayer-Flaschen mit Barrierematerialien oder -schichten für Abfüllung von Bier.

PET-Folien: Video- und Audiobänder, Magnetkarten, Floppy-Disk; Heißprägefolien; Reflexionsfolien; bedampfte Kondensatorfolien, Trennfolien, (Mehrschicht-) Verpackungsfolien.

■ Polyesterelastomere (siehe auch 14.2.3)

Polyesterelastomere: Für Anwendungen, wo hohe Widerstandsfähigkeit gegen Abrieb, Weiterreißen, mechanische Belastungen oder hohe Dauerschwingfestigkeit verlangt wird, z. B. Schläuche und Rohre, Laufräder und Laufrollen, Keilriemen, flexible Verbindungen; Kettenteile für Fahrzeuge.

■ Sonderkunststoff PEN

Polyethylennaphthalat PEN (z. B. *Teonex* von Teijin Kasei als Folie) ist ein neuer Kunststoff mit vor allem höherer *Dichtigkeit* und höherer *Wärmebeständigkeit.* PEN wird sowohl als Homopolymer eingesetzt, als auch für Copolymere (P)ET/(P)EN und Polymerblends (PET+PEN) in verschiedenen Kombinationsverhältnissen. Wird PET bis 20 % PEN zugesetzt, dann sind die Copolymere *teilkristallin*, ebenso bei Zugabe von 80 % bis 100 % PEN, aber im Bereich zwischen 20 % und 80 % PEN ergeben sich *amorphe* Copolymere.

PEN hat gegenüber PET eine höhere Kristallitschmelztemperatur T_m von ca. 270 °C (PET 255 °C) und Glasübergangstemperatur T_g von 120 °C (PET ca. 78 °C) und eignet sich daher vor allem für heiß abfüllbare Lebensmittel, auch unter sterilen Bedingungen; die höhere Gasdichtigkeit ist von Vorteil bei der Abfüllung von kohlesäurehaltigen Getränken. Da auch die Festigkeit ca. 35 % und Biege-Elastizitätsmodul ca. 50 % höher sind als bei PET, eignen sich Behälter aus PEN und Copolymeren auch als Verpackungen, die längere Zeit unter höherem Druck stehen. PEN-Behälter können ohne Schrumpfung bei 85 °C gewaschen werden (PET nur ca. 60 °C); sie eignen sich somit besonders für wiederbefüllbare Behälter. PEN-Verpackungen stehen damit in Konkurrenz zu Glas- und Polycarbonatflaschen. Ein weiterer Kostenvorteil gegenüber PET ist die kürzere Zykluszeit bei der Herstellung von dickwandigeren spritzgegossenen Vorformlingen.

10.9 Polycarbonat PC

Polycarbonat vereinigt viele gute Eigenschaften von Metallen, Glas und Kunststoffen, wie Steifigkeit, Schlagzähigkeit, Transparenz, Dimensionsstabilität, gute Isoliereigenschaften und gute Wärmebeständigkeit. Verbunden mit den vielfältigen Verarbeitungsmöglichkeiten wird es als hochwertiger technischer Kunststoff eingesetzt, auch mit Glasfaserverstärkung. Zur Veränderung der Eigenschaften werden *Blends* mit anderen Kunststoffen hergestellt und *Copolymerisate* (siehe bei Polycarbonat-Spezialsorten).

Aufbau:

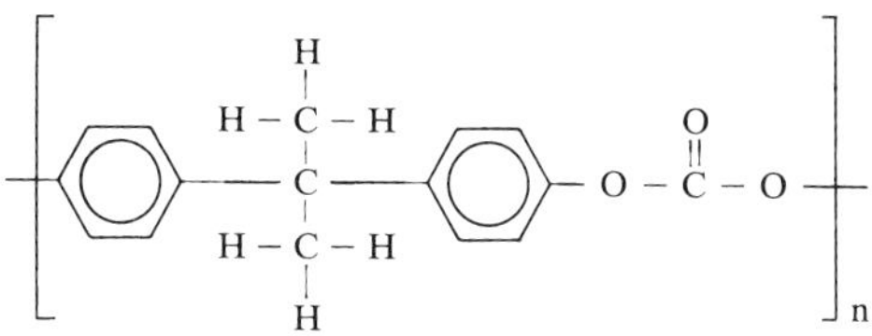

Handelsnamen (Beispiele):

Armorgard, Lexan, SLCC (Sabic IP); Calibre, Emerge (Dow); Cyrolon (Cyro); Ensicar (Ensinger); Latilon (Lati); Apec, Makrolon (Bayer); Pibiter (P-Group); Polyman (Schulman); Sinvet (Eni); Tarolon (Taro); Xantar (Mitsubishi)

Folien: Makrofol, Marnot, Bayfol (Bayer);

Polycarbonat-Blends:

(PC+ABS), (PC+SAN): Bayblend, Levablend (Bayer); Cycoloy, Geloy (Sabic IP); Hyblend (P-Group), Luran S (BASF); Stapron (DSM); Taroblend (Taro); Xantar (Mitsubishi).

(PC+PET) und (PC+PBT): Bayfol, Makroblend, (Bayer); Latiblend (Lati); Polylux (Polykemi); Remex, Valox, Xenoy (Sabic IP); Taroloy (Taro).

Normung: DIN EN ISO 7391.

In DIN EN ISO 7391 werden die PC-Formmassen unterschieden durch (verschlüsselte) Wertebereiche der kennzeichnenden Eigenschaften *Viskositätszahl, Schmelze-Volumenfließrate* MVR 300/1,2, *Charpy-Schlagzähigkeit ungekerbt* und

Informationen über die *vorgesehene Anwendung* und/oder *Verarbeitungsverfahren, wichtige Eigenschaften, Additive, Farbstoffe* und *Füll- und Verstärkungsstoffe.*

Thermoplast ISO 7391 – PC,MLR,61-09-3
Es bedeuten M Spritzgießen, L Licht-/Witterungsstabilisator, R Formtrennmittel, 61 Viskositätszahl 59 ml/g, 09 Schmelze-Volumenfließrate MVR 300/1,2 von 9,5 cm^3/g und 3 Charpy-Schlagzähigkeit 35 kJ/m^2.

Thermoplast ISO 7391 – PC,GF,55-05-3,GF30
Es bedeuten G allgemeine Anwendung, F Flammschutzmittel, 55 Viskositätszahl 56 ml/g, 05 Schmelze-Volumenfließrate MVR 300/1,2 von 5,5 cm^3/g, 3 Charpy-Schlagzähigkeit 35 kJ/m^2 und GF30 30 % Glasfaseranteil.

Außer reinen PC-Formmassen gibt es auch noch Copolycarbonate und Blends (Mischungen) mit anderen Kunststoffen (siehe Seiten 155 und 212).

Eigenschaften

Dichte: 1,20 g/cm^3 bis 1,24 g/cm^3

Gefüge: Weitgehend amorphe, unverzweigte Thermoplaste mit geringer Kristallisationsneigung. Sehr geringe Wasseraufnahme, bei Lagerung in Wasser unter 0,5 Gew.-%.

Es sind auch *(Poly)Blends* PC+ABS, PC+ASA, PC+PET und PC+PBT im Handel, außerdem wird PC selbst as Blendpartner eingesetzt, z. B. ASA+PC (*Bayblend A*).

Farbe: Glasklar, in allen Farben transparent und gedeckt einfärbbar. Hoher Oberflächenglanz.

Füll- und Verstärkungsstoffe: Glasfasern, Glaskugeln, Mineralien, z. T. Kohlenstoff-Fasern; neuerdings wird PC als Blend mit LCP „verstärkt" PC+LCP.

Optische Eigenschaften: Hohe Brechungszahl (1,584); Lichtdurchlässigkeit im sichtbaren Bereich bis 89 %. Spezielle „lichtsammelnde" Polycarbonate.

Mechanische Eigenschaften: Hohe Festigkeit und Härte bei guter Zähigkeit; sehr gute Formsteifigkeit bei geringer Temperaturabhängigkeit bis 130 °C. Hohe Schlagzähigkeit, Homopolymere aber sehr kerbempfindlich. Günstiges Zeitstandverhalten auch bei höheren Temperaturen. Meist zufriedenstellendes Abriebverhalten bei niedrigen Belastungen. Günstige Arbeitsaufnahme bei stoßartigen Beanspruchungen.

Durch Zusatz von Glas- und vor allem Kohlenstofffasern Erhöhung von Festigkeit, Zeitstandfestigkeit und Steifigkeit (E-Modul), aber Abnahme der Zähigkeit. Erhöhung der Kratzfestigkeit durch Oberflächenbeschichtung. Blends aus PC und LCP ergeben Kunststoffe mit hoher Festigkeit und Steifigkeit bei sehr geringen Wanddicken (< 0,8 mm).

Elektrische Eigenschaften: Gute elektrische Isoliereigenschaften, von Feuchtegehalt und Umgebungstemperatur fast unabhängig. Bei Verwendung im Hochfrequenzfeld beachten, dass Verlustfaktor bei Frequenzen über 10^3 Hz um eine Zehnerpotenz ansteigt. Elektrostatische Aufladung kann durch Antistatika für eine gewisse Gebrauchszeit beseitigt werden. Kohlenstofffaserverstärkte Typen sind antistatisch.

Thermische Eigenschaften: Hohe Formbeständigkeit in der Wärme bis 130 °C, bei glasfaserverstärkten Typen bis 145 °C. Versprödung erst unter –150 °C. Niedriger thermischer Längenausdehnungskoeffizient, insbesondere bei Glasfaserverstärkung.

Brennt leuchtend, rußend; blasig; selbstverlöschend, weiter verbessert durch Flammschutzmittel.

Beständig gegen (Auswahl): Verdünnte Mineralsäuren, gesättigte aliphatische Kohlenwasserstoffe, Benzin, Fette, Öle, Wasser (unterhalb 60 °C), Alkohole (Ausnahme Methylalkohol). Spezielle lipidresistente und Gammastrahlen-sterilisierbare Polycarbonattypen sind auf dem Markt.

Nicht beständig gegen (Auswahl): Laugen, Aceton, Ammoniak, aromatische Kohlenwasserstoffe, Benzol, Amine, Ozon. Meist ausreichend witterungsbeständig; bei intensiver UV-Bestrahlung UV-stabilisierte Typen verwenden oder Rußeinfärbungen oder nachträgliche Oberflächenbehandlung. Chemischer Abbau durch Wasser mit Temperatur >60 °C oder Wasserdampf.

Lösemittel: Dichlormethan.

Physiologisches Verhalten: Geruchs- und geschmacksfrei, keine Reizwirkung. Spezielle Typen für Gebrauch mit Lebensmittel zugelassen.

Spannungsrissbildung: Bei Kontakt mit bestimmten Chemikalien, z. B. Tetrachlorkohlenstoff, treten häufig Spannungsrisse auf, insbesondere bei Spritzgussteilen, vgl. auch TnP-Test (s. Kap. 31.2.2). Durch Tempern Abbau von Eigenspannungen und dadurch verbesserte Beständigkeit gegen Spannungsrissbildung.

Verarbeitung

Vorbehandlung: Trocknen von feuchtem Granulat je nach Typ mind. 4 h bei 120 bis 130 °C; Schütthöhe unterhalb 2 cm. Vorteilhaft bei Verarbeitungsmaschinen Trichter mit Deckelheizung (Vorbehandlungen können ggf. entfallen bei Verwendung von Entgasungs-Zylindern).

Spritzgießen: Spritzgießmaschinen z. T. mit Entgasungszylinder; Verschlussdüse vorteilhaft. Spritzdruck mind. 800 bar. Massetemperaturen 280 °C bis 320 °C. Werkzeugtemperaturen 85 °C bis 120 °C. Formtrennmittel kaum notwendig. Schnelle Einspritzgeschwindigkeit und hohe Werkzeugtemperatur für besondere Oberflächengüte, besonders bei GF-Typen. Verarbeitungsschwindung in allen Richtungen 0,7 % bis 0,8 %, bei GF-Typen 0,2 % bis 0,5 % (ggf. richtungsabhängig). Bei Arbeitsunterbrechung Zylindertemperaturen auf 160 °C bis 180 °C absenken.

Extrudieren: Höherviskose Typen verwenden. Trocknung muss noch besser sein als beim Spritzgießen. Temperaturführung vom Trichter bis zum Werkzeug fallend von 290 °C bis 240 °C. Massetemperaturen am Düsenaustritt 230 °C bis 260 °C. Auch Extrusionblasformen möglich.

Warmumformen: Nur mit völlig trockenen Platten und Folien, sonst Blasenbildung; vortrocknen bei ca. 150 °C. Verformungstemperaturen 180 °C bis 220 °C; zweckmäßig Metallwerkzeuge mit Temperaturen von 30 °C bis 150 °C.

Spanen gut möglich, nur geringe Schmierneigung. Kühlung mit Luft oder Wasser, keine Ölemulsionen. Polieren auf Hochglanz mit alkalifreien Polierpasten.

Kleben: Vor dem Kleben reinigen mit Petrolether oder Testbenzin. Verklebung mit Reaktionsklebstoffen (EP, PUR), Klebelacken oder Lösemittelklebstoffen (z. B. Ethylenchlorid oder Dichlormethan); *Vorsicht* wegen Spannungsrissbildung. Anschließend tempern z. B. 6 h bei 90 °C.

Schweißen: Zweckmäßig Teile vorher trocknen. Nach Warmgasschweißen tempern. Heizelement-, Reibungs- und Ultraschallschweißen günstig.

Tempern: Tempern von Spritzgussteilen und Halbzeug zum Abbau von Spannungen 30 min bei 120 °C in Öl oder Luft.

Oberflächenbehandlung: Lackieren (z. B. für höhere Kratzfestigkeit) mit speziellen Lacken, die PC nicht angreifen und keine Spannungsrisse auslösen, z. B. durch *Hardcoating* mit Acrylat- und Siloxanlacken, sowie Lacken auf Polyurethanbasis. Beschichtungen für glasähnliche Oberflächen bei Automobilscheiben.

Bedrucken und *Heißprägen* nach den üblichen Verfahren. *Metallisieren* durch Bedampfen im Hochvakuum, anschließend lackieren zweckmäßig.

■ Anwendungsbeispiele

Elektrotechnik: Spulenkörper, Kontaktleisten, Röhrenfassungen, Schutzschalter, Verteilerkästen, Akkudeckel; Abdeckungen für Leuchten, Sicherungskästen und Alarmanlagen; Computergehäuse, LED-Ummantelungen, optische Datenspeicher, Compact-Disc; CD-ROM, DVD und DVD-ROM.

Optik: Mikroskopteile, Linsen, unzerbrechliche Brillengläser (mit Oberflächenvergütung, Hardcoating und eingebautem UV-Schutz); kratzfest beschichtete Kfz-Scheinwerferscheiben. Gehäuse für Ferngläser, Kameras, Diaprojektoren; Diakassetten. Lichtleitende und lichtsammelnde Bauelemente; optische Datenspeicher CD und DVD. Kfz-Verscheibungen.

Apparatebau, Feinwerktechnik/Mechatronic: Bauelemente für pneumatische Steuerungen, Kaltwasserpumpen, Schaugläser, Ventile, Lüfterräder, Nähmaschinenteile, Rohrposthülsen, Filtertassen. Medizinische Geräte wie Dialysatoren, Infusionseinheiten, Prüfgefäße in der Labortechnik.

Haushaltsartikel: Geschirr, Babyflaschen, Feuerzeuge, Küchenmaschinenteile, Kaffeefilter, Rasierapparategehäuse; Gehäuse für Staubsauger, Haartrockner, Kaffeemaschinen. Mehrwegpfandflaschen für Getränke.

Sonstiges: Schutzabdeckungen, Visiere, Schutzhelme, Schutzbrillen, splittersichere Sicherheitsverglasungen; Angelgeräte; Kugelschreibergehäuse, Lineale, Schriftschablonen. Schlagfeste Leuchtenabdeckungen, Streuscheiben, Glasklarscheiben für Kfz-Leuchten. Schutzschilde. Extrusionsgeblasene dünnwandige Getränkemehrwegflaschen; großvolumige Flaschen für die Trinkwasserversorgung in Gebieten mit schlechter Trinkwasserversorgung.

Folien: Für Skalen, bedruckte Geräteblenden, Anzeige- und Armaturentafeln (glasfasergefüllt für gute Lichtstreuung). Für Schokoladeformen.

Spezialfolien (Photopolymer Bayfol HX) zur Herstellung von 3D-Bildhologrammen.

Polycarbonat-Spezialsorten

PC-Copolymere

Sondertypen für erhöhte Flammwidrigkeit; Formteile sind z. T. nicht mehr glasklar.

Sondertypen für erhöhte Wärmeformbeständigkeit sind z. B. aromatische Polyestercocarbonate (*Apec HT* von Bayer; *Lexan PPC* von Sabic IP). Außerdem haben diese Werkstoffe höhere Kerbschlagzähigkeiten bei tiefen Temperaturen. Mit zunehmendem Esteranteil steigt die Wärmeformbeständigkeit, aber die Zähigkeit und die Fließfähigkeit nehmen ab. *Anwendungen*: Thermisch hochbelastete Bauteile der Elektrotechnik, hochwärmebeanspruchte Leuchten.

PC-Formmassen für optische Datenspeicher

Diese Formmassen haben eine weiter reduzierte Doppelbrechung verbunden mit sehr guten Fließeigenschaften für verbesserte Pit-Abformung bei erhöhter Informationsdichte.

PC-Blends

Für höhere Formbeständigkeit in der Wärme und hohe Schlagzähigkeit in der Kälte werden (PC+ABS)-Blends eingesetzt, vor allem für Kfz-Innenteile (dünnwandige, steife und leichte Instrumententafelträger). (ASA+PC)-Blend weist verbesserte Witterungsbeständigkeit auf.

(PC+PET)-, (PC+PBT)-Blends haben höhere Steifigkeit, Kerbschlagzähigkeit und bessere Chemikalien- und Kraftstoffbeständigkeit und werden vor allem für großflächige Teile im Kfz-Außenbereich eingesetzt.

Ein glasfaserverstärktes Polycarbonat-Siloxan-Copolymer (Lexan EXL von Sabic IP) hat ein sehr vorteilhaftes Eigenschaftsbild und eignet sich besonders für komplexe Lenkradanwendungen mit vielfältigen Integrationsmöglichkeiten im Austausch gegen Mg/Al-Druckguss- und Polyurethan-Konstruktionen.

Mit LCP verstärktes Polycarbonat hat als (PC+LCP)-Blend anwendungs- und verarbeitungstechnische Vorteile im Vergleich zu glasfaserverstärkten Kunststoffen, weil sich die wesentlichen Eigenschaften der LCP (siehe Kap. 16.1) in den Blends wiederfinden. Die Festigkeitskennwerte steigen mit abnehmender Wanddicke an; auch Schlagzähigkeiten und Kerbschlagzähigkeiten liegen sehr günstig: (PC+LCP)-Blends zeichnen sich auch durch eine hohe Wärmeformbeständigkeit aus (T_f 124 °C bis 137 °C). *Anwendungsgebiete*: Bauteile in der Daten- und Kommunikationstechnik mit geringen Wanddicken bei hohen Festigkeitsanforderungen.

10.10 Modifizierte Polyphenylether PPE

Reines PPE hat sehr gute thermische und elektrische Eigenschaften, bei sehr guter Kriechfestigkeit und Dimensionsstabilität und Hydrolysebeständigkeit, neigt aber bei Temperaturen über 100 °C zu oxidativem Abbau. Hergestellt werden *Blends* mit PS, SB oder PA, die sich besser verarbeiten lassen und höhere Oxidationsstabilität aufweisen. Teilweise wird auch Styrol aufgepfropft. Bei der Herstellung von Blends lassen sich, wegen der beliebigen Mischbarkeit der Komponenten, gezielte Eigenschaftsprofile für unterschiedliche Anwendungsgebiete erzielen. Spezielle Blends vereinigen leichte Verarbeitbarkeit, auch im Warmumformen mit guter Steifigkeit und Stoßfestigkeit, auch bei tiefen Temperaturen, gute Kratzfestigkeit und Hitzebeständigkeit, sowie Lackierbarkeit und eignen sich daher besonders für Karosserieaußenteile und Frontends.

Aufbau:

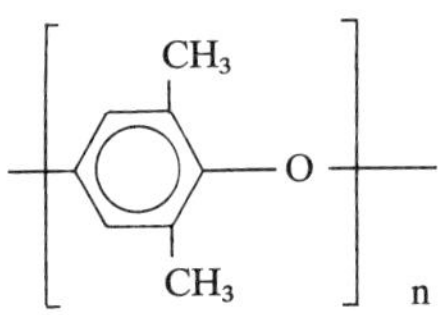

Polyphenylether, modifiziert mit PS, PA oder PS-I (SB) u. a.

Handelsnamen:

PPE+PS: Dytherm (Nova); Luranyl (Romira); Noryl (Sabic IP): Xyron (Asahi)

PPE+PA, PPE+PBT, PPE+PP: Noryl (Sabic IP)

Normung: DIN EN ISO 24981.

In DIN EN ISO 28941 werden PPE-Kunststoffe unterschieden durch (verschlüsselte) Wertebereiche der kennzeichnenden Eigenschaften Wärme*formbeständigkeitstemperatur* T_f *(Verformungstemperatur unter Last), Schmelze-Volumenfließrate MVR, Charpy-Kerbschlagzähigkeit, Entflammbarkeit* und Angaben über *grundlegende Parameter der Polymere, vorgesehene Anwendung* und/oder *Verarbeitungsverfahren, wichtige Eigenschaften, Additive, Farbstoffe, Füll- und Verstärkungsstoffe.*

Die Zusammensetzung der PPE-Formmassen wird durch Code-Nummern wie folgt angegeben:

1 PPE
2 PPE+PS
3 PPE+PA
4 PPE+ ein anderes, nicht hier aufgeführtes Polymer
5 PPE+PPS + ein anderes, nicht hier aufgeführtes Polymer
6 PPE+PP
7 PPE+PPS

Anmerkung: Für die Prüfung der Formmassen gilt derzeit noch DIN EN ISO 15103-2.

Beispiele für die Angabe von PPE-Formmassen:

Thermoplast ISO 28941 – PPE-2,MHLC,A130-05-30-HB40,GF25
Es bedeuten PPE-2 PPE-Formmasse modifiziert mit PS, M Spritzgießen, H Wärmestabilisator, Lichtstabilisator, C Farbmittel, A130 Wärmeformbeständigkeitstemperatur 130 °C, Schmelze-Volumenfließrate MVR 300/5 von 5 cm^3/10 min, 30 Charpy-Kerbschlagzähigkeit von 35 kJ/m, HB40 Entflammbarkeitsstufe HB40 und GF25 Glasfaseranteil von 25 %.

Thermoplast ISO 28941 – PPE-3;MG1,B190-20-60-HB40
Es bedeuten PPE-3 PPE-Formmasse modifiziert mit PA, M Spritzgießen, G1 Formmasse in Form von Pellets, B190 Wärmeformbeständigkeitstemperatur von 190 °C, 20 Schmelze-Volumenfließrate MVR 280/5 von 20 cm^3/10 min, 60 Charpy-Kerbschlagzähigkeit von 60 kJ/m^2 und HB40 Entflammbarkeitsstufe HB40.

Eigenschaften

Dichte: 1,04 g/cm^3 bis 1,1 g/cm^3; gefüllt bis 1,36 g/cm^3

Gefüge: Amorphe Thermoplaste.

Verstärkungsstoffe: Glasfasern, Glasmatten (GMT), Kohlenstoff-Fasern.

Farbe: Nicht transparent, beige Eigenfarbe, opak; in allen Farben gedeckt einfärbbar. Spezielle Blends auch glasklar.

Mechanische Eigenschaften: Hart, steif, schlagzäh (auch bei niederen Temperaturen), sehr dimensionsstabil; sehr geringe Kriechneigung, auch bei höheren Temperaturen; guter Abriebwiderstand und gute Kratzfestigkeit. Weitere Verbesserung der mechanischen Eigenschaften und Steifigkeit durch Glasfaserzusatz; für besonders hohen E-Modul Zugabe von Kohlenstoff-Fasern. Grundwerkstoff kann als Blend so modifiziert werden, dass ganz bestimmte Eigenschaften vorliegen, zugeschnitten für entsprechende Anwendungszwecke. Wegen geringer Dichte lassen sich Gewichtseinsparungen erzielen.

Elektrische Eigenschaften: Sehr gute elektrische Isoliereigenschaften; gute dielektrische Eigenschaften, fast unabhängig von der Frequenz; gute Kriechstromfestigkeit.

Thermische Eigenschaften: Ausgezeichnete Temperaturbeständigkeit, hohe Formbeständigkeit in der Wärme; sehr geringe Wärmeausdehnung. Einsatztemperaturen je nach Type von –40 °C bis +120 °C, kurzzeitig auch höher, teilweise online- und inline-lackierbar. Sterilisierbar.

Selbstverlöschend und nichttropfend.

Beständig gegen (Auswahl): Verdünnte Mineralsäuren, Laugen, Alkohol. Hydrolysebeständig in heißem und kaltem Wasser, vor allem GF-Typen. Fette und Öle je nach Zusätzen. Gut alterungs- und witterungsbeständig. Spezielle Blends (PPE mod.+PA) für hohe Chemikalienbeständigkeit.

Nicht beständig gegen (Auswahl): Aromatische und chlorhaltige Kohlenwasserstoffe, Benzin, Öle und Fette je nach Zusätzen.

Physiologisches Verhalten: Physiologisch unbedenklich; Vorsicht bei bestimmten Pigmenten.

Spannungsrissbildung: Spannungsrissbildung bei bestimmten Kohlenwasserstoffen möglich.

Verarbeitung

Vortrocknen: Vortrocknen des Granulats i. A. nur bei hohen Anforderungen an die Oberflächenbeschaffenheit; 2 Stunden bei 80 °C bis 120 °C je nach Type.

Spritzgießen: Spritzgießen wegen gutem Fließverhalten sehr günstig, am besten mit kurzen, offenen Düsen. Massetemperaturen 280 °C bis 340 °C bei modifiziertem PPE. Spritzdrücke 1000 bar bis 1400 bar. Werkzeugtemperaturen 70 °C bis 90 °C. Schwindung unverstärkt 0,5 % bis 0,7 %; glasfaserverstärkt 0,1 % bis 0,4 % (keine Nachschwindung).

Extrudieren: Extrudieren von Rohren, Stäben, Profilen, Tafeln und Folien möglich, auch Blasformen. Extrusionstemperaturen 220 °C bis 280 °C. Bei Entgasungsschnecken kann auf Vortrocknung verzichtet werden.

Warmumformen: Warmumformen möglich, allerdings bei relativ hohen Temperaturen wegen guter Wärmeformbeständigkeit.

Kleben mit Lösemittelklebstoffen (Dichlorethylen, Chloroform oder Gemisch aus Trichlorethylen und Dichlormethan). Zum Verkleben mit anderen Werkstoffen Epoxid-, Silicon- oder PUR-Klebstoffe.

Schweißen: Für günstige Festigkeitseigenschaften Reibungs-, Vibrations- und Ultraschallschweißen; auch Heizelement-Stumpfschweißen bei ca. 260 °C bis 290 °C.

Verschrauben: Verschrauben mit gewindeschneidenden Schrauben mit Schneidkerbe.

Spanen: Spanen nach allen Verfahren mit üblichen Werkzeugen für die Kunststoffverarbeitung; keine Kühlung notwendig.

Besondere Verfahren: Oberflächenbehandlung durch *Lackieren, Bedrucken, Heißprägen* und *Metallisieren* im Vakuum. In Sondereinstellungen auch *galvanisierbar.*

Schäumen (TSG), unverstärkt und GF-verstärkt.

Anwendungsbeispiele

Dimensionsstabile, wärmestandfeste, selbstverlöschende Teile, meist im Austausch gegen Metalle. Spezielle Blends für steife und (Kälte)-schlagzähe Außenteile, auch lackierbar und bei guter Hitzebeständigkeit Teile im Motorraum bei Kraftfahrzeugen.

Feinwerktechnik/Mechatronic: Bauteile und Gehäuse für Radio-, Fernseh-, Film- und Projektionsgeräte, Büro- und Datenverarbeitungsgeräte, Zeitschaltgeräte, Zähler, Sterilisiergeräte. Größere Gehäuse und Abdeckungen meist geschäumt.

Fahrzeugindustrie: Warmluftverteiler, Teile für Klimaanlagen, Armaturen, Leuchtengehäuse, Lampenhalterungen, Radblenden, Verkleidungen, Armaturentafeln, Spoiler. Spiegelgehäuse, Stoßfängersysteme, Seitenschutzprofile, Handschuhfachklappen, Lautsprechergehäuse, Lenksäulenverkleidungen. Motorhauben, Kotflügel, Frontends. Wegen hoher Energieaufnahme Anwendung von Schaumstoffblends (PPE+PS-E) für Formteile mit hoher Energieaufnahme wie Kopfstützen.

Haushaltsgeräte: Behälter, Armaturen, Ventile, Antriebsteile für Wasch- und Spülmaschinen, Sprüharme. Gehäuse für Kaffeemaschinen, Staubsauger, Lüfter, Pumpen. Pumpenlaufräder, Thermostatventile.

Elektrotechnik: Bauteile für Fernseh- und Radiogehäuse, Schalter, Schaltkasten, Spulenkörper, Steckverbinder, Kontaktträger, Zeitschaltgeräte, Kondensatorbecher, Stromverteilerkasten, Lichtschalter, Kabelkanäle, Sicherungsgehäuse.

Sonstiges: Medizinische Instrumente. Großteile für Wasseraufbereitung und Rauchgasentschwefelung. Dach- und Verkleidungsplatten. Tennisschläger aus (PPE mod.+PA)-GF.

10.11 Aliphatische Polyketone (PK)

Bei dem aliphatischen Polyketon *Carilon* (Ist derzeit nicht auf dem Markt.) handelt es sich um eine neue Kunststoffentwicklung. Diese *teilkristallinen* Thermoplaste haben eine exakt alternierende Olefin-Kohlenmonoxid-Kette und zeichnen sich aus durch (siehe auch Tabelle 10.8):

- günstige mechanische Eigenschaften mit geringer Relaxation
- hohe Wärmeformbeständigkeit
- gute Gleiteigenschaften bei geringem Verschleiß
- gute Dämpfungseigenschaften
- sehr gute chemische Beständigkeit
- keine Hydrolyse, beständig gegen heißes Wasser
- gute Diffusionsdichtigkeit gegen Kraftstoffe
- kurze Zykluszeiten beim Spritzgießen
- minimale Schwindungsunterschiede längs und quer bei unverstärkten Typen
- sehr geringe Nachschwindung
- keine Konditionierung erforderlich.

Aufbau:

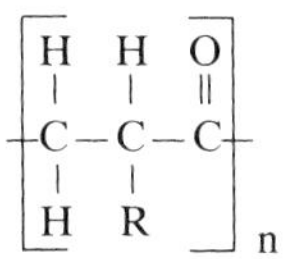

R kann sein: –H
–CH_3

Verarbeitung durch Spritzgießen bei Schmelzetemperatur von 240 °C bis 280 °C und Spritzdrücken bis 1400 bar; feuchtes Granulat muss 4 Stunden bei 60 °C vorgetrocknet werden. Werkzeugtemperaturen zwischen 20 °C und 120 °C.

Anwendung für technische Formteile im Automobilbau und der Elektrotechnik/Elektronik. Spezielle Compounds auf Basis von PK für Förderbandteile und Elektrotechnik.

Tab. 10.8 Eigenschaften des Polyketons Carilon (Shell)

		Carilon DP P1000	Carilon DP R1130 (30 % GF)
Dichte	g/cm^3	1,24	1,46
Streckspannung σ_Y	MPa	60	–
Streckdehnung ε_Y	%	30	–
Bruchspannung σ_B	MPa	55	120
Bruchdehnung ε_B	%	350	3
Elastizitätsmodul E_t	MPa	1400	7300
Schlagzähigkeit a_{cU}	kJ/m^2	NB	40
Wärmeformbeständigkeitstemperatur T_f Methode Af	°C	100	215
Vicat-Erweichungstemperatur VST/B50	°C	205	215
Kristallitschmelzpunkt T_m	°C	220	220
Glasübergangstemperatur der amorphen Phase T_g	°C	ca. 15	
Relative Dielektrizitätszahl ε_r 50 Hz/1 kHz/1 MHz	–	6,6/6,2/5,6	6,6/5,7/5,3
Dielektrischer Verlustfaktor tan δ 50 Hz/1 kHz/1 MHz	–	0,025/0,01/0,06	0,05/0,01/0,04
Oberflächenwiderstand R_{OG}	Ω	10^{14}	10^{14}
Durchschlagfestigkeit E_d	kV/mm	18	24
Vergleichszahl der Kriechwegbildung CTI	V	600	600
Schrumpfung	%	1,8 bis 2,2	0,3

11 Spezielle Kunststoffe zum Einsatz bei höheren Temperaturen (Hochleistungskunststoffe)

Üblicherweise wird bei thermoplastischen Kunststoffen durch den Einbau von Benzolringen in die Molekülkette eine Wärmebeständigkeit bis ca. 130 °C erreicht, z. B. bei PC, PET/PBT. Die Grenztemperaturen für den Einsatz von duroplastischen Kunststoffen liegen bei ca. 150 °C. Fluorhaltige Kunststoffe können zwar bei viel höheren Temperaturen beansprucht werden, eignen sich jedoch wegen der niedrigen Festigkeit und Steifigkeit und des starken Kriechens unter Belastung nicht als Konstruktionskunststoffe. Eine weitere Erhöhung der Temperatureinsatzgrenzen von Kunststoffen wird erreicht durch enge Verknüpfung von Benzolringen über Sauerstoffatome, Sulfongruppen oder Schwefelatome.

Grundbausteine solcher Systeme:

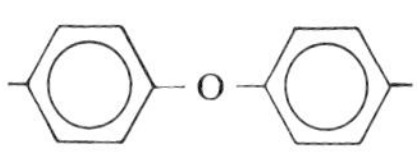

Diphenylether-Gruppe

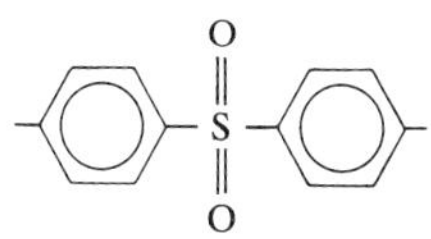

Diphenylsulfon-Gruppe

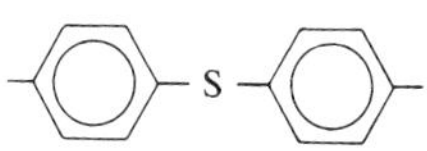

Diphenylsulfid-Gruppe

Beispiele dazu siehe bei Polyarylsulfonen PSU/PES (Kap. 11.1) und Polyphenylensulfid PPS (s. Kap. 11.2). Bei den *Polyimiden* (s. Kap. 11.3) wird eine weitere Steigerung der Wärmeformbeständigkeit erreicht durch eng verknüpfte Strukturen von Benzolringen und stickstoffhaltigen Ringsystemen. Derartige Strukturen bewirken eine Versteifung der Ketten, wodurch die Schmelzbereiche dieser Kunststoffe stark erhöht und dadurch die Verarbeitbarkeit erschwert wird. Nach diesem Prinzip können auch vernetzte, duroplastische Kunststoffe (Polyimide) hergestellt werden.

Eine neuere Entwicklung stellen *Cycloolefin-Copolymerisate* dar; es werden dabei *cyclische* (ringförmige) und offenkettige Olefine mithilfe von Metallocenen (metallorganische Katalysatoren) copolymerisiert. Man erhält (transparente) Kunststoffe mit hoher Festigkeit und hoher Gebrauchstemperatur mit breitem Anwendungsspektrum, siehe auch Kap. 10.1 und Tabelle 10.2.

Zusätzlich kann auch bei diesen Kunststoffen die Wärmeformbeständigkeit durch Zugabe von Glas-, Kohlenstoff- oder Aramidfasern weiter verbessert werden (siehe auch Kap. 13). Eine extrem hohe Temperaturbeanspruchbarkeit erreichen die *Aramide,* die aber vorwiegend als Fasern oder Gewebe zu *Verstärkungszwe-*

cken, für *Feuerschutzbekleidung* im Austausch zu Asbest und für *schusssichere Bekleidung* verwendet werden. Diese Aramidfasern (*Kevlar* von DuPont, *Twaron* von Nippon Aramid) schmelzen nicht, sondern verkohlen nur in der Flamme.

Bei *Polycarbonaten* besteht die Möglichkeit, durch teilweisen Ersatz der Kohlensäure durch Terephthalsäure die Wärmeformbeständigkeit weiter zu erhöhen (aromatische Copolyester APE), z. B. *Apec* von Bayer (siehe auch Kap. 10.9).

11.1 Polyarylsulfone PSU, PES

Aufbau: Polysulfon PSU

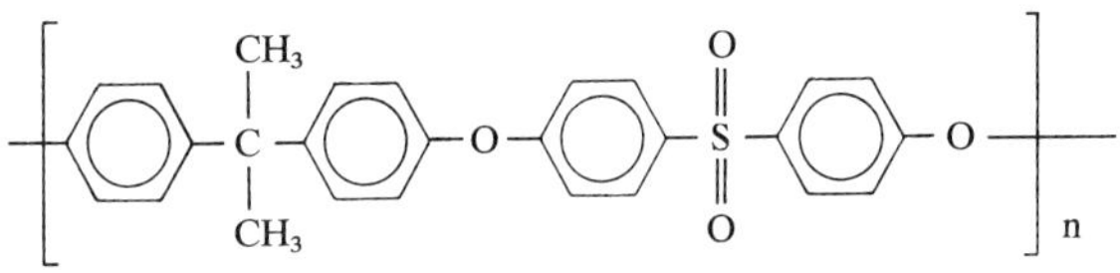

Polyethersulfon PES

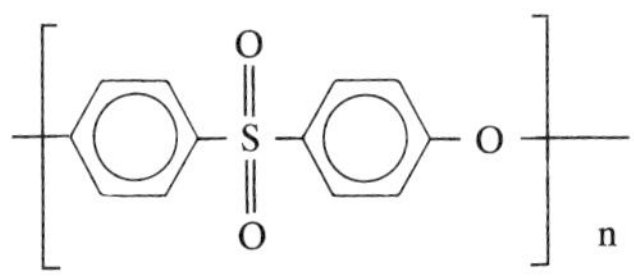

Handelsnamen (Beispiele):

PSU: Epispire, Mindel, Udel (Solvay); Europlex (Röhm); Lasulf (Lati); Ultrason S (BASF); Tecason, Ensifone (Ensinger)

PES: Gafone (Solvay); Lapex A (Lati)

PESU: Radel A (Solvay); Tecason (Ensinger); Ultrason E (BASF)

Normung: DIN 16839 (für Rohre).

Eigenschaften

Dichte: *PSU* 1,24 g/cm³; *PES 1,37* g/cm³.

Gefüge: Amorphe, polare Thermoplaste; teilweise Neigung zur Wasseraufnahme.

Verstärkungsstoffe: Glas- und Kohlenstoff-Fasern; Graphit und Fluorpolymere für verbesserte Gleiteigenschaften.

Farbe: Durchsichtig, z. T. fast glasklar; in verschiedenen Farben gedeckt und transparent einfärbbar.

Mechanische Eigenschaften: Hohe Festigkeit, gute Steifigkeit; geringe Kriechneigung auch bei höheren Temperaturen bis 180 °C, verstärkt bis 220 °C. Gute Zähigkeit, auch bei tiefen Temperaturen bis –100 °C; teilweise kerbempfindlich. Verbesserung der mechanischen Eigenschaften durch Faserverstärkung. Hohe Dimensionsstabilität und geringe Kriechneigung.

Elektrische Eigenschaften: Für polare Kunststoffe gute elektrische Isoliereigenschaften und geringe dielektrische Verluste, auch bei höheren Temperaturen und höherer Feuchtigkeit; dielektrische Eigenschaften wenig verändert bis 200 °C.

Thermische Eigenschaften (siehe Tabelle 11.1): Ausgezeichnete thermische Stabilität. Kleiner linearer Längenausdehnungskoeffizient. Sterilisierbar, auch im Heißdampf.

Schwer entflammbar, teilweise selbstverlöschend, geringe Rauchentwicklung. PES ohne Brandschutzausrüstung schwer entflammbar.

Tabelle 11.1 Einsatztemperaturbereiche für Polyarylsulfone

	untere Einsatztemperatur °C	**Dauergebrauchstemperatur °C**	**kurzzeitig bis °C**
PSU	–70 bis –100	150 bis 170	200
PES	–70 bis –100	200	260

Beständig gegen (Auswahl): Verdünnte Säuren, Laugen; Benzin, Öle, Fette; Alkohole; PSU gegen heißes Wasser und Dampf. Gute Beständigkeit gegen energiereiche Strahlung und Infrarotstrahlen.

Nicht beständig gegen (Auswahl): Polare organische Lösemittel, Ester, Ketone, aromatische und chlorhaltige Kohlenwasserstoffe; Benzol. PES ohne Stabilisierung nicht UV- und witterungsbeständig.

Physiologisches Verhalten: Physiologisch unbedenklich.

Spannungsrissbildung: Spannungsrissbildung in einigen Medien möglich.

Verarbeitung

Vortrocknen: 3 h bis 4 h bei 135 °C bis 150 °C, vor allem bei PES.

Spritzgießen: Spritzgießen von trockenem Granulat auf Schneckenspritzgießmaschinen. *Verarbeitungstemperaturen* siehe Tabelle 11.2. Bei PES starke Scherung vermeiden, daher niedrige Schneckendrehzahl und nicht zu hohe Einspritzgeschwindigkeit.

Tabelle 11.2 Verarbeitungsbedingungen für Polyarylsulfone

	Massetemperatur °C	**Werkzeugtemperatur °C**	**Spritzdruck bar**	**Verarbeitungsschwindung %**
PSU	310 bis 390	95 bis 115	bis 1500	0,7 bis 0,8
PES	340 bis 390	120 bis 160	bis 1500	0,6

Besonderheiten: Trennmittel vermeiden. Entformung wegen guter Haftung an Metallen schwierig, vor allem bei dünnwandigen Teilen; Produkte mit eingebauten Entformungshilfen vorhanden. Zum Spannungsabbau und zur Erzielung bester mechanischer und chemischer Eigenschaften nachträglich tempern bei 165 °C (5 min im Glyzerinbad, 5 h in Luft). Angusskanäle so kurz und groß wie möglich.

Extrudieren: Extrudieren von Tafeln, Folien, Rohren, Profilen und Drahtummantelungen mit höherviskosen PSU-Typen; auch Extrusionsblasformen von Hohlkörpern.

Warmumformen: Warmumformen nach allen gebräuchlichen Verfahren möglich. Temperaturen liegen wegen hoher Wärmeformbeständigkeit zwischen 200 °C und 250 °C.

Kleben: *PSU:* Mit Lösemitteln, z. B. Dichlormethan mit 5 % Polysulfonzusatz. *PES:* Mit Lösemitteln, z. B. Dichlormethan oder N-Methyl-2-Pyrollidon (NMP), ggf. mit Zusatz bis zu 15 % PES. Beide Kunststoffe auch verklebbar untereinander und mit Metallen (gute Haftfestigkeit) und Glas (Vorbehandlung notwendig) möglich mit Epoxidharz-, Silicon-, Polyurethan- und Acrylat-Klebstoffen.

Schweißen: Ultraschall- und Laserschweißen; auch Einbetten von Metallteilen durch Ultraschall.

Verschrauben: Verbinden mit gewindeformenden Schrauben.

Spanen: Spanen mit üblichen Werkzeugen für die Kunststoffbearbeitung, bei PSU ohne Schmierung und Kühlung. Polieren gut möglich.

Besondere Verfahren: Oberflächenbehandlungen durch *Bedrucken, Metallisieren* und *Bedampfen* mit Oxiden im Vakuum. *Galvanisieren* nach entsprechender Vorbehandlung durchführbar.

■ Anwendungsbeispiele

Für mechanisch, thermisch und elektrisch hochbeanspruchte Konstruktionsteile, vor allem, wenn auch Durchsichtigkeit verlangt ist.

Feinwerktechnik/Mechatronic, Elektrotechnik: Schalterteile, Relaisteile, Spulenkörper, elektronische Bauteile für SMD-Technik, gedruckte Schaltungen, Draht- und Kabelisolierungen; farbige Kontrollleuchten, Lichtwellenleiter, flexible Displays, (Folien in LCD und OLED). Steckverbinder, Kondensatorfolien (PES). Gehäuse. Zahnräder und Gleitelemente in hydrolisierender und aggressiver Umgebung bei hoher Maßhaltigkeit.

Fahrzeugindustrie: Bauteile im Motorraum, für Fahrzeugheizungen; Getriebeteile; Lampenfassungen, Gehäuse, Scheinwerferreflektoren. Verkleidungen und Innenausstattungen im Flugzeugbau wegen geringer Rauchgasentwicklung.

Haushaltsgeräte: Teile für Bügeleisen, Haartrockner, Heizgebläse, Kaffeemaschinen, Heißwasserbehälter, Eierkocher; Armaturen; Mikrowellengeschirr, Antihaftbeschichtungen. Beleuchtungszubehörteile.

Sonstiges: PSU für Folien für Tageslichtprojektoren; Spiegelelemente für Lampen, Reflektoren für Diaprojektoren; durchsichtige Teile für medizinische Geräte, Pinzetten; Laborgeräte; Schnappverbindungen. GMT-Platten für Raumfahrzeuge. Membranen in der Medizin- und Lebensmitteltechnik sowie in der Wasseraufbereitung.

Sondertypen

Copolymerisate aus PSU und PES mit gegenüber PSU erhöhter Wärmeformbeständigkeit und gegenüber PES verminderter Wasseraufnahme.

Polymerblends auf Basis PSU für nichttransparente Anwendungen bei geringerer Temperaturbeanspruchbarkeit. PES- und PSU-Compounds mit z. B. verbesserten Tribologieeigenschaften.

11.2 Polyphenylensulfid PPS

Aufbau:

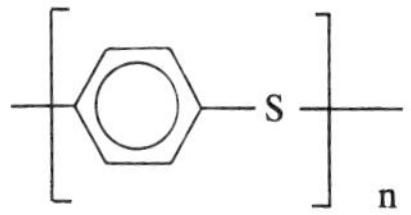

Handelsnamen (Beispiele): Fortron (Ticona); Larton (Lati); Primef (Solvay); Ryton, Xtel (Chevron); Supec (Sabic IP); Tecatron (Ensinger); Tedur (Albis); Thoprene (Asahi)

Eigenschaften

Dichte: 1,34 g/cm^3; gefüllt bis 1,90 g/cm^3.

Gefüge: Teilkristalliner, unpolarer Kunststoff mit sehr geringer Wasseraufnahme.

Verstärkungsstoffe: PPS wird praktisch nur verstärkt eingesetzt, außer zur Umhüllung von Halbleiterbauelementen und für biaxial gereckte Folien. Glas-, Kohlenstoff- und Aramidfasern (bis zu 70 Vol.-% Fasergehalt); mineralische Pulver; Glasmatten (GMT). PPS-Blends mit LCP-Verstärkung sind geeignet für Formteile mit minimaler Gratbildung und engen Toleranzen bei niedrigeren Schmelztemperaturen.

Farbe: Dunkelbraun; für Beschichtungen stehen auch Pulver mit hellbeiger Eigenfarbe zur Verfügung.

Mechanische Eigenschaften: PPS wird nur verstärkt eingesetzt und erhält dann sehr hohe Festigkeit und Steifigkeit, auch bei hohen Temperaturen bei allerdings geringer Zähigkeit. Sehr geringe Kriechneigung. Gute Abriebfestigkeit. Die Festigkeit fällt oberhalb ca. 90 °C (Glasübergangstemperatur) deutlich ab, hat aber trotzdem über 90 °C wegen der Faserverstärkung noch ein sehr hohes Niveau. PPS-Formteile „klirren“ beim Fallen wie Metallkonstruktionen.

Elektrische Eigenschaften: Sehr gute Isoliereigenschaften, sehr geringe dielektrische Verluste.

Thermische Eigenschaften: Einsatztemperaturen bis +240 °C, kurzzeitig bis 300 °C.

PPS ist schwer brennbar, selbstverlöschend und tropft nicht ab.

Kristallitschmelztemperatur T_m: 280 °C bis 288 °C.

Beständig gegen (Auswahl): Besonders hohe Beständigkeit gegen Chemikalien; bis 200 °C kein Lösemittel bekannt. Konz. Natronlauge, konz. Salz- und Schwefelsäure, verdünnte Salpetersäure. Gute Hydrolysebeständigkeit.

Nicht beständig gegen (Auswahl): Konz. Salpetersäure. Nicht UV-beständig an der Oberfläche, jedoch kaum Festigkeitseinbuße.

Physiologisches Verhalten: Physiologisch unbedenklich.

■ Verarbeitung

Vortrocknen zweckmäßig mit Umluft bei 150 °C bis 170 °C.

Spritzgießen: Spritzgießen auf Schneckenspritzgießmaschinen mit Verschlussdüse. Massetemperaturen 300 °C bis 360 °C, meist 315 °C bis 385 °C. Werkzeugtemperaturen möglichst über 130 °C; bei 140 °C ergibt sich höchste Wärmeformbeständigkeit. Spritzdrücke 750 bar bis 1500 bar. Verarbeitungsschwindung GF-verstärkt 0,15 % bis 0,3 %.

Formpressen von GMT möglich bei Temperaturen 20 K über der Schmelztemperatur von 285 °C mit schnellem Schließen des Werkzeugs (Werkzeugtemperaturen 130 °C).

Kleben mit Acrylat- und Epoxidharzklebstoffen gibt gute Festigkeiten.

Schweißen am besten mit Ultraschall.

Spanen gut möglich, bei glasfaserverstärkten Typen mit Hartmetallwerkzeugen. Schnittbedingungen ähnlich wie bei Metallen. Schleifen und Polieren möglich.

Besonderes Verfahren: Beschichtung mit PPS durch *Wirbelsintern* und *Aufspritzen* von Pulvern oder Dispersionen auf kalte oder heiße Oberflächen (370 °C bis 400 °C). Nachheizen bei 370 °C für glänzende Oberflächen notwendig.

■ Anwendungsbeispiele

Mechanisch, thermisch, elektrisch und chemisch sehr hoch beanspruchte Formteile mit hoher Formgenauigkeit im chemischen und allgemeinen *Apparatebau,* in der *Elektrotechnik* und *Elektronik,* auch bei sehr kleinen Wanddicken von 0,25 mm. Häufig als Ersatz für Leichtmetalle, Duroplaste und Keramik.

Elektrotechnik, Elektronik, Feinwerktechnik/Mechatronic: Isolationsteile, Kohlebürstenhalter, Gehäuse, Steckverbinder, Sockel, Chipträger, Sensoren, Lampenfassungen, Spulenkörper, gedruckte Schaltungen, Kontaktumhüllungen (hält Schwallbadlötungen bis 260 °C stand); unverstärkt als Einbettmassen für Halbleiterbauelemente und IC, da sehr dünnflüssig. Lichtschächte für Projektoren, Platinen für elektronische Uhren; Reflektoren in der Beleuchtungsindustrie.

Apparatebau: Heißwasserzählerteile, Pumpenteile, Thermostate, Dichtelemente, Installationsteile und Ventile für besondere chemische Anforderungen, z. T. im Austausch zu Metallen. Bauteile für Wärmeaustauscher und Nasswascher. Sterilisiergeräte im medizinischen Bereich. Brennstoffzellen.

Fahrzeugbau: Technische Teile mit hoher Formstabilität im Motorraum bei hohen Temperaturen und Anwesenheit von Öl, Benzin, Hydrauliköl und Kühlflüssigkeit; Kraftstoffeinspritzanlagen, Ventile, Pumpenanlagen, Vergaserteile; Lampenfassungen, Gehäuse, Scheinwerfer-Reflektoren. Wärmetauscher, Entfeuchter. Formteile für ABS-Bremssysteme, Druckluftkolben für Servokupplungen.

Heißgeprägte MID-Baugruppen (Moulded Interconnect Devices) für Steuergeräte.

Rippen, Streben, Tragflächenkanten, Innenteile (entsprechen den Brandschutzbestimmungen) im Flugzeugbau. Bauteile für Windkraftanlagen und Rohrleitungen.

Haushaltgeräte: Griffleisten für Herde und Geräte mit hoher Wärmeentwicklung; Antihaftbeschichtungen aus niedermolekularem PPS. Formteile für Heizungs-, Lüftungs- und Klimaanlagen.

Sonstiges: Biaxial gereckte und thermofixierte Folien, z. B. als hochwärmebeständige Kondensatorfolien; flexible Leiterbahnen und Bänder für Datenspeicher. Durch einen Spinnprozess erzeugte Fasern für Filter und Siebe.

11.3 Polyimide PI, PEI, PAI

Aufbau:

Polyarylimid PI:

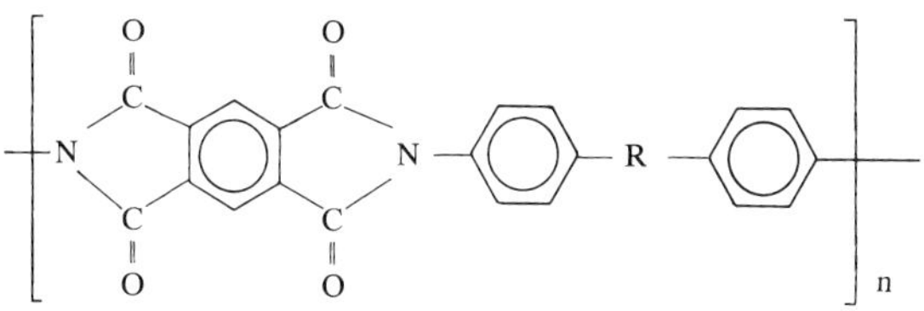

Polybismaleinimid (PMI):

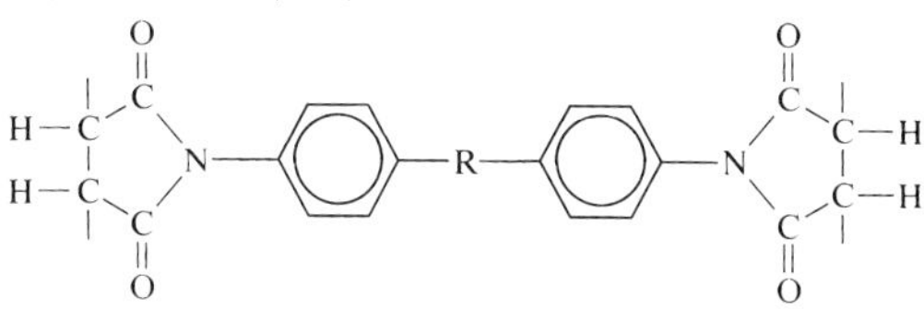

Polyetherimid PEI:

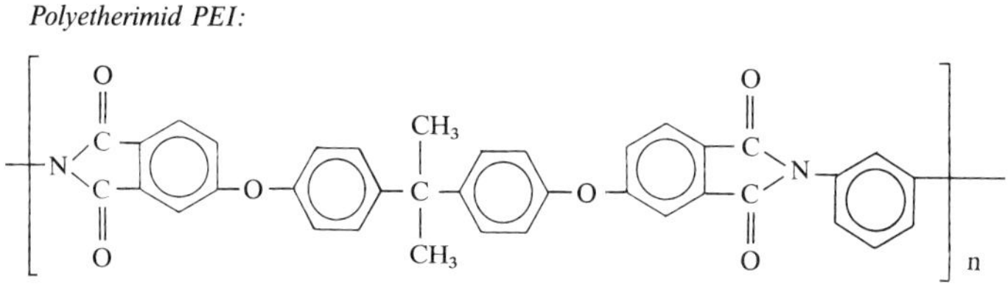

Polyamidimid PAI:

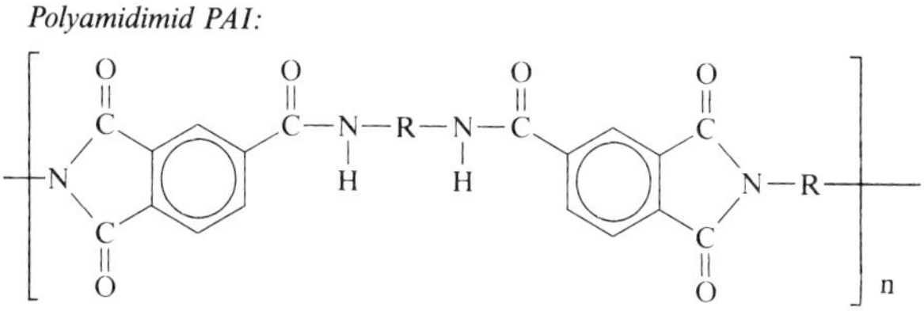

Handelsnamen (Beispiele):

PI: Avimid (DuPont); Meldin (Gobain);

PEI: Extem, Siltem, Ultem (Sabic IP); Tecapei (Ensinger)

PAI: Amoco (BP Amoco); Amotech, Torlon (Solvay), Sintimid (Ensinger)

PI-Folie: Kapton (DuPont)

PI-Halbzeug: Vespel (DuPont, Ensinger)

Normung:

DIN 65498 Halbzeuge und Formteile aus PEI

Eigenschaften

Dichte: *PI*: 1,43 g/cm^3; (PBMI): 1,4 g/cm^3; PEI: 1,27 g/cm^3; PAI: 1,38 g/cm^3; gefüllt liegen die Dichten zwischen 1,33 g/cm^3 und 1,9 g/cm^3.

Gefüge: Je nach Aufbau vernetzt oder linear, amorph. Geringe Wasseraufnahme.

Verstärkungsstoffe: Glas-, Kohlenstoff- und Metallfasern (Whisker); Grafit, Molybdändisulfid, PTFE, Bronzepulver.

Farbe: Meist dunkel gedeckt; PEI auch bernsteinfarbig transparent; PI-Folie durchsichtig gelbbraun. PEI/Polyester-Blend lichtdurchlässig und farbig einfärbbar.

Mechanische Eigenschaften: Hohe Festigkeit, Steifigkeit und Härte bei allerdings geringer Zähigkeit. Gute dynamische Festigkeit und sehr gutes Zeitstandverhalten. Günstige Abrieb- und Reibungseigenschaften auch bei höheren Temperaturen. Weitere Verbesserung der mechanischen Eigenschaften durch Glas-, Kohlenstoff- und Metallfaserverstärkungen. Verbesserung der Gleiteigenschaften durch Grafit-, Molybdändisulfid- und Bronzefüllungen.

Elektrische Eigenschaften: Ausgezeichnete elektrische Widerstandswerte auch bei hohen Temperaturen. Sehr geringe dielektrische Verluste.

Thermische Eigenschaften. Sehr weiter Einsatztemperaturbereich; *PI* von –240 °C bis +260 °C, kurzzeitig bis 400 °C; *PEI, PAI* je nach Type bis 260 °C, kurzzeitig bis +350 °C. Sehr geringe Wärmeausdehnung, z. T. in der Größenordnung von Metallen, vor allem bei gefüllten Typen.

Flammwidrig und teilweise nicht schmelzbar, geringe Rauchgasentwicklung.

Beständig gegen (Auswahl): Aliphatische und aromatische Lösemittel, Ether, Ester, Alkohole; Hydraulikflüssigkeiten, Kerosin; verdünnte Säuren. Energiereiche Strahlung beeinflusst die mechanischen und elektrischen Eigenschaften sehr wenig.

Nicht beständig gegen (Auswahl): Starke Säuren und Laugen, wässrige Ammoniaklösungen. *PI* nicht beständig gegen heißes Wasser und schlechte Witterungsbeständigkeit.

Verarbeitung

Bei PI (Vespel) ist die Verarbeitung zu Formteilen nur vom Rohstoffhersteller durchführbar oder es muss spanend aus Halbzeug gefertigt werden.

Spritzgießen bevorzugt durchgeführt für *PEI*: Zunächst vortrocknen 4 Stunden bei 150 °C. Massetemperatur 340 °C bis 425 °C, optimal bei 360 °C. Spritzdrücke 800 bar bis 2000 bar. Werkzeugtemperatur 65 °C bis 175 °C. Verarbeitungsschwindung 0,5 % bis 0,7 %, gefüllt 0,2 % bis 0,4 %. Blends mit PPE verbessern die Verarbeitbarkeit durch niedrigere Massetemperaturen ohne wesentliche Beeinflussung der mechanischen Kennwerte.

PAI: Vortrocknen 16 Stunden bei 150 °C oder 8 Stunden bei 180 °C. Massetemperatur 340 °C bis 360 °C, Werkzeugtemperatur ca. 230 °C. *Polybismaleinimid* wird mit Werkzeugtemperaturen von ca. 220 °C bis 240 °C spritzgegossen oder gepresst.

Pressen von Formmassen aus *PI* bei Werkzeugtemperaturen 220 °C bis 260 °C. Pressdrücke 100 bar bis 300 bar. Presszeit 2 min bis 4 min je mm Wanddicke. Schwindung glasfaserverstärkt 0,1 % bis 0,2 %.

Pressen von Prepregs: Verarbeiten von PI-Prepregs durch Pressen nach bestimmtem Zeit-Temperatur-Plan.

Nachbehandlung von spritzgegossenen PAI-Formteilen und gepressten Formteilen zum Erreichen höchster Wärmeformbeständigkeit 24 h bei 250 °C.

Presssintern von kalten PI-Formmassen bei sehr hohen Drücken zu Formteilen oder Halbzeugen mit anschließendem Nachhärten nach einem bestimmten Zeit-Temperatur-Programm.

Kleben von Polyimidteilen untereinander und mit anderen Kunststoffen, Metallen und Elastomeren möglich mit Phenolharz- und Epoxidharzklebstoffen.

Aufrauhen und reinigen der Oberflächen notwendig. Für Einsatztemperaturen über 250 °C sind spezielle Polyimidklebstoffe notwendig.

Spanen möglich, bei manchen Typen die einzige Möglichkeit Formteile aus Halbzeugen herzustellen.

Anwendungsbeispiele

Formteile, bei denen gleitende Reibung ohne Schmierung auch bei höheren Temperaturen auftritt und bei denen *gleichzeitig* gute mechanische, thermische und elektrische Eigenschaften verlangt sind; z. B. *Zahnräder, hochbeanspruchte Gleitelemente* in der *Raumfahrt* (Strahlungsbeständigkeit!), *Datenverarbeitung, Kälteindustrie, Elektro-* und *Elektronikindustrie* (Bauteile für hohe Einsatztemperaturen), sowie in *Kernanlagen* (Strahlungsbeständigkeit) und in der *Hochvakuumtechnik* wegen geringer Gasabgabe für Dichtelemente, Verschlussplatten, Lagerbuchsen usw.

Einrichtungs- und Innenteile in Flugzeugen; Bauteile im Motorraum von Kraftfahrzeugen.

PEI/Polyesterblend im Lebensmittelbereich für transparentes Mikrowellengeschirr und im Mikrowellenbereich eingesetzte Leiterplatten.

In *Folienform* beste Isolation für Elektromotoren, Kondensatoren, Transformatoren und gedruckte Schaltungen.

11.4 Polyaryletherketone PAEK (PEK, PEEK)

Aufbau:

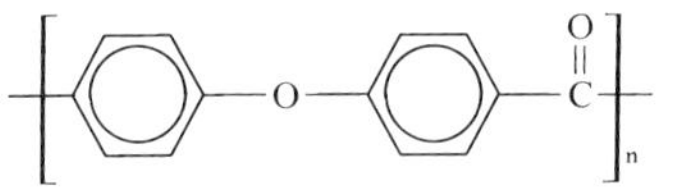
PEK

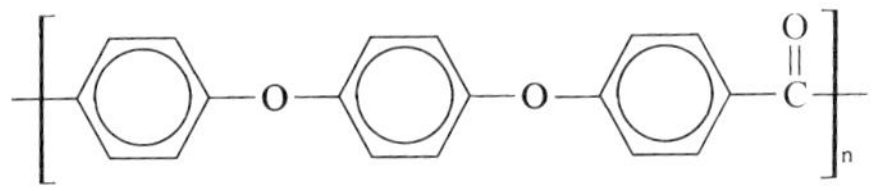
PEEK

Blends aus PAEK mit Polyetherimid PEI weisen höhere Schlagzähigkeit als die Einzelkomponenten auf. Bei PAEK-Anteil unter 80 % ergeben sich amorphe, transparente Produkte mit besserer Chemikalienbeständigkeit als PEI.

Handelsnamen: (Beispiele):

PAEK: Avotone (DuPont); Kadel (Solvay); Peek (Victrex)

PEK: Tecapec (Ensinger)

PEEK: Avaspire, Gatone, Ketaspire (Solvay); Vestakeep (Degussa); Tecapeek (Ensinger); Victrex (Victrex)

Eigenschaften von PEEK

Dichte: *PEEK amorph*: 1,265 g/cm^3; *teilkristallin* 1,32 g/cm^3; gefüllt bis 1,49 g/cm^3.

Gefüge: amorph oder teilkristallin. Geringe Wasseraufnahme.

Verstärkungsstoffe: Glas- und Kohlenstofffasern.

Farbe: Amorph, als Folie hochtransparent, sonst meist gedeckt eingefärbt.

Mechanische Eigenschaften: Hohe Zug- und Biegefestigkeit, fast unverändert bis Glasübergangstemperatur T_g = +143 °C, hohe Steifigkeit. Hohe Schlagzähigkeit und hohe dynamische Beanspruchbarkeit. Zäh und abriebfest bis 250 °C. Gute Maßhaltigkeit. Unverstärkte Typen kerbempfindlich.

Elektrische Eigenschaften: Gute elektrische Isoliereigenschaften, auch bei höheren Temperaturen. Geringe dielektrische Verluste, fast unabhängig von der Frequenz.

Thermische Eigenschaften: Einsetzbar bis 250 °C, kurzeitig bis 300 °C.

Kristallitschmelztemperatur T_m: 334 °C bzw. 381 °C. Hochtemperaturbeständiges PEEK(-HT) mit hoher Festigkeit und Steifigkeit bei hohen Temperaturen zeigt dabei außerdem auch hohe Verschleißfestigkeit.

Schwer entflammbar; geringste Rauchentwicklung aller Thermoplaste im Brandfall.

Beständig gegen (Auswahl) fast alle organischen und anorganischen Chemikalien. Hydrolysebeständig bis 280 °C. Hohe Beständigkeit gegen energiereiche Strahlung, besonders bei glasfaserverstärkten Typen.

Nicht beständig gegen (Auswahl): Konz. Salpetersäure, einige Halogenkohlenwasserstoffe, UV-Strahlung (Schutz notwendig).

Lösemittel: Konzentrierte Schwefelsäure.

Nicht UV-beständig (Verbesserung durch Ruß oder Lackieren).

Spannungsrissbildung: Hohe Spannungsrissbeständigkeit außer gegen Aceton.

■ Verarbeitung

Spritzgießen: Vortrocknen 4 h bei 160 °C. Massetemperatur unverstärkt 350 °C bis 380 °C, verstärkt 370 °C bis 400 °C. Werkzeugtemperatur 150 °C bis 180 °C. Verarbeitungsschwindung unverstärkt 1 %, verstärkt 0,1 % bis 0,4 %. Gegebenenfalls nachtempern zur Erhöhung der Kristallinität amorpher Oberflächenschichten.

Extrudieren möglich.

Kleben nach mechanischem oder chemischem Aufrauhen mit Epoxidharz- und Cyanacrylat-Klebstoffen gut möglich.

Schweißen wegen hoher Schmelztemperatur von 334 °C meist nur mit Ultraschall- und Reibungsschweißen, dabei hohe Anpressdrücke erforderlich.

Spanen von verstärktem und unverstärktem Halbzeug üblich. *Schälfolien* herstellbar.

Besondere Verfahren: *Wirbelsintern*, *elektrostatisches Pulverbeschichten* für zähe und hochwertige, korrosions- und abriebfeste Oberflächen auf Metall- und Keramikteilen, z. B. im chemischen Apparatebau. *Rotationsgießen*, *Lackieren*, *Metallisieren* im *Hochvakuum*.

■ Anwendungsbeispiele

Durch außergewöhnliche *mechanische*, *thermische* und *chemische* Eigenschaften Einsatz vor allem in *Luft-* und *Raumfahrt*, *Elektronik-* und *Automobilindustrie* vielfach als Ersatz für Metallteile.

Draht- und Kabelummantelungen, Steckverbinder, Leiterplatten; Teile für Heißwasserzähler, Pumpenlaufräder; Gleitlager; Hitzeschutzschilde; Küchenherdteile; Filamente zur Herstellung chemisch und thermisch widerstandsfähiger Filter- und Transportgewebe. Medizinische Instrumente und analytische Geräte wegen guter Sterilisierbarkeit, Strahlen- und Hydrolysebeständigkeit.

Hochreines PEEK für Implantate, kohlenstofffaserverstärktes PEEK für Lendenwirbel.

11.5 Polyphtalamid (PPA)

Polyphthalamide sind eine neue Kunststoffgruppe; es handelt sich um teilkristalline Superpolyamide auf der Basis Terephthal- und/oder Isophthalsäure. Diese Kunststoffe werden praktisch nur gefüllt/verstärkt eingesetzt; sie schließen im Preis/Leistungsverhältnis die Lücke zwischen den bekannten technischen Kunststoffen PA, PC, PET/PBT, POM einerseits und den teureren Hochleistungskunststoffen PPS, PEI und LCP andererseits.

Aufbau: Hauptbestandteile sind Hexamethylendiamin HMDA, Terephthalsäure und/oder Isophthalsäure.

Handelsnamen (Beispiele):

Akromid T (Akro); Amodel (Solvay); Grivory (EMS); Verton (Sabic IP); Zytel (DuPont)

Eigenschaften

Dichte: GF-gefüllt: 1,46 g/cm^3 (33 % GF) bis 1,56 g/cm^3 (45 % GF); GF/MiD-gefüllt bis 1,78 g/cm^3 (65 %).

Gefüge: Teilkristalliner Thermoplast mit geringer und langsamer Feuchteaufnahme; wenig Einfluss des Feuchtegehalts auf die mechanischen Eigenschaften. Auch schlagzäh modifizierte Typen erhältlich.

Verstärkungsstoffe: PPA wird praktisch nur verstärkt eingesetzt (Glasfasern und Mineralmehle bis zu 65 %).

Farbe: beliebig einfärbbar.

Mechanische Eigenschaften: PPA wird nur verstärkt eingesetzt und erhält dann sehr hohe Festigkeit und Steifigkeit, auch bei hohen Temperaturen, bei allerdings geringer Zähigkeit. Sehr geringe Kriechneigung. Hervorragende Ermüdungsfestigkeit. Sehr gutes Verschleißverhalten.

Elektrische Eigenschaften: Sehr gute Isoliereigenschaften, geringe dielektrische Verluste. Kriechstromfestigkeit >500 V.

Thermische Eigenschaften: Einsatztemperaturen bis +185 °C, kurzzeitig höher; Dauereinsatztemperatur bis 140 °C; dampfphasen- und infrarotlötbar. Hohe Dimensionsstabilität. Sehr gute Temperaturwechselfestigkeit.

PPA-Standardtypen haben UL94HB, FR-Typen erreichen bei 0,8 mm UL94 V-0.

Kristallitschmelztemperatur T_m: 310 °C; *Glasübergangstemperatur* T_g: 127 °C.

Beständig gegen (Auswahl): Sehr gute chemische Beständigkeit, besser als die Polyamide PA 6, PA 66 und PA 46, aber schlechter als die vollaromatischen Polyamide wie z. B. Kevlar. Beständig gegen die meisten organischen Lösemittel und Kraftfahrzeugflüssigkeiten.

Nicht beständig gegen (Auswahl): Phenole und sehr starke Säuren.

Physiologisches Verhalten: geeignet für Trinkwasseranwendungen; zugelassen nach *NSF Standard 14* – Plastics, Piping components and related materials und ANSI/NSF Standard 61 Health effects requirements.

Verarbeitung

Vortrocknen 4 Stunden bei 120 °C, wenn notwendig.

Spritzgießen auf normalen Schneckenspritzgießmaschinen. Massetemperaturen 320 °C bis 345 °C. Werkzeugtemperaturen mindestens 135 °C für höchste Kristallinität und Dimensionsstabilität, ca. 145 °C für optimale Oberflächenqualität. Verarbeitungsschwindung verstärkt/gefüllt bis 0,8 %. *Tempern* ca. 2 Stunden bei 160 °C möglich.

Kleben möglich. Hersteller bietet Auswahl an getesteten Klebstoffen an.

Schweißen gut möglich nach den üblichen Verfahren, z. B. Reibungs- oder Ultraschallschweißen.

Spanen gut möglich, am besten mit Hartmetallwerkzeugen. Schnittbedingungen ähnlich wie bei Aluminium.

Anwendungsbeispiele

PPA wird eingesetzt im Austausch gegen die teureren Hochleistungskunststoffe wie z. B. PPS oder PEI, wenn aber technische Kunststoffe wie PA 66 in ihrem Eigenschaftsbild nicht ausreichen.

Elektrotechnik, Elektronik, Feinwerktechnik/Mechatronic: Elektrische und elektronische Bauteile, wie Relaisgehäuse, Steckverbinder, Sensoren, IC-Gehäuse, Spulenkörper, DIP-Schalter; Bürstenhalter, Elektromotorenteile.

Apparatebau: Sicherheitsteile im Austausch gegen Metallteile.

Fahrzeugbau: Bauteile im Motorenraum, Ölwannenentlüftungen, Messfühlerhalterungen, Bauteile im Kühlwasserkreislauf, Filter für Öl und Kraftstoff, Pumpenteile, Ladeluftkühler, Scheinwerfergehäuse, Ventildeckel, Befestigungselemente

Haushaltgeräte: Elektromotorenteile, Sicherheitsteile.

Sonstiges: verchromte Sanitärteile, Freizeit- und Sportartikel.

11.6 Fluorhaltige Polymerisate

Polymere mit hohem Fluoranteil besitzen eine außerordentlich hohe chemische Beständigkeit, sowie sehr gute elektrische Isolier- und dielektrische Eigenschaften. Sie sind unbrennbar, besonders witterungsbeständig und haben sehr niedrige Reibungsbeiwerte. Sie sind kaum *benetzbar* und daher *antiadhäsiv*. Fluorpolymerisate können in einem weiten Temperaturbereich eingesetzt werden; wegen der schwierigen Verarbeitung und der hohen Herstell- und Verarbeitungskosten sind die Verwendungsmöglichkeiten eingeschränkt.

Man unterscheidet

- das *reine* PTFE, einen sog. *Thermoelast*[1] mit eingeschränkten und aufwendigen Verarbeitungsmethoden, aber sehr günstiger Kombination spezieller Eigenschaften und
- die *schmelzbaren fluorhaltigen Thermoplaste* mit dem Vorteil der Verarbeitungsmöglichkeit durch Spritzgießen und Extrudieren. Sie erreichen aber je nach chemischem Aufbau nicht die extrem günstigen Eigenschaften des reinen PTFE.

11.6.1 Polytetrafluorethylen PTFE

Aufbau:

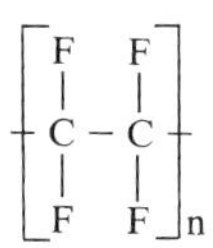

[1] Unter einem Thermoelast versteht man hier einen aus Kettenmolkülen aufgebauten Kunststoff, der bei Erwärmung zwar in einen thermoelastischen Bereich übergeht, der aber nach dem Aufschmelzen der kristallinen Bereiche nicht genügend fließfähig wird und dadurch nicht thermoplastisch verarbeitbar ist.

Handelsnamen (Beispiele):

Algoflon, Polymist (Solvay), Dyneon (Dyneon); Fluon (Asahi); Neoflon, Polyflon (Daikin); Profilen (Lenzing); Rulon (Gobain); Tecaflon (Ensinger); Teflon, Zonyl (DuPont)

Amorphes PTFE: Teflon AF (DuPont)

Spritzgießbares PTFE: Moldflon (ElringKlinger)

Normung: DIN 16782 (Formmassen), DIN EN ISO 13000 (Halbzeuge)

In DIN 16782 werden PTFE-Formmassen unterschieden nach dem chemischen Aufbau, dem Polymerisationsverfahren, der hauptsächlichen Anwendung, den wesentlichen Additiven, kennzeichnenden Eigenschaften und Füllstoffgehalt.

Formmasse DIN 16782 – PTFE-S,QN,30-1,GF15

Es bedeuten: PTFE-S PTFE-Formmasse erzeugt durch Suspensionspolymerisation, Q Pressen, N ungefärbt, 30 Schüttdichte 0,4 g/cm^3, 1 mittlere Korngröße 80 µm und GF15 Glasfaseranteil 15 %.

IN DIN EN ISO 13000 werden Anforderungen an PTFE-Halbzeuge angegeben mit (verschlüsselten) Werten über ihre *Form*, den *Abmessungen* und *Grenzabmaßen*, sowie der *Zugfestigkeit* $\sigma_{(M)}$ und der *Bruchdehnung* $\varepsilon_{(M)}$.

Weitere Kennzeichen sind:

Typ P Halbzeug ohne Nachbehandlung
Typ S Halbzeug dimensionsstabilisiert
Typ E Halbzeug mit festgelegten elektrischen Eigenschaften.

Zusätzliche Anforderungen sind *Dichte, Härte, Farbe, Durchschlagfestigkeit, Durchschlagspannung* und *diverse anwendungsbezogene Anforderungen.*

Code-Nummern für Halbzeuge:

F Schälfolie, Feinfolie, Platte
O Andere Formen
R Extrudierte oder gepresste Stäbe
S Pressplatten
T Extrudierte oder gepresste Rohre
W Dünnwandige Rohre

FbS1E3 bedeutet eine 1mm dicke (b), thermisch dimensionsstabilisierte (S) Schälplatte (F) der Klasse 1 mit einer elektrischen Mindestdurchschlagfestigkeit von 15 kV/mm (E3).

SbP3 bedeutet eine 5 mm dicke (b) Pressplatte (S) ohne Nachbehandlung (P) mit einer Mindestzugfestigkeit von 16 MPa und einer Mindestbruchdehnung von 150 % (3).

Grundformmasse <PTFE>: Durch Vorformen und Sintern ohne weitere Behandlung hergestelltes Halbzeug.

Eigenschaften

Dichte: 2,14 g/cm^3 bis 2,20 g/cm^3

Gefüge: Teilkristalline, unpolare, lineare Thermoelaste mit hoher Kristallinität (53 % bis 70 %); keine Wasseraufnahme. Phasenumwandlung bei +19 °C mit ca. 1 % Volumenvergrößerung beim Erwärmen.

Füll- und Verstärkungsstoffe: Glasfasern, Kohlenstoff in verschiedenen Modifikationen, Metallpulver, MoS_2, Metallgewebe für Lager (Metaloplast von Norton).

Farbe: Ungefärbt kristallin weiß; in dünnen Schichten bläulich durchscheinend. Gedeckt einfärbbar.

Mechanische Eigenschaften: Mechanische Eigenschaften stark abhängig von den Verarbeitungsbedingungen (Kristallinität) und Zusatzstoffen. Flexibel, hornartig zäh, niedrige Festigkeit und Härte. Starke Kriechneigung (daher z. B. Verbund mit Metallen); wenig kerbempfindlich. Paraffinartig, schwer benetzbar; sehr niedriger Reibungskoeffizient, statisch und dynamisch gleich, daher keine *Stick-Slip-Bewegung*, weitere Verbesserung durch geeignete Zusätze. Kein besonders gutes Verschleißverhalten, starker Abrieb. Festigkeitserhöhung durch Glasfaserzusatz.

Elektrische Eigenschaften: Sehr gutes elektrisches Isoliervermögen, auch bei hoher Luftfeuchtigkeit. Sehr niedrige dielektrische Verluste, unabhängig von Frequenz und Temperatur. Hohe Kriechstromfestigkeit.

Thermische Eigenschaften: Besonders weiter Temperatureinsatzbereich von –270 °C bis +260 °C. Unbrennbar.

Kristallitschmelzpunkt T_m: 327 °C.

Beständig gegen fast alle aggressiven Stoffe mit wenigen Ausnahmen. Hervorragend witterungs- und lichtbeständig.

Nicht beständig gegen: Geschmolzene oder gelöste Alkalimetalle, z. B. Natrium. Leichte Quellung in fluorhaltigen Kohlenwasserstoffen. Bei ionisierender Strahlung Kettenabbau möglich.

Physiologisches Verhalten: Bis +260 °C physiologisch unbedenklich. Keine Bedenken bei Kontakt mit Lebensmitteln und Verwendung im medizinischen Bereich.

Beachte: In Flammen oder Zigarettenglut zersetzt sich PTFE-Pulver unter Freiwerden von atomarem Fluor, das sehr gesundheitsschädlich ist.

Spannungsrissbildung: Keine Spannungsrissbildung wegen guter Zähigkeit und hoher chemischer Beständigkeit.

Verarbeitung

Auch oberhalb Kristallitschmelzpunkt sehr hohe Viskosität, d. h. keine Schmelze wie bei Thermoplasten; außerdem hohe Scherempfindlichkeit. Aus diesen Gründen Spritzgießen, Extrudieren, Schweißen und Warmumformen *nicht* möglich.

Presssintern: PTFE-Pulver bei Raumtemperatur pressen mit Pressdrücken 200 bar bis 350 bar auf Dichte 2,1 g/cm^3 bis 2,2 g/cm^3; Verdichtungsverhältnis je nach Sorte 2,7:1 bis 7:1. Anschließend *sintern* bei 370 °C bis 380 °C; Verweilzeit 5 min bis 10 min je mm Schichtdicke. Langsam abkühlen bis 320 °C für hohe Kristallinität. Beim Sintern unter Druck erhält man porenfreie Formlinge.

Schlagpressen: Gesinterte Rohlinge im Gelzustand ($\geq$327 °C) in kaltes Werkzeug einlegen. Schnelle Verformung bei Drücken 150 bar bis 300 bar. Entformen nach Abkühlen auf unterhalb 100 °C; bei Kleinteilen in aufgeheizten Werkzeugen bei 300 °C bis 320 °C.

Heißprägen: Gepresster und gesinterter Vorformling wird im Gelzustand im heißen Werkzeug bei 250 °C bis 320 °C verformt bei Drücken von 150 bar bis 300 bar. Rasche Abkühlung ergibt flexible Formteile mit allerdings begrenzter Formbeständigkeit in der Wärme von nur 150 °C bis 200 °C.

Ramextrusion (Pulverextrusion): Kontinuierlicher Press- und Sintervorgang auf automatischer Kolbenstrangpresse zur Herstellung von Halbzeug. Maximale Ausstoßgeschwindigkeit abhängig von Profilform, bei 9 mm Durchmesser bis 6 m/h.

Pasten-Extrusion für dünnwandige Schläuche und Kabelummantelungen. Emulsionspolymerisat wird mit Testbenzin knetbar; nach Verdampfen des Testbenzins erfolgt Sintervorgang bei 380 °C. Bänder, die porös sein sollen, werden nicht gesintert, sondern nur gewalzt und getrocknet.

Folienherstellung: Schälen von gesintertem Halbzeug und nachfolgendes Vergüten durch Walzen. Gießfolien hergestellt aus wässrigen Dispersionen mit anschließendem Trocknen und Sintern der Schichten.

Beschichten: PTFE-Pulver oder wässrige Dispersionen werden auf Metalle, Glas und Keramik als Beschichtungen nach unterschiedlichen Verfahren aufgebracht und dann aufgesintert. Man erhält ausgezeichneten Antihafteffekt. Beschichtungen im Lebensmittelbereich oder für technische Zwecke; allerdings nur bei Porenfreiheit befriedigender Korrosionsschutz.

Kleben: Wegen Antihafteffekt ist Kleben sehr problematisch. Nach Aktivieren der PTFE-Oberfläche mit besonderen Ätzlösungen ist Kleben mit Spezialklebstoffen bedingt möglich, führt aber zu mechanisch nicht beanspruchbaren Klebverbindungen.

Schweißen: Schweißen praktisch nicht möglich, da kein Aufschmelzen der Fügeflächen. Schweißen von dünnen Schälfolien bis 0,2 mm überlappt bei 380 °C bis 390 °C mit 2 bar bis 3 bar Druck. Dickere Folien oder Profile verschweißen mit Zwischenlagen aus ETFE- oder FEP-Band bei Drücken von 50 bar bis 200 bar.

Spanen: Für enge Herstellungstoleranzen ist vorheriges Tempern des Halbzeugs zweckmäßig, am besten 50 K über der späteren Anwendungstemperatur, jedoch unter 327 °C. Bearbeitungstemperaturen über +23 °C, da bei +19 °C Umwandlungstemperatur. Bei engen Maßtoleranzen müssen Verarbeitungs- und Messtemperatur vereinbart werden. Scharf geschliffene Werkzeuge, möglichst Hartmetallwerkzeuge notwendig. Werkzeugverschleiß wie beim Bearbeiten von rostfreiem Stahl. Wegen schlechter Wärmeableitung bei hohen Bearbeitungsgeschwindigkeiten Kühlung durch handelsübliche Bohrölemulsionen.

Beachte: Rauchverbot in Bearbeitungsräumen, da sich Späne und Pulver in der Zigarettenglut zersetzen und dann atomares Fluor eingeatmet würde.

■ Anwendungsbeispiele

Chemische Industrie: Rohre, Schläuche, Dichtungen, Packungen, Faltenbälge, Ventile, Pumpenteile; Auskleidungen, Überzüge; Laborgeräte, Filterkörper, Membranen; Wärmetauscher.

Maschinenbau, Feinwerktechnik/Mechatronik: Gleitlager, Mehrschicht-Verbundlager; Dichtungen, Kolbenringe, plattenförmige Auflager; Trockenschmiermittel; Gewindedichtungsbänder.

Elektrotechnik: Draht- und Kabelisolierungen, Isolierschläuche; Isolationen in Starkstrom- und HF-Technik; Röhrensockel, Hochspannungsdurchführungen; Trägermaterial für gedruckte Schaltungen.

Elektronik: Amorphes Fluorpolymer (Teflon AF) für Ummantelungen von Lichtwellenleitern; dünne Beschichtungen aus der Lösung, z. B. als Dielektrikum für integrierte Schaltkreise.

Bauwesen: Brückengleitlager

Antiadhäsive Beschichtungen

In Haushalt und *Lebensmittelbereich:* Pfannen, Töpfe, Bügeleisensohlen, Walzen, Teigroller, Backformen, Kneter.

In der Industrie: Werkzeuge, Schweißbacken, Klebemaschinen, Gleitwalzen, Kneter, Latexbehälter; Spezialverbundfolien, z. B. PTFE mit Glasgewebe für Heizelementschweißgeräte.

Im Flugzeugbau: Verkleidung von Kanten und Gleitkufen zum Schutz gegen Vereisung.

11.6.2 Fluorhaltige Thermoplaste

Durch Änderung des chemischen Aufbaus, ausgehend von PTFE, können eine Reihe von Modifikationen hergestellt werden, wobei die eine oder andere spezielle Eigenschaft besonders berücksichtigt werden kann. Dies kann erfolgen durch *Einbau* von H-Atomen, Cl-Atomen oder CF_3-Gruppen anstelle von einzelnen Fluoratomen oder durch *Copolymerisation* des Tetrafluorethylens mit modifizierten Bausteinen. Die entstehenen Produkte sind teilkristallin, schmelzbar und somit thermoplastisch verarbeitbar, allerdings bei hohen Masse- und Werkzeugtemperaturen; außerdem sind korrosionsbeständige Werkzeuge erforderlich.

Normung:

DIN EN ISO 12086 Kunststoffe – Fluorpolymerdispersionen, Formmassen und Extrusionsmaterialien

In DIN EN ISO 12086 werden Fluorpolymere gekennzeichnet durch (verschlüsselte) Angaben über *Schmelztemperatur* T_m (kristallin), *Glasübergangstemperatur* T_g (amorph), *Schmelze-Massefließrate MFR, Streckspannung* oder *Bruchspannung* und *Dichte.* Weitere formmassespezifische Eigenschaften sind vorgesehen.

Beispiel für ein Ethylen/Tetrafluorethylen-Copolymer:

Thermoplast ISO 12086 – ETFE-K,GG1N,Y.5B5.B.H

Es bedeuten ETFE-K Ethylen/Tetrafluorethylen-Copolymer, G allgemeine Anwendung, G1 in Form von Pellets, N naturfarben, Y Schmelztemperatur (250 bis <260) °C, 5B5 Schmelze-Massefließrate MFR 297/5 von (2,0 bis 5,0) g/10 min, B Zugfestigkeit/Streckspannung (15 MPa bis 20 MPa) und H Bruchdehnung (300 % bis 400 %).

Im Einzelnen unterscheidet man (vgl. auch Tabelle 11.3):

FEP (Tetrafluorethylen/Hexafluorpropylen-Copolymer)

Handelsnamen (Beispiele): Dyneon FEP (Dyneon); Teflon FEP (DuPont)

PFA (Perfluoralkoxyalkan)

Handelsnamen (Beispiele): Dyneon PFA (Dyneon); Foralkyl (Atofina); Hyflon (Solvay), Teflon (DuPont)

ETFE (Ethylen-Tetrafluorethylen-Copolymer)

Handelsnamen (Beispiele): Aflas, Aflon, Fluon (Asahi G); Hostaflon (Ticona); Tecaflon (Ensinger): Teflon (DuPont)

PCTFE (Polychlortrifluorethylen)

Handelsname (Beispiele): Exac (Gobain); Voltalef (Arkema)

ECTFE (Ethylen-Chlortrifluorethylen-Copolymerisat

Handelsnamen (Beispiele): Daiflon, Neoflon (Daikin); Halar, Halon, Hylar, Vatar (Solvay); Korton (Gobain)

PVDF (Polyvinylidenfluorid)

Handelsnamen (Beispiele): Dyflor (Degussa); Hylar, Serfene, Solef (Solvay); Dyneon PVDF (Dyneon); Foraflon (Atofina); Kynar (Arkema); Tecaflon (Ensinger)

Tabelle 11.3 Zusammenstellung von Eigenschaftswerten fluorhaltiger Kunststoffe

	PTFE (unpolar)	FEP (unpolar)	PFA (unpolar)	ETFE (unpolar)	PVDF (polar)	PCTFE (polar)	ECTFE (polar)
Dichte g/cm^3	2,15 bis 2,2	2,1 bis 2,2	2,1 bis 2,2	1,7 bis 1,77	1,75 bis 1,78	2,1 bis 2,12	1,68 bis 1,70
E-Modul (Zug) MPa	350 bis 750	350 bis 500	600 bis 700	900 bis 1000	1000 bis 3000	1000 bis 1500	1400
Shorehärte D	50 bis 60	55 bis 58	60 bis 64	67 bis 75	80	78	
obere Gebrauchstemperatur °C	250	205	260	155 bis 180	150	170 bis 180	150 bis 170
Versprödung unter ... °C	–200	–200	–200	–180	–60	–40	–100
Kristallitschmelztemperatur °C	327	285 bis 295	300 bis 310	265 bis 275	170 bis 180	180 bis 220	240
Wärmeleitfähigkeit W/m · K	0,24	0,23	0,26	0,24	0,15	0,26	0,14
Längenausdehnungskoeffizient 1/K (1/°C)	$16 \cdot 10^{-5}$	$12 \cdot 10^{-5}$	$13 \cdot 10^{-5}$	$13 \cdot 10^{-5}$	$10 \cdot 10^{-5}$	$6 \cdot 10^{-5}$	$8 \cdot 10^{-5}$
Brennbarkeit	brennt nicht	brennt nicht	brennt nicht	brennt nicht	selbst-verlöschend	brennt nicht	brennt nicht
Dielektrizitätszahl bei $50/10^6$ Hz	2,1/2,1	2,1/2,1	2,1/2,1	2,6/2,6	9/8	2,7/2,4	2,3/2,3
Dielektrischer Verlustfaktor bei $50/10^6$ Hz	$(0,5/0,7) \cdot 10^{-4}$	$(1,0/2,2) \cdot 10^{-4}$	$(0,9/1,1) \cdot 10^{-4}$	$(6/50) \cdot 10^{-4}$	$(5/20) \cdot 10^{-2}$	$(1/10) \cdot 10^{-3}$	$(5/15) \cdot 10^{-4}$
Massetemperatur beim Spritzgießen °C	–	330 bis 420	350 bis 420	280 bis 330	220 bis 300	260 bis 320	260 bis 300
Verarbeitungsschwindung %	–	3 bis 6	4	3 bis 4	3	1 bis 1,5	2 bis 2,5

PVF (Polyvinylfluorid)

Handelsname: Tedlar (DuPont)

Copolymerisate finden Verwendung als Ausgangswerkstoffe für Fluorkautschuk FKM zur nachträglichen Vernetzung wie bei der Gummiverarbeitung (siehe auch Kapitel 14.2).

FKM (Fluorkautschuk)

Handelsnamen (Beispiele):

Dai-El (Daikin); Dynamar, Fluorel (Dyneon); Fluran (Gobain); Tecnoflon (Solvay); Viton (DuPont)

Anwendungsbeispiele für fluorhaltige Thermoplaste

Ähnliche Einsatzgebiete wie PTFE, jedoch günstigere, *thermoplastische* Verarbeitungsmöglichkeiten.

Allgemeine Anwendungen: Draht- und Kabelummantelungen, Isolierteile, Isolierschläuche, Steckerleisten, Spulenkörper, Röhrensockel, Schalterteile; Dichtungen, Membranen, Faltenbälge; Lager, Auskleidungen, Pumpenteile, Fittinge; Laborgeräte, medizinische und pharmazeutische Verpackungen; Folien, auch Verbundfolien.

Spezielle Anwendungen für

FEP: Beschichtungen, Auskleidungen; Verpackungsfolien, Schmelzklebstoffe, Imprägnierungen, flexible gedruckte Schaltungen.

ETFE: Beschichtungssysteme für Korrosionsschutz, auch bei Freibewitterung; glasklare Folien, Auskleidungen; Zahnräder, Laborartikel.

PCTFE: Gasdichte Spezialverpackungsfolien; Fittinge, Schläuche, Membranen, Schmelztiegel.

ECTFE. Kabelisolierungen, Folien für flexible gedruckte Schaltungen, Isolationsfolien; Schläuche, Membranen; Auskleidungen, Laborartikel, Verpackungen für Pharmazeutika; feuerbeständige Fasern.

PVDF: Korrosionsbeständige Rohre und Schläuche, Auskleidungen, Dichtungen, Membranen; Verpackungsfolien; Flaschen; Schrumpfschläuche.

PVF: Witterungsbeständige Folien, z. B. für Dächer, Gewächshäuser, Sonnenkollektoren; Rohre; Trennfolien, Verpackungsfolien.

12 Duroplaste

Duroplaste werden in sehr unterschiedlichen Formen angeboten, als *Harze* R, *rieselfähige Formmassen* PMC, *Prepregs* in Form von SMC (Sheet moulding compounds), BMC (Bulk moulding compounds) und DMC (Dough moulding compounds).

Normung (allgemein):

DIN EN ISO 14526	Kunststoffe – Riesefähige Phenol-Formmassen (PF-PMC)
DIN EN ISO 14527	Kunststoffe – Rieselfähige Harnstoff-Formaldehyd- und Harnstoff/Melamin-Formaldehyd-Formmassen (UF- und UF/MF-PMC)
DIN EN ISO 14528	Kunststoffe – Rieselfähige Melamin-Formaldehyd-Formmassen (MF-PMC)
DIN EN ISO 14529	Kunststoffe – Rieselfähige Melamin/Phenol-Formmassen (MP-PMC)
DIN EN ISO 14530	Kunststoffe – Rieselfähige ungesättigte Polyester-Formmassen (UP-PMC)
DIN EN ISO 15252	Kunststoffe – Rieselfähige Epoxidharz-Formmassen (EP-PMC)
DIN EN ISO 3672	Kunststoffe – Ungesättigte Polyesterharze (UP-R)
DIN EN ISO 3673	Kunststoffe – Epoxidharze (EP-R)
DIN EN ISO 3672	Kunststoffe –Ungesättigte Polyesterharze (UP-R)
DIN EN ISO 3673	Kunststoffe – Epoxidharze (EP-R)
ISO 8604	Kunststoffe – Prepregs – Begriffsdefinitionen und Kurzzeichen für Bezeichnung
ISO 8605	Textilglasverstärkte Kunststoffe – SMC-Formmassen – Basis für eine Spezifikation
ISO 8606	Kunststoffe – Prepregs – BMC- und DMC-Formmassen (Faser-Formmassen) – Basis für eine Spezifikation

Anmerkung

Für die Formmassennormen gilt immer:

T1: Bezeichnungssystem und Basis für Spezifikationen
T2: Herstellung von Probekörpern und Bestimmung von Eigenschaften
T3: Anforderungen an ausgewählte Eigenschaften

12.1 Phenoplaste PF

Phenoplaste sind duroplastische, räumlich eng vernetzte *Formstoffe*. Die Vernetzungspunkte sind chemische Bindungen (Hauptvalenzbindungen); daher haben Duroplaste im Gegensatz zu Thermoplasten höhere Festigkeit, höheren E-Modul,

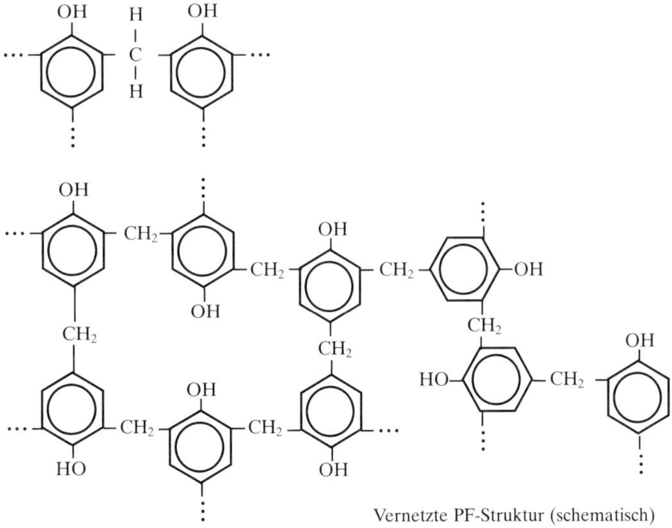

Vernetzte PF-Struktur (schematisch)

höhere Härte und höhere thermische Stabilität. Infolge dieses Aufbaus bestehen keine inneren Gleitmöglichkeiten, sodass die Formstoffe spröde sind und deshalb i. A. gefüllt und verstärkt werden. Im ausgehärteten Zustand sind sie unlöslich und unschmelzbar.

Phenoplaste sind Polykondensate von Phenolen (z. T. auch Kresolen) und Formaldehyd, sie sind preiswert und werden trotz der dunklen Eigenfarbe und Nachdunkeln vor allem für technische Formteile eingesetzt.

Im Handel sind auch *Blends*, d. h. Mehrkomponentenwerkstoffe, die durch Mischen unterschiedlicher Harze (PF, UF, MF, EP) oder durch Mischen von Harzen mit Thermoplasten und Elastomeren hergestellt werden. Dadurch werden die Eigenschaften gegenüber den reinen Phenolharzsystemen gezielt verbessert.

PF-Formmassen bestehen aus härtbarem PF-Harz mit eingearbeiteten Füll-, Verstärkungs- und Zusatzstoffen; sie werden nach verschiedenen Verarbeitungsverfahren unter Formgebung in der Wärme zu vernetzten Formstoffen (Formteilen) verarbeitet.

Handelsnamen (Beispiele):

Bakelite, Rütaphen (Hexion); Espladur, Resinol (Raschig); Koresin (BASF); Korex (DuPont); Vyntec (Vyncolit)

Normung: DIN EN ISO 14526 (PF-PMC).

DIN EN 438 Dekorative Hochdruck-Schichtpressstoffplatten (HPL) – Platten auf Basis härtbarer Harze (Schichtpressstoffe) (ähnlich ISO 4586)

In DIN EN ISO 14526 werden die verschiedenen rieselfähigen PF-Formmassen (PF-PMC) voneinander unterschieden durch Angaben über *Art* und *Menge des*

Füll-/Verstärkungsstoffs, vorgesehene *Verarbeitungs- und/oder Herstellungsverfahren*, Angaben zu *besonderen Eigenschaften* und den *kennzeichnenden Eigenschaften* Charpy-Schlagzähigkeit und Formbeständigkeitstemperatur (Tabellen 9.7, 9.8, 9.10, 9.11). In DIN EN ISO 14526-1 ist anhand einer Tabelle ein Vergleich der

Tabelle 12.1 Vergleich der Bezeichnungen von rieselfähigen Phenol-Formmassen PF-PMC nach DIN EN ISO 14526 und DIN 7708-2 (Beispiele), Details über Füllstoffe siehe Kapitel 9.3[1)]

rieselfähige Formmasse PF-PMC nach DIN EN ISO 14526-1 PMC ISO 14526-PF (...)	**PF-Formmasse-typ nach DIN 7708-2 (alt)**	**Anwendungsbeispiele**
(GF20+GG30) bis (GF30+GG20)	12	erhöhte Formbeständigkeit in der Wärme
PF40 bis PF60 (P = Glimmer)	13	verbesserte elektrische Eigenschaften
(WD30+MD20) bis (WD40+MD10)	31	allgemeine Anwendung
(WD30+MD20),X,E bis (WD40–MD10),X,E	31.5	verbesserte elektrische Eigenschaften
(WD30+MD20),X,A bis (WD40+MD10),X,A	31.9	ammoniakfreie Teile
(LF20+MD25) bis (LF30+MD15)	51	erhöhte Kerbschlagzähigkeit
SS40 bis SS50	74	erhöhte Kerbschlagzähigkeit
(LF20+MD25) bis (LF40+MD05)	83	erhöhte Kerbschlagzähigkeit
(SC20+LF15) bis (SC30+LF05)	84	erhöhte Kerbschlagzähigkeit
(GF30+MD20) bis (GF40+MD10)	–	hohe temperaturunabhängige Festigkeit von −40 °C bis +150 °C

[1)] Nach DIN EN ISO 8986 (Entwurf 04-2008) wird M nur noch für Metall verwendet; für Mineral ist eine genaue Bezeichnung vorgesehen, z. B. I für anorganisches Mineral, K für Kreide, T für Talkum usw.
Nach DIN EN ISO 1043-2 (Entwurf 01-2009) wird für Metall ME eingeführt, um Verwechslungen mit M Mineral zu vermeiden. Nach Metall muss der Mengenanteil des Metalls stehen, z. B. M(E)H05FE, dabei bedeutet M(E) Metall, H Whisker, 05 anteil 5 % und FE Eisen (Stahl).

Bezeichnung von rieselfähigen PF-PMC mit DIN 7708 möglich (siehe Tabelle 12.1). In DIN EN ISO 14526-3 sind Forderungen an die Eigenschaften von PF-PMC festgelegt, außerdem können Bezeichnungen von PF-PMC in nationalen und internationalen Normen verglichen werden.

Besondere Eigenschaften können zusätzlich gekennzeichnet werden:

A Ammoniakfrei
E Elektrische Eigenschaften
FR Flammbeständig
M Mechanische Eigenschaften
N Lebensmittelecht
R Enthält Recyclingzugabe
T Wärmebeständig
X Nicht festgelegt
Z Sonstiges

Beispiele für die Angabe rieselfähiger PF-Formmassen (PF-PMC):

PMC ISO 14526 – PF(WD30+MD20),Q,X
Es bedeuten PF Phenolharz, WD30 Holzmehlanteil 30 %, MD20 Mineralmehlanteil 20 %, Q Formpressen und X keine weitere Angabe.

PMC ISO 14526 – PF(WD20+GB20),M,R
Es bedeuten PF Phenolharz, WD20 20 % Holzmehlanteil, GB20 20 % Glaskugelanteil, M Spritzgießen und R Anteil von Recyclingmaterial.

In DIN EN ISO 15526-3 sind Anforderungen an ausgewählte PF-PMC-Formmassen festgelegt.

Eigenschaften von PF-Formstoffen

Die hier aufgeführten Eigenschaften beziehen sich auf den fertig verarbeiteten Zustand nach der Formgebung und Aushärtung.

Die Eigenschaften sind stark abhängig von Füllstoffart und Harzanteil (60 bis 25 %), Formteilgestalt und Verarbeitungsbedingungen.

Dichte: 1,3 g/cm^3; je nach Füllstoffart bis 2,0 g/cm^3.

Gefüge: Polare, vernetzte Kunststoffe, meist gefüllt mit organischen (z. B. Holzmehl, Zellstoff, Graphit, Kohlenstoff-, Aramid-, Polyester-, Polyacrylnitril- und Polyamidfasern) oder anorganischen Füllstoffen (z. B. Glasfasern, Gesteinsmehl, Glimmer). Wasseraufnahme stark abhängig vom Füllstoff; Sättigungsfeuchte bei anorganischen Füllstoffen bis 2 %, bei organischen Füllstoffen bis 12 %.

Farbe: Hellgelb bis braune Eigenfarbe, die nachdunkelt; deshalb nur in dunklen Farben einfärbbar.

Mechanische Eigenschaften: Steif (hoher E-Modul), hart spröde. Festigkeit und Bruchempfindlichkeit stark abhängig von Art der Harzmischung (Blend), Füllstoffart und Füllstoffanteil.

Elektrische Eigenschaften: Befriedigende elektrische Isoliereigenschaften, abhängig von Füllstoffart; Abnahme durch Feuchtegehalt beachten. Bei Modifikation mit EP-Harzen Verbesserung der elektrischen Eigenschaften und bessere Haftung an Glasfasern.

Thermische Eigenschaften: Gute Wärmeformbeständigkeit auch unter mechanischer Belastung. Maximale Gebrauchstemperatur bei anorganischen Füllstoffen +130 °C bis +170 °C, bei organischen Füllstoffen +100 °C bis +120 °C; bei Sondermassen kurzzeitig bis +280 °C. Nur geringfügige Erweichung, kein Schmelzen.

Schwer entflammbar.

Beständig gegen (Auswahl): Organische Lösemittel, Öle, Fette; Benzin, Benzol, Alkohol; Wasser.

Nicht beständig gegen (Auswahl): Starke Säuren und Laugen.

Physiologisches Verhalten: Für Kontakt mit Lebensmitteln nicht zugelassen.

Spannungsrissbildung nur bei Sorten mit größerer Nachschwindung möglich.

Verarbeitung von PF-Formmassen

PF-Formmassen vernetzen durch *Polykondensation*, d. h. unter Abspaltung von Wasserdampf, deshalb sind hohe Pressdrücke erforderlich. Bei der Vernetzung von *Phenol-Novolak-Formmassen* durch *Hexamethylentetramin* als Härter erfolgt Abspaltung von Formaldehyd und Ammoniak, was z. B. ungünstig ist für Messingeinlegeteile. *Phenol-Resol-Formmassen* benötigen als sog. selbsthärtende Harze keine Härter und sind deshalb ammoniakfrei.

Lagerfähigkeit: Bei Normaltemperatur von 23 °C ist die Lagerzeit von (selbsthärtenden) Resol-Formmassen maximal 6 Monate, von Novolak-Formmassen mehr als 2 Jahre. Der Feuchtegehalt ist zu überwachen.

Fließverhalten: Fließeigenschaften der Formmassen werden vom Rohstoffhersteller eingestellt auf weich – mittel – hart. Die Fließfähigkeit wird über die *Becherschließzeit* nach DIN 53465 (Kap. 29.2.1), den *Messkneter-Test* DIN 53764 (Kap. 29.2.2) und/oder durch den *Plattentest* oder den *Orifice-Flow-Test OFT* nach ISO 7808 ermittelt. Das aufgeschmolzene Harz ist zunächst dünnflüssig, daher Gratbildung möglich.

Pressen, Spritzpressen: Meist HF-Vorwärmen der tablettierten Formmassen auf ca. 110 °C. Presstemperaturen von 150 °C bis 190 °C. Pressdrücke 150 bar bis 400 bar, Spritzpressdrücke höher. Härtezeit für vorgewärmte Formmassen 20 bis 40 Sekunden je mm Wanddicke. Verarbeitungsschwindung 0,1 % bis 0,8 % je nach Füllstoff; Nachschwindung bis 0,4 %. Orientierungen der Füllstoffe beachten.

Spritzgießen: Verwendung von weichen, speziell eingestellten Formmassen auf Schneckenspritzgießmaschinen mit spezieller Plastifiziereinheit. Orientierung der Füllstoffe beachten. Massetemperaturen im Spritzzylinder 90 °C bis 110 °C. Spritzdrücke 800 bar bis 2500 bar (Forminnendruck >150 bar). Werkzeugtemperaturen 160 °C bis 190 °C. Härtezeit 10 bis 20 Sekunden je mm Wanddicke. Verarbeitungsschwindung stark abhängig von Angusslage und Füllstoff, in Fließrichtung 0,3 % bis 1,5 %, senkrecht dazu 0,2 % bis 1,4 %.

Schichtpressen: Papier-, Baumwollgewebe- oder Glasfasergewebebahnen werden in gelösten PF-Harzen oder Harzmischungen getränkt, getrocknet und dann in mehreren Lagen aufeinander heiß gepresst (DIN 40802).

Kleben: Nach Aufrauhen der Fügeflächen mit Klebelacken oder Reaktionsklebstoffen hohe Festigkeit bis zu 100 °C (120 °C) erreichbar.

Spanen: Nach der Verarbeitung entgraten erforderlich, z. T. auf automatischen Entgratungsanlagen. Spanende Bearbeitung mit üblichen Werkzeugen für die Kunststoffverarbeitung, möglichst mit Hartmetall- oder Diamantbestückung. Spanen wegen Entfernung der Presshaut oft nicht vorteilhaft.

Veredelung von Formteilen durch *Lackieren, Beflocken, Heißprägen, Bedrucken* und *Metallisieren* möglich.

■ Anwendungsbeispiele

Formstoffe, Formteile

Elektrotechnik: Steckdosen, Schaltergehäuse, Schaltschütze, Stecker, Kontaktleisten, Kollektorisolationen, Isolierkappen, Spulenträger. Lampenfassungen, Leuchtengehäuse; LS-/FI-Schaltergehäuse.

Maschinenbau: Lager, Pumpenteile, Griffe. Handräder, Gehäuse.

Fahrzeugindustrie: Bauteile für Bremssysteme; Kollektorisolierungen; Zündanlagen; Wandlerräder; Aschenbecher. Wabengewebe.

Haushaltsgeräte: Topf- und Pfannengriffe, Teile für Toaster und Grillgeräte, Gehäuse, Bügeleisengriffe.

Schichtpressstoffe

Bauwesen: Isolierplatten, Wandverkleidungen, Fassaden- und Türverkleidungen, Tischplatten, Stuhlsitze.

Elektrotechnik: Trägermaterial für gedruckte Schaltungen, Profile.

Maschinenbau: Zahnräder, Lagerschalen.

Harze

Lackharze, Klebstoffe; Bindemittel für Reibbeläge, Bremsbeläge, Schleifmittel; Kitte, Sockelkitte; Schaumstoffe; Tränkharze für Filterpapiere; Bindemittel für Waben (Honey-comb); Wickelharze, Harze für Prepregs. Bindemittel für Formsande.

■ Hochleistungskunststoff Ridurid (SGL)

Es handelt sich um graphitgefüllte Hochleistungskunststoffe (PF-CD) mit sehr günstigem Eigenschaftsbild. Ridurid zeichnet sich aus durch ausgezeichnete Gleiteigenschaften, auch im Trockenlauf; gute Wärmeleitfähigkeit und elektrische Leitfähigkeit (antistatisch); gute chemische Beständigkeit; geringe Wärmeausdehnung.

Einsatztemperaturbereich von –40 °C bis 200 °C. Ridurid ist gut spritzgieß- und pressbar ohne Einfallstellen und damit sind auch unterschiedliche Wanddicken in einem Formteil möglich.

Einsatzbereiche: Pumpenteile für Zentralverriegelungen, Gasanalyse, Pipettierung, Zerstäubung; Pumpen für Benzin, Öl und sonstige Flüssigkeiten; Gleitringdichtungen, Gleitlager; Anlaufscheiben, Steuerungen, Schmierelemente; Elektroden für Elektrophorese, wässrige und organische Synthese.

12.2 Aminoplaste MF, MP, UF

Aminoplaste (Melaminharze, Melamin-Phenol-Harze MP, Harnstoffharze UF) sind duroplastische, räumlich eng vernetzte *Formstoffe*. Die Vernetzungspunkte sind chemische Bindungen, daher haben Duroplaste im Gegensatz zu Thermoplasten höhere Festigkeit, höheren E-Modul, höhere Härte und höhere thermische Stabilität. Infolge dieses Aufbaus bestehen keine inneren Gleitmöglichkeiten, sodass die Formstoffe spröde sind und deshalb i. A. gefüllt und verstärkt werden. Im ausgehärteten Zustand sind sie unlöslich und unschmelzbar.

Aminoplaste sind Polykondensate, bei Melaminharzen aus Melamin und Formaldehyd, bei Harnstoffharzen aus Harnstoff und Formaldehyd, bei MP-Harzen aus Melamin und Phenol und Formaldehyd (Abspaltung von Wasserdampf!). Aminoplaste verfärben sich, im Gegensatz zu Phenoplasten, nicht im Sonnenlicht; deshalb sind diese Harze besonders geeignet für lichtechte, hellfarbige Formstoffe.

Im Handel sind auch *Blends*, d. h. Mehrkomponentenwerkstoffe, die durch Mischen unterschiedlicher Harze (PF, UF, MF, EP) oder durch Mischen von Harzen mit Thermoplasten und Elastomeren hergestellt werden. Dadurch werden die Eigenschaften gegenüber reinen Harzen gezielt verbessert. Blends aus Melamin- und Harnstoffharzen ergeben preiswerte, lichtechte Formmassen. Bei Kombinationen von Melamin- und UP-Harzen werden Schwindung und Nachschwindung gegenüber den Melaminharzsystemen herabgesetzt und die Oberflächenhärte gegenüber den UP-Harzsystemen verbessert.

Aufbau:

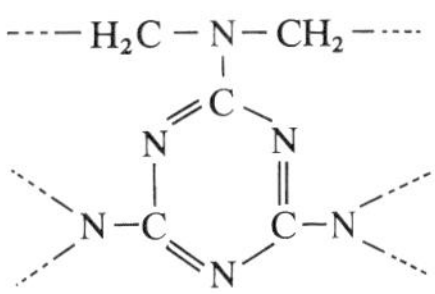

Melamin-Formaldehyd-Harz

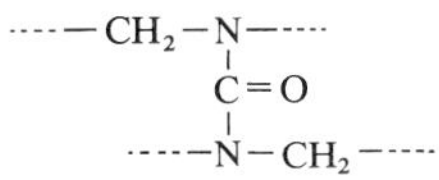

Harnstoff-Formaldehyd-Harz

UF-, UF/MF- und MF-Formmassen bestehen aus den entsprechenden härtbaren Harzen mit eingearbeiteten Füll- und Verstärkungsstoffen (vorwiegend auf Zellulosebasis). Sie werden nach verschiedenen Verarbeitungsverfahren unter Formgebung in der Wärme zu *Formstoffen* (Formteilen) verarbeitet.

Tabelle 12.2 Vergleich der Bezeichnungen von rieselfähigen Harnstoff- und Melamin-Formmassen UF-, UF/MF-, MF- und MP-PMC nach DIN EN ISO 14527 bis 14529 und DIN 7708-3, -9 und -10 (Beispiele), Details über Füllstoffe siehe Kapitel 9.3 [1)]

rieselfähige Formmassen UF-, UF/MF-, MF- und MP-PMC nach DIN EN ISO 14527 bis 14529	**UF-, MF- und MP-Formmassetyp nach DIN 7708-3, -9, -10 (alt)**	**Anwendungs-beispiele**
PMC ISO 14527 – UF (LD10+MD30) bis (LD20+MD10)	131	allgemeine Anwendung
PMC ISO 14527 – UF (LD10+MD30),X,E bis (LD20+MD10),X,E	131.5	verbesserte elektrische Eigenschaften
PMC ISO 14528 – MF (LD25+MD20) bis (LD35+MD10)	152	allgemeine Anwendung
PMC ISO 14528 – MF (LD25+MD20),X,N bis (LD35+MD10),X,N	152.7	Lebensmittelechtheit (nach Lebensmittelrecht zugelassen)
PMC ISO 14528 – MF (SS30+MD15) bis (SS40+MD05)	154	allgemeine Anwendung
PMC ISO 14529 – MP LD35 bis LD45	181	allgemeine Anwendung
PMC ISO 14529 – MP (LD30+MD15),X,E bis (LD40+MD05),X,E	181.5	verbesserte elektrische Eigenschaften
PMC ISO 14529 – MP (WD35+MD15) bis (WD45+MD05)	182	allgemeine Anwendung
PMC ISO 14529 – MP (LD20+MD30) bis (LD30+MD20)	183	allgemeine Anwendung

1) siehe Fußnote Seite 183

Handelsnamen (Beispiele):

MF: Basotect (BASF); Melopas (Raschig); Textolite (Sabic IP)

MP/MPF: Bakelite (Hexion); Melopas (Raschig)

UF: Casco-Resin (Hexion)

Schichtpressstoffe: Hornitex (*Hornitex*); Resopal (Resopal)

Normung: DIN EN ISO 14527 (UF-, UF/MF-PMC). DIN EN ISO 14528 (MF-PMC), DIN EN ISO 14529 (MP-PMC), DIN EN 438 (HPL)

In den Normen werden die verschiedenen rieselfähigen Duroplast-Formmassen (PMC) voneinander unterschieden durch Angaben über die *Harzart, Art* und *Menge des Füll-/Verstärkungsstoffs* (siehe Tabellen 9.7 und 9.8) und den *kennzeichnenden Eigenschaften* Charpy-Schlagzähigkeit und Formbeständigkeitstemperatur (Tabelle 9.11). Tabelle 12.2 zeigt einen Vergleich der Formmassenbezeichnungen nach DIN EN ISO und DIN 7708.

In den Teilen –3 von DIN EN ISO 14527, DIN EN ISO 14528 und DIN EN ISO 14529 sind Anforderungen an ausgewählte UF-PMC-, UF/MF- und MF-PMC-Formmassen festgelegt.

Besondere Eigenschaften siehe Seite 184.

Beispiele für die Angabe rieselfähiger UF-, UF/MF- und MF-Formmassen (UF-, UF/MF- und MF-PMC):

PMC ISO 14527 – UF(LD20+MD20),M,E
Es bedeuten UF Harnstoff-Formaldehyd-Harz, LD 20 Zelluloseanteil 20 %, MD20 Mineralmehlanteil 20 %, M Spritzgießen und E besondere elektrische Eigenschaften.

PMC ISO 14528 –MF(GF20+MD20)
Es bedeuten MF Melamin-Formaldhyd-Harz, GF 20 Glasfaseranteil 20 %, MD20 Mineralmehlanteil 20 %, keine Werte für kennzeichnende Eigenschaften, kein Verarbeitungsverfahren festgelegt.

PMC ISO 14529 – MP(WD30+MD15)
Es bedeuten MP Melamin/Phenol-Formmasse, WD30 Holzmehlanteil 30 %, MD15 Mineralmehlanteil 15 %, keine Werte für kennzeichnende Eigenschaften, kein Verarbeitungsverfahren festgelegt.

Eigenschaften von Aminoplast-Formstoffen

Die hier aufgeführten Eigenschaften beziehen sich auf den fertig verarbeiteten Zustand nach der Formgebung und Aushärtung. Die Eigenschaften sind stark abhängig von der Füllstoffart und dem Harzanteil (60 % bis 50 %), Formteilgestalt und Verarbeitungsbedingungen.

Dichte: 1,45 g/cm^3, je nach Füllstoffart bis 2,0 g/cm^3.

Gefüge: Vernetzte, polare Kunststoffe, meist gefüllt mit organischen Füllstoffen (Zellstoff, Holzmehl, Polymerfasern); auch mit anorganischen Füllstoffen (Glasfasern, Gesteinsmehl). Wasseraufnahme stark abhängig vom Füllstoff.

Farbe: Farblose Harze, deshalb hellfarbige Formstoffe möglich. MP ebenfalls hellfarbig, jedoch nicht so farbstabil wie MF und UF.

Mechanische Eigenschaften: Steif, hart, spröde. MF mit höherer Festigkeit als UF. Mechanische Eigenschaften stark abhängig von Füllstoffart und Füllstoffanteil und Art der Harzmischungen (Blends). Bei Zugabe von Thermoplasten verbessert sich die Schlagzähigkeit der Aminoplaste.

Elektrische Eigenschaften: Befriedigende elektrische Isoliereigenschaften, abhängig von Füllstoffart und Feuchte. MF hat gute Kriechstromfestigkeit; MP verhält sich etwas ungünstiger.

Thermische Eigenschaften: Maximale Dauergebrauchstemperatur bei UF bis +80 °C, bei MF mit anorganischen Füllstoffen bis +160 °C, bei Sondermassen kurzzeitig bis 250 °C. MF hat höhere Wärmeformbeständigkeit als UF und ist kochfest.

Kaum entzündbar, selbstverlöschend.

Beständig gegen (Auswahl): Wasser, organische Lösungsmittel; Öle, Fette; Benzin, Benzol, Alkohol. MF beständiger als UF, insbesondere gegen heißes Wasser.

Nicht beständig gegen (Auswahl): starke Säuren und starke Laugen. UF nicht für Heißwasseranwendungen.

Physiologisches Verhalten: UF für direkten Kontakt mit Lebensmitteln nicht zugelassen. MF Typ 152.7 zugelassen nach Lebensmittelgesetz.

Spannungsrissbildung: Infolge starker Nachschwindung Neigung zu Spannungsrissen, insbesondere bei höheren Temperaturen. Bei MP geringere Nachschwindung, deshalb kaum Rissbildung.

Verarbeitung von Aminoplast-Formmassen

Aminoplast-Formmassen vernetzen durch Polykondensation, d. h. es erfolgt Abspaltung von Wasserdampf, deshalb hohe Pressdrücke erforderlich.

Lagerfähigkeit bei Raumtemperatur ca. 6 Monate.

Fließverhalten: Fließeigenschaften der Formmassen werden eingestellt auf *weich – mittel – hart*. Prüfung der Fließfähigkeit z. B. durch Ermittlung der *Schließzeit* nach DIN 53465 (vgl. Kap. 29.2.1), im *Messkneter-Test* DIN 53764 (Kap. 29.2.2) und/oder durch den *Plattentest* oder den *Orifice-Flow-Test OFT* nach ISO 7808. Das aufgeschmolzene Harz ist zunächst sehr dünnflüssig, daher Gratbildung.

Pressen, Spritzpressen: HF-Vorwärmen von Tabletten auf etwa 100 °C, Presstemperaturen 150 °C bis 175 °C bei Pressdrücken von 150 bar bis 400 bar; Spritzpressdrücke höher. Härtezeit für vorgewärmte Formmassen 10 bis 40 Sekunden je mm Wanddicke. Verarbeitungsschwindung 0,1 % bis 0,7 % je nach Füllstoff; Nachschwindung 0,3 % bis 1,6 % je nach Füllstoff.

Spritzgießen: Spezielle Formmassen werden auf Schneckenspritzgießmaschinen mit spezieller Plastifiziereinheit verarbeitet. Orientierung der Füllstoffe stärker als beim Pressen. Massetemperaturen im Spritzzylinder 95 °C bis 110 °C; Spritzdrücke 1500 bar bis 2500 bar; Nachdrücke 800 bar bis 1200 bar. Werkzeugtemperaturen bei *MF*: 160 °C bis 180 °C, bei UF: 150 bis 160 °C. Härtezeit 10 bis 30 Sekunden je mm Wanddicke. Verarbeitungsschwindung in Fließrichtung 0,7 % bis 1,2 %, quer zur Fließrichtung 0,8 % bis 1,3 %, stark abhängig von der Art der Anspritzung. Bei Kombinationen von MF- und UP-Harzen wird Verarbeitungsschwindung deutlich herabgesetzt.

Schichtpressen: Papier- und Gewebebahnen werden mit gelösten MF-Harzen getränkt, getrocknet und dann in mehreren Lagen heiß gepresst. Für *dekorative Hochdruck-Schichtstoffplatten (HPL)* nach DIN 16926 bzw. DIN EN 438 T1 werden bedruckte oder gefärbte Papierbahnen als Deckschicht mit gelöstem MF getränkt und dann mit Kernlagen aus PF-getränkten Papierbahnen zusammen verpresst. *Kontinuierliche* Herstellung von *dekorativen Endlos-Laminaten (CPL)* nach DIN EN 1331 durch Härten von harzgetränkten Faserstoffbahnen unter hohem Druck und Temperatur.

Kleben nach Aufrauhen der Fügeflächen mit Reaktionsklebstoff (EP) oder Polychloropren-Kontaktklebstoffen.

Spanen: Nach der Verarbeitung ist Entgraten der Formteile erforderlich, z. T. auf automatischen Entgratungsanlagen. Spanende Bearbeitung mit üblichen Werkzeugen der Kunststoffverarbeitung, möglichst Hartmetall. Wegen Entfernung der Presshaut ist spanende Bearbeitung oft nicht vorteilhaft.

Veredelung von Formteilen durch *Lackieren, Beflocken, Heißprägen, Bedrucken* und *Metallisieren* möglich.

■ Anwendungsbeispiele

Formstoffe, Formteile

MF: Hellfarbige Elektroisolierteile wie Stecker, Schalter, Leuchtensockel, Klemmen, Schaltelemente, Zählergrundplatten; Ess- und Trinkgeschirr; Griffe für Kochgeräte, Bügeleisen, Grills, Waffeleisen, Bestecke.

MP: Gehäuse für Haus- und Küchengeräte, hellfarbige Isolierteile, hellfarbige Sanitär- und Toilettengegenstände. Kommutatoren, Kontaktleisten, LS-/FI-Schaltergehäuse; Schraubkappen.

UF: Elektroinstallationsmaterial; hellfarbige Verschraubungen für die Kosmetik; Sanitärgegenstände.

Schichtpressstoffe

Dekorative Hochdruck-Schichtstoffplatten (HPL nach DIN EN 438) für Möbel aller Art z. B. Küchenmöbel; Tür- und Wandbeläge; Fassadenplatten.

12.3 Ungesättigte Polyesterharze UP

Ungesättigte Polyesterharze stehen als Gießharze (Reaktionsharze), Formmassen (Reaktionsharzmassen) oder in Form von Prepregs zur Verfügung. Die Vernetzung erfolgt durch Copolymerisation, dabei erfolgt keine Abspaltung von Reaktionsprodukten. Im verarbeiteten Zustand spricht man von *Reaktionsharzform-*

stoffen. Die Eigenschaften der Fertigteile hängen von der *Art der Verstärkung* (Matten, Gewebe, Rovings, Stapelfasern), *Menge* der Verstärkungsstoffe (z B. Glasgehalt), sowie den *Verarbeitungsbedingungen* (Handlaminieren, Faserspritzen, Press- oder Wickelverfahren usw.) ab. Je nach Herstellungsverfahren sind die Eigenschaften mehr oder weniger richtungsabhängig durch die Orientierung der Verstärkungsstoffe.

Außer den Standard-UP-Harzen gibt es eine Kombination UP-DCPD-Harzen. Bei Dicyclopentadien (DCPD) handelt es sich um eine organische Verbindung, die auf verschiedenen chemischen Wegen in die UP-Harze eingebaut wird. Die Kombinationen UP/DCPD sind in großen Breiten variabel mit speziellen Eigenschaften einstellbar. Allgemein ergeben sich gegenüber den UP-Harzen bessere Faserbenetzung, weniger Oberflächenklebrigkeit, höhere Wärmeformbeständigkeit, niedrigerer Styrolgehalt, höhere Füllgrade, weniger Abzeichnungen auf der Oberfläche und verbesserte Flammwidrigkeit.

Zu den ungesättigten Polyestern rechnet man auch die Diallylphthalatharze DAP (siehe auch Kap. 12.5).

Aufbau (von UP-Harz):

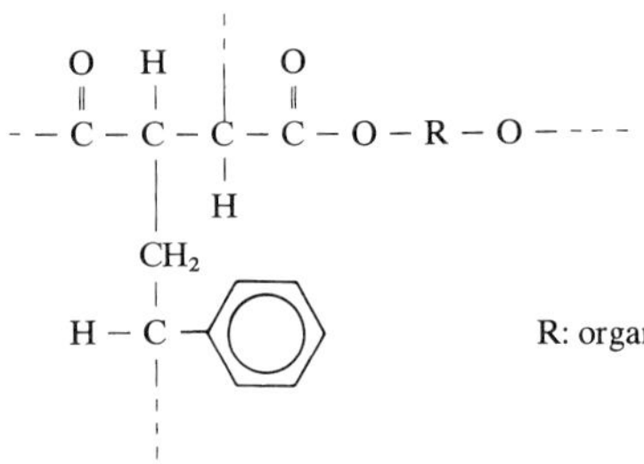

mit Styrol vernetzter ungesättigter Polyester (schematisch)

R: organischer Rest

Handelsnamen (Beispiele):

Harze: Albester (Hexion); Atlac, Daron (DSM); Oldopal (Büfa); Palatal, Palapreg (DSM); Polylite (Reichhold)

Formmassen: AdvancedSMC (Menzolit); Bakelite, Keripol (Hexion); Hydrex (Reichhold); Ralupol, Supraplast (Raschig)

Normung: DIN EN ISO 14530 (UP-PMC), DIN EN ISO 3672 (Harze UP-R)

In DIN EN ISO 14530 werden verschiedene rieselfähige UP-Formmassen (UP-PMC) voneinander unterschieden durch Angaben über *Art* und *Menge des Füll-/Verstärkungsstoffs*, vorgesehene *Verarbeitungs- und/oder Herstellungsverfahren*, Angaben zu *besonderen Eigenschaften* (siehe Tabelle 9.10) und den *kennzeichnenden Eigenschaften* Charpy-Schlagzähigkeit und Formbeständigkeitstemperatur (Tabelle 9.11). In DIN EN ISO 14530-1 ist anhand einer Tabelle ein Vergleich der Bezeichnung von rieselfähigen UP-PMC mit DIN 16911 (alt) möglich (siehe auch Tabelle 12.3). In DIN EN ISO 14530-3 sind Forderungen an die Eigenschaften von UP-PMC festgelegt, außerdem können Bezeichnungen von UP-PMC in nationalen und internationalen Normen verglichen werden.

Besondere Eigenschaften siehe Seite 184.

Beispiel für die Angabe einer rieselfähigen UP-Formmasse (UP-PMC):

PMC ISO 14530 –UP(GF10+MD65),X,FR
Es bedeuten UP ungesättigter Polyester, GF10 Glasfaseranteil 10 %, MD65 Mineralmehlanteil 65 %, X kein Verarbeitungsverfahren empfohlen und FR flammbeständig.

Beispiel für die Angabe eines UP-Harzes (UP-R):

R ISO 3572 – UP;C2.C2/V1/R6
Es bedeuten R Harz, UP ungesättigtes Polyesterharz, C2 Gelbeschichtung, C2 verbesserte Hydrolysebeständigkeit, V1 Viskosität 0,2 Pas, R6 Gelzeit 12 min.

Tabelle 12.3 Vergleich der Bezeichnungen von rieselfähigen ungesättigte Polyester-Formmassen UP-PMC nach DIN EN ISO 14530 und DIN 16911 (Beispiele), Details über Füllstoffe siehe Kapitel 9.3 [1)]

rieselfähige Formmasse UP-PMC nach DIN EN ISO 14530 PMC ISO 14530-UP (...)	**UP-Formmassetyp nach DIN 16911 (alt)**
(GF10 + MD60) bis (GF20 + MD50)	802
(GF10 + MD65),X,F bis (GF20 + MD55),X,F	804

Eigenschaften

Die hier aufgeführten Eigenschaften beziehen sich auf den fertig verarbeiteten Zustand nach der Formgebung und Aushärtung. Die Eigenschaften sind stark abhängig vom Aufbau des Polyesters, vom Vernetzungsgrad, von Art und Menge der Verstärkungsstoffe und vom Verarbeitungsverfahren.

Dichte: Harze 1,17 g/cm³ bis 1,26 g/cm³; glasfaserverstärkt je nach Glasgehalt 1,6 g/cm³ bis 2,2 g/cm³.

Gefüge: Vernetzte Kunststoffe mit geringer Feuchteaufnahme, die überwiegend mit Verstärkungsstoffen wie Glasfasern (GFK, UP-GF) eingesetzt werden. UP-Harze werden mit Verstärkungsstoffen zu *Laminaten* verarbeitet oder als *Formmassen* (BMC, SMC) zu Formteilen.

Farbe: Ungefärbt ohne Füll- und Verstärkungsstoffe fast glasklar bis gelblich. In vielen Farben transparent und gedeckt einfärbbar. DAP mit hohem Oberflächenglanz.

Mechanische Eigenschaften: Unverstärkt sind vernetzte Harze je nach Aufbau mehr oder weniger steif, spröde bis zäh, mehr oder weniger schlagempfindlich. Durch Glasfaserverstärkungen wie *Rovings*, *Matten* und *Gewebe* erreicht man

[1)] siehe Fußnote Seite 183

wesentliche Erhöhung von Festigkeit, E-Modul und Schlagzähigkeit. Festigkeiten liegen dann in der Größenordnung von unlegierten Stählen, bei allerdings noch wesentlich niedrigerem E-Modul. Bei Faserverstärkungen spielt der Haftvermittler zwischen Matrix (Harz) und Faser wichtige Rolle. Schrumpfung und Kriechneigung werden durch Glasfasern herabgesetzt.

Elektrische Eigenschaften: Gute elektrische Isoliereigenschaften und günstiges dielektrisches Verhalten. Sehr gute Kriechstromfestigkeit.

Optische Eigenschaften: Lichtdurchlässigkeit geringer als bei anorganischem Glas. Nichteingefärbte, glasfaserverstärkte Platten oder Bauteile ergeben diffuses, weiches Licht.

Thermische Eigenschaften: Glasfaserverstärkte UP-Harze auch bei tiefen Temperaturen einsetzbar, da keine Versprödung auftritt. Gute Wärmeformbeständigkeit auch unter Belastung. Obere Anwendungsgrenze je nach Type 100 °C bis 185 °C; bei Sonderharzen und Sondermassen kurzzeitig bis 230 °C. DAP hat hohe Formbeständigkeit bis 230 °C.

Üblicherweise nicht selbstverlöschend; selbstverlöschende Typen lieferbar.

Beständigkeit: Für Beständigkeit sind nicht nur Harzsystem, sondern auch Aufbau und Herstellung des Laminats von Einfluss. Wichtig ist immer eine geschlossene Harzschicht an der Oberfläche.

Beständig gegen (Auswahl): Wasser, wässrige Salzlösungen, verdünnte Säuren außer Schwefelsäure; teilweise verdünnte Laugen; Ester, Ether; Mineralöl, Benzin, Fette; alkoholische Getränke. Gut witterungsbeständig bei geschlossener Harzoberfläche.

Nicht beständig gegen (Auswahl): Konzentrierte Säuren und Laugen, Chlorkohlenwasserstoffe, Alkohol, organische Lösemittel; Benzol, Aceton; heißes Wasser (außer bei Spezialtypen).

Physiologisches Verhalten: Bei bestimmten Harz-Härter-Systemen physiologisch unbedenklich und für Lebensmittelzwecke zugelassen.

Spannungsrissbildung: Wegen geringer Verformungsfähigkeit unter bestimmten Voraussetzungen möglich. Bei Formmassen wegen geringer Nachschwindung wenig Neigung zu Rissbildung.

■ Verarbeitung von Gießharzen

Harzansatz (Reaktionsharzmassen): Anlieferung der zähflüssigen Reaktionsharze in Styrol gelöst. Lagerzeit bei Luft- und Lichtabschluss (kühl) je nach Type auf ca. 6 Monate begrenzt. Nach Herstellervorschrift werden Härter (meist Peroxide) mit den Reaktionsharzen und ggf. Beschleunigern zu Reaktionsharzmassen gemischt. Die Mischungen sind nur begrenzte Zeit verarbeitbar (Verarbeitungszeit, „Topfzeit“).

Beachte: Härter und Beschleuniger dürfen wegen Explosionsgefahr nie unmittelbar miteinander vermischt werden; Räume sind gut zu belüften; Handschuhe und Schutzbrillen notwendig.

Kalthärtung (bei Raumtemperatur): Lineare Polyester und Styrol gelieren nach Ablauf der Verarbeitungszeit und härten aus, d. h. vernetzen durch Copolymerisation unter Wärmeentwicklung und Schrumpfung. Nachhärten 4 bis 5 Stunden bei 80 °C oder 1 bis 2 Wochen bei Raumtemperatur.

Warmhärtung: Bei Temperaturen von 80 °C bis 120 °C erfolgt schnellere gleichmäßigere Vernetzung der Harzmischung, daher i. A. keine Nachhärtung notwendig.

Lichthärtende UP-Harze, z. B. Palapreg LHZ (DSM Resins), vernetzen ohne Härter im Licht von UV-Strahlung (Leuchtstoffröhren, Speziallampen). Vorteile sind außerdem die praktisch unbegrenzten Verarbeitungszeiten (ohne UV-Einfluss); keine Misch- und Dosierfehler; abtropfende Harzmengen können wiederwendet werden.

Gießen: Verwendung der unverstärkten Reaktionsharzmassen zur Herstellung von Gussteilen, meist unter gleichzeitigem Einbetten von Präparaten.

Verarbeitung von Reaktionsharzen mit (Glas-)Fasern

Verfahren siehe Kap. 13.1.3, z. B. *Handverfahren*, *Laminiertechnik*, *Faserspritzverfahren*, *Wickelverfahren*.

Sonderverfahren: *Roving-Spannverfahren* für hochbeanspruchte Bauteile. *Schleuderverfahren* zur Herstellung von Rotationskörpern. *Strangzieh-* oder *Profilzieh-Verfahren* (Pultrudieren) zur Herstellung von Halbzeug mit sehr hohem Glasfasergehalt.

Kleben möglich mit UP-Harzen entsprechend den zu verklebenden UP-Teilen. Beste Haftung mit EP-Harzen. Vorheriges Aufrauhen unbedingt erforderlich. Zur Verbesserung der Beanspruchbarkeit bei geklebten Laminaten empfiehlt sich Überlaminieren mit Glasmatten oder Geweben.

Schrauben: Nach *Einlaminieren* von speziellen *Einbettmuttern* oder sternförmigen *Krafteinleitungselementen* können Schraubverbindungen hergestellt werden. Beim einfachen Zusammenschrauben sollten möglichst großflächige Unterlegscheiben zur Verminderung der Flächenbelastung vorgesehen werden.

Spanen gut möglich. Wegen Standzeit möglichst hartmetall- oder diamantbestückte Werkzeuge verwenden bzw. Trenn- oder Schleifscheiben auf Korundbasis. Bei Trennscheiben mindestens 80 m/s Umfangsgeschwindigkeit bei geringem Vorschub. Wasserkühlung ist zweckmäßig, auch wegen Staubentwicklung. Bohren nur senkrecht zum Laminataufbau.

Verarbeitung von Formmassen

UP-Formmassen bestehen aus festen oder flüssigen UP-Harzen mit Härtern, anderen Zusatzstoffen, sowie Füll- und Verstärkungsstoffen. Sie werden als *rieselfähige Granulate* (PMC), als *teigige*, styrolhaltige Formmassen oder *Premix* geliefert; man spricht von BMC (Bulk Moulding Compounds). *Flächige Prepregs* werden als SMC (Sheet Moulding Compounds) bezeichnet. Da die Formmassen schon alle zur Verarbeitung notwendigen Komponenten enthalten, sind sie nur begrenzt lagerfähig.

Pressen (Q) erfolgt bei Werkzeugtemperaturen von 160 bis 190 °C je nach Art des eingesetzten Härters. Pressdrücke 50 bar bis 150 bar; Presszeiten 10 s bis 30 s je mm Wanddicke. Schwindung bis 1 %, praktisch keine Nachschwindung.

Spritzgießen (M) lassen sich speziell eingestellte Formmassen auf Schneckenspritzgießmaschinen; bei langfaserverstärkten, teigigen Formmassen sind aber *Stopfeinrichtungen* notwendig. Zylindertemperaturen 60 °C bis 80 °C, Düsentemperatur bis 110 °C; Spritzdrücke 300 bar bis 2000 bar; Werkzeugtemperaturen 160 °C bis 190 °C. Härtezeit 10 bis 30 Sekunden je mm Wanddicke. Verarbeitungsschwindung je nach Formmasse 0,1 % bis 1,3 %.

Verbinden: Wie bei Laminaten. Zum Verschrauben können Einlegeteile (Einbettmuttern) eingepresst werden; bei Harzmatten ist das schwieriger.

Spanen: Wie bei Laminaten, aber nur in Sonderfällen notwendig.

Anwendungsbeispiele

Unverstärkte Gießharze

Zum Einbetten elektrischer und elektronischer Bauelemente; zur Herstellung von Knöpfen und Modellen; zum Einbetten beliebiger Gegenstände.

Laminate

Fahrzeugindustrie: Autokarosserien, Lkw-Aufbauten, Wohnwagen, Tankaufbauten; Segel- und Motorflugzeuge; Bootskörper; Schienenfahrzeuge; Container, Paletten; Stoßfängersysteme; gewickelte Lenkradkränze.

Behälterindustrie: Transportbehälter aller Art; Getränkebehälter; Heizöltanks; Großrohre.

Bauwesen: Lichtkuppeln, Well- und Profilplatten, Gewächshausplatten, Balkonprofile, Fassadenplatten; Schwimmbäder; Dachkonstruktionen; Schalungen; Großrohre.

Möbelindustrie: Sitz- und Liegemöbel, auch für Außenanwendungen; Tische, Bänke.

Werkzeugbau: Kopierwerkzeuge, Kunststoffverarbeitungswerkzeuge.

Formmassen

Elektrotechnik, Feinwerktechnik/Mechatronic: Technische Formteile mit guten Isoliereigenschaften bei guten mechanischen und thermischen Eigenschaften wie Spulenkörper, Steckerleisten, Verteilerkästen, Kontaktleisten, Schaltergehäuse, Lampensockel; Teile für Zündanlagen im Kfz-Motorenbau; Verkleidungen, dekorative und steife Gehäuse für Haushaltgeräte; Mikrowellengeräte, Parabolspiegelantennen.

Sonderformmassen

UP-DCPD-Formmassen für Polymerbeton, Kunststeine; als *Laminate* für Lkw-Aufbauten, Pipeline-Rohre (siehe auch Kap. 12.5).

DAP-Formmassen zum Ummanteln von Metallteilen; für Formteile der Elektrotechnik. In der Automobil-, Flugzeug- und Raumfahrttechnik, wenn hohe Ansprüche an die Temperaturbeständigkeit, die mechanischen und elektrischen Eigenschaften, sowie die Chemikalienbeständigkeit gestellt werden.

12.4 Epoxidharze EP

Epoxidharze werden als Gießharze (Reaktionsharze), Formmassen (Reaktionsharzmassen) oder als Prepregs verarbeitet. Die Vernetzung erfolgt durch *Polyaddition*, daher keine Abspaltung von Reaktionsprodukten. Epoxidharz-Formstoffe zeichnen sich aus durch gute elektrische Isoliereigenschaften, sehr hohe Haftfestigkeit und niedrige Schwindung. Die Eigenschaften können durch den *Verstärkungsstoff* (Glas-, Kohlenstoff- und Aramidfasern) und durch den *Mengenanteil* der Verstärkungsstoffe stark beeinflusst werden. Die Eigenschaften sind infolge Orientierung der Verstärkungsstoffe vielfach richtungsabhängig.

Aufbau:

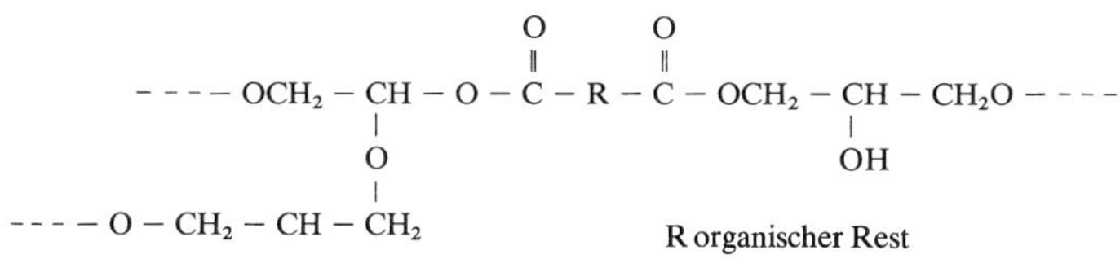

Epoxidharze sind meist Umsetzungsprodukte von mehrfunktionellen Hydroxylverbindungen, z. B. Bisphenol A mit Epichlorhydrin. Die Vernetzung erfolgt über Epoxidgruppen mit Polycarbonsäureanhydriden oder Polyaminen.

Handelsnamen (Beispiele):

Harze: Araldite (Huntsman); Epikote. Rütapox (Hexion); Epotuf (Reichhold);

Formmassen/Prepregs: Scotchply (3M); Trivoltherm, Verdur (Krempel)

Normung: DIN EN ISO 15252 (EP-PMC), DIN EN ISO 3673 (Harze EP-R)

In DIN EN ISO 12252 werden verschiedene rieselfähige EP-Formmassen (EP-PMC) voneinander unterschieden durch Angaben über *Art* und *Menge des Füll-/Verstärkungsstoffs*, vorgesehene *Verarbeitungs- und/oder Herstellungsverfahren*, Angaben zu *besonderen Eigenschaften* (siehe Tabellen 9.10 und 9.11) und den *kennzeichnenden Eigenschaften* Charpy-Schlagzähigkeit und Formbeständigkeitstemperatur (Tabelle 9.11). In DIN EN ISO 15252-3 sind Forderungen an die Eigenschaften von EP-PMC festgelegt.

Besondere Eigenschaften siehe Seite 184.

Beispiel für die Angabe einer rieselfähigen EP-Formmasse (EP-PCM):

PMC – ISO 15252 – EP(GF25+GG25)
Es bedeuten EP Epoxidharz, GF25 Glasfaseranteil 25 %, GG25 Glasmahlgut 25 %, keine weiteren Angaben.

Eigenschaften

Die hier aufgeführten Eigenschaften beziehen sich auf den fertig verarbeiteten Zustand nach der Formgebung durch Aushärtung. Die Eigenschaften sind sehr stark abhängig vom Aufbau des Epoxidharzes, vom Vernetzungsgrad, von Art und Menge des Verstärkungsstoffs und vom Verarbeitungsverfahren.

Dichte: Harze 1,17 g/cm^3 bis 1,25 g/cm^3; gefüllt je nach Füllstoffgehalt 1,7 g/cm^3 bis 2,1 g/cm^3.

Gefüge: Durch Polyaddition vernetzte Duroplaste mit geringerer Feuchteaufnahme als UP. Meist verstärkt durch mineralische Füllstoffe, sowie Glas-, Kohlenstoff- und Aramid-Fasern.

Farbe: Ungefärbt ohne Füllstoffe klar; meist aber nicht lichtecht, daher nur wenige Einfärbungen möglich; vielfach nicht hellfarbig.

Mechanische Eigenschaften: Eigenschaften der vernetzten, unverstärkten Harze abhängig vom Aufbau: Hohe Festigkeit, mehr oder weniger steif, zäh bis sehr zäh; auch elastisch einstellbar; wenig schlagempfindlich; gute Härte und Abriebfestigkeit; sehr hohe Haftfestigkeit; hohe Maßgenauigkeit. Durch Faserverstärkungen, z. B. Rovings, Matten und Gewebe wesentliche Erhöhung von Festigkeit, bis zur Festigkeit von Stählen; wesentliche Erhöhung der Steifigkeit (E-Modul) durch Kohlenstoff-Fasern. Für Textilglasfasern kein Haftvermittler notwendig, jedoch für Kohlenstoff-Fasern.

Elektrische Eigenschaften: Sehr gute elektrische Isoliereigenschaften in weitem Temperaturbereich. Gute Kriechstromfestigkeit; auch für Freiluftisolationen geeignet.

Thermische Eigenschaften: Gute Wärmeformbeständigkeit. Maximale Dauergebrauchstemperatur für kaltgehärtete Formteile bis +80 °C, für heißgehärtete Formteile +170 °C bis 200 °C, für Spezialsorten bis 250 °C.

EP schwer entzündbar, brennt weiter; Spezialtypen selbstverlöschend.

Beständigkeit: Für die chemische Beständigkeit sind neben dem Harzsystem der Härtertyp, sowie der Aufbau des Werkstoffs und die Füllstoffe maßgebend. Wichtig ist eine geschlossene Harzschicht an der Oberfläche.

Beständig gegen (Auswahl): Verdünnte Säuren und Laugen; Chlorkohlenwasserstoffe; Toluol; Alkohol; Benzin, Benzol, Mineralöle, Fette. Bei cycloaliphatischen Harzen gute Witterungs- und UV-Beständigkeit. Bedingt beständig gegen heißes Wasser. *Formmassen* beständig gegen: Kochwasser, starke Laugen, Alkohol, Ester, Ether, Toluol, Benzin, Benzol, Mineralöl, Fette.

Nicht beständig gegen (Auswahl): Konzentrierte Säuren und Laugen, Ammoniak; Ester, Ketone, Aceton. *Formmassen* nicht beständig gegen konzentrierte Laugen.

Physiologisches Verhalten: Im vernetzten Zustand weitgehend unbedenklich. Durch Einwirken von EP-Gießharzen und Härter (vor allem Amine) auf die Haut können Entzündungen und Ausschläge verursacht werden. Deshalb Hautkontakt vermeiden und Handschuhe und Schutzbrille bei der Verarbeitung tragen.

Spannungsrissbildung: Nur geringe Neigung zur Rissbildung, insbesondere bei zäh eingestellten EP-Formstoffen.

Verarbeitung von Gießharzen

Harzansatz (Reaktionsharzmassen): Anlieferung der zähflüssigen Reaktionsharze und Härter getrennt in Gebinden. Lagerzeit bei Luft- und Lichtabschluss (kühl) je nach Typ auf ca. 6 Monate, teilweise 12 Monate begrenzt. Nach Herstellervorschrift Reaktionsharze und Härter, z. B. Amine, evt. auch Beschleuniger und Füllstoffe mischen. Mischung ist nur begrenzte Zeit verarbeitbar (Verarbeitungszeit, „Topfzeit").

Beachte: Zur Vermeidung von Schäden Handschuhe und Schutzbrille bei der Verarbeitung tragen. Raum gut belüften.

Kalthärtung (bei Raumtemperatur): Harzmischung geliert nach Ablauf der Verarbeitungszeit und härtet dann aus durch Polyaddition unter Wärmeentwicklung. Minimale Entformungzeit bei +25 °C je nach Harztype 1 h bis 30 h, bei +60 °C nur 15 min bis 90 min.

Warmhärtung: Ergibt gleichmäßige Vernetzung bei Temperaturen über +80 °C; z. B. 10 min Härtezeit bei 130 °C.

Verarbeitungsverfahren: Unverstärkte Gießharze zum *Eingießen von Bauteilen*, z. B. von Elementen in der Elektronikindustrie oder zur Herstellung von Formstoff-Isolierteilen nach dem *Reaktions-Spritzgießverfahren*.

Verarbeitung von Reaktionsharzen mit (Glas-)Fasern

Verfahren siehe Kap. 13.1.3, z. B. *Handverfahren*, *Laminiertechnik*, *Faserspritzverfahren*, *Wickelverfahren*.

Sonderverfahren: *Roving-Spannverfahren* für hochbeanspruchte Bauteile. *Schleuderverfahren* zur Herstellung von Rotationskörpern. *Strangzieh-* oder *Profilzieh-Verfahren* (Pultrudieren) zur Herstellung von Halbzeug mit sehr hohem Glasfasergehalt. Wegen geringerer Schwindung der EP-Harze ist die Vorbehandlung der Werkzeuge mit Formtrennmitteln, z. B. Wachsemulsionen, unbedingt erforderlich. Bei EP-Harzen längere Härtezeit als bei UP-Harzen. Kohlenstoff-Fasern (CF) sind schwieriger zu verarbeiten als Glasfasern (GF). Es werden auch Faserkombinationen verwendet.

Kleben: EP-Harze sind besonders günstige Reaktionsklebstoffe, auch für EP-Formteile. Vorheriges Aufrauhen und gründliches Entfetten der Fügeflächen erforderlich. Je nach Einstellung der EP-Harze und der Härter wird eine starre oder flexible Klebefuge erreicht. Zugscherfestigkeiten in der Klebfuge bis zu 40 N/mm^2.

Spanen möglich, ähnlich UP.

Verarbeitung von Formmassen

Formmassen bestehen aus festen Harzsystemen, Füll- und Verstärkungsstoffen, sowie speziellen, auf ausreichende Lagerzeit abgestimmten Härtern. Formmassen werden als *rieselfähige* (PMC) oder *langfaserige Massen* (BMC) oder als flächige *Prepregs* (SMC) geliefert.

Pressen: Nur begrenzte Lagerzeit, bei 23 °C max. 3 Wochen, jedoch mehrere Monate unterhalb 5 °C; spezielle Formmassen bis 1 Jahr bei 23 °C. Lagerung in Kühlkammer zweckmäßig. Presstemperaturen 170 °C bis 200 °C, Pressdrücke bis 200 bar; Presszeiten 30 s bis 60 s je mm Wanddicke. Verarbeitungsschwindung 0,1 % bis 0,2 %; praktisch keine Nachschwindung.

Spritzgießen von speziell eingestellten Formmassen auf Schneckenspritzgießmaschinen. Zylindertemperaturen 60 °C bis 80 °C; Spritzdrücke bis 1200 bar, Nachdrücke bis 800 bar. Werkzeugtemperaturen 170 °C bis 200 °C. Härtezeit 15 bis 25 Sekunden je mm Wanddicke. Verarbeitungsschwindung 0,5 % bis 0,8 %.

Glasseidenprepregs: Trockener Verbund von Glasseidengewebe mit EP-Harzen (40 % bis 60 % Glasgehalt). Lagerfähigkeit bei +23 °C je nach Harztype 10 Tage bis 2 Monate. Presstemperaturen 120 °C bis 150 °C, Pressdrücke 0,5 bar bis 10 bar. Eingesetzt für Formteile mit höchster Festigkeit.

Spanen wie bei Laminaten, jedoch selten angewandt.

Veredelung von Formteilen durch *Lackieren, Beflocken, Heißprägen, Bedrucken* und *Metallisieren* möglich.

Anwendungsbeispiele

Gießharze

Elektrotechnik: Herstellen von Bauteilen für Elektromotoren; Hochspannungsdurchführungen, Isolatoren, Kondensatoren, gefüllte und ungefüllte Formteile nach dem Gieß- und Reaktionsspritzgießverfahren.

Bauwesen: Lacke für Oberflächenschutz und Beschichtungen; Verklebung von Betonbauelementen; hochfeste, chemikalienbeständige Beläge.

Klebstoffe für Metalle und Kunststoffe z. B. auch in der Luft- und Raumfahrt.

Werkzeugbau: Kontrolllehren, Kopiermodelle, Tiefziehwerkzeuge für Warmumformen; Führungen für Stanzwerkzeuge; Gießereimodelle; Schäumwerkzeuge.

Laminate

Luftfahrt- und Fahrzeugindustrie: Verkleidungen und Bauelemente von Flugzeugen; Rotorblätter für Hubschrauber; hochfeste Decklagen bei Sandwichkonstruktionen; Bootskörper; Leitwerke für Verkehrsflugzeuge; gewickelte Kardan- und Gelenkwellen.

Elektroindustrie: Basismaterial für gedruckte Schaltungen, Leiterplatten; Glashartgewebe mit hoher Festigkeit.

Chemische Industrie: Hochfeste Rohrleitungen, Behälter.

Sonstiges: Skier, Hockeyschläger, Tennisschläger, Angelruten, Hochsprungstäbe.

Formmassen

Elektrotechnik: Ummanteln von empfindlichen elektrotechnischen und elektronischen Bauteilen wie Kondensatoren, Kollektoren, Widerständen, Anker. Kontaktträger; Sockel, Steckverbinder. Teile für Autoelektrik, Zündanlagen; Kommutatoren.

Feinwerktechnik/Mechatronic: Technische Präzisionsteile, insbesondere mit Metalleinlagen. Keramikaustausch.

Chemische Industrie: Pumpen für aggressive Medien.

Sonstiges: Hochleistungssportgeräte.

12.5 Sonderharze

Für spezielle Anwendungen mit besonderen Eigenschaften kommen eine Reihe von härtbaren Systemen auf unterschiedlicher Basis zum Einsatz.

12.5.1 Siliconharzmassen SI

(elastische Silicone siehe Kapitel 14.1)

Dichte: 1,86 g/cm^3 bis 1,88 g/cm^3.

Gefüge: Hochvernetzte, meist mit Glasfasern, Glimmer und Kieselsäure gefüllte, duroplastische Kunststoffe mit sehr geringer Feuchteaufnahme.

Farbe: Schwarz oder dunkelgrau.

Mechanische Eigenschaften: Hohe Oberflächenhärte; spröde.

Elektrische Eigenschaften: Hervorragende elektrische Isoliereigenschaften bis zu +300 °C. Niedrige Dielektrizitätszahl und geringe dielektrische Verluste über einen weiten Frequenzbereich.

Thermische Eigenschaften: Hohe Wärmeformbeständigkeit, je nach Type Einsatztemperaturen 200 °C bis 250 °C, z. T. bis 300 °C, dabei kaum Änderung physikalischer und mechanischer Eigenschaften.

Siliconharze brennen nicht.

Beständig gegen (Auswahl): Verdünnte Mineralsäuren und Laugen; Methanol; Glykol.

Nicht beständig gegen (Auswahl): Alkalien; konzentrierte Säuren; organische Lösemittel, aromatische Kohlenwasserstoffe.

Verarbeitung: vorwiegend durch Spritzpressen, aber lange Aushärtezeiten.

Anwendung: Vorwiegend für rationelle und sichere Einbettungen von empfindlichen Halbleiter- und Elektronikbauteilen; Schichtpressstofftafeln für hochbeanspruchte Elektronikbauteile.

12.5.2 Diallylphthalat DAP/Polydiallylphthalat PDAP

Handelsnamen: Bakelite (Hexion), Neonit (Vantico), Supraplast (Raschig).

Diallylphthalat wird meist verstärkt mit Glas- oder synthetischen Fasern.

Die Verarbeitung erfolgt wie bei den klassischen duroplastischen Formmassen (PF, UF, MF) durch Pressen oder Spritzgießen. DAP/PDAP zeichnet sich aus durch hohe Dimensionsstabilität, hohe Temperaturbeanspruchbarkeit bis über 200 °C; DAP/PDAP ist sehr witterungs- und lichtbeständig und hat besonders gute elektrische Isoliereigenschaften, auch unter extremen Umweltbedingungen.

Einsatzgebiete: für elektronische Bauelemente, vor allem in der Raumfahrt.

12.5.3 Poly-DCPD-Harze

Es handelt sich um Zweikomponentensysteme für lange Fließwege, die im RIM-Verfahren verarbeitbar sind. Es ist leichte Ausformung möglich. Gut geeignet für großflächige Lkw-Aufbauten und Karosserieteile. Harze werden auch mit UP-Harzen gemischt.

12.5.4 Vinylesterharze (VE-Harze)

Vinylesterharze liegen in den Eigenschaften zwischen den UP- und EP-Harzen, werden aber meistens zu den UP-Harzen gezählt. In Kombination mit UP-Harzen haben sie eine besondere Bedeutung für großflächige Karosserieteile, die nach den SMC- und BMC-Verarbeitungstechniken hergestellt werden. Neueres Einsatzgebiet ist die *Umwelttechnik* (Abgasreinigungssysteme in Kraftwerken, Klärbecken usw.).

12.5.5 PUR-Gießharze

Die durch Polyaddition in der PUR-Chemie dargestellten, vernetzten Werkstoffe ergeben durch die Vielfalt der Ausgangsstoffe und der einstellbaren Strukturen große Möglichkeiten der Differenzierung im Eigenschaftsbild (siehe auch Kap. 2.1).

Die zunehmende Bedeutung der PUR-Werkstoffe beruht vor allem auf der Herstellung von Schaumstoffprodukten (s. Kap. 15.1).

Aus dem Bereich der *kompakten* PUR-Werkstoffe haben harte und hochelastische Gießharze Bedeutung.

Harte PUR-Harze (Verkapselungsharze) finden Anwendung als *Vergussmassen*, für hochbeanspruchte Teile der Elektrotechnik wie Kabelendverschlüsse, Zündspulen, Transformatoren oder für gegossene Hochspannungsisolatoren. Sie besitzen hohe Festigkeit und Härte oder hohe Flexibilität und sind bis +130 °C, bei Sondertypen bis 200 °C einsetzbar. Bemerkenswert ist der geringe Abrieb. PUR-Gießharze werden auch z. B. mit Metallpulvern gefüllt und finden dann Anwendung im Werkzeugbau, z. B. für die Herstellung von Thermoformwerkzeugen.

Hochelastische PUR-Harze (Elastomer-Gießharze) werden nach einer speziellen Verarbeitungstechnik, dem sog. „Vulkollan-Verfahren“ in Form gebracht (siehe auch Kap. 14.2.1). Rohdichte 1,20 g/cm^3 bis 1,21 g/cm^3. Vorteilhaft sind bei diesen Werkstoffen der extreme Verschleißwiderstand, hohe mechanische Dämpfung, sowie die Beständigkeit gegen Schmiermittel, viele Lösemittel und Bewitterung. Gebrauchstemperaturen bis 80 °C, kurzzeitig bis +130 °C. *Anwendungsbereiche* sind Rollen, Kupplungselemente, schalldämpfende Elemente, Maschinenbettungen, Dämpfungselemente im Fahrzeugbau (Verbundfedern), Dichtungen. Ungünstig ist die Unbeständigkeit gegen heißes Wasser und heiße, feuchte Luft.

Hartschäume werden z. B. für Sandwichsysteme eingesetzt. Integralschäume ergeben ebenfalls feste, steife und leichte Bauteile, siehe auch Kap. 15.1.

13 Verbundsysteme

Zur Verbesserung der Eigenschaften von Kunststoffen gibt es eine Vielzahl von Kunststoff-Verbundsystemen. Große Bedeutung haben, wegen der erhöhten Festigkeitseigenschaften und Steifigkeiten, die *Faser-Verbundsysteme* mit duroplastischer Matrix (GFK), und die Verstärkung thermoplastischer Kunststoffe mit unterschiedlichen Fasern (GF, CF, AF, NF), Pulvern (MD) und Kunststoff-Nanoröhrchen (CNT). Durch die *Blendtechnik* lassen sich die thermoplastischen Kunststoffe in einem weiten Bereich in ihren Eigenschaften beeinflussen. Möglich ist dabei z. B. eine Verbesserung der Verarbeitbarkeit, der Lackier- und Galvanisierbarkeit; Erhöhung der Schlagzähigkeit auch bei tiefen Temperaturen, Erhöhung der Wärmeformbeständigkeit, Verringerung der Spannungsrissbildung und Brennbarkeit.

Außer Faser-Verbundsystemen und Blends gibt es auch thermoplastische *Mehrschichtenverbundsysteme.* Durch Coextrusion werden z. B. Mehrschichten-Flaschen, -rohre und -schläuche hergestellt mit ganz speziellen Permeationseigenschaften. Im Verpackungswesen werden *Mehrschichtenfolienverbunde* eingesetzt. *Zweischichtwerkstoffe* dienen zur Herstellung z. B. für Schuhsohlen. Auch steife und sehr leichte *Sandwichkonstruktionen* zählen zu den Verbundsystemen. *Mehrkomponenten-* und *Hinterspritztechniken*, sowie *Insert-* und *Outserttechnik* ermöglichen die Herstellung von Verbundsystemen auch mit anderen Werkstoffen, wie Elastomeren, Metallen usw.

13.1 Faser-Verbundsysteme

In der Leichtbautechnik, z. B. im Flugzeugbau, in der Raumfahrt, für Spezialkarosserien und Sportgeräte spielen Verbundsysteme aus härtbaren Harzen und Thermoplasten als *Matrix* und *Fasersysteme* als Träger für hohe Festigkeit und Steifigkeit eine außerordentlich wichtige Rolle. Häufig werden in der *Sandwichbauweise* die tragenden Deckflächen aus diesen hochfesten und biegesteifen Verbundwerkstoffen kombiniert mit einem Stützkern in verschiedenem Aufbau und unterschiedlichen Werkstoffen (Kunststoffschäume, Waben aus Metallen und Kunststoffen).

Als duroplastische Matrix kommen vorwiegend die *Gießharze* UP, EP, PUR und PI zum Einsatz, als thermoplastische Matrix für GMT vor allem Polypropylen PP, aber auch andere Thermoplaste wie Polysulfon PSU, z. B. im Flugzeugbau.

Als *Fasern* werden verwendet Glasfasern GF, Kohlenstoff-Fasern CF (*Celion, Sigrafil, Sigratex; Sofita*) und Aramidfasern RF (*Kevlar, Twaron*); PE-Fasern (*Dyneema*) oder Kombinationen dieser Fasern (Werte siehe Tabelle 13.1).

Im Hinblick auf die Verarbeitung und den Einsatz von Faserverstärkungen sind zahlreiche Lieferformen handelsüblich: *Rovings, geschnittene Fasern* für *Vliese* und *Matten, Gewebe* in verschiedensten Webarten; *Kurz-* und z. T. *Langglasfasern* für thermoplastische Formmassen.

Tabelle 13.1 Eigenschaften verschiedener Fasern, die Bruchdehnung aller Fasern beträgt nur wenige Prozent

Faser	**Dichte** g/cm^3	**Zugfestigkeit** MPa	**Elastizitätsmodul** GPa
E-Glasfaser	2,52	2500	70
R-Glasfaser	2,54	3600	85
S-Glasfaser	2,49	4500	86
C-Faser HT-Typ	1,77	2700 bis 3500	220 bis 240
C-Faser HM-Typ	1,90	2000 bis 3200	350 bis 490
Aramidfaser Kevlar 29	1,44	2800 bis 3000	58 bis 80
Aramidfaser Kevlar 49	1,45	2700 bis 3000	130 bis 132
PE-Faser (Dyneema SK60 von DSM)	0,97	2600 bis 3300	87
Polyester-Polyarylat-Faser (Vectran von Kuraray)	1,41	1000 bis 3000	50 bis 103
Hanf (Naturfaser)	1,50	830	13

13.1.1 Faserwerkstoffe, Faserprodukte

Bei faserverstärkten Kunststoffen ist besonders wichtig die *Haftung* der Fasern an der Matrix, damit optimale Verstärkung gewährleistet ist.

Zur Verstärkung von Kunststoffen werden Fasern unterschiedlicher Herkunft verwendet (siehe auch Tabelle 13.1):

- Organische Naturfasern und deren abgewandelte Produkte: Holz, Zellstoff, Cellulose, Papier, Baumwolle, Sisal, Jute, Flachs, Hanf, Kokosfaser
- Kunststoff-Fasern auf der Basis PE, PP, PVC, AN, PA, PUR, PET, PBT, Aramidfasern, Kohlenstofffasern, PEI-Fasern, Polyester-Polyarylat-Fasern
- Anorganische Fasern aus Aluminium, Aluminiumoxid, Bor, Borcarbid, Bornitrid, Glas, Stahl, Wolfram, Zirkonoxid.

In der Anwendung kann man unterscheiden:

- *Verstärkungen für Pressmassen* werden als Glas-Kurzfasern oder Langfasern („Sauerkrautmassen") oder als Baumwoll-Gewebeschnitzel für unterschiedliche Zwecke eingemischt, z. B. zur Erhöhung der Festigkeit, Steifigkeit, Temperaturbeständigkeit und Bruchsicherheit (siehe auch Kap. 12).
- *Verstärkungen für Schichtpressstoffe* in Form von Papier, Baumwoll-, Glas- oder Mineralfasergewebe.
- *Fasern für thermoplastische Kunststoffe* überwiegend in Form von Kurzglasfasern (langglasfaserverstärkte Thermoplaste sind ebenfalls auf dem Markt, benötigen aber spezielle Verarbeitungstechniken), bei technischen Kunststoffen auch Kohlenstofffasern möglich, z. B. zur Erhöhung von Festigkeit, Steifigkeit und

Temperaturbeständigkeit. Bei glasmattenverstärkten Thermoplasten (GMT) handelt es sich um Halbzeuge, bei denen Glasmatten und/oder Glasvliese in eine Matrix aus (vorwiegend) PP, aber auch anderen technischen Thermoplasten eingearbeitet sind.

- *Verstärkungen für Verbundwerkstoffe* sind bei UP-Harzen vorwiegend Glasfasern, Glasgewebe unterschiedlicher Webart und Glasvliese und bei EP-Harzen Glasfasern, Kohlenstoff- und Aramidfasern und Gewebe unterschiedlicher Webart, sowie Kombinationen (Hybride).

Aus Kunststoffen selbst werden Fasern für die unterschiedlichsten Anwendungszwecke hergestellt:

PE, PP: Seile, Taue, Netze, Bänder

PS: Isolierumspinnungen in der Fernsehtechnik

PVC-Copolymerisate: Chemietechnik, Säureschutzkleidung

Polyfluorcarbone: unbrennbare Arbeitsschutzkleidung

Acrylnitril-Copolymerisate: Textil- und Teppichindustrie

Polyamide: Textilindustrie, Reifencord, Schnüre, Borsten, Bänder, Seile

Aramidfasern: Feuerschutzkleidung, schusssichere Ausrüstungen

PUR-Elastomere: Stützgewebe

PET und *PBT:* Textiltechnik, Cordgewebe, Einlagen in Förderbänder und Treibriemen, Bautechnik, Zeltstoffe

Cellulose (Viskose): Textiltechnik.

13.1.2 Besonderheiten bei Faser-Verbundsystemen

Auf die Festigkeit eines Faser-Verbundes wirken sich folgende wichtige Einflussfaktoren aus: *Harzsystem*, *Fasersystem*, *Fasergehalt*, *Haftung* der Faser an der Matrix (Harz oder Thermoplast), *Verarbeitungsbedingungen* und *Beanspruchungsart*. Die hohe Festigkeit der Verstärkungsfasern kann nur dann voll ausgenutzt werden, wenn die Bruchdehnung der Matrix größer ist als die Bruchdehnung der Faser (Bild 13.1).

Bei Gewebe- und Mattenverstärkungen sind die Verbundprobleme noch wesentlich komplizierter. Die *Haftung* des Harzes an der Faser ist von besonderer Bedeutung, da sonst bei Biegebeanspruchung vorzeitig Ablösungen auftreten. Außerdem kann eine starke Schwindung des Harzes Hohlräume an der Faseroberfläche verursachen, die zu ungenügender Haftung des Harzes an der Faser führen können. Die *Richtung* der Fasern im Gewebelaminat ergibt eine richtungsabhängige Elastizität und Festigkeit des Laminats (Anisotropie). Bei Glasfasermatten ist ein gleichmäßiges Festigkeitsverhalten (Isotropie) zu erwarten, siehe auch Bild 13.2.

Der *Fasergehalt* in einem FK-Laminat ist von der Art der Verstärkung und den Verarbeitungsbedingungen abhängig. Die Festigkeit nimmt mit dem Fasergehalt zu bis zu einem Optimalwert. Bei höheren Fasergehalten sinkt die Festigkeit, weil dann die Haftung zwischen Faser und Harz infolge zu niedrigen Harzgehalts ungenügend wird und durch die hohen Pressdrücke Fasern geschädigt werden.

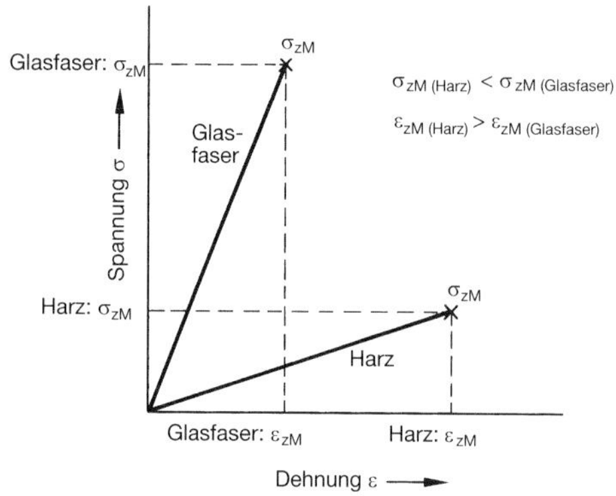

Bild 13.1 Spannungs-Dehnungs-Verhalten und Bruchverhalten von Harz und Glasfaser (schematisch)

Die *Prüfung* von faserverstärkten Formstoffen kann nach den für Kunststoffen üblichen Prüfverfahren erfolgen, jedoch sind teilweise besondere Bedingungen für die Prüfkörper und die Prüfung notwendig. Wichtig ist dabei vor allem die *sog. interlaminare Scherbeanspruchung*, die als Querkraftwirkung bei Biegung auftritt und zu vorzeitigen *Scherbrüchen* führen kann, ehe die volle Festigkeit ausgenützt ist. Die Prüfung der interlaminaren Scherfestigkeit erfolgt nach DIN 65148 und DIN EN 2377; weitere Prüfnormen für faserverstärkte Kunststoffe siehe Luft- und Raumfahrtnormen DIN 65375ff. und DIN EN-Normen.

Die besonderen Verhältnisse der Faser-Verbundwerkstoffe erfordern auch die Beachtung bestimmter Konstruktionsprinzipien. Bei faserverstärkten Laminaten

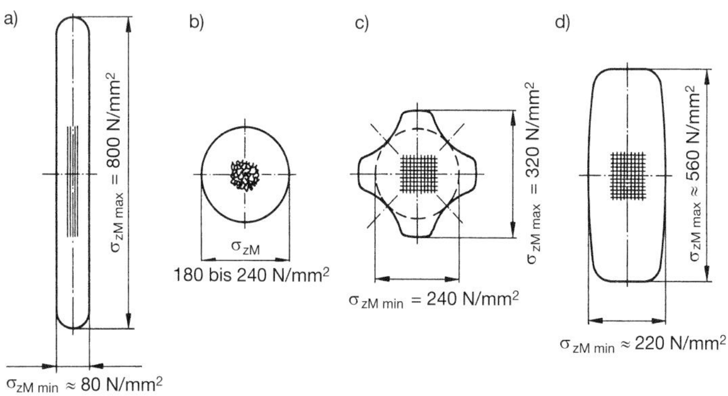

Bild 13.2 Richtungsabhängige Festigkeitsverteilung verschiedener Verstärkungsarten a) Rovings, b) Glasseidenmatte, c) Gewebe in Leinenbindung, d) kettverstärktes Gewebe

kann die Verstärkung durch geeignete Wahl der Faserprodukte gezielt erreicht werden. Bei thermoplastischen, faserverstärkten Formmassen sind Anisotropien zu beachten, die von der Konstruktion, der Lage des Anspritzpunktes, sowie der Art des Angusses abhängig sind.

Eine *neuere Entwicklung* stellt *CFC* dar, d. h. kohlenstofffaserverstärkter Kohlenstoff (*Sigrabond* von SGL). Dabei sind die Kohlenstoff-Faserverstärkungen in eine Matrix aus Kohlenstoff eingebettet, der durch eine spezielle Wärmebehandlung von hochkohlenstoffhaltigen, teerartigen Produkten erzeugt wird. *Anwendungsbeispiele*: Hochtemperaturbeanspruchte Formteile und physiologisch besonders unempfindliche Teile für medizinische Implantate.

Bei *GMT* werden Glasfaserprodukte in eine thermoplastische Matrix, meist Polypropylen PP, eingebettet. Die Halbzeuge lassen sich umformen; die gesamte Verarbeitung ist aber aufwendiger als bei SMC-Materialien.

13.1.3 Verarbeitungstechniken für Reaktionsharzmassen mit Faserverstärkungen

Die Art und Gestalt der verstärkenden Fasersysteme bestimmen weitgehend das Verarbeitungsverfahren.

Handverfahren (Laminiertechnik)

Handverfahren sind geeignet für die Herstellung sehr großflächiger Teile in geringen Stückzahlen bei niedrigen Investitionskosten, aber hohem Arbeitsaufwand. Formteile sind nur einseitig glatt; Wanddicken ab 1 mm. Auf ein entsprechendes Werkzeug aus Holz, Gips oder GFK wird zunächst ein *Trennmittel* und dann eine harzreiche *Feinschicht* (Gelcoat) aufgebracht. Auf diese angelierte Feinschicht werden dann lagenweise Glasfaserprodukte (Matten, Gewebe) und Reaktionsharz auflaminiert. Die einzelnen Verstärkungsschichten sind gut mit Harz zu tränken und dann mit Pinsel oder Rolle zu verdichten, wobei möglichst alle Luftbläschen von der Mitte nach außen zu verdrängen sind. Erreichbare Glasgehalte liegen zwischen 25 % und 35 % (Gew.-%) bei Glasmatten und 45 % bis 50 % bei Geweben. Die Volumenschwindung nimmt mit zunehmendem Glasgehalt ab.

Faserspritzverfahren

Zur Herabsetzung der Herstellungskosten und zur schnellen Herstellung von großflächigen oder stark gekrümmten Formteilen werden gleichzeitig Reaktionsharz und geschnittene Glasfasern auf ein Werkzeug aufgespritzt. Das Verfahren wird auch eingesetzt zum nachträglichen Versteifen von großflächigen Teilen aus anderen Werkstoffen (z. B. warmumgeformte Badewannen aus PMMA) und zum Auskleiden. Glasfasergehalte liegen zwischen 20 % und 30 %. Formteile sind nur einseitig glatt. Investitionskosten wegen Faserspritzanlage höher als beim Handlaminieren.

Pressverfahren

Pressverfahren ermöglichen höhere Glasfasergehalte als Handlaminieren und Faserspritzverfahren bei guter Maßhaltigkeit und beidseitig glatten Oberflächen.

Pressverfahren geeignet für mittlere bis hohe Stückzahlen. Man unterscheidet *Nasspressen* und das *Verpressen von Harzmattenzuschnitten* (Prepregs, SMC). Beim Nasspressen wird unterschieden in *Kaltpressen* und *Warmpressen*. Harzmatten werden nur warm verarbeitet.

Kaltpressen erfolgt in Werkzeugen, auch Kunststoffwerkzeugen, bei Raumtemperatur. Pressdrücke bis 10 bar; Presszeiten 5 min bis 20 min je nach Formteilgröße.

Warmpressen wird in beheizten Stahlwerkzeugen bei Temperaturen von 80 °C bis 150 °C durchgeführt. Pressdrücke bis 50 bar; Presszeiten ca. 1 min je mm Wanddicke. BMC-Formmassen (Bulk Moulding Compounds) werden warm verpresst.

SMC-Verfahren (Sheet-Moulding-Compound)
Mit UP-Harzen vorimprägnierte, flächige Fasersysteme, geliefert in Rollen, werden im Warmpressverfahren zu großflächigen Formteilen verarbeitet. *Anwendungsbeispiele*: Karosserieteile, Fahrerhäuser; Innenausstattungsgroßteile in Schiffs- und Flugzeugbau; Sitzschalen.

In ähnlicher Weise können flächige Fasersysteme kombiniert mit thermoplastischen Formmassen, vor allem PP, zu *glasmattenverstärkten Thermoplasten* GMT warm verpresst werden.

Für besonders hoch beanspruchte Konstruktionsteile, vorwiegend bei dynamischer Beanspruchung, werden aus EP-Harzen, Rovings, Matten oder Geweben sog. „Prepregs" hergestellt, als Kohlenstoff-, Aramid- u. Glasfaser-Prepreg-Systeme. Die entsprechenden Zuschnitte dieser Prepregs werden zu flächigen Teilen warm verpresst. *Anwendungsbeispiele*: Flugzeugbauteile, Blattfedern im Fahrzeugbau.

Wickel-und Spanntechnik
Mit dieser Technik können Harze mit den Verstärkungskomponenten *Rovings* (Stränge aus Glas-, Kohlenstoff- oder Aramidfasern) in speziellen, computergesteuerten Wickelanlagen zu hochbeanspruchten, leichten und steifen Formteilen verarbeitet werden. Die harzgetränkten Fasersysteme, z. B. *Einzelfäden*, *Rovings*, *Bänder* werden entsprechend der Hauptspannungsrichtungen auf *verlorene Kerne* oder *Stützkerne* gewickelt und anschließend z. B. bei UP in Autoklaven warm ausgehärtet. Aushärtung ist abhängig vom Harzsystem. *Anwendungsbeispiele*: Behälter, Hohlkörper, Rohre, Gelenkwellen, Rotorblätter, Konstruktionsteile im Flugzeugbau.

Strangziehverfahren
Anwendung zur Herstellung von Halbzeugen, Profilen, Rohren mit hohen Fasergehalten, siehe bei UP-Harzen (Kap. 12.3) und EP-Harzen (Kap. 12.4).

13.1.4 Thermoplast-Faserverbundsysteme

Thermoplastische Formmassen werden mit *Kurzfasern* (-GF) verstärkt und im Spritzgieß- und Extrusionsverfahren verarbeitet; sie sind bei den jeweiligen thermoplastischen Kunststoffen im Teil II aufgeführt.

Glasmattenverstärkte Thermoplaste (GMT) nach DIN EN 13677 werden als Halbzeuge für (groß-)flächige Formteile eingesetzt, z. B. mit PP als Matrix.

Unter *thermoplastischen Hochleistungs-Verbundwerkstoffen* versteht man gewebe- oder faserverstärkte Thermoplaste als Kombination von Verstärkung und hochwertigen Thermoplasten (z. B. PA, PPE, PPS, PEEK, Fluorpolymere) mit über 50 % Fasergehalt. Die Ausgangsprodukte liegen zunächst als Prepregs vor. Die Herstellung erfolgt nach einem neuen, wirtschaftlichen Verfahren (*Sulzer-Pulverimprägnierverfahren*), bei dem eine vollständige Benetzung der Fasern mit den aufgeschmolzenen thermoplastischen Kunststoffen erreicht wird. Die Weiterverarbeitung der Prepregs erfolgt z. B. durch Aufwickeln von Bändern zu Scheiben (Rollen) oder durch Aufschichten zu Platten. Die Formteilherstellung ist verbunden mit dem Aufschmelzen der Thermoplastmatrix, Verpressen und Abkühlen. In Tabelle 13.2 sind einige Kombinationen von Thermoplasten und Fasern, sowie der Lieferformen und Verarbeitungsverfahren zusammengestellt. Ein besonderes Verarbeitungsverfahren stellt das *Thermoplastic Fiber Placement* (TFP) nach *Sulzer* dar, mit dem thermoplastische Prepregs zunächst erhitzt und dann mit einem Legekopf unter Druck abgelegt und abgekühlt werden; es lassen sich flächige, gekrümmte und rohrähnliche Formteile herstellen.

Tabelle 13.2 Materialkombinationen und Lieferformen von thermoplastischen Hochleistungscomposites (nach Sulzer)

Produkt	**Lieferform**	**Verarbeitung**
Thermoplastisches Prepreg bestehend aus: *Fasern:* Kohlenstoff-Fasern CF Aramid-Fasern AR Stahl (Glas)-Fasern **Matrix:** Polyamid (PA 12, PA 6) Polyphenylensulfid PPS Thermoplastisches Polyimid (TPI) Polyetheretherketon PEEK Fluorpolymere (PFA, PVDF) in verschiedenen Mischungen und in Faservolumengehalten von 35 % bis 65 %	UD-Band Dicke: 0,15 mm bis 0,5 mm Breite: 5 mm bis 305 mm	Pultrusion Bandablege-verfahren (TFP) Wickeln Rolltrusion Pressformen
	UD-Profil Dicke: >0,5 mm Breite: 5 mm bis 50 mm	Kleben Schweißen
	0/90°-Gewebe in verschiedenen Bindungen Dicke: 0,3 mm Breite: 1000 mm bis 1500 mm	Pressformen Schweißen Kleben

Vorteile dieser thermoplastischen Hochleistungswerkstoffe (gegenüber duroplastischen) sind *Wegfall der Harzhärtung, unbegrenzte Lagerfähigkeit der Prepregs, höhere Zähigkeit* und *Energieabsorption, geringe Arbeitsplatzbelastung* und *große Variationsmöglichkeit* im Eigenschaftsbild der Formteile je nach eingesetztem Thermoplast, sowie Faserart und Aufbau der Faserverstärkung (Tabelle 13.3). Besonders lassen sich z. B. Festigkeit, E-Modul, Lösungsmittelbeständigkeit gezielt beeinflussen. Die Produkte sind *schweiß-* und *klebbar. Anwendungsbeispiele:* Grundplatten für Maschinen, Karosserieteile, Laufräder, Hülsen, Lagerringe, Bandräder.

Tabelle 13.3 Mechanische Eigenschaften eines thermoplastischen Hochleistungscomposites PEEK-CF (nach Sulzer)

Unidirektional-Verstärkung					
Faservolumengehalt %	40	50	55	60	65
Minimale Zugfestigkeit (23 °C) MPa	1590	1960	2150	2400	2600
Zug-(E)-Modul (23 °C) GPa	78	98	107	120–130	150–160
Bruchdehnung %	1,8–2,0	1,8–2,0	1,8–2,0	1,8–2,0	1,8–2,0
Dichte g/cm^3	1,51	1,56	1,58	1,61	1,63
Quasiisotrope Verstärkung (Gewebe verpresst: 0°/90°/±45°, Faservolumengehalt 60 %; Dichte ϱ = 1,6 g/cm)					
Zugfestigkeit MPa 23 °C 150 °C 200 °C				 1100 1050 700	

13.2 Polymerblends (siehe auch Abschn. 4.2)

Die Blend-Technologie wird dazu benützt, um aus verschiedenen Basis-Kunststoffen hochleistungsfähige Werkstoffe mit speziellen Eigenschaften gezielt herzustellen. Die Gemische bestehen aus zwei oder mehreren Basis-Kunststoffen, die molekular verteilt oder mikroskopisch dispergiert sind. Man unterscheidet drei Systeme:

- Blends mit voller Verträglichkeit der Komponenten (einphasige Matrix). Beispiele sind PE-LD+PE-HD, SMA+SAN, PPE+PS-HI.
- Teilverträgliche Blends bilden eine zweiphasige Matrix mit guter physikalischer Wechselwirkung zwischen den Phasen. Beispiele sind PC+ABS und PC+PBT.
- Blends mit Unverträglichkeit zwischen den Polymeren. Zu ihrer Kombination sind bestimmte Copolymere als Phasenvermittler erforderlich. Beispiele sind PA+ABS, PPE+PA.

Der Vorteil der Blendtechnologie liegt darin, aus den Einzeleigenschaften der Basiskunststoffe einzelne gewünschte Eigenschaften besonders herauszuheben. Es ist z. B. bei PC+ABS möglich, Eigenschaften zu erreichen, die keiner der beiden Ausgangskunststoffe aufweist. Das (PC+ABS)-Blend hat besonders hohe Kaltschlagzähigkeit bis –30 °C und Wärmeformbeständigkeit sowie gute Spannungsrissbeständigkeit und gute Verarbeitbarkeit, besser als die Einzelkomponenten.

Zusammenstellung verschiedener technischer Blendtypen

PC-Blends: PC+ABS, PC+ASA, z. B. von Bayer, Sabic IP, Dow, P-Group. Im Kfz-Innenausbau können PC+ABS-Blends und ABS-Teile gemeinsam entsorgt werden, wenn Additive vermieden werden, die PC schädigen. In der Elektronik eignen sich mit einem organischen Phosphat flammwidrig ausgerüstete (PC+ABS)-FR-Blends für Gehäuse in der Elektronik (keine Cl- oder Br-Verbindungen erforderlich).

PPE-Blends: PPE+PS, PPE+PA, z. B. von BASF, Sabic IP, Shell, Mitsubishi, Sumitomo. PPE+PA-Blends verfügen über eine Wärmeformbeständigkeit bis 170 °C und sind deshalb für Kfz-Außenteile für die Online-Lackierung sehr gut geeignet. PPE-Blends werden wegen ihrer guten Hydrolysebeständigkeit, der geringen Wasseraufnahme und hohen Dimensionsstabilität z. B. für Pumpengehäuse und Wärmetauscher eingesetzt.

PBT-Blends: PBT+PET, PBT+PC, z. B. von BASF, Bayer, Sabic IP, DuPont, P-Group. Einsatz von (PBT+PC)-Blends für Karosserieaußenteile; die Teile lassen sich gegenüber Metallteilen durchfärben und die Herstellkosten und das Fahrzeuggewicht verringern, auch sind dem Design geringere Grenzen gesetzt.

PA-Blends: PA+ABS, PA+SMA, PA+PP, z. B. von BASF, Bayer, Sabic IP, P-Group.

PP-E(P)DM-Blends sind eine der wichtigsten thermoplastischen Blendgruppen mit erhöhter Schlagzähigkeit für Automobilaußenanwendungen. *Anwendung* für Karosserieteile, auch für Online-Lackierung, Instrumententafeln, Gehäuse für und in der Elektronik, Verpackungsindustrie.

TPU+ABS-Blends weisen ausgezeichnete Zähigkeitswerte auf und werden z. B. für Skischuhe verwendet.

ABS+PA6 (Terblend N von BASF) mit guter Schlagzähigkeit, auch bei tiefen Temperaturen, gute Wärmeform- und Chemikalienbeständigkeit, gute Oberflächenbeschaffenheit und angenehme Haptik bei sehr guter Verarbeitbarkeit wegen sehr guter Fließfähigkeit. Einsatzgebiete vor allem für Bauteile im Kfz-Innenraum (Mittelkonsolen, Lüftungsdüsen, Airbagabdeckungen, Radioblenden, Handschuhfächer).

Bei den einzelnen Kunststoffen in Teil II sind die Blendprodukte ebenfalls erwähnt.

14 Elastomere

Elastomere sind natürliche oder synthetische Stoffe mit hoher *Elastizität, niedrigem Elastizitätsmodul* und *hoher Dehnbarkeit.* Das viskoelastische Verhalten folgt teilweise dem Hookeschen Gesetz idealer fester Körper als auch dem Newtonschen Gesetz idealer Flüssigkeiten. Die *Gummielastizität* (Entropieelastizität) wird bei den *klassischen Elastomeren* durch eine mehr oder weniger *weitmaschige Vernetzung* der Makromoleküle erreicht, bei den *thermoplastischen Elastomeren* durch den entsprechenden molekularen Aufbau. Die *Glasübergangstemperaturen* T_g der Elastomere liegen meist weit unterhalb 0 °C.

Bei den Polyurethanelastomeren gibt es *vernetzte* und *thermoplastisch verarbeitbare* Systeme, die gemeinsam in Kapitel 14.2.1 behandelt sind.

14.1 Vernetzte Elastomere (Gummiwerkstoffe)

Vernetzte Elastomere (Gummi) entstehen durch *Vulkanisation* einer *Gummimischung*, wobei Kautschukmoleküle durch Schwefel oder Peroxide unter Druck- und Wärmeeinwirkung *weitmaschig* vernetzt werden. Der *Vulkanisationsgrad* (Anzahl der Vernetzungspunkte) hängt ab von der *Gummimischung* und den *Vulkanisationsbedingungen* bei der Verarbeitung.

■ Gummimischungen

Eine Gummimischung besteht i. A. aus

- Kautschuk, der maßgebend ist für die *mechanischen Eigenschaften* des Gummis, für das *Quellverhalten* in Medien (Öle, Treibstoffe, Lösemittel, Wasser), das *Alterungsverhalten*, sowie den *Einsatztemperaturbereich.*
- Vernetzungs-/Vulkanisationsmittel bewirken die *Vernetzung* („Brückenbildung") zwischen den Kautschukmolekülen. Meist werden *Schwefel* (bis 2 %) oder Schwefel abspaltende Stoffe verwendet, für spezielle Kautschuke *Peroxide, Amine* u. a. Mit sehr hohen Schwefelmengen wird *Hartgummi* hergestellt.
- Beschleuniger (Thiazole, Thiurame, Amine usw.) erhöhen die *Reaktionsgeschwindigkeit* bei der Vernetzung und werden in Abhängigkeit vom Verarbeitungsverfahren ausgewählt.
- Aktivatoren (Zinkoxid, Stearinsäure) steigern die Wirkung der Beschleuniger.
- Füllstoffe sind meist pulverförmig und können *aktiv* oder *inaktiv* sein.
- Aktive (verstärkende) Füllstoffe sind sehr fein (bis 100 nm) und verbessern durch die großen Oberflächen die mechanischen Eigenschaften *Festigkeit* und *Abriebwiderstand,* meist auch den *Elastizitätsmodul.* Für schwarze Gummimischungen werden Gasruß, für helle Gummimischungen z. B. Kieselsäure verwendet.
- Inaktive Füllstoffe (z. B. grobe Ruße, Kaolin) sind grobkörnig, beeinflussen die mechanischen Eigenschaften unwesentlich, verbessern jedoch die *elektrischen Isoliereigenschaften* und werden meist zur Verbilligung der Gummisorte eingesetzt.

- Weichmacher verbessern in kleinen Mengen durch Erniedrigung der Viskosität die *Verarbeitbarkeit* der Gummimischung und die Einarbeitung der Füllstoffe. Bei größeren Mengen wird die Härte herabgesetzt und die Stoßelastizität und die Kältefestigkeit verbessert. Durch Verdampfen des Weichmachers (Ausschwitzen) kann der Elastomer verspröden. Beispiele für Weichmacher: Mineralöle, Fettsäuren.
- Alterungsschutzmittel schützen gegen *Alterung* durch Ozon, Sauerstoff, Wärme und UV-Strahlung. Wegen Verfärbung können sie in hellfarbigen Gummimischungen kaum eingesetzt werden. Meist verwendet man *Phenole* oder spezielle *Amine*. Schutz gegen Sonnenlicht bieten ausschwitzende Wachskörper, z. B. Paraffin.
- Farbmittel (Eisenoxid, Zinkweiß u. a.) dienen zum Einfärben von rußfreien Mischungen. Farbänderungen durch „Vergilben" sind möglich.
- Regenerat wird hergestellt aus Altgummi, der gemahlen und durch Depolymerisation teilweise wieder verarbeitungs- und polymerisierbar gemacht wird. Regenerat verbilligt die Gummimischung, verbessert die Verarbeitbarkeit, verschlechtert allerdings die mechanische Festigkeit und Elastizität.
- Sonstige Zusatzstoffe: *Treibmittel* zur Herstellung von Schaumstoffen oder *Parfümierungsmittel* für spezielle Anwendungen.

■ Herstellung und Verarbeitung von Gummimischungen

Die nach Gummirezeptur zusammengestellten Bestandteile werden beim Verarbeiter auf Mischwalzwerken oder Innenmischern homogen gemischt und auf einem Walzwerk zu einem „Fell" oder zu „Streifen" verarbeitet, je nach vorgesehener Weiterverarbeitung. Vor der Verarbeitung werden aus der Mischung Prüfplatten gepresst, die auf die geforderten Eigenschaften (Festigkeit, Dehnungswerte, Shorehärte, Stoßelastizität, Dichte usw.) geprüft werden. Entspricht die Mischung den Anforderungen, so wird sie zur Verarbeitung freigegeben.

Die Verarbeitung von Gummimischungen zu Formteilen oder Halbzeugen erfolgt durch

Pressen, *Spritzpressen* (Transferpressen) oder *Spritzgießen* zu Formteilen. Die Formgebung erfolgt unter Druck und Temperatur bei *gleichzeitiger Vulkanisation.*

Extrusion von Schläuchen, Profilen und Rohren. Die Vulkanisation erfolgt z. B. in Autoklaven *nach* der Formgebung.

Kalandrieren zur Herstellung von Gummitüchern bzw. gummiertem Gewebe. Die Vulkanisation erfolgt *nach* der Formgebung.

Tauchen zur Herstellung von Handschuhen usw.

■ Auswahl von Elastomertypen (Gummisorten) mit Anwendungsbeispielen

Elastomere auf Basis von Naturkautschuk NR (z. B. *SMR-Kautschuk, Crepe*)
Ausgangsmaterial ist Latex (Milchsaft von Gummibäumen – Hevea brasiliensis).

Eigenschaften: Hohe Elastizität, Reißfestigkeit, dynamische Festigkeit, Stoßelastizität, Abriebfestigkeit; geringes plastisches Fließen. Schlechte Witterungsbeständigkeit, starke Quellung in Mineralölen, Treibstoffen, Fetten.

Härtebereich: (25 bis 100) Shore A *Stoßelastizität:* (50 bis 80) %

Einsatztemperaturen: –40 °C bis +80 °C.

Anwendungsbeispiele: Lkw-Reifen, Gummifedern, Motorlager, Membranen, Scheibenwischergummi.

Elastomere auf Basis Styrol-Butadien-Kautschuk SBR
(z. B. *Buna*, *Europrene*, *Krylene*, *Sconapor*, *Ucar*)

Eigenschaften: Abriebwiderstand und Alterungsverhalten besser als bei NR; elastisches Verhalten, Kerbfestigkeit schlechter als bei NR. Starke Erwärmung bei Walkbeanspruchung (dynamischer Beanspruchung). Starke Quellung (wie NR) in Mineralölen, Treibstoffen, Schmierfetten.

Härtebereich: (40 bis 100) Shore A *Stoßelastizität:* (40 bis 50) %

Einsatztemperaturen: –50 °C bis +100 °C

Anwendungsbeispiele: Pkw-Reifen, abriebfeste Gummielemente, Schläuche, Förderbänder, Faltenbälge, Kabelisolationen.

Elastomere auf Basis Acrylnitril-Butadien-Styrol-Kautschuk NBR
(z. B. *Baymod*, *Europrene*, *Krynac*, *Perbunan*)

Eigenschaften: Sehr gute Beständigkeit gegen Öle, Schmierfette, Treibstoffe aber nicht gegen aromatische Kohlenwasserstoffe und Bremsflüssigkeiten. Gute Alterungsbeständigkeit, gute Abriebfestigkeit, geringes plastisches Fließen. Niedrige Kältebeständigkeit, geringe Elastizität.

Härtebereich: (25 bis 95) Shore A *Stoßelastizität:* (10 bis 40) %

Einsatztemperaturen: Einsatztemperaturen: –30 °C bis +100 °C.

Anwendungsbeispiele: Ölbeständige Dichtungen und Formteile, Membranen, Wellendichtringe, Kraftstoffschläuche.

Elastomere auf Basis Chlor-Butadien-Kautschuk CR
(z. B. *Baypren*, *Butaclor*, *Dryton*, *Intrile*, *Neoprene*)

Eigenschaften: Gute Witterungs- und Ozonbeständigkeit, flammwidrig durch Cl. Mittlere Ölbeständigkeit; empfindlich gegen Heißwasser. Elastizität und Kältebeständigkeit geringer als bei NR. Bei niedrigen Temperaturen Verhärtung durch Kristallisation möglich.

Härtebereich: (30 bis 90) Shore A *Stoßelastizität:* (40 bis 50) %

Einsatztemperaturen: –30 °C bis +100 °C.

Anwendungsbeispiele: Bautendichtungen, Auskleidungen, Förderbänder, Gewebebeschichtungen, Kabelummantelungen, Manschetten, Faltenbälge.

Elastomere auf Basis Isobutylen-Isopren-Kautschuk IR/IIR
(z. B. *Hycar*)

Eigenschaften: Sehr geringe Luft- und Gasdurchlässigkeit, sehr gute elektrische Isoliereigenschaften, gute Alterungsbeständigkeit. Niedrige Elastizität, Neigung zu bleibender Verformung, hohe innere Dämpfung. Nicht beständig gegen Mineralöle, Treibstoffe, Fette, aber beständig gegen Bremsflüssigkeiten, Säuren, Laugen, Aceton, Heißdampf.

Härtebereich: (40 bis 85) Shore A *Stoßelastizität:* (5 bis 10) %

Einsatztemperaturen: –40 °C bis +100 °C.

Anwendungsbeispiele: Luftschläuche für Reifen, Innenlage für schlauchlose Reifen, Membranen in Heizungssystemen, Kabelmäntel, Heißwasserschläuche.

Elastomer auf Basis Acrylatkautschuk ACM
(z. B. *Apec*, *Vamac*)

Eigenschaften: Sehr gute Wärmebeständigkeit, auch gegen heiße aggressive Schmiermittel, aber nicht gegen Wasser, Dampf und Kraftstoffe. Geringe Kältebeständigkeit, schwierige Verarbeitbarkeit.

Härtebereich: (55 bis 90) Shore A *Stoßelastizität:* (5 bis 8) %

Einsatztemperaturen: –25 °C bis +140 °C.

Anwendungsbeispiele: Wellendichtringe, O-Ringe.

Elastomere auf Basis Ethylen-Propylen-Kautschuk EPM, bzw. auf Basis Ethylen-Propylen-Dien-Kautschuk EPDM
(z. B. *Buna*, *Dryton*, *Dutral*, *Keltan*, *Nordel*, *Vistalon*)
Vernetzung erfolgt bei EPM mit Peroxiden, bei EPDM mit Schwefel.

Eigenschaften: Gute Witterungs-, Alterungs- und Ozonbeständigkeit; beständig gegen heißes Wasser, Waschlauge und Kühlwasser. Quellverhalten in Ölen wie NR. Gute elektrische Isoliereigenschaften. Elastisches Verhalten wie SBR.

Härtebereich: (25 bis 90) Shore A *Stoßelastizität:* (30 bis 40) %

Einsatztemperaturen: –50 °C bis +120 °C.

Anwendungsbeispiele: Dichtungen und Schläuche für Wasch- und Geschirrspülmaschinen, Kfz-Schläuche für Kühlwasser und Heizung; Kabelmäntel, Fensterdichtungen. „Weichmacher" für Polypropylen.

Elastomere auf Basis chlorsulfoniertes Polyethylen CSM
(z. B. *Hypalon*)

Eigenschaften: Ausgezeichnete Oxidations- und Alterungsbeständigkeit, auch gegen Ozon. Gute Farbstabilität. Quellverhalten ähnlich CR. Gute elektrische Isoliereigenschaften.

Härtebereich: (50 bis 90) Shore A *Stoßelastizität:* (20 bis 30) %

Einsatztemperaturen: –40 °C bis +130 °C.

Anwendungsbeispiele: Hellfarbige technische Formteile für Außenanwendungen. Textilgummierungen für Zelte, Kabelisolierungen, Dachfolien, Auskleidungen.

Elastomere auf Basis Fluorkautschuk FKM

(z. B. *Dynamar, Fluorel, Fluran, Tecnoflon, Viton*)

Eigenschaften: Sehr hohe Temperaturbeständigkeit auch in Öl, Treibstoff, Lösemitteln (nicht bei polaren Lösemitteln wie Aceton), Säuren und Laugen. Ungünstiges Kälteverhalten.

Härtebereich: (60 bis 95) Shore A *Stoßelastizität:* (5 bis 8) %

Einsatztemperaturen: –25 °C bis +200 °C.

Anwendungsbeispiele: Dichtungen für hohe Temperaturen in Ölen und Kraftstoffen.

Elastomere auf Basis Methyl-Vinyl- bzw. Fluor-Silicon-Kautschuken FMQ/VMQ

(z. B. *Silastic)*

Vernetzung erfolgt mit Peroxiden.

Eigenschaften: Ausgezeichnete Ozon- und Lichtbeständigkeit. Hervorragende Wärme- und Kältebeständigkeit. Geringe Gasdurchdurchlässigkeit; gute elektrische Isoliereigenschaften. Quellbeständigkeit in Ölen und Fetten ähnlich CR. Flammwidrig, antiadhäsiv, physiologisch unbedenklich.

Härtebereich: (25 bis 85) Shore A *Stoßelastizität:* (10 bis 15) % für VMQ
(30 bis 50) % für FMQ

Einsatztemperaturen: –100 °C bis +200 °C.

Anwendungsbeispiele: Dichtelemente bei hoher thermischer und/oder elektrischer Beanspruchung, Kabelisolationen (Zündkabel); Förderbänder mit Antihafteffekt. Durch BGA-Zulassung für medizinischen Bereich, z. B. Bluttransfusionsschläuche, künstliche Herzklappen und Adern; Membranen für künstliche Nieren.

Sonderwerkstoffe:

Flüssig-Siliconkautschuke LSR (z. B. *Elastosil*) werden als Zweikomponentensysteme im Spritzgießverfahren verarbeitet und werden verarbeitungsfertig geliefert. Eigenschaften ähnlich FMQ mit dem Vorteil der einfachen Verarbeitung.

Kaltvernetzende Siliconkautschuke RTV werden als Ein- und Zweikomponentensysteme eingesetzt als Abform- und Dichtungsmassen.

Die Vernetzung des strukturviskosen, additionsvernetzenden Silicons *Lumisil UVl* (Wacker) erfolgt durch UV-Licht. Einsatzgebiet dieses Werkstoffs ist die Herstellung von optischen Linsen für LEDs direkt auf dem Leuchtdiodenchip.
Ebenfalls UV-härtend ist *Semicosil UV* von Wacker.

Elastomere auf Basis Polyester/Polyether-Urethan-Kautschuken EU/AU (PUR)

(z. B. *Adiprene, Cellasto, Desmopan, Urepan, Vulkollan*)

Eigenschaften: Hohe Verschleißfestigkeit, gute Stoßelastizität. Niedrige Wärmebeständigkeit. Beständig gegen Treibstoffe und Öle bei niedrigen Temperaturen, unbeständig bei Temperaturen über 70 °C, auch in Wasser. Starke Quellung in Aceton und Aromaten.

Härtebereich: (50 bis 100) Shore A *Stoßelastizität:* (15 bis 50) %

Einsatztemperaturen: –30 °C bis +80 °C.

Anwendungsbeispiele: Verschleißfeste Vollreifen und Laufrollen (Rollschuhe usw.), Membranen, Dichtungen; Schaumstoffe.

14.2 Thermoplastische Elastomere TPE

Die Gruppe der *thermoplastischen Elastomere* verbindet die besonderen Eigenschaften der Elastomere mit den Verarbeitungsmöglichkeiten der Thermoplaste. Die hochelastischen Eigenschaften werden bei diesen Kunststoffen erreicht durch *lose physikalische* Vernetzung oder *weitmaschige chemische* Vernetzung. Dadurch ergibt sich ein Übergangsbereich von den steifen Thermoplasten über hochelastisch eingestellte Thermoplaste im quasigummielastischen Zustand bis hin zur Gruppe der Elastomere (nach DIN 7724), bei denen eine *Vernetzungsreaktion* (Vulkanisation) stattfindet. Zur letzteren Gruppe zählen die Gummiwerkstoffe auf der Basis von *Natur-* und *Synthesekautschuk*. Die *Gummiwerkstoffe* werden i. A. nicht zu den Kunststoffen gezählt, da sie sich in *Aufbau* und *Verarbeitungstechnologie* wesentlich von diesen unterscheiden.

Nicht nur die thermoplastische Verarbeitbarkeit ist ein großer Vorteil der TPE, ganz besonders interessant ist die Verwendung von thermoplastischen Elastomeren beim Zweikomponentenspritzgießen für *Hart-Weich-Kombinationen*.

■ Einteilung von thermoplastischen Elastomeren

Polymerblends bestehen aus einer „harten" thermoplastischen Kunststoffmatrix, in die unvernetzte oder vernetzte Elastomerpartikel eingebracht werden. Dazu gehören z. B. die thermoplastischen Polyolefinelastomere TPO mit unvernetztem Kautschuk, z. B. TPO-(EPDM+PP) und TPV mit vernetztem Kautschuk, z. B. TPV-(EPDM+PP). In Polypropylen PP wird bis zu 65 % Ethylen-Propylen-(Dien)-Kautschuk EP(D)M eingearbeitet.

Pfropf- oder Copolymere enthalten *thermoplastische* (A) und *elastomere* (B) Sequenzen. Bei den Styrol-Block-Copolymeren TPS wechseln in der Polymerkette Blöcke von (hartem) Polystyrol und weichem (Poly-)Butadien oder (Poly-) Isopren oder anderen (TPS-SBS, TPS-SIS, TPS-SEBS, TPS-SEPS) ab. Die harten A-Sequenzen befinden sich im Gebrauchstemperaturbereich bei amorphen Polymeren unterhalb der Glasübergangstemperatur T_g und bei teilkristallinen Polymeren unterhalb der Kristallitschmelztemperatur T_m. Die weichen B-Sequenzen befinden sich dagegen im Gebrauchstemperaturbereich oberhalb der Glasübergangstemperatur T_g. Bei Erwärmen über T_g bzw. T_m der harten A-Sequenz können diese Stoffe dann thermoplastisch verarbeitet werden.

Die *thermoplastischen Elastomere* werden nach DIN EN ISO 18064 gekennzeichnet (siehe Kap. 9.4). Thermoplastische Elastomere sind nach DIN 7724 eine eigene Werkstoffgruppe. Aufgrund ihres Eigenschaftsbildes fallen sie praktisch nicht unter den Begriff „Kautschuk und Elastomere". Es handelt sich um Stoffe, die im *unvulkanisierten* Zustand *gummiähnliche* Eigenschaften haben.

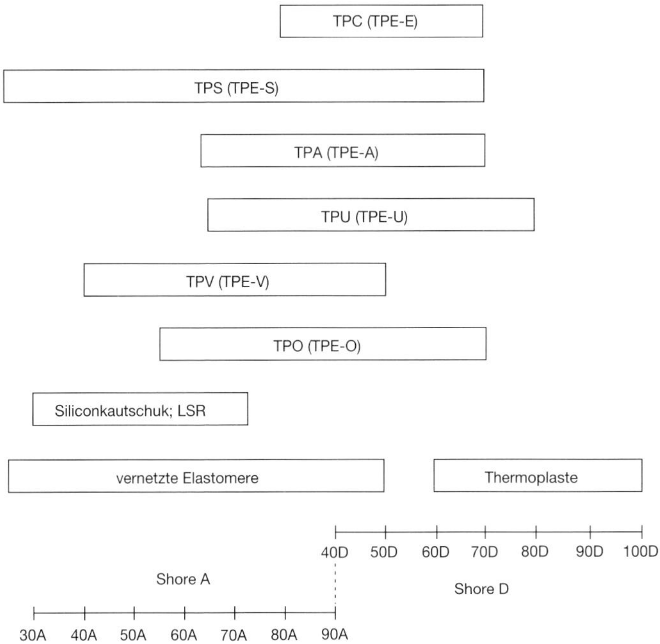

Bild 14.1 Shorehärtebereiche verschiedener Elastomere im Vergleich

Elastomere Werkstoffe, die ihre gummiähnliche Eigenschaften ohne Vulkanisation durch „Legieren" (Blends) erhalten, werden anders gekennzeichnet; es müssen die Einzelbestandteile aufgeführt werden.

Wichtige thermoplastische Elastomergruppen TPE sind (siehe auch Kap. 9.4.2):

TPA (TPE-A):	Polyamid-TPE als TPA-EE, TPA-ES, TPA-ET
TPC (TPE-E):	Copolyester TPC als TPC-EE, TPC-ES, TPC-ET
TPO (TPE-O):	Olefin-TPE als TPO-(EPDM+PP)
TPS (TPE-S):	Styrol-TPE als TPS-SBS, TPS-SIS, TPS-SEBS, TPS-SEPS
TPU (TPE-U):	Urethan-TPE als TPU-ARES, TPU-ARET, TPU-AREE, TPU-ARCE, TPU-ARCL, TPU-ALES, TPU-ALET
TPV (TPE-V):	TPE mit vernetztem Kautschuk als TPV-(EPDM+PP), TPV-(NBR+PP), TPV-(NR+PP)
TPZ:	Spezielle TPE

In Bild 14.1 sind Shore-Härtebereiche verschiedener Elastomere eingetragen.

14.2.1 Polyurethan-Elastomere PUR, TPU

Man unterscheidet Polyurethanelastomere, die bei der Verarbeitung gummielastisch vernetzen und solche mit thermoplastischer Verarbeitungsmöglichkeit.

Polyurethane als massive gummielastische Werkstoffe können bei *festen* Ausgangskomponenten durch Spritzgießen und Extrudieren oder durch Pressen (ähnlich Gummiverarbeitung) zu Formteilen verarbeitet werden, bei *flüssigen* Ausgangskomponenten durch Gießen. Die Eigenschaften der Formteile aus PUR-Elastomeren hängen wenig von der Verarbeitung, mehr von der Rezeptur ab, jedoch sind bei thermischer Beanspruchung die Spritzgusstypen wegen ihres *thermoplastischen* Verhaltens ungünstiger als die *vernetzten* Guss- und Presstypen. PUR-Elastomere sind immer weichmacherfrei. Die Auswahl des Werkstoffs und damit das Verarbeitungsverfahren richten sich nach der Stückzahl, der Formteilgestalt und Formteilgröße; kleine, komplizierte Formteile werden meist durch Spritzgießen oder Pressen hergestellt, große, einfache Formteile meist durch Gießen.

Aufbau

Es handelt sich um Polyaddukte aus Polyisocyanaten und hydroxylgruppenhaltigen Polyestern oder Polyethern, wobei je nach PUR-System auch noch Vernetzungsmittel notwendig sein können.

Thermoplastisches PUR:

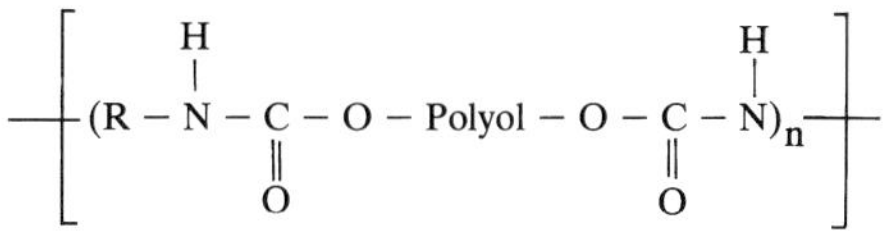

R = Grundgerüst des Diisocyanats
Polyol = kurzkettiges Glykol oder langkettiges Polyol wie Polyester oder Polyether

Vernetztes PUR:

Bei vernetzten PUR-Elastomeren sind dreiwertige Alkohole am Aufbau der Ketten beteiligt, sodass noch eine Verknüpfung der Ketten möglich ist. Die Härte dieser PUR-Elastomere ist über die Anteile von zwei- und dreiwertigen Alkoholen einstellbar.

Handelsnamen (Beispiele):

Cellasto, Elastoblend, Elastollan, Emdicell (Elastogran); Desmopan, Texin, Vulkollan (Bayer); Fabeltan (Exxon); Grilflex (EMS); Hylene (DuPont); Isoplast, *Pellethane* (Dow); Kuramiron (Kuraray); Onflex-U (Bergmann); Rimplast (Degussa)

Eigenschaften

Dichte: 1,14 bis 1,26 g/cm^3.

Gefüge thermoplastisch: Bei den thermoplastischen PUR-Elastomeren ergeben *kurzkettige* Glykole nach der Reaktion mit dem Diisocyanat *steife, harte Molekülsegmente* (Hartsegmente), während langkettige Polyester oder Polyether mit dem Diisocyanat *weiche, elastische Molekülsegmente* (Weichsegmente) ergeben. Durch das Verhältnis von Hart- und Weichsegmenten in der langen Molekülkette erhält man unterschiedlich harte, aber dennoch elastische Werkstoffe. Im Wesentlichen beeinflussen Struktur und Anzahl der Weichsegmente die Elastizität und das Tieftemperaturverhalten, während Struktur und Anzahl der Hartsegmente vor allem die Härte und das Verhalten bei höheren Temperaturen beeinflussen. TPU-ARES haben aromatische Hart- und Polyester-Weichsegmente; TPU-ARET aromatische Hart- und Polyether-Weichsegmente; TPU-AREE aromatische Hartsegmente und Weichsegmente mit Ester- und Ether-Bindungen; TPU-ARCE aromatische Hart- und Polycarbonat-Weichsegmente; TPU-ARCL aromatische Hart- und Polycaprolactam-Weichsegmente; TPU-ALET aliphatische Hartsegmente und Polyether-Weichsegmente.

Geringe Feuchte- und Wasseraufnahme.

Gefüge vernetzt: Die gieß- und pressbaren PUR-Elastomere haben wenig bis stark vernetztes Gefüge.

Geringe Feuchte- und Wasseraufnahme.

Farbe: Transluzent, meist bräunlich; Neigung zum Vergilben, deshalb nur in kräftigen Farben einfärbbar.

Mechanische Eigenschaften: Die PUR-Elastomere haben hohe Zugfestigkeit bei großer Bruchdehnung, sowie hohen Elastizitätsmodul im Vergleich zu konventionellen Gummiwerkstoffen. Härtebereich von 98 Shore A bis 75 Shore A, entsprechend 65 Shore D bis 30 Shore D. Sehr guter Verschleißwiderstand; weitere Verbesserung der Verschleißfestigkeit durch Schmierung. Hohe Weiterreißfestigkeit, gutes Rückverformungsverhalten, hohe Flexibilität und gutes Dämpfungsvermögen (Erwärmung beachten). Gute Haftfestigkeit auf Metallen.

Elektrische Eigenschaften: Als Isolierwerkstoff im Hochspannungsbereich nicht einsetzbar, da nur relativ niedrige Widerstandswerte und ungünstiges dielektrisches Verhalten.

Thermisches Verhalten: Einsatzbereich –40 °C bis 80 °C, ggf. bis 110 °C. Durch hohe mechanische Dämpfung bei dynamischer Beanspruchung evt. hoher Temperaturanstieg. Durch den molekularen Aufbau bedingt ist die Temperaturabhängigkeit der Eigenschaften bei den *vernetzten* PUR-Elastomeren geringer als bei *thermoplastischen* PUR-Elastomeren.

Brennen z. T. unter Tropfenbildung außerhalb der Flamme weiter, z. T. auch selbstverlöschend.

Beständig gegen (Auswahl): Alkoholfreie Benzine, Benzol; unlegierte Fette und Öle; kaltes Wasser (dauernder Kontakt mit kaltem Wasser ergibt jedoch im Laufe der Zeit eine Verschlechterung der mechanischen Eigenschaften), Sauerstoff.

Nicht beständig gegen (Auswahl): Heißes Wasser, Sattdampf, heiße und feuchte Luft; technische, d. h. legierte Öle und Fette; konzentrierte Säuren und Laugen; Alkohol; Chlorkohlenwasserstoff, Schwefeldioxid, Ammoniak. Quellung in aromatischen Lösemitteln, meist aber geringer als andere Elastomere. Vergilbt und versprödet durch UV-Bestrahlung.

Verarbeitung der thermoplastischen PUR-Elastomere

Vortrocknen: Feuchtes Granulat vortrocknen ca. 2 h bei 100 °C bis 110 °C; vor dem Extrudieren unbedingt vortrocknen. Granulattrichter immer geschlossen halten.

Spritzgießen infolge thermoplastischen Verhaltens sehr gut möglich. Massetemperaturen 190 °C bis 220 °C, bei einigen härteren Qualitäten bis 240 °C; Temperaturprofile im Spritzzylinder sind nach Rohstoffherstellerangaben zu beachten. Spritzdrücke 400 bar bis 1000 bar. Werkzeugtemperaturen zwischen 20 °C und 30 °C, für Entformung kann Kühlung günstig sein. Schwindung 0,2 % bis 2 % je nach Shorehärte, Wanddicke und Verarbeitungsbedingungen.

Besonderheiten: Bei PUR-Elastomeren lassen sich je nach Shorehärte bestimmte Hinterschneidungen ohne zusätzlichen Werkzeugaufwand entformen.

Für optimale Eigenschaften sind die Spritzgussteile ca. 20 h bei 80 °C bis 120 °C zu tempern oder vor dem Gebrauch 4 bis 6 Wochen bei mindestens 20 °C zu lagern.

Extrudieren möglich zur Herstellung von Halbzeugen, Folienschläuchen, Flachfolien, Beschichtungen und Ummantelungen. Extrusionstemperaturen 170 °C bis 220 °C. Auch nach dem Extrudieren ist tempern für optimale Eigenschaften vorteilhaft. „Endlose“ Extrudate vor dem Gebrauch mehrere Wochen bei Raumtemperatur lagern.

Kleben wegen guter Beständigkeit von PUR nur mit speziellen artähnlichen Klebstoffen (ergibt flexible Klebfuge). Epoxidharzklebstoffe vor allem bei der Paarung PUR-Elastomere mit Metallen oder harten Kunststoffen.

Schweißen im Warmgas-, Heizelement-, Wärmeimpuls-, Hochfrequenz- und Reibungsschweißverfahren.

Schnappverbindungen wegen günstigem elastischem Verhalten und gutem Rückstellbestreben sehr gut möglich.

Spanen vor allem bei härteren Typen möglich. Auf scharfe Schneiden der Bearbeitungswerkzeuge achten. Schleifen im Nass- und Trockenschliff mit Schleifscheiben aus Korund und Edelkorund mit keramischer Bindung.

Verarbeitung der gieß- und pressbaren PUR-Elastomere

Gießverfahren: Die flüssigen Rohstoffkomponenten (Diisocyanate und Polyole und Vernetzer) werden gemischt und in flüssiger Form in Werkzeuge gegossen, wo sie drucklos vernetzen. Nachträgliches Tempern bei 80 °C bis 140 °C ergibt optimale Eigenschaften.

Pressverfahren ist ähnlich der Kautschukverarbeitung (Kap. 14.1). In die festen Stoffe wird auf Mischwalzwerken der Vernetzer eingearbeitet; aus den Walzfellen werden Rohlinge entnommen, die in beheizten Werkzeugen zum Formteil vernetzen (ähnlich Vulkanisation von Kautschuk zu Gummi). Bei diesem Verfahren können auch Füllstoffe verschiedener Art zugegeben werden.

Spanen wie bei den thermoplastischen PUR-Elastomeren.

Anwendungsbeispiele

Fahrzeugbau: Lager, Buchsen, Dichtungen, Faltenbälge, Staubkappen, Türschlosskeile, Dämpfungselemente, Hydraulikschläuche, Zahnriemen, Federelemente.

Elektrotechnik: ölfeste, verschleißfeste, zähe und bei tiefer Temperatur noch flexible Kabelummantelungen; schwingungsdämpfende und vibrationsmindernde Elemente.

Feinwerktechnik/Mechatronic, Haushaltgeräte: Verschleißteile, Dichtungen, Manschetten, Puffer, Abstreifer, Kupplungselemente, Zahnriemen, Zahnräder, vibrationsmindernde Bauelemente.

Transportgeräte: Rollen und Laufrollenbeläge.

Werkzeuge: Hammerköpfe, flexible Schleifteller.

Sportartikel: Komplette Skischuhe; Skateboard-, Inlineskater- und Rollschuhrollen; Absätze, Stollen und Sohlen für Sportschuhe (gute mechanische Eigenschaften bei geringem Biegewiderstand in großem Temperaturbereich); Hochleistungssportbahnbeläge.

14.2.2 Polyetheramide TPA

Handelsnamen (Beispiele):

Grilamid (EMS); Pebax (Arkema)

Durch chemisches Einfügen von Polyethergruppen in Polyamide (Blockcopolymerisate) können alle teilkristallinen Polyamide durch unterschiedliche Polyetheranteile in ihren elastischen Eigenschaften wesentlich verändert werden, sodass sie sich ähnlich verhalten wie Elastomere.

Aufbau: Copolymerisate aus Polyether/Polyester- und Polyamidsegmenten mit unterschiedlichen Anteilen nach Art und Länge der Polyamid- bzw. Polyetherblöcke. TPA-EE hat Weichsegmente mit Ether- u. Esterbindungen, TPA-ES Polyester- u. TPA-ET Polyether-Weichsegmente.

Handelsnamen: Pebax (Atofina); Grilon (Ems); Vestamid E (Degussa)

Eigenschaften

Dichte: 1,02 g/cm^3 bis 1,14 g/cm^3

Gefüge: Thermoplaste; Wasseraufnahme abhängig von der Länge der Polyetherblöcke.

Eigenschaften sind weitgehend abhängig von den Polyetheranteilen in der jeweiligen Kunststofftype, wie Bild 14.2 zu entnehmen ist. Typisch sind hohe Zähigkeit und Schlagzähigkeit auch bei tiefen Temperaturen, gutes Rückstellvermögen auch bei schlagartiger Beanspruchung. Shorehärte zwischen ca. 70 Shore D und 65 Shore A beeinflussbar durch Zugabe von mineralischen Füllstoffen. Gleit- und Abriebverhalten verbessert durch Zugabe von Molybdändisulfid oder PTFE.

Infolge Feuchteaufnahme niedriger Oberflächenwiderstand, keine Neigung zu statischer Aufladung.

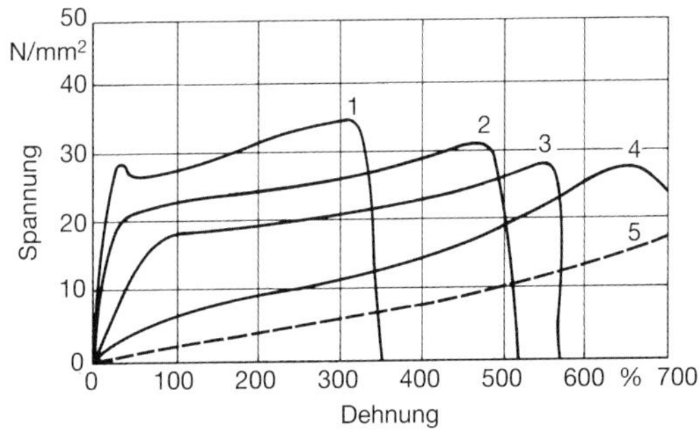

Bild 14.2 Spannungs-Dehnungs-Diagramme von Polyetheramid-Blockcopolymeren mit unterschiedlichem Gehalt an Polyethersegmenten zu reinen Polyamiden bzw. Gummi
1: Polyamid; 2 bis 4: Polyetheramid-Blockcopolymere mit 30 % (2), 50 % (3) bzw. 80 % (4) Polyetheranteil; 5: Gummi

Ausgeprägte Schmelzpunkte zwischen 160 °C und 195 °C. Geringe Temperaturabhängigkeit der Flexibilität im Bereich von –40 °C bis +80 °C.

Beständig gegen (Auswahl): Schwache Säuren und Laugen; Öl und Kraftstoffe. Physiologisch unbedenklich.

Nicht beständig gegen (Auswahl): Alkohole, Benzol, Aceton, Chlorkohlenwasserstoffe.

■ **Verarbeitung**

Granulat ist sorgfältig vorzutrocknen, ähnlich wie bei PA.

Spritzgießen auf Schneckenspritzgießmaschinen mit Massetemperaturen 200 °C bis 260 °C; Werkzeugtemperaturen 20 °C bis 50 °C; Spritzdrücke 300 bar bis 600 bar. Verarbeitungsschwindung ca. 0,5 %.

Extrudieren ähnlich wie bei Polyamiden, auch *Extrusionsblasformen* möglich.

Warmumformen und *Rotationsgießen* können ebenfalls angewendet werden

■ **Anwendungsbeispiele**

Fahrzeug- und *Maschinenbau*: Faltenbälge für Gelenk- und Kardanwellen, Scheibenwischerblätter, flexible Zahnräder; Pumpenmembranen; Rohre, Schläuche.

Sonstiges: Sportschuhe, Schuhsohlen, Bälle; medizinische Katheder.

14.2.3 Polyesterelastomere TPC

Diese Werkstoffgruppe hat ähnlichen chemischen Aufbau wie die linearen Polyester; es handelt sich um sog. elastomere Polyester-Blockpolymere: TPC-EE mit Weichsegmenten mit Ether- und Esterbindungen; TPC-ES mit Polyester- und TPC-ET mit Polyetherweichsegmenten.

Handelsnamen (Beispiele):
Arnitel (DSM); Ecoflex (BASF); Hytrel (DuPont); Lomod (Sabic IP); Neostar (Eastman); Riteflex (Ticona)

Eigenschaften

Dichte: 1,17 g/cm³ bis 1,23 g/cm³

Thermoplaste mit geringer Wasseraufnahme, gut einfärbbar.

Eigenschaften je nach Typ in großen Bereichen variabel. Typisch sind hohe Zähigkeit und Schlagzähigkeit bis –40 °C; hohe Weiterreißfestigkeit; gute Abriebfestigkeit; gute Maßhaltigkeit.

Ausgeprägte Schmelzpunkte von 200 °C bis 215 °C. Einsatzbereiche je nach Type von –55 °C bis +150 °C.

Beständig gegen (Auswahl): Schwache Säuren und Laugen; bei entsprechender Stabilisierung auch gegen heißes Wasser und UV-Bestrahlung, oxidationsbeständig; Öle, Hydraulikflüssigkeiten; Kraftstoffe.

Nicht beständig gegen (Auswahl): Konz. Schwefelsäure, Dichlormethan, chlorierte Kohlenwasserstoffe, Phenole.

Verarbeitung

Vortrocknen 10 h bei 100 °C bis 120 °C im Vakuum ist empfehlenswert.

Spritzgießen bei Massetemperaturen von 200 °C bis 250 °C und Werkzeugtemperaturen von 20 °C bis 50 °C; Spritzdrücke 800 bar bis 1200 bar. Verarbeitungsschwindung 1,1 % bis 1,5 %.

Extrudieren ähnlich wie bei Polyamiden; Massetemperaturen 200 °C bis 250 °C.

Extrusionsblasen, *Rotationsformen* sowie *Wirbelsintern* zur Herstellung von Überzügen möglich.

Anwendungsbeispiele

Reifen für Fahrzeuge mit niedrigen Geschwindigkeiten, Industrieräder, Laufrollen; Ketten für Schneemobile und andere Kettenfahrzeuge; Schläuche, Rohre; Membranen, Dichtungen, O-Ringe; Keilriemen, Zahnräder. Sohlen für Sportschuhe. Elastische Zwischenplatten für Schienenbefestigungen der DB.

14.2.4 Elastomere auf Polyolefinbasis (siehe auch Kap. 10.1)

14.2.4.1 Ethylen-Vinylacetat-Copolymere EVAC

Es handelt sich um Copolymerisate von Ethylen mit Vinylacetat (EVAC) mit verhältnismäßig starken Verzweigungen und geringen kristallinen Anteilen.

Handelsnamen (Beispiele):

Baymod L, Levapren, Levamelt (Lanxess); Elvax (DuPont); Escorene (Exxon); Evatane (Arkema); Flexaren (Leuna); Greenflex (Polimeri); Microthene, Ultrathene (Basell); Novex (BP); Platobond (Ato)

Normung: DIN EN ISO 4613

In DIN EN ISO 4613 werden die (EVAC-)Formmassen unterschieden durch (verschlüsselte) Wertebereiche der kennzeichnenden Eigenschaften *Vinylacetat-Gehalt* und die *Schmelze-Massefließrate MFR 190/2,16 (D), MFR 150/2,16 (B)* oder *MFR 125/0,325 (Z)* und Informationen über die *vorgesehene Anwendung* und/oder *Verarbeitungsverfahren, wichtige Eigenschaften, Additive, Farbstoffe, Füll- und Verstärkungsstoffe.* (MFR wird bei Überarbeitung der Normen durch MVR ersetzt).

Beispiele für die Angabe von EVAC-Formmassen:

Thermoplast ISO 4613 – EVAC 03,FS,D022
Es bedeuten EVAC 03 EVAC-Formmasse mit Vinylacetat-Massenanteil von 4 %, F Folienextrusion, S Gleitmittel und D200 Schmelze-Massefließrate M 190/2,16 von 2 g/10 min.

Thermoplast ISO 4613 – EVAC 18,M,D200
Es bedeuten EVAC 18 EVAC-Formmasse mit Vinylacetat-Massenanteil von 17 %, M Spritzgießen und D200 Schmelze-Massefließrate M 190/2,16 von 19 g/10 min.

Eigenschaften

Dichte: 0,92 g/cm^3 bis 0,96 g/cm^3, steigend mit zunehmendem Vinylacetatgehalt.

Gefüge: Thermoplaste mit geringer Kristallinität.

Eigenschaften: Gegenüber reinem PE *nehmen ab* mit zunehmendem Vinylacetatgehalt: Steifigkeit und Härte, Formbeständigkeit in der Wärme, elektrische Isolierwerte, Chemikalienbeständigkeit und elektrostatische Aufladung. Dagegen *nehmen zu:* Reiß- und Stoßfestigkeit, Lichtdurchlässigkeit und Glanz, Spannungsriss- und Witterungsbeständigkeit. Die Einsatztemperaturen liegen je nach Type zwischen –60 °C und +60 °C.

Hohes Aufnahmevermögen für Füllstoffe (Ruß, Glimmer, Kreide, Schwerspat).

Schmelzbereich je nach Type 60 °C bis 110 °C.

Brennen mit schwach leuchtender Flamme außerhalb der Flamme weiter und tropfen brennend ab.

Beständig gegen (Auswahl): Laugen, nicht oxidierende Säuren, Salzlösungen, Methanol. Die Beständigkeit nimmt mit steigender Dichte ab.

Nicht beständig gegen (Auswahl): Benzin, Benzol; aromatische und aliphatische Kohlenwasserstoffe; Ether, Ester, Öle, oxidierende Säuren.

Verarbeitung

Spritzgießen bei Massetemperaturen von 110 °C bis 180 °C, Werkzeugtemperaturen 15 °C bis 40 °C, Spritzdrücke 300 bar bis 1000 bar.

Extrudieren und *Extrusionsblasformen* möglich.

Schweißen nach den üblichen Verfahren für Polyolefine; ab 12 % Vinylacetat wegen Polarität auch HF-schweißbar.

Klebbarkeit verbessert sich mit zunehmendem Vinylacetatgehalt.

Anwendungsbeispiele

Schläuche, flexible Profile, Rohre, Folien, Faltenbälge, Kabelummantelungen; Dichtungen, Verschlüsse, Tuben; Verpackungsfolien, aufblasbare Spielzeuge; Eiswürfelbehälter; Skistockteller, Badesandalen.

Bei hohen Vinylacetatgehalten werden EVAC als *Schmelzklebstoffe* und für *Papierbeschichtungen* verwendet.

14.2.4.2 Olefin-Elastomere TPO, TPV

Diese Polymerblends bestehen aus einer „harten" thermoplastischen Kunststoffmatrix, in die unvernetzte oder vernetzte Elastomerpartikel eingebracht werden. Bei den thermoplastischen Polyolefinelastomere TPO wird unvernetzter Kautschuk eingemischt, z. B. TPO-(EPDM+PP) und bei TPV vernetzter Kautschuk, z. B. TPV-(EPDM-(X)+PP). In Polypropylen PP wird bis zu 65 % Ethylen-Propylen-(Dien)-Kautschuk EP(D)M eingearbeitet. Die Eigenschaften dieser Polymerblends hängen sehr stark von der Zusammensetzung ab. Mit 90 % PP ergibt sich gegenüber reinem PP eine verringerte Steifigkeit und Erweichungstemperatur, aber eine erhöhte Schlagzähigkeit bis –40 °C. Bei PP-Anteilen kleiner als 50 %, handelt es sich um typische thermoplastische Elastomere. Neben dem Mischungsverhältnis spielen die Kristallinität, die Molmasse und die Molmassenverteilung eine Rolle, ebenso ob PP als Homo- oder Copolymer, als statistisches oder sequentielles PP vorliegt.

Handelsnamen (Beispiele):

Adflex, Flexathene, Indure (Basell); Engage (Dow); Onflex (Bergmann); Vestenamner (Degussa); Santoprene Vistaflex (AES)

Dichte: 0,89 g/cm^3 bis 0,97 g/cm^3.

Härtebereich: 60 Shore A bis 95 Shore A.

Sehr günstige Isolationswerte.

Einsatztemperaturbereich von –40 °C bis +120 °C, kurzzeitig bis +140 °C. Zwischen –20 °C und +100 °C nur geringfügige Steifigkeitsabnahme, d. h. weitgehend konstante Flexibilität.

Sehr gut beständig gegen Witterungseinflüsse, bei hellen Einfärbungen z. T. leichte Verfärbungen. Kaum Beeinflussung durch heiße Luft. Gute Beständigkeit gegen heißes Wasser, Seifen, Wasch-, Spül- und Putzmittel. Teilweise, je nach Type, Quellung in Ölen, Fetten und Treibstoffen.

Verarbeitung durch Spritzgießen, Extrudieren und Extrusionsblasformen.

Verschweißen am besten durch Heizelementschweißen.

Anwendungsbeispiele: Dichtprofile bei Außenanwendungen im Fahrzeugbau; Skistockgriffe, Surfboardschlaufen; flexible und schwingungsdämpfende Elemente, rutschfeste Unterlagen ohne Abfärbungen. Flexible Kabelisolierungen und Kabelummantelungen, auch Wendelleitungen.

Bei TPV handelt es sich um thermoplastisch verarbeitbaren Kautschuk (vollvulkanisiertes polyolefinisches Material, verteilt in einer thermoplastischen Matrix). Härtebereich 55 Shore A bis 50 Shore D. Die Chemikalienbeständigkeit entspricht der von Chloropren-Kautschukmischungen; die Beständigkeit gegen Umwelteinflüsse ist mit der von EPDM-Kautschuk zu vergleichen.

Anwendungsbeispiele: Stoßleisten, Dämpfungselemente im Motorraum, Schläuche, Faltenbälge, Zünd- und Gerätekabel; Griffe für Sportgeräte, rutschfeste Griffe. Tauchausrüstungen; Tür- und Fensterdichtungen; Kabelummantelungen; Folien für Innenauskleidungen im Automobilbau im Austausch für PVC-P.

14.2.5 Styrolcopolymere TPS

Durch eine entsprechende Polymerisation lassen sich Blockcoplymere auf der Basis Styrol/Butadien (TPS-SBS), Styrol/Isopren/Styrol (TPS-SIS), Styrol/Ethenbuten/Styrol (TPS-SBES) oder Styrol/Ethenpropen/Styrol (TPS-SEPS) mit unterschiedlichem Eigenschaftsbild herstellen. Als weitere Produkte sind zu nennen Styrol/Butadien/Styrol/Propylen [TES-(SBS+PP)], Styrol/Ethylen-Butylen/Styrol/Propylen [TPS-(SEBS+PP)].

Handelsnamen (Beispiele):

Onflex-S (Bergmann); Styroflex (BASF); Teffaprene (Tessenderlo)

Anwendungsbeispiele: Schläuche, Profile, medizinische Artikel, Kabel-Isoliermassen, Schallschutzelemente in Kraftfahrzeugen, Faltenbälge, angespritzte Schuhsohlen; Weichkomponenten bei Hart-Weich-Kombinationen bei guter Haftung an PE, PP, PS, ABS, PA, PPE, PBT.

15 Schaumstoffe, geschäumte Kunststoffe[1]

Allgemein versteht man unter Schaumstoffen nach DIN 7726 „Werkstoffe mit über die gesamte Masse verteilten Zellen (offen, geschlossen oder beides) und einer Rohdichte, die niedriger ist als die Dichte der Gerüstsubstanz“. Schaumstoffe werden aus Thermoplasten, Duroplasten und Elastomeren hergestellt. Theoretisch können alle Kunststoffe geschäumt werden, in der Praxis werden aber nur wenige Kunststoffe in geschäumter Form, d. h. mit zelligem Aufbau eingesetzt.

Schaumstoffe auf der Basis Natur- und Synthesekautschuk werden hier nicht behandelt.

Handelsnamen für Schaumstoffe (Beispiele):

PS-E: Dylite (Nova); Extir (Polimeri); Neopor, Styropor (BASF); Rigipor (BP); Styrofoam (Dow)

PE-E/PP-E: Neopolen (BASF)

PUR: Baydur, Bayfill, Bayflex, Baytec, Desmodur, Desmophen, Moltopren, Urepan, Vulkollan (Bayer); Biospan (DSM); Büfadur, Oldoflex (Büfa); Cosypur, Elastan, Elastoflex, Elastofoam, Elastopor, Lupranol (Elastogran); Efweko (Degussa); Enerbond, Enerfoam, Hypol (Dow); Lastane (Lati); Lycra (DuPont); Pursil (DSM); Rütapur (Hexion)

EP-E: Terocore (Henkel)

PMMI: Rohacell (Degussa)

Zellenstruktur

Schaumstoffe können *offenzellig* (Viskoseschwämme), *geschlossenzellig* (PS-E[2]-Schaum) oder *gemischtzellig* (spezielle PUR-Schäume) sein. Offen- oder gemischtzellige Schaumstoffe können auch eine *geschlossene* Außenhaut besitzen; Schaumstoffe mit dichter Außenhaut und zum Kern hin abnehmender Dichte bezeichnet man als *Integral-* oder *Struktur-Schaumstoffe* (vor allem bei RSG- und TSG-Schäumen, s. u.).

Die Zellenstruktur hat wesentlichem Einfluss auf die Wärme- und Schalldämpfung, sowie auf das Saugvermögen. Die anteilige Größe und Anzahl der Zellen eines Schaumes kann bei gleichmäßiger Zellstruktur z. B. als Zellenanzahl pro Längeneinheit dargestellt werden (ppi = pores per inch).

Eigenschaften

Die *Rohdichte* wird bei Schaumstoffen in der Praxis meist als *Raumgewicht RG* bezeichnet und in kg/m^3 angegeben.

---

[1] Dieses Kapitel kann im Rahmen dieses Buches nur einen Überblick geben, da es sich bei geschäumten Kunststoffen um ein umfangreiches Spezialgebiet handelt.

[2] PS-E = expandierbares Polystyrol, früher EPS

Mechanisches Verhalten: Harte Schaumstoffe zeigen bei Druckbeanspruchung hohen Verformungswiderstand und nur geringe (elastische) Verformung.

Man unterscheidet dabei *spröd-harte* Schaumstoffe, deren Zellgefüge bei Überlastung zusammenbricht, z. B. PF-Schäume und *zäh-harte* Schaumstoffe, die einen fortschreitenden Lastanstieg zulassen und sich dabei deutlich bleibend verformen, z. B. PVC-U-Schaum (Hart-PVC-Schaum) und PS-E-Schaum (Styropor). *Weichelastische Schaumstoffe* sind sehr stark und überwiegend elastisch verformbar, z. B. PUR-Weichschaum und PVC-P-Schaum (Weich-PVC-Schaum).

Eine besondere Bedeutung haben die PUR-Schaumstoffe wegen ihres großen Variationsbereiches von *hart,* über *halbhart* bis *weichelastisch.* Das Verhalten bei *Langzeitbeanspruchung* und höheren Temperaturen wird wesentlich vom Kunststoff und der Schaumstruktur bestimmt.

Prüfverfahren für Schaumstoffe (Beispiele):

DIN 53424	Prüfung von harten Schaumstoffen – Bestimmung der Formbeständigkeit in der Wärme bei Biege- und Druckbeanspruchung
DIN 53579	Prüfung weichelastischer Schaumstoffe – Eindrückversuch an Fertigteilen
DIN EN ISO 844	Harte Schaumstoffe – Bestimmung der Druckeigenschaften
DIN EN ISO 845	Schaumstoffe aus Kautschuk und Kunststoffen – Bestimmung der Rohdichte
DIN EN ISO 1798	Weichelastische polymere Schaumstoffe – Bestimmung der Zugfestigkeit und der Bruchdehnung
DIN EN ISO 1856	Weichelastische polymere Schaumstoffe – Bestimmung des Druckverformungsrestes
DIN EN ISO 1923	Schaumstoffe und Schaumgummis – Bestimmung der linearen Abmessungen
DIN EN ISO 2439	Weichelastische polymere Schaumstoffe – Bestimmung der Härte (Eindruckverfahren)
DIN EN ISO 3385	Polymere Weichschaumstoffe – Bestimmung der Ermüdung durch konstante Stoßbelastung
DIN EN ISO 7214	Schaumstoffe – Polyethylen – Prüfverfahren
DIN EN ISO 8307	Weichelastische polymere Schaumstoffe – Bestimmung der Kugel-Rückprallelastizität
DIN EN ISO 9054	Harte Schaumstoffe – Prüfverfahren für Integralschaumstoffe hoher Dichte
ISO 1209	Harte Schaumstoffe – Biegeprüfungen
ISO 1926	Harte Schaumstoffe – Bestimmung der Zugeigenschaften
ISO 7616	Harte Schaumstoffe – Bestimmung des Kriechens unter einer spezifizierten Drucklast und Temperatur

Der *Elastizitätsmodul* poriger, d. h. geschäumter Kunststoffe nimmt etwa proportional mit der Dichte ab, die Steifigkeit des Formteils aber mit der dritten Potenz der Wanddicke zu; geschäumte Kunststoff-Formteile sind daher bei *gleichem*

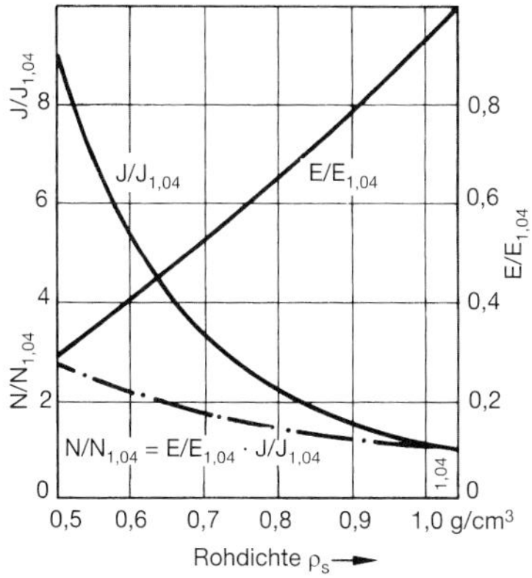

Bild 15.1 Trägheitsmoment I, Biegesteifigkeit N und Elastizitätsmodul E von Probestäben gleichen Gewichts aus geschäumtem schlagfesten Polystyrol (TSG) in Abhängigkeit von der Rohdichte ϱ_S bezogen auf den kompakten Kunststoff (Index 1,04) nach BASF

Gewicht wesentlich steifer als kompakte (Bild 15.1). Bei höherer Druck- und Scherbeanspruchung von harten Schaumstoffen kann das gesamte Gefüge zusammenbrechen, was zu beachten ist bei *Schaumstoffstützkernen* bei der *Sandwichbauweise.*

Die *Brennbarkeit* entspricht i. A. der Brennbarkeit des kompakten Kunststoffs und wird durch die Schaumstruktur noch etwas begünstigt. Hier sind besondere Bedingungen für das Bauwesen und den Fahrzeugbau zu beachten.

Die *Wärmeleitfähigkeit* (Bild 15.2) nimmt mit abnehmender Rohdichte (Raumgewicht) ab; sie ist weiter abhängig von der Kunststoffart, der Zellenstruktur und vom Zellgas.

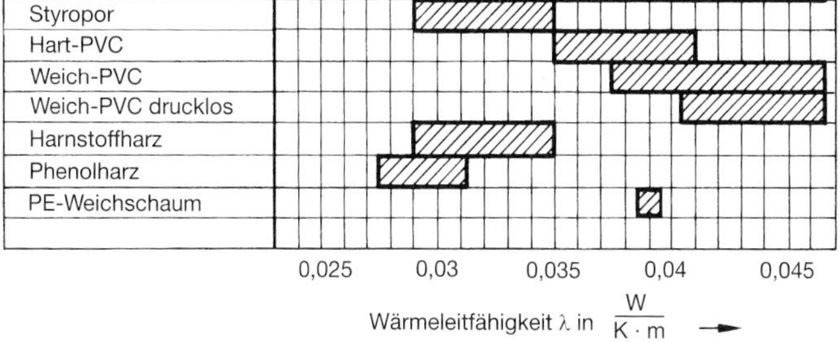

Bild 15.2 Wärmeleitfähigkeit λ von geschäumten Kunststoffen

Verarbeitung

Die zellige Struktur von Schaumstoffen wird erzeugt durch Treibmittel (siehe auch Kap. 5.7):

- Einmischen von Gasen in fließfähige oder reaktionsfähige Ausgangsprodukte, so z. B. Einrühren von CO_2 in PVC-Pasten unter Druck bei tieferer Temperatur. Erwärmung in den Erweichungsbereich von PVC führt dann zum Aufschäumen und Gelieren.
- Freimachen von bereits eingemischten oder zugesetzten Treibmitteln bei der Formgebung, vorwiegend durch Wärme. So führt Wärmezufuhr bei treibmittelhaltigem PS-Granulat (PS-E) zum Verdampfen des Treibmittels; die Schaumbläschen verschweißen im Erweichungsbereich; bei der Abkühlung wird dieser Zustand eingefroren. Auf dieselbe Art und Weise werden PE-E-Schaum und PP-E-Schaum auf der Basis Polyethylen PE und Polypropylen PP hergestellt. Bei PUR verdampft bei Wärmezufuhr oder durch Reaktionswärme das Treibmittel; die Schaumzellen erhärten durch eine chemische Vernetzungsreaktion.
- Freiwerden von Treibmitteln durch chemische Reaktionen von Substanzen, die bereits im Ausgangsprodukt enthalten sind bzw. durch Mischung mehrerer Komponenten entstehen. Bei PUR-Schaum wirkt z. B. CO_2 als Treibmittel, das aus einer Reaktion der Isocyanate mit Wasser entsteht, die Schaumzellen erhärten ebenfalls durch eine chemische Vernetzungsreaktion.

Schaumstoffe können nach ihrer *Zellenstruktur*, nach dem *mechanischen Verhalten*, nach der *Art des Aufschäumens* (Gasbildung) und nach der *Kunststoffbasis* eingeteilt werden. Weiterhin kann man zwischen *gleichmäßig geschäumten* Kunststoffen (gleiche Dichte über den gesamten Querschnitt) und solchen mit *unterschiedlichem Dichteverlauf* über den Querschnitt (*Struktur-* oder *Integral-Schäume*) unterscheiden (Bild 15.3).

Vorwiegend gleichmäßig geschäumte Kunststoffe erhält man durch *freies Aufschäumen*, während Struktur- oder Integral-Schaumstoffe nur durch *formbegrenztes Schäumen* hergestellt werden.

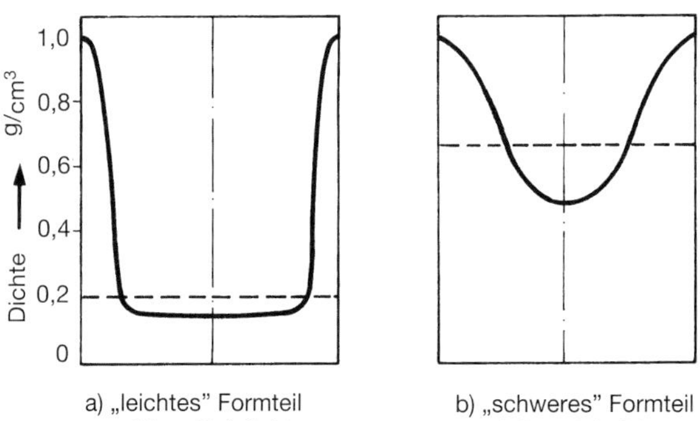

Bild 15.3 Dichteprofile von Strukturschaum-Formteilen (kompakter Rand, geschäumter Kern)

Je nach Rohstoffbasis unterscheidet man z. B. *„Styropor"-Verfahren, Thermoplastschaumspritzguss TSG* und *Reaktionsschaumguss RSG.*

15.1 Harte Schaumstoffe; harte Struktur- bzw. Integral-Schaumstoffe

Handelsnamen siehe Seite 231.

„Styropor"-Verfahren: Treibmittelhaltiges PS-Granulat wird bei ca. 100 °C mit Dampf oder Wasser vorgeschäumt, gelagert bis zum Druckausgleich und dann in Werkzeugen mit Dampf von 100 °C bis 120 °C zu Formteilen fertiggeschäumt. Man erhält geschlossenporige Schaumstoffe mit homogener Verteilung und je nach Verarbeitungsbedingungen (Vorschäumen) Raumgewichte von 13 kg/m^3 bis 80 kg/m^3, bei Folien bis 160 kg/m^3. Geschäumte Blöcke werden *thermisch* mit Heißdrahtgeräten zu Platten geschnitten.

Extrusion von Platten und Folien möglich; extrudierte Folien können warmumgeformt werden.

Beachte: Diese Schaumstoffe sind nicht mit Lösemittelklebstoffen klebbar.

Thermoplastschaumguss TSG

Treibmittelhaltige thermoplastische Formmassen (vorwiegend ABS, SB, Polyolefine, PC, PPE mod.) werden auf Schneckenspritzgießmaschinen mit Verschlussdüse verarbeitet. Das Treibmittel soll erst im Werkzeug voll wirksam werden. Werkzeug wird nur 50 % bis 70 % gefüllt, die restliche Formfüllung erfolgt durch die Wirkung des Treibmittels. Es wirken nur geringe Werkzeugdrücke von 10 bar bis 20 bar. Durch niedrige Werkzeugtemperaturen erhält man Formteile mit kompakter Außenhaut und geschäumtem Kern (Struktur- oder Integral-Schaumstoff). Die Rohdichten betragen minimal etwa 50 % des kompakten Kunststoffs. Beim *MuCell®-Verfahren* (nach Trexel) werden technische, gewichtsreduzierte, verzugsarme Spritzgussteile mit hoher Kantenpräzision, einer kompakten Außenschicht und einer Mikroschaumstruktur von 5 µm bis 50 µm im Innern gefertigt; außerdem wird die Zykluszeit reduziert. Ein Gas wird in der Schmelze gelöst und bei der Werkzeugfüllung entsteht eine sehr gleichmäßige *Mikrozellenstruktur.* Im *Sandwichspritzgießverfahren* („ICI"-Verfahren) können auch zwei unterschiedliche Kunststoffe in einem Werkzeug verspritzt werden.

Nach einem besonderen Verfahren wird *PVC-Hartschaum* und *PVC-Strukturschaum* hergestellt. Hauptsächliche Anwendung für *Stützkerne* und für *Leichtbau-Formteile.*

Mit neuartigen chemischen Treibmittelsystemen (z. B. *Hydrocerol* von Clariant Masterbatch) können auf konventionellen Spritzgießmaschinen Bauteile hergestellt werden mit Wanddicken von maximal 3 mm ohne Einfallstellen mit ausgezeichneten Oberflächen. Die Zykluszeit reduziert sich außerdem um 30 %. Für technische Kunststoffe liegen die Zersetzungstemperaturen der Treibmittel über 270 °C.

Reaktionsschaumguss RSG

Flüssige Ausgangskomponenten, meist auf der Basis PUR, werden entweder frei zu Blöcken aufgeschäumt und nachträglich zu Platten geschnitten oder das Aufschäumen erfolgt in Werkzeugen zu Formteilen. Neuerdings sind auch Strukturschaumstoffe auf Basis Epoxidharz („EP-E") auf dem Markt. Sie werden auch kombiniert mit Polyamid und Leichtmetallen zur Erhöhung der Festigkeit, Steifigkeit und vor allem der Energieaufnahme in Fahrzeugstrukturen.

Beim *RIM*-Verfahren (Reaction-Injection-Moulding) entstehen bei bestimmten Werkzeugtemperaturen Formteile mit kompakter Außenhaut und geschäumtem Kern. Solche *Struktur-* oder *Integral-Schaumstoffe* (siehe Bild 15.3) bestehen aus einer einzigen Kunststoffart und ergeben sehr rationell in einem einzigen Arbeitsgang große, dickwandige, leichte und doch sehr hochbeanspruchbare Formteile. Große und unterschiedliche Wanddicken sind möglich.

Werden den Ausgangskomponenten noch Glasfasern als Verstärkungsstoffe zugesetzt, so spricht man von *RRIM* (Reinforced-Reaction-Injection-Moulding). Es ergeben sich Formteile mit verbesserten mechanischen Eigenschaften. Neuere Entwicklung PUR mit Naturfasermatten für hochbeanspruchte Leichtbauteile im Fahrzeugbau.

Die PUR-Systeme für das RIM-Verfahren können so abgestimmt sein, dass *harte*, *halbharte* oder *weichelastische* Schaumstoff-Formteile entstehen mit differenzierter Innenstruktur. Metall- und Kunststoffkonstruktionen können mit Schäumen auf der Basis PUR wegen guter Haftfestigkeit ausgeschäumt werden, was sowohl zum Versteifen als auch zum Isolieren und aus Gründen des Korrosionsschutzes vorteilhaft ist (z. B. Kühlschrankbau). Zweischalige Konstruktionen im Schiffsbau werden im Zwischenraum mit PUR ausgeschäumt (z. B. Tankschiffe).

Anwendungsbeispiele

Gleichmäßig geschäumte Kunststoffe

Hartschaumstoffe auf der Basis PS-E, PF, UF und PUR für *thermische Isolierzwecke*. Besonders gut als *Stützkerne* für *biegesteife Leichtbauelemente* in Verbindung mit dünnen Außenschichten hoher Festigkeit aus Metallen oder faserverstärkten Kunststoffen (*Sandwichkonstruktionen*, Bild 15.4). PUR-Schaumstoffe zum Versteifen durch Ausschäumen von Hohlkonstruktionen, z. B. im *Automobil-* und *Gefriermöbelbau* wegen der guten Haftung bei gleichzeitig guter Wärmedämmung.

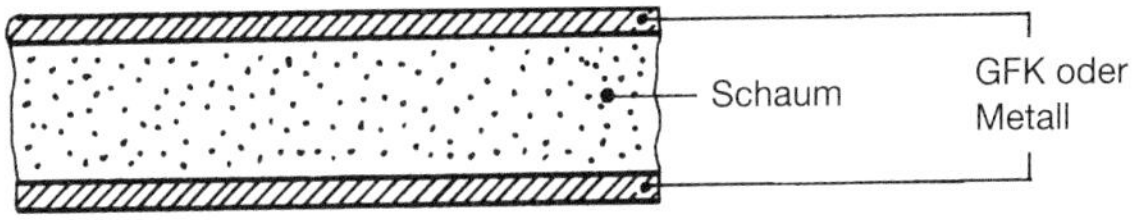

Bild 15.4 Sandwichstruktur

Beachte: Bei mechanisch beanspruchten Konstruktionen ist eine großflächige Krafteinleitung erforderlich.

Struktur- oder Integral-Schaumstoffe

Reaktionsschaumguss RSG auf der Basis PUR als Integralhartschaumstoff bei mittleren Dichten von 0,5 g/cm³ bis 1,1 g/cm³ wird u. a. eingesetzt für *Konstruktionszwecke* (Möbelbau, Gehäuse für Büromaschinen, Messgeräte, Funk- und Fernsehgeräte usw.), d. h. für großflächige, leichte und doch steife Formteile. Es ergibt sich ein durch die Verarbeitungsbedingungen einstellbarer *Dichteverlauf* über den Querschnitt (Bild 15.3).

Thermoplastschaumspritzguss TSG, vorwiegend auf der Basis SB, ABS, PPE modifiziert und PC wird eingesetzt im *Möbelbau* (Schrankkorpusse, Sesselschalen, Schubladen), für *tragende Konstruktionen* wie Gehäuse für Rundfunk-, Fernseh- und Haushaltsgeräte sowie Büromaschinen, ferner für *Sportgeräte* (Kinderskier, Tischtennisschläger).

15.2 Weichelastische Schaumstoffe; weichelastische Struktur- bzw. Integral-Schaumstoffe

Handelsnamen siehe Seite 231.

■ Besondere Eigenschaften

Weichelastische Schaumstoffe werden vor allem gekennzeichnet durch *Stauchhärte* und *Federkennlinie* bzw. *Hystereseschleife* im *Druckversuch* DIN EN ISO 3385, *Eindrückhärte* DIN EN ISO 2439 und *Druckverformungsrest* DIN EN ISO 1856.

Diese Eigenschaften sind abhängig vom *Gerüstwerkstoff* und der *Rohdichte*, dem *Porenanteil* und von der *Zellstruktur* (offen, geschlossen).

Zum Beispiel zeigen PUR-Weichschaumstoffe auf Polyesterbasis bei der Federung eine starke Dämpfung, auf Polyetherbasis dagegen eine kleinere Dämpfung.

Thermische Eigenschaften: Tendenz wie bei Hartschaumstoffen.

■ Herstellung

Je nach Basiskunststoff ähnlich wie bei den harten Schaumstoffen (siehe Kap. 15.1) als *Formteile* oder *Blöcke*, aus denen Folien geschnitten werden. Auch als *Formteile mit kompakter Außenhaut* herstellbar; teilweise auch Extrusion möglich.

■ Anwendungsbeispiele

Weichelastische Schaumstoffe und weichelastische Strukturschaumstoffe auf Basis PUR bei mittleren Rohdichten von 100 kg/m³ bis 800 kg/m³ werden eingesetzt z. B. für *Polsterzwecke*, *Konstruktionsteile im Automobilbau* (Armaturentafeln, Stoßfängersysteme, umschäumte Lenkräder) und für *Schuhsohlen*, außerdem zum *Ausschäumen* von *Hohlräumen*.

Weichelastische PUR-Schaumstoffe mit kompakter Außenhaut werden im Bereich *Polstermöbel* und *Kfz-Sitze* eingesetzt.

PUR-Schaumstoffe in Folienform sind bei 110 °C bis 140 °C auch warmumformbar und werden schwerpunktmäßig eingesetzt im *Automobilbau* (Auskleidungen, Dichtungen, Bodengruppenisolierungen, Entdröhnung), *Bauwesen* (Isolierungen, Sandwichelemente mit Metallen, Rohrisolationen, Teppichunterlagen), *Verpackungssektor.*

Weichelastische Schaumstoffe auf der Basis PVC mit Rohdichten 70 kg/m^3 bis 100 kg/m^3 zum *Ausschäumen*, für *Polsterzwecke, Rohrisolationen, Auftriebskörper, Schwimmwesten, Kälteschutzanzüge.*

Weichelastische Schaumstoffe auf Basis PE mit Rohdichten 30 kg/m^3 bis 100 kg/m^3 als *Verpackungspolster* für empfindliche Güter, ferner als *Schwimmkörper*, zur *Wärmeisolation, Fugendichtungen, Entdröhnungselemente.* PE-Schaum ist warmumformbar und schweißbar.

16 Sonderpolymere

16.1 LC-Polymere

Es handelt sich um sog. **L**iquid-**C**rystal-**P**olymere LCP oder flüssig-kristalline Kunststoffe.

Ein neuer Weg, die Festigkeit von thermoplastischen Kunststoffen in spritzgegossenen Formteilen oder extrudierten Halbzeugen zu erhöhen, besteht in der Möglichkeit, kristalline Strukturen, die bereits im Kunststoff vorhanden sind, bei der Verarbeitung zu orientieren. Es handelt sich dabei um steife, stäbchenförmige Makromoleküle, die bei der Verarbeitung als feste Phase erhalten bleiben und gewissermaßen in einer geschmolzenen, amorphen Phase „schwimmen“. Dadurch wird die gute Verarbeitbarkeit (Schmelze als flüssige Phase) gewährleistet und ein günstiges Fließverhalten im Werkzeug erreicht. Bei der Erstarrung werden die „Molekülstäbchen“, insbesondere in den Randzonen stark orientiert und so eingefroren. Diese hochorientierten Bereiche wirken bei Zug- oder Biegebeanspruchung ähnlich wie Faserverstärkungen, jedoch mit wesentlich höherem Verstärkungseffekt.

Für die technische Anwendung in Formteilen spielen Konstruktion, Fließrichtung und Verarbeitungsbedingungen eine ausschlaggebende Rolle, damit in den Hauptbeanspruchungsrichtungen die Verstärkungswirkung voll zum Tragen kommt.

Es gibt eine Reihe von LCP-Compounds mit speziellen Eigenschaften, z. B. Metallisierbarkeit, Leitfähigkeit und guter Dimensionsstabilität bei hoher Steifigkeit, hoher Temperaturbeständigkeit und weitgehender Isotropie der Eigenschaften von Spritzgussteilen, vor allem bei Mineralfüllung.

LCP werden anderen Thermoplasten zur Verbesserung der Fließfähigkeit zugegeben, während Zugaben von Thermoplasten die Anisotropie von LCP reduziert.

Aufbau: Bei den hauptsächlich auf dem Markt befindlichen LCP-Typen handelt es sich um *aromatische Polyester* in einer speziellen räumlichen Gestalt, die zu der Ausbildung von Makromolekülen in Stäbchenform führt. Diese Stäbchen sind in der amorphen Grundmasse orientiert enthalten.

Handelsnamen (Beispiele):

Laxtar (Lati); Vectra (Ticona), Xydar (Solvay), Zenite (DuPont)

Faser: Vectran (Kuraray)

Eigenschaften

Mechanische Eigenschaften: Sehr hohe Festigkeit erreichbar in Orientierungsrichtung, abhängig von Formteilgestalt und Herstellungsbedingungen, daher keine allgemeinen Angaben möglich. Bemerkenswert ist die hohe Steifigkeit, gekennzeichnet durch einen hohen Elastizitätsmodul *unverstärkt* E = 10000 bis 20000 MPa, bzw. *verstärkt* mit Glas- und Kohlenstoff-Fasern bis ca. 40000 MPa. Zugabe von bis zu 50 % Talkum möglich.

Bei der Beurteilung des Werkstoffverhaltens im Formteil ist zu berücksichtigen, dass die Eigenschaften längs und quer zur Orientierung sehr unterschiedlich sind (Anisotropie), was sich auch auf die Schlagzähigkeit auswirkt. Bei hoher Druck- und Biegebeanspruchung besteht die Neigung zum *Aufspleißen.*

Sehr gute Maßhaltigkeit.

Elektrische Eigenschaften: Ausgezeichnete Isoliereigenschaften, jedoch geringe Kriechstromfestigkeit. Hochgefüllte, leitfähig ausgestattete LCP-Compounds verfügbar.

Thermische Eigenschaften: Hohe Wärmeformbeständigkeit. Dauergebrauchstemperaturen höher als 200 °C. Sehr kleiner, aber richtungsabhängiger thermischer Längenausdehnungskoeffizient, der durch die Verarbeitungsbedingungen zwischen annähernd Null und $25 \cdot 10^{-6}$ 1/K eingestellt werden kann und sich so an unterschiedliche Werkstoffe anpassen lässt.

Schwer entflammbar; geringe Rauchentwicklung im Brandfall bei geringer Giftigkeit der Rauchgase.

Chemische Beständigkeit sehr gut gegen Lösemittel, Treibstoffe und Chemikalien, außer gegen oxidierende Säuren und starke Alkalien. Beständig gegen Umwelteinflüsse und gegen energiereiche Strahlung. Praktisch keine Neigung zur *Spannungsrissbildung.*

Physikalische Eigenschaft: Sehr hohe Barrierewirkung gegen nahezu alle Gase und Dämpfe.

■ Verarbeitung

LCP-Typen mit niedrigen Schmelztemperaturen (ca. 300 °C) und guter Fließfähigkeit (kleine Schmelzviskosität) lassen sich gut durch Spritzgießen und Extrudieren verarbeiten, auch zu dünnwandigen und komplizierten Formteilen mit langen Fließwegen. LCP-Typen mit höheren Schmelztemperaturen verlangen Massetemperaturen von über 400 °C und hohe Spritzdrücke. Kühl- und Zykluszeiten sind kurz.

Form und Lage des Angusses sind besonders zu beachten, wegen des Einflusses der Orientierungen auf die Eigenschaften. Schwachstellen können Fließ- und Bindenähte im Bauteil darstellen.

LCP sind auch *thermoformbar*, mit Ultraschall schweißbar und klebbar.

■ Anwendungsbeispiele

Mechanisch, thermisch und elektrisch hochbeanspruchte Bauteile in Fahrzeugbau, Luft- und Raumfahrt; Elektro- und Elektronikindustrie, Apparatebau und optische Industrie. Medizintechnik.

Miniaturisierung von Bauelementen der Elektronik; Ummantelungen für Elektronikbauelemente; Steckerleisten, Fassungen, Gehäuse für LED, Spulenkörper, steife Ummantelungen für Glasfaserkabel; Buchsen, Lager, Dichtungen, Gleitelemente; Flugzeuginnenteile; Füllkörper für Destillationskolonnen als splittersicherer Keramikersatz; Mikrowellengeschirr. Komponenten für Brennstoffzellen.

LCP als Verstärkungsmaterial in PC
Für sehr steife, dünnwandige Formteile werden LCP als Verstärkung für PC verwendet, näheres siehe Kapitel 10.9 PC-Blends.

16.2 Elektrisch leitfähige Polymere

Im Allgemeinen sind Kunststoffe, wegen ihres organischen Aufbaus, gute Isolierstoffe und neigen zur elektrostatischen Aufladung. Es gibt verschiedene Möglichkeiten, eine elektrische Leitfähigkeit der Kunststoffe zu erreichen:

- Durch *Oberflächenbehandlungen* wird durch *Antistatika*, auf der Oberfläche aufgebracht oder eingemischt, der Oberflächenwiderstand von $>10^{15}\ \Omega$ auf $10^{10}\ \Omega$ herabgesetzt, sodass die reibungselektrische Aufladung verhindert wird. Die Wirkung von Antistatika ist zeitlich begrenzt.
- Durch *Einmischung* von *leitfähigen Zusatzstoffen,* z. B. Ruße, Kohlenstoff-Fasern, beschichtete Aluminiumflocken, Mikrostahlfasern, versilberte Glasfasern und -kugeln, sowie vernickelte, textile Flächengebilde (Baymetex). Die entscheidende Wirkung besteht darin, dass die eingemischten Zusatzstoffe möglichst häufig zur gegenseitigen Berührung kommen. *Leitfähigkeitsruße* vermindern den Durchgangswiderstand auf Werte von $10^2\ \Omega$ cm bis 5 Ω cm. Mit den metallischen Zusatzstoffen kann der Durchgangswiderstand bis auf $<1\ \Omega$ cm vermindert werden. Für die Oberflächenleitfähigkeit und für Abschirmzwecke kommt *metallische Oberflächenbeschichtung* infrage in Form von *Vakuumbedampfung, Aufspritzen* von *niedrigschmelzenden Metallen* oder *galvanischen Metallüberzügen.* Carbon Nanotubes (CNT) verbessern, neben der Festigkeit, die elektrische Leitfähigkeit. Sie finden Verwendung zur elektromagnetischen Abschirmung (EMI) und können bei Halbzeugen durch Mehrschichtextrusion gezielt nur an der Oberfläche eingebracht werden.
- Durch *Änderungen* im *strukturellen Aufbau.* Um durch den *chemischen Aufbau* eine elektrische Leitfähigkeit zu erreichen, sind Strukturen notwendig, in denen frei bewegliche Elektronen vorhanden sind. Möglich dabei sind *Polypyrrole PPY* (BASF) und mit Jod dotierte *Polyacetylene PAC.* PPY oder PAC können in Thermoplasten als *Polyblends* schon in sehr kleinen Mengen antistatische oder Halbleitereigenschaften erzeugen. Weitere Produkte sind *Polyanilin PANI* und *Polyethylendioxythiophen PEDT,* die als leitfähige Nanopulver z. B. Lacken beigegeben werden bzw. transparente, antistatische Beschichtungen ermöglichen.

Unter der Marke Latiohm (Lati) stehen elektrisch leitfähige Kunststoffgranulate auf Basis unterschiedlicher Thermoplaste zur Verfügung.

Ein neues leitfähiges Polypropylen ermöglicht die einfache Herstellung von spritzgegossenen Schaltungsträgern (MID). Durch gezieltes Lasern tritt die Leitfähigkeitskomponente an die Oberfläche und das Bauteil wird zum Schaltungsträger mit beliebig formbaren Leiterbahnen (Peter Putsch – www.pp-mid.de). Das Verfahren nennt sich Putsch Conductivity Writing (PCW).

Anwendung finden solche elektrisch leitfähigen Kunststoffe (meist in Pulverform lieferbar) z. B. für EMI-Abschirmungen, antistatische Lacke und Klebstoffe, antistatische Verpackungen. Für kleine Knopfbatterien werden z. B. Polypyrrole als positive Elektrode benutzt. LED und OLED, Sensoren, Brennstoffzellen, Solarzellen.

16.3 Biopolymere – Kunststoffe aus nachwachsenden Rohstoffen

Biopolymere oder besser Kunststoffe aus nachwachsenden Rohstoffen sind, vor allem in Zeiten der Bioeuphorie auf allen Gebieten, verstärkt in das Bewusstsein gerückt. Ursprünglich verstand man unter Biopolymeren fast ausschließlich biologisch abbaubare Kunststoffe, vor allem im Verpackungssektor. Biologisch abbaubare Kunststoffe können aber auch auf rein petrochemischer Basis erzeugt werden. Heute werden Biopolymere aber zunehmend auch als technische Kunststoffe entwickelt, d. h. – die Abbaubarkeit ist nebensächlich. Es handelt sich dabei um Kunststoffe, deren Monomere nicht auf Erdölbasis, sondern auf Biobasis erzeugt werden. Einige der ersten thermoplastischen, technischen Kunststoffe waren die Celluloseabkömmlinge (s. Kap. 10.4), deren eine Ausgangkomponente die natürliche Cellulose ist, die mit Essigsäure zu Celluloseacetat CA, mit Propionsäure zu Cellulosepropionat CP oder mit einem Essig-Buttersäure-Gemisch zu CAB verestert wird. *Vulkanfiber* war ein „Kunststoff" auf Papierbasis. Bei *Viskose* handelt es sich um eine Faser und bei *Cellophan* um eine Verpackungsfolie; sie gehören zu den sog. Celluloseregeneraten. Aber auch einige andere, schon länger bekannte Kunststoffe basieren (teilweise) auf Biobasis, z. B. Naturgummi NR (siehe Kap. 14.1), Polyvinylalkohol PVAL, Polyamid PA6 auf Basis (ε)-Caprolactam oder Polyesteramide PEA.

Was versteht man nun aber korrekt unter *Biopolymeren*? Sind es biologisch abbaubare Kunststoffe (s. Kapitel 8.1), sind es Kunststoffe aus nachwachsenden Rohstoffen oder gehören dazu auch *biokompatible* Kunststoffe? Eine einheitliche, genormte Definition ist noch nicht vorhanden. Nach ASTM muss ein Kunststoff auf Basis nachwachsender Rohstoffe mehr als 20 % erneuerbaren Anteil enthalten. *Endres/Siebert-Raths* geben für den Begriff Biopolymer nachstehend eine vernünftige und sinnvolle Definition.

Ein Biopolymer ist ein Polymerwerkstoff, der *mindestens eine* der nachfolgenden Eigenschaften erfüllt:

- er besteht aus (teilweise, nach ASTM über 20 %) biobasierten, nachwachsenden Rohstoffen

und/oder

- er verfügt über eine biologische Abbaubarkeit.

Somit kann man drei grundsätzliche Biopolymergruppen unterscheiden:

- abbaubare, petrobasierte Biopolymere
- abbaubare, (überwiegend) biobasierte Biopolymere
- nicht abbaubare, biobasierte Biopolymere.

Heute werden Biopolymere nach verschiedenen Verfahren erzeugt, wie nachstehend dargestellt (Auswahl):

- durch chemische Synthese petrochemischer Rohstoffe
  Polyvinylalkohol PVAL
  Polyvinylbutyral PVB
  Polycaprolacton PCL
- durch chemische Synthese biobasierter Rohstoffe
  Polylactide PLA
  Bio-Polyurethane BIO-PUR
  Bio-Polyamide BIO-PA
- durch direkte Biosynthese der Polymere
  Polyhydroxyalkanoate PHA
- durch Modifizierung nachwachsender Rohstoffe
  stärkebasierte Polymere (PSAC[1]: Polysaccharide)
  Cellulosepolymere als Celluloseregenerate CH und Cellulosederivate CAB, CP
  pflanzenbasierte Biopolymere, z. B. PA11
- durch Herstellung von Blends aus den vorgenannten Gruppen, z. B. thermoplastische Stärke mit CA oder PCL.

Eigenschaften

Die Eigenschaften der Biopolymere sind genauso, wie bei den klassischen Thermoplasten durch Modifikationen, Copolymerisation oder Herstellung von Blends gezielt einstellbar. Durch geeignete Wahl der Verarbeitungsbedingungen und ggf. Additive und Verstärkungsstoffe lassen sich weitere Eigenschaften beeinflussen. Viele Biopolymere zeichnen sich durch eine gute Zähigkeit aus und haben gegenüber teilkristallinen Thermoplasten, wie PE und PP, eine verminderte Schwindung. Über Langzeitverhalten und Wärmeformbeständigkeit stehen noch wenige Daten zur Verfügung.

Verarbeitung

Für die Verarbeitung von Biopolymeren stehen praktisch alle Verfahren zur Verfügung, wie sie auch bei konventionellen Thermoplasten angewandt werden. Als Urformverfahren werden Spritzgießen, Extrusion für Profile und Folien und Folienblasen angewandt. Da Biopolymere meist eine höhere Feuchte- und Wasseraufnahme haben, müssen sie vorgetrocknet werden. Thermoformen, Heißsiegeln, Schweißen und Bedrucken sind ebenfalls möglich.

Prüfung

Die Prüfung der Biopolymere erfolgt nach denselben Prüfmethoden, die auch für konventionelle Kunststoffe gelten (s. Abschnitt III „Prüfung von Kunststoffen, Kennwerte"). Für die Prüfung der biologischen Abbaubarkeit, Kompostierbarkeit

---

1) PSAC für Polysaccharide ist nicht genormt

und Oxoabbaubarkeit liegen eine Vielzahl von nationalen und internationalen Normen vor, siehe z. B. Endres/Siebert-Raths: Technische Biopolymere, Hanser Verlag München.

Anwendungsbeispiele

Die meisten Biopolymere werden heute noch überwiegend eingesetzt als Folien (heißsiegelfähig, bedruck- und verklebbar) im Verpackungsbereich für Lebensmittel- und im Non-Food-Bereich (Tragetaschen, Müllbeutel). Verwendung von Folien (z. B. Mulchfolien) und Spritzgussteilen (z. B. Blumentöpfe) im Bereich Landwirtschaft. Ein weiterer Anwendungsbereich sind Beschichtungen und Laminierungen für Papier und Karton. Fasern dienen zur Herstellung von Bekleidung und Teppichen.

Im Automobilbereich werden naturfaserverstärkte (NF) Biopolymere im Innenbereich eingesetzt.

Polyamide 610 und 1010 werden, z. T. verstärkt, im Automobilbau z. B. als Kühlwasserbehälter oder Schlauchleitungen eingesetzt. Thermoplastisches Ether-Ester-Elastomer findet Anwendung im Sportschuhbereich.

Mit zunehmender Entwicklung und Verbesserung des Eigenschaftsbildes werden sich für die Biopolymere weitere technische Anwendungsgebiete finden lassen.

Handelsnamen und Hersteller von Biopolymeren (Auswahl)

Aus der Vielzahl von Biopolymeren sollen nachstehend nur einige mit den zugehörigen Herstellern aufgeführt werden. Auf die Angabe von Verarbeitungsparametern und Kennwerten wird wegen der Vielzahl von Modifikationen verzichtet. Die nachstehende Auflistung erhebt keinen Anspruch auf Vollständigkeit, soll einen kurzen Überblick geben über wichtige Firmen, Ihre Produkte und mögliche Anwendungsmöglichkeiten.

In *Endres/Sieber-Raths* „Technische Biopolymere“ sind für eine Vielzahl von Biopolymeren umfangreiche Tabellen mit Eigenschafts- und Verarbeitungsdaten und den unterschiedlichsten Anwendungsgebieten zusammengestellt. Eine CAMPUS nachempfundene Datei für Biopolymere ist zu finden unter www.materialdatacenter.com – Biopolymerdatenbank.

AquaSol (A. Schulman): Basis Polyvinylalkohol PVAL. Thermoplastische Granulate, vorwiegend für Folienherstellung im Verpackungsbereich. Wasserlöslich.

Rilsan (Arkema): PA11 auf der Basis Rizinusöl. Thermoplastische Granulate für Spritzgieß- und Extrusionsverarbeitung. Kabel- und Rohrleitungen, Bremsschläuche im Automobilsektor. Teile in der Medizintechnik.

Pebax Rnew (Arkema): Thermoplastisches Elastomer auf Basis Rizinusöl. Granulate für Spritzgieß- und Extrusionsverarbeitung. Anwendung im Bereich Automobil, Elektrotechnik und Sport (siehe auch Kap. 14.2).

Cellidor (Albis): Basis Cellulose CAB, CP. Thermoplastische Granulate für vielfältige technische Anwendungen (s. Kap. 10.4).

Ecoflex (BASF): Biologisch abbaubare Masterbatche und Blends auf Erdölbasis als Zusatzstoffe für *Ecovio-Folien* zur Herstellung von Schlauch- und Extrusionsfolien.

Ecovio (BASF): Biologisch abbaubares Blend aus *Ecoflex* und Polylactid. Granulate für Blasfolienextrusion im Verpackungsbereich.

Ecovio FS auf Basis von PLA und bioabbaubarem Polyester wird für Papierbeschichtungen und Schrumpffolien eingesetzt.

Desmophen (Bayer): Polyole z. B. auf Basis Rizinusöl zur Herstellung von Bio-PUR für Weichschäume im Automobilsektor.

Biomer (Biomer): Biologisch abbaubare Thermoplaste auf Basis Polyhydroxybutyrat (PHB). Verarbeitung durch Extrusion und Spritzguss, auch zu dünnwandigen und komplexen Formteilen.

Bioplast (BIOTEC): Thermoplastische, biologisch abbaubare Biopolymere auf der Basis von Stärke (PSAC). Extrusion von Blas- und Flachfolien, Profilen; Spritzgussteile und Warmumformteile im Lebensmittelbereich.

Biopar (BIOP): Biologisch abbaubare Biopolymerblends auf der Basis Kartoffelstärke (PSAC) und abbaubarer Copolyester. Extrusion zu Blas- und Flachfolien, Extrusionsblasen zu Flaschen, Spritzguss zu Formteilen im Verpackungsbereich.

Lupranol Balance *(Elastogran): Polyol auf Basis Rizinusöl zur Herstellung von Bio-PUR, als Basis für Weichschaumstoffe.*

Bio-Flex (FKuR): Compounds aus Polylactid (PAL) und Copolyestern zur Herstellung von teilweise abbaubaren Folien im Verpackungsbereich.

Biograde (FKuR): Teilweise abbaubare Compounds auf der Basis Cellulose (Holz). Verarbeitung durch Spritzgießen oder Extrusion für den Lebensmittel- und Verpackungsbereich.

Lacea (Mitsui): Polyactid PLA, noch nicht auf dem Markt.

NatureFlex (Innovia): Biologisch abbaubare und kompostierbare Folien auf Cellulosebasis für Verpackungen im Lebensmittelbereich.

Außerdem gibt es noch Kunststoffe, die nicht komplett auf Basis von Naturprodukten hergestellt werden, sondern bei denen ein Teil der petrochemischen Basis durch nachwachsende Anteile ersetzt wird (z. B. *Biomax PTT, Hytrel RS, Sorona PTT, Zytel RS* von DuPont oder *Caprowax* von Polyfea).

Anmerkung

Die weitere Entwicklung von Biopolymeren und deren Anwendung, auch für technische Teile, hängt ab von den Eigenschaften, der Verarbeitbarkeit, von der Verfügbarkeit der Bio-Rohstoffe und dem Preis für Erdölvorprodukte, ebenso von gesetzlichen Vorgaben für Abbau- und Kompostierbarkeit, sowie CO_2-Problemen bei der Herstellung und Entsorgung und letztendlich der Ökobilanz.

III Prüfung von Kunststoffen, Kennwerte

17 Auswertung von Prüfergebnissen

Normen:

DIN 53598	Statistische Auswertung von Stichproben mit Beispielen aus der Elastomer- und Kunststoffprüfung
DIN 53804	Statistische Auswertungen T1: Kontinuierliche Merkmale T2: Zählbare (diskrete) Merkmale T3: Ordinalmerkmale T4: Attributmerkmale
DIN 55303	Statistische Auswertung von Daten T2: Testverfahren und Vertrauensbereiche für Erwartungswerte und Varianzen (siehe auch ISO 3494 und ISO 16269-6)
DIN 55350	Begriffe der Qualitätssicherung und Statistik (siehe auch DIN ISO 3534)
DIN ISO 3534	Statistik – Begriffe und Formelzeichen T1: Wahrscheinlichkeit und allgemeine statistische Begriffe T2: Angewandte Statistik
DIN ISO 5725	Genauigkeit (Richtigkeit und Präzision) von Messverfahren und Messergebnissen
ISO 2602	Statistische Auswertung von Prüfergebnissen – Schätzung des Erwartungswertes und des Konfidenzintervalls
DIN EN ISO 9000	Qualitätsmanagementsysteme – Grundlagen und Begriffe
DIN EN ISO 9001	Qualitätsmanagementsysteme – Anforderungen
DIN EN ISO 9004	Qualitätsmanagementsysteme – Leiten und Lenken für den nachhaltigen Erfolg einer Organisation – Ein Qualitätsmanagementansatz

In *Prüfberichten* sollten bei statistischer Auswertung von Prüfergebnissen folgende Punkte enthalten sein:

- Hinweis auf die entsprechende Prüfnorm
- Angabe der Prüfbedingungen
- vollständige Kennzeichnung des geprüften Kunststoffs, einschl. Art, Herkunft, Produktbezeichnung des Herstellers, Güteklasse, Vorgeschichte usw.
- Probekörperform mit genauen Abmessungen
- Herstellungsbedingungen wie spritzgegossen, aus Formteil oder Halbzeug herausgearbeitet, dabei Lage im Formteil oder Halbzeug
- Prüfbedingungen
- Anzahl der Probekörper
- Art des Versagens
- die einzelnen Prüfergebnisse

- Standardabweichung und/oder Variationskoeffizient
- % Vertrauensbereich der Mittelwerte
- Datum der Prüfung

Auswertung von Stichproben

Prüfungen an Kunststoffen erfolgen an *Stichproben*, d. h. nur an einer kleinen Anzahl von Probekörpern (z. B. beim Zugversuch 5, bei Schlagprüfungen 10 Probekörper). Die Auswertung erfolgt daher nach *statistischen Methoden.* Es muss daher festgestellt werden, wie der *Vertrauensbereich* der Messergebnisse liegt.

In DIN 53804 T1 bzw. ISO 2602 werden statistische Verfahren beschrieben, mit denen *messbare Merkmale* aufbereitet und Parameter der Wahrscheinlichkeitsverteilung abgeschätzt oder geprüft werden können. Ein *Stichprobenumfang* n besteht aus der Anzahl der *Einzelwerte* x_i einer Stichprobe. Die Einzelwerte sind in der anfallenden Reihenfolge oft unübersichtlich. Werden sie nach aufsteigender Reihenfolge geordnet, dann entsteht eine *Folge* x_{ii}. *Häufigkeitsverteilungen* werden durch graphische Darstellungen anschaulicher wiedergegeben (Punktdiagramm, Summentreppe). Bei größerem Stichprobenumfang werden die Einzelwerte in *Klassen* zusammengefasst und z. B. als *Histogramm* (Häufigkeitsverteilung) dargestellt. So kann anschaulich die *Verteilungsform* (Symmetrie, Ausreißer) festgestellt werden.

Arithmetischer Mittelwert $\bar{x}$ ist die Summe der Einzelwerte x_i der Stichprobe dividiert durch die Anzahl n:

$$\bar{x} = \frac{x_1 + x_2 + \ldots + x_n}{n} = \frac{1}{n} \cdot \sum_{i=1}^{n} x_i$$

Varianz s^2 einer Stichprobe ist die Summe der Quadrate der Differenzen der Einzelwerte und dem arithmetischen Mittelwert, dividiert durch die Anzahl der Freiheitsgrade $f = n - 1$ und gilt als Kennwert der Streuung

$$s^2 = \frac{1}{n-1} \cdot \sum_{i=1}^{n} (x_i - \bar{x})^2$$

Median $\tilde{x}$ ist bei einer *ungeraden* Zahl n von Einzelwerten das arithmetische Mittel der beiden Werte in der Mitte der Rangfolge

$$\tilde{x} = x_{((n+1)/2)} \qquad n \text{ ungerade}$$

Bei einer *geraden* Zahl n von Einzelwerten wird der Median definiert durch das arithmetische Mittel der beiden Werte in der Mitte der Rangfolge

$$\tilde{x} = \tfrac{1}{2} \cdot \left(x_{(n/2)} + x_{(n/2+1)}\right) \qquad n \text{ gerade}$$

Standardabweichung s der Stichprobe ist die *positive* Wurzel der Varianz s^2, sie ist ein Maß für die Streuung der Einzelwerte x_i um den Mittelwert $\bar{x}$. Je kleiner die

Standardabweichung, desto genauer die Messung, d. h. je enger liegen die Messwerte um den Mittelwert.

$$s = \sqrt{s^2}$$

Variationskoeffizient v errechnet sich aus dem Mittelwert $\bar{x}$ und der Standardabweichung s:

$$v = \frac{s}{\bar{x}} \cdot 100\,\%$$

Spannweite R_n ist die Differenz zwischen dem größten und kleinsten Einzelwert der Stichprobe.

$$R_n = x_{max} - x_{min}$$

In einem Wahrscheinlichkeitsnetz kann festgestellt werden, ob *Normalverteilung* vorliegt. Die Werte $\bar{x}$, s^2, s und v dienen als Schätzwerte für die Erwartungswerte *Mittelwert* μ und *Standardabweichung* σ der *Grundgesamtheit.* Da ein Schätzwert i. A. von dem zu schätzenden Parameter mehr oder weniger abweicht, wird außer dem Schätzwert noch der *Vertrauensbereich* für den Parameter angegeben, der mithilfe der Werte einer Stichprobe berechnet wird. Der *Vertrauensbereich* mit seiner oberen und unteren Vertrauensgrenze schließt den unbekannten Parameter mit einer vorgegebenen *Wahrscheinlichkeit*, dem *Vertrauensniveau* $1 - \alpha$ ein. Bei Werkstoffprüfungen ist das *Vertrauensniveau* $1 - \alpha = 0{,}95$ üblich. Der Vertrauensbereich für den Erwartungswert μ wird bei unbekannter Standardabweichung σ aus dem Mittelwert $\bar{x}$ und der Standardabweichung s einer Stichprobe mit dem Umfang n berechnet. Bei *zweiseitiger* Abgrenzung gilt auf dem Vertrauensniveau $1 - \alpha$:

$$\bar{x} - W \leq \mu \leq \bar{x} + W\,, \qquad \text{wobei gilt } W = t_{f;\,1-\alpha/2} \cdot \frac{s}{\sqrt{n}}$$

W ist der Abstand der Vertrauensgrenzen vom Mittelwert der Stichprobe. Der Vertrauensbereich hat die *Weite* $2 \cdot W$. Der Zahlenfaktor $t_{f;\,1-\alpha/2}$ kann für das übliche Vertrauensniveau $1 - \alpha = 0{,}95$ der Tabelle 17.1 entnommen werden.

Bei der Herstellung von Qualitätsspritzgussteilen werden z. T. noch *Regelkarten* geführt, in die Ergebnisse von Stichproben mit dem Stichprobenumfang $n = 5$ eingetragen werden. Man kann dann erkennen, ob eine Fertigung konstant bleibt oder ob durch Änderung der Fertigungsparameter ein „Weglaufen“ der Fertigung von den optimierten Bedingungen eintritt. Heutige sensor- und messtechnische Möglichkeiten erlauben jedoch beim Spritzgießen von hochpräzisen und dokumentationspflichtigen Formteilen, sog. *D-Teilen*, eine 100-%-Prüfung durch eine *Prozessüberwachung*. Gemessen und überwacht werden i. A. die für einem optimierten Spritzgießprozess notwendigen Prozessparameter *Massetemperatur, Werkzeuginnendruck* und die *Werkzeugtemperaturen.* Rechnerprogramme erfassen die Daten von Schuss zu Schuss und beeinflussen je nach vorgegebenen Grenzwerten Ausfallweichen, die Formteile außerhalb der Grenzwerte aussortieren. *Expertensysteme* können zur Fehlersuche eingesetzt werden.

Tabelle 17.1 t-Verteilung für das Vertrauensniveau $1 - \alpha = 0{,}95$ oder Signifikanzniveau $\alpha = 0{,}05$

Freiheitsgrad f	zweiseitige Abgrenzung $t_{f;0,975}$	einseitige Abgrenzung $t_{f;0,95}$
2	4,30	2,92
3	3,18	2,35
4	2,78	2,13
5	2,57	2,02
6	2,45	1,94
7	2,36	1,89
8	2,31	1,86
9	2,26	1,83
10	2,23	1,81
12	2,18	1,78
14	2,14	1,76
16	2,12	1,75
18	2,10	1,73
20	2,09	1,72
50	2,01	1,68
100	1,98	1,66
≥500	1,96	1,65

Für gründliche Berechnungen wird auf die ausführlichen Darstellungen in DIN 53804-1 hingewiesen.

18 Einfache Methoden zur Erkennung der Kunststoffart

Bei den im Folgenden beschriebenen einfachen Methoden zur Erkennung der Kunststoffart handelt es sich um eine Auswahl von Erkennungsmöglichkeiten, die ohne chemisches Laboratorium mit einfachen Mitteln durchgeführt werden können. Es muss jedoch auf die Grenzen der Verfahren hingewiesen werden: Bei *Copolymerisaten, Polymerisatmischungen* und bei *Kombinationen von Duroplasten* sind – wenn überhaupt – allenfalls die Komponenten, nicht aber deren mengenmäßige Anteile bestimmbar. Weichmacher, Stabilisatoren, Emulgatoren und andere Beimengungen können mit diesen einfachen Methoden nicht erkannt werden. Genaue Untersuchungen sind möglich u. a. durch *thermische Analysen* (DSC, TGA), *Infrarotspektroskopie* (FT-IR), Verfahren die in Kap. 19 beschrieben sind.

Allgemeine Gesichtspunkte

Tabelle 18.1 ist auf die *Beurteilung* des *Brennverhaltens*, das *Verhalten* im *Glührohr sowie* den *Geruch* und die *Reaktion* der *Schwaden* abgestimmt. Sie enthält die Kunststoffe in der Reihenfolge, wie sie im Teil II dieses Buches besprochen sind. Wegen ihrer Vielfalt werden für die Styrol-Polymerisate Unterscheidungsmerkmale in Tabelle 18.2 angegeben, soweit sie ohne chemische Untersuchungen möglich sind. Die Unterscheidung der Polyamide, linearen Polyester und Polyacetale kann über den Kristallitschmelzpunkt erfolgen (siehe Tabelle 19.4). *Füllstoffe* beeinflussen verschiedene Eigenschaften der Kunststoffe je nach Art und Anteil (vgl. Kapitel 19.1 Dichtebestimmung).

Prüfung auf Chlorgehalt *(Beilsteinprobe)*

Ein Kupferdraht wird in heißer Bunsenbrennerflamme zunächst ausgeglüht, bis sich keine Färbung mehr zeigt. Nach Betupfen des zu untersuchenden Kunststoffs mit dem heißen Draht, wird er, zusammen mit den Kunststoffspuren, in die Flamme gehalten. Bei *Grünfärbung* ist Chlor (oder Brom) im Kunststoff vorhanden. Grünfärbung tritt auf bei PVC einschl. Modifikationen, chloriertem PE, Chlorkautschuk und PCTFE, weniger bei Kunststoffen mit (noch) halogenhaltigen Flammschutzmitteln.

Beurteilung des Brennverhaltens (siehe Tabelle 18.1)

Zur Beurteilung des Brennverhaltens sollten die Kunststoffe nicht direkt in eine Flamme gehalten werden, sondern möglichst nur auf einem sorgfältig ausgeglühten Nickelspatel bei *kleiner* Flamme langsam erhitzt werden. Wenn die Probe brennt, Spatel langsam aus der Flamme nehmen und weiteres Brennverhalten beurteilen. *Vorsicht:* Brennproben wegen Möglichkeit des Abtropfens nur über Aluminiumfolie oder Waschbecken durchführen!

Tabelle 18.1 Brennverhalten, Geruch und Reaktion der Schwaden von Kunststoffen

Kunststoff	Beurteilung des Brennverhaltens		Art und Farbe der Flamme	Verhalten beim Erhitzen im Glührohr		Geruch und Reaktion der Schwaden	
	1)			2)			3)
PE PP PB	II II II	tropft brennend ab	gelb mit blauem Kern	s, z s, z s, z	wird klar, wenig sichtbare Dämpfe	schwach paraffinartig PP: schwach esterartig	n n n
PVC-U PVC-P	I I/II	rußend	gelb leuchtend	z z	erweicht, wird schwarzbraun	HCl, brenzlich HCl und Weichmacher	ss ss
PS SB SAN ABS ASA	II II II II II	stark rußend (Flocken)	gelb leuchtend und flackernd	s s, z s, z z s, z	vergast wird gelblich gelb schwarz schwarzer Rückstand	Styrol Styrol und Gummi Styrol und HCN Styrol und Zimt Styrol, schwach HCN	n n a n, a s
CA/CP/CAB	II/ III	tropft und sprüht	gelbgrün	s, z	schwarz	verbranntes Papier CA: Essigsäure CAB: Buttersäure	s
PMMA	II	knistert	leuchtend	z	erweicht, bläht auf	fruchtig	n
PA 6 PA 66 PA 11 PA 12 PA 46 PA amorph	II II II II II II	schwer anzündbar, knistert, tropft ab, zieht Fäden rußend	bläulich, gelber Rand leuchtend	s, z s, z s, z s, z s, z z	wird erst klar, dann braun weiße Dämpfe	stark nach verbranntem Horn schwach nach verbranntem Horn stark n. verbranntem Horn süßlich, kratzend	a a a a a a
POM	II	brennt	schwach blau	s, z	vergast	Formaldehyd	n
PET PBT	II II	rußend, tropft	leuchtend	s, z s, z	dunkelbraun	süßlich, kratzend	s s
PC	I	rußend	leuchtend	s	zäh, braun	Phenol	n, s
PPE mod.	II	schwer anzündbar, rußend	hell	s, z	schwarz	schwach Phenol u. Styrol	a
PSU/PES	II	schwer anzündbar, rußend	gelb	s	braun	schwach H_2S	ss
PPS	0/I	rußend, aufblähend	leuchtend	z	schwarz, weiße Dämpfe	schwach Styrol, S, H_2S	s
PI	0	glüht auf			schmilzt nicht, braun	schwach Phenol (HCN)	a
PTFE	0	verkohlt			schmilzt nicht, wird klar	stechend HF	ss
PVDF	0	verkohlt		s		stechend sauer	ss
PF	0/I	rußend	erlischt	z	springt	Phenol	a
MF MP UF	0/I 0/I 0/I	verkohlt, weiße Kanten	erlischt	z z z	springt springt aufblähend, dunkel	fischig, verbrannte Milch Phenol, verbrannte Milch fischig, widerlich	a a a
UP	II	rußend	leuchtend gelb	z	springt, dunkel	Styrol, scharf	n (s)
EP	II	rußend	gelb	z	dunkel	undefiniert, je nach Härter	n (a)
PUR	II	schäumt	leuchtend gelb	s, z	dunkel	Isocyanat	n,a,s
Aramid	0				schmilzt nicht	Nitrobenzol	(s)

1) 0: kaum anzündbar
I: brennt in der Flamme, erlischt außerhalb
II: brennt nach Anzünden weiter
III: brennt heftig oder verpufft

2) s: schmilzt
z: zersetzt sich

3) a: alkalisch
n: neutral
s: sauer
ss: stark sauer

Es wird beobachtet:

- Kunststoff entzündet sich leicht oder schwer
- Kunststoff brennt, brennt nicht, rußt oder glüht
- Kunststoff brennt außerhalb der Flamme weiter oder verlischt
- Farbe der Flamme ist leuchtend oder rußend, Kunststoff ist dabei sprühend oder tropfend

Der *Geruch der Schwaden* wird besser beim Verhalten im Glührohr festgestellt (siehe nachstehend). *Rückstände* auf dem Spatel erkennt man, wenn man vollständig verascht (vgl. auch 19.1). Es können *anorganische Füllstoffe* wie Glasfasern, Glaskugeln oder Gesteinsmehle festgestellt werden. Geringe Beläge auf dem Spatel rühren von Farbpigmenten und anderen (geringen) Zusatzstoffen her.

Verhalten beim Erhitzen im Glührohr (siehe Tabelle 18.1)
Kleine Kunststoffproben werden in einem Glühröhrchen mit ca. 100 mm Länge und 10 mm Durchmesser bei kleiner Bunsenbrennerflamme vorsichtig erhitzt; so lange erhitzen, bis die entstehenden Schwaden den oberen Rand des Glühröhrchens erreichen, wo dann mithilfe eines angefeuchteten Indikatorpapiers die *Reaktion der Schwaden* festgestellt werden kann.

Beobachtet werden (Tabelle 18.1):

- Schmelzverhalten: Substanz schmilzt, schmilzt nicht, wird dünn- oder dickflüssig. Schmelze färbt sich dunkel; ggf. tritt Blasenbildung oder Zersetzung auf.
- Reaktion der Schwaden: Mit geeignetem Indikatorpapier (Lackmus- oder pH-Papier) kann neutrale, alkalische oder saure Reaktion festgestellt werden (vgl. Bild 18.1).
- Geruch der Schwaden: Die entstehenden Schwaden werden *vorsichtig* der Nase zugefächelt; Gerüche siehe Tabelle 18.1. (Es sind ggf. die Technischen Richtlinien Gefahrstoffe TRGS zu beachten!).

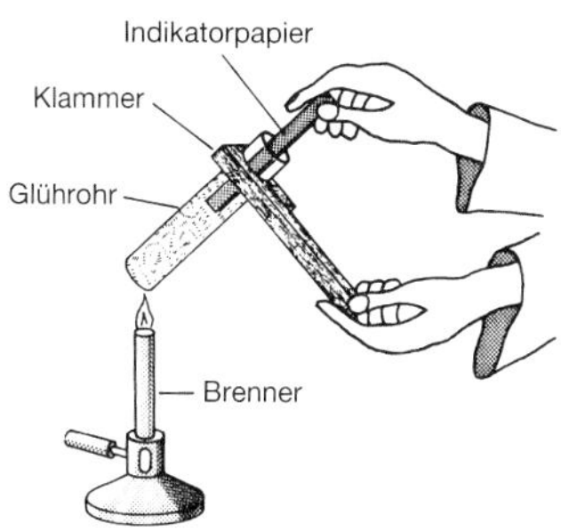

Bild 18.1 Erhitzen im Glührohr

Verhalten in organischen Lösemitteln siehe Kap. 28.

Einfache Unterscheidungsmöglichkeiten

Die *zahlreichen PS-Modifikationen* sind schwierig zu unterscheiden. Meist sind dazu chemische Untersuchungsmethoden notwendig. In Tabelle 18.2 werden Möglichkeiten gezeigt, wie man zur groben Orientierung feststellen kann, in welcher Richtung das PS modifiziert ist. Zunächst wird die genaue Dichte der Probe bestimmt (siehe Kap. 19.1); weitere Untersuchungsmöglichkeiten gehen aus Tabelle 18.2 hervor.

Polyamide lassen sich u. a. durch die *Kristallitschmelztemperaturen* T_g unterscheiden (Tabelle 10.3).

Physikalische Untersuchungsmethoden, wie sie in Kap. 19 beschrieben sind, erlauben wesentlich genauere Bestimmung und Unterscheidung von Kunststoffen.

Tabelle 18.2 Einfache Unterscheidungsmöglichkeiten innerhalb der Styrol-Polymerisate

Werkstoff	**Dichte** g/cm³	**Oberfläche**	**Elastisches und plastisches Verhalten**	**Bruchverhalten**	**Geruch der Schwaden**	**Reaktion der Schwaden**
PS	1,05	glänzend	steif, hart	Sprödbruch	Styrol, süßlich	neutral
PS-I (SB)	1,04 bis 1,05	matt	biegsam, verformungsfähig, je nach Butadiengehalt	Weißfärbung der Biegezone, Verformungsbruch	Styrol und Gummi	neutral
SAN	1,08	glänzend	steif, hart	Sprödbruch	Styrol, am Schluss Blausäure	alkalisch
ABS	1,03 bis 1,07	matt bis glänzend	biegsam, verformungsfähig	wie PS-I	wie PS-I, am Schluss im Röhrchen nach Blausäure	alkalisch oder neutral
ASA	1,07	matt bis glänzend	biegsam, härter als SB	Verformungsbruch	Styrol und pfefferartig	sauer

19 Physikalische Untersuchungsmethoden zum Erkennen der Kunststoffart

19.1 Dichtebestimmung

Normen:

DIN EN ISO 845	Schaumstoffe aus Kautschuk und Kunststoffen – Bestimmung der Rohdichte
DIN EN ISO 1183	Kunststoffe – Verfahren zur Bestimmung der Dichte von nicht verschäumten Kunststoffen T1: Eintauchverfahren, Verfahren mit Flüssigkeitspyknometern und Titrationsverfahren T2: Verfahren mit Dichtegradientensäule T3: Gas-Pyknometerverfahren
ISO 2781	Elastomere oder thermoplastische Elastomere – Bestimmung der Dichte

Kennwert

ϱ	**Dichte**

In den Normen sind mehrere Verfahren zur Bestimmung der Dichte aufgeführt:

- Bestimmung der Dichte nach dem Auftriebsverfahren (Verfahren A) für Halbzeuge und Formteile
- Bestimmung der Dichte mit dem Pyknometer (Verfahren B) für Formmassen als Granulate und Pulver
- Bestimmung der Dichte nach dem Schwebeverfahren (Verfahren C) für Halbzeuge, Formteile und Granulate
- Bestimmung der Dichte nach dem Dichtegradientenverfahren (Verfahren D) für Halbzeuge, Formteile und Granulate.

Hier werden vor allem die *Auftriebsmethode* (Verfahren A) und die oft ausreichende Einstufung der Dichte nach dem *Schwebeverfahren* (Verfahren C) mit verschiedenen Prüflösungen besprochen. Die Einstufung der Dichte mit Lösungen bestimmter Dichte ist auch für das Trennen von Kunststoffen nach der *Sink-Schwimm-Methode* beim Recycling von Kunststoffen interessant.

Beachte: Hohlräume wie Lunker und Gasblasen verfälschen die Dichte, weshalb die Dichtebestimmung an Granulatkörnern, die meist Lunker enthalten, problematisch ist; Granulatkörner ggf. vorher aufschneiden. Bei gefüllten Kunststoffen wird die Dichte durch den Gehalt an Füllstoffen verändert, weshalb die Dichtebestimmung an gefüllten Kunststoffen nur sinnvoll ist, wenn der Füllstoffgehalt bekannt ist.

19.1.1 Bestimmung der Dichte nach der Auftriebsmethode (Verfahren A)

Die Prüfung erfolgt auf Analysenwaagen mit einer Messgenauigkeit von 0,1 mg und einer Zusatzeinrichtung für die Dichtebestimmung von festen Probekörpern, eine sog. hydrostatische Waage. Weiter sind notwendig Aräometer zur genauen Ermittlung der Dichte der Prüfflüssigkeit, meist *destilliertes Wasser* und *Methanol* (für Gummi, PE und PP). Zunächst wird die Masse W_1 der Probe durch Wiegen in Luft bestimmt, dann die Masse W_2 der Probe durch Wiegen in der Prüfflüssigkeit. Die Dichte ϱ_F der Prüfflüssigkeit kann mittels Aräometer ermittelt werden; es darf zur Vermeidung von Luftbläschen bis 0,1 Massenprozent *Netzmittel* zugesetzt werden. Auf genaue, konstante Temperatur t der Prüfflüssigkeit ist zu achten. Probekörpermasse W_t sollte mindestens 2,5 g betragen. Es stehen auch automatische Wiegesysteme mit Rechnerauswertung zur Verfügung.

Die Dichte ϱ_t für die Temperatur t (20±2) °C; (23±2) °C oder (27±2) °C ergibt sich in g/cm³, kg/m³ oder g/ml nach folgender Formel, wobei die Angabe der ersten drei wertanzeigenden Ziffern genügt:

$$\text{Dichte } \varrho_t = \frac{W_1 \cdot \varrho_F}{W_1 - W_2}$$

Nach DIN EN ISO 1183 wird die Masse der Probe in Luft (W_1) mit $m_{S,A}$, die Masse der Probe in der Prüfflüssigkeit (W_2) mit $m_{S,IL}$ und die Dichte der Prüfflüssigkeit (ϱ_F) mit ϱ_{IL} bezeichnet. (S steht für specimen, A für air, IL für immersion liquid und t für die Temperatur, meist 23 °C).

Die Dichten von Gießharzen, Pressstoffen und gefüllten Thermoplasten werden stark durch den Füllstoff und dessen Anteil verändert. Daher ist für solche Formstoffe keine Aussage über die Dichte des Grundwerkstoffs möglich, es sei denn, dass nach einer Veraschung die Rückstände vollständig erfasst sind (siehe weiter unten: Bestimmung des Gehalts an anorganischen Füllstoffen bzw. Kap. 19.2). Der Einfluss von *Farbstoffzusätzen* (rd. 0,5 bis 1,5 %) ist relativ gering und wirkt sich höchstens bis 0,01 g/cm³ als Erhöhung der Dichte aus.

19.1.2 Bestimmung der Dichte durch Eingrenzen in Prüfflüssigkeiten (Verfahren C)

Die Prüfung erfolgt in Standzylindern mit 250 bis 500 ml Nenninhalt für größere Formteile oder Weithalsflaschen mit Kugelschliff für kleinere Probekörper; ferner benötigt man ggf. Badthermostat, Thermometer mit Genauigkeit 0,1 K und Aräometerspindeln mit einer Genauigkeit von 0,0001 g/cm³. Das wichtigste sind aber Prüfflüssigkeiten verschiedener Dichten, die wieder bis zu 0,1 Masseprozent Netzmittel zur Luftbläschenvermeidung enthalten dürfen (siehe Tabelle 19.1). Die Probekörper oder Formteile werden nacheinander in die entsprechenden Prüflösungen eingelegt, beginnend mit der niedrigsten Dichte, bis die Probe in einer Prüflösung gerade schwimmt. Die Dichte des Probekörpers liegt dann zwischen den Dichten der beiden Prüflösungen, in denen er gerade noch untergeht und in der er schwimmt. Je kleiner die Dichteunterschiede werden, desto genauer kann die Dichte durch Eingrenzen bestimmt werden.

Tabelle 19.1 Prüfflüssigkeiten zur Dichtebestimmung.

Dichte bzw. Dichtebereich in g/cm^3	**Zusammensetzung**
0,79 bis 1,0	Ethanol – Wasser
1,0 bis 1,98	Zinkchlorid – Wasser
0,87 bis 1,59	Toluol – Tetrachlormethan
1,6 bis 2,89	Tetrachlormethan – Tribrommethan

Beim Arbeiten mit diesen Medien sind die Vorschriften der Technischen Richtlinien für Gefahrstoffe TRGS zu beachten.

19.1.3 Bestimmung der Dichte von Schaumstoffen aus Kautschuk und Kunststoffen

Nach DIN EN ISO 845 wird von einem Probekörper die Masse m in g und das Volumen V in mm^3 bestimmt und daraus die Dichte errechnet zu

$$\varrho_a = \frac{m}{V} \cdot 10^6 \text{ kg/m}^3$$

19.1.4 Bestimmung des Gehalts an anorganischen Füllstoffen

(siehe auch Kap. 19.2)

DIN EN ISO 1172	Textilglasverstärkte Kunststoffe – Prepregs, Formmassen und Laminate – Bestimmung des Textilglas- und Mineralfüllstoffgehaltes – Kalzinierungsverfahren
DIN EN ISO 3451	Kunststoffe – Bestimmung der Asche T1: Allgemeine Grundlagen T4: Polyamide T5: Polyvinylchlorid
DIN EN ISO 7822	Textilglasverstärkte Kunststoffe – Bestimmung der Menge vorhandener Lunker – Glühverlust, mechanische Zersetzung und statistische Auswertungsverfahren
DIN EN ISO 11667	Faserverstärkte Kunststoffe – Formmassen und Prepregs – Bestimmung des Gehaltes an Harz, Verstärkungsfaser und Mineralfüllstoff – Auflösungsverfahren

Bei der *Veraschungsmethode* wird der organische Anteil verbrannt und der verbleibende anorganische Rest ausgewertet; auf diese Weise lassen sich somit nur *anorganische* Füll- und Verstärkungsstoffe ermitteln. Beim Auflösungsverfahren können mit geeigneten Lösemitteln auch organische Füll- und Verstärkungsstoffe bestimmt werden.

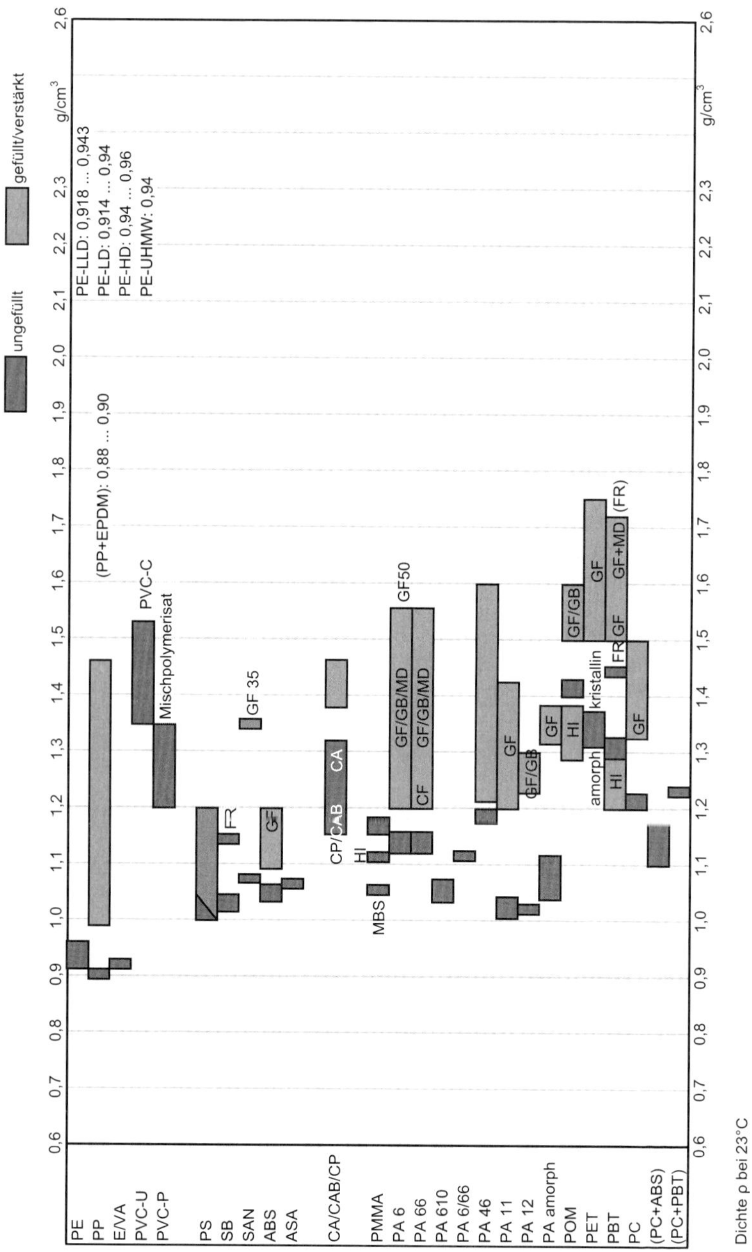
ungefüllt
gefüllt/verstärkt
PE-LLD: 0,918 ... 0,943
PE-LD: 0,914 ... 0,94
PE-HD: 0,94 ... 0,96
PE-UHMW: 0,94
(PP+EPDM): 0,88 ... 0,90
PVC-C
Mischpolymerisat
GF 35
FR
GF
CP/CAB
CA
HI
MBS
GF/GB/MD
GF50
CF
GF/GB
amorph
kristallin
FR
GF+MD
(FR)
PE
PP
E/VA
PVC-U
PVC-P
PS
SB
SAN
ABS
ASA
CA/CAB/CP
PMMA
PA 6
PA 66
PA 610
PA 6/66
PA 46
PA 11
PA 12
PA amorph
POM
PET
PBT
PC
(PC+ABS)
(PC+PBT)
0,6 0,7 0,8 0,9 1,0 1,1 1,2 1,3 1,4 1,5 1,6 1,7 1,8 1,9 2,0 2,1 2,2 2,3 g/cm³ 2,6
Dichte ρ bei 23°C

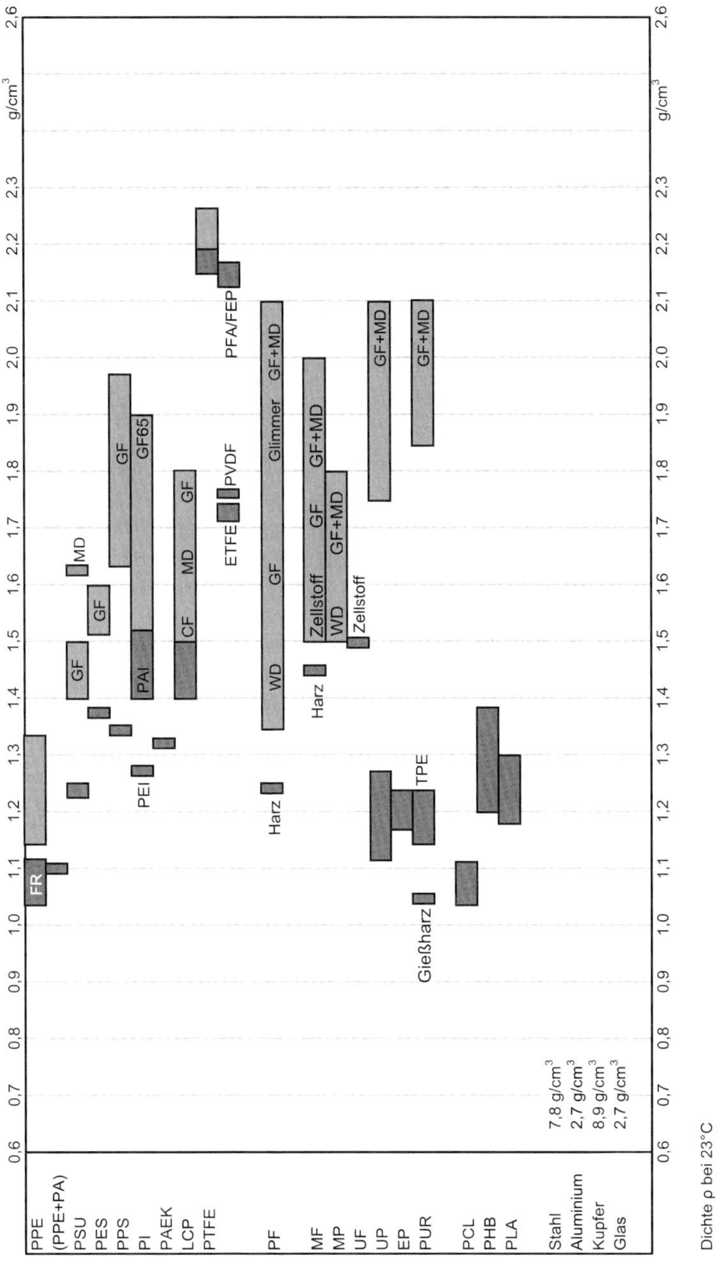
PPE
(PPE+PA)
PSU
PES
PPS
PI
PAEK
LCP
PTFE
PF
MF
MP
UF
UP
EP
PUR
PCL
PHB
PLA
Stahl 7,8 g/cm³
Aluminium 2,7 g/cm³
Kupfer 8,9 g/cm³
Glas 2,7 g/cm³
FR
GF
MD
GF65
PAI
PEI
CF
PFA/FEP
PVDF
ETFE
WD
Glimmer
GF+MD
Harz
Zellstoff
TPE
Gießharz
0,6
0,7
0,8
0,9
1,0
1,1
1,2
1,3
1,4
1,5
1,6
1,7
1,8
1,9
2,0
2,1
2,2
2,3
2,6
g/cm³
Dichte ρ bei 23°C

Zur ***Prüfung*** benötigt man eine Analysenwaage, einen Muffelofen bis 700 °C, Porzellantiegel mit ca. 20 ml Inhalt, Exsikkator mit $CaCl_2$-Füllung und Tiegelzangen.

Zuerst Tiegel reinigen und ausglühen und im Exsikkator erkalten lassen und dann wiegen. Von der zu veraschenden Substanz 0,3 bis 0,5 g in Tiegel einwiegen und Tiegel mit Probe in den auf ca. 650 °C vorgeheizten Muffelofen und bis zur Gewichtskonstanz (mindestens 1 h) glühen, sodass der gesamte organische Anteil vergast ist. Je nach Bedarf kann die Glühtemperatur ggf. etwas höher gewählt werden. Der Rückstand darf keine Dunkelfärbung von verkohlter Substanz aufweisen. Tiegel aus dem Ofen nehmen, im Exsikkator erkalten lassen und dann auswiegen.

Die **Auswertung** des Rückstands R bzw. des Glühverlustes P erfolgt rechnerisch; der Gewichtsverlust wird angegeben in Gew.-%:

$$\text{Rückstand } R = \frac{m_3 - m_1}{m_2 - m_1} \cdot 100 \text{ in \% (Glühverlust } P = 100 - R)$$

dabei bedeuten: m_1 Tiegel leer; m_2 Tiegel mit Probe vor dem Veraschen;
m_3 Tiegel mit Rückstand nach dem Veraschen.

Anmerkungen

Bei duroplastischen Kunststoffen enthält der Rückstand alle anorganischen Substanzen, also Gesteinsmehl, Glasfasern und auch mineralische Pigmente, aber keine organischen Substanzen, wie Zellulose, Baumwollgewebe usw.

Bei glasfaserverstärkten Gießharzen und bei glasfaserverstärkten Thermoplasten stimmt der Rückstand meist gut mit dem Gehalt an Glasfasern und anorganischen Pulvern überein. Man kann auch erkennen, ob pulverförmige Füllstoffe wie Gesteinsmehl oder Glaskugeln vorhanden sind.

Um die Länge von Glasfasern genau zu erkennen, ist es oft vorteilhaft, den Kunststoff mit einem geeigneten Lösemittel (vgl. Kap. 28) herauszulösen und abzufiltrieren, weil beim Veraschen evt. ein Verschmelzen bestimmter Glassorten auftreten kann.

Bei rußstabilisierten Kunststoffen wird bei 650 °C im Porzellantiegel mit Deckel verascht; Abluftkanal schließen (kein Luftzutritt).

19.1.5 Ermittlung des Glasfasergehalts und des Gehalts anderer mineralischer Füllstoffe aus den Dichtewerten

Sind die Dichten der Füll- oder Verstärkungsstoffe bekannt, so kann der Gehalt an diesen Zusatzstoffen mit nachfolgender Formel bestimmt werden:

$$\frac{G_F}{G_P} = \frac{\varrho_F \cdot (\varrho_P - \varrho)}{\varrho_P \cdot (\varrho_F - \varrho)}$$

Es bedeuten: G_P: Gewicht der Formteilprobe in g
G_F: Gewicht des Faser- oder Füllstoffs in g
ϱ: Dichte des ungefüllten Kunststoffs in g/cm^3
ϱ_F: Dichte des Faser- oder Füllstoffs
ϱ_P: Dichte des gefüllten Kunststoffs in g/cm^3

Tabelle 19.2 Dichten von einigen Füll- und Verstärkungsstoffen (Anhaltswerte)

Stoff	**Dichte in g/cm³**	**Stoff**	**Dichte in g/cm³**
Glasfasern	2,5 bis 2,6	Aramid	1,44
Glaskugeln	2,5	Glimmer	2,85
Glaskugeln (hohl)	0,2 bis 1,1	Kreide (Calcium-carbonat)	2,7
C-Faser (A-Typ)	1,65	Ruß	1,8
C-Faser (HM-Typ)	1,95	Talkum	2,8
Aerosil	2,2	Hanf	1,50

Beispiel:

Von einem Formteil aus PA 6-GF ist bekannt:

Gewicht des Formteils $G_P = 32{,}6$ g
Dichte des Formteils $\varrho_P = 1{,}367$ g/cm³
Dichte von PA 6 $\varrho = 1{,}14$ g/cm³
Dichte der Glasfaser $\varrho_F = 2{,}55$ g/cm³

Für den *Glasfasergehalt* ergibt sich damit

$$\frac{G_F}{G_P} = \frac{\varrho_F \cdot (\varrho_P - \varrho)}{\varrho_P \cdot (\varrho_F - \varrho)} = \frac{2{,}55 \cdot (1{,}367 - 1{,}14)}{1{,}367 \cdot (2{,}55 - 1{,}14)} = 0{,}30 \qquad G_F = 0{,}30 \cdot G_P$$

Es liegt somit ein Glasfasergehalt von 30 % vor.

19.2 Thermische Analysenverfahren

Normen:

DIN 7724	Polymere Werkstoffe – Gruppierung polymerer Werkstoffe aufgrund ihres mechanischen Verhaltens
DIN 51004	Thermische Analyse (TA) – Bestimmung der Schmelztemperaturen kristalliner Stoffe mit Differenz-Thermoanalyse (DTA)
DIN 51005	Thermische Analyse (TA) – Begriffe
DIN 51006	Thermische Analyse – Thermogravimetrie – Grundlagen
DIN 51007	Thermische Analyse (TA) – Differenz-Thermoanalyse (DTA) – Grundlagen
DIN 53765	Prüfung von Kunststoffen und Elastomeren – Thermische Analyse, Dynamische Differenzkalorimetrie (DDK)
DIN EN ISO 3146	Kunststoffe – Bestimmung des Schmelzverhaltens (Schmelztemperatur oder Schmelzbereich) von teilkristallinen Polymeren im Kapillarrohr- und Polarisationsmikroskop-Verfahren

DIN EN ISO 6721 Kunststoffe – Bestimmung dynamisch-mechanischer Eigenschaften
T1: Allgemeine Grundlagen
T2: Torsionspendel-Verfahren
T3: Biegeschwingung, Resonanzkurven-Verfahren

DIN EN ISO 11357 Kunststoffe – Dynamische Differenz-Thermoanalyse (DSC)
T1: Allgemeine Grundlagen

DIN EN ISO 11358 Kunststoffe – Thermogravimetrie (TG) von Polymeren

Kennwerte

T_g	**Glasübergangstemperatur**
T_m	**Kristallitschmelztemperatur**
R	**Glührückstand (vgl. Kap. 19.1)**
P	**Glühverlust (vgl. Kap. 19.1)**
	Schmelzwärme
	Thermischer Abbau
	Aushärtungseffekte

Thermische Analysen erlauben, an meist sehr kleinen Probemengen, physikalische und chemische Eigenschaften als Funktion der Temperatur oder Zeit zu ermitteln. Die Proben werden dazu in speziellen Öfen mit definierter Gasatmosphäre (Luft, inerte Gase) einem bestimmten Temperaturprogramm unterzogen und dabei entsprechende *Aufheiz-* oder *Abkühlkurven* aufgenommen. Solche Temperaturkurven zeigen werkstoffspezifische Kurvenverläufe (Bilder 19.1 bis 19.4), die heute meist mithilfe umfangreicher Software ausgewertet und dokumentiert werden können.

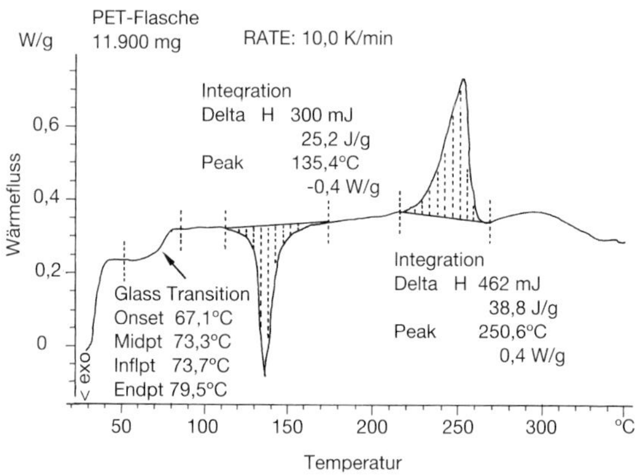

Bild 19.1 DSC-Aufheizkurve einer glasklar spritzgeblasenen PET-Flasche
Glasübergangstemperatur T_g (Midpoint) 73,3 °C
Nachkristallisationstemperatur (Peaktemperatur) 135,4 °C
Schmelztemperatur (Peaktemperatur) 250,6 °C

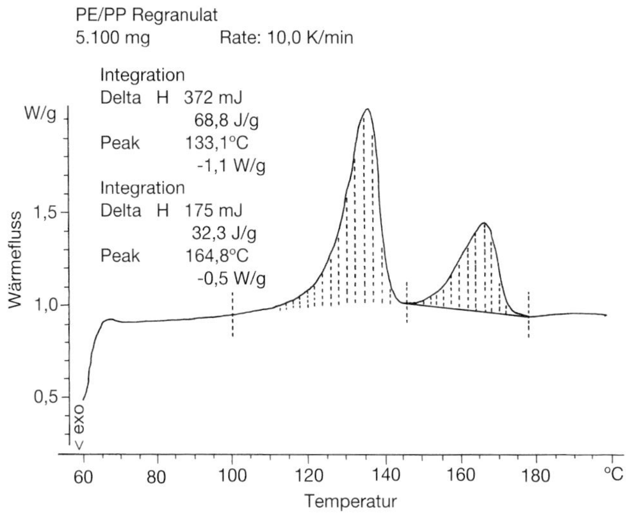

Bild 19.2 DSC-Aufheizkurve eines spritzgegossenen Rezyklats aus PE-HD und PP. Zwei getrennte Schmelzpeaks für PE-HD bei 133,1 °C und PP bei 164,8 °C

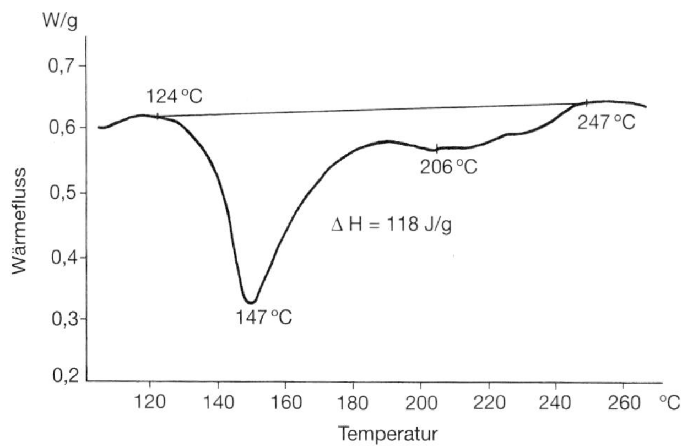

Bild 19.3 DSC-Aufheizkurve eines vernetzenden PF-Harzes mit großem exothermen Vernetzungspeak

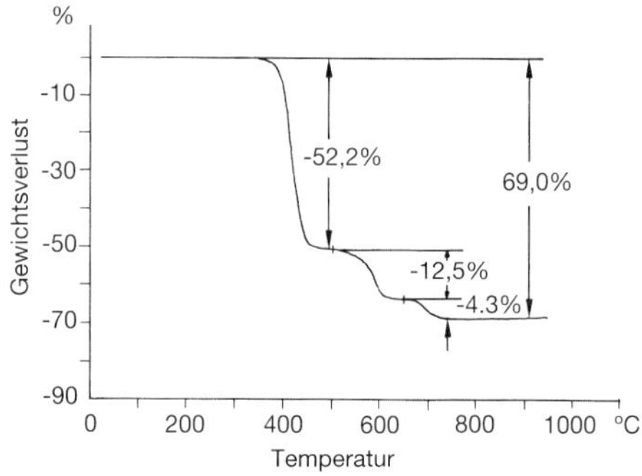

Bild 19.4 Thermogravimetrische Kurve von mit PTFE gefülltem PBT-GF 30, Ermittlung der Mengenanteile von PTFE (12,5 %) und GF (31 %).

Die 3 wichtigsten thermischen Analysenverfahren sind:

- Dynamische Differenzkalorimetrie DDK bzw. DSC (englisch: Differential Scanning Calorimetrie) zur Ermittlung charakteristischer Temperaturen wie *Kristallitschmelztemperatur* T_m teilkristalliner Thermoplaste, *Glasübergangstemperaturen* T_g amorpher Thermoplaste und zur Bestimmung kalorischer Größen, wie *Wärmekapazität*, *spezifische Wärme*, *Kristallinität* und *Kristallinitätsgrad*, sowie *Temper-* und *Aushärtungsvorgänge*
- Thermogravimetrische Analyse TGA zur Ermittlung der *Oxidationsstabilität*, der *Wirksamkeit von Alterungsschutzmitteln*, des *Gehalts an anorganischen Füllstoffen*, von *Ausgasungen* und *Zersetzungen*
- Thermomechanische Analyse TMA zur Bestimmung der Volumen- oder Längenänderung von Kunststoffen.

Weiterhin finden Anwendung:

- Thermooptische Analyse TOA zur Bestimmung von Gefügeänderungen
- Dynamisch-mechanische Analyse DMA wie DDK/DSC, z. T. jedoch empfindlicher messend, mit periodisch wechselnder Beanspruchung (vgl. Torsionsschwingungsversuch 21.4)

Tabelle 19.3 zeigt die Anwendungsmöglichkeiten thermoanalytischer Methoden in der Kunststoffprüfung. Die Verfahren eignen sich für die *Wareneingangskontrolle* (Kunststoffidentifikation), die *Qualitätssicherung* und die *Kunststoffentwicklung.*

Proben sind sehr klein und wiegen meist nur wenige Milligramm (meist bis maximal 20 mg, für Untersuchungen der spezifischen Wärmekapazität bis 40 mg); sie können von Formteilen oder Halbzeugen entnommen werden, außerdem lassen sich Granulat, Pulver, Folien usw. untersuchen. Die Menge richtet sich auch nach den thermischen Effekten, die untersucht werden sollen.

Prüfung erfolgt in speziellen Geräten. Die Proben werden in gerätespezifische Tiegel gebracht und ggf. luftdicht oder offen einer Aufheizung (meist 10 K/min) oder

Tabelle 19.3 Anwendungsmöglichkeiten thermischer Analyseverfahren

	DDK/DSC	TGA	TMA
Glasübergangstemperatur	X		X
Schmelzen/Kristallisieren	X		X
Nachkristallisation	X		X
Aushärtungseffekte	X		
Thermischer/oxidativer Abbau	X	X	X
Schmelzwärme	X		
Spezifische Wärme	X		
linearer Wärmeausdehnungskoeffizient			X
anorganischer Füllstoffgehalt		X	

Abkühlung mit flüssigem Stickstoffe unterworfen und die Aufheiz- oder Abkühlkurven aufgenommen und dokumentiert.

Auswertung der Aufheiz- oder Abkühlkurven erfolgt mit entsprechender gerätespezifischer Software; siehe Normen und Gerätebeschreibungen. Glasübergangstemperaturen T_g und Kristallitschmelztemperaturen T_m einiger Thermoplaste sind Tabelle 19.4 zu entnehmen.

Einige charakteristische Kurven sollen beispielhaft die Möglichkeiten der thermischen Analysen zeigen.

Bild 19.1 zeigt die DSC-Aufheizkurve einer Probe, die aus einer spritzgeblasenen PET-Flasche entnommen wurde. Es ist die Glasübergangstemperatur T_g des amorphen PET bei 73,3 °C zu erkennen. Die exotherme Peaktemperatur von 135,4 °C zeigt die Nachkristallisation der durch schnelles Abkühlen nicht kristallisierten, glasklaren PET-Flasche; die endotherme Peaktemperatur von 250,6 °C (T_m) kennzeichnet das Aufschmelzen des PET.

Bild 19.2 zeigt die DSC-Kurve eines spritzgegossenen Rezyklats aus PE-HD und PP, man erkennt deutlich die getrennten Schmelzpeaks von PE-HD bei 133,1 °C und PP bei 164,8 °C; die beiden Kunststoffe sind nicht mischbar.

Bild 19.3 zeigt die exotherme Härtungsreaktion eines Phenol-Formaldehyd-Resolharzes mit Hexamethylentetramin als Härter; bei 147 °C erfolgt die Abspaltung von Wasser und bei 206 °C die Abspaltung von Ammoniak NH_3.

Bild 19.4 zeigt eine thermogravimetrische Kurve von PBT-GF 30, zusätzlich gefüllt mit PTFE zur Verbesserung der Gleiteigenschaften. Zunächst erfolgt bei 420 °C ein Gewichtsverlust von 52,2 % (PBT), dann bei 587 °C ein Gewichtsverlust von 12,5 % (PTFE), bei 650 °C verbrennt der Pyrolyseruss mit 4,3 % und der Rest von 31 % entspricht einem Glasfaseranteil von 31 % (GF 30).

Tabelle 19.4 Glasübergangstemperaturen T_g und Kristallitschmelzpunkte T_m einiger Thermoplaste

Kunststoff	Glasübergangstemperatur T_g °C	Kristallitschmelztemperatur T_m °C
PE	–110 bis –20	105 bis 140
EVA		95 bis 106
PP	–25 bis –5	160 bis 170
PB	–25	125
PMP	18–40	240
PVC-U	70 bis 90	
PVC-P	<0 bis <70	
PS	90 bis 100	
SB	90 bis 95	
SAN	105	
ABS	105 bis 125	
PMMA	70 bis 120	
PA 6	40 bis 75*)	215 bis 225
PA 66	35 bis 90*)	250 bis 265
PA11	ca. 50	180 bis 190
PA12	ca. 40	175 bis 185
PA46		295
PA 6-3-T	150	
POM	–85 bis –50	Homopolymere: 175 Copolymere: 165 bis 168
PET	60 bis 90	255 bis 265
PBT	40 bis 60	220 bis 230
PC	145 bis 160	
PPE mod.	110 bis 150	
PSU	175 bis 190	
PES	210 bis 230	
PPS	85 bis 90	275 bis 290
PEI PAI	210 bis 220 275	
(PPA)	127	310
PAEK	140 bis 170	330 bis 380
PTFE PFA PVDF PCTFE	–150 bis –110 –40 bis –30 20 bis 60	327 bis 330 300 bis 310 165 bis 180 180 bis 220
LCP		280 bis 320

*) abhängig vom Feuchtegehalt

19.3 Infrarot-Spektroskopie

Norm:

DIN 53742 Bestimmung des Vinylacetat-Gehalts von Copolymeren aus Vinylchlorid und Vinylacetat – Infrarotspektroskopisches Verfahren

Die Infrarotspektroskopie bietet eine Möglichkeit, Kunststoffe zu analysieren. Festgestellt werden können auch bestimmte *Bindungstypen*, *Taktizität*, *Orientierungen* und *Kristallinität*; *Weichmacher* und *Additive* können festgestellt werden und ggf. der *Abbau* von Polymeren.

Bei der Infrarot-Spektroskopie (meist FT-IR) handelt es sich um eine Absorptionsspektroskopie im Wellenlängenbereich zwischen etwa 1 µm und 25 µm. Die in den aufgenommenen Infrarotspektren auftretenden Absorptionsbanden können den Schwingungen bestimmter Valenzen der Polymerkette und bestimmten Atomgruppen zugeordnet werden. Umfangreiche „Infrarot-Bibliotheken" in Büchern oder auf elektronischen Speichermedien stehen für die Auswertung zur Verfügung.

Zur ***Prüfung*** müssen die zu untersuchenden Kunststoffe in sehr geringen Schichtdicken von wenigen Mikrometern vorliegen oder in Form von Lösungen. Die Präparationstechnik hängt ab von der Löslichkeit oder Schmelzbarkeit der zu untersuchenden Polymeren. In speziellen Küvetten (meist KBr) werden die präparierten Kunststoff-Filme in Infrarotspektrometern untersucht und die entsprechenden IR-Absorptionsspektren aufgenommen, entweder als Kurvenzug (Bild 19.5) oder heute meist in digitaler Form zur Auswertung mit EDV-Systemen.

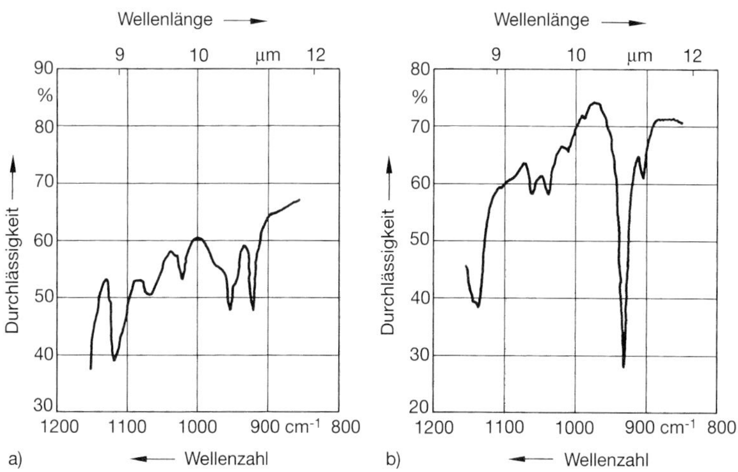

Bild 19.5 IR-Vergleichsspektrum a) für PA 6 b) für PA 66

Auswertung: Die Identifizierung der aufgenommenen IR-Spektren kann über entsprechende, bekannte Vergleichsspektren erfolgen; moderne Datenverarbeitungssysteme mit umfangreichen dokumentierten IR-Spektren ermöglichen eine schnelle Identifizierung und Dokumentation. Bild 19.5 zeigt wesentliche Unterschiede von PA 6 zu PA 66 im Wellenlängenbereich zwischen 800 cm^{-1} und 1000 cm^{-1} und damit die Möglichkeit, beide Kunststoffe zu unterscheiden.

19.4 Gel-Permeations-Chromatographie GPC

Norm:

DIN 55672 Gelpermeationschromatographie (GPC)
T1: Tetrahydrofuran (THF) als Elutionsmittel
T2: N,N.Dimethylacetamid (DMAC) als Elutionsmittel
T3: Wasser als Elutionsmittel

Die Gel-Permeations-Chromatographie GPC (auch als Size Exclusion Chromatography SEC bezeichnet) ist ein Verfahren der High Performance Liquid Chromatography HPLC; mit ihrer Hilfe ist es möglich, Moleküle entsprechend ihres hydrodynamischen Volumens zu trennen. In der Kunststoffprüfung dient das Verfahren zur Ermittlung der mittleren molaren Masse M_W (Gewichtsmittel) und der Molmassenverteilung von Kunststoffen (Es kann auch das Zahlenmittel der Molmassenverteilung M_n ermittelt werden). Es ist ein wichtiges Verfahren, um z. B. den Abbau von Kunststoffen durch ungeeignete Verarbeitungsparameter, durch Alterung oder Recycling festzustellen.

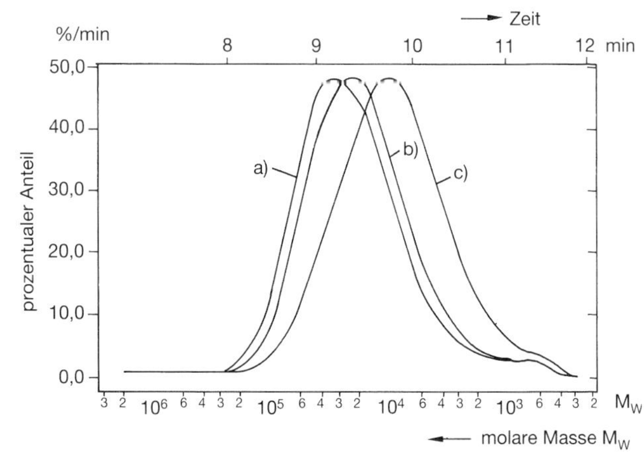

Bild 19.6 Erniedrigung der mittleren molaren Masse von PBT durch zu lange Verweilzeit im Spritzzylinder, Ermittlung der Verteilungskurven mittels GPC
a) Verweilzeit 80 s (optimal), b) Verweilzeit 440 s, c) Verweilzeit 800 s

Zur ***Prüfung*** müssen die Kunststoffe zunächst in einem kunststofftypischen Lösemittel (Eluent) gelöst werden. Diese Polymerlösung wird unter hohem Druck (Hochdruck-GPC) durch eine geeignete *GPC-Trennsäule* gedrückt; die Trennung der Moleküle erfolgt so, dass die größten Moleküle (größte Molmasse) zuerst die Trennsäule verlassen und die kürzesten (kleinste Molmasse) am längsten verbleiben.

Die ***Auswertung*** erfolgt in der GPC-Anlage über geeignete Detektoren. Die Messwerte werden erfasst und in Rechnern mit spezieller Software ausgewertet. Bei *geeichten* Säulen kann die *Molekülgrößenverteilung* direkt ermittelt und ausgedruckt werden. Bild 19.6 zeigt für Polybutylenterephthalat PBT drei Molmassenverteilungskurven in Abhängigkeit vom Verarbeitungsparameter *Verweilzeit* im Zylinder (z. B. durch Wahl der falschen Spritzzylindergröße). Es ist zu erkennen, dass sich durch zu lange Verweilzeit im Spritzzylinder die mittlere molare Masse deutlich erniedrigt, was sich z. B. auch in einer Reduzierung der mechanischen Eigenschaften auswirken kann. Dieselbe Auswirkung kann auch durch Ermittlung der Viskositätszahl VN (Kap. 29.1.2) festgestellt werden, wie Tabelle 19.5 zeigt.

Tabelle 19.5 Feststellung des Abbaus von PBT wegen zu langer Verweilzeit im Spritzzylinder durch Ermittlung der mittleren molaren Masse und der Viskositätszahl VN

Verweilzeit in s	mittlere molare Masse M_W (Gewichtsmittel)	mittlere Viskositätszahl VN
80 (optimal)	37600	97
440	31350	89
800	18800	82

20 Datenkatalog für Prüfungen, Herstellungsbedingungen für Probekörper, Prüfverfahren zur Ermittlung von Werkstoffkennwerten

Normen:

DIN EN ISO 291	Kunststoffe – Normklimate für Konditionierung und Prüfung
DIN EN ISO 293	Kunststoffe – Formgepresste Probekörper aus Thermoplasten
DIN EN ISO 294	Kunststoffe – Spritzgießen von Probekörpern aus Thermoplasten T1: Allgemeine Grundlagen, Herstellung von Vielzweckprobekörpern und Stäben T2: Kleine Zugstäbe T3: Kleine Platten T4: Bestimmung der Verarbeitungsschwindung
DIN EN ISO 295	Kunststoffe – Pressen von Probekörpern aus duroplastischen Werkstoffen
DIN EN ISO 2818	Kunststoffe – Herstellung von Probekörpern durch mechanische Bearbeitung
DIN EN ISO 3167	Kunststoffe – Vielzweckprobekörper
DIN EN ISO 10350	Kunststoffe – Ermittlung und Darstellung vergleichbarer Einpunktkennwerte T1: Formmassen T2: Langfaserverstärkte Kunststoffe
DIN EN ISO 10724	Kunststoffe – Spritzgießen von Probekörpern aus duroplastischen rieselfähigen Kunststoffen (PMC) T1: Allgemeine Hinweise und Herstellung von Vielzweckprobekörpern T2: Kleine Platten
DIN EN ISO 11403	Kunststoffe – Ermittlung und Darstellung vergleichbarer Vielpunkt-Kennwerte T1: Mechanische Eigenschaften T2: Thermische und Verarbeitungseigenschaften T3: Umgebungseinflüsse auf Eigenschaften
DIN EN ISO 13000	Kunststoffe – Polytetrafluorethylen (PTFE) – Halbzeuge T2: Spezielle Zugproben für PTFE
DIN EN 13421	Kunststoffe – Duroplast-Formmassen – Verbundwerkstoffe und Verstärkungsfasern – Herstellung von Probekörpern zur Bestimmung der Anisotropie der Eigenschaften von verpressten Formmassen
DIN EN 16011	Kunststoffe – Kunststoff-Rezyklate – Probenvorbereitung

DIN ISO 23529	Elastomere – Allgemeine Bedingungen für die Vorbereitung und Konditionierung von Prüfkörpern für physikalische Prüfverfahren
CAMPUS	Datenkatalog von Rohstoffherstellern (in Anlehnung an DIN EN ISO 10350 und DIN EN ISO 11403) Siehe auch www.materialdatacenter.de

20.1 Datenbank CAMPUS[1)]

Bei der Ermittlung von Kunststoffdaten üben die Verarbeitungs- und Prüfbedingungen einen wesentlichen Einfluss auf die ermittelten Kennwerte aus. Daher war es notwendig, internationale Vereinbarungen zu treffen um die Prüfergebnisse vergleichbar zu machen und sie für die Aufnahme in Datenbanken *vergleichbar* zur Verfügung zu stellen. Heute stehen einheitliche Bedingungen zur Herstellung der Probekörper und deren Prüfung zur Verfügung (Tabellen 20.1 und 20.2). Die einheitlichen Bedingungen haben ihren Niederschlag in der Kunststoff-Datenbank CAMPUS gefunden. CAMPUS bedeutet „**C**omputer **A**ided **M**aterial **P**reselection by **U**niform **S**tandards“. Die einheitlichen Bedingungen sind wichtig, weil nur Werkstoffdaten verglichen werden können, wenn die Probekörper unter gleichen Bedingungen hergestellt wurden und unter gleichen Bedingungen geprüft wurden. Kenndaten in Datenbanken sollen *vergleichbar, aussagekräftig* und *leicht zugänglich* sein. Die Datenbank CAMPUS kann im Internet unter „www.campusplastics.com“ kostenlos heruntergeladen werden. CAMPUS kann als sogenannte Offline-Version auf dem PC des Nutzers geladen werden, dem damit eine Software für das Handling der Daten (wie zum Beispiel Suchen, Erstellen von Tabellen, Arbeiten mit Graphiken, etc.) zur Verfügung steht. Aktualisierungen der Daten können einfach per Knopfdruck über das Internet durchgeführt werden.

Aufgrund der Aktualisierungsfrequenzen der Hersteller bietet sich ein monatliches Update an. Alternativ können auch an der gleichen Stelle im Internet die Datenblätter aller CAMPUS Werkstoffe abgerufen werden, allerdings ohne besondere Suchfunktionalität.

CAMPUS enthält Kunststoffkennwerte von über 20 internationalen Firmen und ist weltweit die einzige Kunststoffdatenbank, die unter der Federführung der Kunststoffproduzenten ausschließlich nach einheitlichen Verfahren gemessene und somit vergleichbare Werkstoffdaten enthält. Den Daten der CAMPUS-Datei liegen für vergleichbare Einpunkt-Kennwerte DIN EN ISO 10350 und für vergleichbare Vielpunkt-Kennwerte DIN EN ISO 11403 zugrunde.

[1)] Die Datenbank CAMPUS® (eingetragenes Warenzeichen von CWFG Frankfurt) wurde erstellt und wird gepflegt durch M-Base, D-52068 Aachen

CAMPUS ist im Laufe der letzten Jahre ständig weiterentwickelt und um neue Daten ergänzt worden. Es enthält die meisten für eine Werkstoffauswahl notwendigen Einpunktwerte, eingeteilt in

- rheologische,
- mechanische,
- thermische,
- elektrische,
- sonstige Eigenschaften.

Hinzu kommen die sogenannten Multipoint Daten, also Kurven, die die Abhängigkeit der Eigenschaften, z. B. von Zeit und Temperatur dokumentieren. Beispiele sind Spannungs-Dehnungs-Diagramme, isochrone Spannungs-Dehnungs-Diagramme, Viskositätskurven und viele mehr. Auch freie Texte zu den einzelnen Produkten, Chemikalienbeständigkeiten und Verarbeitungsempfehlungen sind verfügbar. CAMPUS ist ursprünglich für Konstruktionskunststoffe konzipiert worden, aber auch spezifische Eigenschaften für Folienwerkstoffe und TPEs wurden aufgenommen. Die aktuelle Version ist 5.2 (seit Januar 2010). Diese wurde notwendig, weil der Datenbestand von CAMPUS in Abstimmung mit dem Verband der Automobilindustrie (VDA) erweitert wurde. Es kamen einige für die Automobilindustrie wichtige Eigenschaften hinzu, wie Lichtbeständigkeit, erweiterte Medienbeständigkeit und Emissionswerte.

20.2 Herstellbedingungen für Probekörper und Prüfbedingungen

Tabelle 20.1 Herstellung von Probekörpern

	Herstellung durch	**Verarbeitungsparameter**[1)]
Thermoplaste	Spritzgießen nach DIN EN ISO 294	Massetemperatur T_M Werkzeugtemperatur T_C Einspritzgeschwindigkeit v_I Nachdruck p_H
Thermoplaste	Pressen nach DIN EN ISO 293	Werkzeugtemperatur T_C Verarbeitungszeit t_M Abkühlgeschwindigkeit Entformungstemperatur
Duroplaste	Spritzgießen nach DIN EN ISO 10724	Spritzgießtemperatur T_M Werkzeugtemperatur T_C Einspritzgeschwindigkeit v_I Härtezeit t_C
Duroplaste	Pressen nach DIN EN ISO 295	Werkzeugtemperatur T_C Pressdruck Härtezeit t_C

[1)] Die Verarbeitungsparameter sind den entsprechenden Formmassenormen Teil 2 zu entnehmen oder zu vereinbaren

Tabelle 20.2 Herstellbedingungen für spritzgegossene Probekörper nach DIN bzw. DIN EN ISO, soweit entsprechend genormt[1, 2)]

Kunststoff	**Massetemperatur °C**	**Werkzeug-temperatur °C (Formnesttemperatur)**	**Fließfront-geschwindigkeit mm/s**
PE	MVR ≥ 1 cm^3/10 min: 210	40	(200 ± 20)
EVA	Probekörper nur gepresst	155 für VA-Gehalt ≤10 % 125 für VA-Gehalte >10 %	
PE-UHMW	Probekörper aus gepresster Platte	Presstemperatur 210	
PP	MVR < 1,5 cm^3/10 min: 255 1,5 ≤ MVR < 7: 230 MVR > 7 cm^3/10 min: 200	40	(200 ± 100)
PB	Probekörper nur gepresst	200	
PVC-U	Pressplatten aus Walzfellen	Walzentemperatur: VST/B +(90 ± 10) °C	Presstemperatur: VST/B +(100 ± 10) °C
PVC-P bis 80 Shore A 35 bis 50 Shore D über 50 Shore D	Pressplatten aus Walzfellen	Walzentemperatur: 130 bis 160 145 bis 170 160 bis 175	Presswerkzeug-temperatur: 135 bis 165 145 bis 175 170 bis 180
PS	220	45	(200 ± 100)
PS-I (SB)	220	45	(200 ± 100)
SAN	240	60	(200 ± 100)
ABS	250	60	(200 ± 100)
MABS	245	60	(200 ± 100)
ASA	250	60	(200 ± 100)
CA, CP, CAB VST/B/50 < 65 °C VST/B/50 bis <85 °C VST/B/50 >85 °C	 (180 ± 3) (200 ± 3) (220 ± 3)	(50 ± 3)	
PMMA	hängt ab von der Viskositätszahl J (siehe Norm)	Hängt ab von der Viskositätszahl J (siehe Norm)	
PA	abhängig vom Formmassetyp, Viskositätszahl J, GF-/MiD-Füllung und Weichmachergehalt, zwischen 250 °C und 315 °C	zwischen 80 °C und 130 °C	(200 ±100)
POM	(210 ± 10)	(90 ± 3)	(200 ± 100)
PET amorph, ungefüllt PET teilkristallin, ungefüllt PET teilkristallin, gefüllt PBT teilkristallin, gefüllt/ungefüllt.	(285 ± 5) (275 ± 5) (285 ± 10) (255 ± 10)	(20 ± 5) (135 ± 5) (135 ± 5) (85 ± 5)	(200 ± 100)

Tabelle 20.2 (Fortsetzung)

Kunststoff	**Massetemperatur °C**	**Werkzeug-temperatur °C (Formnest-temperatur)**	**Fließfront-geschwindigkeit mm/s**
PC	MVR > 15 cm^3/10 min: 280 10 ≤ MVR ≤ 15: 290 5 ≤ MVR ≤ 10: 300 MVR ≤ 5 cm^3/10 min: 310 mit Glasfaser GF: 300	80 80 80 90 110	(200 ± 100)
PPE, PPE+PS,PPE+PA	220 bis 340	50 bis 120	(200 ± 100)
Polymergemische	nach Angabe der Form-massehersteller	nach Angabe der Form-masse-hersteller	nach Angabe der Form-massehersteller
PTFE	Sintern oder Pressen von Platten		
Alle anderen Polymere	Nach Angaben der Formmasse-hersteller		

[1] Genauere Angaben für bestimmte Typen siehe entsprechende Normen oder Angaben der Formmassehersteller; Masse- und Werkzeugtemperaturen und Einspritzgeschwindigkeit hängen von weiteren Faktoren ab, wie z.B. MFR/MVR, J usw.

[2] Die Normen sind noch nicht alle auf MVR umgestellt, deshalb erscheint z.T. auch noch MFR.

Die für die einzelnen Prüfverfahren unterschiedlichen Probekörper können meist aus dem sog. „Vielzweckprobekörper" (Bild 20.1 und Tabelle 20.3) entnommen werden, wenn nicht, werden Platten nach DIN EN ISO 294-3 verwendet. Die Herstellung der Probekörper ist nach mehreren Methoden möglich, wie sie in Tabellen 20.1 und 20.2 zusammengestellt sind. Welche Abschnitte des Vielzweckprobekörpers bei den Prüfungen benützt werden, ist Tabelle 20.4 zu entnehmen.

Die Prüfung der Probekörper erfolgt, wenn nichts anderes angegeben ist, nach Lagerung bei 23 °C ± 2 °C und 50 % ± 5 % relativer Luftfeuchte (DIN EN ISO 291); die Lagerungszeit richtet sich nach den entsprechenden Normen oder wird vereinbart. Die sonstigen Prüfbedingungen sind in Tabelle 20.5 (entsprechend DIN EN ISO 10350) zusammengestellt bzw. können den entsprechenden Prüfungen im Teil III oder den Prüfnormen entnommen werden. Der Datenkatalog DIN EN ISO 10350 (Tabelle 20.5) gilt für *Thermoplaste* und *Duroplaste.* In den Normen für duroplastische, rieselfähige Formmassen PMC sind noch zusätzliche Eigenschaften und Prüfbedingungen festgelegt.

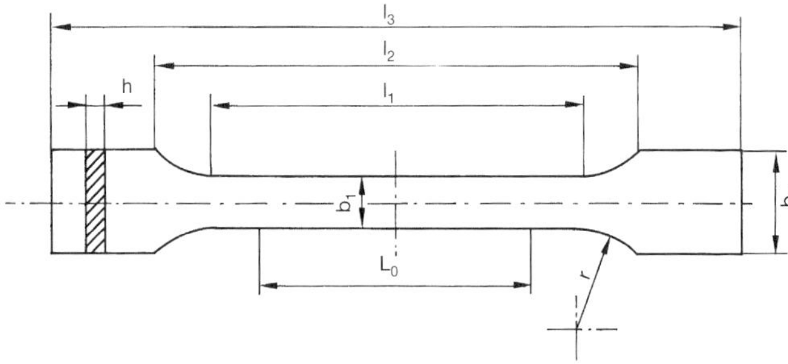

Bild 20.1 Vielzweckprobekörper DIN EN ISO 3167
Abmessungen siehe Tabelle 20.3

Tabelle 20.3 Abmessungen des Vielzweckprobekörpers nach DIN EN ISO 3167 (siehe Bild 20.1)

Probekörper	**A**	**B**
Gesamtlänge l_3	≥150	
Länge l_2	104 bis 113	106 bis 120
Länge l_1	80 ± 2	60,0 ± 0,5
Messlänge L_0	50,0 ± 0,5	
Einspannlänge L	115 ± 1	≥30
Breite b_2	20,0 ± 0,2	
Breite b_1	10,0 ± 0,2	
(Vorzugs-)Dicke h	4,0 ± 0,2	
Radius r	20 bis 25	≥60

Tabelle 20.4 Prüfverfahren nach ISO (DIN EN ISO), IEC (DIN EN); Anwendung des Vielzweckprobekörpers bzw. von Teilen davon

Prüfung	**Prüfnorm**	**Verwendeter Prüfkörper oder Prüfkörperabschnitt in mm**
Zugversuch	DIN EN ISO 527	A oder B
Zug-Kriechversuch	DIN EN ISO 899-1	A oder B
Biegeversuch	DIN EN ISO 178	80 × 10 × 4
Biege-Kriechversuch	DIN EN ISO 899-2	80 × 10 × 4
Druckversuch	DIN EN ISO 604	(10 bis 40) × 10 × 4
Charpy-Schlagzähigkeit	DIN EN ISO 179	80 × 10 × 4
Izod-Schlagzähigkeit	DIN EN ISO 180	80 × 10 × 4
Schlag-Zugversuch	DIN EN ISO 8256	80 × 10 × 4
Formbeständigkeitstemperatur	DIN EN ISO 75	(110 oder 80) × 10 × 4
Vicat-Erweichungstemperatur	DIN EN ISO 306	10 × 10 × 4
Kugeldruckhärte	DIN EN ISO 2039-1	(≥20) × 20 × 4
Spannungsrissbildung	DIN EN ISO 22088	A oder B oder 80 × 10 × 4
Dichte	DIN EN ISO 1183, Verfahren A	30 × 10 × 4
Sauerstoffindex	DIN EN ISO 4589	80 × 10 × 4
Kriechwegbildung (CTI)	IEC 60112	>15 × 15 × 4
Elektrolytische Korrosion	IEC 60426	30 × 10 × 4
Lineare Wärmeausdehnung	ISO 11359	>30 × 10 × 4

Tabelle 20.5 Zusammenstellung von Prüfbedingungen nach DIN EN ISO 10350

	Eigenschaft	Norm [1)]	Prüfkörper Abmessungen in mm	Einheit	Prüfbedingungen und zusätzliche Angaben [2)]
1 Rheologische Eigenschaften					
1.1	Schmelze-Massenfließrate MFR	ISO 1133	Formmasse	g/10 min	Prüftemperatur und Belastung siehe Formmassenormen (Werte protokollieren)
1.2	Schmelze-Volumenfließrate MVR			cm^3/10 min	
1.3	Schwindung duroplastischer Polymere S_{Mp}	ISO 2577		%	parallel (p) und senkrecht (n)
1.4	Schwindung duroplastischer Polymere S_{Mn}				
1.5	Schwindung thermoplastischer Kunststoffe S_{Mp}	ISO 294-4	60 × 60 × 2 oder Typ D2 ISO 294-3		
1.6	Schwindung thermoplastischer Kunststoffe S_{Mn}				
2 Mechanische Eigenschaften					
2.1	Zug-Modul E_t	ISO 527-1/2	ISO 3167	MPa	Prüfgeschwindigkeit 1 mm/min Sekantenmodul für Dehnungsdifferenz (0,25–0,05) %
2.2	Streckspannung σ_Y			MPa	Versagen mit Strecken: Prüfgeschwindigkeit 50 mm/min
2.3	Streckdehnung ε_Y			%	
2.4	nominelle Bruchdehnung ε_{tB}			%	Versagen ohne Strecken: $\varepsilon_B \leq 10\%$: Prüfgeschwindigkeit 5 mm/min $\varepsilon_B > 10\%$: Prüfgeschwindigkeit 50 mm/min
2.5	Spannung bei 50% Dehnung σ_{50}			MPa	
2.6	Bruchspannung σ_B			MPa	
2.7	Bruchdehnung ε_B			%	
2.8	Zugkriechmodul für 1 h E_{tc} 1	ISO 899-1		MPa	1 h — Dehnung < 0,5%
2.9	Zugkriechmodul für 1000 h E_{tc} 10^3				1000 h — Dehnung < 0,5%

Tabelle 20.5 (Fortsetzung)

Eigenschaft		Norm [1]	Prüfkörper Abmessungen in mm	Einheit	Prüfbedingungen und zusätzliche Angaben [2]
2.10	Biege-Modul E_f	ISO 178	80 × 10 × 4	MPa	Prüfgeschwindigkeit 2 mm/min
2.11	Biegefestigkeit σ_{fM}				
2.12	Charpy-Schlagzähigkeit a_{cU}	ISO 179-1 ISO 179-2	80 × 10 × 4	kJ/m²	Prüfung in Hochkantstellung e Versagensart protokollieren
2.13	Charpy-Kerbschlagzähigkeit a_{cA}		80 × 10 × 4 Kerbe r = 0,25 mm	kJ/m²	Prüfung in Hochkantstellung e mit spanend hergestellter Kerbe r = 0,25 mm (A) Versagensart protokollieren
2.14	Schlagzugzähigkeit a_{tN}	ISO 8256	80 × 10 × 4 Doppel-V-Kerbe r = 1 mm	kJ/m²	Prüfung nur, wenn in Charpyversuch mit Kerbe kein Bruch auftritt spanend hergestellte Doppel-V-Kerbe r = 1
2.15	Schlagverhalten bei mehrachsiger Beanspruchung, Höchstkraft F_M	ISO 6603-2	60 × 60 × 2	N	Höchstkraft
2.16	Schlagverhalten bei mehrachsiger Beanspruchung, Durchstoßarbeit W_P			J	Durchstoßarbeit bei Senkung der Kraft auf 50% nach Erreichen der Höchstkraft Durchstoßkörperdurchmesser 20 mm, schmieren, Durchstoßgeschwindigkeit 4,4 m/s, Probekörper fest einspannen
3 Thermische Eigenschaften					
3.1	Schmelztemperatur T_m	ISO 11357-3	Formmasse	°C	Aufzeichung der höchsten Schmelztemperatur Temperatursteigerung 10 °C/min
3.2	Glasübergangstemperatur T_g	ISO 11357-2	Formmasse	°C	Aufzeichnung der mittleren Temperatur Temperatursteigerung 10 °C/min
3.3	Formbeständigkeitstemperatur T_f 1,8	ISO 75-1 ISO 75-2	80 × 10 × 4	°C	(Maximale Oberflächenspannung = Biegespannung) Biegespannung 1,8 MPa Biegespannung 0,45 MPa Biegespannung 8 MPa (Belastung senkrecht zu den Schichten) Es sind 1,8 MPa und ein weiterer Wert anzuwenden.
3.4	T_f 0,45				
3.5	T_f 8,0				

Tabelle 20.5 (Fortsetzung) Seite 268

Tabelle 20.5 (Fortsetzung)

Eigenschaft		Norm[1)]	Prüfkörper Abmessungen in mm	Einheit	Prüfbedingungen und zusätzliche Angaben[2)]
3.6	Vicat-Erweichungstemperatur T_V 50/50	ISO 306	$\geq 10 \times 10 \times 4$	°C	Belastung 50 N Aufheizgeschwindigkeit 50 °C/h
3.7	Linearer Längenausdehnungs-koeffizient parallel α_p	ISO 11359-2	aus Vielzweckprobe-körper ISO 3167	$°C^{-1}$	Aufzeichung des Sekantenwerts über den Temperatur-bereich von 23 °C bis 55 °C Parallel p und quer n
3.8	senkrecht α_n				
3.9	Brennverhalten B50/3	IEC 60695-11-10	$125 \times 13 \times 3$	Klasse	Aufzeichnung der Klassifikation V-0, V-1, V-2, HB40 oder HB 75
3.10	Brennverhalten B50/h		$125 \times 13 \times h$		
3.11	Brennverhalten B500/3	IEC 60695-11-20	$\geq 150 \times \geq 150 \times 3$		Aufzeichung der Klassifikation 5VA, 5VB oder N (No)
3.12	Brennverhalten B500/h		$\geq 150 \times \geq 150 \times h$		
3.13	Sauerstoffindex OI23	ISO 4589-2	$80 \times 10 \times 4$	%	Verfahren A anwenden, Entzünden an der Oberfläche
4 Elektrische Eigenschaften					
4.1	Relative Dielektrizitätszahl ε_r 100	IEC 60250	$\geq 60 \times \geq 60 \times 2$		Prüfung bei 100 Hz bzw. bei 1 MHz Kompensierung der Kanteneffekte der Elektrode
4.2	Relative Dielektrizitätszahl ε_r 1M				
4.3	Dielektrischer Verlustfaktor $\tan\delta 100$				
4.4	Dielektrischer Verlustfaktor $\tan\delta 1M$				
4.5	Spezifischer Durchgangswiderstand ϱ_e	IEC 60093	$\geq 60 \times \geq 60 \times 2$	$\Omega \cdot m$	Prüfspannung 500 Volt 1-Minuten-Wert
4.6	Spezifischer Oberflächenwiderstand σ_e			Ω	Prüfspannung 500 Volt, Elektrodenberührungslinien 1 mm bis 2 mm breit, 50 mm lang und 5 mm voneinander entfernt

Tabelle 20.5 (Fortsetzung)

Eigenschaft		Norm [1]	Prüfkörper Abmessungen in mm	Einheit	Prüfbedingungen und zusätzliche Angaben [2]
4.7	Elektrische Festigkeit E_B1	IEC 60243-1	≥60 × ≥60 × 1	kV/mm	Kugelelektroden 20 mm Durchmesser, Eintauchen in Transformatorenöl IEC 60296 Spannungssteigerung 2 kV/s
4.8	Elektrische Festigkeit E_B2		≥60 × ≥60 × 2	kV/mm	wie 4.7, nur größere Probendicke
4.9	Vergleichszahl der Kriechwegbildung CTI	IEC 60112	≥20 × ≥20 × 4		Prüflösung A
5 Sonstige Eigenschaften					
5.1	Wasseraufnahme W_W	ISO 62	Dicke ≥1	%	Sättigungswert in Wasser bei 23 °C
5.2	Wasseraufnahme W_H			%	Gleichgewichtswert bei 23 °C und 50% relativer Luftfeuchte
5.3	Dichte ϱ	ISO 1183	Probe aus Mitte des Vielzweckprobekörpers ISO 3167	kg/m³	

[1] Die meisten hier aufgeführten ISO-Normen liegen auch als DIN EN ISO-Normen vor, IEC-Normen auch als DIN EN-Normen.
[2] Genaue Angaben siehe in den entsprechenden Prüfkapiteln in Teil III.

21 Mechanische Prüfungen

21.1 Zugversuch

Normen:

DIN EN ISO 527	Kunststoffe – Bestimmung der Zugeigenschaften (einschl. Elastizitätsmodulbestimmung) T1: Allgemeine Grundsätze T2: Prüfbedingungen für Form- und Extrusionsmassen T3: Prüfbedingungen für Folien und Tafeln T4: Prüfbedingungen für isotrop und anisotrop faserverstärkte Kunststoffverbundwerkstoffe T5: Prüfbedingungen für unidirektional faserverstärkte Kunststoff-Verbundwerkstoffe
DIN EN ISO 291	Kunststoffe – Normklimate für Konditionierung und Prüfung
DIN EN ISO 293	Kunststoffe – Formgepresste Probekörper aus Thermoplasten
DIN EN ISO 294	Kunststoffe – Spritzgießen von Probekörpern aus Thermoplasten T1: Allgemeine Grundlagen, Herstellung von Vielzweckprobekörpern und Stäben T2: Kleine Zugstäbe T3: Kleine Platten T4: Bestimmung der Verarbeitungsschwindung
DIN EN ISO 295	Kunststoffe – Pressen von Probekörpern aus duroplastischen Werkstoffen
DIN EN ISO 1798	Weichelastische polymere Schaumstoffe – Bestimmung der Zugfestigkeit und der Bruchdehnung
DIN EN ISO 2818	Kunststoffe – Herstellung von Probekörpern durch mechanische Bearbeitung
DIN EN ISO 3167	Kunststoffe – Vielzweckprobekörper
DIN EN ISO 10618	Kohlenstofffasern – Bestimmung des Zugverhaltens von harzimprägnierten Garnen
DIN EN ISO 13000-2	Kunststoffe – Polytetrafluorethylen (PTFE)-Halbzeuge – T2: Herstellung von Probekörpern und Bestimmung von Eigenschaften
DIN EN 16011	Kunststoffe – Kunststoff-Rezyklate – Probenvorbereitung
DIN EN 12576	Kunststoffe – Faserverstärkte Verbundwerkstoffe – Herstellung von formgepressten Prüfplatten aus SMC, BMC und DMC

DIN EN 12814	Prüfung von Schweißverbindungen aus thermoplastischen Kunststoffen T2: Zugversuch T6: Zugversuch bei tiefen Temperaturen T7: Zugversuch an Probekörpern mit Rundkerbe
DIN 53504	Prüfung von Kautschuk und Elastomeren – Bestimmung von Reißfestigkeit, Reißdehnung und Spannungswerten im Zugversuch
DIN 65378	Zugversuch an unidirektional verstärkten Laminaten quer zur Faserrichtung
ISO 37	Elastomere und thermoplastische Elastomere – Bestimmung der Zugfestigkeitseigenschaften
ISO 1926	Harte Schaumstoffe – Ermittlung der Zugeigenschaften

Kennwerte für Zugversuch an Kunststoffen nach DIN EN ISO 527

σ_Y	**Streckspannung** (yield stress)
ε_Y	**Streckdehnung** (yield strain)
σ_M	**Zugfestigkeit** (tensile strength)
ε_M	**Dehnung bei Zugfestigkeit** (tensile strain at tensile strength)
σ_B	**Bruchspannung** (tensile stress at break)
ε_B	**Bruchdehnung** (tensile strain at break)
ε_t	**nominelle Dehnung** (nominal tensile strain)
ε_{tB}	**nominelle Bruchdehnung** (nominal tensile strain at break)
σ_x	**Spannung bei x % Dehnung**
x %	**x % Dehnung**
E_t	**Zugmodul**
μ	**Poissonzahl**

Die angegebenen Dehnungswerte werden mit einem Feindehnungsmessgerät an der Messlänge L_0 gemessen. *Bruchdehnung* ε_B und *Dehnung bei Zugfestigkeit* ε_M werden ermittelt, wenn der Bruch *vor* Erreichen eines Streckpunktes oder *im* Streckpunkt erfolgt; es wird auf die Messlänge L_0 bezogen. Treten *Zugfestigkeit* σ_M oder *Bruchspannung* σ_B nach dem Auftreten der *Streckspannung* σ_Y auf, so werden *nominelle Dehnungen* ε_t (z. B. *nominelle Bruchdehnung* ε_{tB} oder *nominelle Dehnung bei Zugfestigkeit* ε_{tM}) so bestimmt, dass als „Ausgangsmesslänge" der Abstand zwischen den Einspannklemmen L (Bild 21.1 und 21.2) genommen wird.

Im Zugversuch werden die Werkstoffeigenschaften bei einachsiger Zugbeanspruchung ermittelt und anfangs gleichmäßiger Spannungsverteilung über den Querschnitt; bei verformungsfähigen Kunststoffen erfolgt später eine Einschnürung.

Die im Zugversuch ermittelten Kennwerte ergeben wichtige Einblicke in das Festigkeits- und Dehnungsverhalten der Kunststoffe. Die Kennwerte dienen zur *Kunststoffspezifikation* (Datenblätter der Rohstoffhersteller, Werkstoffdateien CAMPUS, FUNDUS), zur *Berechnung* kurzzeitig beanspruchter Formteile und

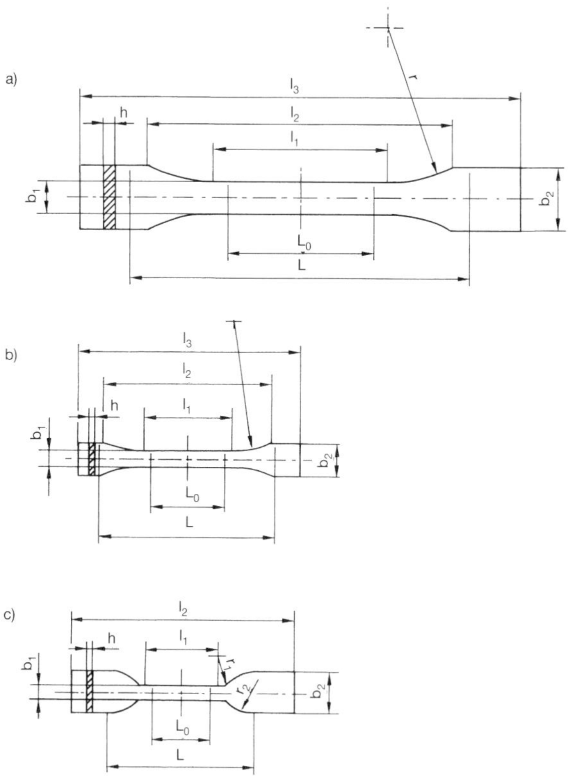

Bild 21.1 Zugproben nach DIN EN ISO 527, Abmessungen siehe Tabelle 21.1
a) Probekörper 1A (spritzgegossen) und 1B (spanend hergestellt)
b) kleine Probekörper 1BA und 1BB
c) kleine Probekörper 5A und 5B (entsprechen Probekörper 2 und 3 von ISO 37 für Elastomerprüfung)

zur *Qualitätskontrolle.* Zugversuche werden durchgeführt an Thermoplasten, Duroplasten, faserverstärkten Kunststoffen, Folien, Fasern und Verpackungsbändern aus verstreckten Thermoplasten.

Probekörper DIN EN ISO 3167 werden hergestellt durch Spritzgießen oder Pressen (DIN EN ISO 294, ISO 293) unter festgelegten Bedingungen (vgl. die jeweiligen Formmassenormen Teile 2 bzw. Tabelle 20.2) oder spanend durch Aussägen oder Fräsen aus Halbzeugen oder Formteilen (DIN EN ISO 2818) oder bei Folien durch Ausschneiden. Allgemein werden für Kunststoffe nach Bild 21.1 die Probekörper 1A (spritzgegossen) und 1B (spanend hergestellt) verwendet oder verkleinerte Probekörper 1BA und 1BB oder 5A und 5B, die für Gummiprüfung nach

ISO 37 den Probekörpern 2 und 3 entsprechen. Genaue Abmessungen siehe Tabelle 21.1. Bei aus Formteilen oder Halbzeugen spanend entnommenen Probekörpern entspricht die Erzeugnisdicke der Probekörperdicke. Die Probekörper müssen frei von Beschädigungen, Einfallstellen und sonstigen Fehlstellen sein. Breite b und Dicke h der Probekörper müssen mit einem Mikrometer mit einer Ablesegenauigkeit von 0,02 mm vermessen werden.

Für Folien und Tafeln, isotrop, anisotrop und unidirektional faserverstärkte Kunststoffverbundwerkstoffe stehen weitere Probekörperformen zur Verfügung.

Geprüft werden mindestens 5 Probekörper je Entnahmerichtung und zu bestimmender Eigenschaft (Streckspannung, Zugfestigkeit, Zugspannung beim Bruch oder Elastizitätsmodul). Die Proben werden entweder nach Formmassenorm oder Vereinbarungen konditioniert; bei Nichtvorliegen von Vereinbarungen erfolgt die Konditionierung im Normalklima 23/50 DIN EN ISO 291.

Tabelle 21.1 Probekörperabmessungen für Zugversuche nach DIN EN ISO 527

Probekörper	1 A	1 B	1 BA	1 BB	5 A	5 B
Gesamtlänge l_3	$\geq$150		$\geq$75	$\geq$30	$\geq$30	
Länge l_2	104 bis 113	106 bis 120	58 ± 2	23 ± 2	$\geq$ 75	$\geq$ 35
Länge l_1	80 ± 2	60,0 ± 0,5	30 ± 0,5	12 ± 0,5	25 ± 1	12 ± 0,5
Messlänge L_0	50,0 ± 0,5		25 ± 0,5	10 ± 0,2	20 ± 0,5	10 ± 0,2
Einspannlänge L	115 ± 1	$l_2 + 5$	$l_2 + ^{+2}_{0}$	$l_2 + ^{+1}_{0}$	50 ± 2	20 ± 2
Breite b_2	20,0 ± 0,2		10 ± 0,5	4 ± 0,2	12,5 ± 1	6 ± 0,5
Breite b_1	10,0 ± 0,2		5 ± 0,5	2 ± 0,2	4 ± 0,1	2 ± 0,1
(Vorzugs-)Dicke h	4,0 ± 0,2		$\geq$2	$\geq$2	$\geq$2	$\geq$1
Radius r	20 bis 25	$\geq$60	$\geq$30	$\geq$12		
Radius r_1					8 ± 0,5	3 ± 0,1
Radius r_2					12,5 ± 0,5	3 ± 0,1

Prüfung erfolgt auf Zugprüfmaschinen mit einstellbarer Prüfgeschwindigkeit und einer Einrichtung zur Aufnahme der Spannungs-Dehnungs-Kurven (Bild 21.2). Zur genauen Dehnungsmessung direkt an der Probe, vor allem zur Bestimmung des Elastizitätsmoduls E_t, sind elektronische Ansetzdehnungsmesser oder berührungslose Dehnungsmesser notwendig. Die Vorspannung, verursacht z. B. durch die Einspannung (mechanisch, pneumatisch oder hydraulisch), darf nicht zu groß sein, vor allem bei der Bestimmung des Elastizitätsmoduls. Die Proben dürfen aber auch nicht in den Einspannklemmen rutschen. Bei sehr großen Verformungen oberhalb der Streckdehnung ε_Y werden die Dehnungen aus der Abstandsänderung der Einspannklemmen ermittelt.

Beachte: Bei der Kunststoffprüfung werden die Dehnungen als *Gesamtdehnungen*, d. h. unter Last ermittelt, nicht wie bei Metallen als *bleibende* Dehnungen *nach* der Entlastung.

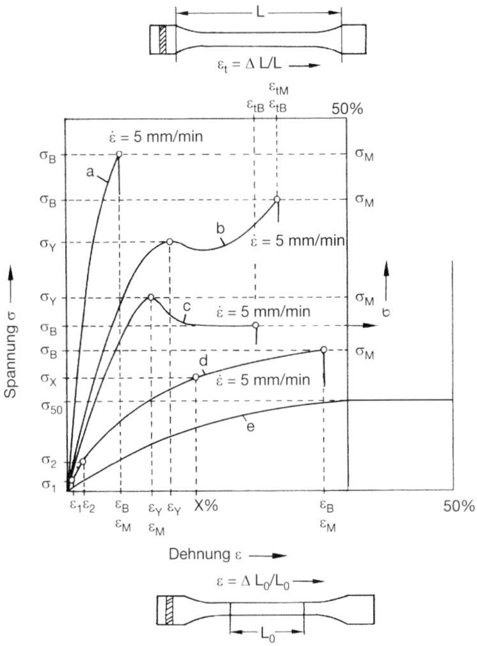

Bild 21.2 Spannungs-Dehnungsdiagramme mit eingetragenen Kennwerten
a) spröder Kunststoff $\sigma_B = \sigma_M$
b) zäher Kunststoff mit Streckspannung $\sigma_Y < \sigma_B = \sigma_M$
c) verstreckbarer Kunststoff mit Streckspannung $\sigma_Y = \sigma_M$
d) weichgemachter Kunststoff mit $\varepsilon_B < 50$ %; $\sigma_B = \sigma_M$
e) dehnbarer Kunststoff mit $\varepsilon_B > 50$ %; Bestimmung σ_{50}

Die Prüfung erfolgt bei Normalklima 23/50 DIN EN ISO 291 oder vereinbarten Klimabedingungen.

Die *Prüfgeschwindigkeit* richtet sich nach Angaben in den entsprechenden Formmassenormen bzw. dem Datenkatalog (Tabelle 20.5). So beträgt die Prüfgeschwindigkeit zur Ermittlung des Elastizitätsmoduls v = 1 mm/min, zur Bestimmung der Kennwerte bei verformungsfähigen Kunststoffen (z. B. Streckspannung σ_y) v = 50 mm/min oder bei spröden Kunststoffen (z. B. Bruchspannung σ_B) v = 5 mm/min. Die Zugprüfmaschinen müssen folgende Geschwindigkeiten ermöglichen: v = 1/2/5/10/20/50/100/200/500 mm/min.

Zur besseren Charakterisierung und Beurteilung von Kunststoffen kann es vorteilhaft sein, die Zugprüfung bei unterschiedlichen Prüfbedingungen (Geschwindigkeit, Temperatur, Vorbehandlung usw.) zu ermitteln.

Auswertung erfolgt heute normalerweise über Rechnersysteme. Die Spannungs-Dehnungs-Diagramme werden auf Bildschirmen oder Plottern ausgegeben; Rechnersysteme ermitteln die entsprechenden Kennwerte und drucken ein Protokoll aus (CAT: Computer Aided Testing bzw. CAQ: Computer Aided Quality Control).

Kennwerte: Spannungen σ in MPa
Dehnungen ε bzw. ε_t, dimensionslos oder in %

Es gilt $\sigma = F/A = F/(b_1 \cdot h)$ $\varepsilon = \Delta L_0/L_0$ $\varepsilon_t = \Delta L/L$ (vgl. Bild 21.2)

ε ist die Dehnung, ermittelt am Probekörper als Zunahme der Messlänge ΔL_0 bezogen auf die Ausgangslänge L_0 (siehe auch Bild 21.2).

ε_t ist die *nominelle Dehnung*, ermittelt als Verlängerung des Abstandes der Einspannklemmen ΔL bezogen auf den Anfangsabstand der Einspannklemmen L (Bild 21.2). Die nominelle Dehnung ε_t entspricht der *gesamten relativen Verlängerung* des Probekörpers in der freien Einspannlänge L; sie wird ermittelt, wenn der Probekörper jenseits eines Streckpunktes bricht.

Je nach Verhalten des Kunststoffs (verformungsfähig oder spröde) werden unterschiedliche Kennwerte ermittelt (siehe auch Formmassenormen); alte Bezeichnungen nach DIN 53455 in Klammern:

Verformungsfähige Kunststoffe

Hier werden i. A. ermittelt (siehe auch Bild 21.2):

Streckspannung σ_Y	Streckdehnung ε_Y
Zugfestigkeit σ_M (Maximalspannung)	Dehnung bei Zugfestigkeit ε_M
Bruchspannung σ_B	Bruchdehnung ε_B
Spannung bei 50 % Dehnung σ_{50}	

Die Streckspannung ist definiert als die Zugspannung, bei der die Steigung der Spannungs-Dehnungs-Kurve zum erstenmal „Null“ wird (waagrechte Tangente).

Die Spannung bei x %-Dehnung σ_x wird ermittelt, wenn keine ausgeprägte Streckspannung auftritt (meist für x = 0,5 % oder 1,0 %).

Die Spannung σ_{50} wird ermittelt, wenn bis $\varepsilon = 50$ % weder ein Bruch, noch eine Streckspannung aufgetreten ist.

Beachte:

Die Zugfestigkeit σ_M kann mit der Bruchspannung σ_B identisch sein.

Bei stark verformungsfähigen (verstreckbaren) Thermoplasten, insbesondere nach starker Verstreckung, kann $\sigma_M = \sigma_Y$ sein oder $\sigma_M = \sigma_B$. In solchen Fällen ist nur die Angabe von σ_Y sinnvoll. σ_B ist abhängig von Einspannbedingungen, Oberflächenbeschaffenheit und Form der Probekörper und ist i. A. kein brauchbarer Kennwert; allenfalls kann die Bruchlast F_B unter Berücksichtigung des Bruchquerschnitts A_B zur Beurteilung der *Verfestigung* verwendet werden:

$$\text{Verfestigungsverhältnis} = \frac{F_B/A_B}{F_Y/A_0}$$

Ist eine Streckspannung aufgetreten, dann werden Dehnungen, die größer sind als die Streckdehnung, als *nominelle* Dehnungen, z. B. ε_{tM} oder ε_{tB} angegeben. Die nominellen Dehnungen werden direkt an der Zugprüfmaschine aus der Abstandsänderung der Einspannklemmen ermittelt.

Spröde Kunststoffe sowie verstreckte Folien und Bänder

Hier werden i. A. ermittelt (Bild 21.2):

Zugfestigkeit σ_M Dehnung bei der Zugfestigkeit ε_M

Bei Folien- und Bandprüfung kann auch die Bruchspannung σ_B und die Bruchdehnung ε_B angegeben werden, meist gilt dann aber $\sigma_M = \sigma_B$!

Der **Elastizitätsmodul E_t** wird aus messtechnischen Gründen als *Sekantenmodul* für die Dehnungsdifferenz von 0,002 (= 0,2%) (ε_1 = 0,0005 [0,05 %] und ε_2 = 0,0025 [0,25 %]) ermittelt (Bild 21.2 und 21.3):

$$E_t = \frac{\sigma_2 - \sigma_1}{\varepsilon_2 - \varepsilon_1}$$

Bei verstärkten und steifen Kunststoffen entspricht der „Sekantenmodul" der Steigung der Hookeschen Geraden.

Nach der Prüfung werden die Probekörper bzgl. ihres Verformungsverhaltens wie *Einschnürung, Verstreckung, Aufspleisen* und nach dem *Bruchaussehen* beurteilt. Die Fläche unter der Spannungs-Dehnungs-Kurve ist ein Maß für das *Arbeitsaufnahmevermögen* eines Kunststoffs. Je größer die Arbeitsaufnahme, desto zäher ist der Kunststoff. Das ist vor allem wichtig bei verstreckbaren Kunststoffen, die z. B. für Fasern und Bänder eingesetzt werden.

Im Prüfbericht wird, neben vielen anderen Prüfbedingungen, angegeben mit welcher Probenform der Zugversuch durchgeführt wurde, z. B.

Zugversuch DIN EN ISO 527-2/1A/50, dabei bedeuten 1A die Probenform nach Bild 21.1 bzw. Tabelle 20.1 und 50 die Prüfgeschwindigkeit v = 50 mm/min.

Anmerkungen siehe Seite 286.

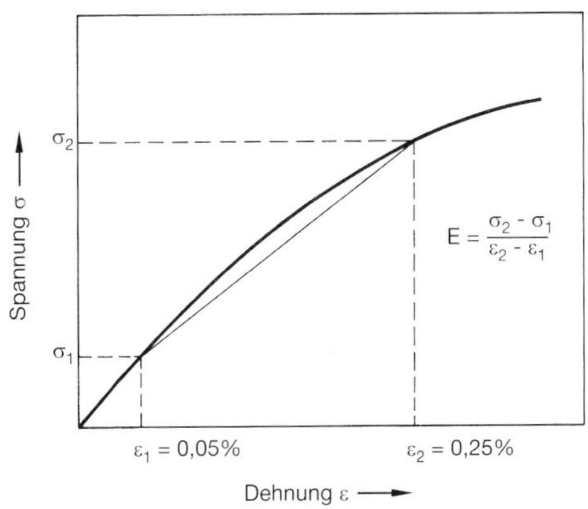

Bild 21.3 Ermittlung des Elastizitätsmoduls als „Sekantenmodul" für die Dehnungsdifferenz $\varepsilon_2 - \varepsilon_1 = 0{,}002$ (entsprechend 0,2 %)

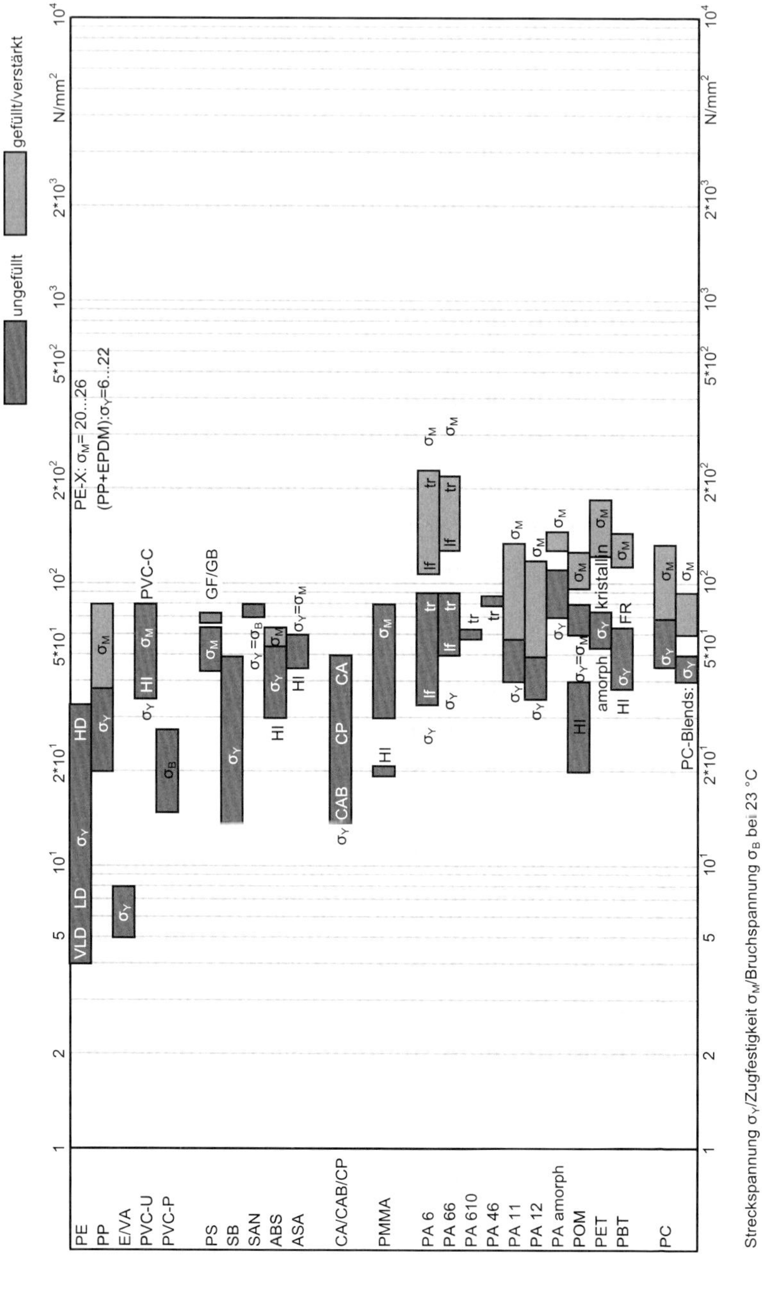
ungefüllt
gefüllt/verstärkt
PE
PP
E/VA
PVC-U
PVC-P
PS
SB
SAN
ABS
ASA
CA/CAB/CP
PMMA
PA 6
PA 66
PA 610
PA 46
PA 11
PA 12
PA amorph
POM
PET
PBT
PC
PE-X: σM=20...26
(PP+EPDM):σY=6...22
VLD
LD
HD
PVC-C
GF/GB
σY=σB
σY=σM
HI
CAB
CP
CA
lf
tr
kristallin
amorph
FR
PC-Blends:
N/mm²
Streckspannung σY/Zugfestigkeit σM/Bruchspannung σB bei 23 °C

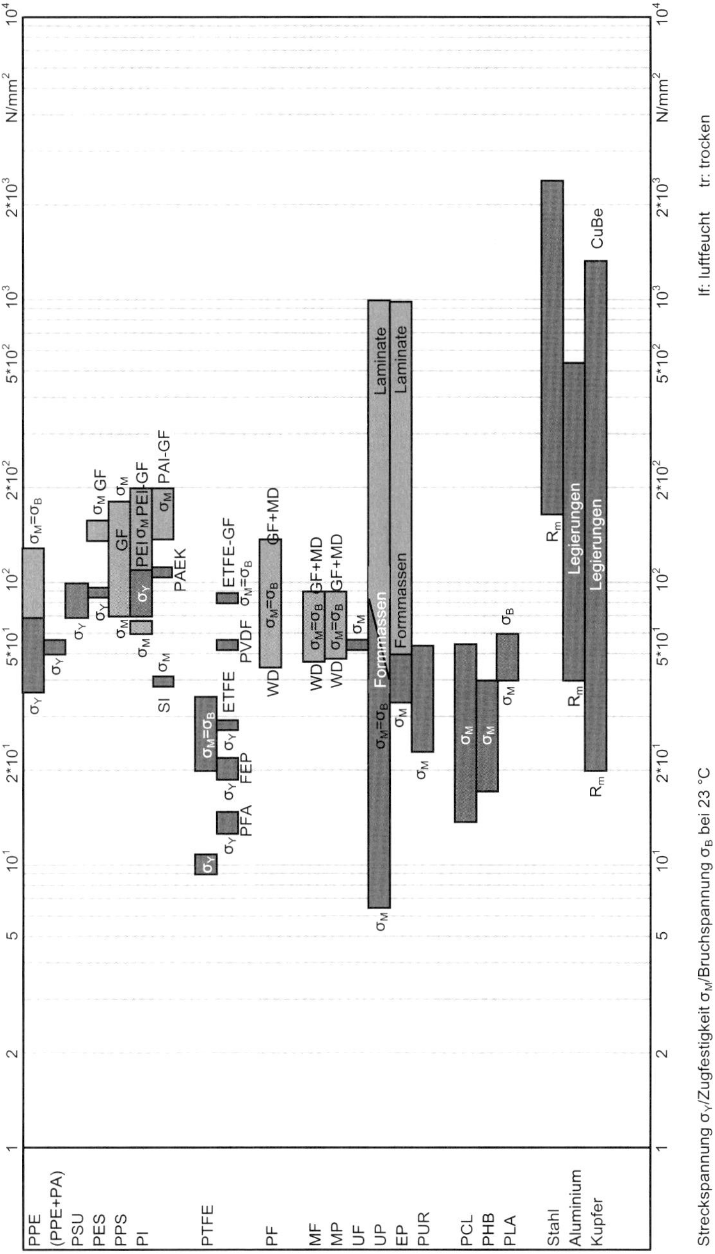
PPE
(PPE+PA)
PSU
PES
PPS
PI
PTFE
PF
MF
MP
UF
UP
EP
PUR
PCL
PHB
PLA
Stahl
Aluminium
Kupfer
1
2
5
10^1
2*10^1
5*10^1
10^2
2*10^2
5*10^2
10^3
2*10^3
N/mm^2
10^4
GF
PEI
PEI-GF
PAI-GF
PAEK
SI
ETFE-GF
ETFE
PVDF
FEP
PFA
WD
GF+MD
Laminate
Formmassen
Legierungen
CuBe
R_m
Streckspannung σ_Y/Zugfestigkeit σ_M/Bruchspannung σ_B bei 23 °C
lf: luftfeucht tr: trocken

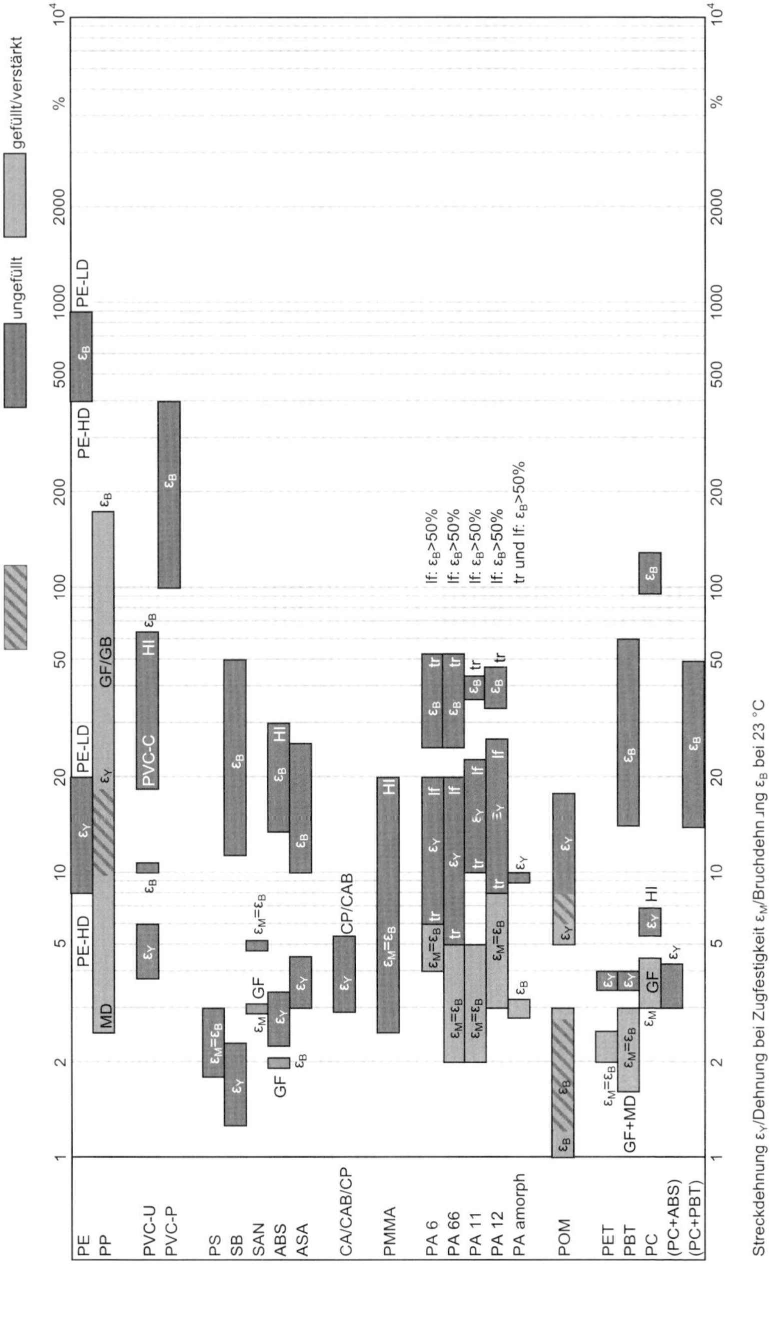
ungefüllt
gefüllt/verstärkt
PE
PP
PVC-U
PVC-P
PS
SB
SAN
ABS
ASA
CA/CAB/CP
PMMA
PA 6
PA 66
PA 11
PA 12
PA amorph
POM
PET
PBT
PC
(PC+ABS)
(PC+PBT)
PE-HD
PE-LD
GF/GB
MD
PVC-C
HI
CP/CAB
GF+MD
lf: εB>50%
tr und lf: εB>50%
Streckdehnung εY/Dehnung bei Zugfestigkeit εM/Bruchdehnung εB bei 23 °C

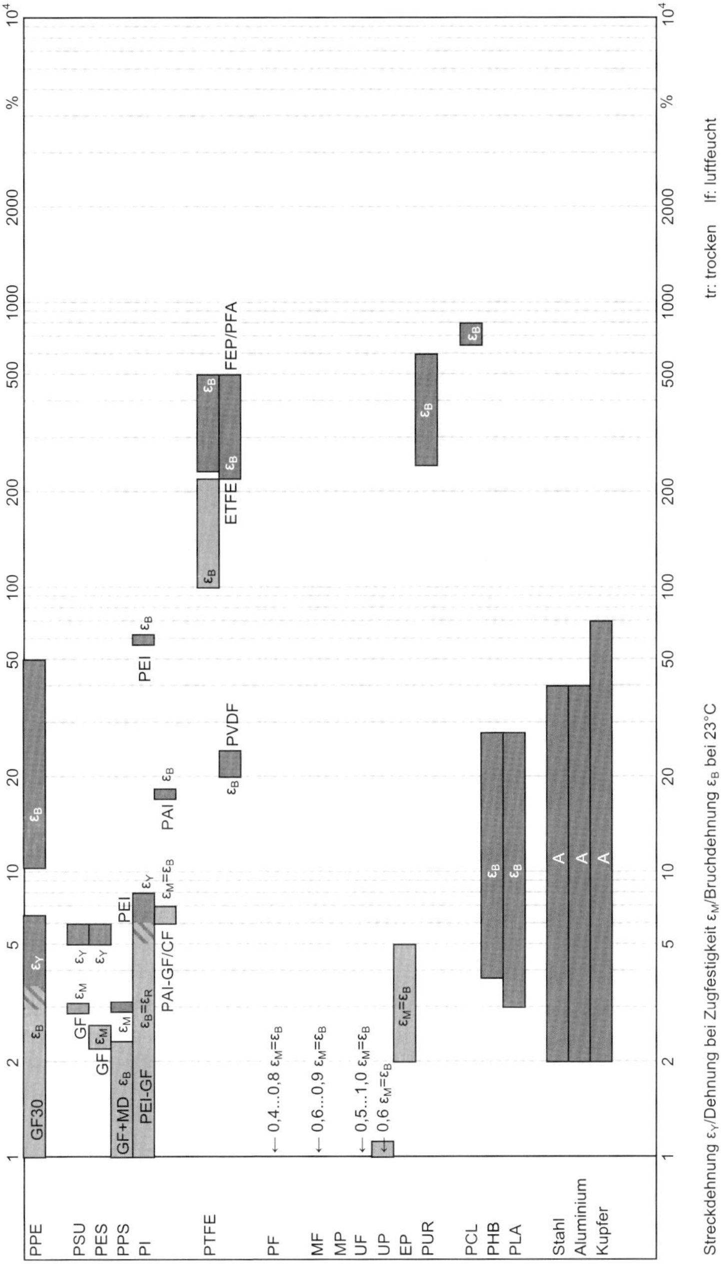
PPE
PSU
PES
PPS
PI
PTFE
PF
MF
MP
UF
UP
EP
PUR
PCL
PHB
PLA
Stahl
Aluminium
Kupfer
1
2
5
10
20
50
100
200
500
1000
2000
%
10^4
GF30
GF
GF+MD
PEI-GF
PEI
PAI-GF/CF
PAI
PVDF
ETFE
FEP/PFA
ε_B
ε_Y
ε_M
$\varepsilon_B=\varepsilon_R$
$\varepsilon_M=\varepsilon_B$
← 0,4...0,8 $\varepsilon_M=\varepsilon_B$
← 0,6...0,9 $\varepsilon_M=\varepsilon_B$
← 0,5...1,0 $\varepsilon_M=\varepsilon_B$
← 0,6 $\varepsilon_M=\varepsilon_B$
A
Streckdehnung ε_Y/Dehnung bei Zugfestigkeit ε_M/Bruchdehnung ε_B bei 23°C
tr: trocken lf: luftfeucht

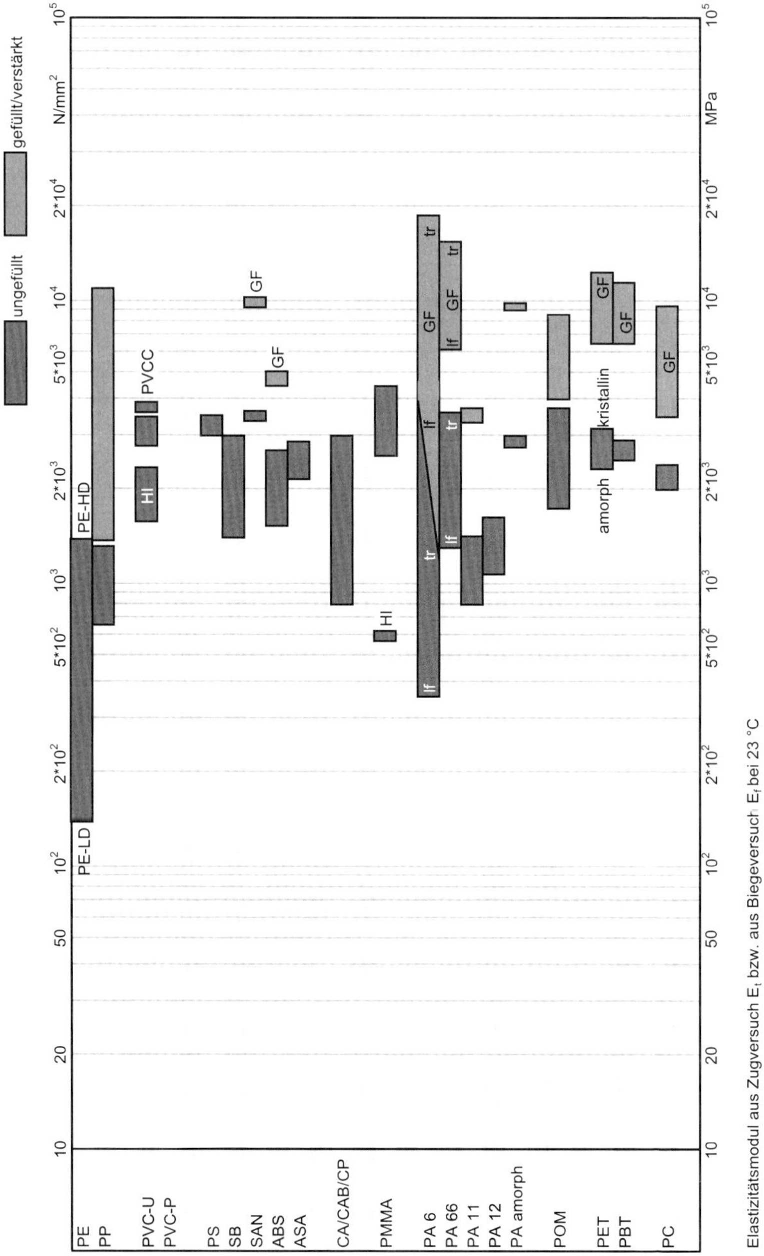

ungefüllt
gefüllt/verstärkt
N/mm²
MPa
10
20
50
10²
2*10²
5*10²
10³
2*10³
5*10³
10⁴
2*10⁴
10⁵
PE
PP
PVC-U
PVC-P
PS
SB
SAN
ABS
ASA
CA/CAB/CP
PMMA
PA 6
PA 66
PA 11
PA 12
PA amorph
POM
PET
PBT
PC
PE-LD
PE-HD
PVCC
HI
GF
lf
tr
kristallin
amorph
Elastizitätsmodul aus Zugversuch E_t bzw. aus Biegeversuch E_f bei 23 °C

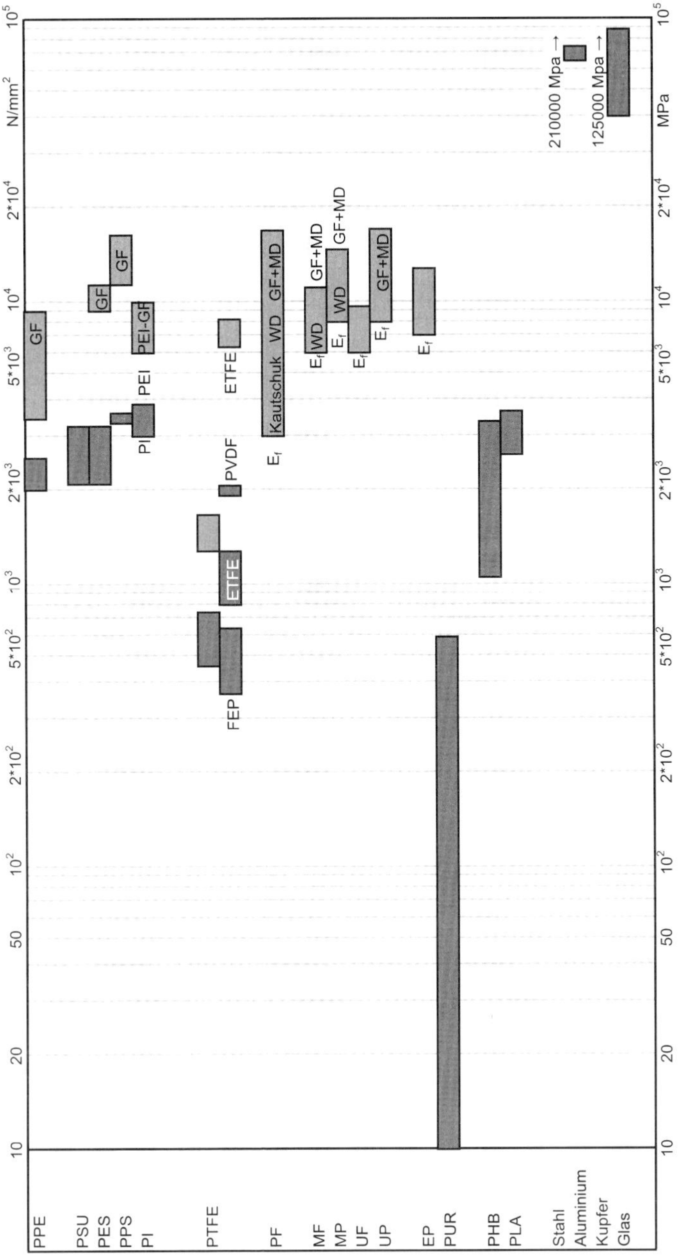

lf: luftfeucht tr: trocken

Elastizitätsmodul aus Zugversuch E_t bzw. aus Biegeversuch E_f bei 23 °C

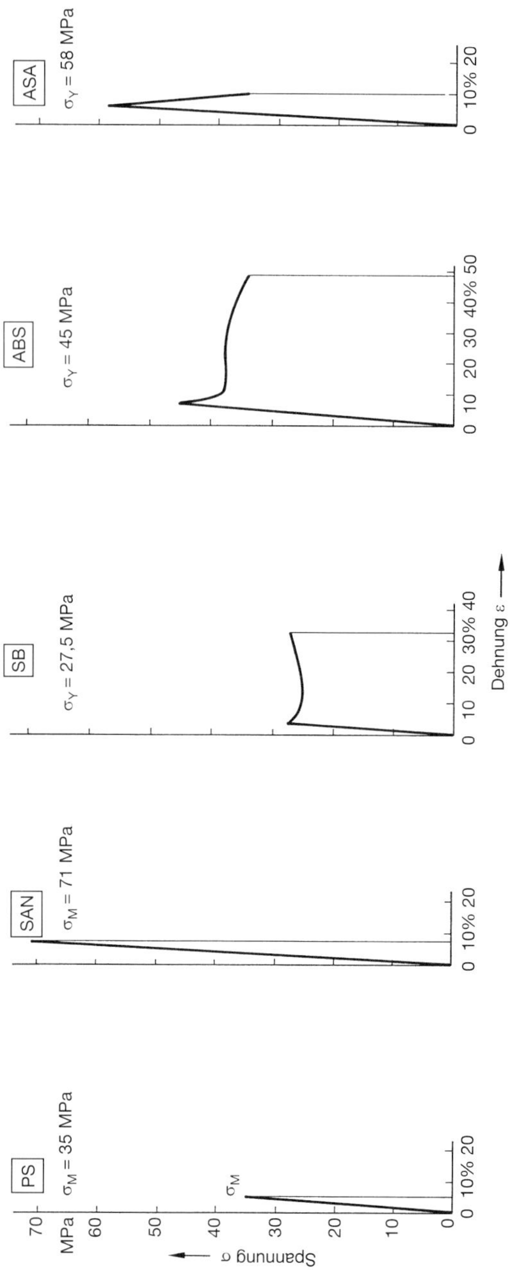

Bild 21.4 Spannungs-Dehnungs-Diagramme von PS-Modifikationen, Probekörper nach DIN EN ISO 527, v = 10 mm/min, T = 23 °C

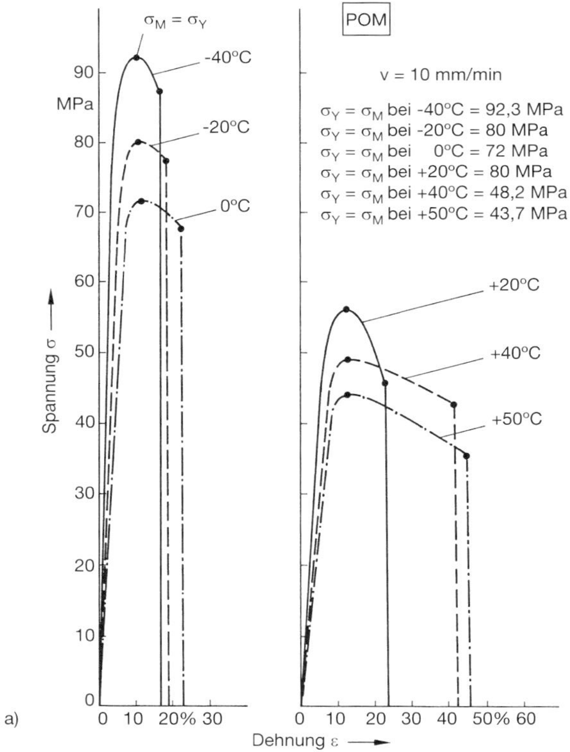

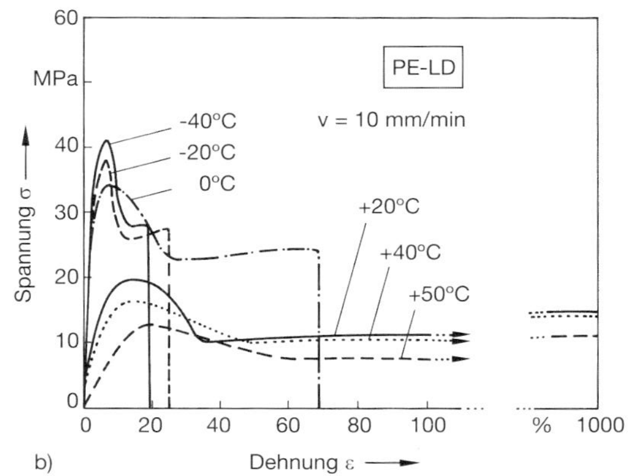

Bild 21.5 Beeinflussung der Werkstoffkennwerte durch die Prüftemperatur am Beispiel für POM (a) und PE-LD (b)

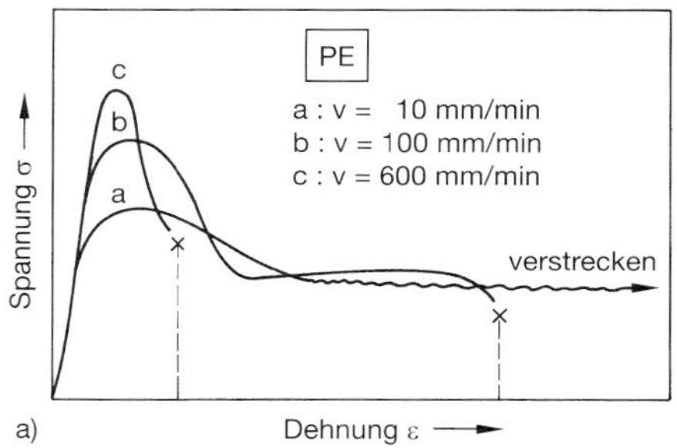

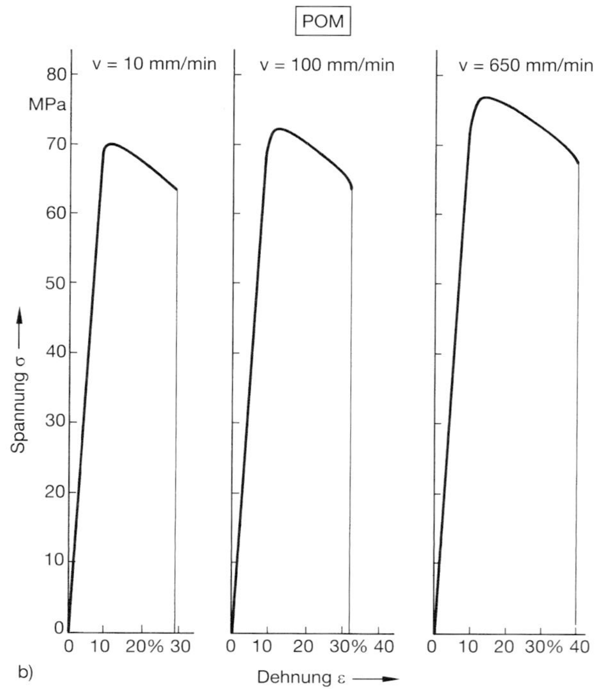

Bild 21.6 Beeinflussung der Werkstoffkennwerte durch unterschiedliche Prüfgeschwindigkeiten am Beispiel von PE a) und POM b). Mit zunehmender Prüfgeschwindigkeit wird die Streckspannung erhöht und die Verformungsfähigkeit erniedrigt. Durch die starke Erwärmung bei hohen Prüfgeschwindigkeiten bei schlechter Wärmeableitung kann die Verformungsfähigkeit zunehmen, wie bei POM b) zu erkennen ist.

Anmerkungen
In vergleichenden Tabellen für unterschiedliche Kunststoffe (vgl. z. B. Seite 278ff.) sollte immer angegeben sein, um welche Kennwerte es sich handelt (σ_Y, σ_M oder σ_B bzw. ε_Y, ε_M oder ε_B bzw. ε_{tM} oder ε_{tB}). Da sich Herstellung, Form und Vorbehandlung der Probekörper, sowie die Prüfgeschwindigkeit und Prüftemperatur stark auf die Kennwerte auswirken, sind die Vorschriften der Formmassenormen, bzw. des Datenkatalogs (Tabelle 20.5) sehr genau einzuhalten.

Die Bilder 21.4 bis 21.7 zeigen schematisch Auswirkungen von Zusätzen und Prüfbedingungen auf den Verlauf von Spannungs-Dehnungs-Diagrammen.

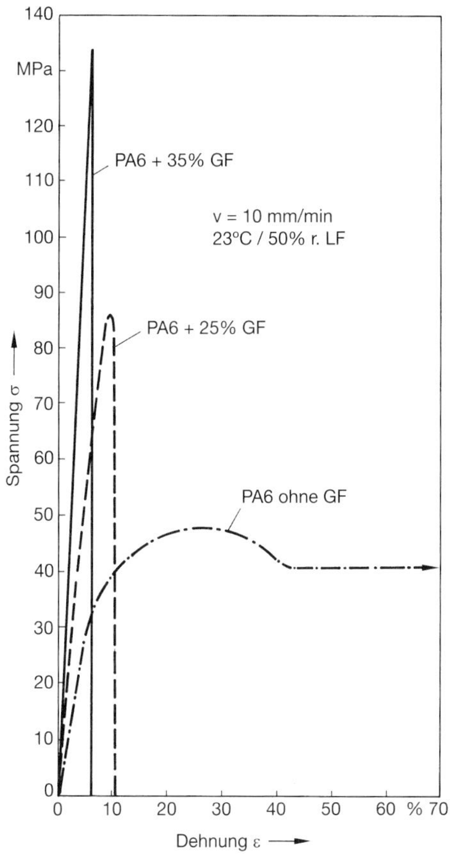

Bild 21.7 Beeinflussung des Spannungs-Dehnungs-Verhaltens durch Glasfaserzugabe am Beispiel von Polyamid PA 6

21.2 Druckversuch

Normen:

DIN EN ISO 604	Kunststoffe – Bestimmung der Druckeigenschaften
DIN EN ISO 291	Kunststoffe – Normklimate für Konditionierung und Prüfung
DIN EN ISO 293	Kunststoffe – Formgepresste Probekörper aus Thermoplasten
DIN EN ISO 294	Kunststoffe – Spritzgießen von Probekörpern aus Thermoplasten T1: Allgemeine Grundlagen, Herstellung von Vielzweckprobekörpern und Stäben T2: Kleine Zugstäbe T3: Kleine Platten T4: Bestimmung der Verarbeitungsschwindung
DIN EN ISO 295	Kunststoffe – Pressen von Probekörpern aus duroplastischen Werkstoffen
DIN EN ISO 844	Harte Schaumstoffe – Bestimmung der Druckeigenschaften
DIN EN ISO 2818	Kunststoffe – Herstellung von Probekörpern durch mechanische Bearbeitung
DIN EN ISO 3167	Kunststoffe – Vielzweckprobekörper
DIN EN ISO 14126	Faserverstärkte Kunststoffe – Bestimmung der Druckeigenschaften in der Laminatebene
DIN 53579	Prüfung weichelastischer Schaumstoffe – Eindrückversuch an Fertigteilen
DIN 65375	Druckversuch an unidirektional verstärkten Laminaten quer zur Faserrichtung
DIN 65380	Druckversuch an unidirektional verstärkten Laminaten parallel und quer zur Faserrichtung

Kennwerte für Druckversuch an Kunststoffen nach DIN EN ISO 604

$\sigma_{(c)y}$ [1)]	**Druckfließspannung** (compressive stress at yield)
ε_{cy}	**nominelle Fließstauchung** (nominal compressive yield strain)
$\sigma_{(c)M}$ [1)]	**Druckfestigkeit** (compressive strength)
ε_{cM}	**nominelle Stauchung bei Druckfestigkeit**
$\sigma_{(c)B}$ [1)]	**Druckspannung bei Bruch** (compressive stress at break)
ε_{cB}	**nominelle Stauchung bei Bruch**
$\sigma_{(c)x}$	**Druckspannung bei x % Stauchung**
x %	**x % Stauchung**
E_c	**Elastizitätsmodul aus dem Druckversuch**

[1)] In DIN EN ISO 604 sind bei den Festigkeitswerten keine Indices „c" vorgesehen, im Gegensatz zu den Dehnungen. Um Verwechslungen mit Kennwerten aus dem Zugversuch zu vermeiden, wird hier der Index „c" in Klammer gesetzt.

Im Druckversuch werden die Werkstoffeigenschaften ermittelt bei einachsiger Druckbeanspruchung und anfangs gleichmäßiger Spannungsverteilung über den Querschnitt. Es ist versuchstechnisch dafür zu sorgen, dass keine Knickbeanspruchung auftritt. Die im Druckversuch ermittelten Kennwerte dienen zur *Kunststoffspezifikation*, zur *Qualitätskontrolle* und ggf. zur *Berechnung* kurzzeitig beanspruchter Formteile. Geprüft werden können Thermoplaste, Duroplaste und faserverstärkte Kunststoffe sowie Elastomere.

Probekörper DIN EN ISO 3167 bzw. Abschnitte davon werden hergestellt durch Spritzgießen oder Pressen (DIN EN ISO 293, DIN EN ISO 294, DIN EN ISO 295) unter festgelegten Bedingungen (vgl. die jeweiligen Formmassenormen Teile 2 bzw. Tabelle 20.2) oder spanend durch Aussägen oder Fräsen aus Halbzeugen oder Formteilen (DIN EN ISO 2818). Oberflächenfehler müssen vermieden werden.

Probekörper sollten die Form eines rechteckigen Prismas, eines Zylinders oder eines Rohres haben. Die Endflächen müssen immer exakt planparallel sein, rechtwinklig innerhalb 0,025 mm zur größten Achse; die Kanten müssen scharf sein. Die Bearbeitung der Endflächen auf einer Drehbank oder Fräsmaschine wird empfohlen.

Allgemein werden für Kunststoffe Probekörper A und B verwendet (siehe Tabelle 21.2). Die Probekörper müssen frei von Beschädigungen, Einfallstellen und sonstigen Fehlstellen sein. Bei allen Probekörpern muss Knicken ausgeschlossen sein. Zylindrische, faserverstärkte Probekörper werden zum Schutz gegen Aufplatzen an den Enden durch Kappen geschützt.

Tabelle 21.2 Abmessungen von Probekörpern für Druckversuch

Probekörper Type	zur Ermittlung von	Länge l mm	Breite b mm	Dicke d mm
A	Elastizitätsmodul	50 ± 2	$10 \pm 0{,}2$	$4{,}0 \pm 0{,}2$
B	Kennwerte	$10 \pm 0{,}2$	$10 \pm 0{,}2$	$4{,}0 \pm 0{,}2$

Länge, Breite und Dicke der Probekörper müssen mit einem Mikrometer mit einer Ablesegenauigkeit von 0,01 mm vermessen werden.

Geprüft werden mindestens 5 Probekörper je Entnahmerichtung und zu bestimmender Eigenschaft. Die Proben werden entweder nach Formmassenorm oder Vereinbarungen konditioniert; bei Nichtvorliegen von Vereinbarungen erfolgt die Konditionierung im Normalklima 23/50 DIN EN ISO 291.

Prüfung erfolgt auf Druckprüfmaschinen oder in Druckeinrichtungen von Universalprüfmaschinen mit Einrichtungen zur Aufnahme der Druckspannungs-Stauchungs-Diagramme (Bild 21.8) mit einstellbarer Prüfgeschwindigkeit. Zur genauen Dehnungsmessung direkt an der Probe, vor allem zur Bestimmung des Druck-

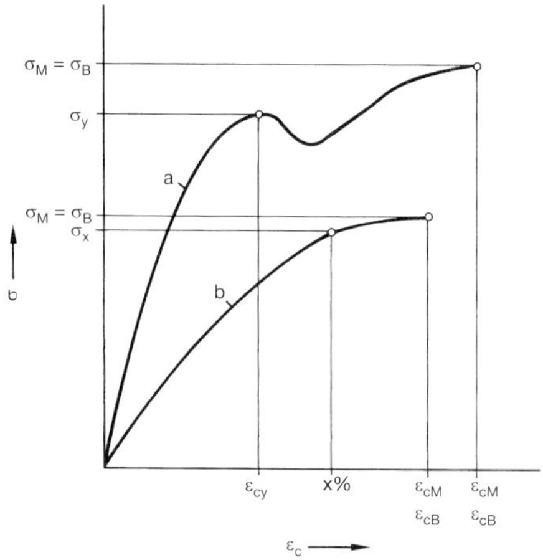

Bild 21.8 Spannungs-Stauchungs-Diagramme mit eingetragenen Kennwerten
a) verformungsfähige Kunststoffe mit ausgeprägter Druckfließspannung
b) Kunststoffe ohne ausgeprägte Druckfließspannung

Elastizitätsmoduls E_c, sind elektronische Ansetzdehnungsmesser oder berührungslose Dehnungsmesser notwendig und dafür die längeren Probekörper nach Tabelle 21.2 zu verwenden. Für sehr exakte Messungen wird empfohlen, die Endflächen mit einem geeigneten Schmiermittel zu schmieren, um das Rutschen zwischen den Platten zu fördern oder zwischen die Endflächen und die Druckplatten Schmirgelpapier zu legen, um das Rutschen zu vermeiden. Jede dieser Behandlungsmethoden ist im Prüfbericht anzugeben. Selbsteinstellende Druckplatten sind für manche Prüfungen empfehlenswert. Die Prüfgeschwindigkeit ist entsprechend der Erzeugnisnorm zu wählen oder entsprechend Tabelle 21.3 so, dass man am nächsten an einer der nachfolgenden Geschwindigkeiten v = (1 ± 0,2; 2 ± 0,4; 5 ± 1; 10 ± 2; 20 ± 2) mm/min liegt. Übliche Prüfgeschwindigkeiten sind ebenfalls in Tabelle 21.3 angegeben.

Der Probekörper darf nur unerheblich vorbelastet werden. Bestimmte Vorlasten sind notwendig, um einen „Durchhang“ am Beginn der Spannungs-Stauchungs-Kurve zu vermeiden.

Zur Bestimmung des Elastizitätsmoduls muss für die Anfangs-Druckspannung σ_0 gelten: $0 \leq \sigma_0 \leq 10^{-4}\ E_C$, das entspricht einer Vorstauchung von $\varepsilon_0 \leq 0{,}05\ \%$; zur Bestimmung der Festigkeitswerte muss gelten $0 \leq \sigma_0 \leq 10^{-2}\ \sigma_M$.

Auswertung erfolgt heute normalerweise über Rechnersysteme. Die Spannungs-Stauchungs-Diagramme werden auf Bildschirmen oder Plottern ausgegeben; Rechnersysteme ermitteln die entsprechenden Kennwerte und drucken ein Protokoll aus (CAT: Computer Aided Testing bzw. CAQ: Computer Aided Quality Control).

Tabelle 21.3 Prüfgeschwindigkeiten beim Druckversuch

Kunststoffart	**Vorzugsprüf-geschwindigkeit mm/min**	**mögliche Prüf-geschwindigkeit in mm/min**
Elastizitätsmodulbestimmung (l = 50 mm)	1 mm/min	$v = 0{,}02 \cdot l$ (l in mm)
Kennwertbestimmung an spröden Kunststoffen (l = 10 mm)	1 mm/min	$v = 0{,}1 \cdot l$ (l in mm)
Kennwertbestimmung an verformungsfähigen Kunststoffen (l = 10 mm)	5 mm/min	$v = 0{,}5 \cdot l$ (l in mm)

Kennwerte: Spannungen σ in MPa
Stauchungen ε_c in %

Es gilt Spannung $\sigma = F/A$ $\quad\varepsilon = \Delta L/L_0$ $\quad\varepsilon_c = \Delta l/l$

ε ist die *Stauchung*, ermittelt am Probekörper als Abnahme der Messlänge ΔL bezogen auf die Ausgangslänge L_0.

ε_c ist die *nominelle Stauchung*, ermittelt als Abnahme der Probekörperlänge Δl bezogen auf die ursprüngliche Probekörperlänge l.

Je nach Verhalten des Kunststoffs (verformungsfähig oder spröde) werden unterschiedliche Kennwerte ermittelt:

Spröde Kunststoffe

Es werden ermittelt

Druckfestigkeit $\sigma_{(c)M}$ nominelle Stauchung bei Druckfestigkeit ε_{cM}

Meistens gilt $\sigma_{(c)M} = \sigma_{(c)B}$

Verformungsfähige Kunststoffe

Es werden ermittelt

Druckfließspannung $\sigma_{(c)y}$ nominelle Fließstauchung ε_{cy}

ggf. noch die Druckfestigkeit $\sigma_{(c)M}$ und die nominelle Stauchung bei Druckfestigkeit ε_{cM}. Die Druckfließspannung $\sigma_{(c)y}$ ist definiert als die Druckspannung, bei der die Steigung der Druckspannungs-Stauchungs-Kurve zum ersten mal gleich Null wird oder eine Krümmungsänderung zeigt. Wenn keine ausgeprägte Druckfließspannung auftritt, kann es zweckmäßig sein, die Druckspannung $\sigma_{(c)x}$ bei x % Stauchung zu ermitteln.

Der **Elastizitätsmodul E_c** aus dem Druckversuch wird aus messtechnischen Gründen heute meist als *Sekantenmodul* für die Dehnungsdifferenz von 0,002 (= 0,2 %) für $\varepsilon_1 = 0{,}0005$ (= 0,05 %) und $\varepsilon_2 = 0{,}0025$ (= 0,25 %) ermittelt (vgl. Bild 21.3):

$$E_c = \frac{\sigma_2 - \sigma_1}{\varepsilon_2 - \varepsilon_1}$$

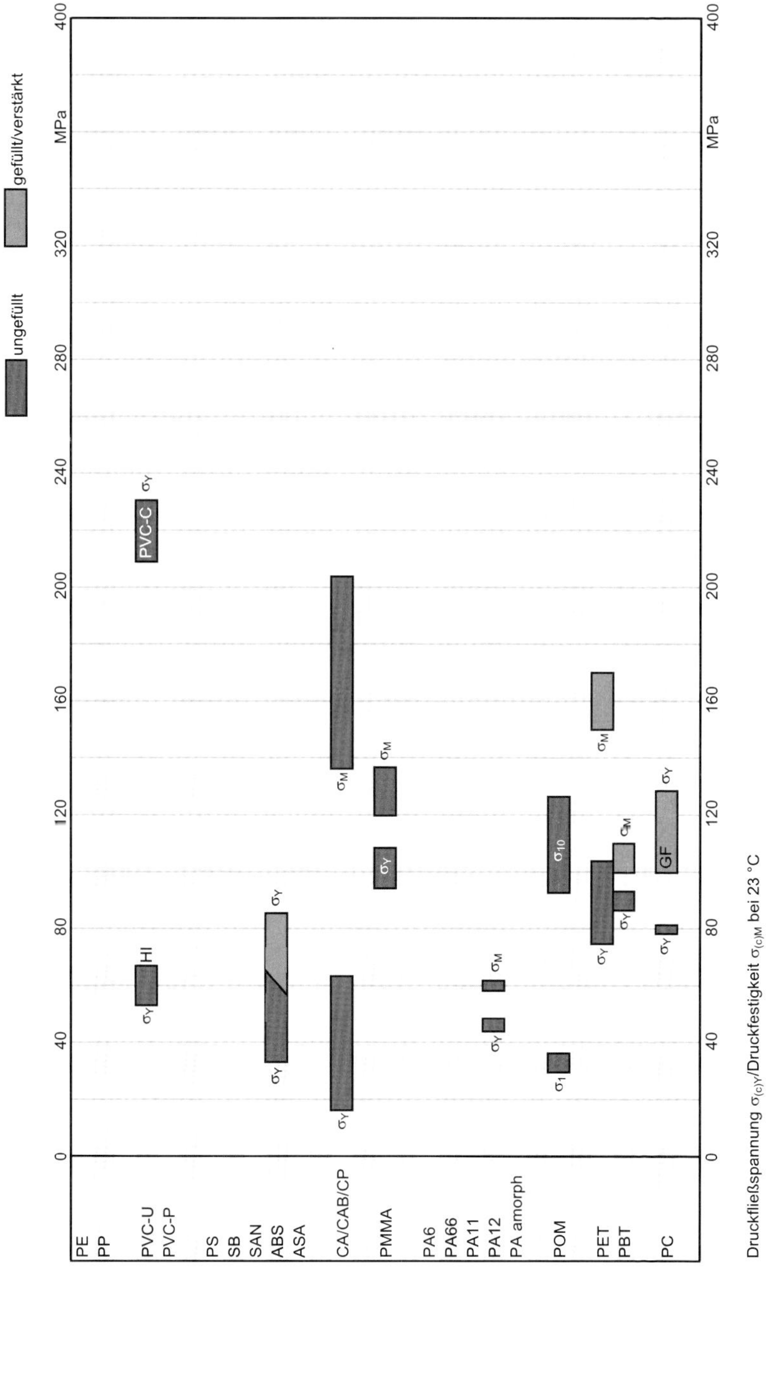
ungefüllt
gefüllt/verstärkt
MPa
0
40
80
120
160
200
240
280
320
400
PE
PP
PVC-U
PVC-P
PS
SB
SAN
ABS
ASA
CA/CAB/CP
PMMA
PA6
PA66
PA11
PA12
PA amorph
POM
PET
PBT
PC
PVC-C
HI
GF
σ_Y
σ_M
σ_{10}
σ_1
Druckfließspannung $\sigma_{(c)Y}$/Druckfestigkeit $\sigma_{(c)M}$ bei 23 °C

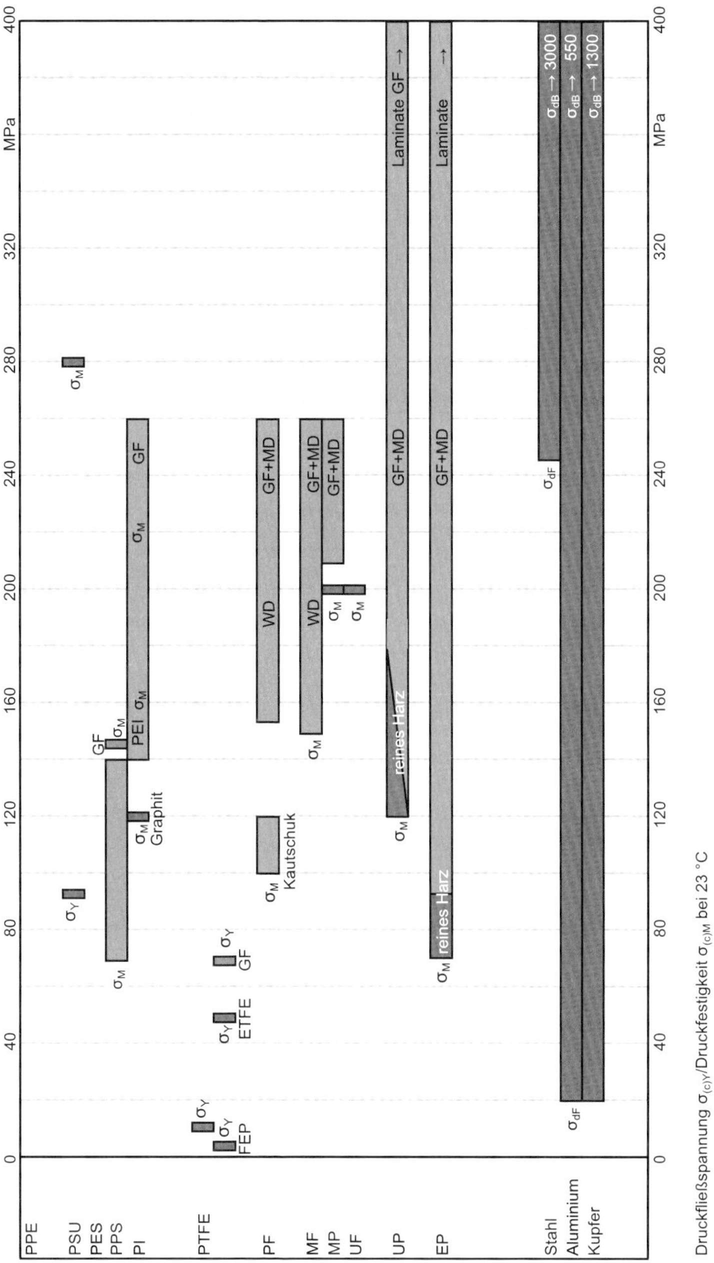
PPE
PSU
PES
PPS
PI
PTFE
PF
MF
MP
UF
UP
EP
Stahl
Aluminium
Kupfer
MPa
0
40
80
120
160
200
240
280
320
400
σ_M
σ_Y
GF
PEI
Graphit
FEP
ETFE
WD
GF+MD
Kautschuk
reines Harz
Laminate GF →
Laminate →
σ_{dF}
σ_{dB} → 3000
σ_{dB} → 550
σ_{dB} → 1300
Druckfließspannung $\sigma_{(c)Y}$/Druckfestigkeit $\sigma_{(c)M}$ bei 23 °C

Nach dem Versuch wird die Probe nach ihrem *Aussehen* begutachtet, wobei besonders wichtig ist, ob die Probe gebrochen ist oder nicht bzw. Anrisse an der Außenseite zeigt (Schubbrüche). Bei faserverstärkten Kunststoffen ist das Aussehen des Bruches zur Beurteilung der Bruchvorgänge in der Struktur wichtig.

Im Testbericht wird, neben den Prüf- und Vorbehandlungsbedingungen sowie statistischen Kennwerten wie Mittelwert und Standardabweichung angegeben mit welcher Probenform der Druckversuch durchgeführt wurde, z. B. Druckversuch DIN EN ISO 604/A/1, dabei bedeutet A die Probenform nach Tabelle 21.2 und 1 die Prüfgeschwindigkeit v = 1 mm/min.

Anmerkungen
Nur bei einwandfrei feststellbarem Bruch der Probekörper (Schubbruch), z. B. bei spröden Kunststoffen kann man von einer Druckfestigkeit sprechen. Bei verformungsfähigen Kunststoffen sollte vorteilhaft nur die Quetschspannung oder ggf. die Druckspannung bei x % Stauchung angegeben werden; zusätzlich wird dann noch vermerkt „ohne Bruch“.

Bei der Druckprüfung längsfaserverstärkter Probekörper aus unidirektional verstärkten Laminaten kann infolge unterschiedlichen Verhaltens von Matrix (Harz) und Fasern ein Ausknicken von Faserbündeln in das brechende Harz erfolgen. In diesen Fällen ist meist die Druckfestigkeit kleiner als die Zugfestigkeit.

Bei Kunststoffen, die sich im Zuversuch spröde verhalten, kann im Druckversuch große plastische Verformbarkeit beobachtet werden, z. B. bei PMMA. Die auftretende Druck-Normalspannungskomponente senkrecht auf der Gleitebene (Bild 21.9) kann das Gleiten der Moleküle in Richtung der Schubspannungen erleichtern. Bei Zugbeanspruchung erhöht die Zug-Normalspannungskomponente senkrecht zur Gleitebene die Trenngefahr, wodurch die Bruchgefahr erhöht wird.

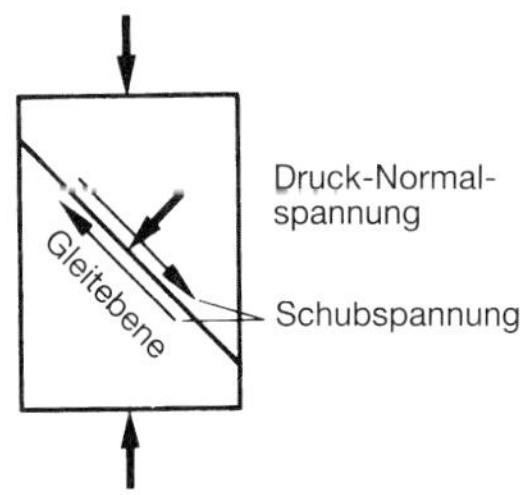

Bild 21.9 Normal- und Schubspannungen beim Druckversuch

21.3 Biegeversuch

Normen:

DIN EN ISO 178	Kunststoffe – Bestimmung der Biegeeigenschaften
DIN EN ISO 3167	Kunststoffe – Vielzweckprobekörper
DIN EN ISO 14125	Faserverstärkte Kunststoffe – Bestimmung der Biegeeigenschaften

DIN EN ISO 14130	Faserverstärkte Kunststoffe – Bestimmung der scheinbaren interlaminaren Scherfestigkeit nach dem Dreipunktverfahren mit kurzem Balken
DIN EN 12814	Prüfen von Schweißverbindungen aus thermoplastischen Kunststoffen – T1: Biegeversuch
DIN 53390	Biegeversuch an unidirektional glasfaserverstärkten Rundstablaminaten
DIN 53435	Biegeversuch und Schlagbiegeversuch an Dynstat-Probekörpern
ISO 1209	Harte Schaumstoffe – Biegeprüfungen

Kennwerte für Biegeversuch an Kunststoffen nach DIN EN ISO 178

σ_{fM}	**Biegefestigkeit**
ε_{fM}	**Biegedehnung bei Biegefestigkeit**
σ_{fB}	**Biegespannung beim Bruch**
ε_{fB}	**Biegedehnung beim Bruch**
σ_{fc}	**Biegespannung bei konventioneller Durchbiegung s_C**
s_c	**konventionelle Durchbiegung $s_c = 1{,}5 \cdot h$**
s	**Durchbiegung**
E_f	**Biegemodul**

Im Biegeversuch werden die Festigkeits- und Formänderungseigenschaften der Kunststoffe bei Dreipunktbiegung ermittelt. Die maximalen Beanspruchungen treten dabei in den Randschichten auf. Schubspannungen können infolge der großen Stützweite im Verhältnis zur Probendicke bei homogenen Stoffen vernachlässigt werden. Bei geschichteten oder in Längsrichtung faserverstärkten Proben können sich die Schubspannungen auf das Prüfergebnis auswirken.

Die Kennwerte dienen zur *Qualitätskontrolle*, für *Werkstoffspezifikationen* und zur *Berechnung* kurzzeitig beanspruchter Formteile. Der Biegeversuch wird durchgeführt an Thermoplasten, Duroplasten, faserverstärkten Kunststoffen (Laminaten) und harten Schaumstoffen.

Probekörper werden hergestellt durch Spritzgießen oder Pressen (DIN EN ISO 294, DIN EN ISO 295, ISO 293) unter festgelegten Bedingungen (siehe Tabelle 20.2) oder spanend durch Aussägen oder Fräsen aus Halbzeugen oder Formteilen (DIN EN ISO 2818). Sie müssen frei sein von Lunkern, Einfallstellen und Riefen. Bei Nacharbeit nur in Probenlängsrichtung bearbeiten. Es wird praktisch nur noch der Probekörper 80 mm × 10 mm × 4 mm verwendet, auch als Abschnitt des Vielzweckprobekörpers DIN EN ISO 3167 (Tabelle 21.4) mit einer Stützweite $L = (16 \pm 1) \cdot h$. Bei Probekörpern, die aus Halbzeugen oder Formteilen entnom-

Tabelle 21.4 Abmessungen des Biegestabes

	Länge l mm	**Breite b mm**	**Dicke h mm**	**Stützweite L mm**
Biegestab	80 ± 2	10,0 ± 0,2	4,0 ± 0,2	(16 ± 1) · h

Tabelle 21.5 Abhängigkeit der Breite b von der Dicke h der Probekörper für die Biegeprüfung

Nenndicke h mm	Breite b*) ± 0,5 mm Spritzguss- und Extrusionswerkstoffe, thermoplastisch und duroplastisch
$1 < h \leq 3$	25,0
$3 < h \leq 5$	10,0
$5 < h \leq 10$	15,0
$10 < h \leq 20$	20,0
$20 < h \leq 35$	35,0
$35 < h \leq 50$	50,0

*) Probekörper mit sehr groben Füllstoffen haben eine Mindestbreite von 30 mm

men werden, gilt $l \geq (20 \pm 1) \cdot h$; die Breite b kann bei Bedarf, in Abhängigkeit von der Dicke h der Probekörper, Tabelle 21.5 entnommen werden.

Anmerkung: Für sehr dicke und unidirektional faserverstärkte Probekörper wählt man zur Vermeidung von Delamination durch Scherung $L \geq (16 \pm 1) \cdot h$ und für sehr dünne Probekörper $L \leq (16 \pm 1) \cdot h$.

Probekörper werden auf 0,1 mm genau ausgemessen, die Dicke h auf 0,01 mm. Geprüft werden mindestens fünf Probekörper bzw. bei anisotropen Kunststoffen fünf je Entnahmerichtung. Probekörper werden entweder nach Formmassenorm oder Vereinbarung konditioniert; bei Nichtvorliegen von Vereinbarungen erfolgt die Konditionierung im Normalklima 23/50 DIN EN ISO 291.

Prüfung erfolgt auf speziellen Biegeprüfmaschinen oder im Biegegehänge von Universalprüfmaschinen mit Messeinrichtung für Kraft F und Durchbiegung s; Messung erfolgt am besten elektrisch, vor allem für E-Modulbestimmung. Günstig ist die Aufnahme des Kraft Durchbiegungs-Diagramms. Prüfung erfolgt bei Normalklima 23/50 DIN EN ISO 291 oder nach Vereinbarung. Versuchsanordnung siehe Bild 21.10. Die Prüfgeschwindigkeit beträgt meist $v = (2 \pm 0{,}4)$ mm/min, kann aber auch zwischen 1 mm/min (für h = 1 mm bis h = 3,5 mm) und 500 mm/min variiert werden.

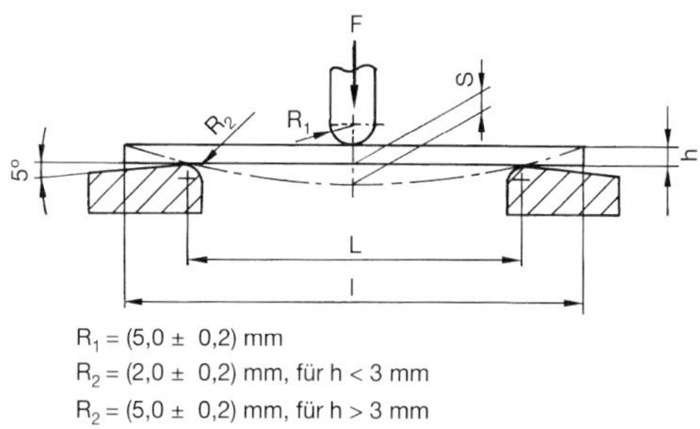

Bild 21.10 Versuchsanordnung bei Dreipunktbiegung

Der Probekörper darf nur unerheblich vorbelastet werden. Bestimmte Vorlasten sind notwendig, um einen „Durchhang“ am Beginn der Spannungs-Durchbiegungs-Kurve zu vermeiden.

Zur Bestimmung des Elastizitätsmoduls muss für die Anfangs-Biegespannung σ_{f0} gelten: $0 \leq \sigma_{f0} \leq 10^{-4}\,E_f$, das entspricht einer Vordehnung von $\varepsilon_{f0} \leq 0{,}05\,\%$; zur Bestimmung der Festigkeitswerte (σ_M, σ_{fC}, σ_{fB}) muss gelten $0 \leq \sigma_{f0} \leq 10^{-4}\,\sigma_{f(M,C,B)}$.

Auswertung erfolgt manuell oder mit automatischen Rechnersystemen

Kennwerte: Spannungen σ_f in MPa
Durchbiegungen s in mm

Bei Dreipunktbiegung und Rechteckquerschnitt der Probekörper ergibt sich in Probekörpermitte

Biegespannung $\sigma_f = \dfrac{3 \cdot F \cdot L}{2 \cdot b \cdot h^2}$ Biegedehnung $\varepsilon = \dfrac{600 \cdot h \cdot s}{L^2}$ in %

konventionelle Durchbiegung $s_c = 1{,}5 \cdot h$

Wenn $L = 16 \cdot h$ entspricht s_C einer Randfaserdehnung von 3,5%.

Anmerkung: Probekörper, die nicht im mittleren Drittel der Stützweite L brechen, dürfen nicht ausgewertet werden.

Spröde Kunststoffe

Nach Bild 21.11, Kurve 1 ermittelt man

Biegefestigkeit σ_{fM} (= σ_{fB}) Biegedehnung bei Biegefestigkeit ε_{fM} (= ε_{fB}).

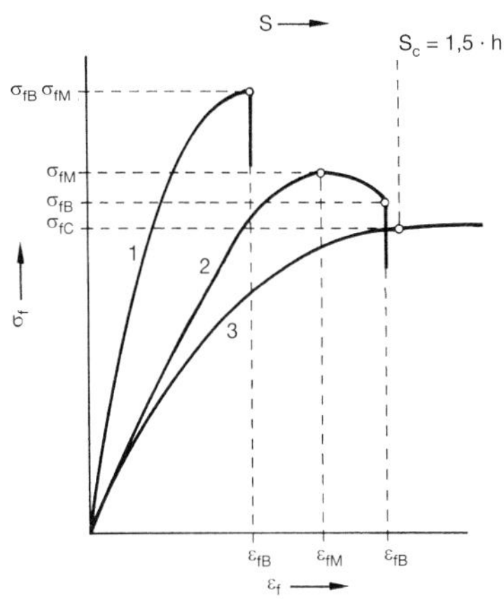

Bild 21.11 Spannungs-Dehnungs-Diagramme beim Biegeversuch
1 spröder Kunststoff
2 verformungsfähiger Kunststoff *mit* Spannungsmaximum und Bruch vor Erreichen der konventionellen Durchbiegung $s_C = 1{,}5 \cdot h$
3 verformungsfähiger Kunststoff *ohne* Spannungsmaximum und Bruch nach Erreichen der konventionellen Durchbiegung $s_C = 1{,}5 \cdot h$

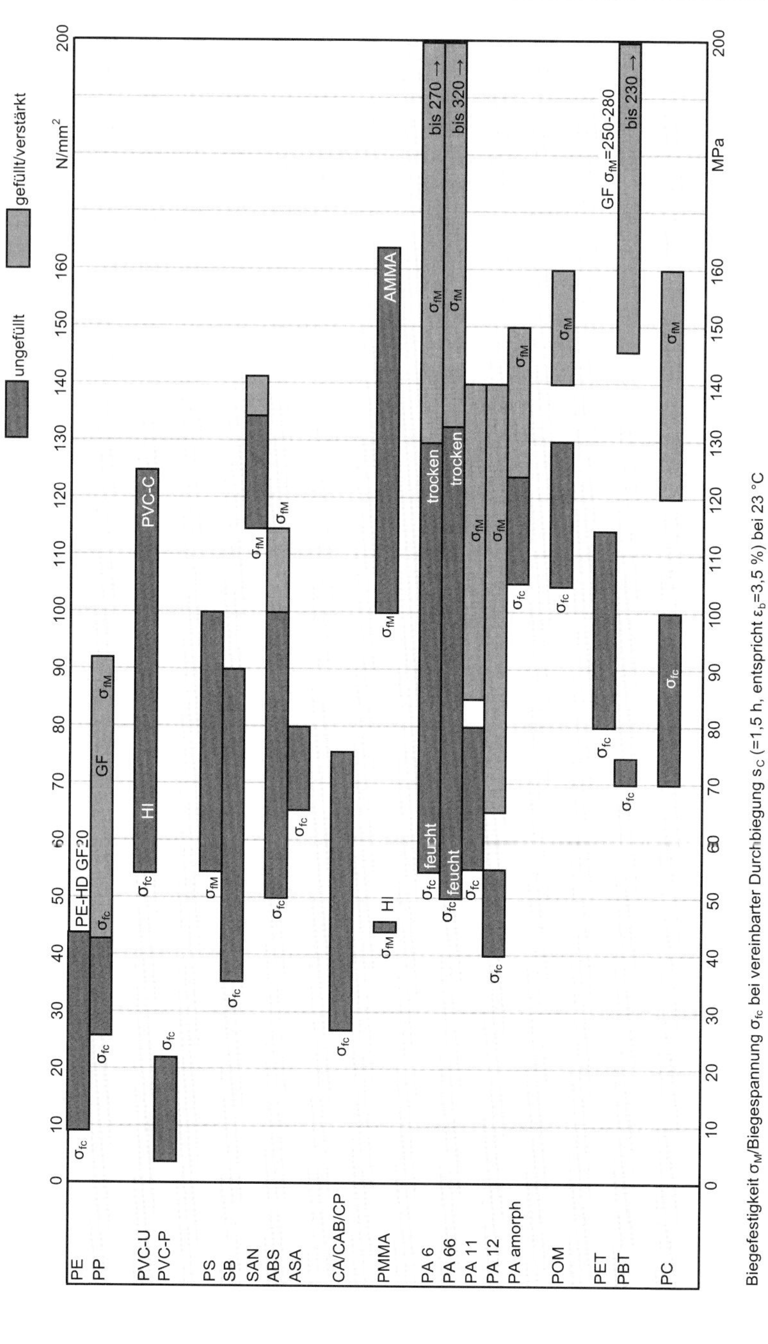
ungefüllt
gefüllt/verstärkt
N/mm²
MPa
PE
PP
PVC-U
PVC-P
PS
SB
SAN
ABS
ASA
CA/CAB/CP
PMMA
PA 6
PA 66
PA 11
PA 12
PA amorph
POM
PET
PBT
PC
PE-HD GF20
GF
PVC-C
HI
AMMA
trocken
feucht
bis 270 →
bis 320 →
GF σfM=250-280
bis 230 →
Biegefestigkeit σM/Biegespannung σfc bei vereinbarter Durchbiegung sC (=1,5 h, entspricht εb=3,5 %) bei 23 °C

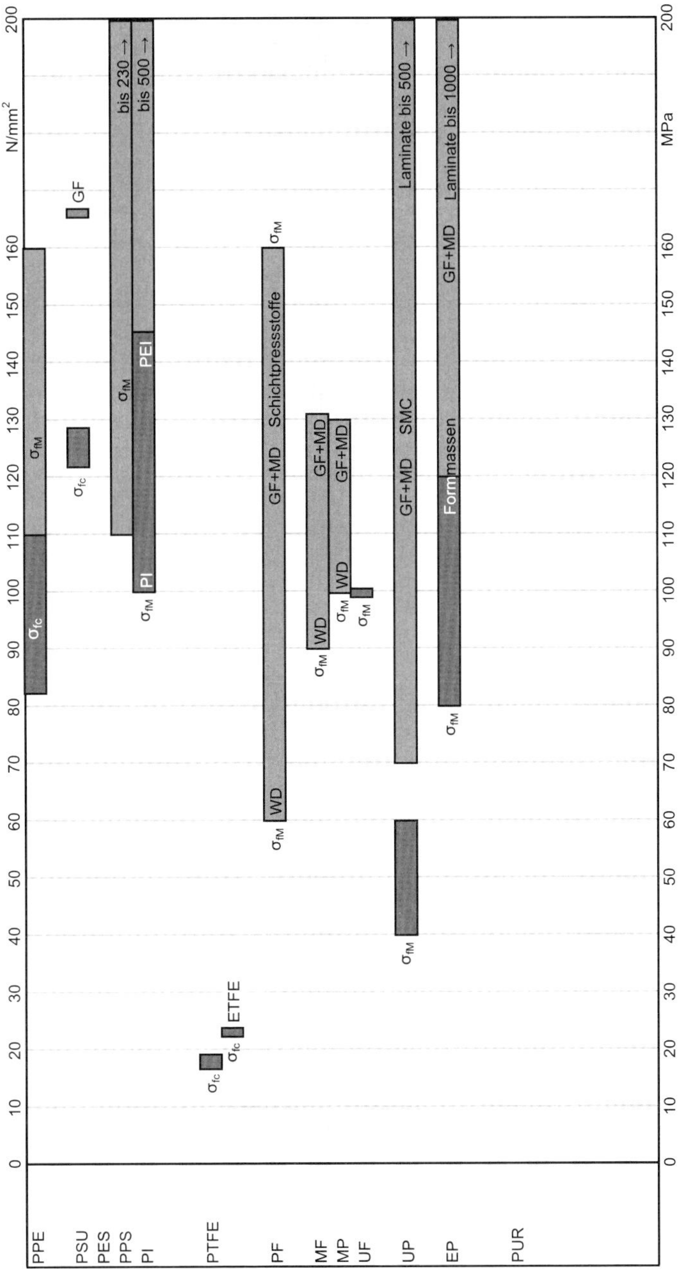

Biegefestigkeit σ_M/Biegespannung σ_{fc} bei vereinbarter Durchbiegung s_C (=1,5 h, entspricht ε_b=3,5 %) bei 23 °C

Verformungsfähige Kunststoffe

Bei Auftreten eines Maximums in der Spannungs-Durchbiegungskurve (Bild 21.11, Kurve 2) werden ermittelt

Biegefestigkeit σ_{fM}
Biegedehnung bei Biegefestigkeit ε_{fM}

Tritt weder ein Bruch noch eine Maximalspannung auf (Bild 21.11, Kurve 3), dann ermittelt man

Biegespannung σ_{fc} bei konventioneller Durchbiegung $s_c = 1{,}5 \cdot h$

σ_{fc} entspricht der 3,5 %-Biegespannung $\sigma_{b3,5}$ nach DIN 53452 (alt), wenn $L = 16 \cdot h$ beträgt.

Nach dem Versuch werden die Proben nach ihrem *Bruchaussehen* beurteilt. Es kann so geschlossen werden auf *Zugspannungs-*, *Druckspannungs-* oder *Schubspannungsbruch* (interlaminarer Bruch), z. B. bei unidirektional verstärkten Kunststoffen.

Anmerkungen

In vergleichenden Tabellen für verschiedenartige Kunststoffe ist anzugeben, ob es sich bei den Kennwerten um σ_{fC}, σ_{fM} oder σ_{fB} handelt. Wesentlichen Einfluss auf die Kennwerte haben Herstellung, Form und Vorbehandlung der Probekörper, sowie die Prüftemperatur. Ein Vergleich der Kennwerte von Kunststoffen, ermittelt aus dem Biegeversuch, ist problematisch, weil manche Kunststoffe nach unterschiedlicher Durchbiegung brechen, andere dagegen sich so stark verformen, dass der Versuch vor einem evt. Bruch beendet werden muss. In solchen Fällen wird dann der Kennwert σ_{fc} ($\sigma_{b3,5}$) ermittelt.

Die Biegeprüfung mit kleinen Probekörpern im *Dynstatgerät* ist in DIN 53435 getrennt behandelt. Aufgrund jahrelanger Erfahrung bei der Prüfung und Überwachung duroplastischer Formmassen hat die Dynstatprüfung noch Bedeutung. Es werden Probekörper mit der Länge $l = (15 \pm 1)$ mm, Breite $b = (10 \pm 0{,}5)$ mm und Dicke $h = 1{,}2$ mm bis 4,5 mm verwendet (ggf. hat die U-Kerbe eine Breite von $0{,}8 \pm 0{,}1$ mm und eine Restbreite an der Kerbe $h_k \approx 2/3$ h). Das Ergebnis beim Dynstat-Biegeversuch wird angegeben Biegeversuch DIN 53435 – DB – G, dabei bedeuten DB Dynstat-Prüfkörper für Biegeversuch und G ohne Kerbe.

Der **Elastizitätsmodul E_f** wird aus messtechnischen Gründen, wie beim Zug- und Druckversuch als *Sekantenmodul* für die Dehnungsdifferenz $\Delta\varepsilon = \varepsilon_{f2} - \varepsilon_{f1} = 0{,}0025 - 0{,}0005 = 0{,}002$ (= 0,2%) ermittelt, vgl. Bild 21.3.

$$\text{Elastizitätsmodul aus dem Biegeversuch } E_f = \frac{\sigma_{f2} - \sigma_{f1}}{\varepsilon_{f2} - \varepsilon_{f1}} \quad \text{in MPa}.$$

Zur Berechnung des Elatizitätsmoduls E_f müssen ggf. noch die Durchbiegungen s_1 und s_2 berechnet werden, die den Randfaserdehnungen $\varepsilon_{f1} = 0{,}0005$ und $\varepsilon_{f2} = 0{,}0025$ entsprechen, wobei gilt

$$s_{1/2} = \varepsilon_{f1/2} \cdot \frac{L^2}{6 \cdot h}$$

σ_{f1} ist die Biegespannung für die Durchbiegung s_{f1} und σ_{f2} ist die Biegespannung für die Durchbiegung s_{f2}.

Der Biegeelastizitätsmodul E_f aus der Dreipunktbiegung nach DIN EN ISO 178 entspricht dem Elastizitätsmodul aus dem Dreipunktbiegeversuch E_{B3} nach DIN 53457 (alt). Der Einfluss der Schubverformung ist bei dem verwendeten Probekörper mit den großen Werten L/h relativ gering und wird meist vernachlässigt.

Wird der Elastizitätsmodul E_{B4} aus dem Vierpunktbiegeversuch nach DIN 53457 (alt) ermittelt, wird die Durchbiegung in einem querkraftfreien Bereich bestimmt, der Kraftangriff in der Mitte des Probekörpers fällt weg. Man benötigt den längeren Probestab 120 mm × 10 mm × 4 mm und einen speziellen Bezugsbalken (Bild 21.12); im Messbereich ist die Biegespannung konstant.

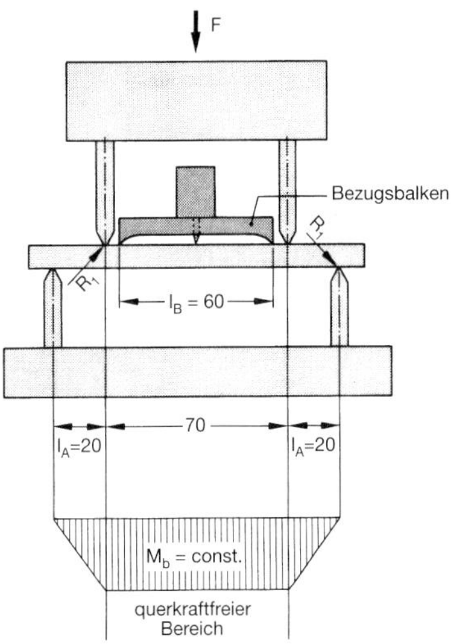

Bild 21.12 Elastizitätsmodulbestimmung bei Vierpunktbiegung (querkraftfrei) nach DIN 53457 (alt)

Anmerkung: Die Elastizitätsmoduln aus Zug-, Druck- und Biegeversuch E_t, E_c und E_f können nur theoretisch übereinstimmen, wenn isotrope Werkstoffe vorliegen. In der Praxis ergeben sich immer Unterschiede infolge der versuchstypischen Krafteinleitungsbedingungen, Messanordnungen und bei Biegung wegen der ggf. nichtlineraren Biegespannungsverteilung.

21.4 Torsionsschwingungsversuch – Versuche zur Bestimmung dynamisch-mechanischer Eigenschaften

Normen:

DIN EN ISO 6721 Kunststoffe, Bestimmung dynamisch-mechanischer Eigenschaften
- T1: Allgemeine Grundlagen
- T2: Torsionspendelverfahren
- T3: Biegeschwingung, Resonanzkurven-Verfahren

DIN 7724	Polymere Werkstoffe – Gruppierung polymerer Werkstoffe aufgrund ihres mechanischen Verhaltens
DIN ISO 458	Kunststoffe – Bestimmung der Torsionssteifheit von flexiblen Materialien T2: Anwendung für weichmacherhaltige Formmassen aus Homopolymerisaten und Copolymerisaten des Vinylchlorids
ISO 4664	Elastomere – Bestimmung der dynamischen Eigenschaften T1: Grundsätze T2: Verfahren mit dem Torsionspendel bei niedrigen Frequenzen

Kennwerte

G	**Schubmodul**
M*	**komplexer Modul**
M′	**Speichermodul**
M″	**Verlustmodul**
Λ	**logarithmisches Dekrement**
tan δ	**mechanischer Verlustfaktor**
$\mathbf{T_g}$	**Glasübergangstemperatur**
$\mathbf{T_m}$	**Kristallitschmelztemperatur**
$\mathbf{T_R}$	**Kälterichtwert**
	Schubmodul-Temperatur-Kurven
	Spannungs-Dehnungs-Hysterese-Schleife

Beim Torsionsschwingungsversuch wird das elastische Verhalten und das Dämpfungsverhalten der Kunststoffe bei kleiner dynamischer Verdrehbeanspruchung und niedrigen Frequenzen untersucht. Die Kenngrößen werden in Abhängigkeit von der Temperatur ermittelt. Aus dem Verlauf des dynamischen Schubmoduls und der mechanischen Dämpfung kann man Bereiche erkennen, in denen die Kunststoffe im *harten, zähen* oder *gummielastischen* Zustand vorliegen. Bei *amorphen* Thermoplasten erkennt man die *Glasübergangstemperatur* T_g, bei *teilkristallinen* Thermoplasten die *Glasübergangstemperatur* T_g und den *Kristallitschmelzpunkt* T_m. Man erhält so nach DIN 7724 Unterscheidungsmerkmale, die zur Klassifizierung der Kunststoffe in *amorphe* und *teilkristalline Thermoplaste, thermoplastische* und *vernetzte Elastomere* und *Duroplaste* führen (Bilder 21.13 bis 21.17). Außer der Torsionsbeanspruchung kann auch Biegebeanspruchung herangezogen werden, jedoch sind in Datenblättern und Dateien meist *Schubmodul-Temperatur-Kurven* (G-T-Diagramme) angegeben. Glasübergangstemperaturen T_g und Kristallitschmelzpunkte T_m können auch mittels *thermischer Analysenverfahren* (Kap. 19.2) ermittelt werden.

Aus dem Verlauf eines G-T-Diagramms kann für einen Kunststoff der *Gebrauchstemperaturbereich* (siehe auch Kap. 22.3) abgeschätzt werden. Die obere Gebrauchstemperatur muss mit einem ausreichenden Abstand *unterhalb* des (Steil-)Abfalls der G-T-Kurve angesetzt werden. Der *Steilabfall*, bei gleichzeitigem Auftreten eines Maximums der Dämpfung kennzeichnet die *Erweichung*. Oberhalb dieses Übergangsbereichs kann der Kunststoff *warmumgeformt* werden, er ist „thermoelastisch". Nach DIN EN ISO 6721 werden noch weitere Module bestimmt (siehe Kennwerte).

Charakterisierung von Kunststoffen

Thermoplaste verhalten sich im Gebrauchstemperaturbereich vorwiegend *energieelastisch* (stahlähnlich). Der *Kälterichtwert* T_R liegt i. A. oberhalb 0 °C. Da sie einen *Schmelzbereich* aufweisen, sind sie *oberhalb* des Gebrauchstemperaturbereichs (wiederholt) verarbeitbar durch *Umformen* und *Urformen*.

Amorphe Thermoplaste (Bild 21.13) haben einen *Kälterichtwert* $T_R > 0$ °C, der der Glasübergangstemperatur T_g entspricht. Sie sind im Gebrauchszustand *hart*.

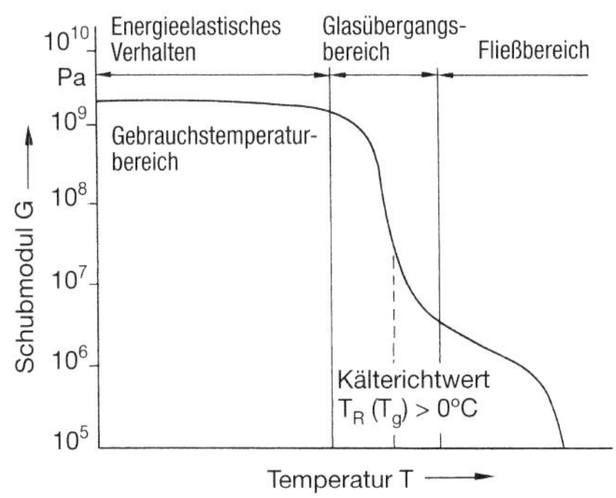

Bild 21.13 Schematische Schubmodul-Temperatur-Kurve eines amorphen Thermoplasten

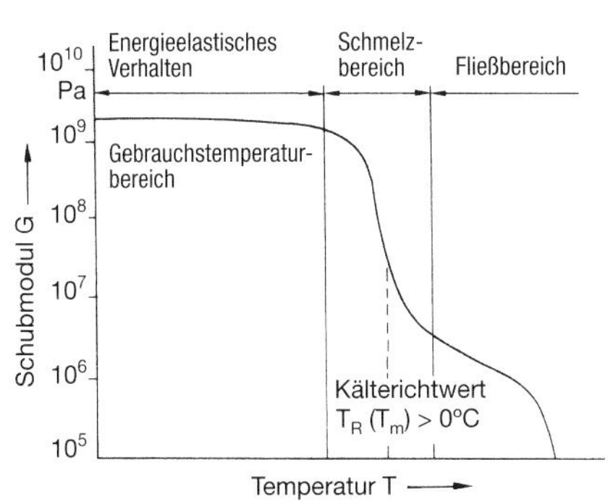

Bild 21.14 Schematische Schubmodul-Temperatur-Kurve eines teilkristallinen Thermoplasten

Teilkristalline Thermoplaste (Bild 21.14) haben einen *Kälterichtwert* T_R, der der Kristallitschmelztemperatur T_m entspricht. Die Einsatztemperatur teilkristalliner Thermoplaste liegt zwischen der Glasübergangstemperatur T_g (i. A. <0 °C) der amorphen Bereiche und dem Kälterichtwert T_R (entspricht T_m), sie sind im Gebrauchszustand *zähhart* oder *halbhart*.

Thermoplastische Elastomere (Bild 21.15) verhalten sich im Gebrauchszustand vorwiegend *entropieelastisch* (gummielastisch). Der *Kälterichtwert* T_R < 0 °C entspricht der *Glasübergangstemperatur* T_g. Sie zeigen, weil die Vernetzung fehlt, oberhalb des Gebrauchstemperaturbereichs einen *Fließbereich*; sie sind deshalb thermoplastisch verarbeitbar.

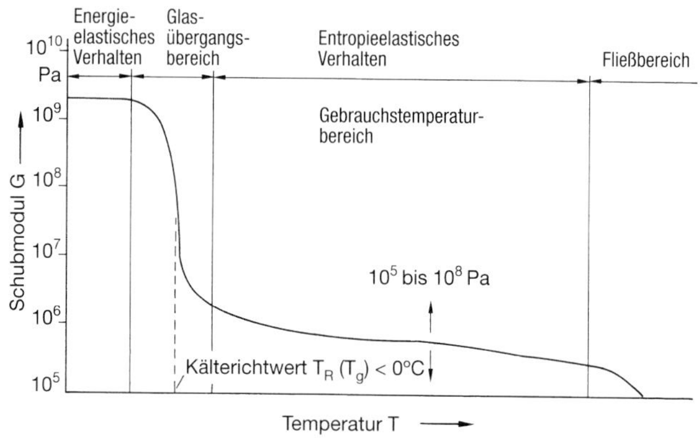

Bild 21.15 Schematische Schubmodul-Temperatur-Kurve eines thermoplastischen Elastomeren

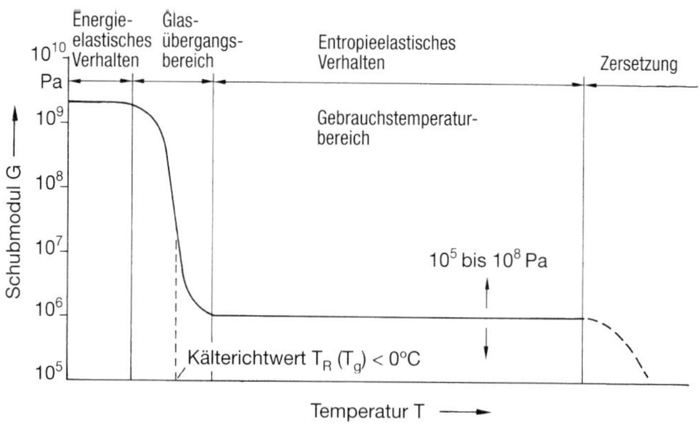

Bild 21.16 Schematische Schubmodul-Temperatur-Kurve eines vernetzten Elastomeren

Elastomere (vernetzt) (Bild 21.16) verhalten sich im Gebrauchstemperaturbereich *entropieelastisch* (gummielastisch). Der *Kälterichtwert* $T_R < 0$ °C entspricht der *Glasübergangstemperatur* T_g. Sie zeigen, wegen der Vernetzung, oberhalb des Gebrauchstemperaturbereichs bis zur *Zersetzung* keinen *Fließbereich*; sie sind nach der Formgebung nicht mehr schmelzbar und im Wesentlichen unlöslich aber quellbar.

Duroplaste (Bild 21.17) verhalten sich im Gebrauchstemperaturbereich vorwiegend *energieelastisch* (stahlähnlich). Sie haben keinen *Kälterichtwert* T_R bzw. keine *Glasübergangstemperatur* T_g und keinen *Fließbereich*; sie sind nach der Formgebung nicht mehr schmelzbar und löslich. Die Duroplaste gehen vom *Gebrauchstemperaturbereich* kontinuierlich in den *Zersetzungsbereich* über.

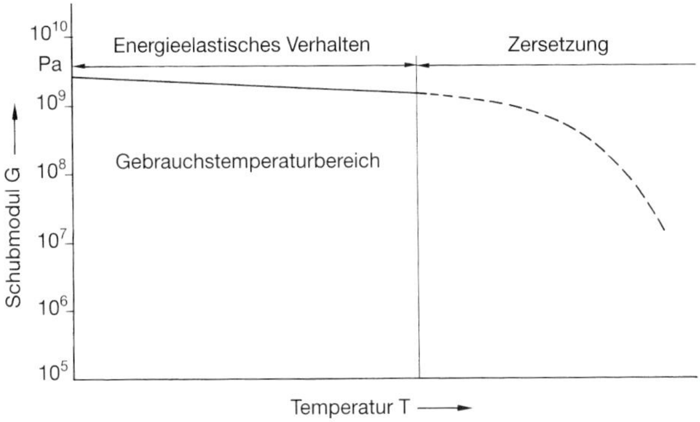

Bild 21.17 Schematische Schubmodul-Temperatur-Kurve eines Duroplasten

Angaben über *Glasübergangstemperaturen* T_g und *Kristallitschmelztemperaturen* T_m von thermoplastischen Kunststoffen siehe Tabelle 19.4.

Bild 21.18 zeigt den Verlauf des Schubmoduls in Abhängigkeit von der Temperatur für die beiden *amorphen Thermoplaste* PS und SB (PS-HI). Das *„homogene"* Polystyrol PS zeigt über einen weiten Temperaturbereich nahezu konstanten Verlauf des Schubmoduls, erst im Erweichungsbereich fällt der Schubmodul stark ab unter Auftreten eines Maximums der mechanischen Dämpfung. Das schlagzähe Polystyrol SB zeigt bei –80 °C einen geringfügigen Abfall des Schubmoduls und ein weiteres Dämpfungs(neben)maximum, hervorgerufen durch die Glasübergangstemperatur der schlagzähmachenden Kautschukkomponente. Die Glasübergangstemperatur des SB liegt niedriger als die des reinen PS.

Bild 21.19 zeigt den Verlauf des Schubmoduls in Abhängigkeit von der Temperatur für den *teilkristallinen Thermoplast* PA 66. Man erkennt einen ersten Abfall des Schubmoduls mit einem Dämpfungsmaximum bei etwa –60°C (T_g); dort erweichen die amorphen Bereiche des teilkristallinen Thermoplasten. Unterhalb dieser Temperatur ist PA 66 *spröde.* Bei zunehmenden Temperaturen tritt dann der Steilabfall auf, hier beginnen die Kristallite aufzuschmelzen (T_R entspricht T_g).

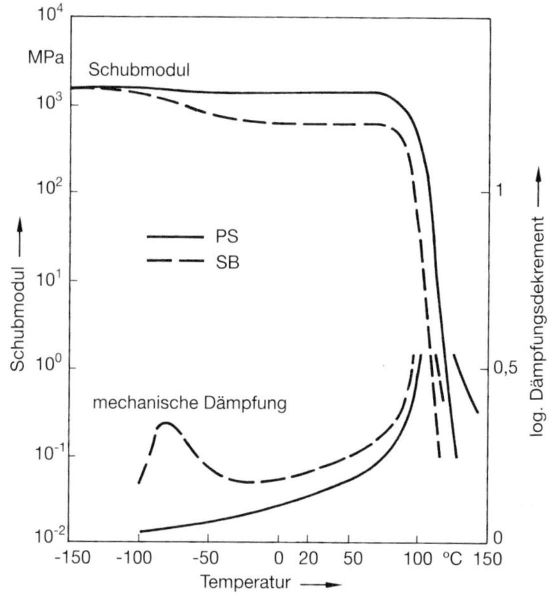

Bild 21.18 Schubmodul-Temperatur-Kurven von PS und SB

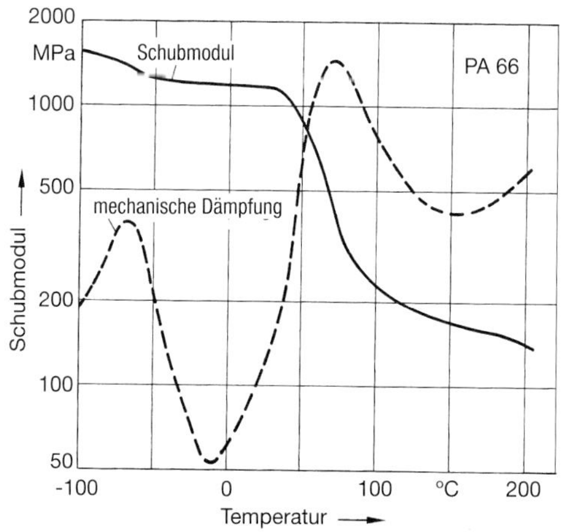

Bild 21.19 Schubmodul-Temperatur-Kurve von PA 66

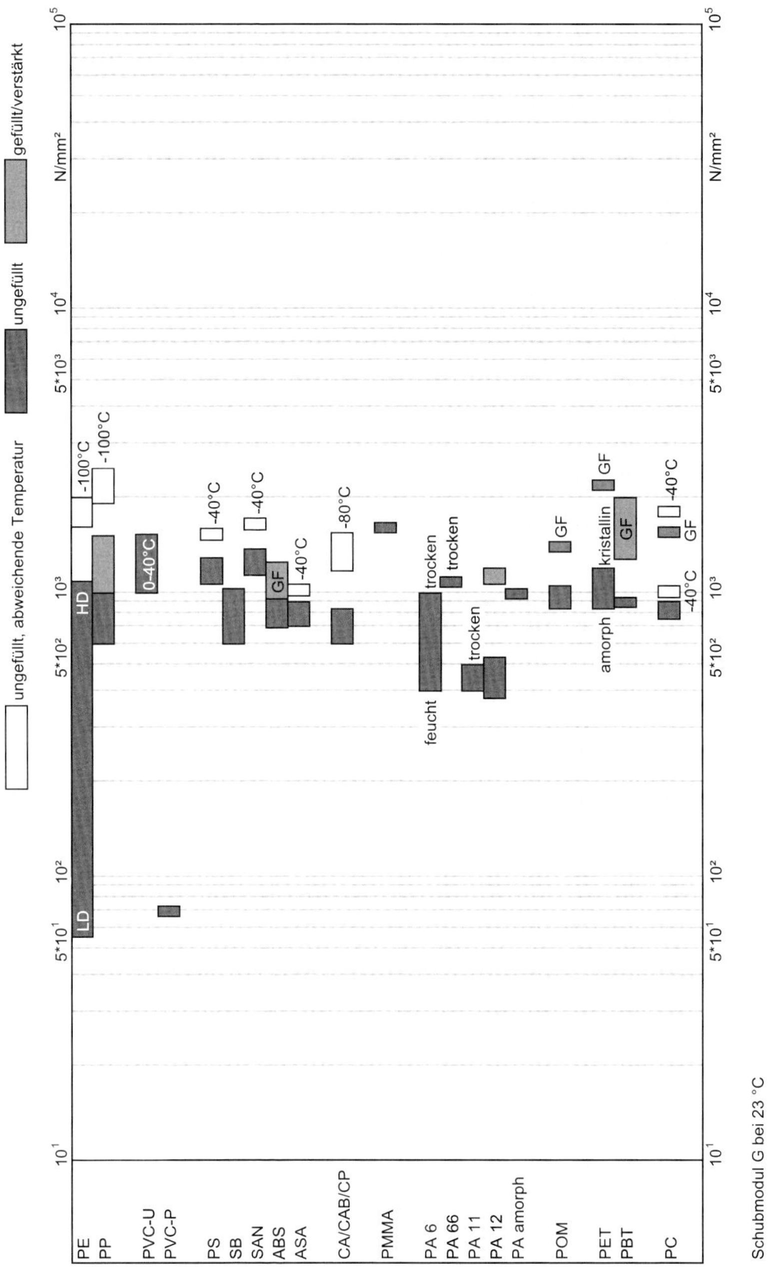
ungefüllt, abweichende Temperatur
ungefüllt
gefüllt/verstärkt
PE
PP
PVC-U
PVC-P
PS
SB
SAN
ABS
ASA
CA/CAB/CP
PMMA
PA 6
PA 66
PA 11
PA 12
PA amorph
POM
PET
PBT
PC
LD
HD
-100°C
-100°C
0-40°C
-40°C
-40°C
GF
-40°C
-80°C
trocken
trocken
feucht
trocken
GF
kristallin
GF
amorph
GF
-40°C
GF
-40°C
10^1
$5*10^1$
10^2
$5*10^2$
10^3
$5*10^3$
10^4
N/mm²
10^5
Schubmodul G bei 23 °C

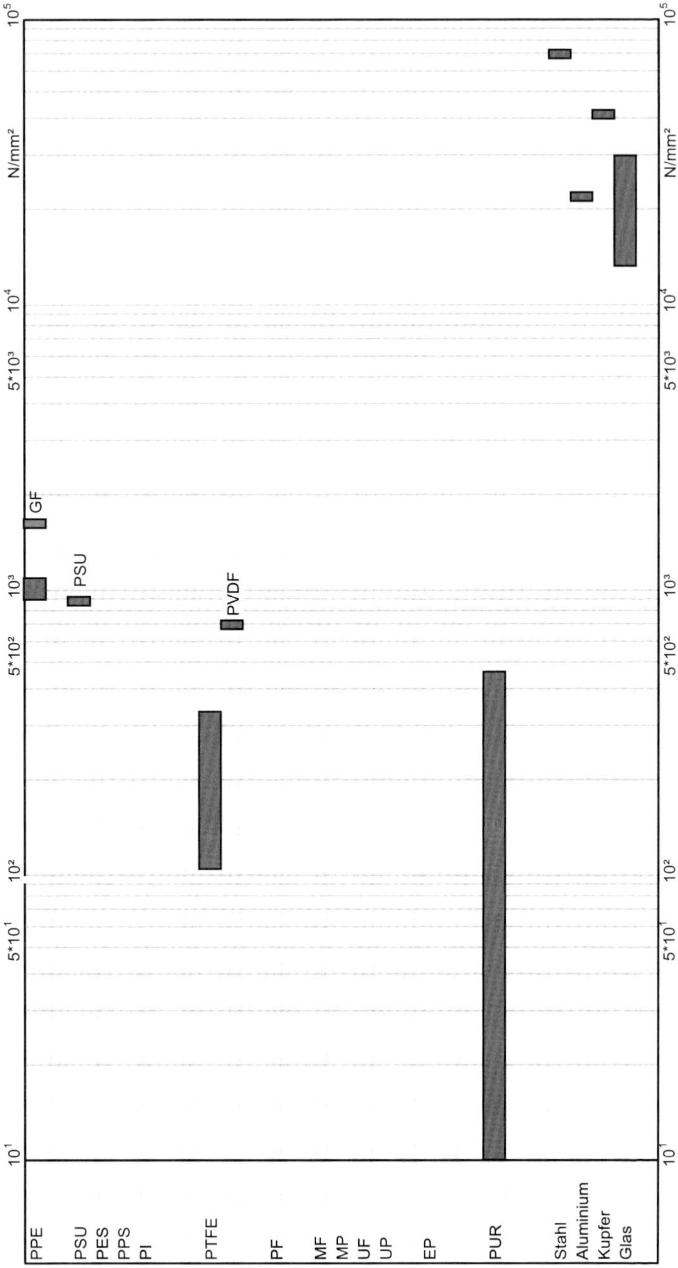

Schubmodul G bei 23 °C

Versuchsdurchführung beim Torsionsschwingungsversuch

Probekörper sind in ihren Abmessungen nicht festgelegt, meist werden rechteckige Probekörper mit den Abmessungen 50 mm × 10 mm × 1 mm verwendet.

Prüfung erfolgt in speziellen Torsionsschwingungsprüfgeräten (Bild 21.20). Probekörper hängen in einer Temperaturkammer und tragen am unteren Ende eine kleine Schwungscheibe (Drehmasse). Nach Verfahren A ist der Probekörper durch die Schwungscheibe belastet und bei Verfahren B ist die Gewichtskraft der Schwungscheibe durch ein Gegengewicht kompensiert. Die Prüfung erfolgt bei kontinuierlicher Erwärmung mit Aufheizgeschwindigkeit von ca. 1 K/min. In Temperaturintervallen von 5 °C oder 10 °C, in Übergangsbereichen auch 1 °C, wird jeweils ein Schwingungsversuch durchgeführt und ausgewertet.

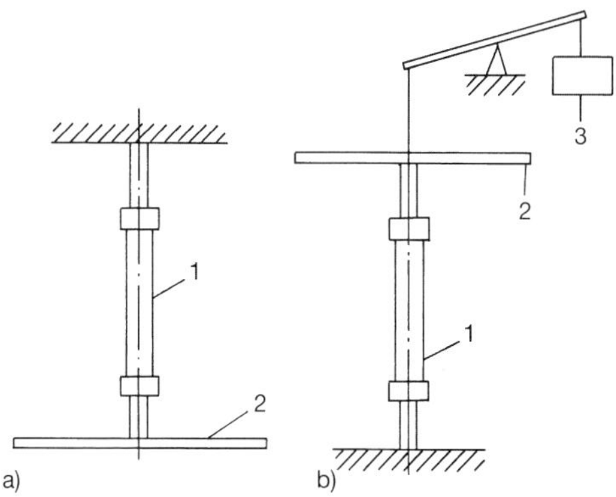

Bild 21.20 Prinzip des Torsionsschwingungsversuchs
a) Versuchsanordnung ohne Gewichtsausgleich
b) Versuchsanordnung mit Gewichtsausgleich
1 Probekörper 2 Schwungscheibe 3 Ausgleichsgewicht

Auswertung der freien, gedämpften Schwingung erfolgt nach Norm meist automatisch. Rechnerische Bestimmung des *dynamischen Schubmoduls* G aus den Abmessungen des Probekörpers, dem *logarithmischen Dekrement* Λ und der *Masse* der Schwungscheibe nach Norm. Für die *mechanische Dämpfung* d kann gelten $d \approx \Lambda/\pi$.

Kennwerte

G	dynamischer Schubmodul in MPa oder GPa
Λ	logarithmisches Dekrement
$\tan\delta$	mechanischer Verlustfaktor
T_g	Glasübergangstemperatur in °C
T_m	Kristallitschmelztemperatur in °C
T_R	Kälterichtwert in °C

Aus den bei verschiedenen Temperaturen ermittelten Werten des Schubmoduls und der Dämpfung werden in logarithmischem Maßstab G/T- bzw. d/T-Diagramme gezeichnet und nach DIN 7724 gedeutet.

Nach DIN EN ISO 6721 werden noch bestimmt der *komplexe Modul M*, *Speichermodul M′* und *Verlustmodul M″*, für den Betrag von M^* gilt $|M^*|^2 = [M']^2 + [M'']^2 = (\sigma_A/\varepsilon_A)$ in Pa. σ_A und ε_A sind die Amplituden der Spannung und Dehnung.

Anmerkungen
Der *dynamische Elastizitätsmodul* kann aus dem dynamischen Schubmodul G mithilfe der *Poissonschen Zahl (Querkontraktionszahl)* μ errechnet werden zu $E = 2 \cdot G \cdot (1 + \mu)$; für Kunststoffe mit $\mu = 0{,}35$ bis 0,5 ergibt sich für $E \approx (2{,}7$ bis $3{,}0) \cdot G$; G kann auch direkt im Biegeschwingungsversuch DIN EN ISO 6721-3 ermittelt werden. Der *statische Elastizitätsmodul* und der *statische Schubmodul* können aus den dynamischen Werten nicht ermittelt werden; sie werden meist in (statischen) Zug- oder Biegeversuchen ermittelt (siehe Kap. 21.1 und 21.3).

21.5 Härteprüfung

Bei den Härteprüfverfahren für Kunststoffe handelt es sich um Eindringhärteprüfungen. Die Verformungen (Eindringtiefen) werden dabei – wegen der hohen elastischen Rückfederungen – im Gegensatz zu Metallen, i. A. *unter* Last nach festgelegten Zeiten ermittelt.

Die *Kugeldruckhärte* DIN EN ISO 2039-1 ist für Thermoplaste und Duroplaste geeignet, während die *Shorehärte* nach DIN EN ISO 868 und ISO 7619 meist nur für Elastomere und für weichere, bzw. weichgemachte Thermoplaste eingesetzt wird. Bei Elastomeren wird auch noch der *internationale Gummihärtegrad* IRHD DIN ISO 48 bestimmt. Bei der IRHD-Messung werden kugelförmige Eindringkörper mit konstanter Last eingedrückt und die Eindringtiefe nach 30 s gemessen; es gibt die Verfahren N, H, L und M (siehe Normen).

Zur Prüfung von Kunststoffen und Kunststoffbeschichtungen kann auch die Ermittlung der *Knoophärte* eingesetzt werden. Bei der Härteprüfung an Formteilen aus verstärkten Duroplasten (Laminaten) wird vielfach die *Barcolhärte* DIN EN 59 ermittelt.

Mikrohärteprüfverfahren nach *Vickers* und *Rockwell* werden für wissenschaftliche Härteprüfungen eingesetzt, erlauben aber die fast zerstörungsfreie Ermittlung von wichtigen Eigenschaften, wie z. B. Orientierungen an Thermoplasten, Eigenspannungen bei Thermo- und Duroplasten, Füllstofforientierungen, Härteverlauf in Schweißnähten, Alterungseffekte an Oberflächen und den Verlauf der Kristallinität. Das Härteprüfverfahren nach *Rockwell* ist in DIN EN ISO 2039-2 festgelegt (siehe Kap. 21.5.2).

Für dünne Überzüge aus Kunststoffen und dünne Kunststoffteile eignet sich ggf. auch die Ermittlung der *Universalhärte* $HU = F/A(h) = F/(26{,}43 \cdot h^2)$ nach DIN EN ISO 14577, die in Anlehnung an die Härteprüfung nach Vickers für Metalle ermittelt

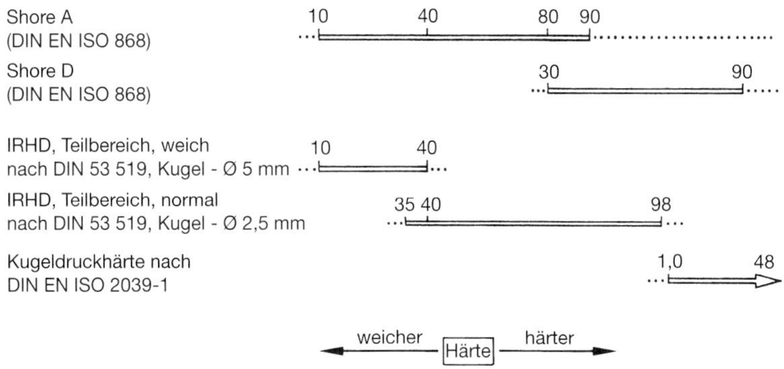

Bild 21.21 Anwendungsbereiche verschiedener Härteprüfverfahren

wird. Allerdings wird die Verformung A(h) unter der Last F (z. B. 1 N; 2,5 N; 10 N; 25 N; 100 N) ermittelt. Man unterscheidet einen *Makrobereich* mit größeren Belastungen F ($2 N \leq F \leq 1000 N$) und einem *Mikrobereich* mit sehr kleinen Belastungen F ($2 N > F$ und $h > 0{,}0002$ mm). Dieses Universalhärteprüfverfahren ermöglicht ggf. einen Vergleich der an Metallen, Kunststoffen und Elastomeren ermittelten Härten.

Bild 21.21 zeigt Anwendungsbereiche für verschiedene Kunststoffhärteprüfverfahren.

21.5.1 Härteprüfung durch Kugeleindruckversuch

Norm:

DIN EN ISO 2039 Kunststoffe – Bestimmung der Härte
T1: Kugeleindruckversuch

Kennwert

HB Kugeldruckhärte

Die Kugeldruckhärte H kann praktisch an allen Kunststoffen ermittelt werden, soweit diese nicht zu weich oder zu hochelastisch sind. Die Kugeldruckhärte ist im Datenkatalog für Einpunkt-Kennwerte DIN EN ISO 10350 und in den CAMPUS-Dateien nicht aufgeführt.

Probekörper werden hergestellt durch Spritzgießen oder Pressen (DIN EN ISO 293, DIN EN ISO 294, DIN EN ISO 295) unter festgelegten Bedingungen (siehe Tabelle 20.2) oder spanend durch Aussägen oder Fräsen aus Halbzeugen oder Formteilen (DIN EN ISO 2818), Mindestdicke 4 mm. Prüf- und Auflagefläche sollen eben, glatt und planparallel sein und so groß, dass Randbeeinflussungen nicht auftreten, z. B. 50 mm × 50 mm. Probekörper und Formteile sind vor der Prüfung mindestens 16 h im Normalklima 23/50 DIN EN ISO 291 oder nach Vereinbarung zu lagern.

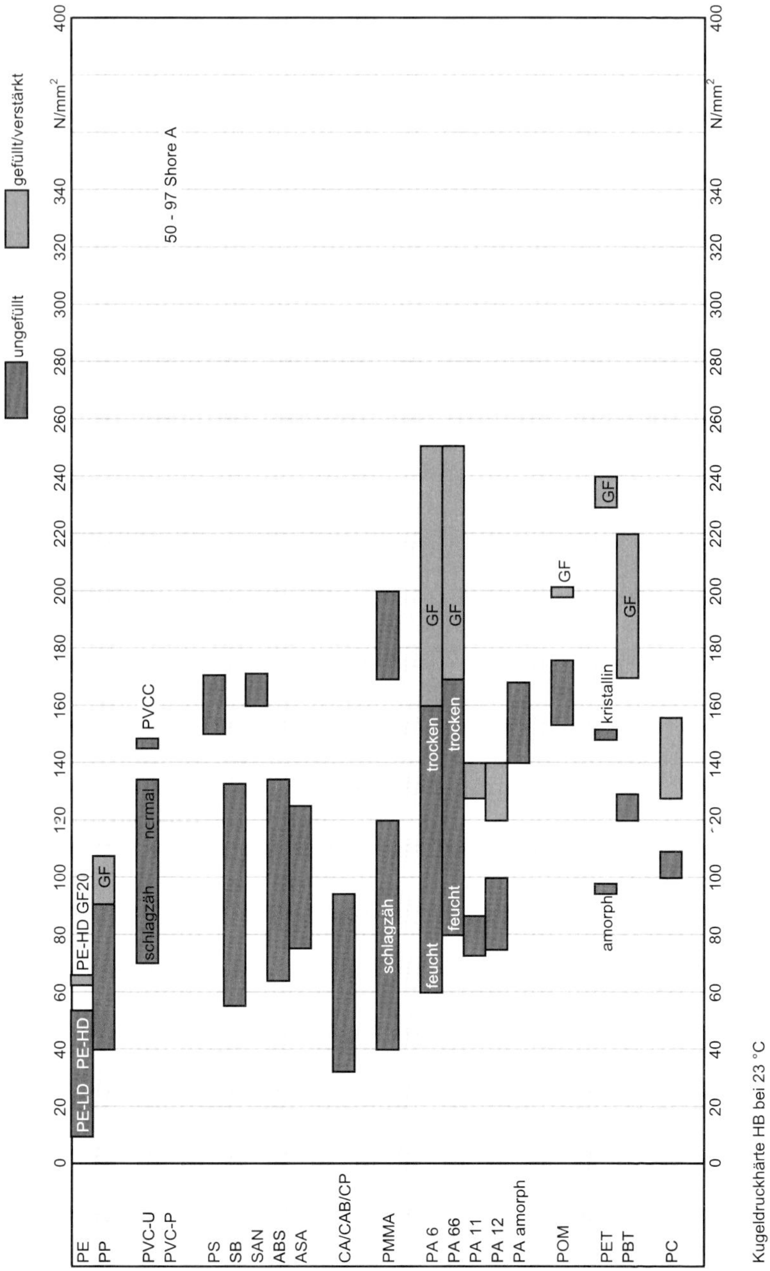
ungefüllt
gefüllt/verstärkt
N/mm²
0
20
40
60
80
100
120
140
160
180
200
220
240
260
280
300
320
340
400
50 - 97 Shore A
PE
PP
PVC-U
PVC-P
PS
SB
SAN
ABS
ASA
CA/CAB/CP
PMMA
PA 6
PA 66
PA 11
PA 12
PA amorph
POM
PET
PBT
PC
PE-LD
PE-HD
PE-HD GF20
GF
schlagzäh
normal
PVCC
schlagzäh
feucht
trocken
feucht
trocken
GF
GF
GF
kristallin
amorph
GF
GF
Kugeldruckhärte HB bei 23 °C

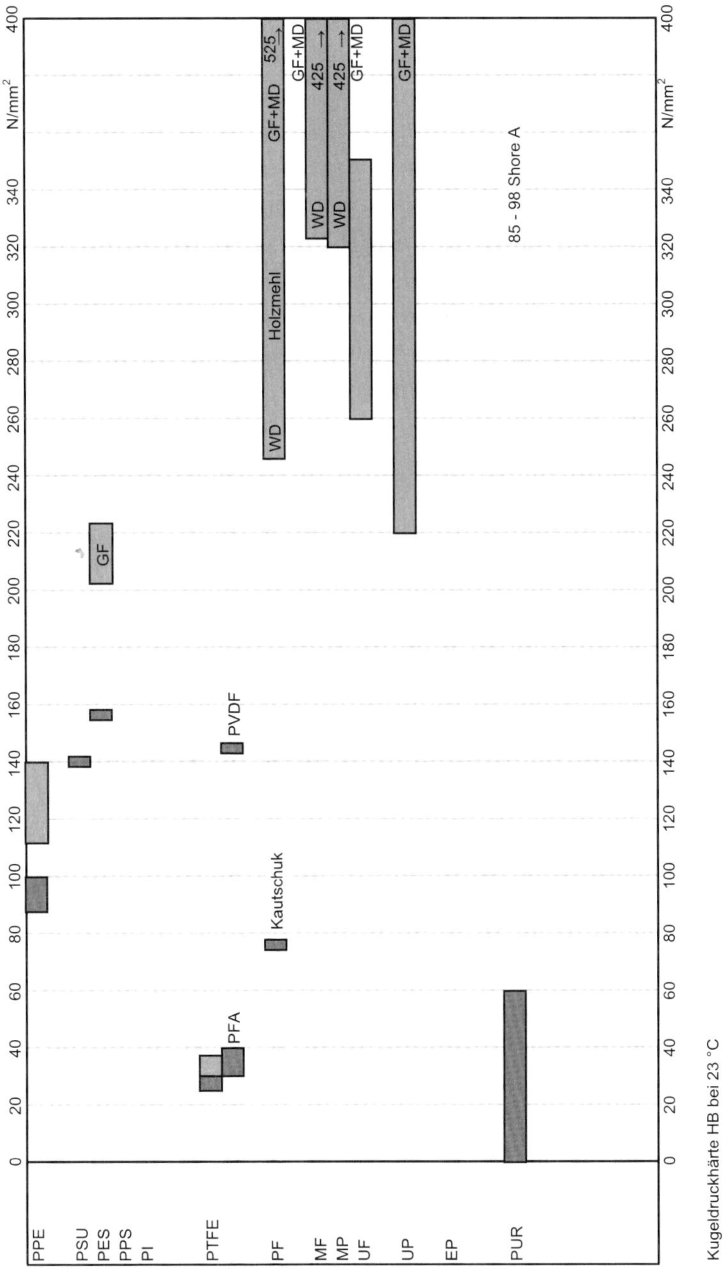

PPE
PSU
PES
PPS
PI
PTFE
PF
MF
MP
UF
UP
EP
PUR
0
20
40
60
80
100
120
140
160
180
200
220
240
260
280
300
320
340
400
N/mm²
GF
PVDF
PFA
Kautschuk
WD
Holzmehl
GF+MD
525
425
85 - 98 Shore A
Kugeldruckhärte HB bei 23 °C

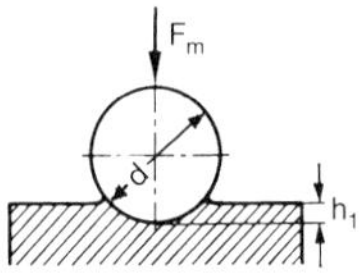

Bild 21.22 Kugeleindruckverfahren nach DIN ISO 2039-1

Prüfung erfolgt auf Härteprüfgerät für Kunststoffe mit den Prüfkräften F_m in vier Stufen mit 49 N, 132 N, 358 N und 961 N mit einer Vorkraft F_0 = 9,8 N. Der Durchmesser der Prüfkugel beträgt 5 mm. Die Prüfung wird durchgeführt bei Normalklima 23/50 DIN EN ISO 291 oder nach Vereinbarung. Die Aufbiegung h_2 des Prüfgeräts wird nach Norm ermittelt oder ist den Herstellerunterlagen zu entnehmen. Probekörper satt auf die Unterlage auflegen, Prüffläche senkrecht zur Prüfrichtung; empfohlener Durchmesser des Auflagetischs (9 ± 1) mm. Vorkraft F_0 stoßfrei aufbringen und Messuhr auf „Null“ stellen. Prüfkraft F_m so aus den 4 Prüfkräften wählen, dass die *Eindringtiefe* h_1 zwischen 0,15 mm und 0,35 mm beträgt. Die Eindringtiefe h_1 (Bild 21.22) wird 30 Sekunden nach dem Aufbringen der Prüflast F_m abgelesen. Es werden zehn Versuche an einem oder an mehreren Probekörpern durchgeführt.

Auswertung erfolgt durch Entnahme der Härtewerte aus der Tabelle von DIN ISO 2039-1 oder durch Ausrechnung nach untenstehender Formel, dabei ist die Aufbiegung des Härteprüfgeräts h_2 zu berücksichtigen:

$$\text{Kugeldruckhärte } H = \frac{1}{d\pi} \cdot \frac{F_r}{h_r} = \frac{1}{d\pi} \cdot \frac{F_m}{h_r} \cdot \frac{0{,}21}{(h - h_r) + 0{,}21}$$

dabei bedeuten:

F_m	Prüfkraft in N
$h_r = 0{,}25$ mm	reduzierte Eindringtiefe
h_1	abgelesene Eindringtiefe in mm
h_2	Aufbiegung des Härteprüfgeräts unter der Prüfkraft F_m in mm
$h = h_1 - h_2$	Eindringtiefe unter Berücksichtigung der Aufbiegung des Härteprüfgeräts in mm
d	Kugeldurchmesser in mm (nach Norm d = 5 mm)
F_r	reduzierte Prüfkraft in N $F_r = F_m \cdot \frac{0{,}21}{(h - h_r) + 0{,}21}$

Die reduzierte Prüfkraft F_r wurde eingeführt, um bei unterschiedlichen Prüfkräften F_m trotz unterschiedlicher Flächenpressung zu vergleichbaren Härtewerten zu kommen.

Kennwert: Härtewert HB in MPa

Den errechneten oder aus der Tabelle DIN EN ISO 2039-1 entnommenen Härtewerten HB kann die Prüfkraft F_m angehängt werden, z. B. HB358 = 150 N/mm^2, was in DIN 53456 vorgeschrieben war, in DIN EN ISO 2039-1 allerdings nicht mehr vorgesehen ist. Im Versuchsbericht ist aber die Prüfkraft F_m, neben den anderen Prüfbedingungen auf jeden Fall anzugeben.

Anmerkung: Wenn die Dicke des Probekörpers weniger als 4 mm beträgt, muss dies im Prüfbericht angegeben werden, wegen evt. Einflusses des Auflagetisches. Unebenheiten am Formteil oder Probekörper, z. B. Einfallstellen oder Wölbungen können zu niedrige Härtewerte ergeben, daher ist der Durchmesser des Auflagetisches möglichst klein zu wählen und auf sattes Aufliegen an der Messstelle zu achten.

21.5.2 Härteprüfung nach Rockwell

Norm:

DIN EN ISO 2039-2 Kunststoffe – Bestimmung der Härte
T2: Rockwellhärte

Kennwerte

Rα (HR) Rockwellhärte

Diese Härteprüfung erfolgt in Anlehnung an die Rockwellhärteprüfung für Metalle, d. h. es wird nach dem Entlasten gemessen; die Kennwerte sind daher *nicht* mit den Kugeldruckhärten H (Kap. 21.5.1) zu vergleichen.

Probekörper werden hergestellt und vorbehandelt wie für Kugeleindruckversuch und müssen eine Mindestdicke von 6 mm aufweisen und planparallel sein.

Prüfung und Auswertung erfolgt auf speziellem Prüfgerät mit einer Stahlkugel als Eindringkörper; Prüfbedingungen können Tabelle 21.6 entnommen werden.

Tabelle 21.6 Prüfbedingungen für die Rockwellhärteprüfung

Rockwell Härteskala	Vorlast N	Prüflast N	Durchmesser des Eindringkörpers mm
R	98,07	588,4	12,7 ± 0,015
L	98,07	588,4	6,35 ± 0,015
M	98,07	980,7	6,35 ± 0,015
E	98,07	980,7	3,175 ± 0,015

Nach Aufbringen der Vorlast wird die Prüflast innerhalb von 10 Sekunden aufgebracht und nach 15_{0}^{+1} Sekunden wieder zurückgenommen. Die Tastmessuhr ist 15 Sekunden nach Wegnahme der Prüflast abzulesen. Es sind mindestens 5 Messungen notwendig. Die Rockwellhärte kann direkt an der Tastmessuhr des Prüfgeräts abgelesen werden.

Kennwerte

Beispiele: Rockwellhärte R65 oder L70

Die Rockwellhärten sollen zwischen 50 und 100 liegen, andernfalls sind andere Prüfverfahren, z. B. Shore-Härteprüfung einzusetzen.

Anmerkung: Es besteht kein Zusammenhang mit der Kugeldruckhärte. Es kann aber auch auf dem Rockwellprüfgerät die Härte aus der Eindringtiefe unter Last bestimmt werden; diese Härte wird als *Rockwellhärte* Rα bezeichnet, kann aber nur für die Skala R ermittelt werden. In DIN EN ISO 2039-2 ist ein Diagramm enthalten, das den Zusammenhang zwischen Rα und Kugeldruckhärte H aufzeigt; ebenfalls ist eine Formel angegeben, aus der Rα bzw. H errechnet werden können.

21.5.3 Härteprüfung nach Shore

Normen:

DIN EN ISO 868	Kunststoffe und Hartgummi – Bestimmung der Härte mit einem Durometer (Shore-Härte)
DIN ISO 48	Elastomere und thermoplastische Elastomere – Bestimmung der Härte (Härte zwischen 10 und 100 IRHD)
ISO 7619	Elastomere oder thermoplastische Elastomere – Bestimmung der Härte T1: Durometer-Verfahren (Shore-Härte) T2: IRHD-Taschengeräteverfahren

Kennwerte

Shore-Härte A
Shore-Härte D

Dieses Härteprüfverfahren wurde für Gummi und Kautschuk (Elastomere) entwickelt. *Shore A* kann jedoch auch angewandt werden für weiche oder weichgemachte Kunststoffe, z. B. PVC-P (Weich-PVC), die nicht mehr im Kugeleindruckversuch DIN EN ISO 2039-1 (siehe Kap. 21.5.1) geprüft werden können. *Shore D* kann auch für härtere Kunststoffe eingesetzt werden. Die Shore-Härten lassen sich mit einfachen Messgeräten ermitteln, ergeben aber keine allzu große Genauigkeit.

Probekörper mindestens 4 mm dick. Bei zu geringer Dicke Unterlagen aus gleichem Werkstoff verwenden. Probengröße sollte ermöglichen, dass die 5 Messungen mindestens 12 mm vom Rand entfernt vorgenommen werden können (früher mindestens 35 mm Durchmesser). Auflagefläche und Probenoberfläche müssen eben und planparallel sein. Runde, unebene oder raue Oberflächen ergeben keine vernünftigen Messwerte. Proben vor Prüfung bei Normalklima 23/50 DIN EN ISO 291 oder nach Vereinbarung lagern.

Prüfung erfolgt mit Shore-Durometern Typ A und B, die entweder von Hand oder besser mithilfe einer geeigneten Vorrichtung planparallel auf die Prüfkörper aufgesetzt werden. Ein Schleppzeiger zur Anzeige der Höchstwerte ist vorteilhaft. Bild 21.23 zeigt die Abmessungen der Eindringkörper für Shore A und D. Bei Verwendung einer Vorrichtung werden die Shore-Durometer Typ A mit einem Gewicht von 1 kg bzw. Typ D mit einem Gewicht von 5 kg belastet. Die Shore-Härten werden direkt am Durometer abgelesen, bei Verfahren A nach (15 ± 1) s

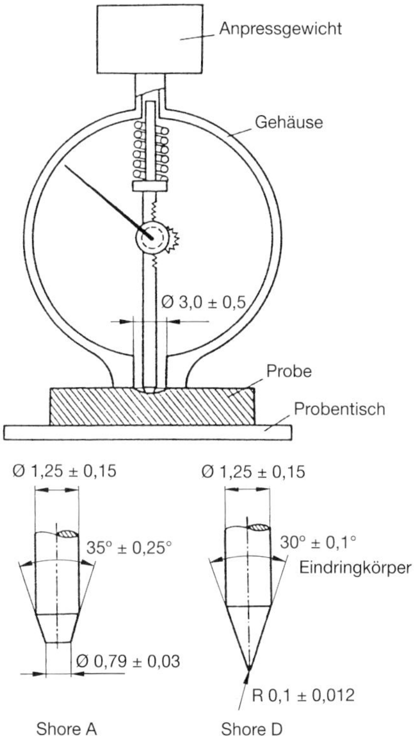

Bild 21.23 Eindringkörper der Shore-Härteprüfgeräte nach DIN EN ISO 868

nach Anliegen der Prüfkörperoberfläche an der Auflagefläche des Durometers. Ist die Ablesung bei Höchstwert vorgeschrieben, dann erfolgt die Ablesung nach 1 s.

Auswertung und **Kennwerte**: Shorehärten werden in ganzzahligen Härteeinheiten direkt an den Durometern abgelesen und wie folgt angegeben:

Shore-Härte A/15:45, dabei bedeuten A Durometer Typ A, 15 Ablesezeit 15 s und 45 Shore-Härte-Wert A.

Shore-Härte D/1:60, dabei bedeuten D Durometer Typ D, 1 Ablesezeit 1 s (Höchstwert) und 60 Shore-Härte-Wert D.

Besonders wichtig sind Angaben über die Oberfläche der Probekörper bzw. Formteile, wenn diese gekrümmt sind, ebenso über die Dicke, wenn die Mindestabmessungen unterschritten sind.

Anmerkungen

Diese einfachen Härteprüfverfahren dürfen nicht darüber hinweg täuschen, dass sie verhältnismäßig ungenau sind. Abweichungen von 2 bis 3 Shorehärteeinheiten sind möglich. Aus der Shorehärte kann die Kugeldruckhärte nicht errechnet werden. Für Vergleichsmessungen sind die Verfahren geeignet. Die Prüfzeiten von (15 ± 1) s und 1 s (Höchstwert) sind genau einzuhalten. Falls erforderlich, kann auch der zeitliche Härteverlauf vom Aufsetzen des Prüfgeräts ($\leq$1 s) bis 15 s aufgenommen werden. Werden Shore-Härtewerte A > 90 ermittelt, dann muss mit Shore-Durometer D gemessen werden; bei Shore-Härtewerten D < 20, muss mit Shore-Durometer A geprüft werden. Für weichere Materialien eignet sich die Prüfung nach DIN ISO 48 (IRHD-Messung) besser.

21.6 Schlagversuche

Bei stoß- und schlagartiger Beanspruchung sollen Formteile nicht spröde versagen. Man kann unterscheiden zwischen „spröden" und „zähen" Kunststoffen. Außer den Eigenschaften der Kunststoffe selbst, spielen dabei noch die *Gestaltung des Formteils*, die *Verarbeitungsbedingungen* bei der Herstellung, die *Beanspruchungsgeschwindigkeit* sowie die *Prüftemperatur* eine wesentliche Rolle. So können z. B. Spannungsspitzen durch Kerben oder nicht einwandfreie Verarbeitung zu Sprödbrüchen führen, selbst wenn das Formteil aus einem „schlagzähen" Kunststoff hergestellt wurde. An Normprobekörpern ermittelte (Schlag-)Zähigkeiten können deshalb nicht ohne weiteres auf Formteile mit beliebiger Gestalt übertragen werden. Bei Normklima ermittelte Schlagzähigkeiten ergeben „Einpunktwerte", die für das Gesamtverhalten des Kunststoffs nicht repräsentativ sind. Es sind deshalb immer temperaturabhängige Versuche notwendig, weil die Neigung eines Kunststoffs zum Sprödbruch dadurch erst erkannt werden kann. So werden für die CAMPUS-Dateien die Schlag- und Kerbschlagzähigkeiten bei 23 °C und –30 °C ermittelt; noch besser ist aber die Aufnahme über einen größeren Temperaturbereich a = f(T) zur Ermittlung des Zäh-spröd-Übergangs (Bild 21.24). Bei der Prüfung werden vorzugsweise die einfach durchzuführenden Schlagbiege- und Kerbschlagbiegeversuche eingesetzt, bei sehr zähen Kunststoffen jedoch auch Schlagzugversuche.

Schlagbiegeversuche werden sowohl nach *Charpy* als auch nach *Izod* durchgeführt (Bild 21.25). Nach dem Datenkatalog DIN EN ISO 10350 (gültig auch für die CAMPUS-Dateien) wird nur noch die Charpyprüfung DIN EN ISO 179 durchgeführt. Sind in Formmassenormen noch Izod-Schlagzähigkeiten aufgeführt, werden diese bei der Neubearbeitung durch Charpy-Schlagzähigkeiten ersetzt.

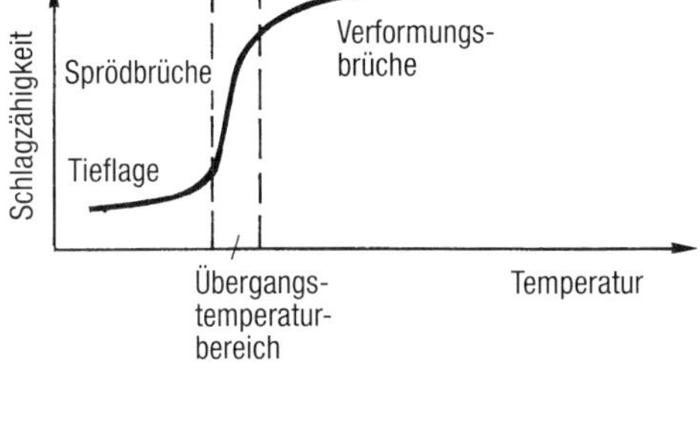

Bild 21.24 Zäh-spröd-Übergang bei Kunststoffen

Es ist zu beachten, dass Kennwerte aus Charpy- und Izod-Versuchen nicht miteinander verglichen werden können, da nicht unter gleichen Bedingungen geprüft wird.

Wichtig ist bei allen nachstehend beschriebenen Schlagbiegeversuchen die Begutachtung der *Versagensarten*, die wie nachstehend gekennzeichnet werden:

- C Vollständiger Bruch (complete break), einschließlich Scharnierbruch H
- H Scharnierbruch (hinge break)
- P teilweiser Bruch (partial break), aber kein Scharnierbruch
- N kein Bruch des Probekörpers (non-break), z. B. durchgezogen.

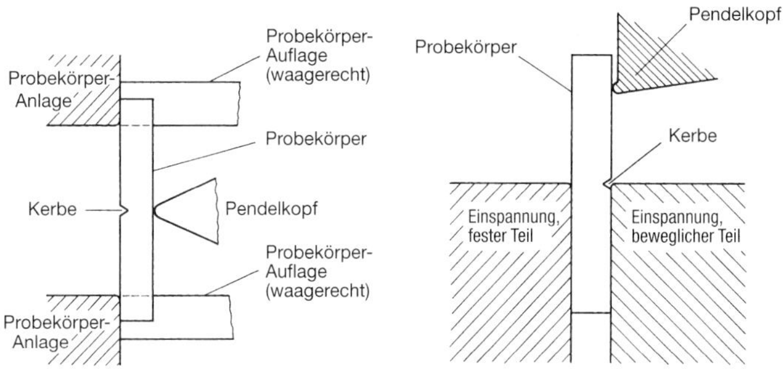

Bild 21.25 Prüfanordnung bei Schlagbiegeversuchen
links: nach Charpy rechts: nach Izod

Anmerkungen

Die aus Schlagversuchen gewonnenen Kennwerte sind keine Berechnungskennwerte. Sie haben keine direkte Beziehung zu anderen Werkstoffkennwerten; man kann sie nicht auf beliebige Formteile übertragen, kann aber Kunststoffe bezüglich ihrer unterschiedlichen Schlag- und Kerbschlagempfindlichkeit voneinander unterscheiden. Außerdem sind Schlagversuche geeignet, in der Produktionskontrolle die gleichmäßigen Verarbeitungsbedingungen zu überwachen.

Bei den Schlagprüfungen nach den alten DIN-Normen wurden kleinere Probekörper Normkleinstäbe 50 mm × 6 mm × 4 mm eingesetzt, außerdem war neben der (nicht exakt definierten) U-Kerbe auch noch eine Lochkerbe mit einem Lochdurchmesser von 3 mm vorgesehen.

Dynstatprüfung

Die Schlagbiegeprüfung mit sehr kleinen Probekörpern im *Dynstatgerät* ist in DIN 53435 getrennt behandelt. Aufgrund jahrelanger Erfahrung bei der Prüfung und Überwachung duroplastischer Formmassen hat die Dynstatprüfung noch Bedeutung. Es werden Probekörper mit der Länge $l = (15 \pm 1)$ mm, Breite $b = (10 \pm 0{,}5)$ mm und Dicke $h = 1{,}2$ mm bis 4,5 mm verwendet; die U-Kerbe hat eine Breite von $(0{,}8 \pm 0{,}1)$ mm und eine Restbreite an der Kerbe $h_k \approx 2/3 \cdot h$.

Das Ergebnis beim Dynstat-Schlagbiegeversuch wird angegeben: Schlagbiegeversuch DIN 53435 – DS – K, dabei bedeuten DS Dynstat-Prüfkörper für Schlagbiegeversuch und K mit U-Kerbe.

21.6.1 Schlagbiegeversuche nach Charpy

Die Prüfung erfolgt unter Dreipunktbiegung. Die Schlaggeschwindigkeit hängt von der Pendellänge des verwendeten Pendelschlagwerks ab.

21.6.1.1 Schlagbiegeversuche nach DIN EN ISO 179-1

Normen:

DIN EN ISO 179-1	Kunststoffe – Bestimmung der Charpy-Schlagzähigkeit T1: Nicht instrumentierte Schlagzähigkeitsprüfung
DIN EN ISO 13802	Kunststoffe – Verifizierung von Pendelschlagwerken – Charpy-, Izod- und Schlagzugversuch

Kennwerte für Schlagversuche nach Charpy DIN EN ISO 179-1:

a_{cU}	**Charpy-Schlagzähigkeit** von ungekerbten Probekörpern
a_{cN}	**Charpy-(Kerb)-Schlagzähigkeit** von gekerbten Probekörpern

Anmerkung: N = A, B oder C, entspricht der Kerbform A, B oder C, vgl. Bild 21.26d. Ferner muss noch angegeben werden, ob der Schlag *schmalseitig* e (edgewise) oder *breitseitig* f (flatwise) durchgeführt wurde. Bei geschichteten (anisotropen) Kunststoffen wird n (normal, senkrecht) oder p (parallel) zur Schichtung geprüft (Bild 21.27). Die Kerbform A ist die übliche Kerbform. Um die Kerbempfindlichkeit eines Kunststoffs zu erkennen, können Probekörper mit allen drei Kerbformen A, B und C geprüft werden. In den CAMPUS-Dateien werden die Schlag- und Kerbschlagzähigkeiten für +23 °C und −30 °C angegeben.

Tabelle 21.7 Schlagprüfungen nach Charpy DIN EN ISO 179-1
a) Probekörperabmessungen

Probekörper Typ	Länge l[1] in mm	Breite b[1] in mm	Dicke h[1] in mm	Stützweite L in mm
1	80 ± 2	$10{,}0 \pm 0{,}2$	$4{,}0 \pm 0{,}2$	$62^{+0{,}5}_{-0{,}0}$
2[2]	$25 \cdot h$	10 oder 15[3]	3	$20 \cdot h$
3[2]	$(11 \text{ oder } 13) \cdot h$	10 oder 15[3]	3[4]	$(6 \text{ oder } 8) \cdot h$

[1] Für die Probekörperabmessungen gilt $h \leq b < l$.

[2] Die Probekörper 2 und 3 dürfen nur für Stoffe mit interlaminarem Scherbruch, z. B. langfaserverstärkte oder geschichtete Werkstoffe angewandt werden.

[3] 10 mm für Werkstoffe mit feiner Struktur, 15 mm für Werkstoffe mit grober Struktur verstärkt

[4] Werden Probekörper aus Tafeln oder Formteilen entnommen, muss h bis 10,2 mm gleich der Dicke der Tafel oder des Formteils sein.

b) Prüfverfahren und Prüfbedingungen

Prüfverfahren[1)]	**Probekörper**	**Schlagrichtung**	**Kerbart**	**Kerbgrundradius r_N**	**Restbreite im Kerbgrund b_N**
ISO 179-1/1eU[2)]	1	schmalseitig (edgewise)	ungekerbt		
ISO 179-1/1eA[2)]			A	0,25 ± 0,05	8,0 ± 0,2
ISO 179-1/1eB			B	1,00 ± 0,05	8,0 ± 0,2
ISO 179-1/1eC			C	0,10 ± 0,02	8,0 ± 0,2
ISO 179-1/1fU[3)]		breitseitig (flatwise)	Ungekerbt		

[1)] Bei Probekörpern aus Tafeln und Formteilen muss die Dicke h der Bezeichnung zugefügt werden. Unverstärkte Probekörper dürfen nicht mit der bearbeiteten Oberfläche unter Zug geprüft werden.

[2)] Bevorzugtes Verfahren

[3)] Besonders geeignet zur Ermittlung von Oberflächeneffekten, z. B. Alterungsvorgängen.

c) Prüfverfahren und Versagensarten

Prüfverfahren	**Probekörper**	**L/h**	**Versagen**
ISO 179-1/2 n oder p [1)]	2	20	Zug t
			Druck c
			Ausbeulen b
ISO 179-1/3 n oder p	3	6 oder 8	Scheren s
			Vielfachscheren ms
			Scheren gefolgt von Zugversagen st

[1)] n senkrechter Schlag bezüglich der Schichtebenen (vgl. Bild 21.27)
p paralleler Schlag bezüglich der Schichtebenen

Probekörper werden hergestellt durch Spritzgießen oder Pressen (DIN EN ISO 293, DIN EN ISO 294, DIN EN ISO 295) unter festgelegten Bedingungen (siehe Tabelle 20.2) oder spanend durch Aussägen oder Fräsen aus Halbzeugen oder Formteilen (DIN EN ISO 2818). Es können auch Abschnitte von dem Vielzweckprobekörper DIN EN ISO 3167 verwendet werden. Probekörperabmessungen Tabelle 21.7; Kerbformen siehe Bild 21.26d. Die Kerben werden i. A. nachträglich spanend angebracht; spritzgegossene Kerben sind zulässig, ergeben aber andere Ergebnisse. Vorzugskerbform ist die Kerbe A.

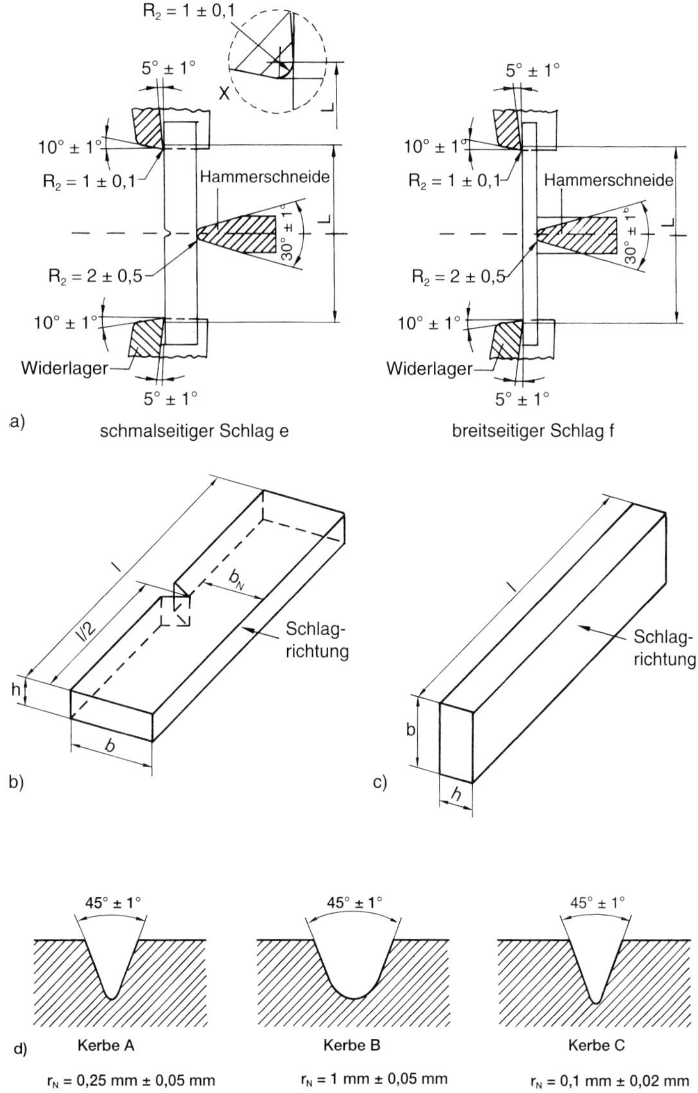

Bild 21.26 Schlagbiegeprüfung nach Charpy DIN EN ISO 179-1
a) Prüfanordnung
b) schmalseitiger Schlag e (edgewise), gekerbt
c) breitseitiger Schlag f (flatwise), ungekerbt
d) Kerbformen A, B und C

Der Probekörper 1 wird für Kunststoffe eingesetzt, die *ohne* interlaminare Schubbrüche brechen. Probekörper 2 und 3 für Kunststoffe, die *mit* interlaminaren Schubbrüchen versagen, wie z. B. langglasfaserverstärkte Kunststoffe oder geschichtete Kunststoffe (Laminate). Die Prüfung erfolgt meist normal (n), d. h. senkrecht zur Schichtung, kann aber auch parallel (p) erfolgen (Bild 21.27). Um die Auswirkung von *Oberflächeneffekten*, wie z. B. Alterungseffekte usw. feststellen zu können, können Probekörper mit Doppel-V-Kerbe verwendet werden, weil hier die Oberfläche mitgeprüft wird (Bild 21.28). Die Abmessungen werden auf 0,02 mm genau gemessen. Geprüft werden mindestens 10 Probekörper; wenn der Variationskoeffizient unter v = 5 % liegt genügen 5 Probekörper. Die Probekörper werden nach Formmassenorm oder Vereinbarungen konditioniert; bei Nichtvorliegen von Vereinbarungen erfolgt die Konditionierung im Normalklima 23/50 DIN EN ISO 291.

Prüfung erfolgt auf geeigneten Pendelschlagwerken mit Arbeitsinhalten von 0,5 J; 1,0 J; 2,0 J; 4,0 J; 5,0 J; 7,5 J; 15 J; 25 J und 50 J. Es ist dafür zu sorgen, dass mindestens 10 % und höchstens 80 % des Arbeitsvermögens verbraucht werden. Die Schlaggeschwindigkeit beträgt bei Arbeitsinhalten bis 5 J v = 2,9 m/s, bei größeren v = 3,8 m/s. Bei Temperaturprüfungen sind *Temperierkammern* vorteilhaft. Meist wird bei +23 °C und −30 °C geprüft.

Auswertung und Berechnung der Schlagzähigkeiten erfolgt aus den verbrauchten Schlagarbeiten und den Abmessungen der Probekörper am beanspruchten Querschnitt, ggf. automatisch mit entsprechenden Auswerteprogrammen.

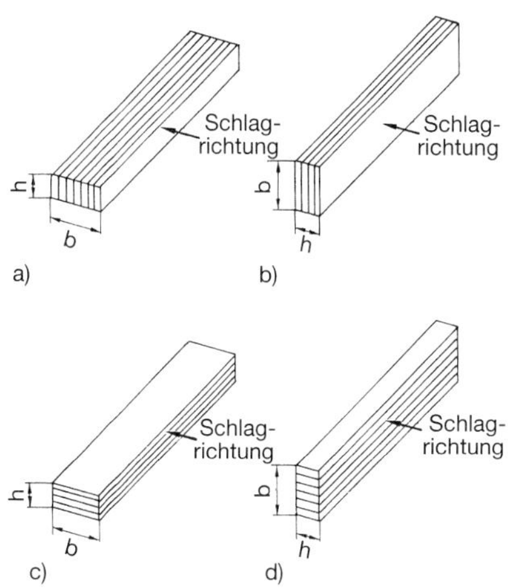

Bild 21.27 Prüfanordnung für geschichtete Kunststoffe nach DIN EN ISO 179-1
a) schmalseitig (e) und senkrecht (n) zur Schichtung (en)
b) breitseitig (f) und senkrecht (n) zur Schichtung (fn)
c) schmalseitig (e) und parallel (p) zur Schichtung (ep)
d) breitseitig (f) und parallel (p) zur Schichtung (fp)

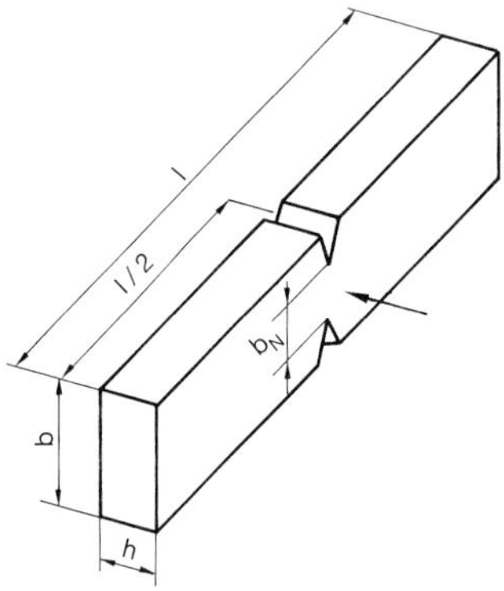

Bild 21.28 Probekörper nach DIN EN ISO 179-1 mit Doppel-V-Einkerbung für breitseitigen Schlag (f)
l = 80 mm; b = 10 mm; h = 4 mm; $b_N = (6{,}0 \pm 0{,}2)$ mm; Kerbformen A, B oder C nach Bild 21.26d

Kennwerte in kJ/m²

Für Prüfungen nach DIN EN ISO 179-1 gilt

$$a_{cU} = \frac{W_c}{h \cdot b} \cdot 10^3 \quad \text{bzw.} \quad a_{cN} = \frac{W_c}{h \cdot b_N} \cdot 10^3$$

Es bedeuten

a_{cU}	Charpy-Schlagzähigkeit ungekerbt in kJ/m²
a_{cN}	Charpy-Kerb-Schlagzähigkeit in kJ/m²
W_c	korrigierte, verbrauchte Schlagarbeit in J
h	Dicke des Probekörpers in mm
b	Breite des Probekörpers in mm
b_N	Restbreite des Probekörpers im Kerbgrund in mm (8,0 ± 0,2)
N	Kerbformen A, B oder C (Bild 21.26)

Im Prüfbericht ist neben den Prüfbedingungen und der Bruchart (C, H, P oder N) anzugeben, wie der Versuch durchgeführt wurde, z. B.

Charpy-Kerbschlagversuch DIN EN ISO 179-1/1eA, dabei bedeutet 1 die Probekörperform 1 (Tabelle 21.7), e den schmalseitigen (edgewise) Schlag und A die Kerbform (Bild 21.26).

Zusammenstellung der Prüfmöglichkeiten siehe Tabelle 21.7b

Proben mit Doppel-V-Kerbe: DIN EN ISO 179-1/1fA, DIN EN ISO 179-1/1fB, DIN EN ISO 179-1/1fC } $b_N = (6{,}0 \pm 0{,}2)$ mm

Anmerkungen

Werte, die bei vollständigem Bruch C einschließlich Scharnierbruch H ermittelt werden, können für einen gemeinsamen Mittelwert herangezogen werden ohne zusätzliche Bemerkung. Wenn bei teilweisem Bruch P ein Wert verlangt wird, wird dieser mit dem Buchstaben P gekennzeichnet. Nichtgebrochene Proben N können nicht ausgewertet werden. Wenn innerhalb einer Versuchsreihe Probekörper sowohl nach P als auch nach C oder H versagen, muss der Mittelwert für jede Versagensart angegeben werden. Bei Brüchen an Probekörpern 2 und 3 bei langglasfaserverstärkten Kunststoffen wird noch angegeben, ob Versagen auf der Zugseite (t), Druckseite (c) oder durch Ausbeulen (b) erfolgt bzw. interlaminarer Scherbruch (s) auftritt, siehe auch DIN EN ISO 179-1.

Für die Ermittlung der Charpy-Kerbschlagzähigkeit an gepressten Proben 120 × 15 × 10 mm aus PE-UHMW wird eine spezielle Doppel-V-Kerbe mit einer Rasierklinge mit einem Kerbwinkel von (14 ± 2)° eingebracht; sie hat eine beidseitige Tiefe von 3 mm, sodass eine Restbreite von 4 mm bestehen bleibt (siehe DIN EN ISO 11542-2).

21.6.1.2 Instrumentierte Schlagzähigkeitsprüfung DIN EN ISO 179-2

Norm:

DIN EN ISO 179-2 Bestimmung der Charpy-Schlagzähigkeit
T2: Instrumentierte Schlagzähigkeitsprüfung

Kennwerte für instrumentierte Schlagversuche nach Charpy DIN EN ISO 179-2:

F_M	**Maximale Aufschlagkraft**
W	**Schlagenergie**
W_M	**Energie bis zur maximalen Aufschlagkraft**
W_B	**Schlagenergie beim Bruch**
s_M	**Durchbiegung bei maximaler Aufschlagkraft**
s_B	**Durchbiegung bei Bruch**

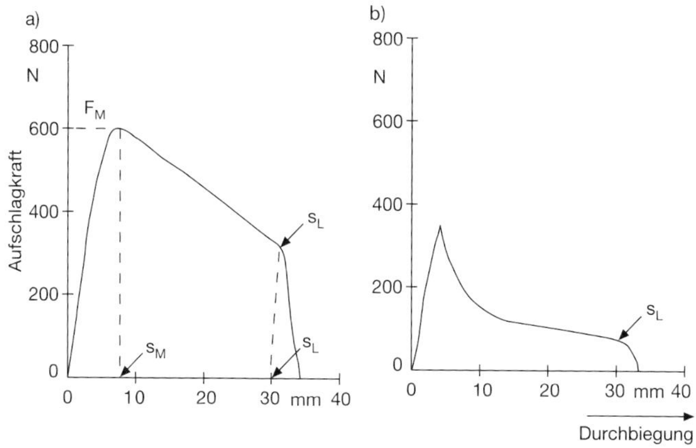

Bild 21.29 Siehe Seite 340

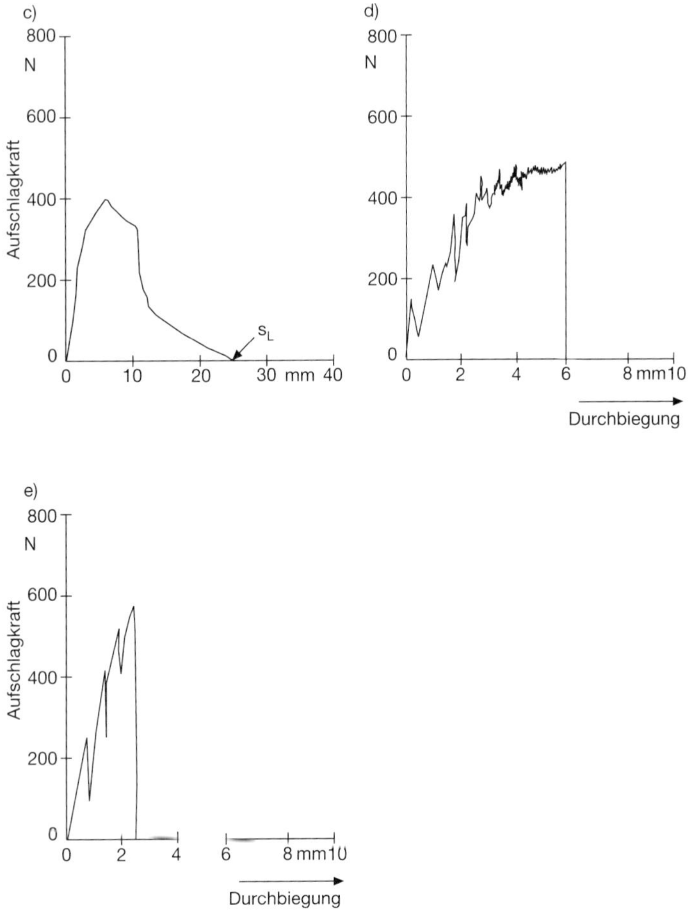

Bild 21.29 Typische Kraft-Durchbiegungs-Diagramme bei der instrumentierten Schlagzähigkeitsprüfung (Beispiele, schematisch)

a) N: Nichtbruch (Fließen mit anschließender plastischer Verformung bis zur Durchbiegungsgrenze s_L)
b) P: teilweiser Bruch (Kraft bei s_L ist größer als 5 % von F_M)
c) t: Zähbruch (Kraft bei s_L ist $\leq$ 5 % von F_M)
d) b: Sprödbruch
e) s: Splitterbruch

F_M Maximale Aufschlagkraft
s_B Durchbiegung beim Bruch
s_M Durchbiegung bei maximaler Aufschlagkraft
s_L Durchbiegungsgrenze (beim Beginn des Durchziehens)

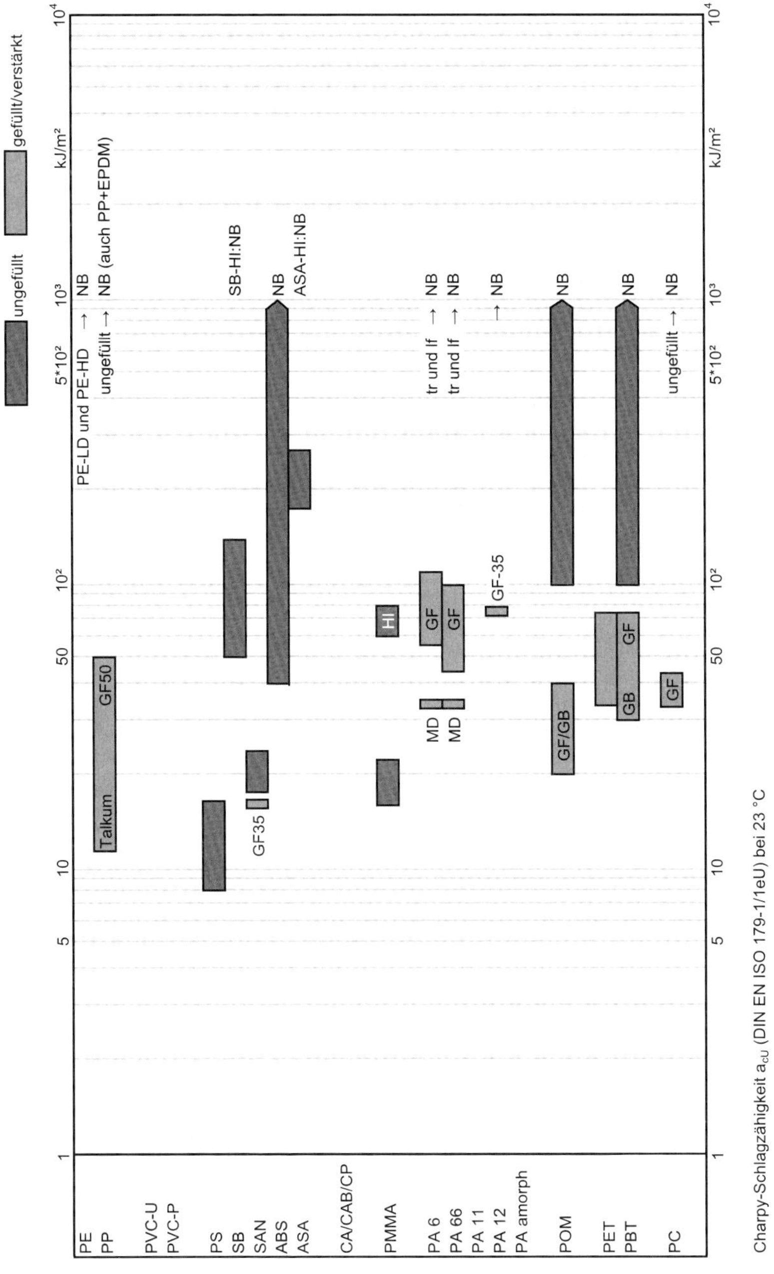
ungefüllt
gefüllt/verstärkt
PE
PP
PVC-U
PVC-P
PS
SB
SAN
ABS
ASA
CA/CAB/CP
PMMA
PA 6
PA 66
PA 11
PA 12
PA amorph
POM
PET
PBT
PC
1
5
10
50
10²
5*10²
10³
10⁴
kJ/m²
PE-LD und PE-HD → NB
ungefüllt → NB (auch PP+EPDM)
Talkum
GF50
GF35
SB-HI:NB
NB
ASA-HI:NB
HI
MD
MD
GF
GF
tr und lf → NB
tr und lf → NB
GF-35
→ NB
GF/GB
NB
GB
GF
NB
GF
ungefüllt → NB
Charpy-Schlagzähigkeit a_{cU} (DIN EN ISO 179-1/1eU) bei 23 °C

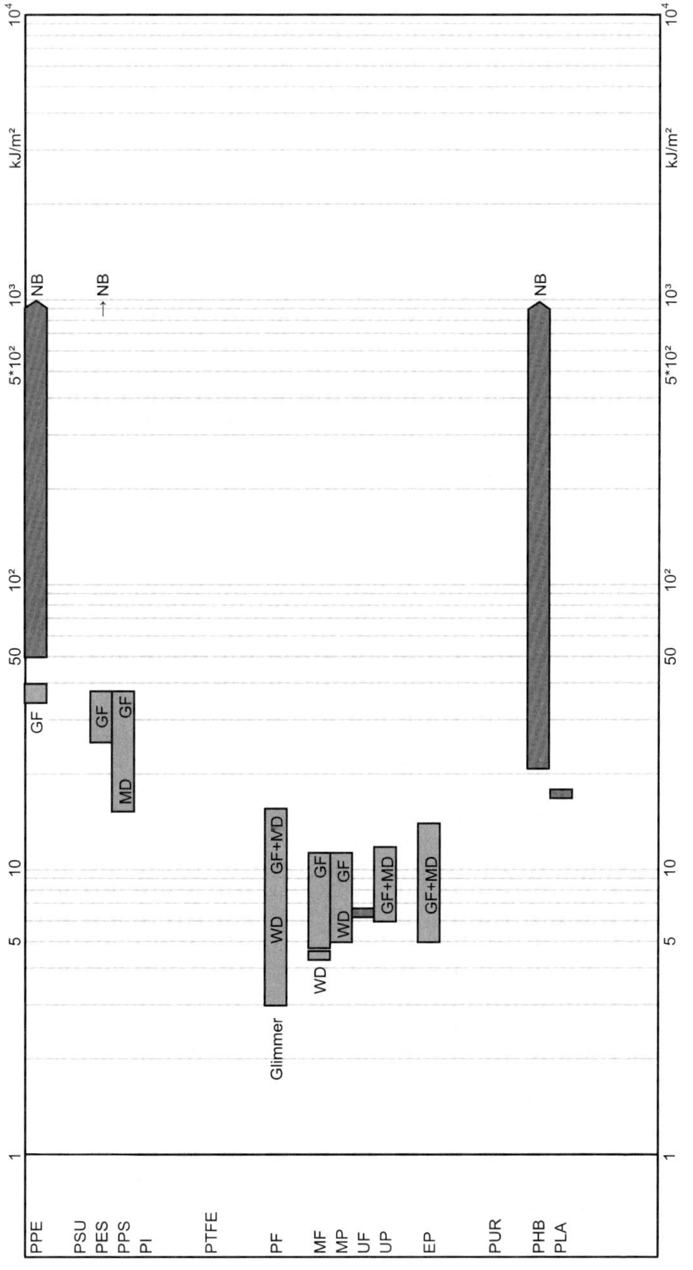

Charpy-Schlagzähigkeit a_{cU} (DIN EN ISO 179-1/1eU) bei 23 °C NB: kein Bruch (no-break) tr: trocken lf: luftfeucht

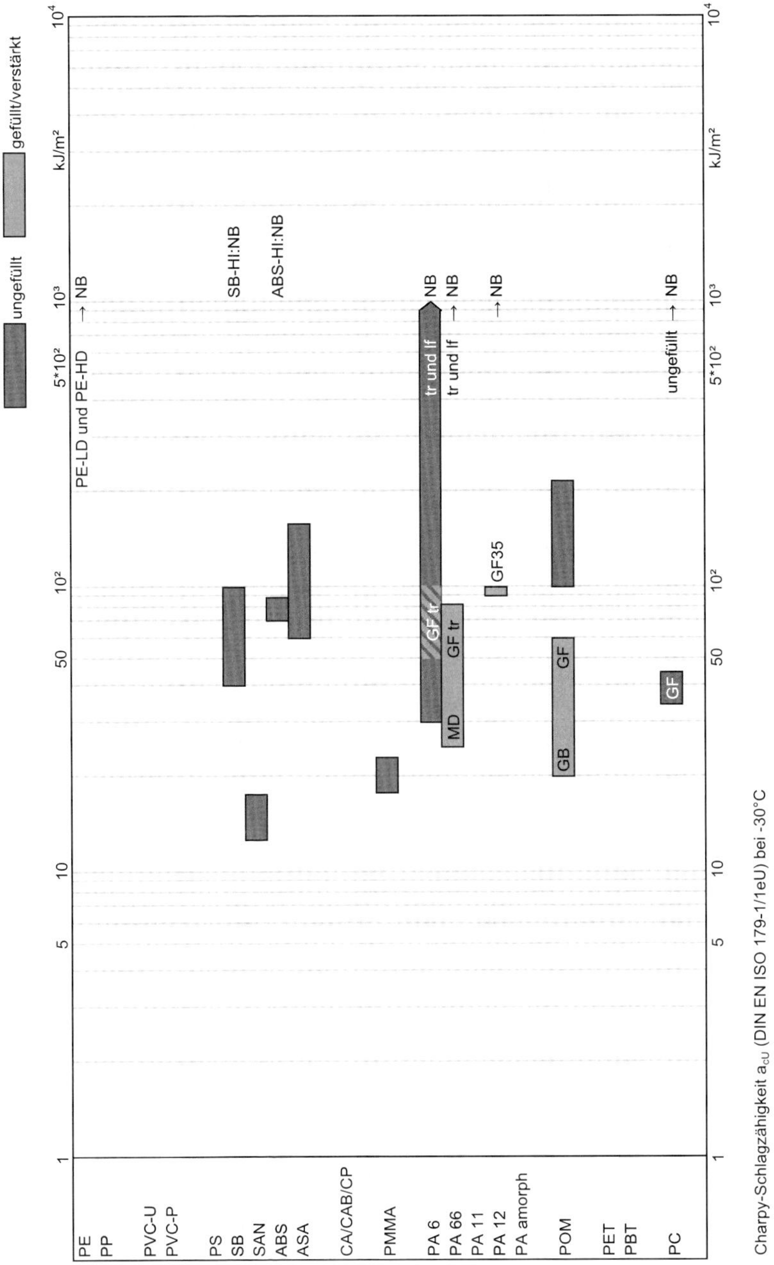
ungefüllt
gefüllt/verstärkt
kJ/m²
1
5
10
50
10²
5*10²
10³
10⁴
PE
PP
PVC-U
PVC-P
PS
SB
SAN
ABS
ASA
CA/CAB/CP
PMMA
PA 6
PA 66
PA 11
PA 12
PA amorph
POM
PET
PBT
PC
PE-LD und PE-HD → NB
SB-HI:NB
ABS-HI:NB
tr und lf
NB
GF tr
tr und lf → NB
GF tr
MD
GF35
→ NB
GF
GB
ungefüllt → NB
GF
Charpy-Schlagzähigkeit a_cU (DIN EN ISO 179-1/1eU) bei -30°C

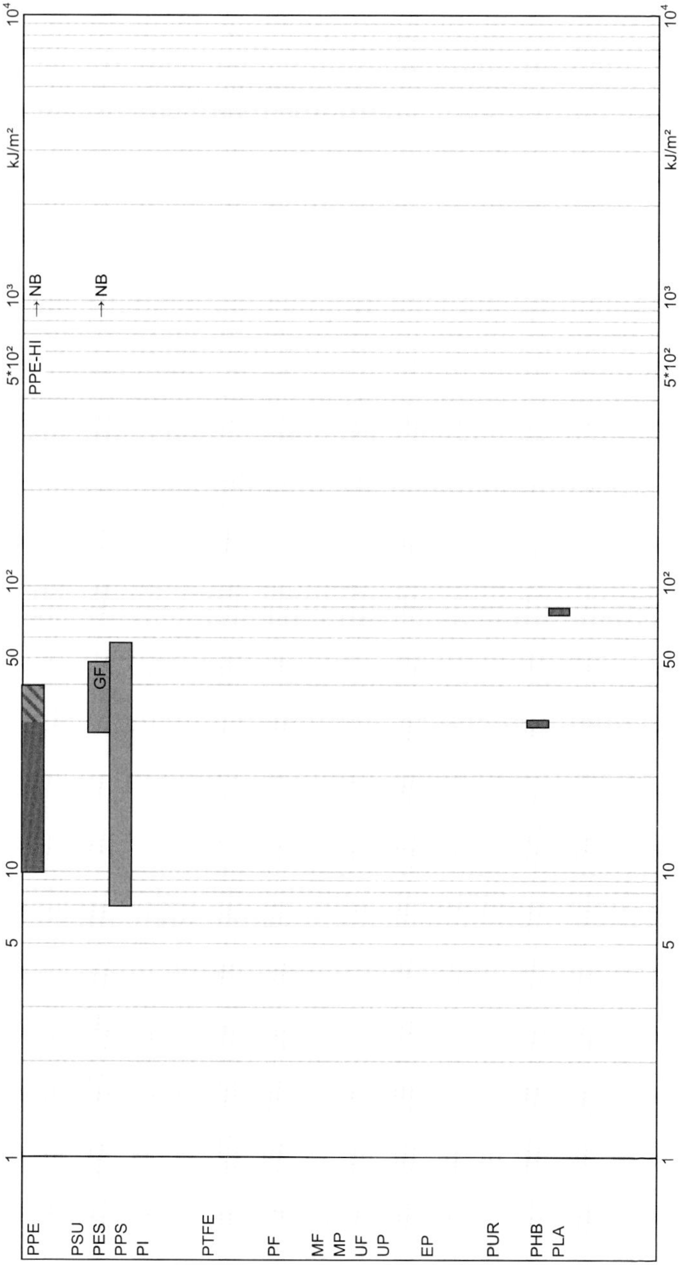

Charpy-Schlagzähigkeit a_{cU} (DIN EN ISO 179-1/1eU) bei -30 °C

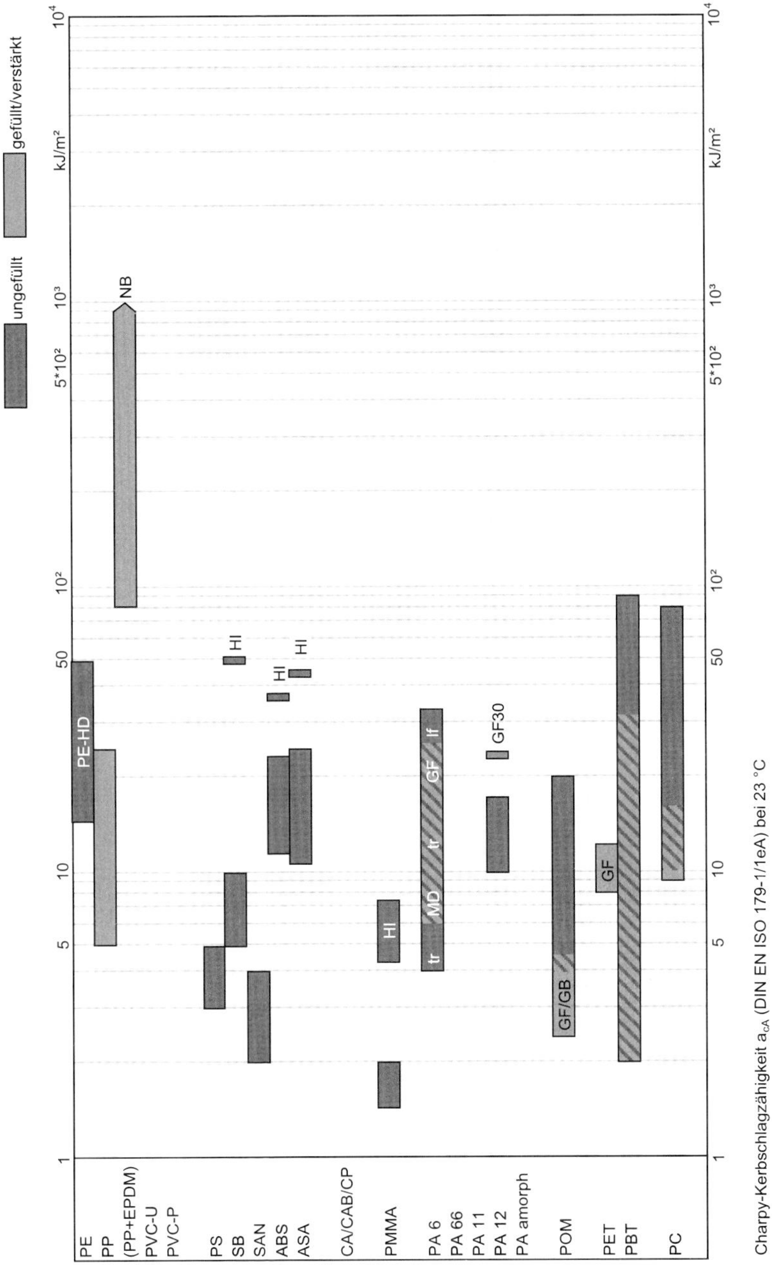
ungefüllt
gefüllt/verstärkt
kJ/m²
1
5
10
50
10²
5*10²
10³
10⁴
PE
PP
(PP+EPDM)
PVC-U
PVC-P
PS
SB
SAN
ABS
ASA
CA/CAB/CP
PMMA
PA 6
PA 66
PA 11
PA 12
PA amorph
POM
PET
PBT
PC
PE-HD
NB
HI
HI
HI
HI
tr
MD
tr
GF
lf
GF30
GF/GB
GF
Charpy-Kerbschlagzähigkeit a_{cA} (DIN EN ISO 179-1/1eA) bei 23 °C

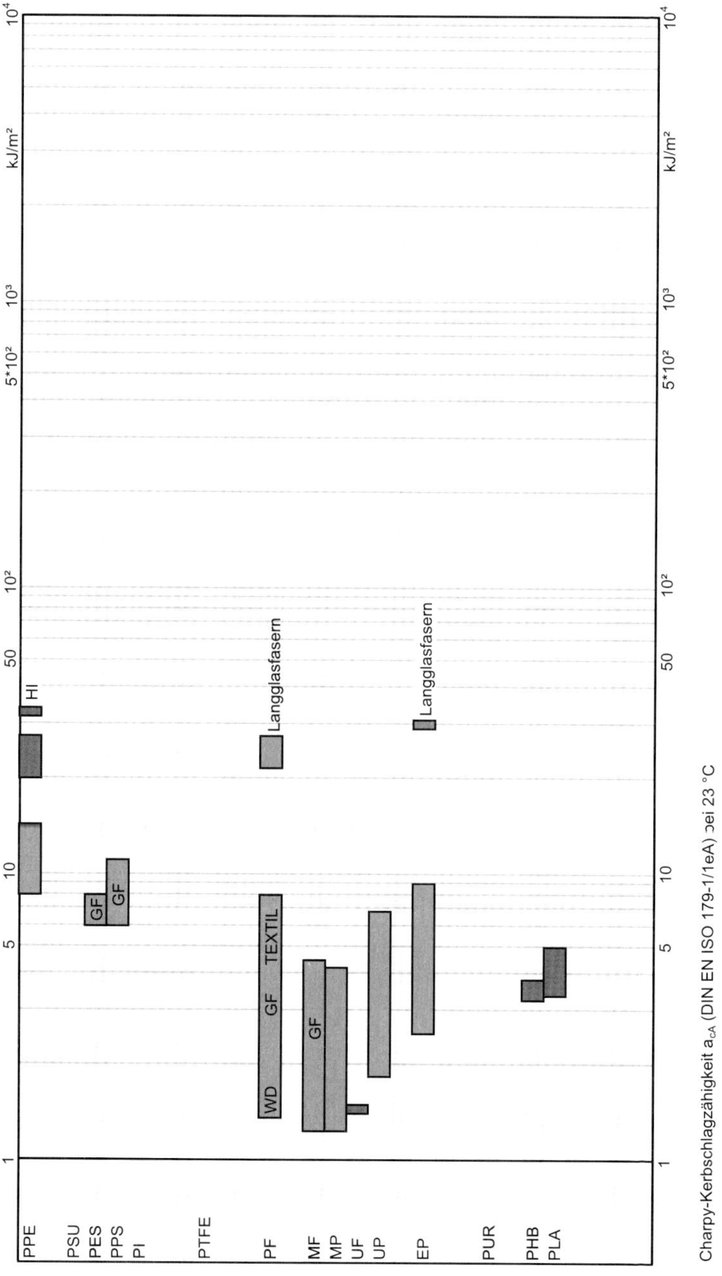
PPE
PSU
PES
PPS
PI
PTFE
PF
MF
MP
UF
UP
EP
PUR
PHB
PLA
HI
GF
GF
WD
GF
TEXTIL
GF
Langglasfasern
Langglasfasern
1
5
10
50
10²
5*10²
10³
kJ/m²
10⁴
Charpy-Kerbschlagzähigkeit a_cA (DIN EN ISO 179-1/1eA) bei 23 °C

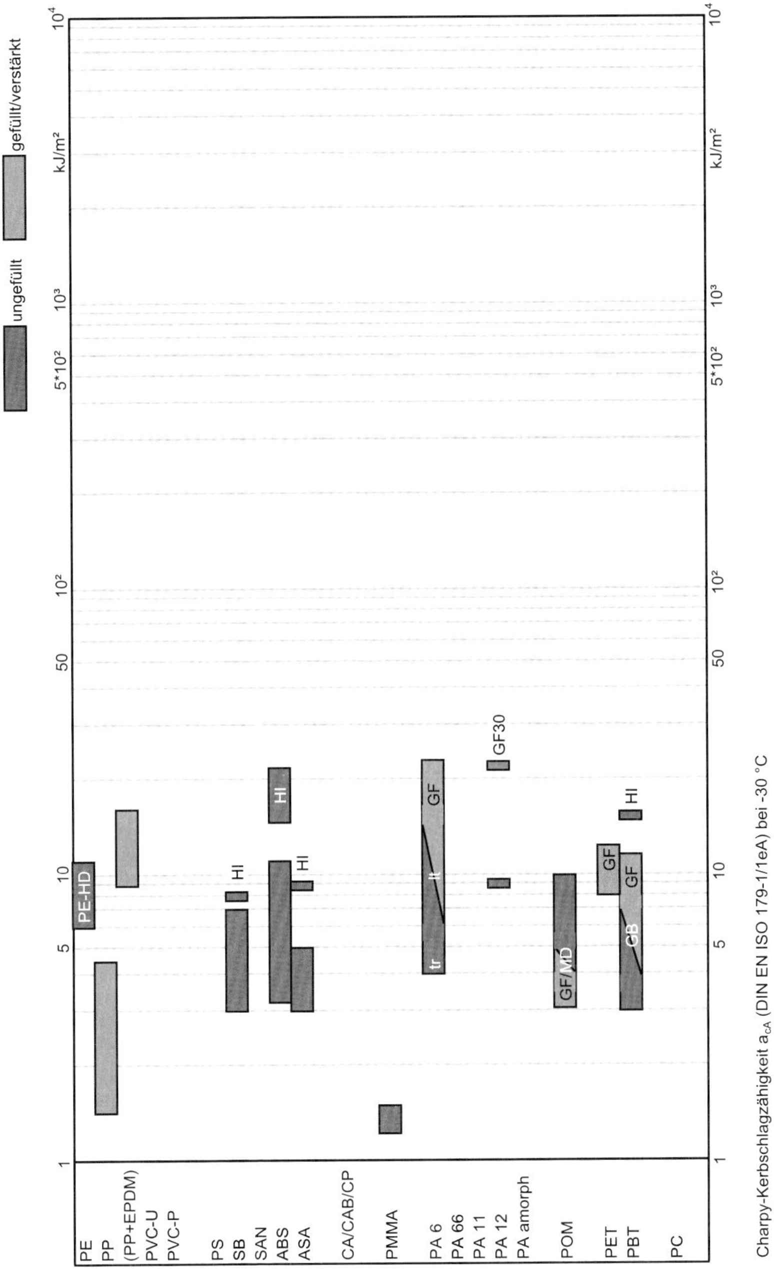
ungefüllt
gefüllt/verstärkt
kJ/m²
1
5
10
50
10²
5*10²
10³
10⁴
PE
PP
(PP+EPDM)
PVC-U
PVC-P
PS
SB
SAN
ABS
ASA
CA/CAB/CP
PMMA
PA 6
PA 66
PA 11
PA 12
PA amorph
POM
PET
PBT
PC
PE-HD
HI
HI
HI
HI
tr
lt
GF
GF30
GF/MD
GF
GF
GB
Charpy-Kerbschlagzähigkeit a_{cA} (DIN EN ISO 179-1/1eA) bei -30 °C

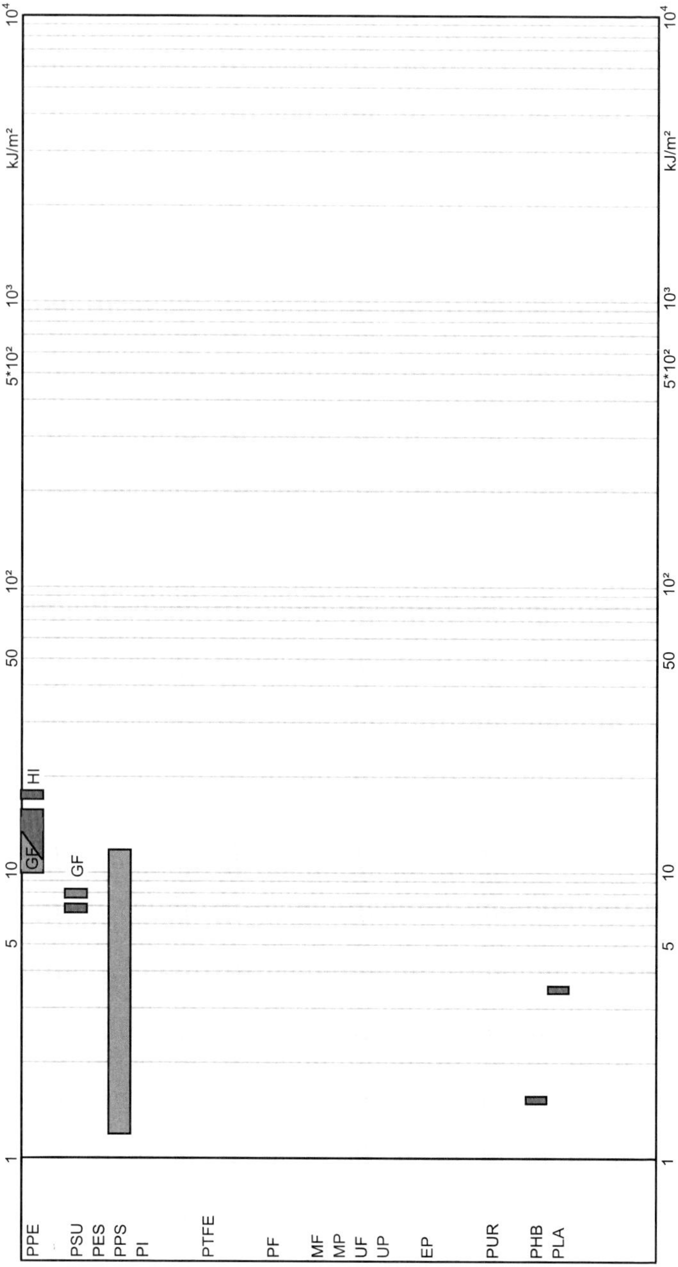

Charpy-Kerbschlagzähigkeit a_{cA} (DIN EN ISO 179-1/1eA) bei -30 °C

Die Durchführung der Versuche erfolgt wie bei DIN EN ISO 179-1, jedoch muss das Pendelschlagwerk so ausgerüstet sein, dass Kraft-Durchbiegungs-Diagramme (Bild 21.29) aufgenommen werden können. Es gelten dieselben Versuchsbedingungen wie bei den Schlagversuchen nach Charpy DIN EN ISO 179-1. Aus den aufgenommenen Kraft-Durchbiegungs-Diagrammen werden, je nach Versagensart, folgende *Kennwerte* (vgl. auch Bild 21.29) ermittelt:

F_M Höchstwert der Aufschlagkraft in N

W notwendige Schlagenergie für Beschleunigung, Verformung und Bruch des Probekörpers während der Durchbiegung s in J (wird ermittelt durch Integration der Fläche unter der Kraft-Durchbiegungs-Kurve vom Aufschlagpunkt bis zur Durchbiegung s)

W_M aufgewendete Schlagenergie bis zur Durchbiegung bei maximaler Aufschlagkraft F_M in J

W_B aufgewendete Schlagenergie bis zur Durchbiegung beim Bruch s_B in J

s_M Durchbiegung, bei Erreichen der maximalen Aufschlagkraft F_M in mm

s_B Durchbiegung beim Bruch

s_L Durchbiegungsgrenze bei Beginn des Durchziehens der Probe durch die Auflager

Es ergeben sich dabei folgende Versagensarten:

- N Nichtbruch mit plastischer Verformung bis zur Durchbiegungsgrenze s_L
- P Teilweiser (partieller) Bruch (Kraft bei s_L größer als 5 % von F_M)
- t Zähbruch (Kraft bei s_L kleiner oder gleich 5 % vom F_M)
- b Sprödbruch
- s Splitterbruch

Im Prüfbericht ist neben den Prüfbedingungen und der Bruchart anzugeben, wie der Versuch durchgeführt wurde, z. B. Instrumentierte Charpy-(Kerb-)Schlagzähigkeitsprüfung DIN EN ISO 179-2/1eA, dabei bedeutet 1 die Probekörperform 1 (Tabelle 21.7), e den schmalseitigen (edgewise) Schlag und A die Kerbform (Bild 21.26).

Aus den Kraft-Durchbiegungskurven kann durch Integration die Schlagenergie W und daraus die Charpy-Schlagzähigkeit a_{cU} oder a_{cN} ermittelt werden, dann gilt

$$W = \int_0^s F(s) \cdot ds \quad \text{und} \quad a_c = \frac{W}{b \cdot h} \cdot 10^3 \quad \text{in kJ/m}^2 .$$

21.6.2 Schlagbiegeversuche nach Izod

Die Prüfung erfolgt bei einseitiger Einspannung (Bild 21.30). Die Schlaggeschwindigkeit hängt von der Pendellänge des verwendeten Pendelschlagwerks ab.

Norm:

DIN EN ISO 180 Kunststoffe – Bestimmung der Izod-Schlagzähigkeit

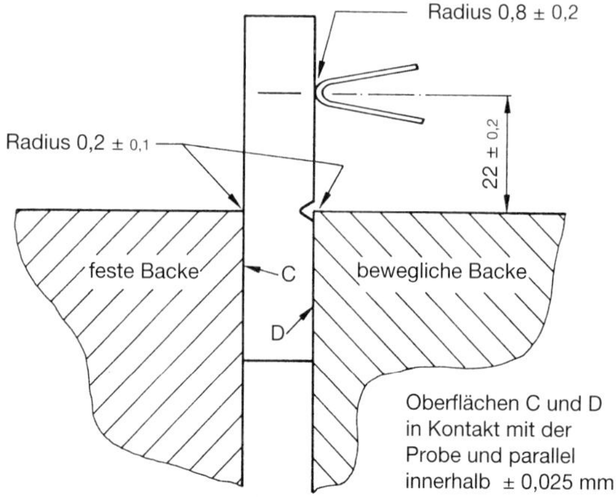

Bild 21.30 Prüfanordnung bei der Schlagbiegeprüfung nach Izod DIN EN ISO 180

Kennwerte

a_{iU}	**Izod-Schlagzähigkeit**
a_{iN}	**Izod-Kerbschlagzähigkeit**

Anmerkung: Die Kerbformen N entsprechen den Kerbformen A und B von DIN EN ISO 179-1 (siehe Bild 21.26). In DIN EN ISO 10350 und in den CAMPUS-Dateien sind Izod-Schlagzähigkeiten nicht mehr enthalten.

Probekörper werden hergestellt durch Spritzgießen oder Pressen (DIN EN ISO 293, DIN EN ISO 294, DIN EN ISO 295) unter festgelegten Bedingungen (siehe Tabelle 20.2) oder spanend durch Aussägen oder Fräsen aus Halbzeugen oder Formteilen (DIN EN ISO 2818). Es können auch Abschnitte von dem Vielzweckprobekörper DIN EN ISO 3167 verwendet werden. Probekörperabmessungen siehe Tabelle 21.8. Die Kerben werden i. A. nachträglich spanend angebracht; spritzgegossene Kerben sind zulässig, ergeben aber andere Ergebnisse. Verwendung finden die Kerben A und B nach Bild 21.26. Die Prüfung kann normal (n), d. h. senkrecht zur Schichtung, oder auch parallel (p) erfolgen (vgl. Bild 21.27). Die Abmessungen werden auf 0,02 mm genau gemessen. Geprüft werden mindestens 10 Probekörper; wenn der Variationskoeffizient unter v = 5 % liegt genügen 5 Probekörper. Die Probekörper werden nach Formmassenorm oder Vereinbarungen konditioniert; bei Nichtvorliegen von Vereinbarungen erfolgt die Konditionierung im Normalklima 23/50 DIN EN ISO 291.

Prüfung erfolgt auf geeigneten Pendelschlagwerken mit Arbeitsinhalten von 1,0 J; 2,75 J; 5,5 J; 11 J und 22 J. Es ist dafür zu sorgen, dass mindestens 10 % und höchstens 80 % des Arbeitsvermögens verbraucht werden. Die Schlaggeschwindigkeit beträgt v = 3,5 m/s. Bei Temperaturprüfungen sind *Temperierkammern* vorteilhaft.

Tabelle 21.8 Schlagprüfungen nach DIN EN ISO 180

a) Probekörperabmessungen

Probekörper Typ	Länge l in mm	Breite b in mm	Dicke h in mm	Restbreite b_N in mm
1	80 ± 2	10,0 ± 0,2	4,0 ± 0,2	8 ± 0,2

b) Prüfverfahren und Prüfbedingungen

Prüfverfahren[1, 2]	Probekörper	Schlagrichtung	Kerbart	Kerbgrundradius r_N	Restbreite im Kerbgrund b_N
ISO 180/U	1	schmalseitig (edgewise)	ungekerbt		
ISO 180/A			A	0,25 ± 0,05	8,0 ± 0,2
ISO 180/B			B	1,00 ± 0,05	8,0 ± 0,2

[1] Bei Probekörpern aus Tafeln und Formteilen muss die Dicke h der Bezeichnung zugefügt werden. Unverstärkte Probekörper dürfen nicht mit der bearbeiteten Oberfläche unter Zug geprüft werden.

[2] Wenn h = b muss die Schlagrichtung (senkrecht n oder parallel p) der Bezeichnung zugefügt werden.

Auswertung und Berechnung der Schlagzähigkeiten erfolgt aus den verbrauchten Schlagarbeiten und den Abmessungen der Probekörper am beanspruchten Querschnitt, ggf. automatisch mit entsprechenden Auswerteprogrammen.

Kennwerte in kJ/m²

Es gilt $a_{iU} = \frac{E_c}{h \cdot b} \cdot 10^3$ bzw. $a_{iN} = \frac{E_c}{h \cdot b_N} \cdot 10^3$

Es bedeuten

a_{iU}	Izod-Schlagzähigkeit ungekerbt in kJ/m²
a_{iN}	Izod-Kerbschlagzähigkeit in kJ/m²
E_c	korrigierte, verbrauchte Schlagarbeit in J
h	Dicke des Probekörpers in mm
b	Breite des Probekörpers in mm
b_N	Restbreite des Probekörpers im Kerbgrund in mm
N	Kerbformen A oder B (Bild 21.26 d)

Im Prüfbericht ist neben den Prüfbedingungen und der Bruchart (C, H, P oder N) anzugeben, wie der Versuch durchgeführt wurde, z. B. Izod-Schlagversuch DIN EN ISO 180/1A, dabei bedeutet 1 die Probekörperform 1 (Tabelle 21.8) und A die Kerbform (Bild 21.26 d).

Zusammenstellung der Prüfmöglichkeiten siehe Tabelle 21.8b.

Anmerkung

Werte, die bei vollständigem Bruch C und Scharnierbruch H ermittelt werden, können für einen gemeinsamen Mittelwert herangezogen werden ohne zusätzliche

Anmerkung. Wenn bei teilweisem Bruch P ein Kennwert verlangt wird, wird dieser mit dem Buchstaben P gekennzeichnet. Nicht gebrochene Proben N können nicht ausgewertet werden. Wenn innerhalb einer Versuchsreihe Probekörper sowohl nach P als auch nach C oder H versagen, muss der Mittelwert für jede Versagensart angegeben werden.

21.6.3 Schlagzugversuch

Die in den Normen vorgesehenen Kerbschärfen bei den Schlagbiegeversuchen reichen bei sehr zähen Kunststoffen oft nicht aus, um die Probe völlig zu durchschlagen, d. h. eine Bewertung des Kunststoffs in Schlagbiegeversuchen ist damit nicht möglich. Bei solchen Kunststoffen werden dann Schlagzugversuche nach DIN EN ISO 8256 durchgeführt, die bei richtiger Wahl des Pendels immer zu einem Bruch der Probe führen.

Norm:

DIN EN ISO 8256 Kunststoffe – Bestimmung der Schlagzugzähigkeit

Kennwerte nach DIN EN ISO 8256

a_{tU}	**Schlagzugzähigkeit** ungekerbter Probekörper
a_{tN}	**Kerbschlagzugzähigkeit** gekerbter Probekörper

Probekörper werden hergestellt durch Spritzgießen oder Pressen (DIN EN ISO 293, DIN EN ISO 294, DIN EN ISO 295) unter festgelegten Bedingungen

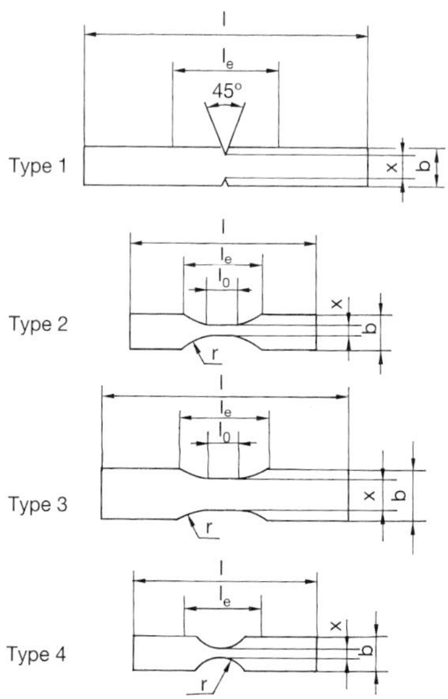

Bild 21.31 Probekörper für Schlagzugversuche DIN EN ISO 8256

(siehe Tabelle 20.2) oder spanend durch Aussägen oder Fräsen aus Halbzeugen oder Formteilen (DIN EN ISO 2818). Probekörperabmessungen siehe Tabelle 21.9a und Bild 21.31. Die Kerben werden i. A. nachträglich spanend angebracht; spritzgegossene Kerben sind zulässig, ergeben aber andere Ergebnisse. Kerbformen siehe Tabelle 21.9a. Vorzugsweise werden eingesetzt Probekörper 1 (gekerbt) mit einer Probendicke h von (4 ± 0,2) mm und Probekörper 4 mit einer Probendicke h von (3 ± 0,2) mm. Probekörper mit einer Probendicke h > 4 mm können nach diesem Verfahren (Norm) nicht geprüft werden. Es ist auch noch ein Probekörper Nr. 5 mit der Breite b = (15 ± 0,2) mm und einer Einspannlänge l_e = (50 ± 2) mm vorgesehen. Für Probekörper 1 können auch Abschnitte des Vielzweckprobekörpers DIN EN ISO 3167 verwendet werden. Die Abmessungen werden auf 0,02 mm genau gemessen. Geprüft werden mindestens 10 Probekörper. Die Probekörper werden nach Formmassenorm oder Vereinbarungen konditioniert; bei Nichtvorliegen von Vereinbarungen erfolgt die Konditionierung im Normalklima 23/50 DIN EN ISO 291.

Tabelle 21.9a Probekörpertypen und -abmessungen nach DIN EN ISO 8256

Probekörper Typ	Länge l in mm	Breite b in mm	Breite x an der „Kerbe" in mm	Länge l_0 in mm	Einspannlänge l_e in mm	Radius r
1[1)]	80 ± 2	10 ± 0,2	6 ± 0,2	–	30 ± 2	–
2	60 ± 2	10 ± 0,2	3 ± 0,2	10 ± 0,2	25 ± 2	10 ± 1
3	80 ± 2	15 ± 0,2	10 ± 0,2	10 ± 0,2	30 ± 2	20 ± 1
4	60 ± 2	10 ± 0,2	3 ± 0,2	–	25 ± 2	15 ± 1

1) Winkel der Kerbe (45 ± 1)°; Kerbradius r = 1,0 mm ± 0,05 mm

Tabelle 21.9b Mögliche Kombinationen von Pendeln und Querjochen beim Schlagzugversuch

Arbeitsvermögen J	Querjoch-Masse g	
	Verfahren A	Verfahren B
2,0	15 ± 1 oder 30 ± 1	15 ± 1
4,0	15 ± 1 oder 30 ± 1	15 ± 1
7,5	30 ± 1 oder 60 ± 1	30 ± 1
15,0	30 ± 1 oder 60 ± 1	120 ± 1
25,0	60 ± 1 oder 120 ± 1	120 ± 1
50,0	60 ± 1 oder 120 ± 1	120 ± 1

Prüfung erfolgt auf geeigneten Pendelschlagwerken mit speziellen Einspannvorrichtungen und Querjochen. Je nach Einspannbedingungen unterscheidet man die Verfahren A und B. Bei Verfahren A ist der Probekörper stationär eingespannt (Bild 21.32). Bei Verfahren B bewegt sich der Probekörper gemeinsam mit dem Pendel. Die Kombination von Arbeitsvermögen des Pendels mit den Querjochmassen kann Tabelle 21.9b entnommen werden. Es ist dafür zu sorgen, dass mindestens 10 % und höchstens 80 % des Arbeitsvermögens verbraucht werden. Die Schlaggeschwindigkeiten liegen je nach gewähltem Pendelschlagwerk zwischen 2,6 und 4,1 m/s. Bei Temperaturprüfungen sind *Temperierkammern* vorteilhaft.

Auswertung und Berechnung der Schlagzugzähigkeiten erfolgt aus der verbrauchten, korrigierten Schlagarbeit (siehe Norm) und den Abmessungen der Probekörper am beanspruchten Querschnitt, ggf. automatisch mit entsprechenden Auswerteprogrammen.

Kennwerte in kJ/m²

$$\text{Es gilt} \quad a_{tu}(a_{tN}) = \frac{E_c}{x \cdot h} \cdot 10^3$$

Es bedeuten

a_{tu}	Schlagzugzähigkeit (ungekerbte Probe) in kJ/m²
a_{tN}	Kerbschlagzugzähigkeit (gekerbte Probe) in kJ/m²
E_c	korrigierte, verbrauchte Schlagarbeit in J (siehe Norm)
h	Dicke des Probekörpers an der schmalen Parallelstrecke in mm
x	Breite der schmalen Parallelstrecke oder Abstand zwischen den Kerben (siehe Bild 21.31) in mm

Anmerkung: In DIN EN ISO 8256 werden für die Kennzeichnung der Kennwerte keine so exakten Angaben gemacht wie in DIN EN ISO 179 bzw. DIN EN ISO 180, mit welchem Probekörper geprüft wurde; die verwendete Probekörperform muss aber im Versuchsbericht angegeben werden.

Schlagzugprüfung ISO 8256/1A bedeutet Schlagzugprüfung mit Probekörper 1 nach Verfahren A.

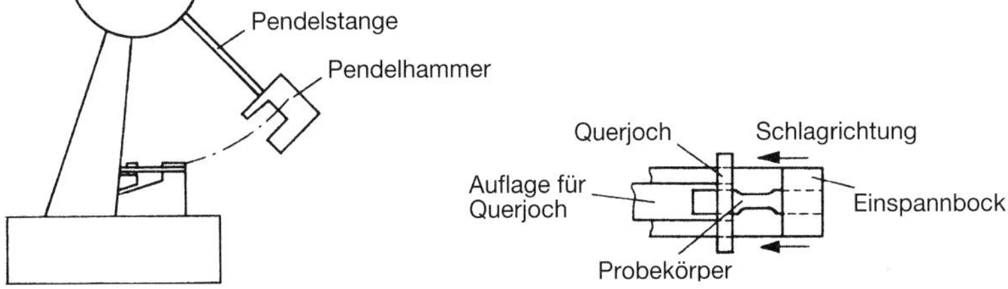

Bild 21.32 Prüfanordnung für Schlagzugversuche DIN EN ISO 8256 (Verfahren A)

21.7 Zeitstandversuch

Normen:

DIN EN ISO 899	Kunststoffe – Bestimmung des Kriechverhaltens T1: Zeitstand-Zugversuch T2: Zeitstand-Biegeversuch bei Dreipunktbelastung
DIN EN ISO 9080	Kunststoff-Rohrleitungs- und Schutzrohrsysteme – Bestimmung des Zeitstand-Innendruckverhaltens von thermoplastischen Rohrwerkstoffen durch Extrapolation
DIN EN ISO 9967	Thermoplastische Rohre – Bestimmung des Verformungsverhaltens
DIN EN 2155-22	Luft- und Raumfahrt – Prüfung für transparente Werkstoffe zur Verglasung von Luftfahrzeugen – T22: Bestimmung der thermischen Relaxation von gerecktem Acrylglas
DIN EN 12814-3	Prüfen von Schweißverbindungen aus thermoplastischen Kunststoffen – T3: Zeitstand-Zugversuch
DIN 16887	Prüfung von Rohren aus thermoplastischen Kunststoffen – Bestimmung des Zeitstand-Innendruckverhaltens
DIN 53425	Prüfung von harten Schaumstoffen – Zeitstand-Druckversuch in der Wärme
DIN 53768	Extrapolationsverfahren für die Bestimmung des Langzeitverhaltens von glasfaserverstärkten Kunststoffen (GFK)
DIN 53769	Prüfung von Rohrleitungen aus glasfaserverstärkten Kunststoffen T2: Zeitstand-Innendruckversuch an Rohren T3: Kurzzeit- und Langzeit-Scheiteldruckversuch an Rohren
ISO 7616	Harte Schaumstoffe – Bestimmung des Kriechens unter einer spezifischen Drucklast und Temperatur
ISO 8013	Elastomere – Bestimmung des Kriechens bei Druck- oder Schubbeanspruchung

Kennwerte

ε_t	**Kriech-Dehnung bei Zugbeanspruchung (tensile creep strain)**
$\sigma_{B,t}$	**Zeitstand-Zugfestigkeit**
$\sigma_{\varepsilon,t}$	**Kriechdehnspannung**
E_{tc} (t)	**Zug- oder Biege-Kriechmodul (tensile oder flexural creep modulus)**
ε_R	**Restspannung (nach dem Entlasten nach der Zeit t)**
	Isochrone Spannungs-Dehnungs-Kurve (isochronous stress-strain curve)

Anmerkung

Außerdem gibt es auch noch „nominelle“ Kennwerte, z. B. nominelle Kriechdehnung bei Zugbeanspruchung ε_t^*, oder nomineller Zug-Kriechmodul E_t^*. Bei diesen Kennwerten wird nicht auf die Ausgangsmesslänge L_0, sondern auf die Einspannlänge (Abstand zwischen den Einspannklemmen) bezogen.

Beachte: Im Gegensatz zum Zugversuch bedeutet bei den Langzeitversuchen t nicht Zug, sondern die Zeit t in Stunden. In DIN EN ISO 899 heißt der Kriechmodul nur E_t, in DIN EN ISO 10350 und in den CAMPUS-Dateien werden die Kriechmoduln jedoch mit E_{tc} gekennzeichnet, z. B. bedeutet $E_{tc}10^3$ den Kriechmodul für 1000 Stunden.

Im Gegensatz zu den Metallen zeigen Kunststoffe, insbesondere Thermoplaste, schon bei Raumtemperatur ein mehr oder weniger starkes Kriechen (Retardation), d. h. die Verformung ε nimmt zu bei konstant gehaltener Spannung σ im Laufe der Zeit t (Bild 21.33). Je länger die Beanspruchungszeit t ist, desto kleiner wird die Belastbarkeit. Kriechen tritt bei allen Beanspruchungsarten auf, DIN EN ISO 899 behandelt die Prüfung bei Zug- und Biegebeanspruchung. Wird bei Entspannungs- oder Relaxationsversuchen die Verformung ε konstant gehalten, so nimmt im Laufe der Zeit t die Spannung σ ab (Bild 21.34).

Die ermittelten Kennwerte dienen zur Abschätzung des Verformungs- und Festigkeitsverhaltens von Kunststoff-Formteilen bei langzeitig wirkender einachsiger Zugbeanspruchung. Die Beeinflussung durch Temperatur- und Umweltbedingungen ist bei der Übertragung der Prüfergebnisse auf die Praxis zu beachten.

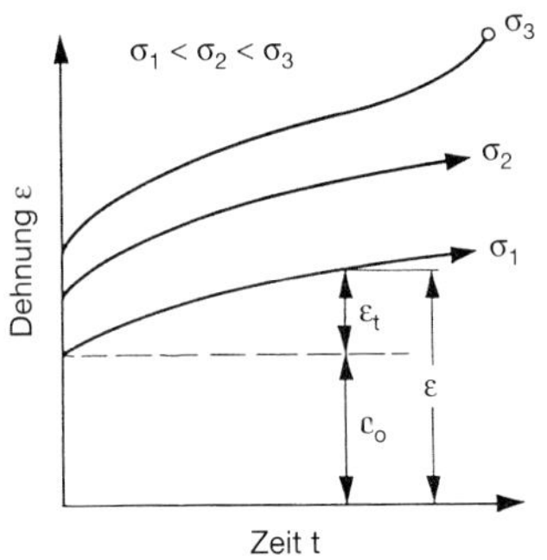

Bild 21.33 Kriechkurven (Retardationskurven)

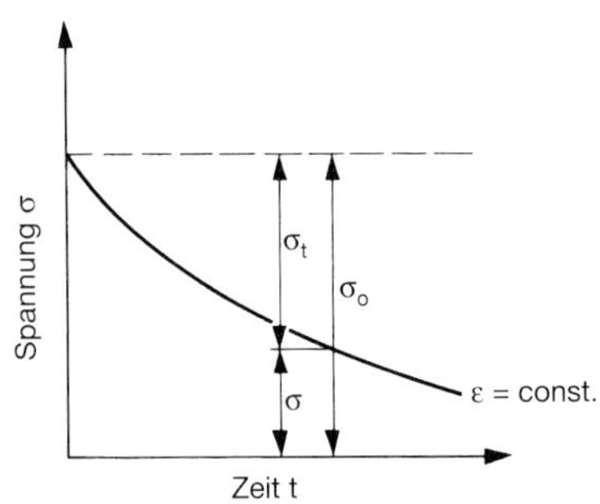

Bild 21.34: Entspannungskurven (Relaxationskurven)

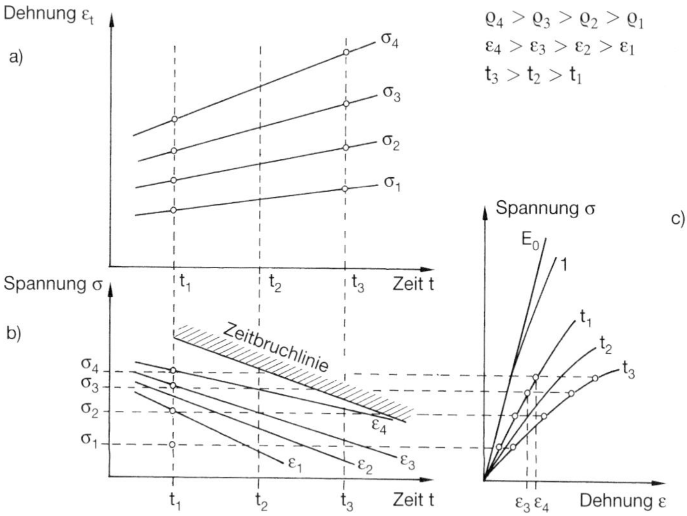

Bild 21.35 Ergebnisse von Zeitstandversuchen für eine vorgegebene Temperatur T
a) Kriechkurven $\varepsilon = f(t)$ mit Parameter Spannung σ
b) Zeitstandschaubild $\sigma = f(t)$ mit Parameter Dehnung ε
c) isochrone Spannungs-Dehnung-Diagramme $\sigma = f(\varepsilon)$ mit Parameter Zeit t
1: Kurzzeitversuch nach DIN EN ISO 527

Im Zeitstand-Zugversuch hält man die Spannung σ konstant und ermittelt die Dehnung ε in Abhängigkeit von der Zeit durch Aufnahme von *Kriechkurven* (Zeitdehnlinien), siehe Bild 21.35a.

Man kann bei Langzeitbeanspruchung auch die Verformung ε konstant halten, dann nimmt die Spannung σ im Laufe der Zeit t ab, es tritt eine Entspannung (Relaxation) ein. Derartige Relaxationsversuche sind versuchstechnisch aufwendiger und werden deshalb seltener durchgeführt. Bedeutung haben Relaxationsversuche bei der Untersuchung von Dichtungselementen und Schraubverbindungen.

Probekörper werden hergestellt durch Spritzgießen oder Pressen (DIN EN ISO 293, DIN EN ISO 294, DIN EN ISO 295) unter festgelegten Bedingungen (siehe Tabelle 20.2) oder spanend durch Aussägen oder Fräsen aus Halbzeugen oder Formteilen (DIN EN ISO 2818). Abmessungen werden gewählt wie für die entsprechenden statischen Versuche, z. B. den statischen Kurzzeit-Zugversuch (siehe Kap. 21.1). Probekörper sind vorher so zu lagern, dass bei der Prüfung durch das Prüfklima keine Änderungen an den Probekörpern verursacht werden.

Prüfung erfolgt in Zeitstandprüfanlagen in Luft bei Normalklima 23/50 DIN EN ISO 291 oder anderen vereinbarten Klima- bzw. Temperaturbedingungen. Wird in aggressiven Medien geprüft, lässt sich die Neigung der Kunststoffe zur Spannungsrissbildung feststellen (vgl. Kap. 31.2.2). Bei Versuchen nach DIN EN ISO 899-1 werden die Proben auf Zug beansprucht, nach DIN EN ISO 899-2 auf Biegung. Bei Rohren unter Innendruck lässt sich mehrachsige Langzeitbeanspruchung verwirklichen. Die Probekörper werden eingespannt und belastet. Die Verformung wird mechanisch, optisch oder elektrisch gemessen; durch Verformungsmesseinrichtung darf der Probekörper nicht verändert oder beschädigt werden. Prüflast soll innerhalb von 1 s bis 5 s aufgebracht werden und darf während der Versuchsdauer höchstens um +1 % vom Sollwert abweichen. Mehrere gleichartige Probekörper oder Bauteile werden bei konstanter Temperatur T verschiedenen Prüflasten F (Spannungen σ) ausgesetzt und dann die zugehörigen Dehnungen ε_t in Abhängigkeit von der Zeit t aufgenommen, d. h. man nimmt *Zeitdehnlinien* (*Kriechkurven*) auf.

Auswertung: Die Versuchsergebnisse werden als *Kriechkurven* (*Zeitdehnlinien*) $\varepsilon = f(t)$ dargestellt mit Parameter Spannung σ (Bild 21.35a). Aus den aufgenommenen *Zeitdehnlinien* für eine konstante Temperatur T erhält man durch Umzeichnen das *Zeitstand-Schaubild* $\sigma = f(t)$ mit Parameter Dehnung ε (Bild 21.35b). Das Zeitstandschaubild enthält ggf. auch die *Zeitbruchlinie.*

Bei manchen Kunststoffen können schon vor Erreichen der Zeitbruchlinie Schäden, z. B. sichtbare Spannungsrisse oder Verminderung der mechanischen Beanspruchbarkeit auftreten, insbesondere bei der Prüfung in einem aggressiven Medium (vgl. Kap. 31.2.2). Bei solchen Prüfungen wird dann in das Zeitstandschaubild noch eine *Schadenslinie* (Bild 21.36) eingetragen, d. h. der Zusammenhang zwischen Spannung σ und Zeit t, nach der Schädigungen z. B. *Spannungsrisse* auftreten.

Legt man durch die Kriechkurven oder Zeitstandschaubilder vertikale Schnitte und entnimmt für bestimmte Belastungszeiten t zugehörige Spannungs- und Dehnungswerte, so erhält man *isochrone Spannungs-Dehnungslinien* bzw. das *isochrone Spannungs-Dehnungs-Diagramm* $\sigma = f(\varepsilon)$ mit Parameter Zeit t (Bilder 21.35 c, 21.37 und 21.38).

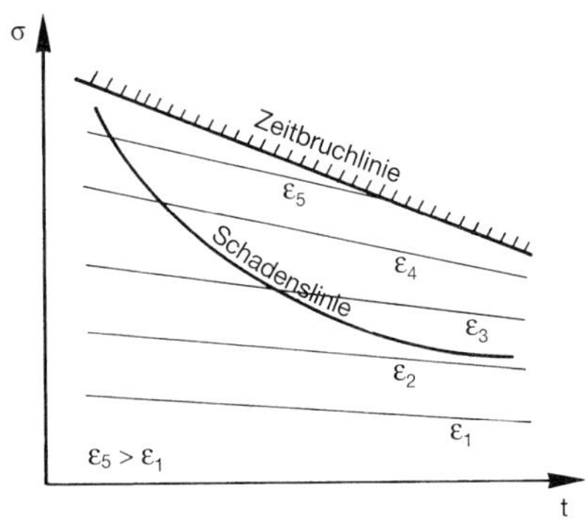

Bild 21.36 Zeitstandschaubild mit eingetragener Schadenslinie (schematisch)

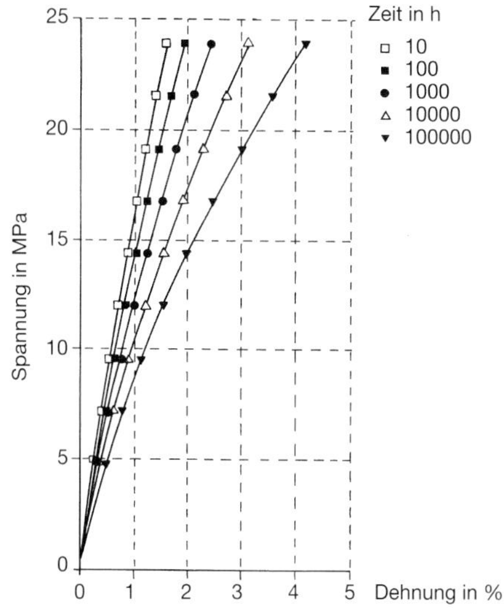

Bild 21.37 Isochrones Spannungs-Dehnungs-Diagramm für POM bei 23 °C

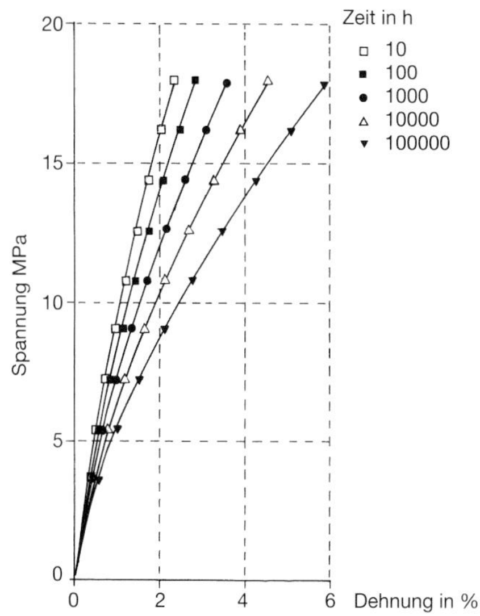

Bild 21.38 Isochrones Spannungs-Dehnungs-Diagramm für POM bei 60 °C

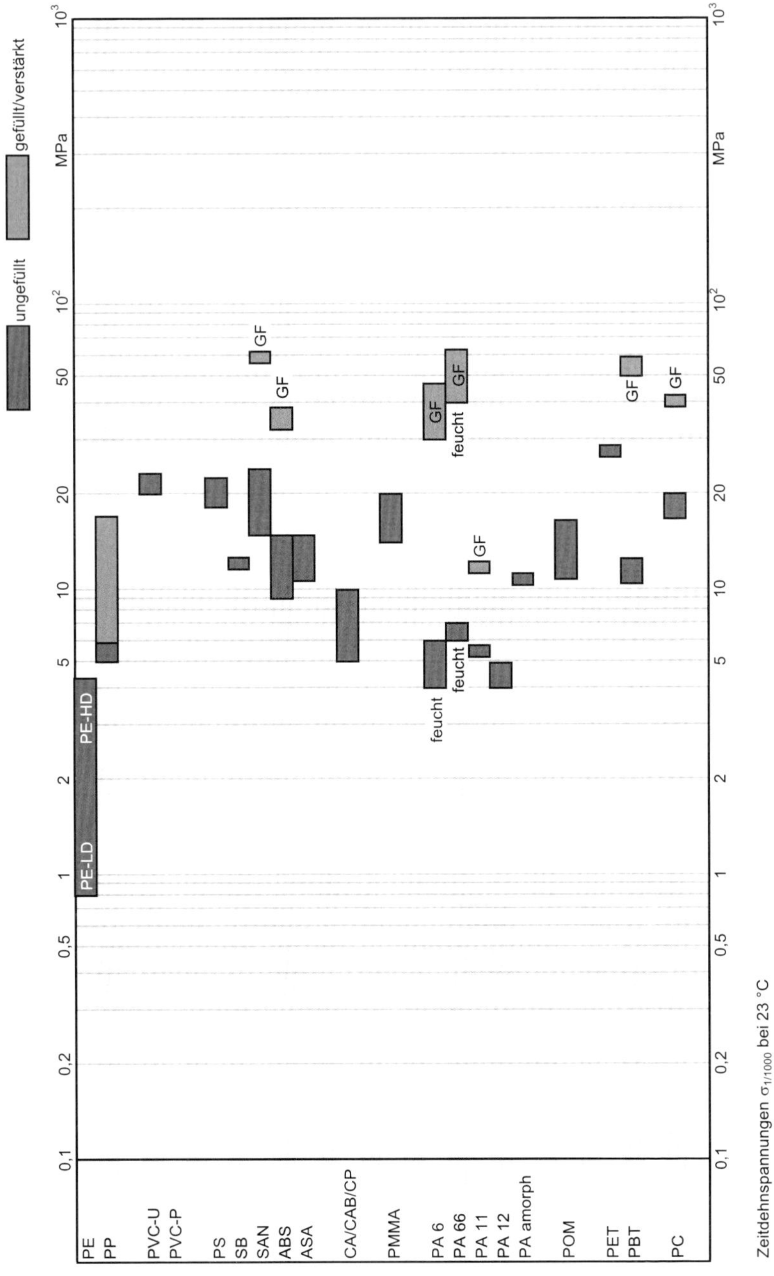
ungefüllt
gefüllt/verstärkt
MPa
0,1
0,2
0,5
1
2
5
10
20
50
10^2
10^3
PE
PP
PVC-U
PVC-P
PS
SB
SAN
ABS
ASA
CA/CAB/CP
PMMA
PA 6
PA 66
PA 11
PA 12
PA amorph
POM
PET
PBT
PC
PE-LD
PE-HD
GF
feucht
Zeitdehnspannungen $\sigma_{1/1000}$ bei 23 °C

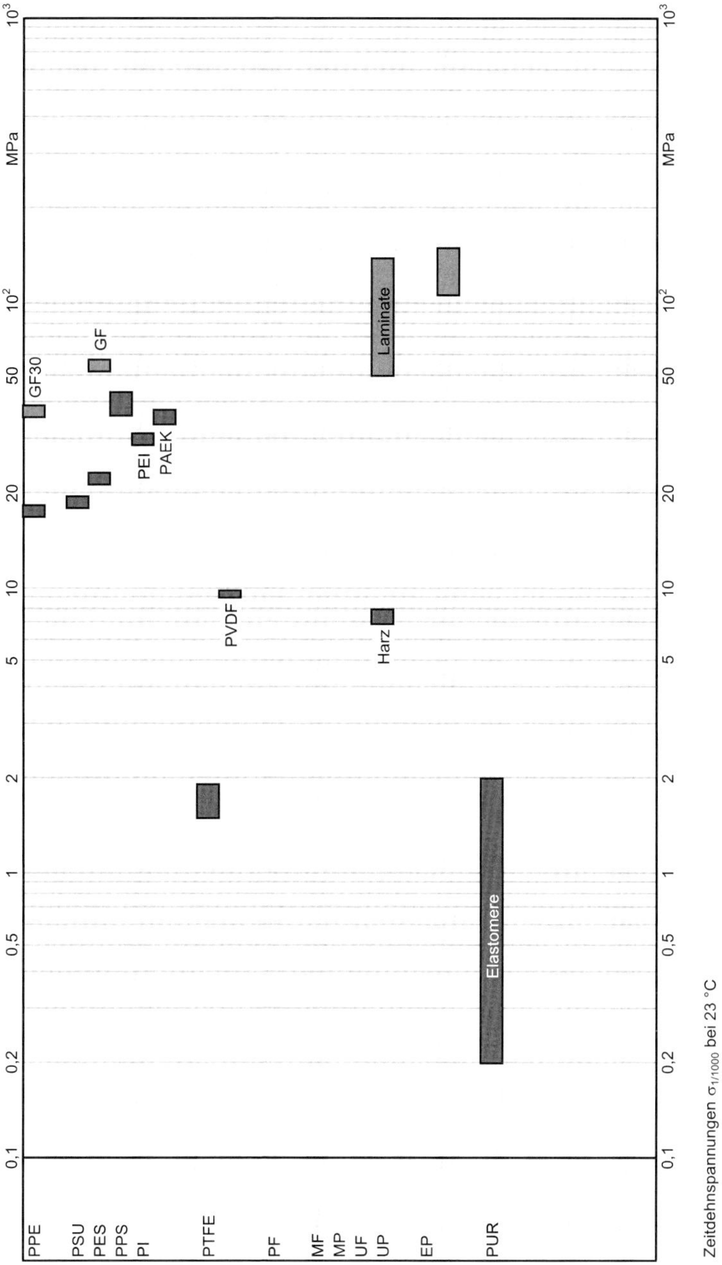

0,1
0,2
0,5
1
2
5
10
20
50
10^2
MPa
10^3
PPE
PSU
PES
PPS
PI
PTFE
PF
MF
MP
UF
UP
EP
PUR
GF30
GF
PEI
PAEK
PVDF
Laminate
Harz
Elastomere
Zeitdehnspannungen $\sigma_{1/1000}$ bei 23 °C

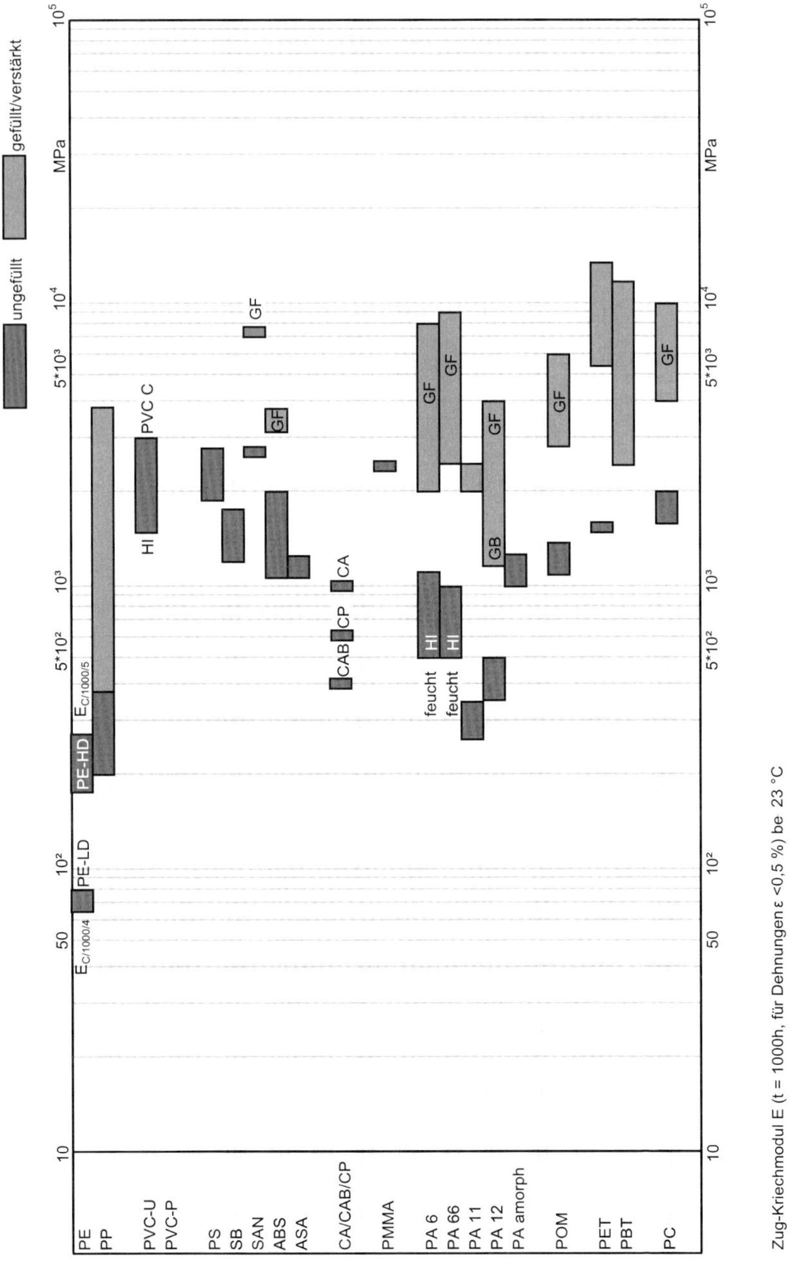
ungefüllt
gefüllt/verstärkt
PE
PP
PVC-U
PVC-P
PS
SB
SAN
ABS
ASA
CA/CAB/CP
PMMA
PA 6
PA 66
PA 11
PA 12
PA amorph
POM
PET
PBT
PC
10
50
10²
5*10²
10³
5*10³
10⁴
MPa
10⁵
PE-LD
PE-HD
E C/1000/4
E C/1000/5
PVC C
HI
GF
GB
CA
CP
CAB
feucht
Zug-Kriechmodul E (t = 1000h, für Dehnungen ε <0,5 %) be 23 °C

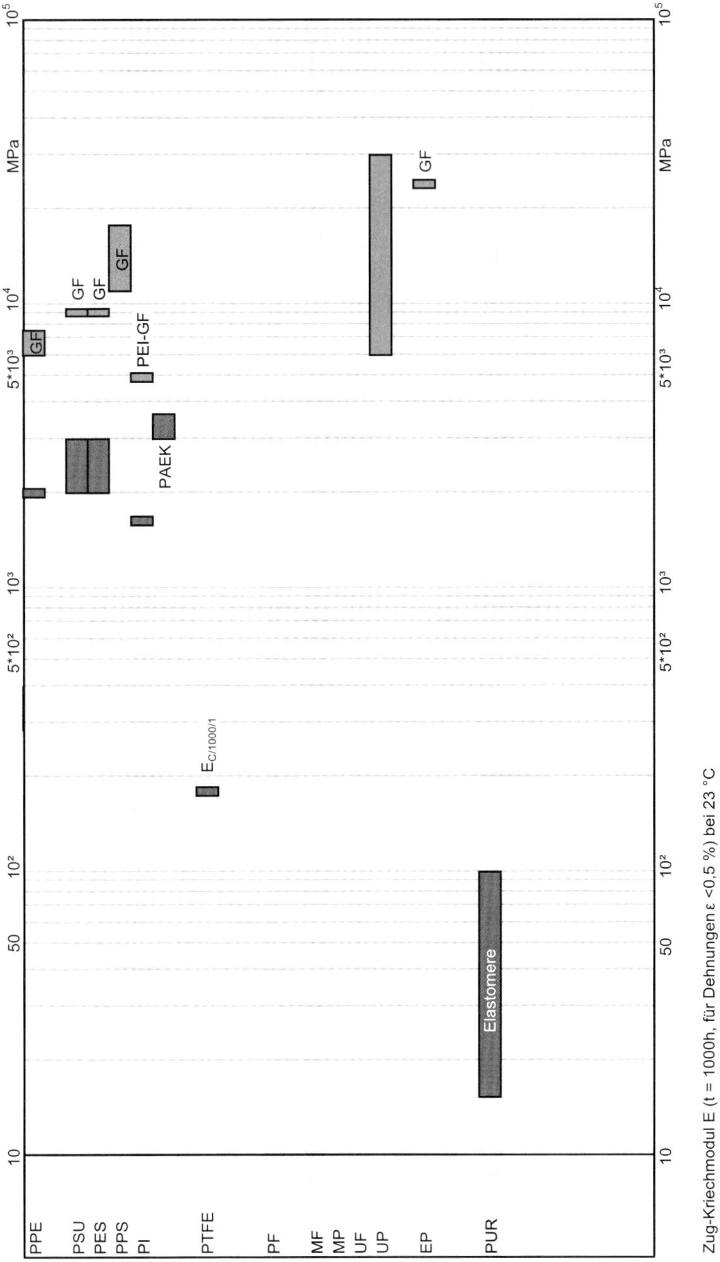
10
50
10²
5*10²
10³
5*10³
10⁴
10⁵
MPa
PPE
PSU
PES
PPS
PI
PTFE
PF
MF
MP
UF
UP
EP
PUR
GF
GF
GF
GF
GF
PEI-GF
PAEK
E C/1000/1
Elastomere
Zug-Kriechmodul E (t = 1000h, für Dehnungen ε <0,5 %) bei 23 °C

Kennwerte: Spannungen in MPa
Kriechmoduln in MPa oder GPa

$\sigma_{B,t}$ Zeitstand-Zugfestigkeit, z. B. 1000-h-Zeitstand-Zugfestigkeit $\sigma_{B/1000}$
ε_t Kriech-Dehnung
$\sigma_{\varepsilon,t}$ Zeitdehnspannung, z. B. 2%-1000-h-Zeitdehnspannung $\sigma_{2/1000}$
E_{tc} Zug-Kriechmodul (ggf. mit Angabe der Spannung σ oder Dehnung ε). In den CAMPUS-Dateien und DIN EN ISO 10350 werden die Zug-Kriechmoduln für 1 Stunde bzw. 10^3 Stunden gekennzeichnet mit E_{tc} 1 bzw. E_{tc} 10^3).
$E_c(t)$ Kriechmodul nach alter DIN 53444 (ggf. unter Angabe der Spannung, z. B. $E_{c/1000/30}$ als 1000-h-Kriechmodul für die Spannung $\sigma = 30$ MPa)
ε_t^* nominelle Kriechdehnung
E_t^* nomineller Zug-Kriechmodul

(Bei den nominellen Kennwerten wird nicht auf die Ausgangsmesslänge L_0 bezogen, sondern auf den Abstand zwischen den Einspannklemmen)

Isochrone Spannungs-Dehnungskurven $\sigma = f(\varepsilon)$ mit Parameter Zeit *t*

Kriechmodulkurven $E_t = f(t)$ mit Parameter Spannung σ (Bilder 21.39 und 21.40)

Anmerkung: Nach DIN EN ISO 899 wird der Zug-Kriechmodul nur mit E_t angegeben, um aber Verwechslungen mit dem Elastizitätsmodul aus dem Zugversuch E_t nach DIN EN ISO 527 zu vermeiden, wird hier der Zug-Kriechmodul wie in den CAMPUS-Dateien und DIN EN ISO 10350 mit E_{tc} bezeichnet (früher wurde der Zug-Kriechmodul mit E_C gekennzeichnet).

Ist in das Zeitstandschaubild für ein bestimmtes Medium eine *Schadenslinie* eingetragen, so kann festgestellt werden, bei welcher Spannung σ nach welcher Zeit t

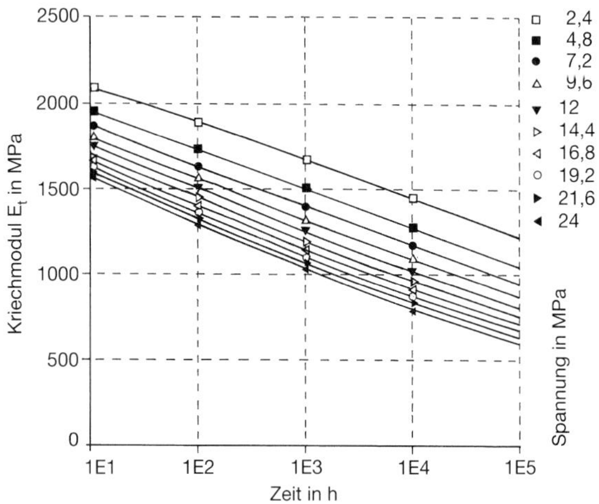

Bild 21.39 Kriechmodulkurven für POM bei 23 °C

Schädigungen, z. B. in Form von Spannungsrissen auftreten. In einem solchen Zeitstandschaubild mit eingetragener Schadenslinie (Bild 21.36) erkennt man, dass die Schadenslinie dem Dehnungswert ε_2 zustrebt, d. h. wenn während der Versuchs- bzw. Beanspruchungsdauer diese Dehnung ε_2 nicht überschritten wird, dann treten auch keine Schädigungen, wie z. B. Spannungsrisse auf.

Aus den *isochronen Spannungs-Dehnungs-Diagrammen* können für die unterschiedlichsten Bedingungen die Kriechmoduln $E_{(C)}(t) = \sigma/\varepsilon(t)$ entnommen werden. Kriechmoduln werden meist in Form von *Kriechmodulkurven* $E_{(C)} = f(t)$ mit Parameter Spannung σ aufgezeigt (Bilder 21.39 und 21.40).

Nach DIN EN ISO 899-1 werden der Zug-Kriechmodul E_{tc} und der nominelle Zug-Kriechmodul E_{tc}^* bestimmt zu

$$E_{tc} = \frac{F \cdot L_0}{A \cdot (\Delta L)_t} \qquad E_{tc}^* = \frac{F \cdot L_0^*}{A \cdot (\Delta L^*)_t}$$

F	aufgebrachte Kraft in N
A	Anfangsquerschnitt des Probekörpers in mm^2
L_0	Anfangsmesslänge am Probekörper in mm
L_0^*	Anfangsabstand zwischen den Einspannklemmen in mm
$(\Delta L)_t$	Längenänderung (gegenüber L_0) zur Zeit t in mm
$(\Delta L^*)_t$	Zunahme des Abstands zwischen den Einspannklemmen zur Zeit t in mm

Nach DIN EN ISO 899-2 wird der Biege-Kriechmodul (mit dem gleichen Formelzeichen wie der Zug-Kriechmodul) bestimmt zu

$$E_{tc} = \frac{L^3 \cdot F}{4 \cdot b \cdot h^3 \cdot s_t}$$

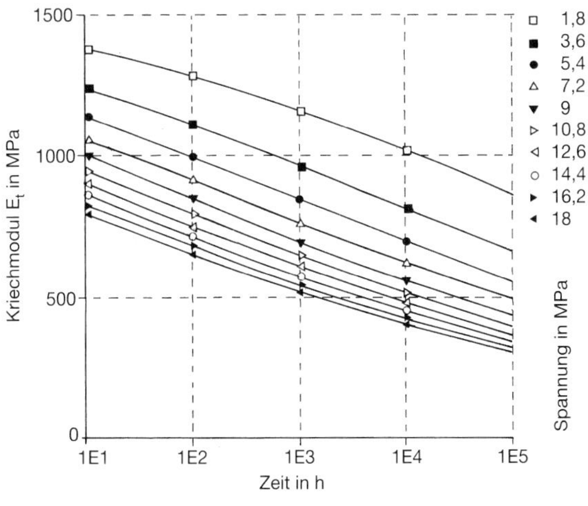

Bild 21.40 Kriechmodulkurven für POM bei 60 °C

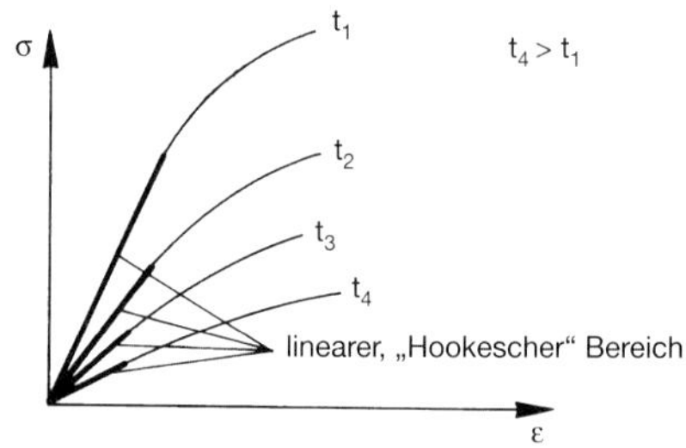

Bild 21.41 „Hookesche Bereiche“ in isochronen Spannungs-Dehnungs-Diagrammen

Die Biegespannung σ errechnet sich zu $\sigma = \dfrac{3 \cdot F \cdot L}{2 \cdot b \cdot h^2}$

und die Biege-Kriech-Dehnung ε_t zu $\varepsilon_t = \dfrac{6 \cdot s_t \cdot h}{L^2}$

L	Stützweite in mm
F	aufgebrachte Kraft in N
b	Breite des Probekörpers in mm
h	Dicke des Probekörpers in mm
s_t	Durchbiegung in der Mitte der Stützweite zum Zeitpunkt t in mm

Anmerkungen

Kriech- oder *Sekantenmoduln* E_{tc} sind i. A. spannungsabhängig; sie sind nur dann spannungsunabhängig, wenn sie in dem „Hookeschen Bereich“, d. h. im linearen, energieelastischen Verformungsbereich der isochronen Spannungs-Dehnungs-Linien ermittelt werden (Bild 21.41). Bei der Angabe von Kriechmoduln z. B. in CAMPUS-Dateien werden Kriechmoduln für t = 1 h und t = 1000 h und Spannungen σ so ermittelt, dass die jeweiligen Dehnungen ≤0,5 % betragen. Wegen der starken Temperaturabhängigkeit der Festigkeitseigenschaften der Kunststoffe müssen Zeitstandversuche bei unterschiedlichen Temperaturen T durchgeführt werden (Bilder 21.38 und 21.40).

21.8 Zeitschwingversuch

Normen:

DIN EN ISO 3385	Polymere Weichschaumstoffe – Bestimmung der Ermüdung durch konstante Stoßbelastung
DIN 53442	Dauerschwingversuch im Biegebereich an flachen Probekörpern
DIN 53769-6	Prüfung von Rohrleitungen aus glasfaserverstärkten Kunststoffen – T6: Innendruck-Schwellversuche an Rohren
DIN 50100	Dauerschwingversuch (Metalle)
DIN 50113	Umlaufbiegeversuch (Metalle)

Kennwerte

$\sigma_{W(10^7)}$	**Zeitwechselfestigkeit**
$\sigma_{Sch(10^7)}$	**Zeitschwellfestigkeit**
$\sigma_{D(10^7)}$	**Zeit(schwing)festigkeit allgemein**

(Es sind auch andere Lastspielzahlen, z. B. $2 \cdot 10^7$ oder $4 \cdot 10^7$ möglich)

Werden Kunststoffe dynamisch beansprucht, so können statische Kurz- und Langzeitkennwerte nicht mehr zur Dimensionierung herangezogen werden. Das Verhalten der Kunststoffe muss dann bei schwingender Belastung in Zeitschwingversuchen, z. B. in Anlehnung an DIN 50100 bestimmt werden. Wegen des besonderen Verhaltens von Kunststoffen bei dynamischer Beanspruchung ist bei der Prüfung zu beachten:

- Wegen unzulässiger Erwärmungen durch die höhere mechanische Dämpfung soll die Prüffrequenz 10 Hz nicht überschreiten.
- Es werden nur *Zeitschwingfestigkeiten*, i. A. bis 10^7 Lastwechsel bestimmt.
- Während der dynamischen Prüfung kriecht (retardiert) der Kunststoff, wenn die Spannungsausschläge σ_a konstant gehalten werden (Bild 21.42). Der Kunststoff entspannt sich (relaxiert), wenn die Verformungsausschläge ε konstant gehalten werden (Bild 21.43).
- Die Probenform hat einen großen Einfluss auf die Werkstoffkennwerte. Durch unterschiedliches Verhältnis von Probekörpervolumen zu Oberfläche („spezifische Oberfläche") werden Wärmeabfuhr und damit Versagen des Kunststoffs beeinflusst.

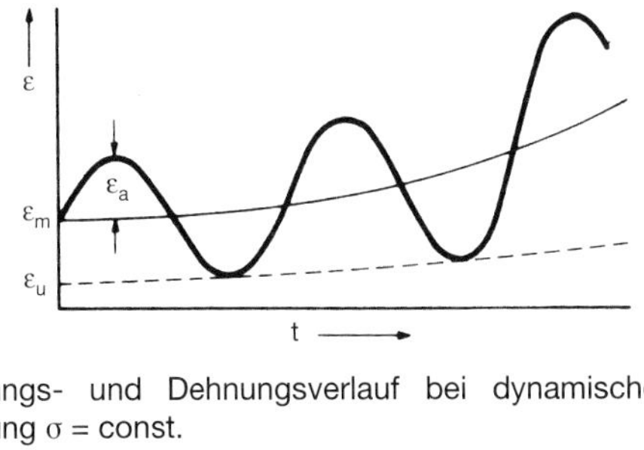

Bild 21.42 Spannungs- und Dehnungsverlauf bei dynamischen Versuchen mit Spannung σ = const.

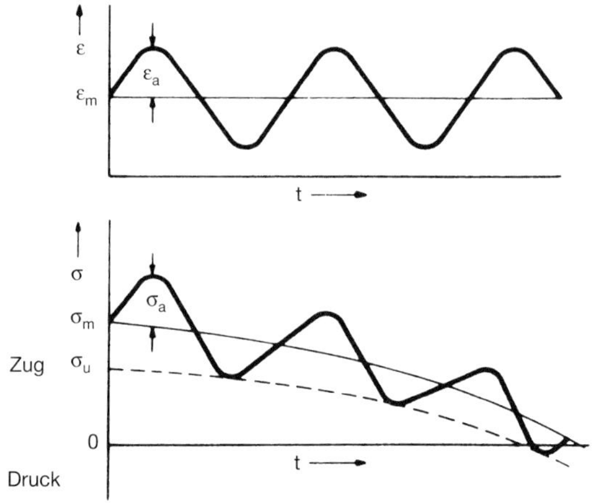

Bild 21.43 Spannungs- und Dehnungsverlauf bei dynamischen Versuchen mit Dehnung ε = const.

Jede Schwingbeanspruchung wird durch eine Mittelspannung σ_m und eine dieser überlagerten Ausschlagspannung σ_m gekennzeichnet. Die Gesamtbeanspruchung ist dann $\sigma_D = \sigma_m \pm \sigma_a$ wobei die Beanspruchung als Wechsel- oder Schwellbeanspruchung vorliegen kann (Bild 21.44). Die Versuche können bei Zug-, Druck-, Biege- oder Torsionsbeanspruchung durchgeführt werden.

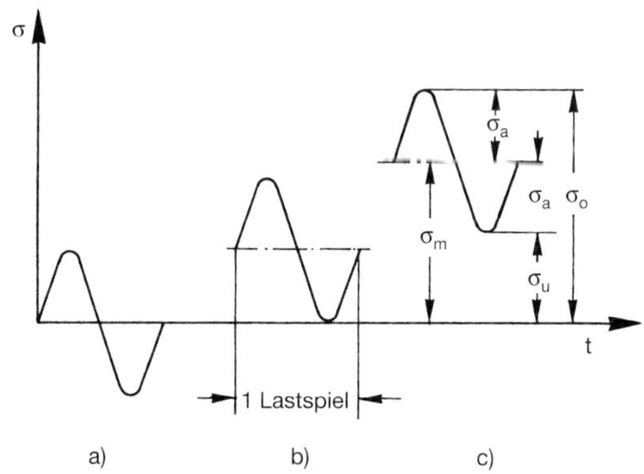

Bild 21.44 Dynamische Beanspruchung schematisch
σ_m Mittelspannung; σ_o Oberspannung; σ_u Unterspannung; σ_a Amplituden- oder Ausschlagspannung
a) Wechselbeanspruchung: $\sigma_m = 0$ ($\sigma_o = \sigma_a$; $\sigma_u = -\sigma_a$)
b) Schwellbeanspruchung: $\sigma_m = \sigma_a$ ($\sigma_o = \sigma_m + \sigma_a = 2 \cdot \sigma_a$; $\sigma_u = 0$)
c) Zugschwellbeanspruchung: $\sigma_m > 0$ ($\sigma_o = \sigma_m + \sigma_a$; $\sigma_u = \sigma_m - \sigma_a$)

Probekörper werden hergestellt durch Spritzgießen oder Pressen (DIN EN ISO 293, DIN EN ISO 294, DIN EN ISO 295) unter festgelegten Bedingungen (siehe Tabelle 20.2) oder spanend durch Aussägen oder Fräsen aus Halbzeugen oder Formteilen (DIN EN ISO 2818). Proben müssen völlig glatt und eben sein und ohne Oberfächenfehler, Dreh- oder Fräsriefen, sowie ohne Gratbildung. Für Biegeschwingversuche sind Probekörper entsprechend DIN 53442 zu verwenden. Bei anderen Versuchen richten sich die Probekörperformen nach der verwendeten Prüfmaschine.

Prüfung erfolgt auf dynamischen Prüfmaschinen, die im Gegensatz zu dynamischen Prüfmaschinen für Metalle wesentlich kleinere Prüffrequenzen f (<10 Hz) ermöglichen müssen. Aus versuchstechnischen Gründen werden die Versuche entweder unter gleichen Belastungsbedingungen oder unter gleichen Verformungsbedingungen durchgeführt (Bilder 21.42 und 21.43). Dabei ist das Kriechen oder Entspannen zu berücksichtigen. Es gibt auch Prüfmaschinen mit Regelung von Vorspannung σ_m und Ausschlagspannung σ_a.

Die Oberflächentemperatur der Probekörper sollte während des Versuchs überwacht werden, vgl. DIN 53442. Je nach gewünschten Kennwerten erfolgt Prüfung unter Wechsel- oder Schwellbeanspruchung unter Zug, Druck, Biegung oder Torsion (Bild 21.44).

Es werden meist fünf völlig gleiche Probekörper geprüft, z. B. bei gleicher Mittelspannung σ_m mit verschiedenen Ausschlagspannungen σ_a bei Frequenzen unter 10 Hz. Es wird die ertragene *Lastspielzahl* N bis zum Versagen ermittelt. Aus den Versuchsergebnissen zeichnet man die *Wöhlerkurven* (Bild 21.45). Meist fährt man reine Wechselbeanspruchung mit $\sigma_m = 0$ oder reine Schwellbeanspruchung mit $\sigma_m = \sigma_a$ (Bild 21.44).

Auswertung erfolgt manuell aus den aufgenommenen Wöhlerkurven. Da bei Kunststoffen i. A. keine Dauerschwingfestigkeit angegeben werden kann, ermittelt man *Zeit(schwing)festigkeiten*, üblicherweise für 10^7 Lastwechsel. Bei den Zeit(schwing)Festigkeiten müssen unbedingt die zugehörigen *Lastspielzahlen* N angegeben werden.

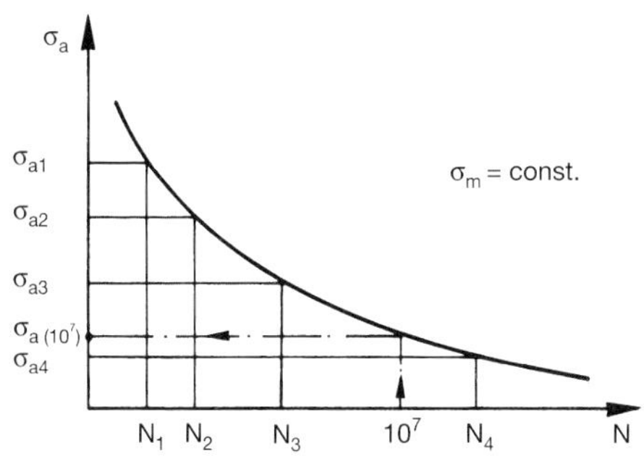

Bild 21.45 Wöhlerkurve, schematisch

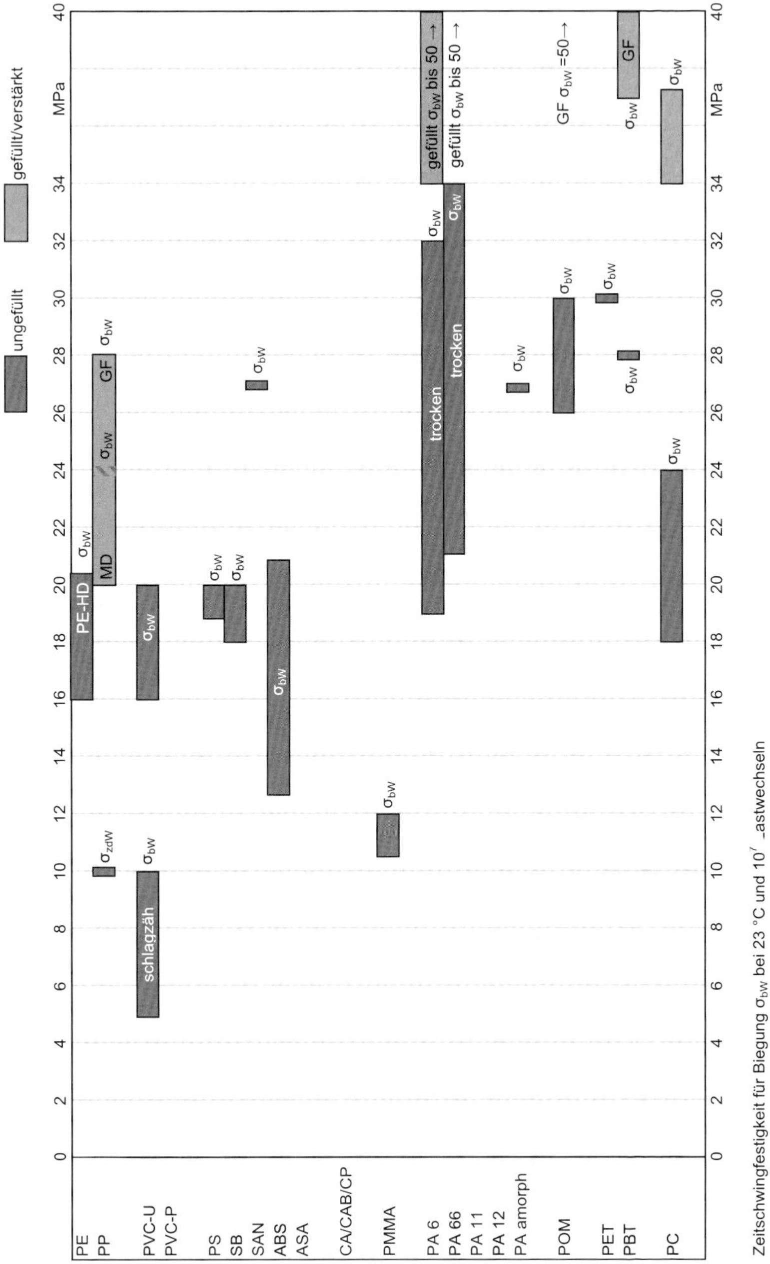

ungefüllt
gefüllt/verstärkt
MPa
PE
PP
PVC-U
PVC-P
PS
SB
SAN
ABS
ASA
CA/CAB/CP
PMMA
PA 6
PA 66
PA 11
PA 12
PA amorph
POM
PET
PBT
PC
PE-HD
MD
GF
schlagzäh
trocken
gefüllt σ_{bW} bis 50 →
GF σ_{bW} =50→
σ_{bW}
σ_{zdW}
0 2 4 6 8 10 12 14 16 18 20 22 24 26 28 30 32 34 40
Zeitschwingfestigkeit für Biegung σ_{bW} bei 23 °C und 10^7 _astwechseln

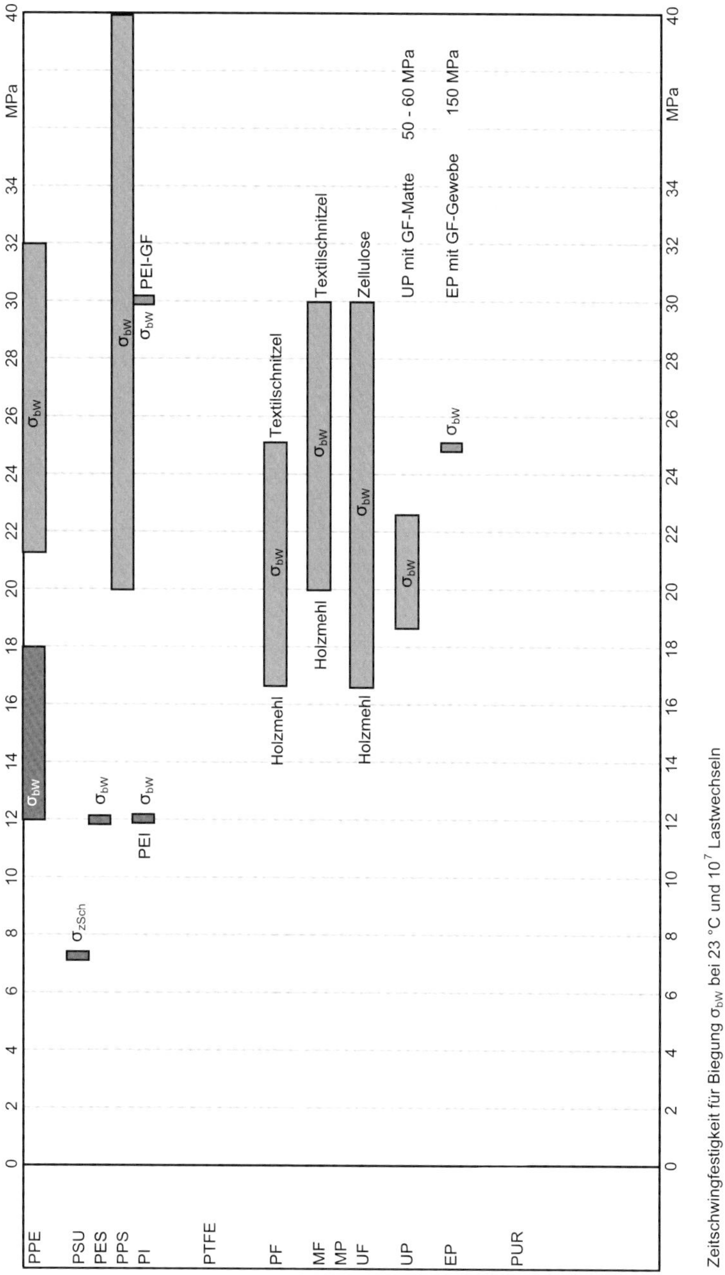
PPE
PSU
PES
PPS
PI
PTFE
PF
MF
MP
UF
UP
EP
PUR
σbW
σzSch
PEI
PEI-GF
Holzmehl
Textilschnitzel
Zellulose
UP mit GF-Matte 50 - 60 MPa
EP mit GF-Gewebe 150 MPa
MPa
0 2 4 6 8 10 12 14 16 18 20 22 24 26 28 30 32 34 40
Zeitschwingfestigkeit für Biegung σbW bei 23 °C und 10⁷ Lastwechseln

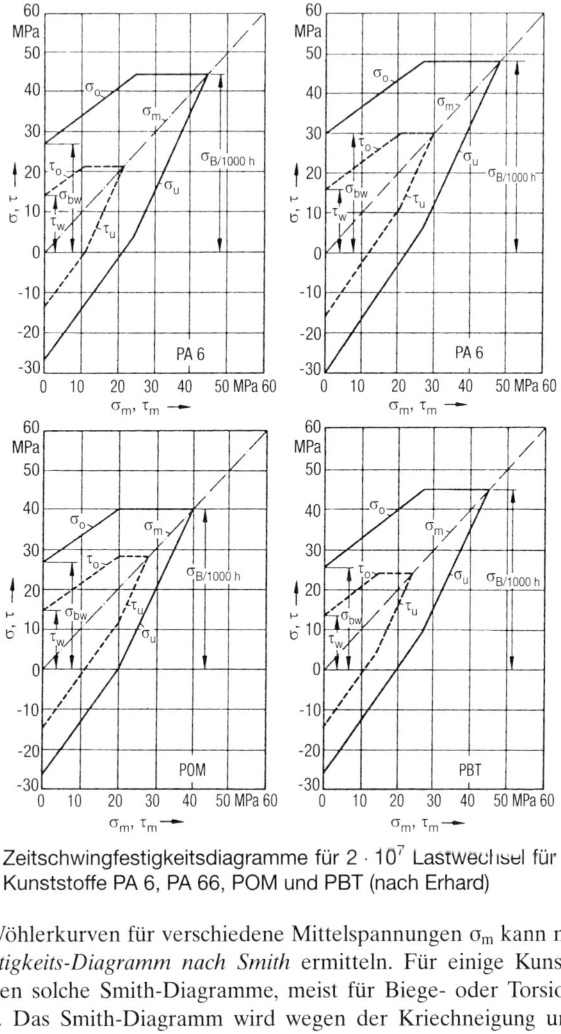

Bild 21.46 Zeitschwingfestigkeitsdiagramme für 2 · 10^7 Lastwechsel für 4 technische Kunststoffe PA 6, PA 66, POM und PBT (nach Erhard)

Aus den Wöhlerkurven für verschiedene Mittelspannungen σ_m kann man ein *Zeitschwingfestigkeits-Diagramm nach Smith* ermitteln. Für einige Kunststoffe (Bild 21.46) liegen solche Smith-Diagramme, meist für Biege- oder Torsionsbeanspruchung vor. Das Smith-Diagramm wird wegen der Kriechneigung und der Zeitabhängigkeit der Kunststoffe nach oben durch einen *Langzeitkennwert*, z. B. eine *Zeitstandfestigkeit* oder *Zeitdehngrenze* begrenzt.

Kennwerte: Spannungen in MPa

$\pm\,\sigma_{W(10^7)}$	Zeitwechselfestigkeit für 10^7 Lastwechsel
$\sigma_{Sch(2\cdot 10^7)}$	Zeitschwellfestigkeit für $2 \cdot 10^7$ Lastwechsel

Solche Kennwerte werden meist für Biegung (σ_{bW}, σ_{bSch}) oder Torsion (τ_W, τ_{Sch}) ermittelt (Bild 21.46).

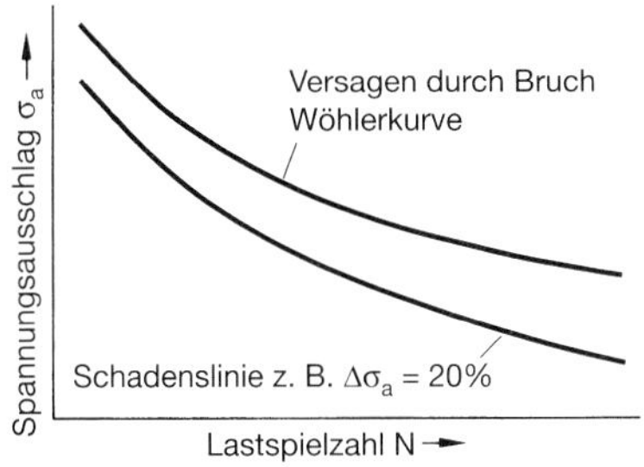

Bild 21.47 Wöhlerkurve mit Schadenslinie für 20 % Spannungsabfall

Nach DIN 53442 wird neben den *Wöhlerkurven* auch noch eine *Schadenslinie* (Bild 21.47) ermittelt, wobei als Schädigungskriterium z. B. ein Spannungsabfall während des Versuchs (meist 20 %) oder sichtbare Veränderungen an der Oberfläche des Probekörpers infrage kommen. Bei der Prüfung in Medien kann das Auftreten von Schädigungen durch Spannungsrissbildung gekennzeichnet sein.

Anmerkungen

Wie groß die Probleme bei dynamischen Prüfungen sind, kann daran erkannt werden, dass in den CAMPUS-Dateien keine dynamischen Kennwerte enthalten sind, und solche Kennwerte auch nach DIN EN ISO 10350 nicht vorgesehen sind.

Kerben und Oberflächenfehler setzen die dynamische Belastbarkeit herab. Da bei Versuchen Probekörper mit definierter Oberfläche verwendet werden, in der Praxis aber meist Bauteile vorliegen mit Kerben, bedingt durch die Konstruktion (Querschnittsübergänge, Bohrungen) oder durch den Gebrauch (Beschädigungen der Oberfläche), müssen die zulässigen Beanspruchungen mit ausreichender Sicherheit unterhalb der aus den Zeitschwingfestigkeits-Schaubildern ermittelten Grenzwerten liegen. Zusätzlich bleiben Unsicherheiten, die sich ergeben aus den unterschiedlichen „spezifischen Oberflächen" von Formteilen und Probekörpern, sowie den unterschiedlichen Betriebsbedingungen, wie wechselnde Amplituden und Frequenzen, Temperaturen, umgebende Medien usw.

21.9 Reibungs- und Verschleißverhalten

Normen:

DIN 52108	Prüfung anorganischer nichtmetallischer Werkstoffe – Verschleißprüfung mit Schleifscheiben nach Böhme
DIN 52347	Prüfung von Glas und Kunststoff – Verschleißprüfung; Reibradverfahren mit Streulichtmessung
DIN 52348	Prüfung von Glas und Kunststoffen – Verschleißprüfung; Sandrieselverfahren

DIN EN ISO 5470	Mit Kautschuk und Kunststoff beschichtete Textilien – Bestimmung des Abriebwiderstands – T1: Taber-Abriebprüfgerät T2: Martindale-Abriebprüfgerät
DIN EN ISO 8295	Kunststoffe – Folien und Bahnen – Bestimmung der Reibungskoeffizienten
DIN ISO 4649	Elastomere oder thermoplastische Elastomere – Bestimmung des Abriebwiderstands mit einem Gerät mit rotierender Zylindertrommel
DIN ISO 6691	Thermoplastische Polymere für Gleitlager – Klassifizierung und Bezeichnung
VDI 2541	Gleitlager aus thermoplastischen Kunststoffen
VDI 2543	Verbundlager mit Kunststoff-Laufschicht

Das Gleit- und Verschleißverhalten von Kunststoffen ist nicht durch Ermittlung von Kenngrößen einzelner Werkstoffe zu erfassen, vielmehr muss für jede Werkstoffpaarung das Verhalten beider Komponenten und ihre gegenseitige Einwirkung aufeinander untersucht werden.

Bei den genormten Verfahren wird im Wesentlichen der *Abrieb* und damit das *Verschleißverhalten* unter genormten Bedingungen geprüft. Die zu prüfenden Kunststoffe werden daher z. B. unter festgelegten Bedingungen gegen verschleißende Medien unter Belastung bewegt. Eine andere Möglichkeit besteht in Prallverschleißuntersuchungen, bei denen ein Strahl aus körnigen Schleifmitteln unter verschiedenen Bedingungen auf die Kunststoffoberfläche auftrifft. Es handelt sich dabei um einen *Erosionsabtrag*, wie er z. B. durch fließende Medien in Rohrleitungen oder beim Auftreffen von Regen und Hagel auftritt. Im technischen Bereich sind von größtem Interesse das *Reibungs-* und *Verschleißverhalten* beim Laufen von Zahnrädern, Lagern und Gleitelementen. Um dabei den Verschleiß am

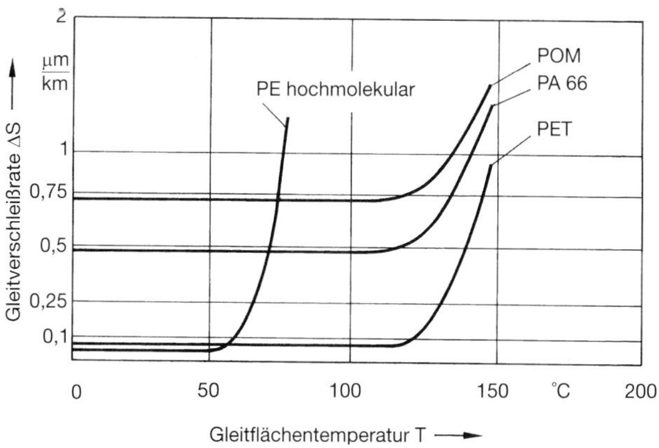

Bild 21.48 Gleitverschleißrate als Funktion der Gleitflächentemperatur

Kunststoffteil so klein wie möglich zu halten, muss durch richtige Wahl der *Gleitpartner* (*Werkstoffpaarung*), *Oberflächengüte*, *Flächenpressung*, *Gleitgeschwindigkeit*, *Temperatur* und *Schmierung* das Gleit- und Verschleißverhalten optimiert werden.

Tabelle 21.10 Gleitreibungsbeiwerte (Richtwerte) für einige Kunststoffe gegen Stahl (Härte >52 HRC, Rauhtiefe 2 µm) *ohne* Schmierung

Kunststoff	**Gleitreibungskoeffizient**	**Anmerkungen**
PE-LD	0,5 bis 0,6	
PE-HD/PE-UHMW	0,25 bis 0,3	
PP	0,25 bis 0,3	
PS	0,4 bis 0,5	
SB	0,5	
SAN	0,45 bis 0,55	
ABS	0,5 bis 0,65	
PMMA	0,45 bis 0,55	PMMA/PMMA 0,8
PA 6/PA 66	0,3 bis 0,45	
PA 66 + 3 % MoS_2	0,32 bis 0,35	
PA 6-G	0,36 bis 0,43	
PA 11/PA 12	0,32 bis 0,38	
POM	0,30 bis 0,35	POM/POM 0,25
POM + PTFE	0,2 bis 0,25	
PC	0,45 bis 0,55	
PET	0,25 bis 0,35	
PBT	0,25 bis 0,35	
PPE + PS	0,35	
PI	0,4 bis 0,45	
PTFE	0,05 bis 0,25	PTFE/PTFE 0,02

Beachte: Reibungsuntersuchungen unter Laborbedingungen geben keine sichere Voraussage für das Verhalten der Gleitpartner unter Betriebsbedingungen.

Für die *Berechnung* von Gleitpaarungen ist der p · v-Wert von Bedeutung.

Reibung

Reibung ist der Widerstand, der zum Einleiten oder Aufrechterhalten einer Relativbewegung zweier sich berührender Körper überwunden werden muss (Haft- bzw. Gleitreibung).

Die maßgebenden Kennwerte sind der *Reibungskoeffzient* μ_{Haft} und μ_{Gleit}. Im Gegensatz zu gleitenden Metallflächen, die grundsätzlich geschmiert werden müssen, spielt bei Kunststoffen auch die trockene Gleitung eine große Rolle (ungeschmierte Gleitelemente oder Zahnräder). Besondere Bedeutung hat bei Kunststoffen das PTFE mit seinen extrem niedrigen Haft- und Gleitreibungskoeffizienten. Wie auch bei anderen Kunststoffen (PA, POM, PET, PBT, PE-UHMW) sind die Haft- und Gleitreibungskoeffizienten nahezu gleich, wodurch ein „*Stick-Slip-Effekt*" vermieden wird. Zwar verbessert häufig Schmierung die Reibungsbedingungen, sie ist aber bei Kunststoffen nicht unbedingt erforderlich.

Anmerkung: Bei Paarungen gleicher Kunststoffe, z. B. PA/PA, muss i. A. mit etwa 10 % bis 20 % höheren Gleitreibungskoeffizienten gerechnet werden. Bei Paarungen unterschiedlicher Kunststoffe, z. B. PA/POM, erniedrigen sich die Werte teilweise. Durch Schmierung erniedrigen sich die angegebenen Werte. Bei verstärkten Kunststoffen ändern sich die Werte; vor allem wird ggf. der Verschleiß erhöht.

Verschleiß

Verschleiß wird gemessen als Abtrag (Masseverlust) an der Werkstoffoberfläche. Er kann auftreten als *Gleitverschleiß* unter Gleitbewegung bei Lagern und Zahnrädern oder als *Strahlverschleiß* bei Einwirken von körnigen Substanzen oder strömenden Medien an der Oberfläche z. B. von Rohrleitungen (abrasiver Verschleiß).

Bei Gleitpaarungen Kunststoff/Kunststoff oder Kunststoff/Metall ist der Verschleiß stark abhängig von der auftretenden Temperatur an den Gleitflächen (Bild 21.48).

Für einzelne Kunststoffe tritt bei Erreichen einer bestimmten Grenzflächentemperatur ein steiler Anstieg des Verschleißes ein (Bild 21.48). Es ist deshalb bei Konstruktionen und im Betrieb darauf zu achten, dass die entstehende Reibungswärme möglichst wirksam abgeführt wird; das ist bei Paarungen Kunststoff/Metall vorteilhaft. Die teilkristallinen Thermoplaste PA 6, PA 66, POM, PET, PBT verhalten sich hier besonders günstig. PTFE als Lagerwerkstoff benötigt besondere konstruktive Maßnahmen, um das Kriechen unter Belastung zu vermeiden, z. B. nur als dünne Laufschicht oder mit Stützschalen aus Metall (Verbundlager).

22 Thermische Prüfungen

Normen: Siehe bei den einzelnen Verfahren

Für den Einsatz von technischen Formteilen aus Kunststoffen ist die Formbeständigkeit in der Wärme besonders wichtig. Die durch verschiedene Prüfverfahren ermittelten Kennwerte der Formbeständigkeit in der Wärme lassen jedoch keine Aussage zu über die *maximale Gebrauchstemperatur* der Kunststoffe. Kennwerte für Kunststoffe sind nur dann vergleichbar, wenn sie nach dem gleichen Verfahren ermittelt wurden. Art der Temperatureinwirkung (Bäder oder Gase), Form der Kunststoffteile und Herstellungsbedingungen haben großen Einfluss. Keinesfalls kann deshalb aus dem Kennwert eines Verfahrens auf Kennwerte nach einem anderen Verfahren umgerechnet werden, da die Beanspruchungsarten zu verschieden sind.

Diese Prüfverfahren werden meist zur Herstellungskontrolle von Formmassen angewendet, aber auch zur Beurteilung von ebenflächigen Formteilen, aus denen die vorgeschriebenen Probekörper herausgearbeitet werden können.

Die Formbeständigkeit in der Wärme nach *Martens* DIN 53462 (zurückgezogen) wurde an Duroplasten ermittelt, ist aber für die Prüfung von Duroplasten nicht mehr vorgesehen; Kennwerte sind in älterer Literatur noch vorhanden. Duroplaste werden heute ebenfalls nach DIN EN ISO 75 geprüft.

22.1 Formbeständigkeit in der Wärme

22.1.1 Wärmeformbeständigkeitstemperatur T_f

Normen:

DIN EN ISO 75	Kunststoffe – Bestimmung der Wärmeformbeständigkeitstemperatur T1: Allgemeine Prüfverfahren T2: Kunststoffe und Hartgummi T3: Hochbeständige härtbare Schichtstoffe und langfaserverstärkte Kunststoffe

Kennwerte

T_f	**Wärmeformbeständigkeitstemperatur**
s	**Standarddurchbiegung** (siehe Tabelle 22.2)

Bei diesem Verfahren wird die Formbeständigkeit von Probekörpern ermittelt, die in einem Flüssigkeitsbad bei steigender Temperatur einer konstanten Dreipunkt-Biegebeanspruchung (Bild 22.1) ausgesetzt sind. Das Verfahren wird für thermoplastische und duroplastische (Verfahren C) Kunststoffe eingesetzt.

Probekörper werden hergestellt durch Spritzgießen oder Pressen (DIN EN ISO 293, DIN EN ISO 294, DIN EN ISO 295) unter festgelegten Bedingungen (siehe Tabelle 20.2) oder spanend durch Aussägen oder Fräsen aus Halbzeugen

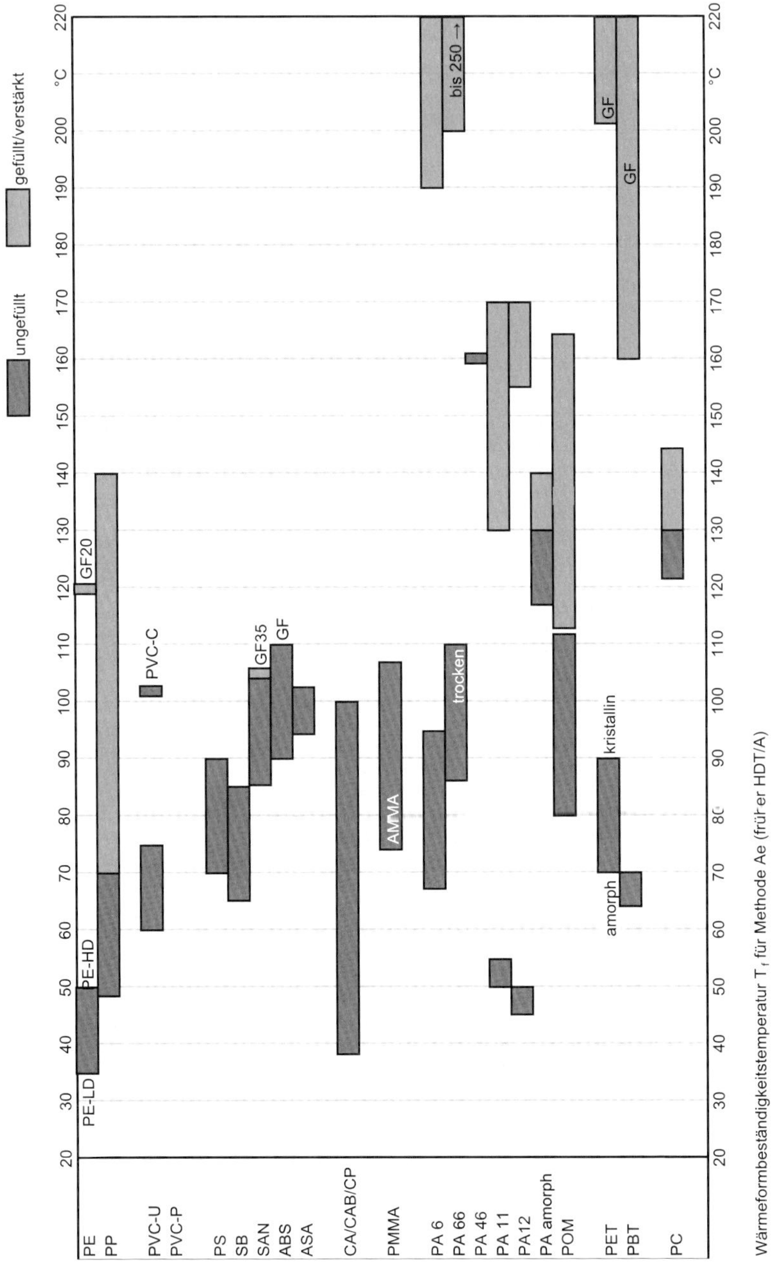

ungefüllt
gefüllt/verstärkt
°C
PE
PP
PVC-U
PVC-P
PS
SB
SAN
ABS
ASA
CA/CAB/CP
PMMA
PA 6
PA 66
PA 46
PA 11
PA12
PA amorph
POM
PET
PBT
PC
PE-LD
PE-HD
GF20
PVC-C
GF35
GF
AMMA
trocken
bis 250 →
kristallin
amorph
GF
GF
Wärmeformbeständigkeitstemperatur T_f für Methode Ae (früher HDT/A)

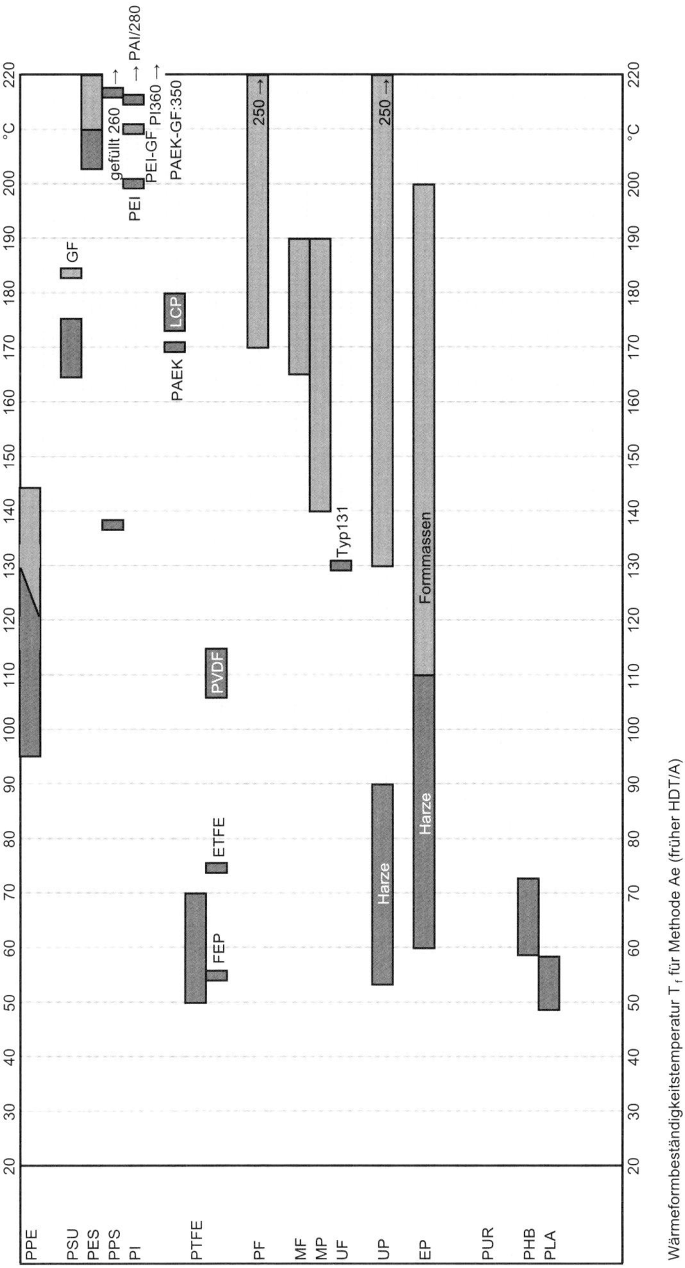

°C
20
30
40
50
60
70
80
90
100
110
120
130
140
150
160
170
180
190
200
220
PPE
PSU
PES
PPS
PI
PTFE
PF
MF
MP
UF
UP
EP
PUR
PHB
PLA
GF
gefüllt 260
→ PAI/280
PEI
PEI-GF
PI360
PAEK-GF:350 →
LCP
PAEK
PVDF
ETFE
FEP
250 →
Typ131
Harze
Formmassen
Wärmeformbeständigkeitstemperatur T f für Methode Ae (früher HDT/A)

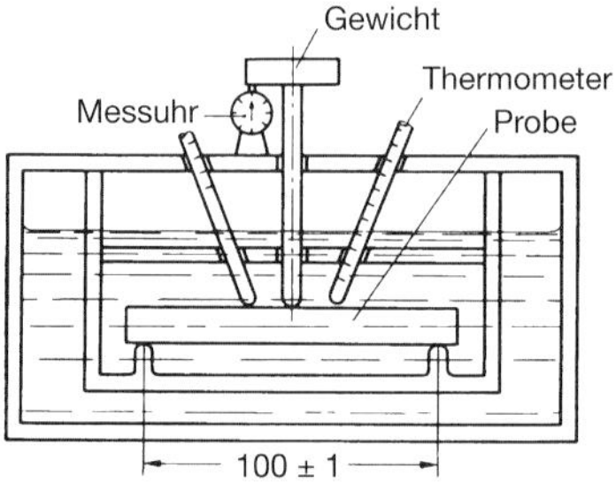

Bild 22.1 Versuchsanordnung zur Bestimmung der Formbeständigkeitstemperatur

oder Formteilen (DIN EN ISO 2818). Oberfläche muss frei sein von Fehlstellen. Abmessungen der Probekörper siehe Tabelle 22.1.

Prüfung erfolgt an mindestens 2 Probekörpern im Flüssigkeitsbad. Beanspruchung unter Dreipunktbiegung durch mittige Einzelkraft F so, dass sich in Stabmitte eine größte Biegespannung σ ergibt bei

Verfahren A: $\sigma = 1{,}8$ MPa
Verfahren B: $\sigma = 0{,}45$ MPa
Verfahren C: $\sigma = 8{,}0$ MPa

Das aufzulegende Gewicht zur Erzeugung dieser Spannungen errechnet sich wie folgt:

$$F = \frac{2 \cdot \sigma \cdot b \cdot h^2}{3 \cdot L} \quad \text{für flache (flatwise) Probekörperanordnung.}$$

Für das Flüssigkeitsbad sollten nur solche Medien verwendet werden, die den Probekörper nicht angreifen. Zuerst wird die Badtemperatur bei 20 °C bis 23 °C und die Biegespannung σ je nach Verfahren 5 min lang gehalten, dann die Messeinrichtung auf „Null" gestellt und danach mit einer Aufheizgeschwindigkeit von 2 °C/min erwärmt bis eine Durchbiegung des Probekörpers in Probenmitte entsprechend Tabelle 22.2 erreicht ist, was einer Dehnung von 0,2 % an der Oberfläche entspricht.

Tabelle 22.1 Abmessungen der Probekörper und Auflagerabstand zur Bestimmung der Wärmeformbeständigkeitstemperatur

	Länge l mm	**Breite b** mm	**Dicke h** mm	**Auflagerabstand L** mm	**Prüfung**
DIN EN ISO 75-2	80 ± 0,2	10 ± 0,2	4 ± 0,2	64 ± 0,1	flachkant f (vorzugsweise)
	120 ± 10	9,8 bis 15	3,0 bis 4,2	100 ± 1	hochkant e (optional)

Für die Vorzugsprüfung gilt $l > b > h$

Auswertung erfolgt so, dass die Temperatur ermittelt wird, bei der die Probekörper die vorgeschriebene Durchbiegung (Tabelle 22.2) erreicht haben.

Kennwert: Wärmeformbeständigkeitstemperatur T_f in °C

T_f unter Angabe der Randfaserspannung σ_f und der Probekörperanordnung f (oder e), z. B. T_{ff} 1,8 für Flachkantprüfung f bei Verfahren A (σ_f = 1,8 MPa) oder T_{fe} 8,0 für Hochkantprüfung e bei Verfahren C (σ_f = 8,0 MPa).

Anmerkungen

Nach DIN EN ISO 75-2 ist Hochkantprüfung optional mit Probestab 120 × (9,8 bis 15) × (3,0 bis 4,2) möglich.

Tabelle 22.2 Standarddurchbiegung[1)] s in Abhängigkeit von der Probenhöhe bei Flachkantprüfung (flatwise)

Probekörperhöhe (Dicke h des Probekörpers) mm	**Standarddurchbiegung s (in Probenmitte) mm**
3,8	0,36
3,9	0,35
4,0	0,34
4,1	0,33
4,2	0,32

[1)] Für Hochkantprüfung gelten andere Standarddurchbiegungen (siehe Norm)

22.1.2 Vicat-Erweichungstemperatur VST

Norm:

DIN EN ISO 306 Kunststoffe – Thermoplaste – Bestimmung der Vicat-Erweichungstemperatur

Kennwert

VST Vicat-Erweichungstemperatur
(T_V Vicat Softening Temperature)

Durch dieses Prüfverfahren kann das Erweichungsverhalten am Besten von amorphen thermoplastischen Kunststoffen bei Erwärmung bestimmt werden.

Probekörper werden hergestellt durch Spritzgießen oder Pressen (DIN EN ISO 293, DIN EN ISO 294, DIN EN ISO 295) unter festgelegten Bedingungen (siehe Tabelle 20.2) oder spanend durch Aussägen oder Fräsen aus Halbzeugen oder Formteilen (DIN EN ISO 2818). Oberflächen müssen frei sein von Fehlstellen und planparallel.

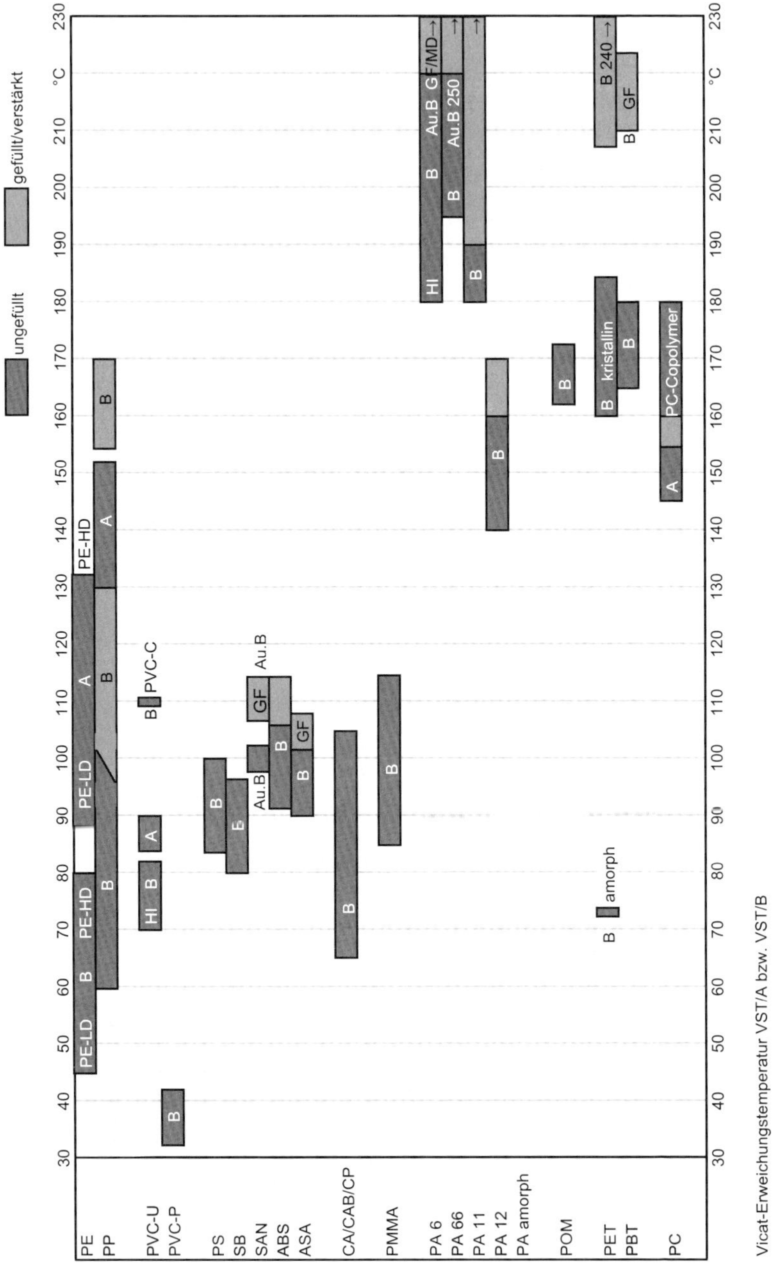
ungefüllt
gefüllt/verstärkt
PE
PP
PVC-U
PVC-P
PS
SB
SAN
ABS
ASA
CA/CAB/CP
PMMA
PA 6
PA 66
PA 11
PA 12
PA amorph
POM
PET
PBT
PC
PE-LD
PE-HD
PVC-C
Au.B
GF
HI
kristallin
amorph
PC-Copolymer
B 240 →
Au.B 250
°C
Vicat-Erweichungstemperatur VST/A bzw. VST/B

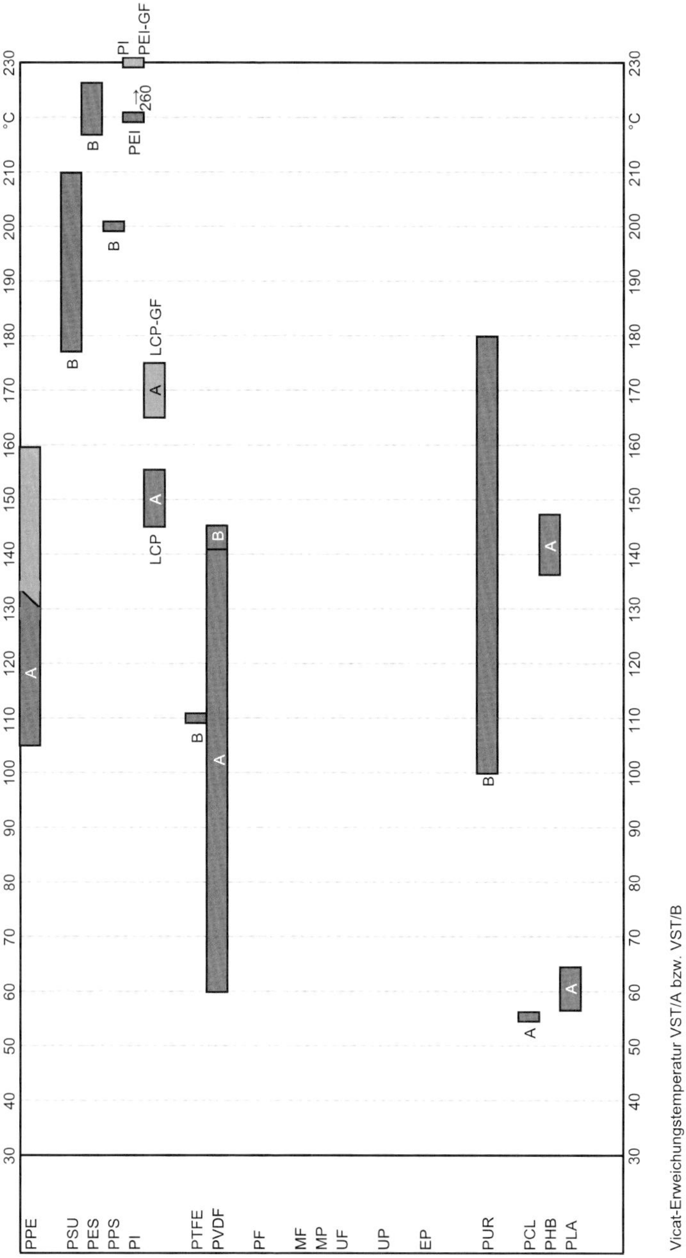
PPE
PSU
PES
PPS
PI
PTFE
PVDF
PF
MF
MP
UF
UP
EP
PUR
PCL
PHB
PLA
PI
PEI-GF
PEI
260
LCP
LCP-GF
°C
30
40
50
60
70
80
90
100
110
120
130
140
150
160
170
180
190
200
210
230
Vicat-Erweichungstemperatur VST/A bzw. VST/B

Mindestgrundfläche 10 mm × 10 mm oder 10 mm Mindestdurchmesser mit einer Dicke von 3 mm bis 6,5 mm. Bei Probekörpern mit einer Dicke unter 3 mm höchstens 3 Stücke mit gutem Kontakt bis zur vorgeschriebenen Dicke aufeinanderlegen; die oberste Schicht muss mindestens 1,5 mm dick sein. Bei Proben mit mehr als 6,5 mm Dicke muss die Probe auf 3 mm bis 6,5 mm abgearbeitet werden; zu prüfen ist die unbearbeitete Oberfläche. Mindestens 2 Probekörper sind zu prüfen.

Prüfung erfolgt mit einer zylindrischen Stahlnadel mit einer Auflagefläche von 1 mm^2, die senkrecht auf die Probekörperoberfläche aufgesetzt wird. Prüfung erfolgt in geeigneter Temperierflüssigkeit, die den Probekörper nicht angreifen darf oder in einem Prüfgerät mit Direktkontakt – Heizeinheit. Zuerst 5 min temperieren bei 20 °C bis 23 °C oder bei einer Temperatur, die rd. 50 °C tiefer liegt als die erwartete Vicat-Erweichungstemperatur, dann Stahlnadel mit Gewicht belasten und Temperierflüssigkeit gleichmäßig um 50 °C/h oder 120 °C/h erwärmen (Bild 22.2).

Es gibt nachstehende Verfahren:

	Belastung	Heizrate
Verfahren A50	10 N	50 °C/h
Verfahren A120	10 N	120 °C/h
Verfahren B50	50 N	50 °C/h
Verfahren B120	50 N	120 °C/h

Auswertung erfolgt so, dass die Temperatur bestimmt wird, bei der die Vicat-Nadel 1,0 mm ± 0,1 mm tief in den Probekörper eingedrungen ist.

Kennwert: Vicat-Erweichungstemperatur in °C

VST/A50 = 96 °C bedeutet z. B., dass nach Verfahren A mit 10 N bei einer Aufheizgeschwindigkeit von 50 °C/h geprüft wurde. Eine andere Art der Angabe für die Vicat-Erweichungstemperatur ist T_V 50/50, d. h. die Vicat-Erweichungstemperatur bei einer Belastung von 50 N und einer Aufheizgeschwindigkeit von 50 °C/h

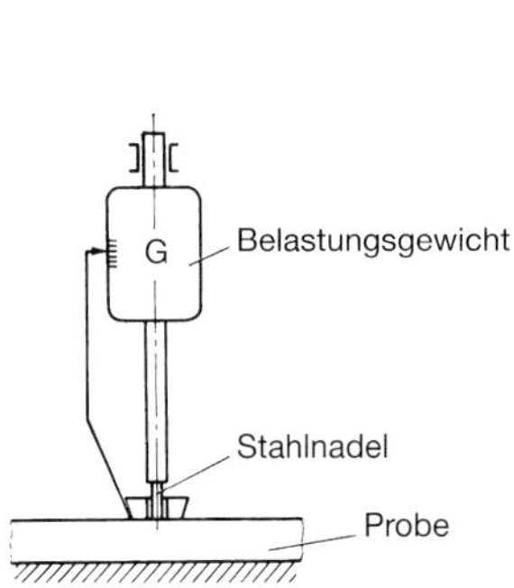

Bild 22.2 Versuchsanordnung zur Bestimmung der Vicat-Erweichungstemperatur

22.2 Verhalten von Kunststoffen bei Temperatureinwirkung

Normen:

DIN EN ISO 2578	Kunststoffe – Bestimmung der Temperatur-Zeit-Grenzen bei langanhaltender Wärmeeinwirkung
DIN EN 60216	Elektroisolierstoffe – Eigenschaften hinsichtlich des thermischen Langzeitverhaltens

Kennwerte

TI	**Temperatur-Index**
RTI	**Relativer Temperatur-Index**
HIC	**Halbwert-Intervall**

Bei langanhaltender Wärmeeinwirkung auf Kunststoffe tritt eine sog. Wärmealterung auf, die sich in Änderungen von Eigenschaften zeigt. Die internationale Norm DIN EN ISO 2578 legt die Grundsätze und die Versuchsdurchführung fest, um das thermische Langzeitverhalten von Kunststoffen bei andauernder Wärmeeinwirkung in Luft bewerten zu können. Wenn das thermische Langzeitverhalten in anderer Umgebung und/oder mit anderen Beanspruchungen beurteilt werden soll, so müssen besondere Versuche durchgeführt werden. Es wird die Änderung der Eigenschaften nach Abkühlung auf Raumtemperatur gemessen. Die Eigenschaften der Kunststoffe ändern sich infolge Wärmeeinwirkung unterschiedlich schnell. Das Wärmealterungsverhalten verschiedener Kunststoffe wird durch Festlegen einer bestimmten Eigenschaft und der Zeitdauer bis zum Erreichen eines zulässigen Grenzwertes verglichen.

Die Anwendung dieser Norm beruht auf der Annahme, dass ein praktisch linearer Zusammenhang besteht zwischen dem Logarithmus der Lagerungsdauer, um eine vorgegebene Eigenschaftsänderung zu bewirken, und dem Kehrwert der zugehörigen absoluten Temperatur (Arrhenius-Gesetz). Für die zu prüfenden Kunststoffe darf im Prüfbereich kein Phasenübergang auftreten. Die Prüfverfahren sind sehr aufwendig, da bei mindestens drei Warmlagerungstemperaturen in drei Wärmeschränken über 100 h bis 5000 h geprüft werden muss.

Probekörper richten sich in Abmessungen und Herstellbedingungen nach den Bestimmungen der einschlägigen Prüfverfahren. Die Mindestanzahl n der erforderlichen Probekörper hängt ab von der Anzahl der Probekörper a je Messpunkt (z. B. 4), der Anzahl der Lagerungstemperaturen c (z. B. 4), der Anzahl der Lagerzeiten b bei einer Temperatur (z. B. 6) und der Anzahl von Probekörpern d zur Bestimmung des Anfangswertes bei Raumtemperatur (z. B. 6). Dies ergibt für das angegebene Beispiel $n = (a \times b \times c) \times d = 125$. Die große Anzahl von Probekörpern und Einzelprüfungen macht oft eine Reduzierung der Anzahl erforderlich, was jedoch die Genauigkeit der Prüfergebnisse beeinträchtigt. Es wird empfohlen durch orientierende Prüfungen die Anzahl und Dauer der Alterungsversuche abzuschätzen.

Die ***Prüfung*** bezieht sich auf die Eigenschaft, die für die praktische Anwendung des Kunststoffs von Bedeutung ist. Es müssen hierbei international genormte Prüfverfahren angewendet werden. Vor der Wärmealterung muss bei Raumtemperatur an der erforderlichen Anzahl von konditionierten Probekörpern der Anfangswert bestimmt werden.

Die Wärmealterung erfolgt in Wärmeschränken mit Luftaustausch nach IEC 216-4. Bei Gefahr der Beeinflussung von Probekörpern unterschiedlicher Kunststoffe sind getrennte Wärmeöfen zu verwenden. Die Warmlagerungstemperaturen sind so zu wählen, dass der Eigenschaftsgrenzwert bei der niedrigsten Warmlagerungstemperatur in mindestens 5000 h und bei der höchsten in mindestens 100 h erreicht wird. Die niedrigste Warmlagerungstemperatur darf nicht mehr als 25 °C über dem erwarteten Temperatur-Index TI liegen. Der Grenzwert der gewählten Eigenschaft richtet sich nach dem vorgesehenen Verwendungszweck, im allgemeinen 50 % des Anfangswertes. Nach der Warmlagerung wird die erforderliche Anzahl von Probekörpern aus dem Wärmeschrank genommen und wenn nötig konditioniert. Anschließend erfolgt die Prüfung bei Raumtemperatur.

Auswertung erfolgt meist graphisch. Für jede Warmlagerungstemperatur werden die ermittelten Eigenschaftswerte in Abhängigkeit vom Logarithmus der Lagerzeit aufgezeichnet (Bild 22.3). Die Punkte, an denen die Kurven der Warmlagerungstemperaturen die Ordinate des Grenzwertes schneiden, sind die Ausfallzeiten. Die Berechnung des thermischen Langzeit-Diagramms (Arrhenius-Diagramm) erfolgt aus den Ausfallzeiten und den zugehörigen Warmlagerungstemperaturen. Dabei wird die Ausfallzeit gegen die zugehörige Lagerungstemperatur auf Diagrammpapier mit logarithmischer Zeitskala als Ordinate und mit der reziproken absoluten Temperatur als Abszisse aufgetragen. Die Abszisse enthält außerdem die der absoluten Temperatur zugehörige Celsius-Gradteilung (Bild 22.4).

Die Regressionsgerade wird nach einer Regressionsberechnung (siehe Norm) durch die zugehörigen Messpunkte gezogen.

Der ***Temperatur-Index TI*** für die gewählte Zeitspanne (üblicherweise 20 000 h) ist die aus der Temperatur-Zeit-Kurve entnommene Temperatur in °C. Er kann auch nach Anhang A von DIN EN ISO 2578 aus den Prüfergebnissen errechnet werden.

Der ***relative Temperatur-Index RTI*** ist der Temperatur-Index eines Versuchsmaterials für diejenige Zeitspanne, die zum bekannten Temperatur-Index eines Referenzmaterials gehört, wenn beide Materialien denselben Alterungs- und Beurteilungsverfahren in einem Vergleichsverfahren unterworfen werden. Er wird aus den thermischen Langzeit-Diagrammen abgeleitet (Bild 22.5) und hängt insbesondere von der Zeitspanne ab, für die der Temperatur-Index des Referenzmaterials ermittelt wurde.

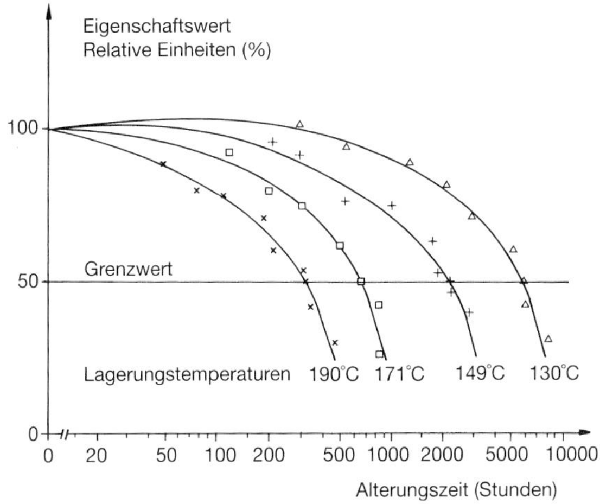

Bild 22.3 Bestimmung der Zeit bis zum Erreichen des Grenzwertes bei verschiedenen Temperaturen, Veränderung der Eigenschaft

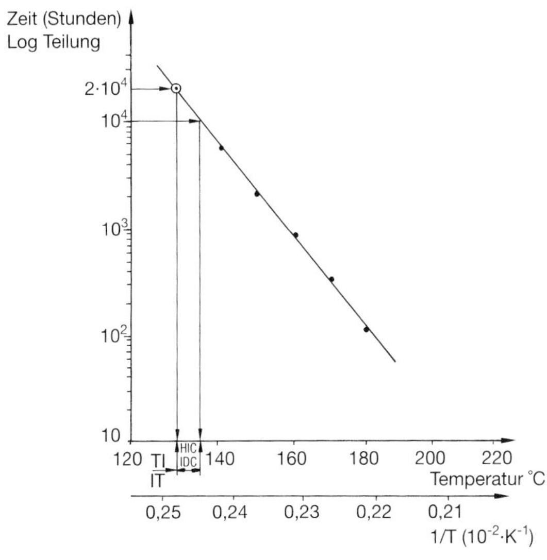

Bild 22.4 Bestimmung des Temperatur-Index TI und des Halbwert-Intervalls HIC im thermischen Langzeit-Diagramm

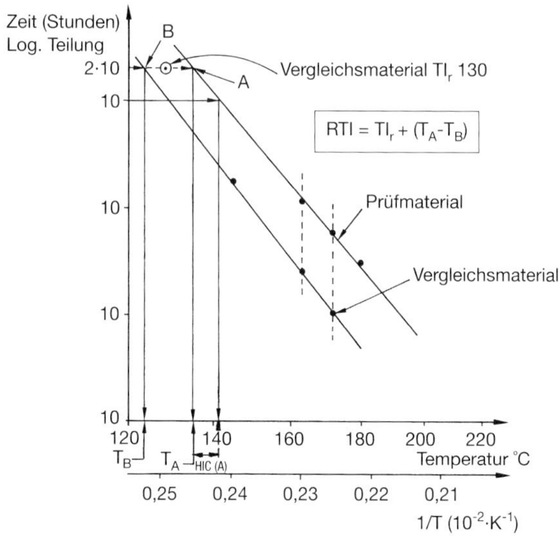

Bild 22.5 Bestimmung des relativen Temperatur-Index RTI

Das ***Halbwert-Intervall HIC*** ist das Temperatur-Intervall in °C, das zu einer Halbierung der Temperatur des *TI* führt und ist ein Maß für die Neigung der Temperatur-Zeit-Kurve (Bild 22.4). Er ist keine Konstante, sondern ändert sich mit der Temperatur.

Neben den ermittelten Kennwerten Temperatur Index TI, relativer Temperatur-Index RTI und Halbwert-Intervall HIC sind im Bericht die gewählte Eigenschaft und der Grenzwert, die Alterungs- und Konditionsbedingungen, die Anzahl der Messungen, die Warmlagerungstemperaturen und -zeiten anzugeben.

Anmerkung: Eine Beurteilung des Wärmeverhaltens von Kunststoff-Formteilen ist durch TI und RTI nicht ohne weiteres möglich. Die Kennwerte erlauben aber einen guten Vergleich des Wärmeverhaltens von Kunststoffen untereinander. Allerdings ist der Kosten- und Zeitaufwand erheblich. Es liegen bis jetzt nur wenige Angaben über Ergebnisse aus diesen Prüfungen vor.

22.3 Gebrauchstemperaturbereiche

Ein Kunststoff gilt dann als temperaturbeständig, wenn während seines Einsatzes bei Gebrauchstemperatur keine, den vorgesehenen Verwendungszweck beeinträchtigende Minderung seiner Eigenschaften auftritt.

Wie bei allen Werkstoffen besteht auch bei Kunststoffen die Tendenz, dass bei *tieferen* Temperaturen die Festigkeit und die Steifigkeit steigen, während die Verformungsfähigkeit abnimmt; dabei kann infolge von Gefügeänderungen eine ausgeprägte Versprödung auftreten; wichtig ist dann der sog. *Kälterichtwert* T_R bzw. die *Glasübergangstemperatur* T_g (vgl. Kap. 21.4). Weiterhin werden bei tieferen Temperaturen das Kriechen und Altern verzögert. Bei *höheren* Temperaturen beobachtet man das entgegengesetzte Verhalten; die Festigkeitskennwerte nehmen ab und die Verformungsfähigkeit nimmt zu, die Kunststoffe werden weniger schlag- und kerbempfindlich. Die Temperaturabhängigkeit der mechanischen Eigenschaften ist bei den Schlagversuchen (siehe Kap. 21.6), sowie bei den Zeitstandversuchen (siehe Kap. 21.7) beschrieben. Die Temperaturbeständigkeit ist eine last- und zeitabhängige Größe (Kap. 22.2). So kann z. B. PF eine Temperatur <150 °C über Jahre hinweg aushalten, 250 °C dagegen aber nur wenige Stunden.

Hinzuweisen ist vor allem darauf, dass weder Formbeständigkeiten in der Wärme (siehe Kap. 22.1), noch Schmelz- und Zersetzungstemperaturen eine Aussage über die Temperaturbeständigkeit von Kunststoffen erlauben. Diese Prüfungsarten liefern nur Vergleichswerte, die nicht ineinander umgewertet werden können. Infolge des unterschiedlichen elastischen und viskoelastischen Verhaltens der Kunststoffe lassen sich mit derartigen Versuchen keine echten Kennwerte ermitteln. Die Ergebnisse dieser Prüfungen können dem Konstrukteur nur Anhaltswerte für die Auswahl eines Kunststoffs hinsichtlich seiner Formstabilität in der Wärme geben. Die ermittelten (Formbeständigkeits-)Temperaturen dürfen auf keinen Fall als maximale Gebrauchstemperaturen angesehen werden. Genauere Angaben erhält man z. B. aus den Schubmodul-Temperatur-Diagrammen (siehe Kap. 21.4), in denen das Werkstoffverhalten aus den Umwandlungsbereichen gedeutet wird.

Bei Formteilen aus Kunststoffen besteht der Wunsch nach Definition einer *Grenz-Gebrauchstemperatur* (DIN 7724). Diese ist jedoch schwierig anzugeben, weil Formteile beim Gebrauch den unterschiedlichsten Anforderungen unterworfen sind, wobei neben der Temperatur die Formteilgestalt und die Belastung sowie das umgebende Medium einen entscheidenden Einfluss auf die Formstabilität haben.

Obere Gebrauchstemperatur

Die obere Gebrauchstemperatur ist der Grenzwert für die Bedingung, dass bei mechanisch beanspruchten Formteilen die zulässige Verformung oder Spannung durch Abfall von Elastizitätsmodul und Festigkeit nicht überschritten wird oder dass keine anderen wesentlichen Eigenschaften des Formteils unzulässig verändert werden oder dass noch keine unzulässige Schrumpfung oder Verzug auftritt.

Die im Diagramm auf Seite 364/365 angegebenen oberen Grenztemperaturen gelten unter der Voraussetzung, dass das Umgebungsmedium Luft ist und dass die langzeitige Temperatureinwirkung bei niedriger Belastung wirkt.

Bei günstigeren Bedingungen, z. B. nur kurzzeitige oder intermittierende Temperaturbeanspruchung können die angegebenen Grenztemperaturbereiche überschritten werden.

Temperatur-Zeitgrenzen der Alterung von Kunststoffen *ohne* Belastung werden nach DIN EN ISO 2578 (alt: DIN 53446 vgl. Kap. 22.2) ermittelt. Auf gleichartiger Grundlage wird der *Underwriters Laboratories Temperature Index* ermittelt.

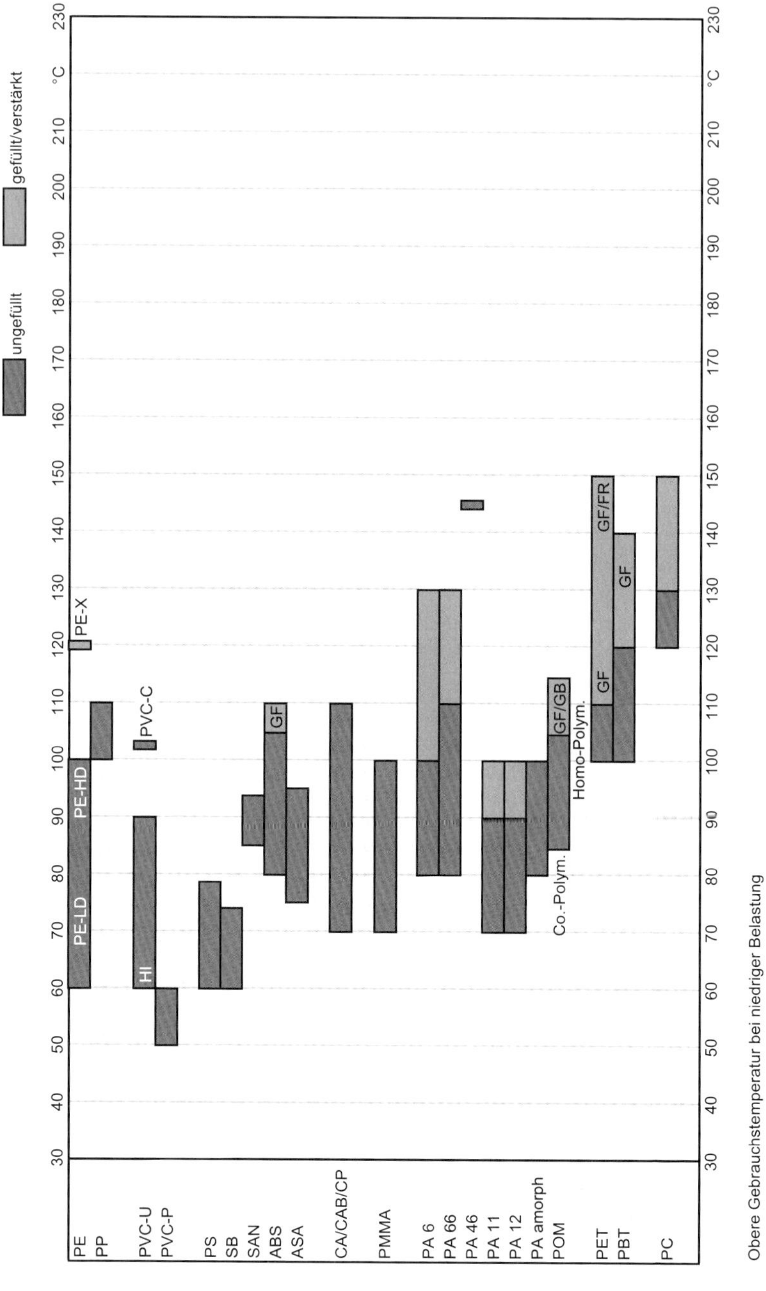

ungefüllt
gefüllt/verstärkt
°C
30
40
50
60
70
80
90
100
110
120
130
140
150
160
170
180
190
200
210
230
PE
PP
PVC-U
PVC-P
PS
SB
SAN
ABS
ASA
CA/CAB/CP
PMMA
PA 6
PA 66
PA 46
PA 11
PA 12
PA amorph
POM
PET
PBT
PC
PE-LD
PE-HD
PE-X
HI
PVC-C
GF
GF/GB
Co.-Polym.
Homo-Polym.
GF/FR
Obere Gebrauchstemperatur bei niedriger Belastung

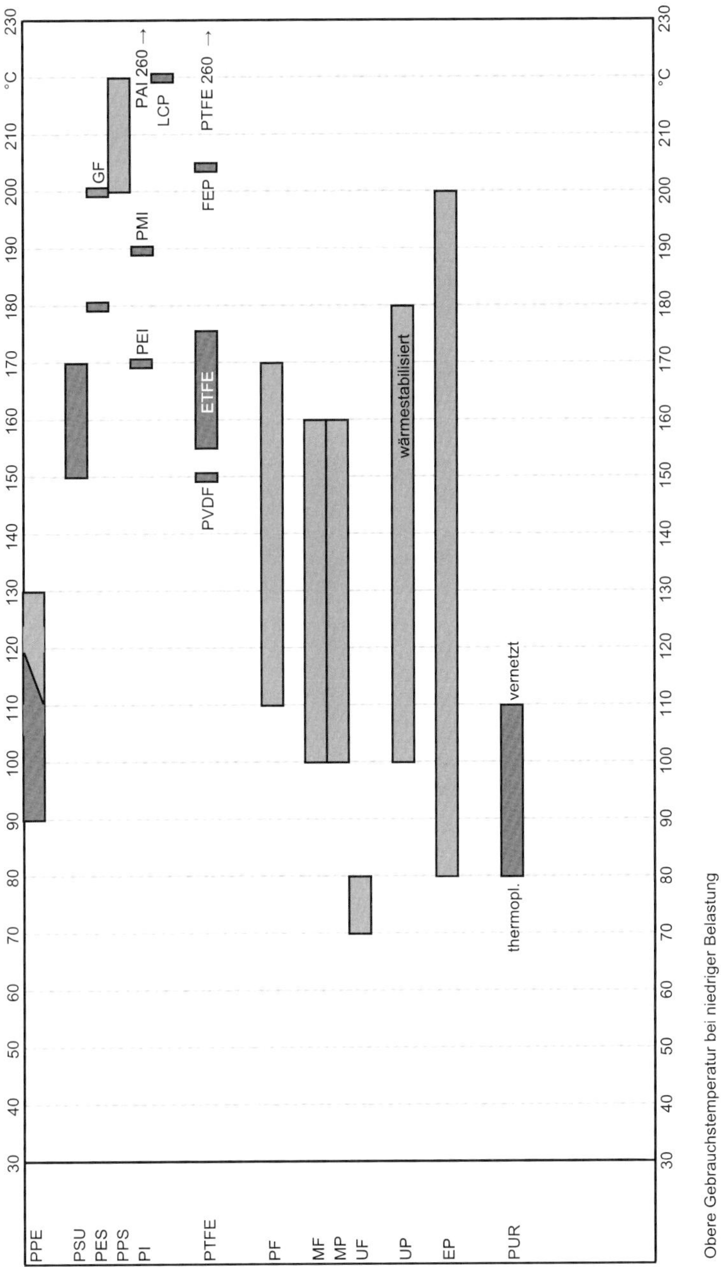
PPE
PSU
PES
PPS
PI
PTFE
PF
MF
MP
UF
UP
EP
PUR
°C
30
40
50
60
70
80
90
100
110
120
130
140
150
160
170
180
190
200
210
230
GF
PMI
PEI
PAI 260 →
LCP
PTFE 260 →
FEP
ETFE
PVDF
wärmestabilisiert
vernetzt
thermopl.
Obere Gebrauchstemperatur bei niedriger Belastung

Untere Gebrauchstemperatur

Bei teilkristallinen Thermoplasten kann aus dem Schubmodul-Temperatur-Diagramm (vgl. Kap. 21.4) die Einfriertemperatur der amorphen Anteile erkannt und die Glasübergangstemperatur T_g ggf. als Versprödungstemperatur angegeben werden. Bei amorphen Thermoplasten gibt auch der Verlauf der Schlagzähigkeit bzw. Kerbschlagzähigkeit über der Temperatur durch den Steilabfall einen Hinweis auf die Verprödungstemperatur (Kap. 21.6).

22.4 Wärmeleitfähigkeit

Norm:

DIN 52612 Bestimmung der Wärmeleitfähigkeit mit dem Plattengerät

Kennwert

λ **Wärmeleitfähigkeit**

Die Wärmeleitfähigkeit eines Stoffs gibt an, wie groß in einem gegebenen Temperaturfeld der Wärmestrom ist, der die Messfläche durchströmt unter der Wirkung eines Temperaturgefälles in Richtung der Flächennormalen. Die Wärmeleitfähigkeit eines Kunststoffs ist z. B. wichtig für Abkühlvorgänge im Werkzeug und bestimmt damit auch die Zykluszeit beim Spritzgießen.

Die Wärmeleitfähigkeit von Kunststoffen ändert sich im Bereich von +20 °C bis +100 °C meist nur wenig (Ausnahme: Polyethylen). Durch Verstrecken und durch Orientierungen wird die Wärmeleitfähigkeit in Orientierungsrichtung erhöht und senkrecht dazu erniedrigt. Kunststoff-Schaumstoffe haben eine besonders niedrige Wärmeleitfähigkeit. Mineralische und metallische Füllstoffe wie Glas, Quarzmehl und Stahldrähte erhöhen die Wärmeleitfähigkeit.

Die Wärmeleitfähigkeit von ebenen Kunststoffplatten wird meist im Zweiplattenverfahren nach *Poensgen* gemessen (Bild 22.6). Es ist jedoch auch eine Prüfung im Einplattenverfahren zulässig.

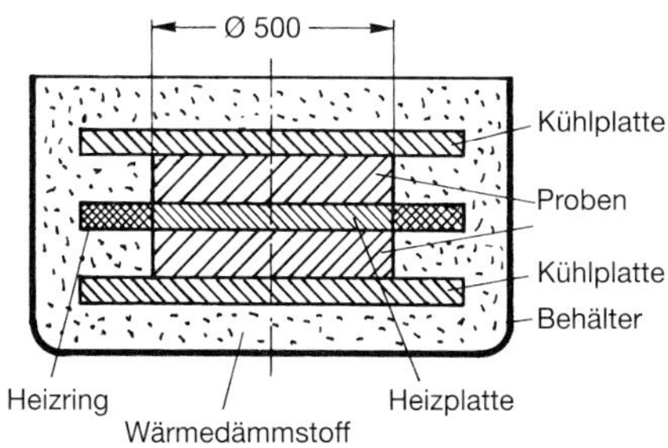

Bild 22.6 Bestimmung der Wärmeleitfähigkeit nach dem Zweiplattenverfahren

Probekörper: Für Standardgerät benötigt man zwei gleiche Platten 500 mm × 500 mm × s mm, mit ebenen, planparallelen Oberflächen; die Dicke s der Platten muss größer 10 mm aber kleiner als 125 mm sein. Die Seitenlänge der Probe muss gleich der Seitenlänge der Heizplatte sein.

Vorbehandlung: Vortrocknen der Platten bis Gewichtskonstanz bei 105 °C oder bei anderen Temperaturen unterhalb der Erweichungstemperatur des zu prüfenden Kunststoffs. Feuchte der Probe muss kleiner sein als Feuchte des Formteils beim vorgesehenen Einsatz (vgl. DIN 52612).

Prüfanordnung: Beim *Zweiplattenverfahren* wird die Heizleistung Q der Heizplatte zugeführt. Zur Vermeidung seitlicher Wärmeableitung ist ein Heizring um die Heizplatte gelegt, der auf gleiche Temperatur geheizt wird wie die Heizplatte. Wärmedämmstoff soll Störung der Temperaturverhältnisse vermeiden.

Prüfung: Mit Thermoelementen werden die Oberflächentemperaturen gemessen. Das Temperaturgefälle zwischen kalter und warmer Oberfläche der Proben soll etwa 10 K betragen. Der Versuch ist bei mindestens drei verschiedenen Mitteltemperaturen durchzuführen, die sich um wenigstens 8 K unterscheiden müssen. Die Prüfung von Baustoffen erfolgt i. a. zwischen +10 °C und +40 °C.

Kennwert: Wärmeleitfähigkeit in W/(m · K)

Für die Wärmeleitfähigkeit gilt

$$\lambda = \frac{Q \cdot s_m}{2 \cdot A \cdot (T_{wm} - T_{km})}$$

Dabei bedeuten:

Q	Wärmestrom in W
A	Fläche der Heizplatte in m^2
s_1, s_2	mittlere Dicke der Proben 1 und 2 in m
T_{w1}, T_{w2}	mittlere Temperaturen der Probenoberfläche an der Heizplatte in °C
T_{k1}, T_{k2}	mittlere Temperaturen der Probenoberfläche an der Kühlplatte in °C

$T_{wm} = \frac{1}{2} \cdot (T_{w1} + T_{w2})$

$T_{km} = \frac{1}{2} \cdot (T_{k1} + T_{w2})$

$s_m = \frac{1}{2} \cdot (s_1 + s_2)$

Die Messunsicherheit beträgt etwa 5 %.

Anmerkung

Das Messen der Wärmeleitfähigkeit nach dem Plattenverfahren verlangt spezielle Erfahrungen auf dem Gebiet der Wärmeströmung und der Temperaturmessung. Andere Prüfverfahren z. B. mit Wärmestrommessern sind ebenfalls möglich.

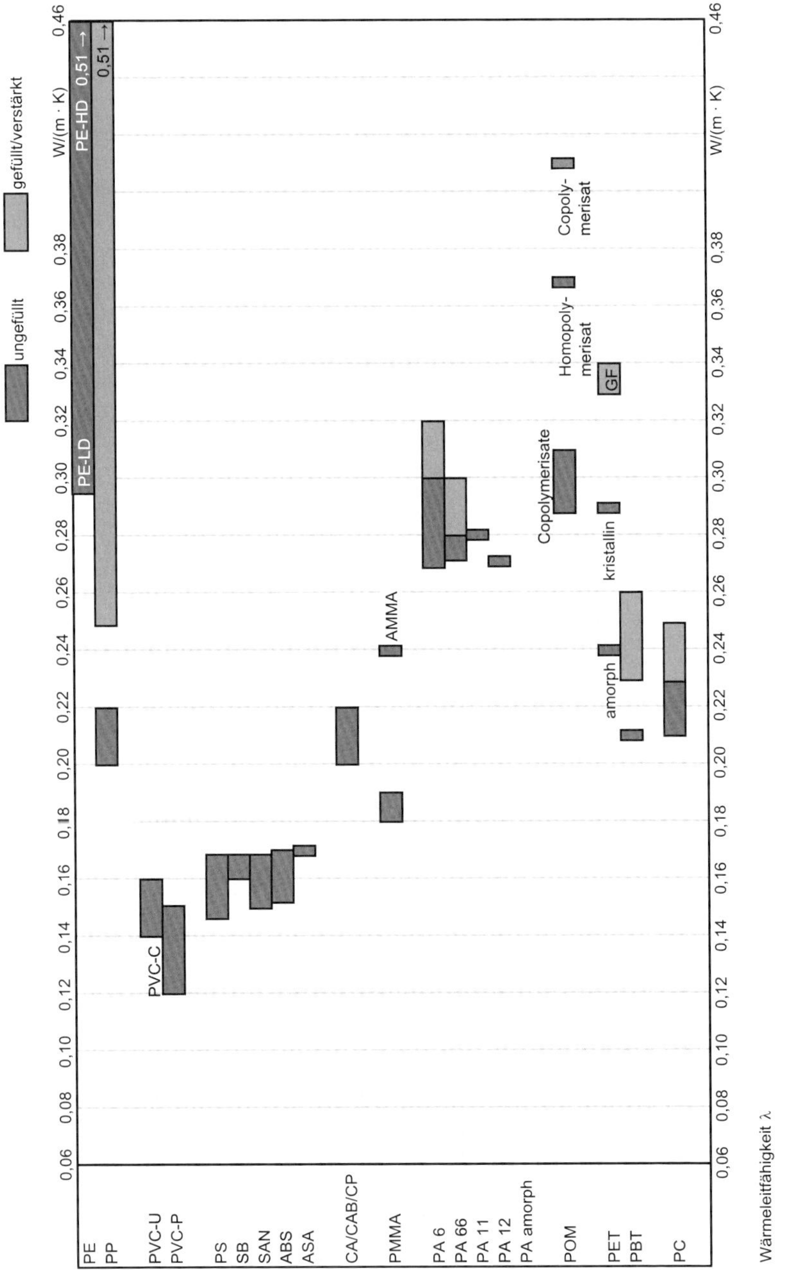
ungefüllt
gefüllt/verstärkt
PE
PP
PVC-U
PVC-P
PS
SB
SAN
ABS
ASA
CA/CAB/CP
PMMA
PA 6
PA 66
PA 11
PA 12
PA amorph
POM
PET
PBT
PC
PE-LD
PE-HD 0,51 →
0,51 →
PVC-C
AMMA
Copolymerisate
Homopoly-
merisat
Copoly-
merisat
GF
kristallin
amorph
0,06 0,08 0,10 0,12 0,14 0,16 0,18 0,20 0,22 0,24 0,26 0,28 0,30 0,32 0,34 0,36 0,38 0,46
W/(m · K)
Wärmeleitfähigkeit λ

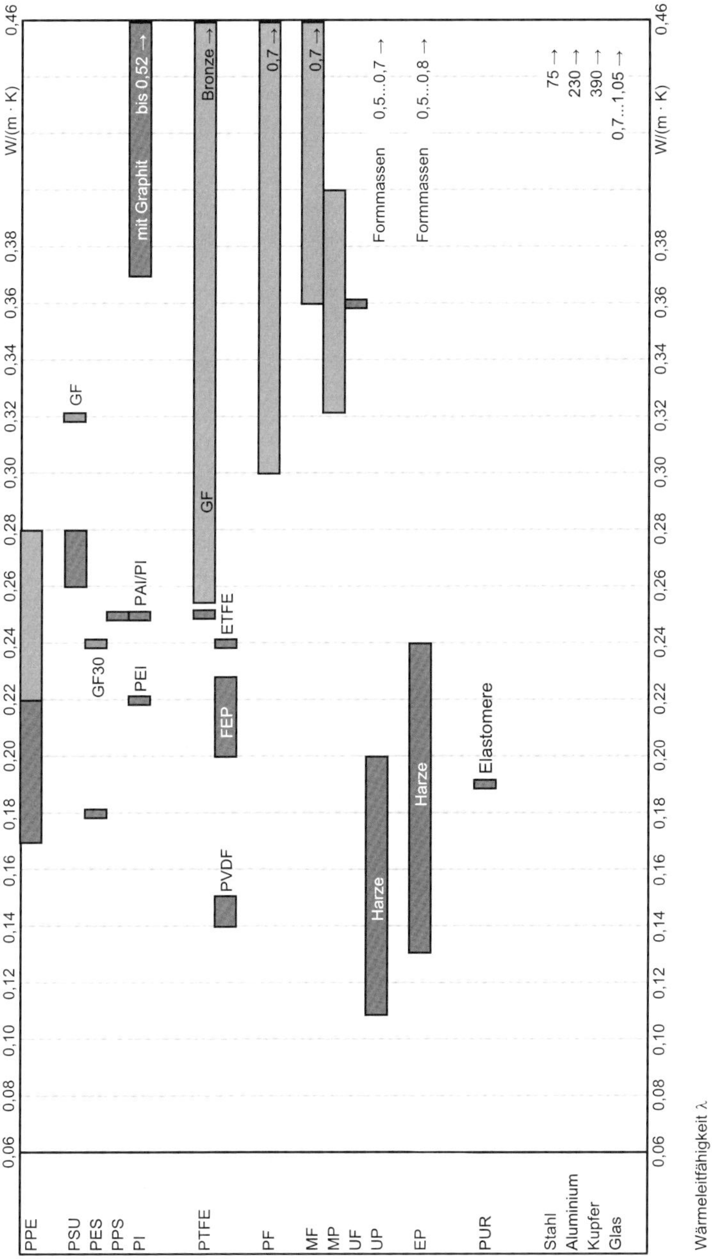

PPE
PSU
PES
PPS
PI
PTFE
PF
MF
MP
UF
UP
EP
PUR
Stahl
Aluminium
Kupfer
Glas
0,06
0,08
0,10
0,12
0,14
0,16
0,18
0,20
0,22
0,24
0,26
0,28
0,30
0,32
0,34
0,36
0,38
0,46
W/(m · K)
GF
GF30
PEI
PAI/PI
mit Graphit
bis 0,52 →
GF
Bronze →
ETFE
FEP
PVDF
0,7 →
0,7 →
Formmassen 0,5...0,7 →
Formmassen 0,5...0,8 →
Harze
Harze
Elastomere
75 →
230 →
390 →
0,7...1,05 →
Wärmeleitfähigkeit λ

22.5 Thermischer Längenausdehnungskoeffizient

Norm:

DIN 53752	Prüfung von Kunststoffen, Bestimmung des thermischen Längenausdehnungskoeffizienten
DIN EN 2511	Luft- und Raumfahrt – Prüfverfahren für transparente Werkstoffe zur Verglasung von Luftfahrzeugen T12: Bestimmung der linearen Wärmeausdehnung
ISO 11359	Kunststoffe – Thermomechanische Analyse (TMA) T1: Allgemeine Grundlagen T2: Bestimmung des linearen thermischen Ausdehnungskoeffizienten und der Glasübergangstemperatur

Kennwert

α	**Thermischer Längenausdehnungskoeffizient**

Umwelteinflüsse wie Temperaturerhöhung und Feuchteänderungen ändern die Abmessungen eines Kunststoff-Formteils.

Der *thermische Längenausdehnungskoeffzient* α (lineare Wärmedehnzahl) gibt an, um wieviel sich die Länge eines Kunststoffteils vergrößert, wenn die Temperatur um 1 °C erhöht wird. Der *kubische Wärmeausdehnungskoeffizient* β gibt die Volumenzunahme eines Kunststoff-Formteils bei Erwärmung um 1 °C an. Bei kleinen Temperaturänderungen gilt näherungsweise $\beta = 3 \cdot \alpha$.

Der thermische Längenausdehnungskoeffizient ist abhängig von der Temperatur und von den Herstellungsbedingungen. Er nimmt mit fallender Temperatur etwas ab. Durch Nachschwindung, Kristallisation, Feuchte, durch Füllstoffe und Weichmacher werden die thermischen Ausdehnungskoeffizienten der Kunststoffe wesentlich beeinflusst. In den meisten Fällen nimmt der thermische Ausdehnungskoeffizient eines Stoffes mit zunehmendem Elastizitätsmodul (z. B. durch Kristallisation) ab. Bei Kunststoffen kann der thermische Ausdehnungskoeffizient wesentlich herabgesetzt werden durch Verwendung von Füllstoffen (z. B. Glasfasern) mit niedrigem thermischem Ausdehnungskoeffizienten. Die thermischen Ausdehnungskoeffizienten von Kunststoffen sind bedeutend höher als die von Metallen (etwa 10 mal so hoch wie bei Stahl).

Probekörper sind entsprechend des verwendeten Messgeräts zu wählen, meist 10 mm × 10 mm × 4 mm. Die Proben sollten frei von Orientierungen sein, damit Schrumpfungen nicht zu Fehlmessungen führen.

Prüfung erfolgt mit einem Dilatometer. Ausführungsbeispiele siehe Normen. Die Fehlerquellen sind bei den Kunststoffen jedoch u. a. durch Nachschwindung und Feuchteaufnahme wesentlich größer als bei Metallen. Erwärmung erfolgt meist in heißer Luft durch Temperiereinrichtung des Dilatometers. Bestimmung der Längenänderung durch induktive Wegaufnehmer; Messung der Probentemperatur mit Thermoelementen.

Verfahren A: (Messung bei stetiger Temperaturänderung): Die Temperaturanstiegsgeschwindigkeit beträgt 1 °C/min; die Längenänderung wird kontinuierlich registriert.

Verfahren B: (Zweipunktmessung): Es handelt sich um ein vereinfachtes Verfahren. Die Längenänderung wird zwischen zwei Temperaturpunkten gemessen; es ergibt sich ein Mittelwert für die Längenänderung zwischen den beiden Temperaturgrenzen.

Beachte: Der thermische Längenausdehnungskoeffizient wird während der Erwärmung und der darauf folgenden Abkühlung bestimmt. In dem gewählten Temperaturbereich dürfen keine thermischen Umwandlungspunkte liegen.

Kennwert: Thermischer Längenausdehnungskoeffizient α in 1/°C (1/K).

Der thermische Längenausdehnungskoeffizient ist eine Funktion der Temperatur T.

Verfahren A: Die Auswertung erfolgt rechnerisch aus den aufgenommenen Messwerten.

Verfahren B: Der mittlere thermische Längenausdehnungskoeffizient ergibt sich zu

$$\alpha = \frac{1}{L_1} \cdot \frac{L_2 - L_1}{t_2 - t_1}$$

nach DIN EN ISO 10350 gilt dann $\alpha = \dfrac{L_{55} - L_{23}}{32 \cdot L_{23}}$

dabei bedeuten

L_1	Länge des Probekörpers bei der Temperatur t_1 (23 °C)
L_2	Länge des Probekörpers bei der Temperatur t_2 (55 °C)
L_{55}	Länge des Probekörpers bei 55 °C
L_{23}	Länge des Probekörpers bei 23 °C
p	Index für Prüfung in Fließrichtung (parallel)
n	Index für Prüfung senkrecht zur Fließrichtung (normal)

Anmerkung siehe Seite 374

Anmerkung

Bei der Ermittlung des mittleren thermischen Längenausdehnungskoeffizienten muss sichergestellt sein, dass innerhalb des Temperaturbereichs keine Umwandlungs- oder Übergangstemperaturen liegen. In DIN EN ISO 10350 und ISO 11359 wird vorgeschlagen zwischen den Temperaturen t_1 = 23 °C und t_2 = 55 °C zu messen. Es empfiehlt sich auch die Messung längs (p) und quer (n) am Probekörper.

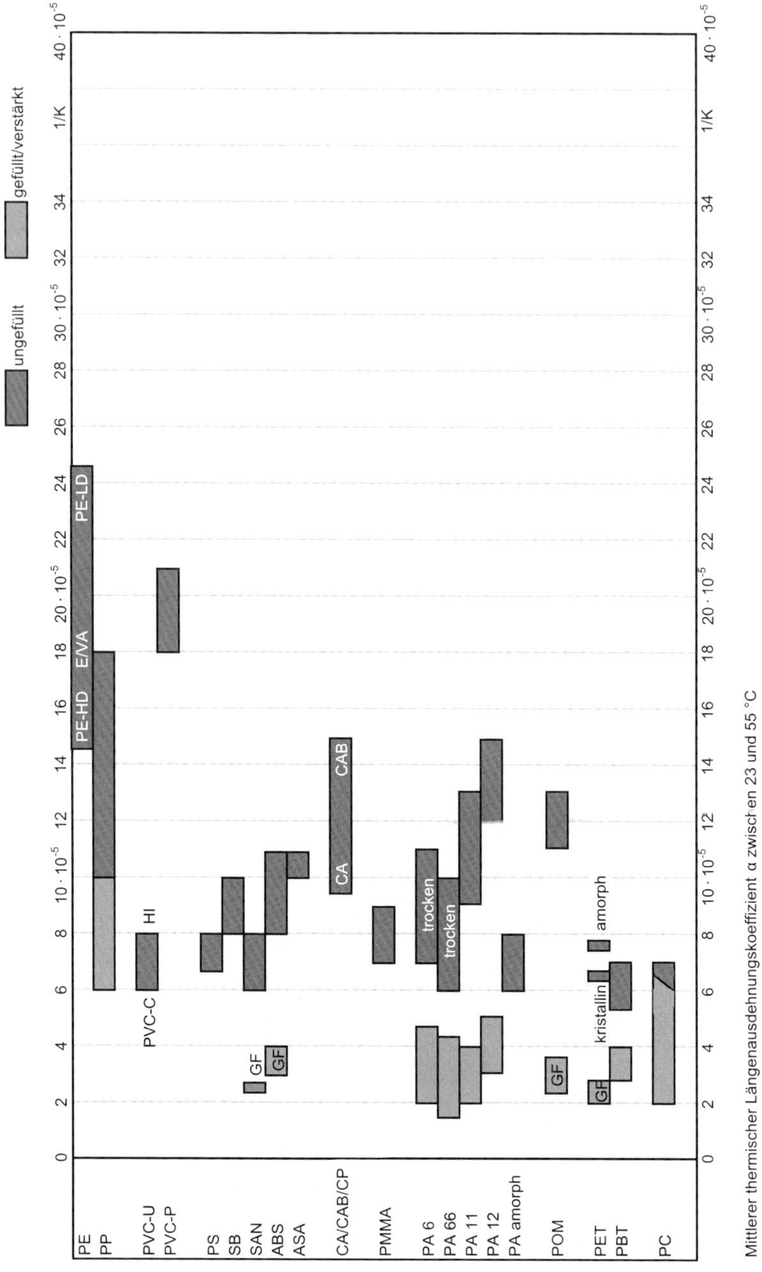
ungefüllt
gefüllt/verstärkt
Mittlerer thermischer Längenausdehnungskoeffizient α zwischen 23 und 55 °C
0
2
4
6
8
10 · 10⁻⁵
12
14
16
18
20 · 10⁻⁵
22
24
26
28
30 · 10⁻⁵
32
34
1/K
40 · 10⁻⁵
PE
PP
PVC-U
PVC-P
PS
SB
SAN
ABS
ASA
CA/CAB/CP
PMMA
PA 6
PA 66
PA 11
PA 12
PA amorph
POM
PET
PBT
PC
PE-HD
E/VA
PE-LD
PVC-C
HI
GF
GF
CA
CAB
trocken
trocken
GF
GF
kristallin
amorph

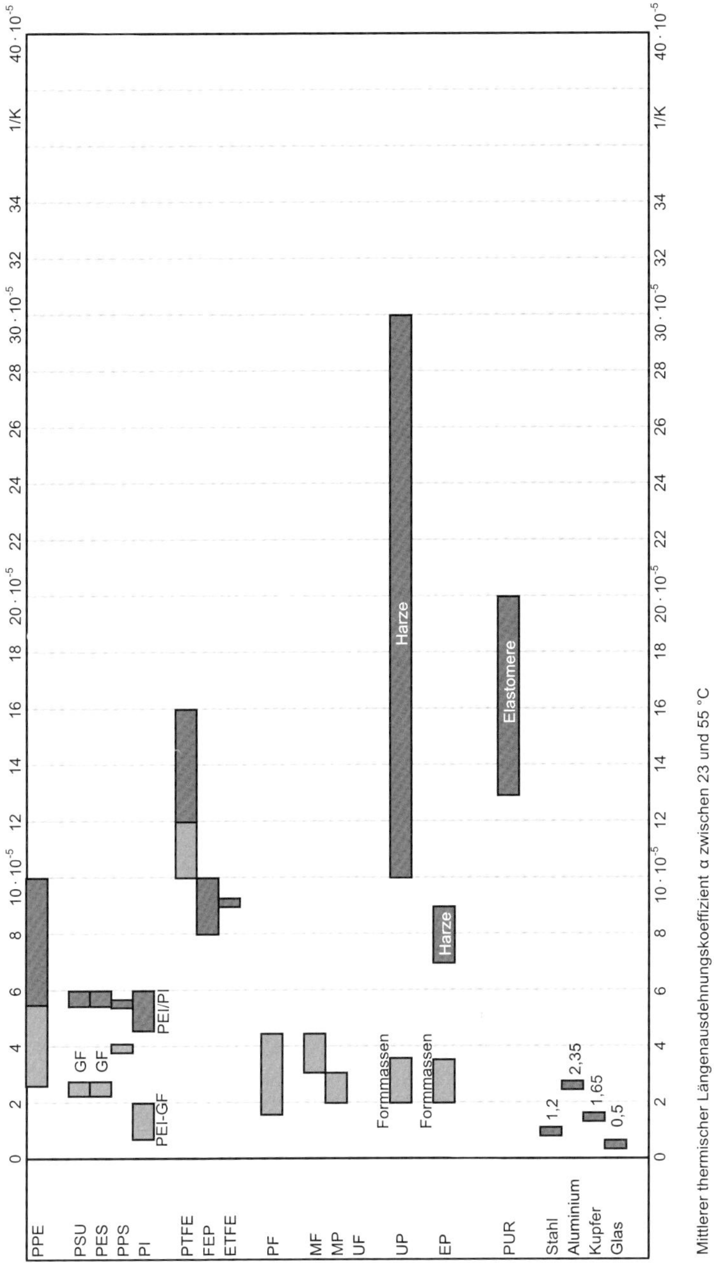
PPE
PSU
PES
PPS
PI
PTFE
FEP
ETFE
PF
MF
MP
UF
UP
EP
PUR
Stahl
Aluminium
Kupfer
Glas
GF
GF
PEI/PI
PEI-GF
Harze
Harze
Elastomere
Formmassen
Formmassen
1,2
2,35
1,65
0,5
0
2
4
6
8
10 · 10^-5
12
14
16
18
20 · 10^-5
22
24
26
28
30 · 10^-5
32
34
1/K
40 · 10^-5
Mittlerer thermischer Längenausdehnungskoeffizient α zwischen 23 und 55 °C

23 Brennverhalten von Kunststoffen

Normen:

DIN EN ISO 1182	Prüfungen zum Brandverhalten von Bauprodukten – Nichtbrennbarkeitsprüfung
DIN EN ISO 4589	Kunststoffe – Bestimmung des Brennverhaltens durch den Sauerstoff-Index T1: Anleitung T2: Prüfung bei Umgebungstemperatur T3: Prüfung bei erhöhter Temperatur
DIN EN ISO 5659	Kunststoffe – Rauchentwicklung T1: Anleitung zur Prüfung der optischen Dichte T2: Bestimmung der optischen Dichte durch Einkammerprüfung
DIN EN ISO 9239	Prüfungen zum Brandverhalten von Bodenbelägen
DIN EN ISO 9773	Kunststoffe – Bestimmung des Brandverhaltens von dünnen, biegsamen, vertikal ausgerichteten Probekörpern in Kontakt mit einer kleinen Zündquelle
DIN EN ISO 10093	Brandprüfungen – Standard-Zündquellen
DIN EN ISO 13943	Brandschutz – Vokabular
DIN EN 60695	Prüfungen zur Beurteilung der Brandgefahr T11-5: Prüfflammen – Prüfung mit der Nadelflamme – Versuchsaufbau T11-10: Prüfflammen – Prüfverfahren mit 50 W-Prüfflamme horizontal und vertikal T11-20: Prüfflammen – Prüfverfahren mit einer 500-W-Prüfflamme
DIN 4102	Brandverhalten von Baustoffen und Bauteilen
DIN 50050	Prüfung von Werkstoffen – Brennverhalten von Werkstoffen T1: Kleiner Brennkasten T2: Großer Brennkasten
DIN 50055	Lichtmessstrecke für Rauchentwicklungsprüfungen
DIN 53438	Prüfung von brennbaren Werkstoffen – Verhalten beim Beflammen mit einem Brenner T2: Kantenbeflammung T3: Flächenbeflammung
DIN 54836	Prüfung von brennbaren Werkstoffen – Bestimmung der Entzündungstemperatur
DIN 75200	Bestimmungen des Brennverhaltens von Werkstoffen der Kraftfahrzeuginnenausstattung (stimmt mit ISO 3795 überein)
ISO 871	Kunststoffe – Bestimmung der Entzündungstemperatur mit einem Entzündungsofen

ISO 3795	Straßenfahrzeuge sowie Traktoren und Maschinen für die Land- und Forstwirtschaft – Bestimmung des Brennverhaltens von Werkstoffen der Innenausstattung
ISO 5658	Prüfungen zum Brandverhalten von Baustoffen – Flammenausbreitung
UL 94	Prüfung für die Entflammbarkeit von Kunststoffen für Bauteile in Einrichtungen und Geräten

Anmerkungen
In den Normen heißt es teilweise „Brandprüfung bzw. Brandverhalten" und teilweise „Brennverhalten"; es besteht (noch) keine einheitliche Bezeichnung.

Unter dem *Brandverhalten/Brennverhalten* von Kunststoffen versteht man alle physikalischen und chemischen Veränderungen, wenn Kunststoffteile dem Feuer ausgesetzt sind und *unkontrolliert* brennen. Wenn solche Formteile einer *kontrollierten* Beflammung ausgesetzt sind, spricht man von *Brennverhalten*. Die *Entflammbarkeit* eines Kunststoffs ist seine Fähigkeit, unter festgelegten Prüfbedingungen mit einer Flamme zu brennen; die *Entzündbarkeit* ist die Eigenschaft, unter festgelegten Prüfbedingungen entzündet werden zu können.

Das Brandverhalten ist keine Stoffeigenschaft, es wird bestimmt durch die Entzündlichkeit, die Rauchentwicklung und die Verbrennungswärme, sowie die Toxizität und Korrosivität der Rauchgase. Diese Faktoren hängen nicht nur vom Kunststoff, sondern auch von den Umgebungsbedingungen, wie z. B. Art, Dauer der Einwirkung und Intensität der Zündquelle, Luftzufuhr und Form und Anordnung der Formteile ab. Wegen der Komplexität des Brandverhaltens wurde eine Vielzahl von Prüfverfahren entwickelt, von denen einige für bestimmte Anwendungsfälle vorgeschrieben sind.

Flammschutzmittel (siehe auch Kap. 9.1)
Kunststoffe brennen wie alle anderen brennbaren Stoffe im vollentwickelten Brand. Um das Brandrisiko abschätzen zu können, ist das Verhalten der Kunststoffe in der Phase der Brandentstehung bis zum Flammenüberschlag von Bedeutung. Das sind die *Entzündbarkeit*, die *Entflammbarkeit* und das *Brennverhalten*. Dieses Verhalten der Kunststoffe kann durch Zugabe von *Flammschutzmitteln* (FR-Ausrüstung) mehr oder weniger stark beeinflusst werden. Flammschutzmittel greifen während der *Erwärmung*, *Zersetzung*, *Zündung* oder *Flammenausbreitung* in den Verbrennungsvorgang ein. Ihre Wirkung besteht zumeist in einer chemischen Reaktion in der festen oder gasförmigen Phase des Kunststoffs, was zu einem Abreißen der Flamme oder zur Ausbildung einer Kohleschicht auf der Kunststoffoberfläche führt. Es sind jedoch auch physikalische Wirkungen von Flammschutzmitteln wie *Kühlung* oder *Ausbildung einer Schutzschicht* möglich.

Additive Flammschutzmittel werden bevorzugt bei Thermoplasten verwendet und vielfach dem Kunststoff zugemischt. *Reaktive Flammschutzmittel* sind im Kunststoffmolekül eingebaut, insbesondere in Duroplasten. Kombinationen von beiden Arten sind besonders wirksam.

Als Flammschutzmittel wurden bisher überwiegend halogenhaltige Verbindungen eingesetzt, die aber aus Umweltgründen durch halogenfreie, allerdings aber z. T. etwas weniger wirksame Verbindungen ersetzt werden. Flammschutzmittel beeinflussen die physikalischen Eigenschaften der Kunststoffe und wirken sich vielfach auch auf die Verarbeitung aus, vgl. auch Kapitel 5.5.

Brandverhalten/Brennverhalten

Das Brandverhalten/Brennverhalten von Kunststoffen ist für folgende Anwendungsgebiete von besonderer Bedeutung:

Im *Bauwesen* bestehen besondere Vorschriften für den Brandschutz.

Im *Verkehrswesen* bei Kraftfahrzeugen, Schienenfahrzeugen, Flugzeugen und Schiffen, insbesondere beim Transport gefährlicher Stoffe, gelten besondere Sicherheitsvorschriften.

In der *Elektrotechnik* muss beim Einsatz von Kunststoffen sichergestellt sein, dass sie im Betrieb oder beim fehlerhaften Ausfall einen Brand nicht unzulässig begünstigen.

Für *Eisenbahnfahrzeuge* gelten in Deutschland Prüfkriterien der Deutschen Bahn AG, die Brandverhalten, Rauchentwicklung und Abtropfen der Kunststoffe und Bauteile beurteilen.

Für *Flugzeuge* sind brandschutztechnische Anforderungen und Prüfungen in den *US-Federal Aviation Regulations* (FAR) festgelegt, die von den meisten Staaten ganz oder teilweise übernommen wurden.

Bei Flammschutzausrüstung im Verkehrswesen, vor allem im Flugzeugbau, sind besonders die Eigenschaften zu bewerten bezüglich Flammwidrigkeit, Rauchentwicklung und Toxizität (FST: Flame, Smoke, Toxicity).

Prüfvorschriften für Lagerung und Transport gefährlicher Stoffe

Behälter aus Kunststoffen werden wegen geringen Gewichts und chemischer Beständigkeit vielfach zur Lagerung und zum Transport eingesetzt, wobei das brandschutztechnische Risiko gegenüber Metallbehältern in der Regel nicht erhöht wird. Tanks aus Kunststoffen müssen in Deutschland nach der „Verordnung über Lagerung und Beförderung brennbarer Flüssigkeiten zu Lande (VBF)“ der Bauart nach zugelassen sein. Für spezielle Anwendungsfälle bestehen außerdem besondere Prüfvorschriften.

Prüfvorschriften in der Elektrotechnik

Der Einsatz von Kunststoffen in elektrotechnischen Erzeugnissen macht hinsichtlich der Brandsicherheit besondere Sicherheitsmaßnahmen erforderlich, sowohl bei der *Werkstoffauswahl* als auch bei den *konstruktiven Maßnahmen*.

Die Brandprüfverfahren der Elektrotechnik können in Werkstoff- und Formteilprüfungen eingeteilt werden. In Deutschland sind die feuersicherheitlichen Prüfverfahren in VDE-Vorschriften und in DIN-, DIN EN- oder DIN EN ISO-Normen festgelegt.

Prüfvorschriften im Verkehrswesen

Kunststoffe werden bei Fahrzeugen in verstärktem Umfang eingesetzt zur Gewichtseinsparung und zur Verbesserung des Korrosionsverhaltens. Die gesetzlichen Regelungen für den Schutz des Verbrauchers verweisen meist auf Sicherheitsnormen, die jeweils an den Stand der Technik angepasst werden können. Die folgenden brandschutztechnischen Anforderungen ergeben sich generell aus der *Straßenverkehrs-Zulassungs-Ordnung* (StVO):

- Das Kraftstoffsystem muss bei Verformungen infolge Unfalls dicht bleiben; Kraftstoff darf nicht in den Insassenraum gelangen.
- Werkstoffe und Teile im Insassenraum dürfen nicht zu rascher Brandausbreitung beitragen.
- Der Insassenraum muss auch im Fall einer Beflammung von außen eine angemessene Zeit als Sicherheitszelle den Insassen Schutz bieten.
- elektrische Leitungen, Batterie und Verbraucher müssen sicher verlegt bzw. befestigt sein.

Nach der *US-Sicherheits-Norm* FMVSS 302 wird die Flammenausbreitungsgeschwindigkeit für KFZ-Innenraumteile geprüft (ähnliche Prüfnorm: DIN 75200). Die Feuersicherheit von Kraftstoffbehältern aus Kunststoff muss den *Prüfvorschriften* der FKT-SA *Feuersicherheit* (international ECE-R34) entsprechen.

Die nationalen Vorschriften werden immer mehr international angeglichen durch internationale Gremien, z. B. ECE und EU.

Prüfvorschriften im Bauwesen

Für den Brandschutz im Bauwesen sind nationale und internationale Bauvorschriften vorhanden.

Die Baumaterialien werden als Maß für das *Brandrisiko* in vier Stufen eingeteilt mit *minimalem – geringem – normalem – großem* Brandbeitrag. In Deutschland gelten unterschiedliche *Landesbauordnungen* (LBO), basierend auf der *Musterbauordnung* (MBO). Für den Brandschutz besonders wichtig sind die Richtlinien für die Verwendung brennbarer Baustoffe im Hochbau. In *DIN 4102* werden die Baustoffe eingeteilt in *Klasse A* (nicht brennbar) und *Klasse B* (brennbar). Kunststoffe gehören wegen ihres organischen Aufbaus meist zur Klasse B; für sie gelten daher besondere Prüfkriterien.

23.1 Prüfung zur Ermittlung der Brandgefahr nach DIN EN 60695

Normen:

DIN EN 60695	Prüfungen zur Beurteilung der Brandgefahr – T11-10: Prüfflammen – Prüfverfahren mit 50-W-Prüfflamme horizontal und vertikal T11-20: Prüfflammen – Prüfverfahren mit einer 500-W-Prüfflamme horizontal und vertikal

Beachte: Die in DIN EN 60695-11-10 festgelegten Prüfverfahren ersetzen die Verfahren FH und FV nach VDE 0304-3; die Prüfbedingungen entsprechen denen des Datenkatalogs DIN EN ISO 10350 und den in den CAMPUS-Dateien genannten Prüfbedingungen.

Für die Anwendung dieser Prüfungen ist es wichtig, folgende Begriffe zu unterscheiden:

- *Endproduktprüfung* ist eine Prüfung zur Beurteilung der *Brandgefahr* an einem fertiggestellten Produkt.
- *Vorauswahlprüfung* ist eine Prüfung der Brenneigenschaften an einem Werkstoff.

Es handelt sich um Prüfverfahren zur Ermittlung der *Entflammbarkeit*: Diese Prüfverfahren sind Vorauswahlverfahren zur Beurteilung des Verhaltens von festen elektrotechnischen Isolierstoffen bei der Einwirkung von Zündquellen. Man kann damit die Werkstoffeigenschaften bestimmen und auch die Gleichmäßigkeit der Produkte kontrollieren. Es lassen sich jedoch keine Aussagen über das *Brandverhalten* und das *Brandrisiko* von Formteilen machen, da die Konstruktion der Formteile (Abmessungen, Wärmeübergang zu angrenzenden Metallteilen u. a.) das Brandverhalten stark beeinflussen. Bei diesen Prüfverfahren werden die Probekörper sowohl in *waagrechter* als auch in *senkrechter* Lage geprüft.

Begriffe

Nachbrennen mit Flamme ist das fortdauernde Brennen mit Flamme eines Werkstoffs nach dem Entfernen der Zündquelle unter festgelegten Prüfbedingungen.

Nachbrenndauer mit Flamme (t_1, t_2) ist der Zeitabschnitt, während dem ein Nachbrennen mit Flamme andauert.

Nachglimmen ist das fortdauernde Glimmen eines Werkstoffs nach Erlöschen der Flamme oder, wenn kein Brennen mit Flamme auftritt, nach Entfernen der Zündquelle unter festgelegten Bedingungen.

Nachglimmdauer (t_3) ist der Zeitabschnitt, während dem ein Nachglimmen andauert.

Es sind zwei Prüfverfahren vorgesehen:

Prüfverfahren A – Horizontalbrennprüfung
Prüfverfahren B – Vertikalbrennprüfung.

Probekörper (in der Norm als Prüflinge bezeichnet): Die Prüflinge müssen aus einem repräsentativen Muster des geformten Werkstoffs geschnitten sein (DIN EN ISO 2818) und falls dies nicht möglich ist, müssen die Prüflinge durch Gießen oder Spritzgießen (DIN EN ISO 294), Formpressen (DIN EN ISO 293 und 295) oder Spritzpressen hergestellt werden. Die Abmessungen betragen Länge (125 ± 5) mm, Breite (13 ± 0,5) mm, die Dicke ist handelsüblich, bzw. entspricht der Dicke des spritzgegossenen Probekörpers, darf maximal 13 mm betragen. Die Probekörper sind 48 h im Normalklima 23/50 nach DIN EN ISO 291 zu lagern und innerhalb 1 Stunde nach Entnahme zu prüfen. Labortemperatur bei

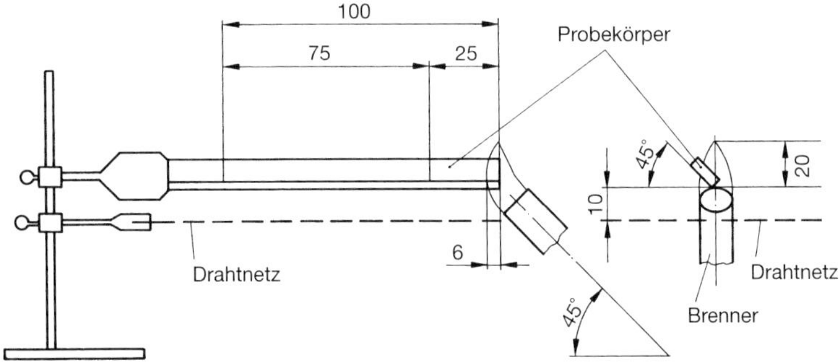

Bild 23.1 Prüfaufbau (schematisch) für Horizontalbrennprüfung (Verfahren A)

Prüfung 15 °C bis 35 °C bei 45 % bis 75 % relativer Luftfeuchtigkeit. Für Verfahren A sind 3, für Verfahren B 5 Probekörper notwendig. Für Verfahren A erhalten die Probekörper Messmarken im Abstand 25 mm und 100 mm vom zu beflammenden Ende (Bild 23.1). Beim Verfahren B ist auch noch eine Prüfung nach *Alterung* der Proben im Heißluftofen möglich. Dazu werden die Probekörper (168 ± 2) h bei (70 ± 2) °C gealtert und dann im Trockenschrank (23 °C und 20 % rel. Luftfeuchte) mindestens 4 Stunden abgekühlt.

Prüfung erfolgt für Verfahren A nach Bild 23.1 und nach Verfahren B entsprechend Bild 23.2 (Seite 413).

23.1.1 Brandprüfung nach DIN EN 60695 Verfahren A – Horizontalbrennprüfung

Für flexible Prüflinge ist eine Unterstützungsvorrichtung (siehe Norm) vorgesehen, damit sie waagrecht bleiben. Die Prüfflamme wird entsprechend Bild 23.1 (30 ± 1) s in unveränderter Position angelegt oder, falls die 25-mm-Marke in weniger als 30 s erreicht wird, entfernt. Die Zeitmessung beginnt, wenn die Flamme die 25-mm-Marke erreicht hat. Brennt der Prüfling weiter, dann ist die Zeit zu messen von der 25-mm- bis zur 100-mm-Marke; die Länge der *Beschädigung* L beträgt dann 75 mm. Wird die 100-mm-Marke nicht erreicht, ist die *verstrichene Zeit* t in s und die *Länge der Beschädigung* L in mm zu ermitteln zwischen der 25-mm-Marke und dem Punkt *Ende der Flammenfront*. Wird bei der Prüfung die 100-mm-Marke überschritten, dann wird die *lineare Brenngeschwindigkeit* v errechnet zu

$$v = \frac{60 \cdot L}{t}$$

v lineare Brenngeschwindigkeit in mm/min
L Länge der Beschädigung in mm
t Zeit in s.

Klassifizierung nach Verfahren A

HB40 bedeutet:

- Prüfling darf nach Entfernen der Zündquelle nicht mit sichtbarer Flamme weiterbrennen
- Prüfling darf keine Flammenfront haben, die die 100-mm-Marke überschreitet, wenn der Prüfling nach Entfernen der Zündquelle weiterbrennt
- Prüfling darf keine lineare Brenngeschwindigkeit größer als v = 40 mm/min aufweisen, wenn die Flammenfront die 100-mm-Marke überschreitet.

HB75 bedeutet, dass keine lineare Brenngeschwindigkeit größer als v = 75 mm/min vorliegt, wenn die Flammenfront die 100-mm-Marke überschreitet.

Im Prüfbericht muss enthalten sein:

- Hinweis auf DIN EN 60695-11-10
- genaue Angaben über das geprüfte Produkt (Rohstoff)
- Dicke des Prüflings auf 0,1 mm genau
- Nennrohdichte (nur bei Hartschaumstoffen)
- ggf. Anisotropierichtungen
- Vorbehandlungen
- alle Behandlungen vor der Prüfung ausser Schneiden
- Hinweis, ob der Prüfling nach dem entfernen der Prüfflamme (mit sichtbarer Flamme) weiterbrennt oder nicht
- Hinweis ob die Flammenfront die 25-mm- bzw. 100-mm-Marke überschreitet oder nicht
- wenn die Flammenfront zwischen 25-mm- und 100-mm-Marke liegt, Angabe der Zeit t und der Beschädigung L
- wenn Flammenfront die 100-mm-Marke erreicht oder überschreitet, Angabe der mittleren linearen Brenngeschwindigkeit v
- Hinweis ob brennende Teilchen oder Tropfen vom Prüfling herabfallen
- Hinweis ob Stützbefestigung für flexible Proben verwendet wurde
- zugeteilte Kategorie.

23.1.2 Brandprüfung nach DIN EN 60695 Verfahren B – Vertikalbrennprüfung

Die Prüfanordnung entspricht Bild 23.2. Die Flamme wirkt (10 ± 0,5) s und wird dann sofort entfernt; die Zeitmessung beginnt und die Nachbrenndauer t_1 wird ermittelt. Nach Ende der Nachbrenndauer wird die Flamme sofort wieder unter den Prüfling gehalten, dabei ist darauf zu achten, dass der Abstand (10 ± 1) mm zum verbliebenen unteren Ende des Prüflings eingehalten wird; die Beflammzeit beträgt wieder (10 ± 0,5) s. Nach der zweiten Beflammung wird der Brenner weggenommen und mit der Messung der *Nachbrenndauer* t_2 und *Nachglimmdauer* t_3 begonnen; außerdem wird die Summe aus Nachbrenn- und Nachglimmzeit $t_2 + t_3$ ermittelt. Weiter ist festzustellen, ob Teile vom Prüfling herabfallen, falls ja, ob die Baumwollwatte entzündet wurde.

Die Gesamtnachbrenndauer t_f wird ermittelt zu

$$t_f = \sum_{i=1}^{5} (t_{1,i} + t_{2,i})$$

dabei bedeuten

t_f	Gesamtnachbrenndauer in s
$t_{1,i}$	erste Nachbrenndauer des i-ten Prüflings in s
$t_{2,i}$	zweite Nachbrenndauer des i-ten Prüflings in s

Falls ein Prüfling nicht alle Kriterien einer Kategorie erfüllt, muss ein weiterer Satz von 5 Prüflingen geprüft werden, alle Prüflinge müssen dann aber allen Kriterien der betreffenden Kategorie entsprechen.

Klassifizierung nach Verfahren B

Der Werkstoff muss in Übereinstimmung mit den in Tabelle 23.1 angegebenen Kriterien, je nach dem Verhalten der Prüflinge, nach V-0, V-1 oder V-2 klassifiziert werden.

Im Prüfbericht muss enthalten sein:

- Hinweis auf DIN EN 60695-11-10
- genaue Angaben über das geprüfte Produkt (Rohstoff)
- Dicke des Prüflings auf 0,1 mm genau
- Nennrohdichte (nur bei Hartschaumstoffen)
- ggf. Anisotropierichtungen
- Vorbehandlungen
- alle Behandlungen vor der Prüfung ausser Schneiden und Nachschneiden
- die Zeiten t_1, t_2 und t_3, sowie die Summe $(t_2 + t_3)$ für jeden Prüfling

Tabelle 23.1 Klassifizierungen nach DIN EN 60695-11-10

Kriterien	**Kategorie nach DIN EN 69695-11-10**		
	V-0	**V-1**	**V-2**
Nachbrenndauer mit Flamme des Prüflings (t_1 und t_2)	$\leq$10 s	$\leq$30 s	$\leq$30 s
Gesamtnachbrenndauer mit Flamme t_f	$\leq$50 s	$\leq$250 s	$\leq$250 s
Nachbrennen mit Flamme des Prüflings + Nachglimmdauer nach der zweiten Beflammung ($t_1 + t_2$)	$\leq$30 s	$\leq$60 s	$\leq$60 s
Brannte oder glimmte der Prüfling bis zur Befestigungsklammer nach?	nein	nein	nein
Wurde die Baumwollwatte durch brennende Teilchen oder Tropfen entzündet?	nein	nein	ja

- Gesamtnachbrenndauer t_f jedes Satzes von 5 Prüflingen
- Hinweis auf Abtropfen und Entzünden der Baumwollwatte
- Hinweis, ob ein Prüfling bis zur Befestigungsklammer verbrannt ist
- zugeteilte Kategorie.

Anmerkung
Wenn Prüflinge bei der Vertikalbrennprüfung sich wegen zu geringer Dicke verziehen, schrumpfen oder bis zur Befestigungsklemme verbrennen, darf nach Verfahren A (HB) geprüft werden.

23.1.3 Brandprüfung nach DIN EN 60695-11-20

Es handelt sich hier um eine verschärfte Prüfung mit 500-W-Prüfflamme für *streifenförmige* (Abmessungen siehe bei Horizontal- und Vertikalbrennprüfung) und *plattenförmige* Probekörper (Quadrat mit 150 mm Kantenlänge). Bei plattenförmigen Proben wird ggf. das *Durchbrennen* ermittelt, d. h. wenn bei der Horizontalprüfung ein Loch in der Platte entsteht. Versuchsdurchführung siehe DIN EN 60695-11-20.

Die Klassifizierung erfolgt nach Tabelle 23.2.

Tabelle 23.2 Klassifizierung nach DIN EN 60695-11-20

Kriterien	**Kategorie nach DIN EN 69695-11-20**	
	5VA	**5VB**
Nachbrenndauer mit Flamme jedes Stabprüflings + Nachglimmdauer nach der 5. Beflammung ($t_1 + t_2$)	$\leq$ 60 s	$\leq$ 60 s
Wurde Baumwollwatte durch brennende Teilchen oder Tropfen entzündet?	nein	nein
Verbrannte Prüfling vollständig?	nein	nein
Durchdrang (durchbrannte) die Flamme eine der Platten (Horizontalprüfung)	nein	ja

23.1.4 Anmerkung zur Ermittlung des Brennverhaltens

Nach den alten Normen VDE 0304-4 (IEC 60707) wurde etwas anders geprüft, die Ergebnisse sind noch in Tabelle 23.3 enthalten:

Verfahren BH: Glühstab – Waagrechter (horizontaler) Probekörper
Das *Brennverhalten* der Probekörper wurde einer der folgenden Stufen zugeordnet (siehe auch Tabelle 23.3):

Stufe BH 1: Keine sichtbare Flamme während der Prüfung

Stufe BH2: Die Flamme erlischt bevor die Flammenfront die zweite Marke bei 100 mm erreicht. Die Länge der Brennstrecke ist zusätzlich anzugeben, z. B. BH 2–70 mm.

Stufe BH 3: Die Flammenfront erreicht die zweite Marke bei 100 mm innerhalb von 30 s; dann ist zusätzlich noch die mittlere Brenngeschwindigkeit zwischen den beiden Marken anzugeben, z. B. BH 3–30 mm/min.

Verfahren FH: Flamme – Waagrechter (horizontaler) Probekörper

Das *Brennverhalten* der Probekörper wurde einer der folgenden Stufen zugeordnet (siehe auch Tabelle 23.3):

Stufe FH 1: Keine sichtbare Flamme während der Prüfung.

Tabelle 23.3 Brandverhalten von Kunststoffen nach DIN EN 60695-11-10 bzw. UL 94 und DIN EN 60707 (alt: DIN IEC 707/VDE 0304 T3)

Kunststoff	UL 94 bzw. Verfahren A und B nach DIN EN 60695-11-10	Verfahren BH (alt)	Verfahren FH (alt)	Verfahren FV (alt)
PE-LD	HB	BH3–15 mm/min	FH 3–20 mm/min	–
PE-LD-FR	V2	BH 2–20 mm	FH 2–20 mm	FV 2
PE-HD	HB	BH 3–15 mm/min	FH 3–15 mm/min	–
PE-HD-FR	V2	BH 2–20 mm	FH 2–20 mm	FV2
PP	HB	BH 3–20 mm/min	FH 3–20 mm/min	–
PP-FR	HB	BH 2–20 mm	FH 2–25 mm	FV 2
PVC-U		BH 2–5 mm		
PS	HB	BH 3–15 mm/min	FH 3–30 mm/min	–
PS-I (SB)	HB	BH 3–15 mm/min	FH 3–30 mm/min	–
SB-FR(1)	V2	BH 2–15 mm	FH 2–30 mm	FV 2
SB-FR(2)	V0	BH 2–25 mm	FH 2–15 mm	FV 0
SAN	HB	BH 3–15 mm/min	FH 3–30 mm/min	–
ABS	HB	BH 3–25 mm/min	FH 3–40 mm/min	–
ABS-FR	V0	BH 2–25 mm	FH 2	FV 0
ASA	HB	BH 3–15 mm/min	FH 3–30 mm/min	–
PA6	V2	BH 2–15 mm	FH 3–15 mm/min	FV 2
PA6-FR	V0	–		FV 0
PA6-GF	HB	BH 2–60 mm	FH 3–20 mm/min	–
PA66	V2	BH 2–10 mm	FH 2–20 mm	FV 2

Tabelle 23.3 (Fortsetzung)

Kunststoff	**UL 94 bzw. Verfahren A und B nach DIN EN 60695-11-10**	**Verfahren BH (alt)**	**Verfahren FH (alt)**	**Verfahren FV (alt)**
PA66-FR	V0	–	–	FV 0
PA66-GF-FR	V0	BH 2–10 mm	FH 2–15 mm	FV 0
PMMA	HB			
POM	HB	BH 3–20 mm/min	FH 3–25 mm/min	–
PBT	HB	BH 2–30 mm	FH 3–20 mm/min	–
PBT-FR	V0	BH 2–15 mm	–	FV 0
PBT-GF	HB	BH 2–50 mm	FH 3–15 mm/min	–
PBT-GF-FR	V0	BH 2–10 mm	–	FV 0
PC	V2	BH 2	FH 2	FV 2
PC-FR	V0	BH 2	FH 2	FV 0
PC+ABS	HB			
PC+ABS-FR	V0			
PPE mod.-FR	V1/V0	BH 2–25 mm	–	FV 1
PSU	HB/V0			
PSU-FR	V0			
PES	V0	–	–	FV 0
PES-GF	V0	–		FV 0
PPS	V0			
PPS-GF	V0/5V			
PEI	V0			
PEK, PEEK	V0			

– FR bedeutet mit Flammschutzmittel

Stufe FH 2: Die Flamme erlischt bevor die Flammenfront die zweite Marke bei 100 mm erreicht. Die Länge der Brennstrecke ist zusätzlich anzugeben, z. B. FH 2–50 mm.

Stufe FH 3: Die Flammenfront erreicht die zweite Marke bei 100 mm innerhalb von 30 s; dann ist zusätzlich noch die mittlere Brenngeschwindigkeit zwischen den beiden Marken anzugeben, z. B. FH 3–40 mm/min.

Verfahren FV: Flamme – senkrechter (vertikaler) Probekörper

Das *Brennverhalten* der Probekörper wurde einer der folgenden Stufen zugeordnet (siehe auch Tabelle 23.3), die praktisch den Kriterien in Tabelle 23.2 entsprechen, FV 0, FV 1 und FV 2.

23.2 Brennbarkeitsprüfungen nach UL

Norm:

UL 94 Standard for safety – Tests for Flammability of Plastic Materials for Parts in Devices and Appliances

In den USA wurden die feuersicherheitlichen Werkstoffprüfungen für Kunststoffe von den *Underwriters Laboratories Inc* (UL) in der *Vorschrift UL 94* zusammengestellt. Sie gilt für alle Anwendungsbereiche, insbesondere in der Elektrotechnik mit Ausnahme der Verwendung von Kunststoffen im Bauwesen.

Die Kunststoffhersteller liefern auf Anforderung für UL-geprüfte Formmassen die sog. „Gelbe Karte" (Yellow Card), das UL-Prüfzertifikat.

UL 94 mit horizontaler Probenanordnung

Die Prüfung von Probestäben bei horizontaler Probenanordnung (ähnlich Bild 23.1) führt beim Bestehen zur Einstufung in der Klasse *94 HB*. Dazu ist es notwendig, dass nach 30 s Beflammung der horizontal angeordnete Probestab auf nicht mehr als 25,4 mm Länge abgebrannt ist.

UL 94 mit vertikaler Probenanordnung

Die Prüfung von Probestäben bei vertikaler Probenanordnung (Bild 23.2) ist schärfer als die Prüfung bei horizontaler Probenanordnung, weil das im unteren Probenbereich brennende Material den oberen Probenbereich vorheizt und deshalb ein selbsttätiges Erlöschen der Probe erschwert.

Probekörper: Benötigt werden zwei Sätze mit je 5 Probestäben mit den Abmessungen 125 mm × 13 mm × 3 mm (bis max. 13 mm), hergestellt durch Spritzgießen oder Pressen (DIN EN ISO 294, DIN EN ISO 295, ISO 293) unter festgelegten Bedingungen (siehe Tabelle 20.2) oder spanend durch Aussägen oder Fräsen aus Halbzeugen oder Formteilen (DIN EN ISO 2818). Jeweils 2 Probensätze in *minimaler* und *maximaler* Probendicke werden geprüft.

Vorbehandlung: Vor der Prüfung wird ein Probensatz 48 Stunden im Normalklima 23 °C/50 % rel. Luftfeuchte (DIN 50014, ISO 291) gelagert, der zweite für spezielle Prüfungen 168 h bei 70 °C und dann im Exsikkator in 4 h auf Raumtemperatur abgekühlt.

Prüfeinrichtung: Aufhängevorrichtung für die Probekörper nach Bild 23.2, angeordnet in einer *zugfreien* Prüfkammer. 300 mm unterhalb der Probenunterkante befindet sich eine *horizontale Lage Watte* mit den Abmessungen 50 mm × 50 mm × 6 mm. Zur Beflammung wird ein Laboratoriumsbrenner mit 20 mm hoher, nicht leuchtender Flamme verwendet.

Prüfung: Der senkrecht hängende Probekörper wird am unteren Ende zweimal je 10 s lang beflammt. die zweite Beflammung beginnt, sobald die entzündete Probe erloschen ist.

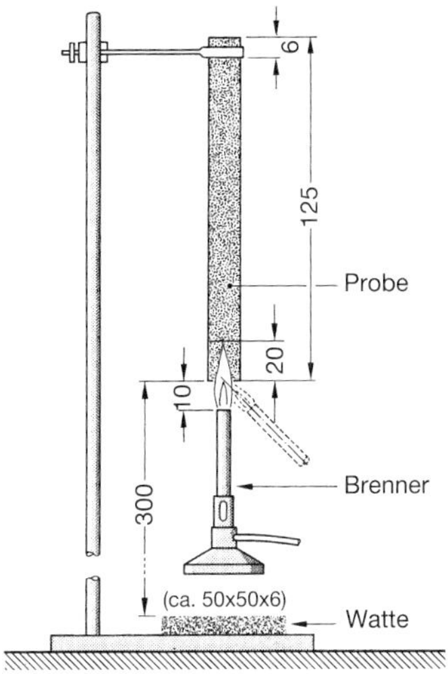

Bild 23.2 Prüfaufbau (schematisch) für Vertikalbrennprüfung (Verfahren B)

Kennwerte: Die Einstufung in die *Klassen* erfolgt nach bestimmten Kriterien:

Klasse 94 V-0	Kein Nachbrennen länger als 10 s nach Beflammungsende; Summe der Nachbrennzeiten bei 10 Beflammungen (5 Proben) nicht größer als 50 s; kein brennendes Abtropfen; kein vollständiges Abbrennen der Proben; kein Nachglühen der Proben länger als 30 s nach Beflammungsende.
Klasse 94 V-1	Kein Nachbrennen länger als 30 s nach Beflammungsende; Summe der Nachbrennzeiten bei 10 Beflammungen (5 Proben) nicht größer als 250 s; kein brennendes Abtropfen; kein vollständiges Abbrennen der Proben; kein Nachglühen der Proben länger als 60 s nach Beflammungsende.
Klasse 94 V-2	Zündung der Watte durch brennendes Abtropfen; kein Nachbrennen länger als 30 s nach Beflammungsende; Summe der Nachbrennzeiten bei 10 Beflammungen (5 Proben) nicht größer als 250 s; kein vollständiges Abbrennen der Proben; kein Nachglühen der Proben länger als 60 s nach Beflammungsende.

Eine Einstufung in Klasse 94 V ist *nicht* erfüllt, wenn die vorstehenden Kriterien nicht erfüllt wurden.

Ein weiterer Satz von 5 Proben soll geprüft werden, wenn eine Probe aus dem Satz die Kriterien *nicht* erfüllt.

Anmerkungen
Die Prüfvorschrift enthält keine Aussage über den Zustand der Probekörper *vor* der Vorbehandlung. Durch höheren Feuchtegehalt wird z. B. bei Polyamiden PA das Brennverhalten wesentlich günstiger, d. h. eine günstigere UL-Klasse erreicht. Für besondere Prüfungen wird deshalb eine Konditionierungsdauer von 7 Tagen verlangt.

Bei dickeren Probekörpern ist das Brennverhalten günstiger als bei dünnen Probekörpern; so erhält z. B. Polycarbonat mit der Probendicke 6 mm die Einstufung UL 94 V-0, bei Probendicke 1,5 mm dagegen die Einstufung UL 94 V-2. UL 94 sieht daher weitere Prüfverfahren für *dünne Stäbe* und *Platten* und für *Schaumstoffe* vor.

Formteile werden nicht nach UL 94 geprüft, sondern nach UL 746 C, da dabei auch die Auswirkung des konstruktiven Aufbaus auf das Brennverhalten des Formteils erfasst wird.

23.3 Bestimmung des Brennverhaltens durch den Sauerstoff-Index

Normen:

DIN EN ISO 4589	Kunststoffe – Bestimmung des Brennverhaltens durch den Sauerstoff-Index, T1: Anleitung T2: Prüfung bei Umgebungstemperatur T3: Prüfung bei erhöhter Temperatur

Diese Norm beschreibt Verfahren zur Bestimmung einer *minimalen Konzentration* (als Volumenkonzentration in %) von Sauerstoff in Mischung mit Stickstoff, die eine schmale, vertikal angeordnete Probe unter speziellen Prüfbedingungen gerade noch *am Brennen hält.* Diese Verfahren sind geeignet für Stäbe oder Platten aus kompakten, laminierten oder geschäumten Kunststoffen mit einer Dichte größer als 100 kg/m^3 (Probekörper I bis VI). Verfahren A arbeitet mit *Kantenbeflammung*, Verfahren B mit *Flächenbeflammung.* Der Sauerstoffindex nach dieser Methode ist ein genaues Maß für das *Brennverhalten* von Werkstoffen unter vorgegebenen Laborbedingungen. Die Ergebnisse sind abhängig von der Form, Anordnung und Isolierung der Probe und den Brennbedingungen. Für spezielle Materialien oder Anwendungen müssen ggf. besondere Prüfbedingungen festgelegt werden.

Kennwerte für den Sauerstoff-Index (OI), die an Proben unterschiedlicher Dicke oder unter unterschiedlichen Entzündungsbedingungen ermittelt wurden, sind nicht vergleichbar und lassen nicht auf die *Entflammbarkeit* eines Werkstoffs schließen, die durch andere Brennbarkeitsprüfungen festgestellt wurde. Berechnung des OI als Volumenanteil in %, siehe Norm.

Die Kennwerte für den Sauerstoff-Index dürfen nicht zur alleinigen Beurteilung der Brandgefahr eines einzelnen Werkstoffs unter realen Brandbedingungen benützt werden. Diese Prüfmethoden können nur mit Vorbehalt für solche Materialien verwendet werden, die beim Erhitzen stark schrumpfen, z. B. für *orientierte,* dünne Folien. Die Ergebnisse des Verfahrens zur Bestimmung des Sauerstoff-Index sollten nur als Teil einer *Brandrisikobewertung* verwendet werden, die alle für die Bewertung der Brandgefahr bei einer bestimmten Werkstoffanwendung sachdienlichen Faktoren in Betracht zieht.

24 Elektrische Prüfungen

Kunststoffe als organische Werkstoffe haben meist gute elektrische Isoliereigenschaften und werden daher oft als Isoliermaterialien eingesetzt. In solchen Fällen sind die elektrischen Eigenschaften von großem Interesse. Durch gezielte Beeinflussung kann jedoch auch bei Kunststoffen die elektrische Leitfähigkeit erhöht werden (vgl. Kap. 16.2). Durch internationale Vereinheitlichung wurden viele DIN-Normen und VDE-Richtlinien durch internationale Normen ersetzt. Viele VDE-Richtlinien entsprechen den IEC-Normen.

Allgemeine Normen:

DIN EN ISO 3915	Kunststoffe – Messung des spezifischen elektrischen Widerstandes von leitfähigen Kunststoffen
DIN IEC 60345	Verfahren zur Prüfung des elektrischen Widerstandes und des spezifischen elektrischen Widerstandes von Isolierstoffen bei erhöhten Temperaturen (entspricht VDE 0303-32)
ISO 1853	Leitende und antistatische Elastomere – Messung des Widerstandes
ISO 2878	Elastomere – Antistatische und elektrisch leitende Erzeugnisse – Bestimmung des elektrischen Widerstandes
ISO 2951	Kautschuk, vulkanisiert – Bestimmung des elektrischen Isolationswiderstandes
DIN 53486	VDE-Bestimmungen für elektrische Prüfungen von Isolierstoffen – Beurteilung des elektrostatischen Verhaltens (entspricht VDE 0303-8)

24.1 Elektrische Spannungs- und Widerstandswerte

Normen:

DIN IEC 60093	Prüfverfahren für Elektroisolierwerkstoffe – Spezifischer Durchgangswiderstand und spezifischer Oberflächenwiderstand von festen, elektrisch isolierenden Werkstoffen (entspricht VDE 0303-30)
DIN IEC 60167	Prüfverfahren für Elektroisolierwerkstoffe – Isolationswiderstand von festen, isolierenden Werkstoffen (entspricht VDE 0303-31)
DIN EN 60243	Elektrische Durchschlagfestigkeit von isolierenden Werkstoffen – Prüfverfahren T1: Prüfungen bei technischen Frequenzen (entspricht VDE 0303-21) T2: Zusätzliche Anforderungen für Prüfungen mit Gleichspannung (entspricht VDE 0303-22) T3: Zusätzliche Festlegungen für Stoßspannungsprüfungen (entspricht VDE 0303-23)
DIN EN ISO 3915	Kunststoffe – Messung des spezifischen elektrischen Widerstandes von leitfähigen Kunststoffen

In DIN IEC 60093 sind die Prüfverfahren zur Bestimmung von Durchgangs- und Oberflächenwiderständen und die Berechnung des spezifischen Oberflächenwiderstands festgelegt.

In DIN IEC 60167 wird der Isolationswiderstand ermittelt, ohne zwischen den darin enthaltenen Durchgangs- und Oberflächenwiderständen zu unterscheiden. Die Probekörper sind einfach herzustellen, daher kann man bei diesen Verfahren schnell Werte für einen allgemeinen Qualitätshinweis erhalten, bei allerdings nicht zu hoher Genauigkeit.

In DIN EN 60243 wird die Ermittlung der elektrischen Kurzzeit-Durchschlagfestigkeit von festen isolierenden Werkstoffen bei technischen Frequenzen beschrieben.

24.1.1 Elektrische Durchschlagspannung, elektrische Durchschlagfestigkeit

Normen: siehe Kapitel 24.1

Kennwerte

U_d	**Durchschlagspannung**
E_B1/E_B2	**Elektrische Durchschlagfestigkeit**
	Elektrischer Durchschlag (elektrisches Versagen)
	Überschlag

Wenn im elektrischen Feld die Potentialdifferenz zwischen zwei Elektroden, die durch einen Isolierstoff getrennt sind, erhöht wird, dann tritt bei einer bestimmten Spannung ein Durchschlag durch den Isolierstoff auf, teilweise auch ein Überschlag durch die Luft über die Oberfläche des Isolierstoffs.

Durchschlagspannung (bei Prüfungen mit ständig steigender Spannung) ist die Spannung, bei der ein Probekörper den Durchschlag unter den festgelegten Bedingungen erfährt oder (bei Stufenprüfungen) die höchste Spannung, die ein Probekörper ohne Durchschlag über die vollständige Zeitspanne bei diesem Spannungspegel aushält.

Elektrische Durchschlagfestigkeit ist der Quotient aus der Durchschlagspannung und dem Abstand der Elektroden, zwischen denen die Spannung unter den vorgeschriebenen Prüfbedingungen angelegt wird.

Elektrischer Durchschlag (elektrisches Versagen) ist ein erheblicher Verlust von Isoliereigenschaften der Probekörper unter elektrischer Beanspruchung; dadurch wird ein Strom im Prüfkreis verursacht, der einen Schalter auslöst.

Überschlag ist der Verlust von Isoliereigenschaften im Gas oder im flüssigen Medium, das einen Probekörper und Elektroden unter elektrischer Beanspruchung umgibt und einen Strom im Prüfkreis verursacht, der einen geeigneten Schalter auslöst.

Probekörper für *Thermoplaste* Typ D1 (60 mm × 60 mm × 1), wenn damit Überschläge erfolgen mit einem Durchmesser 100 mm und einer Dicke von 1 mm; für *Duroplaste* nach ISO 295 oder ISO 10724 mit einer Dicke von (1 ± 0,1) mm und mit solchen Abmessungen, dass kein Überschlag erfolgen kann. Vorbehandlung der Proben durch Lagerung im Normalklima 23/50 DIN EN ISO 291 oder nach Vereinbarung. Die Dauer der Vorbehandlung wird in Stufen, z. B. nach folgender Reihe (1; 2; 4; 8; 16; usw.) in Stunden oder Wochen gewählt.

Für Plattenelektroden sind die Probekörperabmessungen folgendermaßen zu wählen: (100 ± 2) mm × (25 ± 0,2) mm × Dicke, bei parallelen zylindrischen Elektroden 100 mm × 50 mm × ≥15 mm. Bei konischen Stiftelektroden ist der Lochabstand 25 mm ± 1 mm (Bild 24.1b).

Elektroden: Die Metallelektroden müssen stets glatt, sauber und frei von Beschädigungen gehalten werden. Möglich sind eine Vielzahl von Elektroden und Elektrodenpaaren, abhängig von den zu prüfenden Werkstücken (Duroplaste, Thermoplaste, Papiere, Gewebe, Folien, Bänder, Rohre, Schläuche, Form- und Gießwerkstoffe). Es gibt parallele Plattenelektroden (Bild 24.1a), konische Stiftelektroden (Bild 24.1b), parallele zylindrische Elektroden oder Kugelelektroden. Gleiche Plattenelektroden haben einen Durchmesser von jeweils 25 mm, ungleiche von 25 mm und 75 mm. Kugelelektroden haben Durchmesser von 12,5 mm oder 20 mm.

Prüfung: Die Prüfung erfolgt nach Norm, es sind jeweils 5 Prüfungen durchzuführen. Es wird eine technische Wechselspannung von 50 Hz gleichmäßig gesteigert von Null bis der Durchschlag erfolgt.

Kennwerte: Elektrische Durchschlagfestigkeiten für 1 mm oder 2 mm Probendicke E_B1 oder E_B2 in kV/mm und die Durchschlagspannung in kV. Die Durchschlagfestigkeit E (E_B1 oder E_B2) ergibt sich zu

$$E = \frac{\text{Durchschlagspannung}}{\text{Elektrodenabstand s}}$$

Der Elektrodenabstand s entspricht bei festen Isolierstoffen der Probendicke.

Der Prüfbericht muss enthalten:

- vollständige Kennzeichnung des geprüften Werkstoffs mit Probekörper
- den Medianwert der elektrischen Durchschlagfestigkeiten in kV/mm und/oder der Durchschlagspannung in kV
- die Dicke eines jeden Probekörpers
- das Umgebungsmedium während der Prüfung und seine Eigenschaften
- das Elektrodensystem
- die Anlegungsart der Spannung und der Frequenz

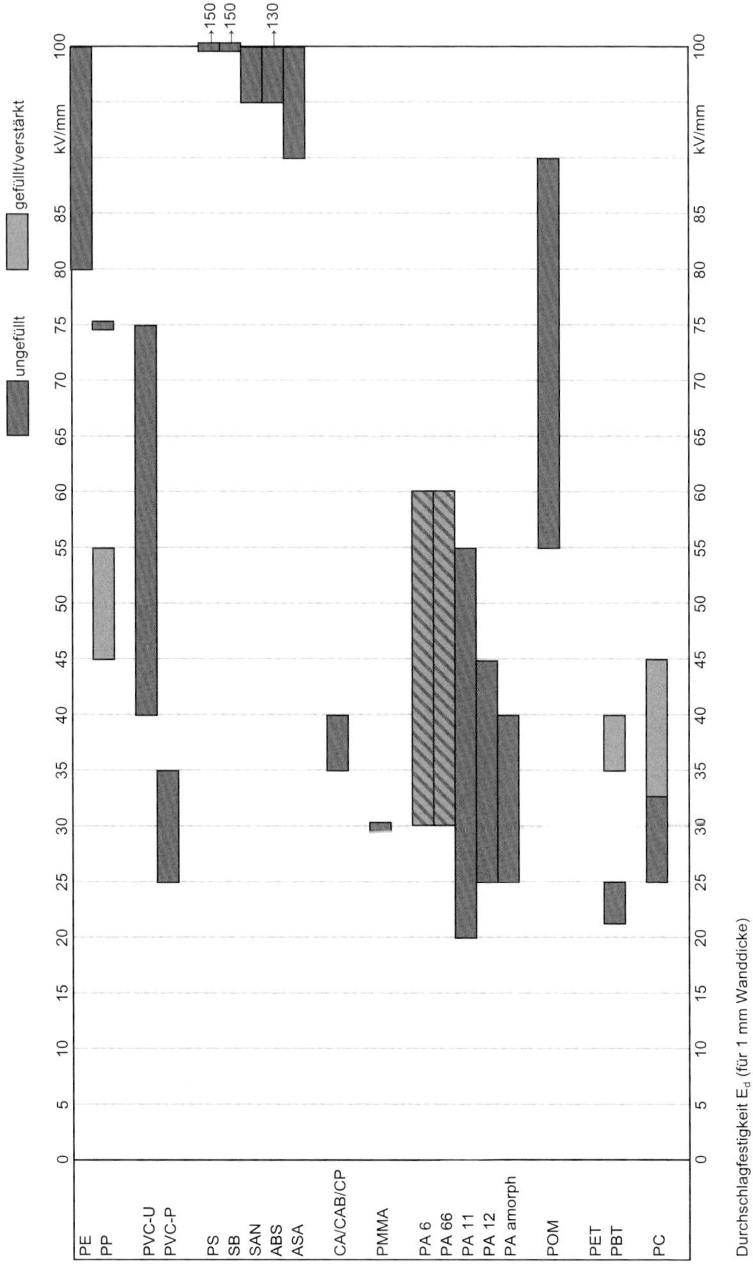

ungefüllt
gefüllt/verstärkt
kV/mm
→150
→150
→130
PE
PP
PVC-U
PVC-P
PS
SB
SAN
ABS
ASA
CA/CAB/CP
PMMA
PA 6
PA 66
PA 11
PA 12
PA amorph
POM
PET
PBT
PC
0
5
10
15
20
25
30
35
40
45
50
55
60
65
70
75
80
85
100
Durchschlagfestigkeit E_d (für 1 mm Wanddicke)

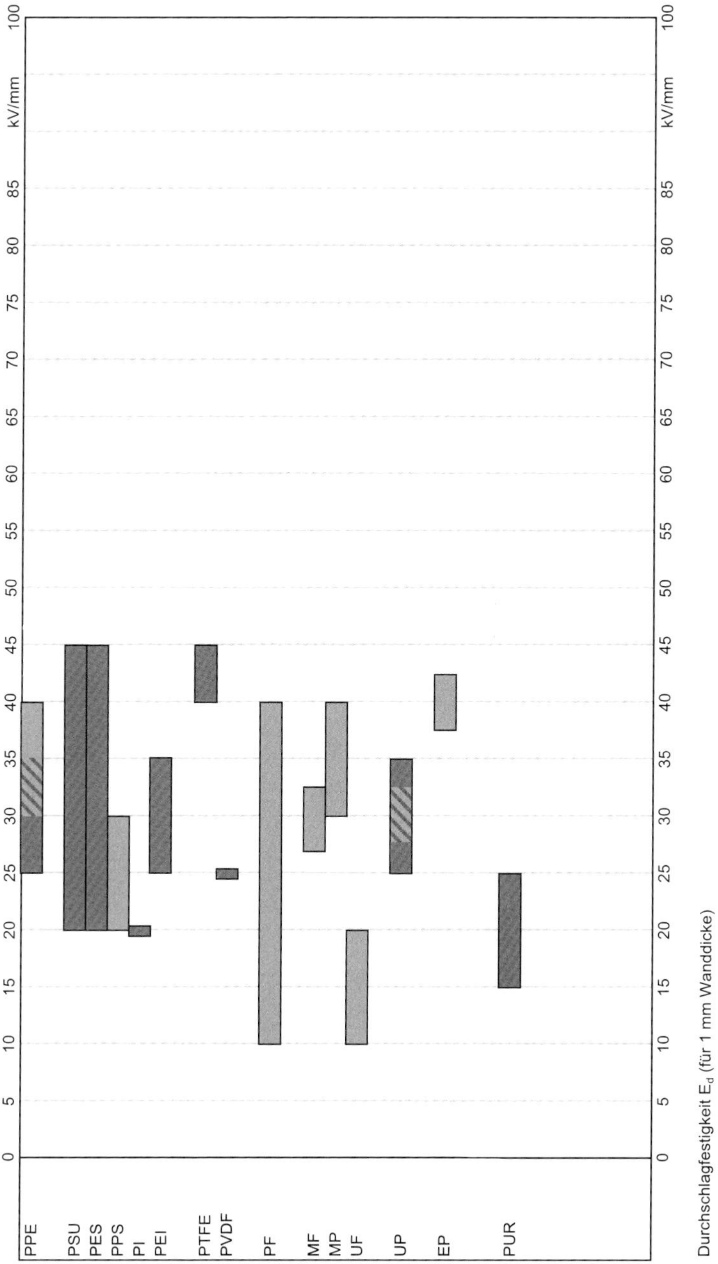
kV/mm
0
5
10
15
20
25
30
35
40
45
50
55
60
65
70
75
80
85
100
PPE
PSU
PES
PPS
PI
PEI
PTFE
PVDF
PF
MF
MP
UF
UP
EP
PUR
Durchschlagfestigkeit E_d (für 1 mm Wanddicke)

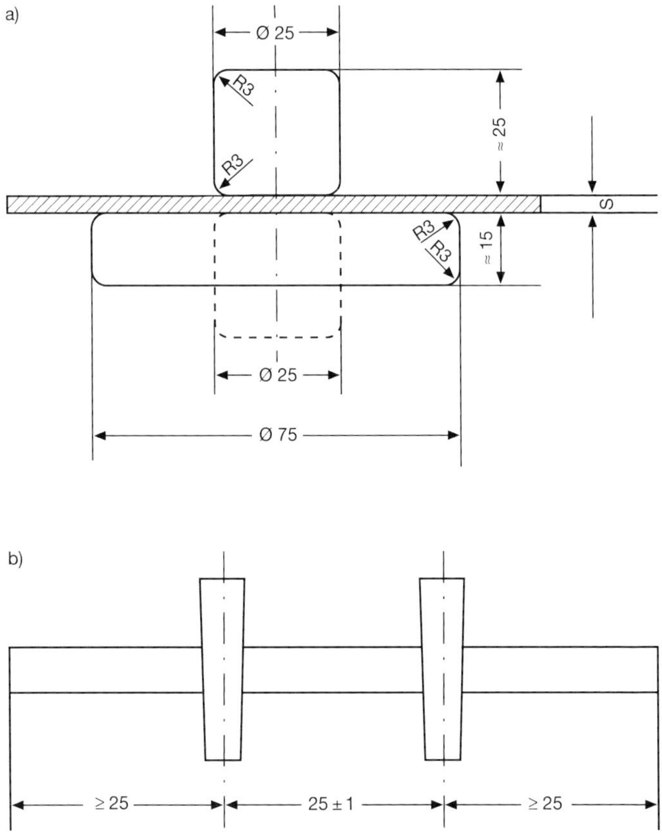

Bild 24.1 Ermittlung der elektrischen Durchschlagfestigkeit
a) Beispiele für parallele Plattenelektroden ungleichen (ausgezogen) und gleichen (gestrichelt) Durchmessers (schematisch)
b) Beispiel für konische Stiftelektroden

- die Einzelwerte der elektrischen Durchschlagfestigkeit in kV/mm und/oder der Durchschlagspannung in kV
- Temperatur, Druck und Feuchte während der Prüfungen in Luft oder in einem anderen Gas oder die Temperatur des Umgebungsmediums, wenn diese eine Flüssigkeit ist
- die Konditionierung vor der Prüfung
- die Angabe der Art und Lage des Durchschlags

24.1.2 Durchgangswiderstand, spezifischer Oberflächenwiderstand, Isolationswiderstand

Normen: siehe Kapitel 24.1

Kennwerte

R	**Durchgangswiderstand, Oberflächenwiderstand, Isolationswiderstand**
ϱ	**spezifischer Durchgangswiderstand**
σ	**spezifischer Oberflächenwiderstand**

Werden auf die Oberfläche eines Kunststoff-Formteils (Isolierstoffs) zwei Elektroden angelegt, zwischen denen ein Spannungsunterschied besteht, dann fließt Strom über die Oberfläche und durch das Innere des Kunststoff-Formteils. Der gemessene elektrische Oberflächenwiderstand erfasst somit auch einen Teil des Widerstands im Innern der Probe. Von wesentlichem Einfluss sind Probendicke, Probentemperatur, Elektrodenabmessungen, Elektrodenabstand, angelegte Spannung, Luftfeuchte und Oberflächenverschmutzung.

Der elektrische Oberflächenwiderstand steigt mit abnehmender Probendicke, abnehmender Elektrodenbreite und fallender Messspannung. Ein Vergleich der Kennwerte ist daher nur bei gleicher Probendicke und gleichen Prüfbedingungen möglich.

Durchgangswiderstand ist der Quotient einer zwischen zwei Elektroden angelegten Gleichspannung, die an zwei gegenüberliegenden Flächen eines Probekörpers angebracht sind, und der stetigen Stromstärke zwischen diesen Elektroden mit Ausnahme des Stroms entlang der Oberfläche und unter Vernachlässigung möglicher Polarisationserscheinungen an den Elektroden.

Spezifischer Durchgangswiderstand ist der Quotient einer Gleichstromfeldstärke und der stetigen Stromdichte in einem isolierenden Werkstoff; in der Praxis ist es der auf ein kubisches Einheitsvolumen bezogene Durchgangswiderstand.

Oberflächenwiderstand ist der Quotient einer zwischen zwei Elektroden auf einer Oberfläche eines Probekörpers angelegten Gleichspannung und der Stromstärke zwischen den Elektroden in einer gegebenen Anlegezeit der Spannung, wobei mögliche Polarisationserscheinungen an den Elektroden vernachlässigt werden.

Spezifischer Oberflächenwiderstand ist der Quotient einer Gleichstromfeldstärke und der linearen Stromdichte in der Oberflächenschicht eines isolierenden Werkstoffs, in der Praxis ist es der auf eine quadratische Fläche bezogene Oberflächenwiderstand; die Größe des Quadrats ist dabei unerheblich.

Der *Isolationswiderstand* zwischen zwei Elektroden die in Kontakt mit einem Probekörper oder in ihm eingebettet sind, ist das mathematische Verhältnis der angelegten Gleichspannung zur Gesamtstromstärke zwischen den Elektroden nach einer festgelegten Zeit nach Anlegen dieser Spannung. Der Isolationswiderstand ist sowohl vom Volumenwiderstand als auch vom Oberflächenwiderstand des Probekörpers abhängig.

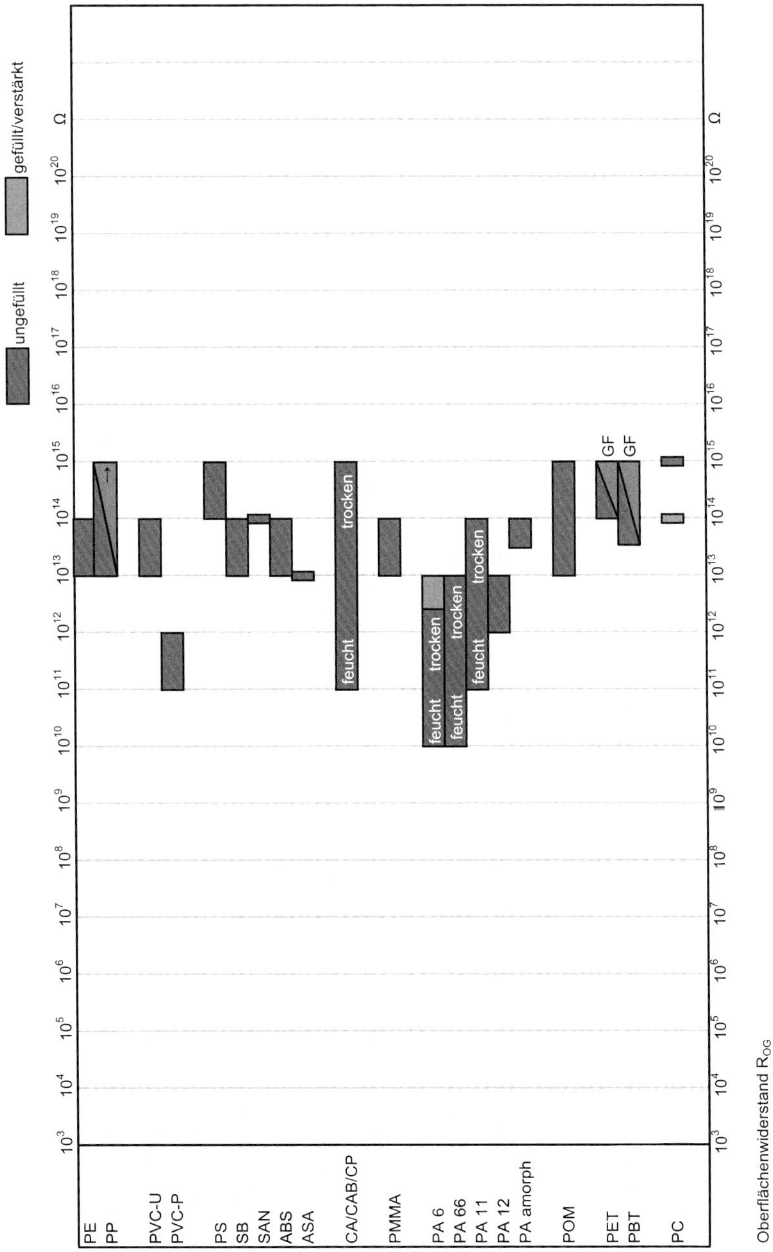
ungefüllt
gefüllt/verstärkt
10^3 10^4 10^5 10^6 10^7 10^8 10^9 10^{10} 10^{11} 10^{12} 10^{13} 10^{14} 10^{15} 10^{16} 10^{17} 10^{18} 10^{19} 10^{20} Ω
PE
PP
PVC-U
PVC-P
PS
SB
SAN
ABS
ASA
CA/CAB/CP
PMMA
PA 6
PA 66
PA 11
PA 12
PA amorph
POM
PET
PBT
PC
feucht
trocken
GF
Oberflächenwiderstand R_{OG}

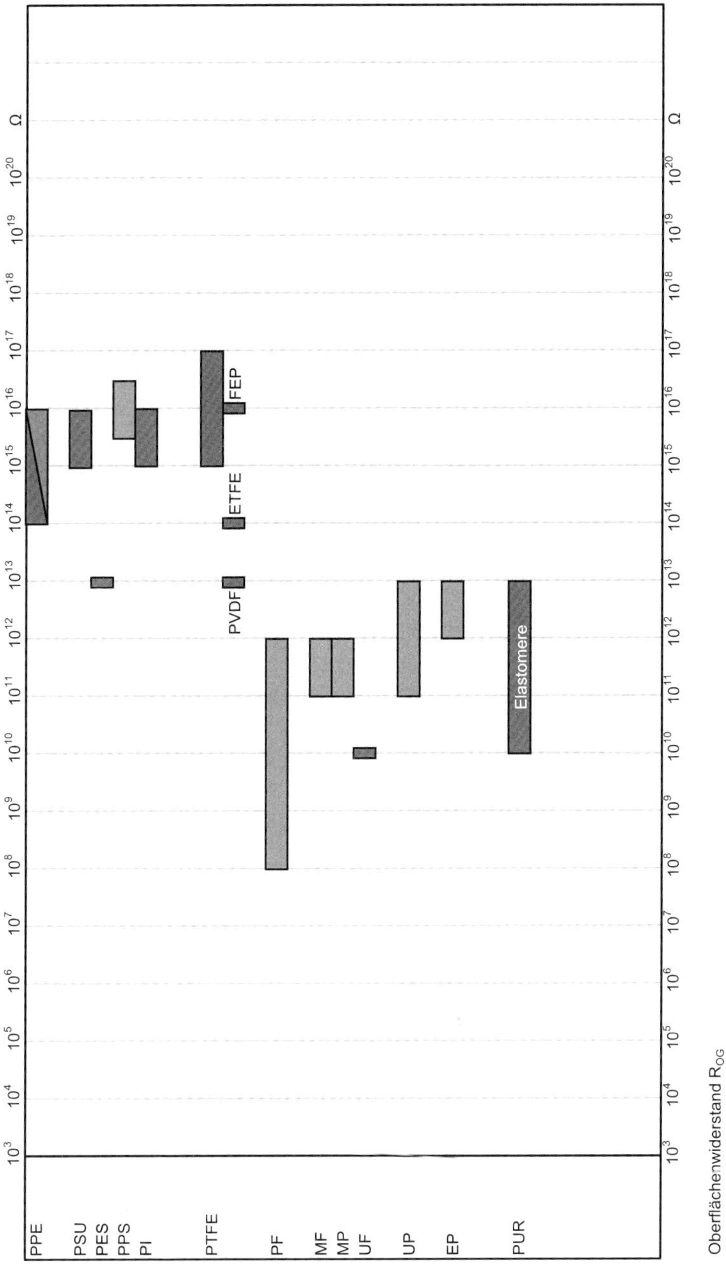

PPE
PSU
PES
PPS
PI
PTFE
FEP
ETFE
PVDF
PF
MF
MP
UF
UP
EP
PUR
Elastomere
10^3 10^4 10^5 10^6 10^7 10^8 10^9 10^10 10^11 10^12 10^13 10^14 10^15 10^16 10^17 10^18 10^19 10^20 Ω
Oberflächenwiderstand R_OG

Probekörper: Zur Bestimmung des *spezifischen Durchgangswiderstands* darf der Probekörper jegliche Form haben, welche die mögliche Verwendung einer dritten Elektrode (Schutzelektrode) erlaubt um vor Fehlern durch die Oberflächeneffekte zu schützen.

Der Abstand auf der Oberfläche des Probekörpers zwischen geschützter Elektrode und Schutzelektrode sollte eine gleichmäßige Weite haben und so eng wie möglich sein, vorausgesetzt, dass die Oberflächenableitung bei der Messung keinen Fehler verursacht. Ein Abstand von 1 mm ist üblicherweise die kleinste anwendbare Weite.

Für den *spezifischen Oberflächenwiderstand* gilt dasselbe. Die Probekörpervorbereitung erfolgt nach Werkstoffnorm. Gemessen wird 1 Minute nach Anlegen der Spannung.

Abmessungen der Probekörper richten sich nach den verwendeten Elektroden. Probekörper für *kegelige Stiftelektroden* (Durchmesser $\sim$5 mm mit 2° Verjüngung): Platten 50 mm × 75 mm; Rohre und Stäbe Durchmesser 20 mm und Länge 75 mm. Löcher mit Mittenabstand (25 ± 1) mm. Löcher entsprechend der kegeligen Elektroden aufreiben.

Probekörper für Elektroden aus *leitender Farbe*: Platten 60 mm × 150 mm oder Rohre und Stäbe mit einer Länge $\geq$60 mm.

Probekörper für *Barrenelektrode:* Bänder, Streifen und dünne Stäbe mit einer Breite $\leq$25,5 mm und einer Länge $\geq$50 mm.

Die Probekörperoberfläche muss *unbeschädigt* sein.

Anzahl der Probekörper entsprechend Werkstoffnorm, meistens 5.

Elektroden und Elektrodenwerkstoff: Für isolierende Werkstoffe sollten die Elektroden aus einem Werkstoff bestehen, welcher leicht anzubringen ist, einen innigen Kontakt mit der Probekörperoberfläche erlaubt und der durch den Elektrodenwiderstand oder eine Verunreinigung des Probekörpers keine beträchtlichen Fehler verursacht. Angewandt werden leitende Silberfarbe, Sprühmetall, aufgedampftes oder zerstäubtes Metall, flüssige Elektroden, kolloidaler Graphit, leitender Gummi, Metallfolien.

Versuchsanordnungen siehe Bilder 24.2. Übliche Messspannungen 100 V, 500 V oder 1000 V, auch 250 V, 2500 V, 5000 V oder 10000 V möglich.

Messeinrichtung: *Genauigkeit der Messeinrichtung:* Die Messeinrichtung sollte so genau sein, dass ein unbekannter Widerstand mit einer Gesamtunsicherheit von höchstens ±10 % für Widerstände unter 10^{10} Ω und ±20 % für höhere Widerstände zu bestimmen ist.

Entsprechend Bild 24.2b sollte gelten d_1 (l_1) der geschützten Elektrode sollte mindestens zehnmal größer sein als die Dicke h, i. A. mindestens 25 mm; es gilt d_3 (bzw. d_4) = (d_2 + $\geq 2 \cdot h$).

Der Isolationswiderstand wird im Brückenverfahren oder durch Messung von Strom und (Gleich-)Spannung ermittelt.

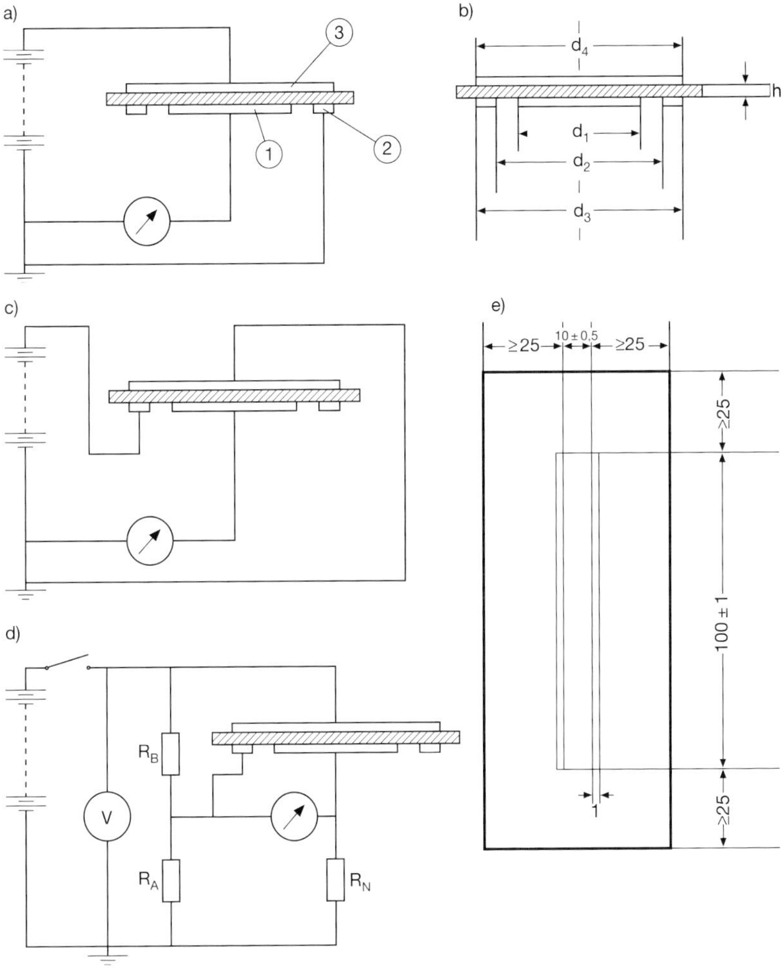

Bild 24.2 Schaltungsbeispiele für Durchgangs- und Oberflächenwiderstandsmessung
a) Grundschaltung für geschützte Elektroden zur Messung des Durchgangswiderstands (**1** geschützte Elektrode, **2** Schutzelektrode, **3** ungeschützte Elektrode)
b) Abmessungen der Elektroden für Widerstandsmessungen
c) Grundschaltung für geschützte Elektroden zur Messung des spezifischen Oberflächenwiderstands
d) Schaltung zur Messung des Durchgangswiderstands mit einer Wheatstone-Brücke; zur Messung des Oberflächenwiderstands werden die Verbindungen zum Probekörper entsprechend Bild 24.2b vorgenommen
e) Beispiel für Abmessungen von Leitsilberelektroden

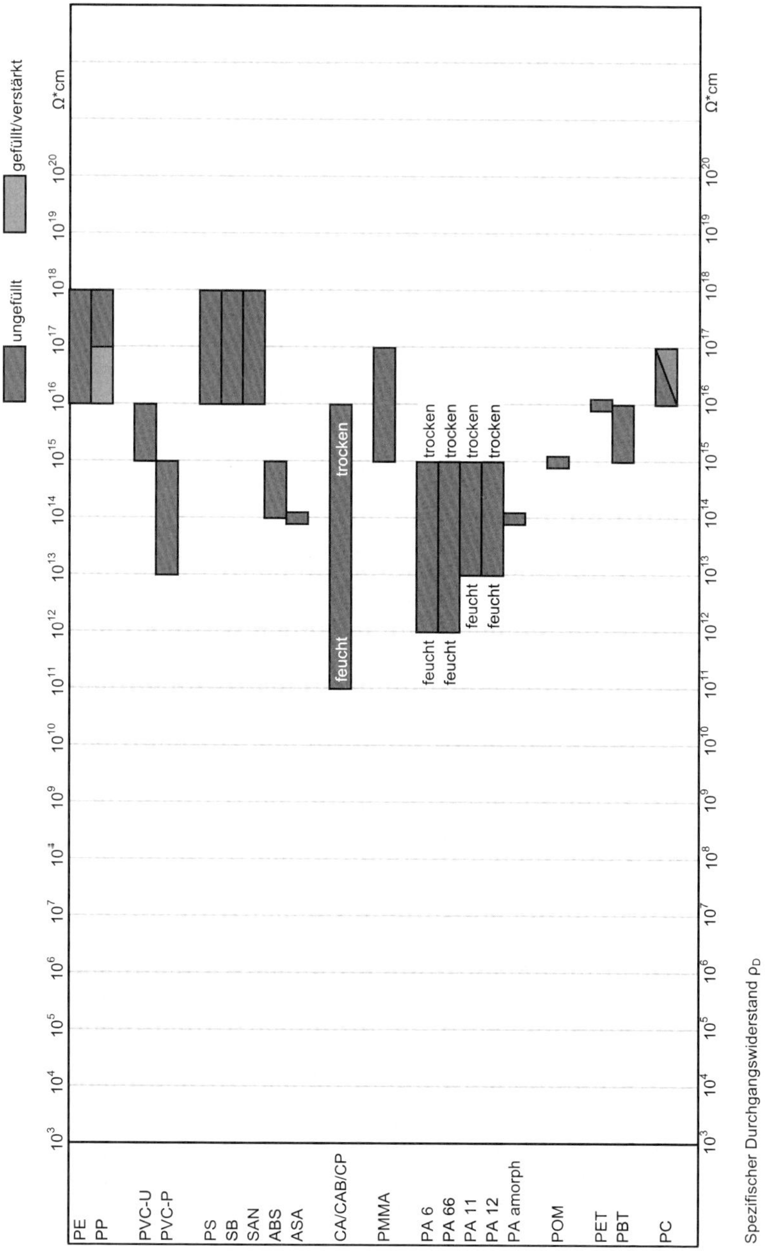
ungefüllt
gefüllt/verstärkt
Ω*cm
10^3 10^4 10^5 10^6 10^7 10^8 10^9 10^10 10^11 10^12 10^13 10^14 10^15 10^16 10^17 10^18 10^19 10^20
PE
PP
PVC-U
PVC-P
PS
SB
SAN
ABS
ASA
CA/CAB/CP
PMMA
PA 6
PA 66
PA 11
PA 12
PA amorph
POM
PET
PBT
PC
trocken
feucht
Spezifischer Durchgangswiderstand ρD

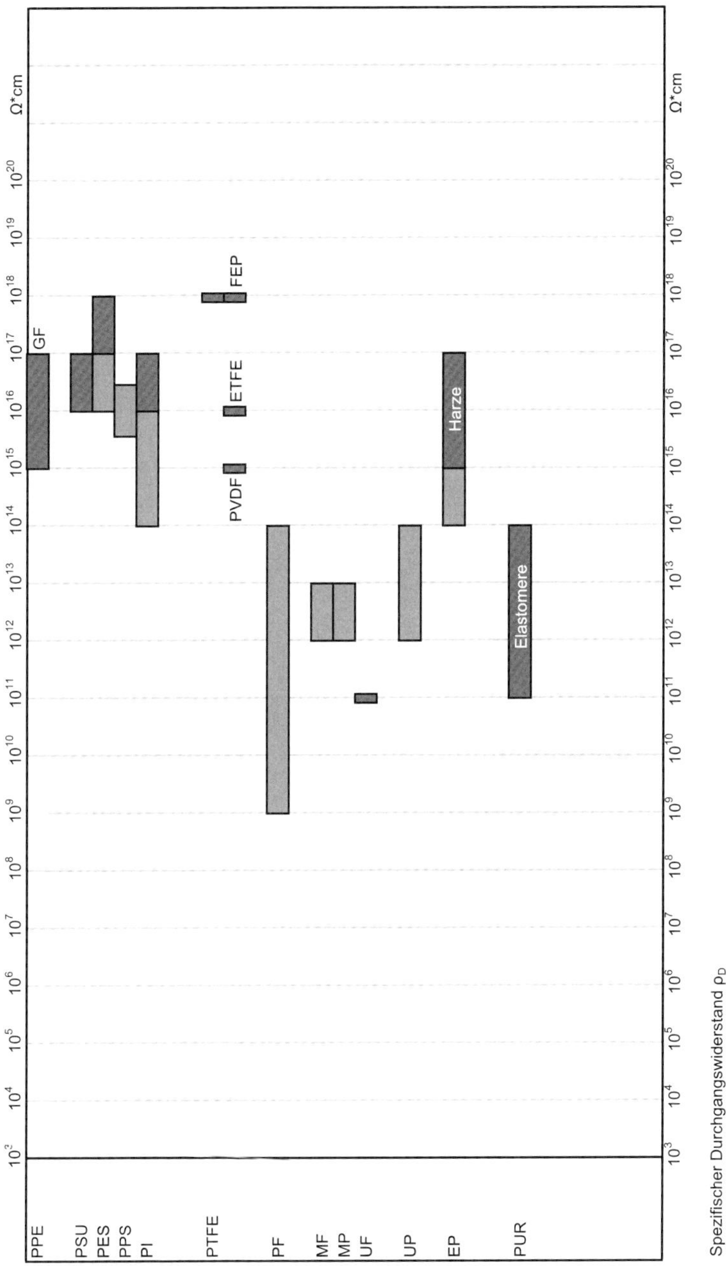
Spezifischer Durchgangswiderstand ρ_D
Ω*cm
PPE
GF
PSU
PES
PPS
PI
PTFE
FEP
ETFE
PVDF
PF
MF
MP
UF
UP
EP
Harze
PUR
Elastomere

Kennwerte: Widerstandswerte in Ω

Der ***spezifische Durchgangswiderstand*** ergibt sich zu

$$\varrho = \frac{R_x \cdot A}{h}$$

dabei bedeuten

ϱ spezifischer Durchgangswiderstand in Ω · m (Ω · cm)
R_x Durchgangswiderstand in Ω
A nutzbare Fläche der geschützten Elektrode in m^2 (cm^2)
(Berechnung der nutzbaren Oberfläche siehe Norm)
h mittlere Dicke des Probekörpers in m (cm)

Anmerkung

Zum Vergleich der spezifischen Durchgangswiderstände verschiedener Kunststoffe ist es unbedingt erforderlich *Probenvorbehandlung*, *Elektrodenanordnung*, *Prüfklima* und *Messspannung* anzugeben.

Bei einigen Werkstoffen kann möglicherweise die Kurzschlussstromstärke I_0 vor dem Anlegen der Spannung verglichen mit der konstanten Stromstärke I_S während der angelegten Spannung nicht vernachlässigbar sein; in solchen Fällen wird der Durchgangswiderstand berechnet nach

$$R_x = \frac{U_x}{(I_S + I_0)}$$

dabei bedeuten:

R_x Durchgangswiderstand in Ω
U_x angelegte Spannung in V
I_S konstante Stromstärke in Ampere während der angelegten Spannung oder die Stromstärke in A nach 1 Minute, 10 oder 100 Minuten, wenn der Strom während der Anlegezeit die Richtung wechselte.
I_0 Kurzschlussstromstärke in A vor dem Anlegen der Spannung

Für den ***spezifischen Oberflächenwiderstand*** gilt

$$\sigma = \frac{R_x \cdot \varrho}{g}$$

dabei bedeuten:

σ spezifischer Oberflächenwiderstand in Ω
R_x Oberflächenwiderstand in Ω
ϱ effektiver Umfang in m (cm) der geschützten Elektrode in der verwendeten speziellen Elektrodenanordnung
g Abstand in m (cm) zwischen den Elektroden

Beim *Strom-Spannungs-Messverfahren* errechnet sich der unbekannte Widerstand R_x in Ohm zu

$$R_x = \frac{U}{k \cdot \alpha}$$

dabei bedeuten:

U angelegte Spannung in V
k Empfindlichkeit des geshunteten Galvanometers in A/Skalenteil
α Ablenkung in Skalenteilen

Beim *Vergleichsverfahren* (Wheatstone-Brückenverfahren) ergibt sich der unbekannte Widerstand R_x zu

$$R_x = \frac{R_N \cdot R_B}{R_A}$$

R_A, R_B und R_N werden in Bild 24.2d gezeigt.

Der Versuchsbericht muss mindestens folgende Informationen enthalten:

- Beschreibung und Kennzeichen des Werkstoffs
- Gestalt und Maße des Probekörpers
- Typ, Werkstoff und Maße der Elektroden und der Schutzmaßnahme
- Konditionierung des Probekörpers (Reinigung, Vortrocknung, Konditionierzeit, Feuchte und Temperatur)
- Prüfbedingungen
- Temperatur und Feuchte des Probekörpers
- Messverfahren
- angelegte Spannung
- spezifischer Durchgangswiderstand
- spezifischer Oberflächenwiderstand

Der ***Isolationswiderstand*** R_{100} muss bei Anwendung von leitenden Streifen um Rohre und Stäbe aus dem gemessenen Widerstand R_x nach folgender Gleichung auf eine Elektrodenlänge von 100 mm bezogen werden:

$$R_{100} = \frac{\pi \cdot d}{100} \cdot R_x$$

dabei ist

R_{100} ist der entsprechende Widerstand für eine Länge von 100 mm
d Durchmesser des Rohres oder der Stange in mm

Prüfspannung 500 V ± 10 V bei einer Anlegezeit von 1 min.

Im Prüfbericht müssen angegeben werden:

- Art und Bezeichnung des Werkstoffs
- Maße der Probekörper
- Prüfverfahren und Elektrodenart einschl. der Art der leitenden Farbe, ob die Elektroden vor oder nach der Konditionierung angebracht wurden

- Reinigungsverfahren nebst Vorbehandlung, wenn durchgeführt (und Konditionierung)
- Bedingungen während der Messung
- Prüfspannung und Anlegezeit der Spannung
- enthaltene Einzelwerte des Isolationswiderstands

Anmerkung
Statt des Oberflächenwiderstands kann auch eine *Vergleichszahl*, der Logarithmus des Oberflächenwiderstands angegeben werden, z. B. statt $R_{100} = 10^{14}$ nur die *Vergleichszahl* 14.

24.2 Dielektrische Eigenschaftswerte

Normen:

IEC 60250	Bestimmung der Dielektrizitätskonstante und des dielektrischen Verlustfaktors von elektrischen Isolierstoffen bei Netz-, Ton- und Hochfrequenzen einschließlich Meterwellenlängen
IEC 60377	Bestimmung der dielektrischen Eigenschaften von Isolierstoffen bei Frequenzen über 300 MHz T1: Allgemeines T2: Resonanzverfahren

Kennwerte

ε_r	**relative Dielektrizitätszahl**
tan δ	**dielektrischer Verlustfaktor**
ε_r''	**dielektrische Verlustzahl**

Die dielektrischen Eigenschaften von Kunststoffen sind wichtig für die Einsatzmöglichkeiten als Isolierstoffe. Man kann aus diesen Kennwerten aber auch auf die chemische und physikalische Struktur des Kunststoffs schließen, z. B. Polarität.

Die dielektrischen Eigenschaften hängen ab von äußeren und inneren Einflussfaktoren, z. B. von Frequenz, elektrischer Feldstärke, Temperatur, Feuchte, mechanischen Spannungen und Isotropie des Kunststoffs. Deshalb sollten die Prüfbedingungen zur Ermittlung der dielektrischen Eigenschaften den Einsatzbedingungen entsprechen.

Die *relative Dielektrizitätszahl* (DZ) ε_r eines Isolierstoffs ist der Quotient aus der Kapazität C_x eines Kondensators mit dem betreffenden Isolierstoff als Dielektrikum zwischen den Elektroden und der Kapazität C_0 der leeren Elektrodenanordnung im Vakuum $\varepsilon_r = C_x/C_0$, bei definierten Prüfbedingungen. Die relative Dielektrizitätszahl ε_r ist ein Maß für die Größe der Polarisation des Isolierstoffs.

Die *Dielektrizitätskonstante* ε eines Isolierstoffs ist das Produkt aus der *Dielektrizitätszahl* ε_r und der *Dielektrizitätskonstanten des leeren Raumes* ε_0 (0,08854 pF/cm):

$$\varepsilon = \varepsilon_r \cdot \varepsilon_0$$

Der *dielektrische Verlustfaktor* tan δ eines Isolierstoffs ist der Tangens des Fehlwinkels (Verlustwinkels) δ, um den die Phasenverschiebung zwischen Strom und Spannung im Kondensator von $\pi/2$ abweicht, wenn das Dielektrikum des Kondensators ausschließlich aus dem Isolierstoff besteht bei definierten Prüfbedingungen. Der dielektrische Verlustfaktor tan δ ist somit ein Maß für den Energieverlust, den der Isolierstoff im elektrischen Feld bewirkt.

Durch Glasfaserverstärkung (unpolare Glasfasern) wird der dielektrische Verlustfaktor wesentlich herabgesetzt.

Die *dielektrische Verlustzahl* ε_r'' ist das Produkt aus Dielektrizitätszahl ε_r und dielektrischem Verlustfaktor tan δ: $\varepsilon_r'' = \varepsilon_r \cdot \tan \delta$.

Probekörper werden nach den einschlägigen Normen für den Isolierstoff hergestellt oder entnommen aus Formteilen. Die Form der Probekörper richtet sich nach dem Messverfahren und der Elektrodenanordnung IEC 60250, z. B. plattenförmige Probe für kreisförmige Plattenelektrode mit Schutzring (Bild 24.3).

Vorbehandlung der Probekörper nach den einschlägigen Normen und VDE-Bestimmungen oder nach beabsichtigter Anwendung des Isolierstoffs.

Prüfanordnung: Messanordnung für feste Isolierstoffe

- Unmittelbar auf die Probenoberfläche werden Elektroden, vorzugsweise Haftelektroden aufgebracht. Ausführung als kreisförmige Plattenelektrode mit Schutzring für plattenförmige Proben oder Zylinderelektrode mit Schutzring für rohrförmige Proben.
- Messung in Immersionsflüssigkeit eines Immersionskondensators für weiche und gummielastische Stoffe.

Messeinrichtung ist Hochspannungsbrücke nach *Schering* (50 Hz), Niederspannungsmessbrücke mit oder ohne *Wagnerschen* Hilfszweig (50 Hz, 1 kHz, 1 MHz).

Prüfung erfolgt nach DIN EN ISO 10350 (IEC 60250) meist bei festgelegten Frequenzen von 100 Hz und 1 MHz, nach DIN VDE bei 50 Hz, 1 kHz oder 1 MHz oder bei veränderlicher Messfrequenz.

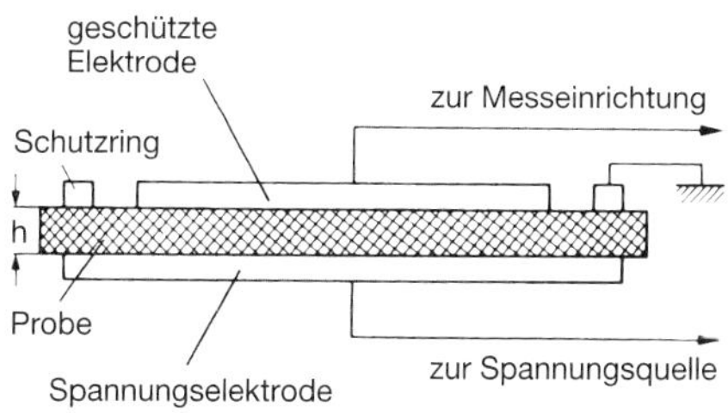

Bild 24.3 Messordnung zur Bestimmung der dielektrischen Eigenschaftswerte

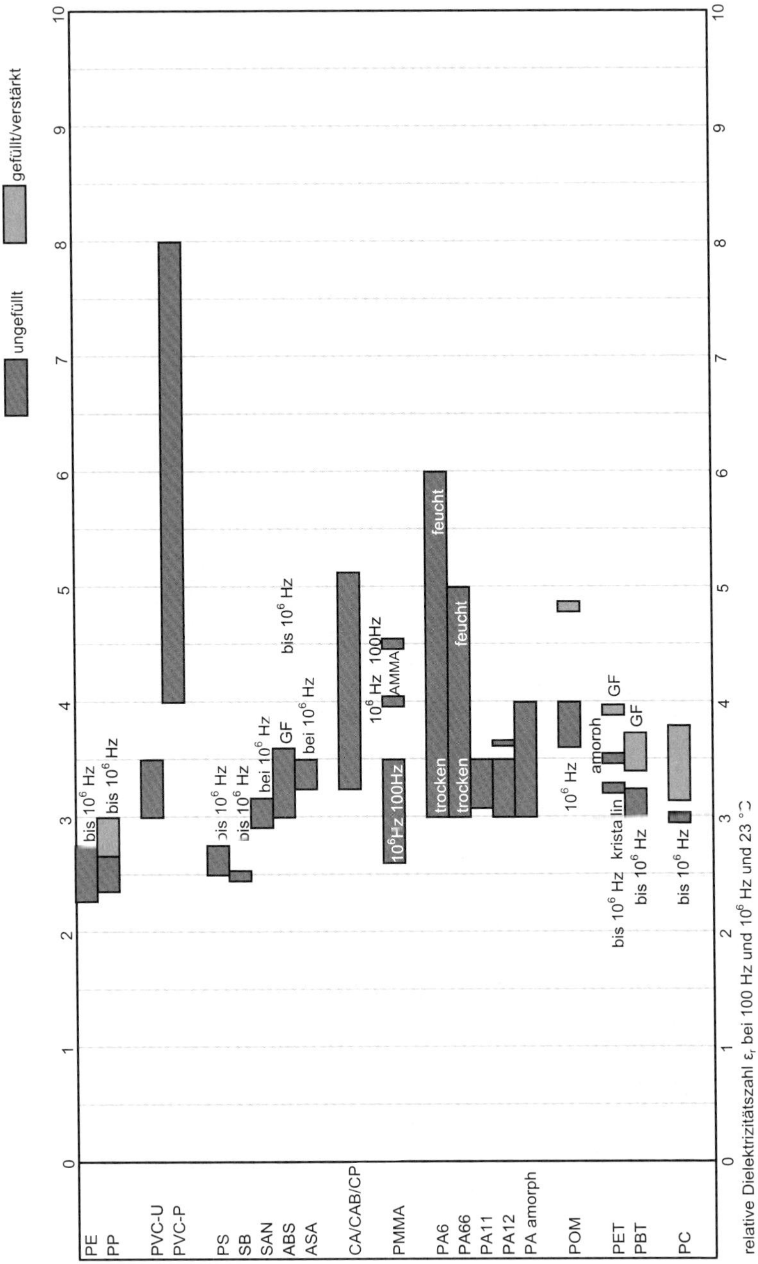
ungefüllt
gefüllt/verstärkt
PE
PP
PVC-U
PVC-P
PS
SB
SAN
ABS
ASA
CA/CAB/CP
PMMA
PA6
PA66
PA11
PA12
PA amorph
POM
PET
PBT
PC
bis 10⁶ Hz
bei 10⁶ Hz
GF
10⁶ Hz 100Hz
AMMA
10⁶Hz 100Hz
trocken
feucht
amorph
kristallin
0
1
2
3
4
5
6
7
8
9
10
relative Dielektrizitätszahl εr bei 100 Hz und 10⁶ Hz und 23 °C

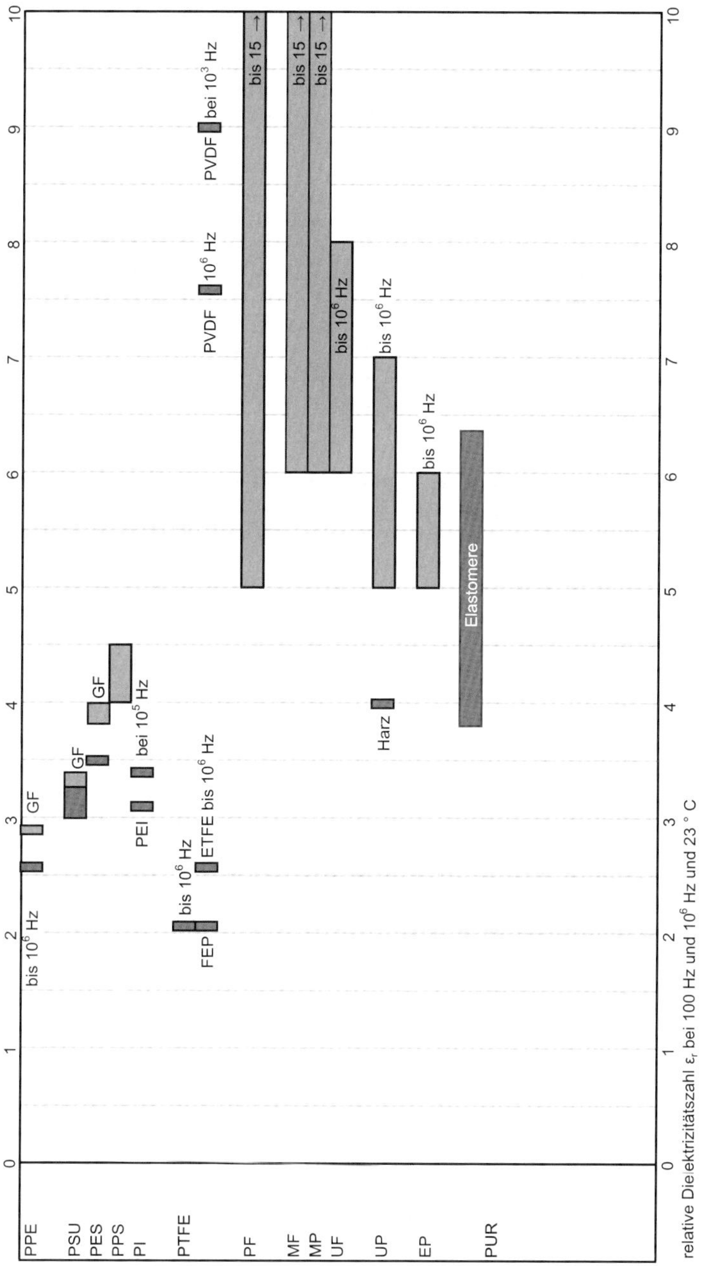

PPE
PSU
PES
PPS
PI
PTFE
PF
MF
MP
UF
UP
EP
PUR
0 1 2 3 4 5 6 7 8 9 10
bis 10^6 Hz
GF
GF
GF
PEI
bei 10^5 Hz
bis 10^6 Hz
FEP
ETFE bis 10^6 Hz
PVDF 10^6 Hz
PVDF bei 10^3 Hz
bis 15 →
bis 15 →
bis 15 →
bis 10^6 Hz
bis 10^6 Hz
Harz
bis 10^6 Hz
Elastomere
relative Dielektrizitätszahl ε_r bei 100 Hz und 10^6 Hz und 23 ° C

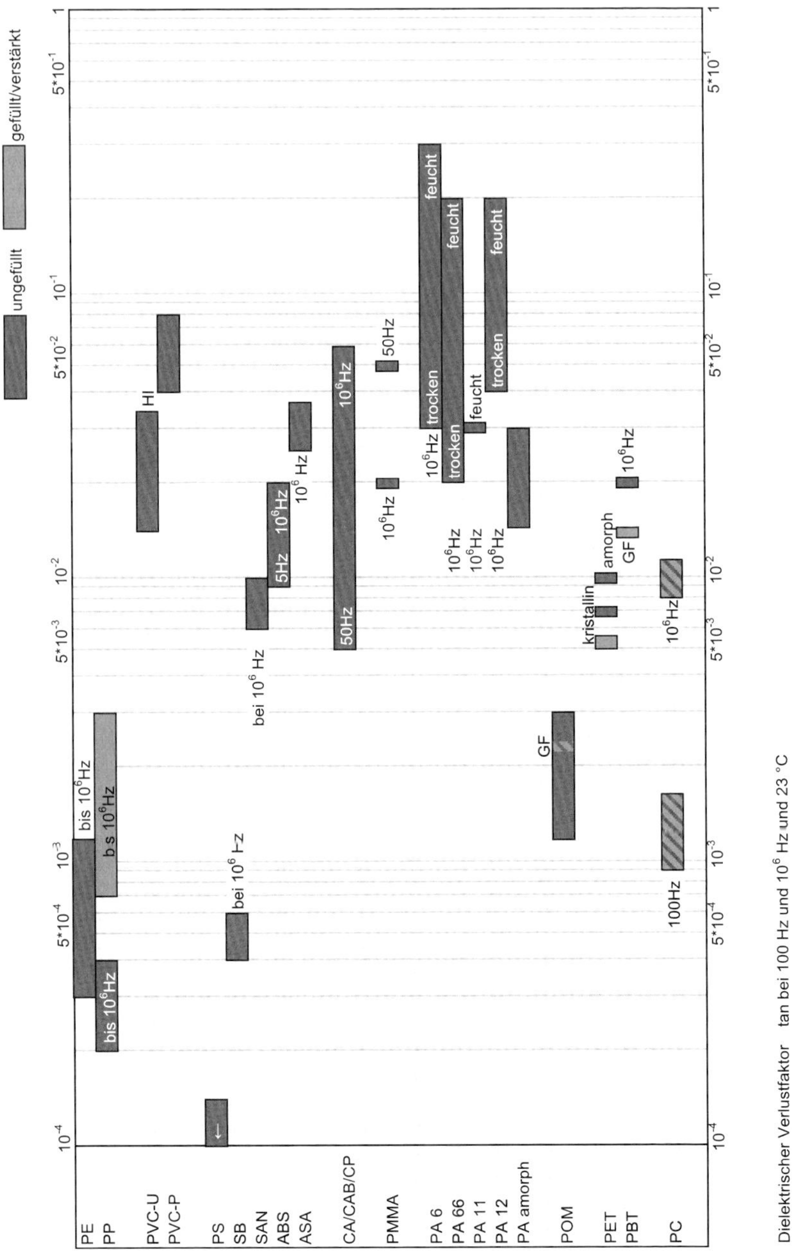
ungefüllt
gefüllt/verstärkt
PE
PP
PVC-U
PVC-P
PS
SB
SAN
ABS
ASA
CA/CAB/CP
PMMA
PA 6
PA 66
PA 11
PA 12
PA amorph
POM
PET
PBT
PC
bis 10^6Hz
bei 10^6 Hz
HI
5Hz
10^6Hz
50Hz
feucht
trocken
kristallin
amorph
GF
100Hz
Dielektrischer Verlustfaktor tan bei 100 Hz und 10^6 Hz und 23 °C

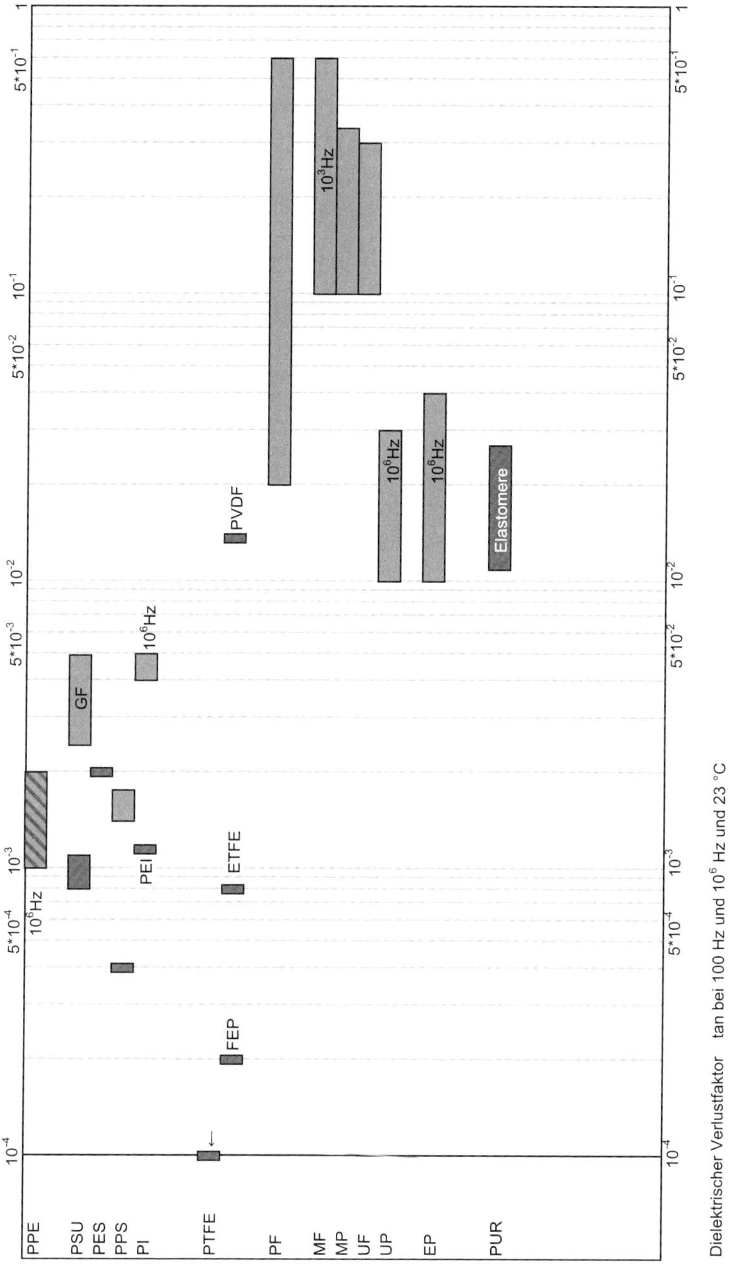
PPE
PSU
PES
PPS
PI
PTFE
PF
MF
MP
UF
UP
EP
PUR
10^-4
5*10^-4
10^-3
5*10^-3
10^-2
5*10^-2
10^-1
5*10^-1
1
10^6 Hz
GF
10^6 Hz
PEI
ETFE
FEP
PVDF
10^3 Hz
10^6 Hz
10^6 Hz
Elastomere
Dielektrischer Verlustfaktor tan bei 100 Hz und 10^6 Hz und 23 °C

Kennwerte:

Die *Dielektrizitätszahl* ε_r wird ermittelt aus der gemessenen und korrigierten Kapazität C_x und der Kapazität C_0 der Elektrodenanordnung in Luft zu

$$\varepsilon_r = C_x/C_0$$

Der *dielektrische Verlustfaktor* tan δ wird direkt an der Messeinrichtung abgelesen.

Genauere Angaben für die Prüfanordnung und Auswertung siehe IEC 60250.

24.3 Kriechwegbildung (Kriechstromfestigkeit)

Normen:

DIN EN 60112	Verfahren zur Bestimmung der Prüf- und Vergleichszahl der Kriechwegbildung von festen isolierenden Werkstoffen unter feuchten Bedingungen (entspricht DIN VDE 0303-11)
DIN EN 60587	Prüfverfahren zur Beurteilung der Kriechstromfestigkeit und der Aushöhlung für elektrische Isolierstoffe, die unter erschwerten Umweltbedingungen eingesetzt werden (entspricht VDE 0303-10)
DIN EN 61302	Elektroisolierstoffe – Prüfverfahren zur Beurteilung des Widerstandes gegen Kriechwegbildung und Erosion – Zyklische Prüfung (entspricht VDE 0303-12)

Kennwerte

CTI	**Vergleichszahl der Kriechwegbildung (Comparative Tracking Index)**
PTI	**Prüfzahl der Kriechwegbildung (Proof Tracking Index)**

Bei dieser Prüfung ermittelt man den relativen Widerstand fester elektrischer Isolierstoffe gegen *Kriechwegbildung* bei Spannungen bis 600 Volt. Die unter elektrischer Spannung stehende Oberfläche wird tropfenweise mit *Prüflösungen* (Wasser mit Zusätzen) benetzt. Isolierstoffe, die bei der höchsten Spannung von 600 V keine *Kriechspur* bilden, können eine *Erosion* zeigen, deren Tiefe ausgemessen wird. Einige Kunststoffe können sich bei dieser Prüfung entzünden.

Ein *Kriechweg* entsteht durch die Bildung *leitfähiger* Pfade auf der Oberfläche des Isolierstoffs, verursacht durch die *gleichzeitige* Wirkung elektrischer und elektrolytischer Einflüsse.

Bei der *elektrischen Erosion* wird durch elektrische Entladungen Isolierstoff von der Oberfläche abgetragen.

Definitionen der *Vergleichszahl der Kriechwegbildung* CTI und der *Prüfzahl der Kriechwegbildung* PTI siehe *Kennwerte.*

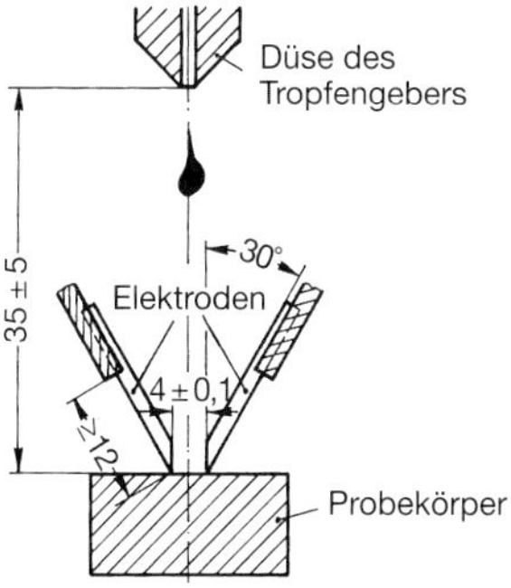

Bild 24.4 Prüfordnung zur Bestimmung der Kriechwegbildung

Probekörper werden aus Halbzeugen oder Formteilen mit ebener und kratzerfreier Oberfläche entnommen, Mindestoberfläche 15 mm × 15 mm × Probendicke ≥3 mm; die Oberfläche muss sauber und frei von Schmutz, Fett und Öl sein (ggf. reinigen). Vorbehandlung und Reinigung sind anzugeben.

Prüfanordnung: Zwei Platinelektroden (Bild 24.4) mit Breite 5 mm und Dicke 2 mm werden unter einem Winkel von 60° im Abstand von 4 mm auf die Prüfstelle aufgesetzt. Die Auflagekraft der Elektroden auf die Oberfläche muss 1 N betragen. Es gibt nachstehende *Prüflösungen*:

Lösung A: (0,1 ± 0,002) Gew.-% Ammoniumchlorid NH_4Cl in destilliertem oder deionisierten Wasser lösen. Der spezifische Durchgangswiderstand beträgt dann 395 Ω · cm bei 23 °C.

Lösung B: wie Lösung A, jedoch zusätzlich ein *Netzmittel* 0,5 Gew.-% Natriumsalz einer kernalkalierten Naphthalinsulfosäure (Nekal BX-trocken). Der spezifische Durchgangswiderstand beträgt dann 198 Ω · cm bei 23 °C (in DIN IEC 60112 ist fälschlicherweise 170 angegeben).

Lösung A wird bevorzugt eingesetzt, Lösung B ist die aggressivere, die nur dann eingesetzt wird, wenn besonders aggressive Verunreinigungen im Betrieb des Isolierstoffs erwartet werden. Bei Lösung B wird der Kennwert mit M gekennzeichnet (M: *mouillé* = *Benetzer*).

Die angelegte sinusförmige Wechselspannung ist bei 48 Hz bis 60 Hz zwischen 100 V und 600 V einstellbar; die Spannungswerte müssen durch 25 teilbar sein.

Prüfung: Nach Aufsetzen der Elektroden wird die Prüflösung zwischen die Elektroden in zeitlichen Abständen von 30 s ± 5 s aufgetropft.

Für die CTI-Bestimmung wird die höchste Spannung in Volt ermittelt, der ein Isolierstoff bei 50 Auftropfungen *ohne* Kriechwegbildung widersteht. Man stellt zunächst einen ausgewählten Spannungswert ein und prüft mit 50 Auftropfungen oder bis zum vorzeitigen Ausfall. Wiederholung der Prüfung dann mit niedrigeren oder höheren Spannungen an *anderen* Stellen der Oberfläche bis die höchste

Spannung ermittelt ist, bei der 50 Tropfen an 5 verschiedenen Stellen *keinen* Ausfall ergeben (keine Auslösung des Überstromschalters). Die Bezeichnung ist dann z. B. CTI 425. *Zusatzbedingung* ist: Bei der Prüfung an 5 weiteren Stellen mit einer um 25 Volt niedrigeren Spannung darf bei weniger als 100 Auftropfungen *kein* Ausfall auftreten. Wird diese Zusatzbedingung nicht erfüllt, dann wird die höchste Spannung ermittelt, bei der 5 Stellen 100 Auftropfungen widerstehen; dieser Zahlenwert wird *zusätzlich* angegeben, z. B. CTI 425 (375).

Für die PTI-Bestimmung wird für eine festgelegte Prüfspannung in Volt ermittelt, ob der Isolierstoff 50 Auftropfungen *ohne Kriechwegbildung* widersteht.

Wird für die Praxis nur eine Kurzprüfung verlangt, so wird diese bei einer *einzigen, festgelegten* Spannung durchgeführt. Als Spannungswerte sind vorgesehen 175 V, 250 V, 300 V, 375 V oder 500 V.

Bestimmung der Erosion: Wenn bei der Prüfung kein Kriechweg gebildet wurde, wird die Oberfläche gesäubert und mit einem speziellen Tiefentaster (siehe Norm) die größte Erosionstiefe auf 0,1 mm genau gemessen.

Kennwerte:

CTI-Messungen

Der CTI-Wert ist der Zahlenwert der höchsten Prüfspannung in Volt, die der Isolierstoff an 5 Stellen bei 50 Auftropfungen *ohne* Kriechwegbildung erträgt, z. B.

Vergleichszahl der Kriechwegbildung CTI 400 für Prüflösung A

Vergleichszahl der Kriechwegbildung CTI 500 M für Prüflösung B;

Vergleichszahl der Kriechwegbildung CTI 350 (300), wenn zwar für 350 Volt die Bedingung 50 Auftropfungen erfüllt ist und zusätzlich die Spannung 300 Volt ermittelt wurde, bei der 100 oder mehr Auftropfungen ausgehalten wurden.

Wurde die Tiefe der Erosion gemessen, ist die *größte Erosionstiefe* mit anzugeben, z. B. CTI 250-1,3.

PTI-Messungen

Der PTI-Wert ist der Zahlenwert der für die Prüfung gewählten Prüfspannung in Volt. Angabe: „*Prüfzahl der Kriechwegbildung bestanden*“ oder „*nicht bestanden*“, z. B. „bestanden bei PTI 150“ (für Prüflösung A) oder „nicht bestanden bei PTI 175 M“ (für Prüflösung B).

Wird eine *größte Erosionstiefe* gemeinsam mit der Prüfspannung festgelegt, ergibt sich die Bezeichnung z. B. wie folgt: „bestanden bei PTI 275-0,9“ (für Prüflösung A), „nicht bestanden bei PTI 250 M – 0,3“ (für Prüflösung B).

Wenn die Probenoberfläche vor der Prüfung behandelt, z. B. spanend bearbeitet wurde, so ist dies unbedingt anzugeben.

Anmerkungen

Die „alten“ Kriechstromfestigkeiten KA, KB und KC nach der zurückgezogenen DIN 53480 sind i. A. nicht mit den CTI- und PTI-Werten vergleichbar.

Tabelle 24.1 Vergleichszahl der Kriechwegbildung CTI bzw. Prüfzahl der Kriechwegbildung PTI

CTI/PTI		CTI/PTI	
PE	CTI 550...600 CTIM 500...575	PPE	CTI 175...400 GF: CTI 250
PP	CTI 600 CTIM 425...450		
		PSU/PES	CTI 125...150
PVC-U		PPS	GF: CTI 150...225
PVC-P		PI	PEI: CTI 150...200
			PAEK: CTI 125...150
PS	CTI 350...500		LCP: CTI: 100 GF: 150...175
SB	CTI 350...550	PTFE	CTI 600
SAN	CTI 400...600		PFA: CTI 600 PVDF: CTI 200...400
ABS	CTI 600		
ASA	CTI 600	PF	PTI 125...250
CA/CAB/CP	CTI > 600	MF	PTI 600
		MP	PTI 150...600
PMMA	CTI > 600	UF	PTI 600
PA6	luftfeucht: CTI 600 GF: CTI 550 CF: CTI < 100	UP	PTI 250...600
PA66	luftfeucht: CTI 600 GF: CTI 550		
PA11	CTI 600	EP	PTI 600
PA12	CTI 600		
PAamorph	CTI 600		
		PUR	
POM	CTI 600 GF: CTI 600		
PET			
PBT	CTI 600 GF: 300...500 CF: CTI 250		
PC	CTI 200...275 GF: CTI 175		

Nach **DIN EN 60587** erfolgt eine andere Art der Prüfung:

Festspannung zur Kriechwegbildung ist die höchste Spannung die alle fünf Probekörper über eine Dauer von 6 Stunden ohne Versagen überstanden. Die Einstufung des Werkstoffs ist dann wie folgt vorzunehmen:

Klasse 1A0 oder *1B0*, falls einer der Probekörper in weniger als 6 Stunden übereinstimmend mit den Merkmalbeschreibungen A oder B in Abschnitt 1 ausfällt.

Klasse 1A2,5 oder *1B2,5*, falls alle 5 Probekörper 6 Stunden bei 2,5 kV überstehen und falls ein Probekörper bei 3,5 kV in weniger als 6 Stunden versagt.

Klasse 1A3,5 oder *1B3,5*, falls alle Probekörper 6 Stunden bei 3,5 kV überstehen und falls ein Probekörper bei 4,5 kV in weniger als 6 Stunden versagt.

Klasse 1A4,5 oder *1B4,5*, falls alle Probekörper 6 Stunden bei 4,5 kV überstehen.

Der Prüfbericht muss enthalten:

- Art und Bezeichnung des geprüften Werkstoffs
- Angaben zu den Probekörpern
- Richtung der Probekörper in Bezug zu den Elektroden, d. h. in Herstellungsrichtung, quer oder schräg dazu
- Verfahren des Spannungsanlegens und des angewendeten Endpunktmerkmals
- Einstufung.

25 Optische Prüfungen

25.1 Brechzahl

Normen:

DIN EN ISO 489	Kunststoffe – Bestimmung des Brechungsindex
DIN EN 2155-3	Luft- und Raumfahrt – Prüfung für transparente Werkstoffe zur Verglasung von Luftfahrzeugen T3: Bestimmung des Brechungsindex

Kennwert

n_D	**Brechzahl**

Durch die *Brechzahl* (Brechungsindex) können Kunststoffe differenziert werden. Man kann mit dieser einfachen Methode auf die Zusammensetzung eines Kunststoffs schließen und insbesondere die Polymerisation überprüfen. Aus dem Temperaturkoeffizienten der Brechzahl kann auch das Erweichungsintervall bestimmt werden.

Die Brechzahl ist deshalb wichtig für die Kontrolle der Fertigung und für die Verwendung organischer Gläser in der Optik.

Probekörper: Bei *festen Kunststofferzeugnissen* werden aus zwei zueinander rechtwinkligen Ebenen Proben mit ca. 3 mm Dicke entnommen; die sonstigen Abmessungen richten sich nach dem Messprisma des verwendeten Refraktometers. Die Oberflächen werden plangeschliffen und poliert unter Vermeidung von Eigenspannungen. Bei richtiger Probenvorbereitung ergibt die Prüfung eine scharfe Grenzlinie. Bei *weichen* und *weichgummiähnlichen Kunststofferzeugnissen* soll die scharf geschnittene Probe an der Lichteintrittsebene wie poliert aussehen. *Plastische* und *zähflüssige Kunststoffe* werden wie Flüssigkeiten zwischen den Prismen des Refraktometers gemessen.

Prüfeinrichtung: Besonders geeignet Abbe-Refraktometer mit heiz- und kühlbaren Prismen zur Messung der Brechzahlen im durchfallenden und reflektierten Licht (Messbereich für n von 1,3 bis 1,7). Für höhere Anforderungen finden Eintauchrefraktometer Verwendung mit Thermostat für die Temperierung der Prismen. Als Lichtquelle Tages- oder Glühlampenlicht, für monochromatisches Licht Natriumspektrallampe mit Wellenlänge $\lambda = 589{,}3 \cdot 10^{-9}$ m.

Prüfung der fertig bearbeiteten und gut getrockneten oder 24 h im Exsikkator gelagerten Proben. Prüfung erfolgt bei 23 °C.

Für optischen Kontakt zwischen Probe und Messprisma verwendet man ein *Kontaktmittel*, das höhere Brechzahl hat als der zu prüfende Kunststoff und diesen nicht angreift. Empfohlen wird für die meisten Kunststoffe α-Monobromnaphtalin, für PMMA gesättigte wässerige Zinkchloridlösung und für PS gesättigte Kaliumquecksilberjodidlösung.

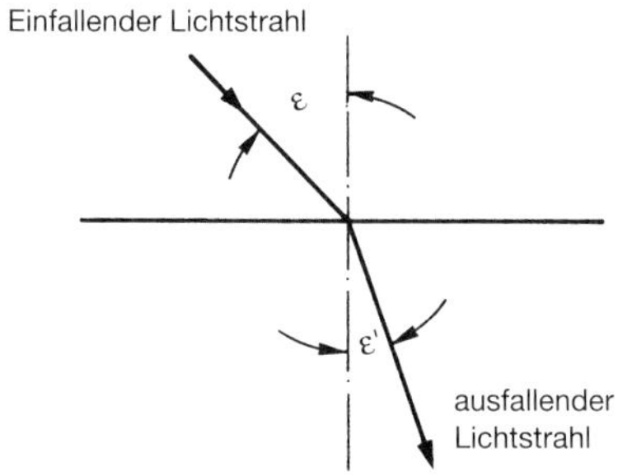

Bild 25.1 Brechungsgesetz

Kennwert:

$$\text{Brechzahl} \quad n = \frac{\sin \varepsilon}{\sin \varepsilon'}$$

Die Brechzahl wird mit n_D bezeichnet, wenn sie mit Licht der Wellenlänge $589{,}3 \cdot 10^{-9}$ m (D-Linie des Natriums) ermittelt wurde. Die Messung erfolgt auf vier Dezimalen genau an zwei Proben, die aus zwei rechtwinklig zueinander stehenden Ebenen entnommen sind.

25.2 Lichtdurchlässigkeit

Normen:

DIN EN 2155	Luft- und Raumfahrt – Prüfung für transparente Werkstoffe zur Verglasung von Luftfahrzeugen T4: Bestimmung des Transmissionsgrades für Ultraviolett-Strahlung im Bereich von 280 nm bis 360 nm T5: Messung des Lichttransmissionsgrades im sichtbaren Bereich
DIN EN ISO 13468	Bestimmung des totalen Lichttransmissionsgrades von transparenten Materialien

Kennwert

L	**Lichtdurchlässigkeit**

Die Verwendung von Kunststoffen hängt in vielen Fällen von den optischen Eigenschaften, insbesondere von der Lichtdurchlässigkeit ab. Die Lichtdurchlässigkeit gibt die Intensitätsminderung eines Lichtstrahls durch Reflektions- und Absorptionsverluste an. Sie wird wesentlich beeinflusst durch die Dicke des Kunststoffteils, vom Reinheitsgrad des Stoffes und bei teilkristallinen Kunststoffen vom Kristallisationsgrad.

Probekörper mit planparallelen Oberflächen, sauber gereinigt. Für Vergleichsmessungen müssen Proben gleicher Dicke verwendet werden. Meist Proben mit einer Dicke von 1 mm und einem Durchmesser von 50 mm.

Prüfung erfolgt mit Glühlampe oder monochromatischem Licht, nach DIN 5036 mit Lichtart D 65. Die Lichtintensitäten werden gemessen vor und nach der Kunststoffprobe durch Fotozelle mit Galvanometer oder es erfolgt Vergleichsmessung mit Fotometer und Vergleichsnormal. Als Messgeräte (Prinzip Bild 25.2) werden verwendet *Unicam*-Spektrofotometer, *Pulfrich*-Fotometer; *Beckmann*-Spektralfotometer oder andere.

Kennwert:

Lichtdurchlässigkeit L in %

$$\text{Lichtdurchlässigkeit} \quad L = \frac{I_d}{I_e}$$

Dabei bedeuten:

I_e Lichtintensität *vor* der Probe
I_d Lichtintensität *nach* der Probe

Vielfach genügen zur Kennzeichnung der *Lichtdurchlässigkeit einfache Bewertungen* nach der Reihenfolge (siehe auch Tabelle 25.1):

glasklar völlig frei von Trübungen, Streulichtanteil liegt unter 3 %; gerichtet einfallendes Licht tritt auch wieder gerichtet aus
transparent noch durchsichtig, aber Streulichtanteil zwischen 3 % und 30 %
transluzent nur noch durchscheinend; Licht tritt nicht mehr gerichtet, sondern diffus aus
opak undurchsichtig, lichtundurchlässig.

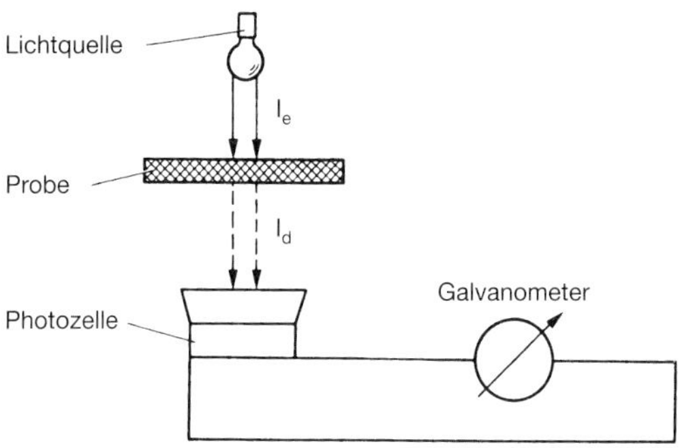

Bild 25.2 Versuchsanordnung (schematisch) zur Messung der Lichtdurchlässigkeit

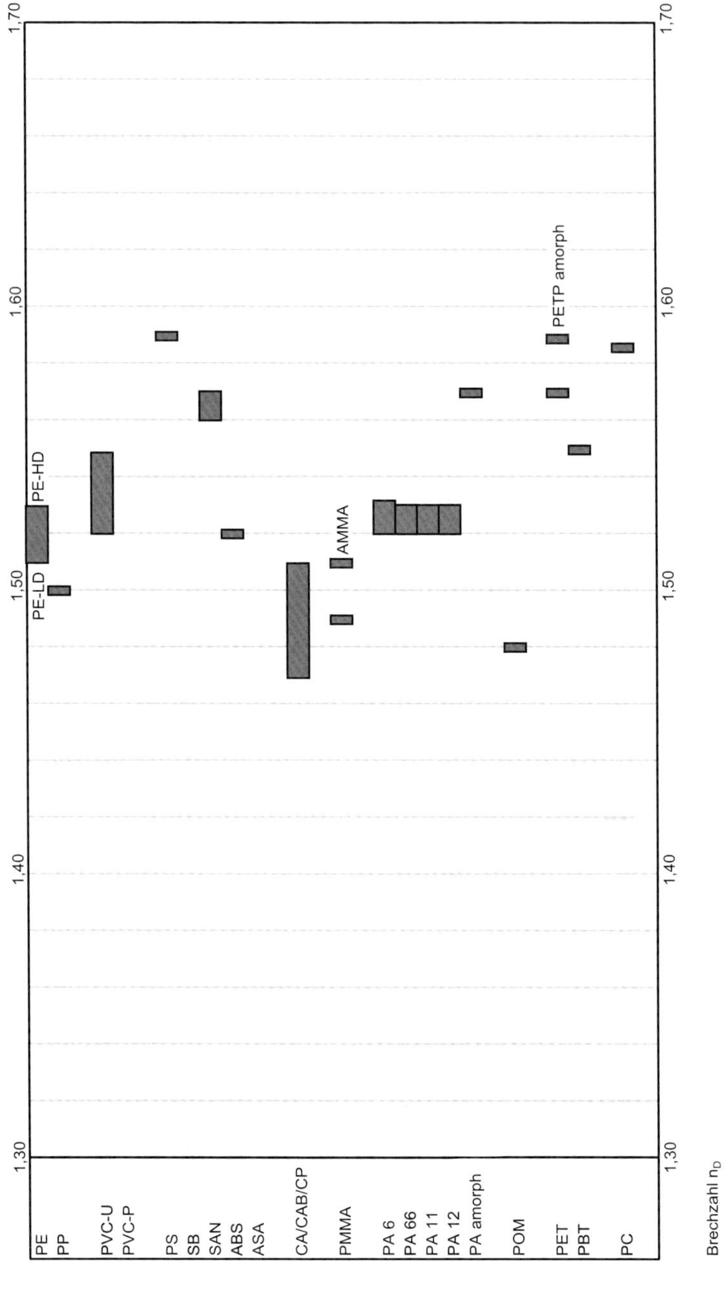
1,70
1,60
1,50
1,40
1,30
PE-HD
PE-LD
AMMA
PETP amorph
PE
PP
PVC-U
PVC-P
PS
SB
SAN
ABS
ASA
CA/CAB/CP
PMMA
PA 6
PA 66
PA 11
PA 12
PA amorph
POM
PET
PBT
PC
Brechzahl n_D

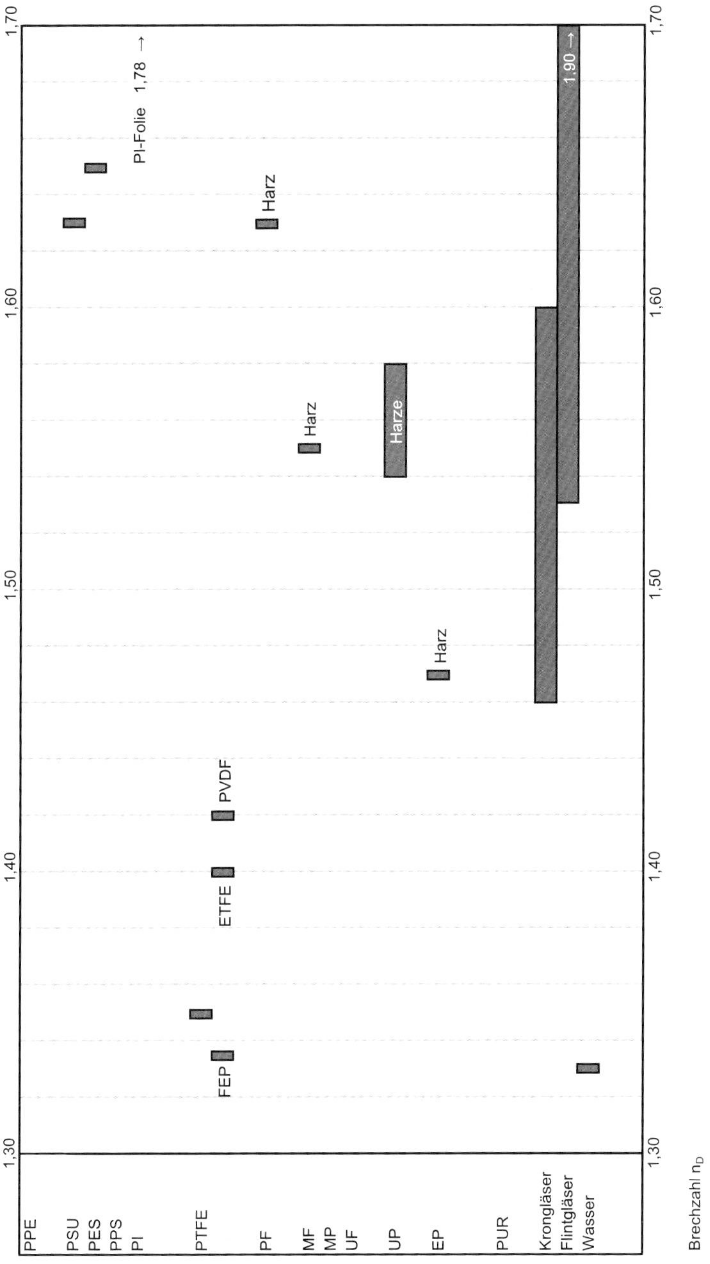
PPE
PSU
PES
PPS
PI
PTFE
PF
MF
MP
UF
UP
EP
PUR
Krongläser
Flintgläser
Wasser
1,30
1,40
1,50
1,60
1,70
PI-Folie 1,78 →
Harz
Harz
Harze
Harz
PVDF
ETFE
FEP
1,90 →
Brechzahl n_D

Tabelle 25.1 Lichtdurchlässigkeit von ungefärbten und ungefüllten Kunststoffen

Kunststoff	**Lichtdurchlässigkeit**
PE	je nach Dicke opak bis transparent
PP	je nach Dicke opak bis transparent
PVC-U	trüb bis glasklar (S-PVC, M-PVC)
PVC-P	trüb bis transparent
PS	glasklar, L bis 90 %
SB	opak, Spezialtypen glasklar (z. B. Styrolux)
SAN	glasklar
ABS	opak bis transparent, Spezialtypen glasklar
ASA	opak
CA/CAB/CP	glasklar, CA: L bis 85 %
PMMA	glasklar, L bis 92 %
PA 6	*kristallin*: opak bis transluzent *amorph*: glasklar
PA 66	*kristallin*: opak bis transluzent *amorph*: glasklar
PA11/PA12	transluzent bis transparent
POM	opak, weiß
PET	*amorph:* glasklar *kristallin:* opak
PBT	*kristallin:* opak
PC	glasklar, L: 80 % bis 90 %
PPE mod.	Opak
PSU/PES	fast glasklar, z. T. gelbliche Eigenfarbe
PPS	opak, dunkel
PI	opak, dunkel; Folien: transparent
PTFE	opak
FEP/PVDF	transparent bis transluzent
ETFE	glasklar; L: bis 95 %
PF*)	bräunlich transparent
MF*)	fast glasklar
UF*)	fast glasklar
UP	fast glasklar
EP	gedeckt bis glasklar
PUR-Elastomere	transluzent

*) Vorwiegend *gefüllt* verwendet, dann opak

26 Wasseraufnahme und Permeation

Bei Einwirkung von Wasser oder feuchter Luft nehmen Kunststoff-Formteile Wasser auf, wobei die aufgenommene Wassermenge stark vom chemischen Aufbau und der Zusammensetzung des Formstoffs abhängig ist. *Polare* Kunststoffe, wie PA, PUR und Celluloseester, nehmen viel Feuchte auf, *unpolare* Kunststoffe, wie PE, PP, PS und PTFE, dagegen sehr wenig. Besonders saugfähige Zusatzstoffe und hydrophile Bestandteile, wie Holzmehl, Papier und organische Gewebe sowie Emulgatoren, erhöhen naturgemäß die Neigung zur Wasseraufnahme.

Die Geschwindigkeit der Wasseraufnahme ist erheblich vom Verhältnis Oberfläche zu Volumen des Formteils abhängig. Daher müssen bei Vergleichsversuchen die Probenabmessungen genau eingehalten werden. Das gleiche gilt für die Beschaffenheit der Oberfläche. So nehmen durch spanende Bearbeitung entstandene Oberflächen schneller Wasser auf als durch Spritzgießen oder Pressen entstandene dichte Oberflächen. Mit steigender Temperatur erhöht sich ebenfalls die Wasseraufnahme.

Auch eine schon im Probekörper oder Formteil enthaltene Feuchte beeinflusst das weitere Eindringen von Wasser, sodass der Zustand des Prüfobjekts vor der Bestimmung der Wasseraufnahme festgelegt sein muss, z. B. *Anlieferungszustand*, *Trockenzustand* oder *Zustand nach einer bestimmten Lagerung* oder *Konditionierung*.

Durch Aufnahme von Wasser ändern sich die Eigenschaften von Formstoff und Formteil. Im Allgemeinen werden die *Festigkeitseigenschaften* und die *Härte* vermindert, während die *Zähigkeit* meist erhöht wird. Das *Aussehen* des Formteils kann durch die Bildung von *matten* oder *milchigen* Stellen beeinträchtigt werden. Die *elektrischen Isoliereigenschaften* werden verschlechtert. Nicht zuletzt führt die Wasseraufnahme zu *Quellung* und damit zu *Maßänderungen*. Durch *Herauslösen* von Bestandteilen aus dem Formstoff kann es zum Auftreten von Oberflächenrauhigkeit und Poren kommen.

Für die Verwendung von Kunststoffen in der *Verpackungstechnik* z. B. als Folien oder Flaschen ist die *Durchlässigkeit* gegenüber Wasserdampf und Gasen besonders bedeutungsvoll. Sind Kunststoffe nicht diffusionsdicht, müssen ggf. *Barrierekunststoffe* als Sperrschichten eingebaut werden (Verbundfolien, Mehrschichtbehälter).

26.1 Wasserdampf- und Gasdurchlässigkeit (Permeation)

Normen

DIN EN ISO 2556	Kunststoffe – Bestimmung der Gasdurchlässigkeit von Folien und dünnen Tafeln unter atmosphärischem Druck – Druckmessgerät-Verfahren
DIN EN ISO 4080	Gummi- und Kunststoffschläuche – Bestimmung der Gasdurchlässigkeit

DIN EN ISO 15106	Kunststoffe – Folien und Flächengebilde – Bestimmung der Wasserdampfdurchlässigkeit T1: Verfahren mit Feuchtigkeitssensor T2: Verfahren mit Infrarotsensor T3: Elektrolytnachweis-Verfahren
DIN EN 1931	Abdichtungsbahnen – Bitumen-, Kunststoff- und Elastomerbahnen für Dachabdichtungen – Bestimmung der Wasserdampfdurchlässigkeit
DIN EN 13111	Abdichtungsbahnen – Unterdeck- und Unterspannbahnen für Dachdeckungen und Wände – Bestimmung des Widerstandes gegen Wasserdurchgang
DIN 53122	Prüfung von Kunststoff-Folien, Elastomerfolien, Papier, Pappe und anderen Flächengebilden – Bestimmung der Wasserdampfdurchlässigkeit T1: Gravimetrisches Verfahren
DIN 53380	Prüfung von Kunststoffen – Bestimmung der Gasdurchlässigkeit T2: Manometrisches Verfahren zur Messung an Kunststoff-Folien T4: Kohlenstoffdioxidspezifisches Infrarotabsorptions-Verfahren zur Messung an Kunststoff-Folien und Kunststoff-Formteilen
DIN 53536	Kautschuk und Elastomere – Bestimmung der Gasdurchlässigkeit (entspricht ISO 2782)
ISO 2782	Elastomere oder thermoplastische Elastomere – Bestimmung der Gasdurchlässigkeit

Bei der *Permeation*, dem „Durchwandern" von Medien durch Kunststoffe wirken Löslichkeits- und Diffusionsvorgänge zusammen. Die Methoden zur Messung der Permeation sind sehr unterschiedlich (siehe Normen)

Bei der Verpackung von kohlensäurehaltigen Getränken ist wichtig die *Gasdurchlässigkeit* von Kohlendioxid und bei Ölen die Gasdurchlässigkeit gegen Sauerstoff (Gefahr der Oxidation des Verpackungsgutes).

Die *Wasserdampfdurchlässigkeit WDD* in $g/(m^2 \cdot d)$ wird nach DIN 53122 und DIN EN ISO 15106 ermittelt, die *Gasdurchlässigkeit q* nach DIN 53380 und die *Gasdurchlässigkeit G* nach DIN EN ISO 2556. Bei allen Verfahren spielt die Dicke der Folien oder Prüfbehälter eine wesentliche Rolle und muss immer unbedingt mit angegeben werden. Die Probekörperabmessungen richten sich nach dem verwendeten Prüfgerät; es sind immer mindestens 3 Probekörper zu prüfen. Die Prüfbedingungen sind den Normen zu entnehmen oder zu vereinbaren.

a) Die *Wasserdampfdurchlässigkeit WDD* in $g/(m^2 \cdot d)$[1] nach DIN 53122 ist gekennzeichnet durch das Volumen, das unter festgelegten Prüfbedingungen, bezogen auf 24 Stunden aus dem Verdampfungsraum durch die Prüfseite der Probe, bezogen auf 1 m^2 in den Absorptionsraum hindurchtritt.

Es sind dabei folgende Klimate vorgesehen:
Klima A: (25 ± 1) °C und (90 ± 2) % rel. Luftfeuchte
Klima B: (38 ± 1) °C und (90 ± 2) % rel. Luftfeuchte
Klima C: (25 ± 1) °C und (75 ± 2) % rel. Luftfeuchte
Klima D. (23 ± 1) °C und (85 ± 2) % rel. Luftfeuchte
Klima E: (20 ± 1) °C und (85 ± 2) % rel. Luftfeuchte

Bevorzugt werden angewandt:
Klima B für Elastomerfolien
Klima D für Kunststoff-Folien und beschichtete Papiere
Klima D und E für Papiere und Pappe.

Zeitspannen für die Prüfung sind <24 h, 24 h, 48 h, 72 h und 96 h, 1 d = 24 h.

Die Prüfung nach dieser Norm wird gekennzeichnet mit Verfahren DIN 53122-A.

b) Die *Wasserdampfdurchlässigkeit WDD* in g/(m^2· d) nach DIN EN ISO 15106 ist die Menge Wasserdampf, die vom Probekörper unter bestimmten Bedingungen je Flächen- und Zeiteinheit durchgelassen wird.

Es sind folgende Prüfbedingungen vorgesehen:
1: (25 ± 0,5) °C; 90 % Luftfeuchteunterschied (10 : 100)
2: (38 ± 0,5) °C; 90 % Luftfeuchteunterschied (10 : 100)
3: (40 ± 0,5) °C; 90 % Luftfeuchteunterschied (10 : 100)
4: (23 ± 0,5) °C; 85 % Luftfeuchteunterschied (15 : 100)
5: (25 ± 0,5) °C; 75 % Luftfeuchteunterschied (25 : 100)

c) Die *Gasdurchlässigkeit G* nach DIN EN ISO 2556 in cm^3/(m^2· d · atm) ist das Gasvolumen, das unter stationären Bedingungen durch die Flächeneinheit der Probe in der Zeiteinheit unter der Einheit der Druckdifferenz und bei konstanter Temperatur durchgeht. Das Volumen wird angegeben bei Standardtemperatur und Standarddruck.

Prüftemperatur (23 ± 2) °C, sonstige Prüfbedingungen siehe Norm.

d) Die *Gasdurchlässigkeit q* in cm^3/(m^2· d · bar) ist die Menge eines Gases, die je Zeit, Fläche und Druck durch eine Folie hindurchgeht. Sie wird nach DIN 53380-1 (Prüfung –V) und DIN 53380-2 (Prüfung –M) ermittelt.

e) Die *Sauerstoffdurchlässigkeit q* wird nach DIN 53380-3 (Prüfung –S) ermittelt als

- *flächenbezogene Sauerstoffdurchlässigkeit* q_A in cm^3/(m^2· d · bar) für Folien. Es ist das auf den Normzustand bezogene Volumen von O_2, das je Zeit, Fläche und Sauerstoff-Partialdruck durch den Probekörper hindurchgeht.
- *hohlkörperbezogene Sauerstoffdurchlässigkeit* q_{HA} in cm^3/(d · bar) für Behälter mit ungleicher Wanddickenverteilung wie Flaschen, Kanister usw.
- *längenbezogene Sauerstoffdurchlässigkeit* q_{L} in cm^3/(m · d · bar) für Rohre und Schläuche.

f) Die *Kohlenstoffdioxiddurchlässigkeit* q wird nach DIN 53380-4 (Prüfung –I) ermittelt als

- *flächenbezogene Kohlenstoffdioxiddurchlässigkeit* q_A in $cm^3/(m^2dbar)$ für Folien. Es ist das auf den Normzustand bezogene Volumen von CO_2, das je Zeit, Fläche und Kohlenstoffdioxid-Partialdruck durch den Probekörper hindurchgeht.
- *hohlkörperbezogene Kohlenstoffdioxiddurchlässigkeit* q_{HA} in $cm^3/(d \cdot bar)$ bei Einwirkung des CO_2 von außen für Behälter mit ungleicher Wanddickenverteilung wie Flaschen, Kanister usw.
- *hohlkörperbezogene Kohlenstoffdioxiddurchlässigkeit* q_{HI} in $cm^3/(d \cdot bar)$ bei Einwirkung des CO_2 von innen für Behälter mit ungleicher Wanddickenverteilung wie Flaschen, Kanister usw.

Für *Abdichtungsbahnen* aus Bitumen und Kunststoff werden nach DIN EN 1931 ermittelt die *Feuchtestromdichte* g in $kg/(m^2 \cdot s)$, der *Feuchtedurchlasskoeffizient* w_p in $kg/(m^2 \cdot s \cdot Pa)$ und der *Feuchteleitkoeffizient* δ_p in $kg/(m \cdot s \cdot Pa)$.

Anmerkung
Alle vorgenannten Werte sind keine Materialkonstanten, sondern sind von der Dicke der Folien und Flächengebilde, den Abmessungen von Rohren und Schläuchen und der Gestalt von Hohlkörpern abhängig.

26.2 Bestimmung der Wasseraufnahme

Normen:

DIN EN ISO 62	Kunststoffe – Bestimmung der Wasseraufnahme
DIN ISO 175	Kunststoffe – Prüfverfahren zur Bestimmung des Verhaltens gegen flüssige Chemikalien
DIN EN ISO 585	Weichmacherfreies Celluloseacetat (CA) – Bestimmung des Feuchtegehalts
DIN EN ISO 15512	Kunststoffe – Bestimmung des Wassergehalts
DIN 53715	Bestimmung des Wassergehalts durch Titration nach Karl Fischer

Kennwert

c	**Masseprozent aufgenommenen Wassers**
c_S	**Wassergehalt bei Sättigung**

Probekörper: Nach DIN EN ISO 62 werden 3 Probekörper DIN EN ISO 294-3 Typ D1 verwendet in den Abmessungen 60 mm × 60 mm × 1 mm oder aber nach Vereinbarung in anderen Abmessungen, z. B. bei Polyamiden mit größerer Dicke (2,05 ± 0,05).

Aus *Folien* und *Tafeln* werden quadratische Probekörper mit 50 mm Seitenlänge und Erzeugnisdicke entnommen. *Formteile* werden meist komplett geprüft. Es müssen immer 3 Probekörper geprüft werden.

Beachte: Die Probekörper müssen glatte Schnittflächen aufweisen und dürfen keine Risse haben, außerdem muss die Oberfläche sauber und fettfrei sein.

Auswertung

Es wird die *relative Masseänderung* c bestimmt (früher: Wasseraufnahme W_w in mg oder %). Es kann auch die *Wasseraufnahme* in mg auf die *Oberfläche der Proben* in cm^2 bezogen werden.

Es gibt nur die 3 Massen m_1, m_2, und m_3, aber 4 Methoden (Verfahren):

m_1 Masse in mg nach der 1. Trocknung und *vor* dem Eintauchen
m_2 Masse in mg *nach* dem Eintauchen
m_3 Masse in mg *nach* dem Eintauchen und endgültigen Trocknen

Es wird die *relative Masseänderung c* bestimmt, absolut oder in Prozent (· 100):

$$c = \frac{m_2 - m_1}{m_1} \cdot 100 \quad \text{oder} \quad c = \frac{m_2 - m_3}{m_1} \cdot 100 \quad \text{oder} \quad c = \frac{m_2 - m_3}{m_3} \cdot 100$$

Verfahren 1: Bestimmung der Wasseraufnahme in Wasser von 23°C. Trocknen der Proben bei 50 °C für 24 h und Abkühlung im Exsikkator auf Raumtemperatur. Wiegen auf 0,1 mg genau; Vorgang wiederholen bis Prüfkörpermasse auf ±0,1 mg konstant ist (m_1). Lagerung in destilliertem Wasser von 23 °C für 24 h, danach abtrocknen und innerhalb 1 min auf 0,1 mg genau wiegen ($m_{2/24h}$). Zur Ermittlung der *Sättigung* c_S können die Lagerzeiten verlängert werden (48, 96, 192 Stunden usw.; $m_{2/48h}$, $m_{2/96h}$, $m_{2/192h}$).

Verfahren 2: wie Verfahren 1, jedoch Lagerung in siedendem destilliertem Wasser. Nach Trocknen und Abkühlen Lagerung 30 min in siedendem Wasser und anschließend 15 min Abkühlung in destilliertem Wasser von Raumtemperatur. Oberflächenwasser entfernen und auf 0,1 mg genau wiegen (m_2). Zur Bestimmung der Sättigung Wiederholung des Vorgangs bis Gewichtskonstanz (m_2). Tritt Rissbildung an den Proben auf, ist die Anzahl der Zyklen bis zur Rissbildung anzugeben.

Verfahren 3: Bestimmung des Verlustes an wasserlöslichen Bestandteilen. Nach Vorbehandlung wie Verfahren 1 und 2 werden die Proben 24 h in destilliertem Wasser bis zur Massekonstanz rekonditioniert (m_3). Die Wasseraufnahme ist dann die Summe der Wasseraufnahme nach dem Eintauchen und der Masse der wasserlöslichen Materie. Wenn $m_3 < m_1$ entspricht die Differenz dem Anteil der wasserlöslichen Bestandteile; dann ist die Wasseraufnahme die Summe der Massezunahme nach Eintauchen und Masse der wasserlöslichen Bestandteile.

Verfahren 4: Bestimmung der Wasseraufnahme nach Lagerung bei 50 % rel. Luftfeuchte. Wie Verfahren 1 und 2, jedoch bei Lagerung in Gefäß oder Raum bei 23 °C und 50 % rel. Luftfeuchte (m_2).

Es ist anzugeben welches der 4 Verfahren angewandt wurde und die Eintauchdauer.

Bei *Langzeitprüfungen* kann die Wasseraufnahme bis zur *Sättigung* durchgeführt werden (Bild 26.1).

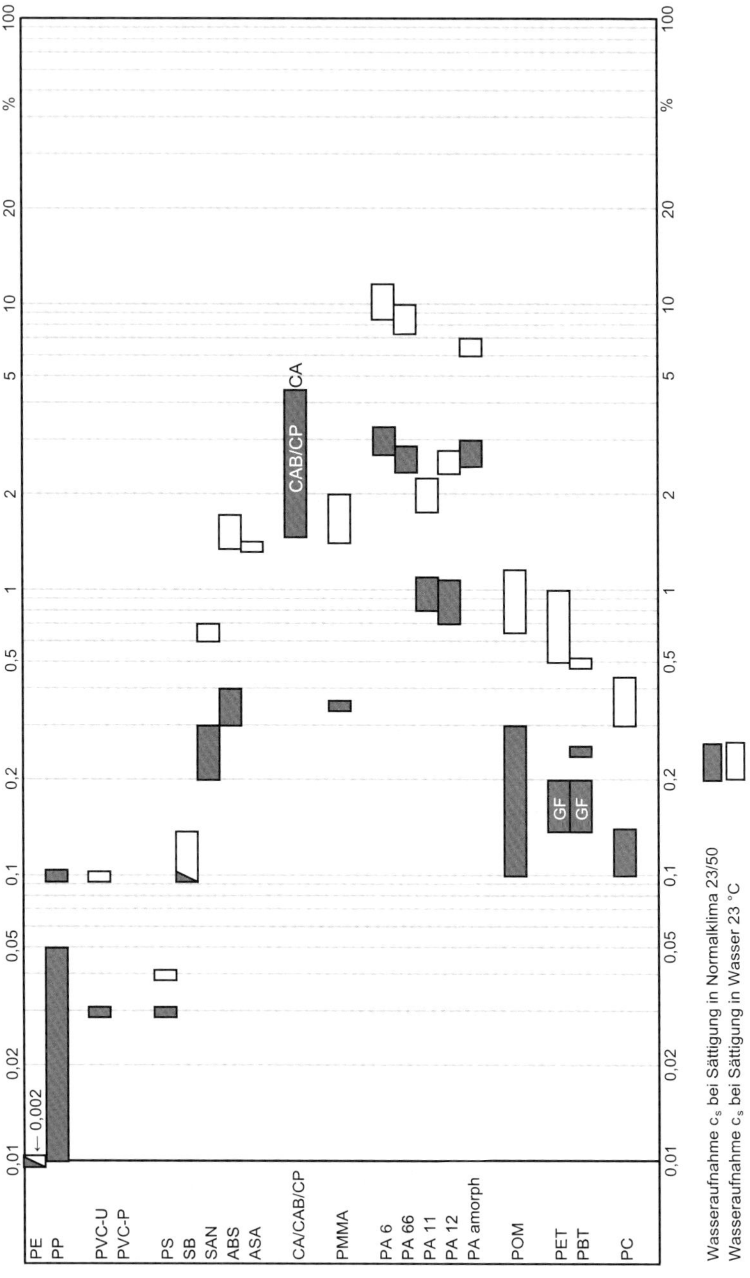
0,01
0,02
0,05
0,1
0,2
0,5
1
2
5
10
20
%
100
← 0,002
CAB/CP
CA
GF
GF
PE
PP
PVC-U
PVC-P
PS
SB
SAN
ABS
ASA
CA/CAB/CP
PMMA
PA 6
PA 66
PA 11
PA 12
PA amorph
POM
PET
PBT
PC
Wasseraufnahme c_s bei Sättigung in Normalklima 23/50
Wasseraufnahme c_s bei Sättigung in Wasser 23 °C

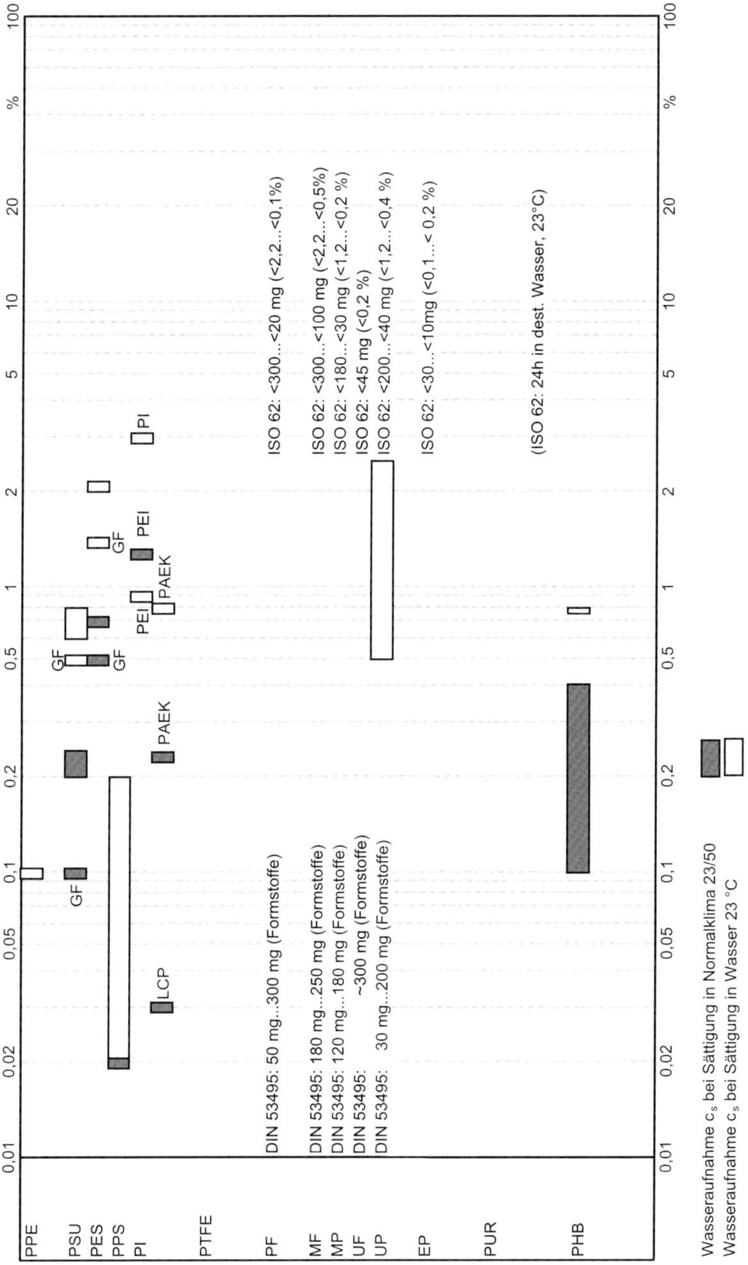
0,01
0,02
0,05
0,1
0,2
0,5
1
2
5
10
20
%
100
PPE
PSU
PES
PPS
PI
PTFE
PF
MF
MP
UF
UP
EP
PUR
PHB
GF
GF
GF
GF
PEI
PEI
PAEK
PAEK
PI
LCP
DIN 53495: 50 mg...300 mg (Formstoffe)
DIN 53495: 180 mg...250 mg (Formstoffe)
DIN 53495: 120 mg...180 mg (Formstoffe)
DIN 53495: ~300 mg (Formstoffe)
DIN 53495: 30 mg...200 mg (Formstoffe)
ISO 62: <300...<20 mg (<2,2...<0,1%)
ISO 62: <300...<100 mg (<2,2...<0,5%)
ISO 62: <180...<30 mg (<1,2...<0,2 %)
ISO 62: <45 mg (<0,2 %)
ISO 62: <200...<40 mg (<1,2...<0,4 %)
ISO 62: <30...<10mg (<0,1...< 0,2 %)
(ISO 62: 24h in dest. Wasser, 23°C)
Wasseraufnahme c_s bei Sättigung in Normalklima 23/50
Wasseraufnahme c_s bei Sättigung in Wasser 23 °C

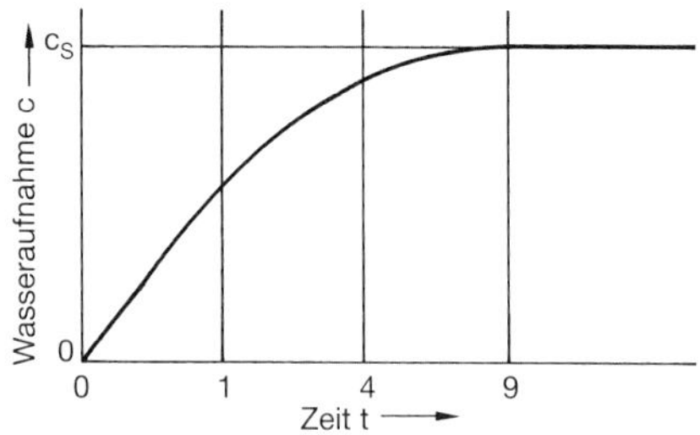

Bild 26.1 Schematischer zeitlicher Verlauf der Wasseraufnahme mit *Sättigungswert* c_S

Für Polyamide wird in DIN EN ISO 1110 eine beschleunigte Konditionierung (vgl. Kap. 26.3) von Probekörpern aufgezeigt. Die *Sättigung nach Lagerung in Wasser* liegt wesentlich höher (vgl. Tabelle 10.4, Seite 126). Bei Polyamiden spielt der Wassergehalt wegen seines Einflusses auf die Eigenschaften, Abmessungen und Schweißeignung eine wichtige Rolle.

26.3 Konditionieren

Normen:

DIN EN ISO 483	Kunststoffe – Kleine Kammern für die Konditionierung und Prüfung bei konstanter relativer Luftfeuchte über wässrigen Lösungen
DIN EN ISO 1110	Kunststoffe – Polyamide (PA) – Beschleunigte Konditionierung von Probekörpern

Bestimmte Kunststoffe, z. B. Polyamide nehmen, abhängig vom Aufbau (PA 6, PA 66 usw.) mehr oder weniger Feuchtigkeit bzw. Wasser auf. Bei höheren Temperaturen geht es entsprechend schneller. Die Feuchtigkeitsaufnahme ist reversibel; das bedeutet, dass Polyamide in feuchter oder nasser Umgebung Feuchtigkeit aufnehmen und in trockener abgeben. Da mit dem Feuchtegehalt neben den Abmessungen auch die mechanischen Eigenschaften, hier vor allem die Schlagzähigkeit, beeinflusst werden, kommt dem *Konditionieren* von Polyamiden große Bedeutung zu.

Unter *Konditionieren* versteht man die möglichst schnelle Einstellung eines bestimmten Feuchtegehalts in warmem Wasser oder in feuchtwarmem Klima (Konditionierzelle). Bei unverstärkten Polyamiden strebt man einen Feuchtegehalt an von ca. 1,5 % bis 3 %, bei verstärkten bis ca. 1,5 %.

Als praktisch einfach durchzuführende Konditionierverfahren haben sich bewährt:

- Konditionieren von Formteilen aus PA in Wasser von 40 °C bis 90 °C ist einfach durchzuführen. Es besteht aber die Gefahr der Bildung von *Wasserflecken* und bei Formteilen mit geringen Wanddicken von Eigenspannungen und Verzug. Bei verstärkten Polyamiden kann die Oberflächengüte negativ beeinflusst werden.

- In Konditionierzellen werden bei bestimmten, einstellbaren Klimabedingungen *Schnellkonditionierungen* vorgenommen. In Konditionierzellen werden ganz bestimmte *Konditionierprogramme* gefahren mit erprobten Aufheiz- und Abkühlbedingungen. Ein thermisch sehr schonendes Konditionierklima ist z. B. 40 °C bei 90 % rel. Luftfeuchte. Nach DIN EN ISO 1110 wird zum Konditionieren von Probekörpern 70 °C bei 62 % rel. Luftfeuchte vorgeschlagen. Die Konditionierbedingungen hängen auch von den betrieblichen Gegebenheiten ab (Schichtbetrieb oder nicht).
- Die oft vorgeschlagene Methode, Formteile aus PA in PE-Beutel mit einer entsprechenden Menge Wasser einzuschweißen und warm zu lagern, sollte möglichst nicht angewendet werden.

Zur Vorausbestimmung des Feuchtegehalts von PA-Formteilen in Abhängigkeit von den Konditionierbedingungen gibt es Rechenprogramme, z. B. *SPIRIT (Prof. Dr. Burr, HS Heilbronn)*. Bild 26.2 zeigt das Ergebnis einer Berechnung. Es ist deutlich zu erkennen, dass man zwar einen mittleren Wassergehalt anstreben kann, aber immer ein Feuchtegefälle vom Rand zum Kern vorliegt. Um einen absolut gleichen Feuchtegehalt über den gesamten Querschnitt zu erreichen, wäre eine unwirtschaftlich lange Konditionierzeit bzw. eine *Ausgleichslagerung* notwendig. Die Konditionierzeit steigt mit der Wanddicke quadratisch an; bei doppelter Wanddicke also vierfache Zeit. Die Konditionierbedingungen werden so gewählt, dass sich wirtschaftlich vertretbare Konditionierzeiten ergeben.

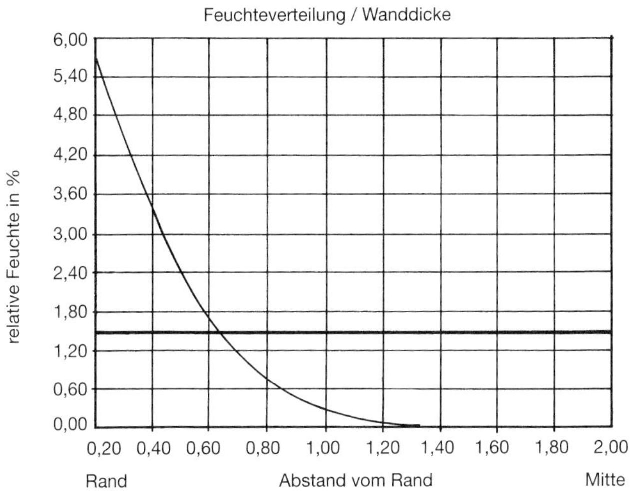

Bild 26.2 Feuchteverteilung in einem Zugstab aus PA 6 nach DIN EN ISO 527 mit 4 mm Dicke nach Lagerung bei 70 °C und 72 % relativer Luftfeuchte auf einen mittleren Wassergehalt von 1,5 % nach einer Lagerzeit von 3 h, 19 min (gerechnet mit dem Programm *SPIRIT*, Prof. Dr. Burr HS Heilbronn PIK)

27 Schwindung, Schrumpfung

27.1 Schwindung

Normen:

DIN EN ISO 294	Kunststoffe – Spritzgießen von Probekörpern aus Thermoplasten T4: Bestimmung der Verarbeitungsschwindung
DIN EN ISO 3521	Kunststoffe – Ungesättigte Polyester- und Epoxidharze – Bestimmung der Gesamtvolumenschwindung
DIN EN 1842	Kunststoffe – Warmhärtende Formmassen (SMC, BMC) – Bestimmung der Verarbeitungsschwindung
DIN 16901[1)]	Kunststoff-Formteile – Toleranzen und Abnahmebedingungen für Längenmaße
DIN 53464	Bestimmung der Schwindungseigenschaften von Pressstoffen aus warm härtbaren Pressmassen (entspricht ISO 2577)
ISO 2577	Kunststoffe – Warmaushärtbare Formkunststoffe – Bestimmung der Schrumpfung

Kennwerte

DIN EN ISO 294-4 (Thermoplaste):
S_M **Verarbeitungsschwindung** (Mould Shrinkage)
S_P **Nachschwindung** (Post Shrinkage)
S_T **Gesamtschwindung** (Total shrinkage)

Eine der wichtigsten Aufgaben in der Kunststoffverarbeitung ist die Minimierung von Maß- und Geometriefehlern an Spritzguss- und Pressteilen. Die gemessenen linearen Schwindungswerte hängen auch vom Formteilverzug ab. Form- und Lagetoleranzen (Ebenheit, Planlauf) lassen sich nicht über Schwindungen festlegen. Einfluss auf Schwindung und Verzug haben *Kunststoff* (z. B. Verteilung der Molekülmasse, Art und Form der Zusätze), *Formteil* (z. B. Gestaltungsrichtlinien beachten), *Werkzeug* (z. B. Herstellungsgenauigkeit, Werkzeugauslegung, Werkzeugtemperierung, Entlüftung, Angusslage und Angussart), *Spritzgießmaschine* (z. B. Plastifizierleistung, Schließkraft) sowie die *Verarbeitungsparameter*. Die Schwindung von Kunststoffen wirkt sich auf die erreichbaren Toleranzen und die Maßhaltigkeit von Formteilen aus und muss daher bereits beim Entwurf des Formteils sowie bei der Konstruktion und Herstellung des Werkzeugs berücksichtigt werden. Man unterscheidet zwischen *Verarbeitungsschwindung* S_M (früher VS) und *Nachschwindung* S_P (früher NS), beide zusammen ergeben die *Gesamtschwindung* S_T (früher GS).

[1)] DIN 16901 wurde ersatzlos zurückgezogen. TecPart (Verband Technische Kunststoff-Produkte e. V., 60596 Frankfurt am Main – www.tecpart.de) hat die Verbandsrichtlinie „Formteilentwicklung und Werkzeugbau – Grundsätze zur Konzeption und Tolerierung“ herausgegeben, die ggf. als Nachfolgedokument für DIN 16901 vorgesehen ist.

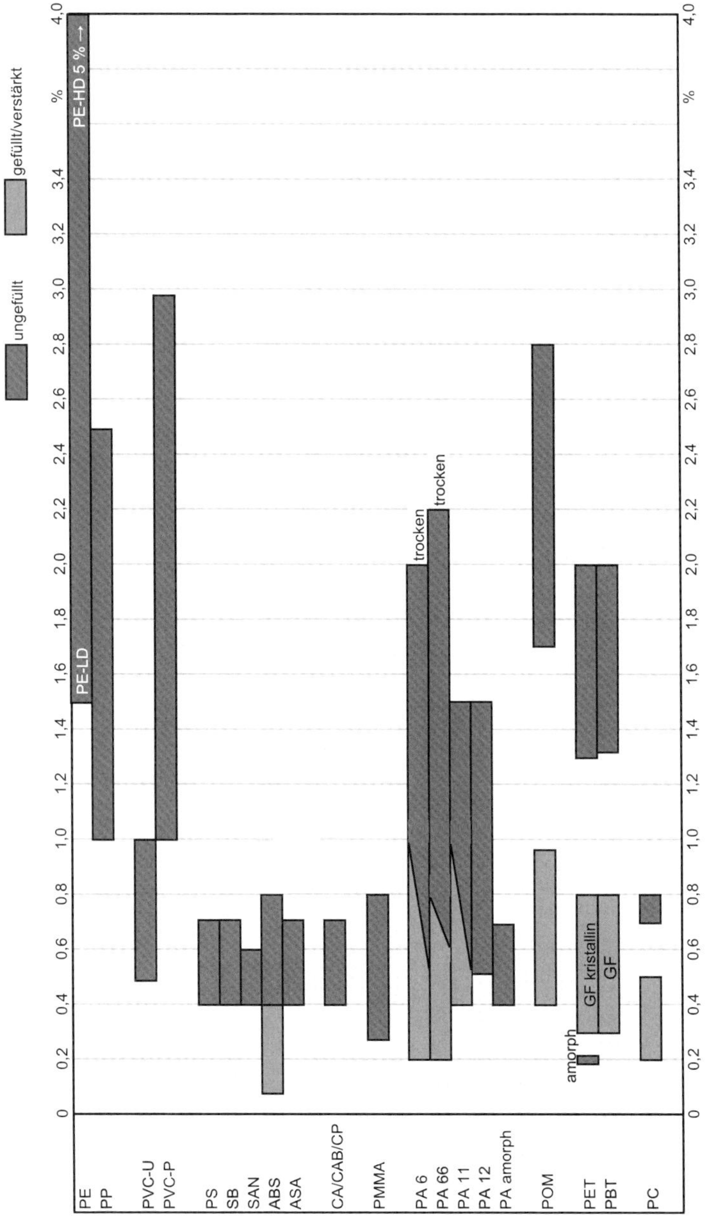

Verarbeitungsschwindung S_M nach DIN EN ISO 294-4

S: Spritzgießen P: Pressen

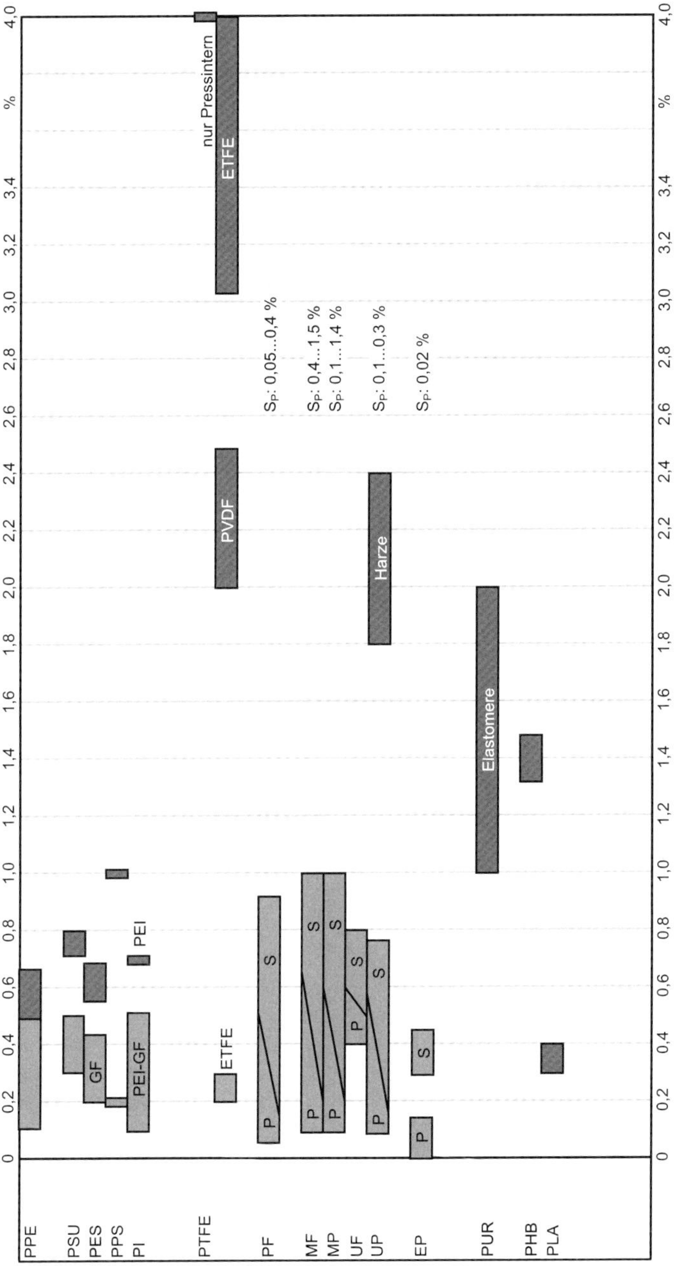

Verarbeitungsschwindung S_M nach DIN EN ISO 294-4

S: Spritzgießen P: Pressen S_P: Nachschwindung nach ISO 2577 für Duroplaste

In DIN EN ISO 294-4 wird für thermoplastische und in ISO 2577 für duroplastische Formmassen die Ermittlung dieser Schwindungswerte beschrieben.

Liegen pvT-Diagramme (siehe Kap. 29.1.3) vor, lassen sich Rückschlüsse auf die Verarbeitungsschwindung S_M ziehen.

Die *Verarbeitungsschwindung* S_M ist der Unterschied zwischen den Abmessungen der Werkzeughöhlung und des Formteils, jeweils gemessen bei Normalklima 23/50 DIN EN ISO 291. Die Verarbeitungsschwindung ist abhängig vom Kunststoff, vom Füllstoff und Füllstoffgehalt, vom Verarbeitungsverfahren, von der Gestalt des Formteils, von der Werkzeugkonstruktion und den Verarbeitungsbedingungen. Infolge von Orientierungen der Makromoleküle und der Verstärkungsstoffe ist die Schwindung meistens richtungsabhängig. Für die einzelnen Kunststoffe kann daher die Verarbeitungsschwindung S_M nur in Streubereichen angegeben werden. Genauere Schwindungswerte werden daher sowohl in Fließrichtung (p) als auch senkrecht dazu (n) ermittelt.

Die *Nachschwindung* S_P tritt nach beendeter Verarbeitung im Laufe der Zeit bei Raumtemperatur auf; sie verstärkt sich bei höheren Temperaturen infolge von *Nachkristallisation, Nachhärtung* und ggf. *Veränderung des Wassergehalts.* Sie hängt außer von den Verarbeitungsbedingungen noch sehr stark vom Technoklima ab, dem das Formteil nach der Formgebung ausgesetzt ist.

In DIN 16901 wird die Ermittlung der Verarbeitungsschwindung VS beschrieben für Formteile, die aus härtbaren und nicht härtbaren Formmassen durch Pressen, Spritzpressen und Spritzgießen hergestellt werden. In DIN 53 464 wird die Bestimmung von Verarbeitungs- und Nachschwindung nur für Pressstoffe aus warm härtbaren Pressmassen behandelt; ISO 2577 entspricht DIN 53464.

Probekörper: Nach DIN EN ISO 294-4 ist eine Platte 60 mm × 60 mm × 2 mm (ISO-Typ-D2-Werkzeug), nach DIN 16901 wird der Probekörper 80 mm × 10 mm × 4 mm verwendet. Nach ISO 2577 wird ein Probekörper 120 mm × 15 mm × 10 mm (wie DIN 53464) verwendet, wenn die Probekörper gepresst werden. Werden die Probekörper spritzgegossen, wird ein Probekörper 120 mm × 120 mm × 4 mm verwendet. Es können auch komplette Formteile vermessen werden.

Prüfeinrichtung: Längenmessgeräte, Wärmeschrank oder für bestimmtes Technoklima auch Klimaprüfschrank.

Prüfung: *Ermittlung der Verarbeitungsschwindung* S_M: Werkzeug wird bei (23 ± 2) °C vermessen (l_C nach DIN EN ISO 294-4); vernünftigerweise nur *werkzeuggebundene* Maße verwenden. Probekörper oder Formteile nach der Entformung 24 h bei Normalklima 23/50 DIN EN ISO 291 lagern und dann sofort vermessen (l_1).

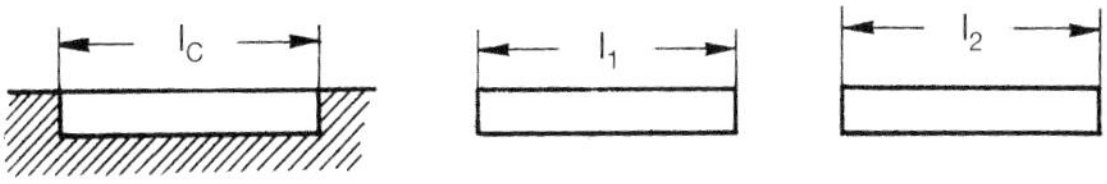

Bild 27.1 Maße zur Ermittlung der Schwindung
a) Werkzeug, b) Formteil nach 24 Stunden Lagerung bei 23 °C/50 relativer Luftfeuchte oder anderer Vereinbarung, c) Formteil *nach* vereinbarter Nachbehandlung

Ermittlung der Nachschwindung S_P: Probekörper oder Formteile nach Vereinbarung eine gewisse Zeit bei bestimmter Temperatur oder Technoklima lagern und danach bei (23 ± 2) °C vermessen (l_2). Bei Verwendung der *Längenmaße* L wird die Verarbeitungsschwindung in Fließrichtung S_{Mp} ermittelt (p: parallel, d. h. in Fließrichtung), bei Verwendung der *Breitenmaße* b die Schwindung S_{Mn} senkrecht (n: normal) dazu.

Kennwerte: Schwindungen meist in %

Errechnet werden die Schwindungen wie folgt (siehe auch Bild 27.1):

DIN EN ISO 294-4

Schwindungswerte in Fließrichtung (p):

Verarbeitungsschwindung $S_{Mp} = 100 \cdot (l_C - l_1)/l_C$ in %
Nachschwindung $S_{Pp} = 100 \cdot (l_1 - l_2)/l_1$ in %
Gesamtschwindung $S_{Tp} = 100 \cdot (l_C - l_2)/l_C$ in %

dabei bedeuten:

l_C: Länge, gemessen im Werkzeug
l_1: Länge, gemessen am Formteil
l_2: Länge, gemessen am Formteil nach einer Nachbehandlung

Anmerkung

Verarbeitungsschwindungen nach DIN EN ISO 294-4 werden sowohl *in Fließrichtung* S_{Mp} als auch *senkrecht zur Fließrichtung* S_{Mn} ermittelt. Bei fasrig gefüllten Kunststoffen (-GF oder -CF) wird die Differenz der Schwindungswerte in Fließrichtung (p) zur Schwindung senkrecht dazu (n) deutlich größer als bei pulvrig mit Mineralmehlen gefüllten (-MD). Bei Messung der Länge l wird die Schwindung in Längsrichtung S_{Mp}, mit der Messung der Breite b wird die Schwindung senkrecht zur Fließrichtung S_{Mn} ermittelt.

Bezogen auf die Ausgangsabmessungen ergibt sich die *Gesamtschwindung* S_T *zu*

$$S_T = S_M + S_P - S_M \cdot S_P/100 .$$

Die Gesamtschwindung ist nicht exakt die Summe aus Verarbeitungs- und Nachschwindung ($S_T = S_M + S_P$), da jeweils auf unterschiedliche Ausgangsabmessungen (l_C bzw. l_1) bezogen wird; Das Produkt $S_M \cdot S_P/100$ in obiger Gleichung kann jedoch meist vernachlässigt werden.

An Normprobekörpern oder einfachen Formteilen ermittelte Schwindungswerte können nicht ohne weiteres auf Formteile beliebiger Gestalt übertragen werden. Schwindungswerte sind nur dann aussagekräftig, wenn für die gewählten Probekörper oder Formteile die Verarbeitungsbedingungen und ggf. die Nachbehandlung bekannt sind. Nach Normen ermittelte Schwindungskennwerte erlauben jedoch einen Vergleich verschiedener Kunststoffe untereinander und daraus eine Abschätzung des Schwindungsverhaltens von Formteilen.

27.2 Schrumpfung

In der Praxis versteht man unter Schrumpfung *Maßänderungen* und *Verzug* bei Formteilen, die nach *Warmlagerungen* (siehe Kapitel 31.2.1) auftreten. Als *Warmlagerungstemperaturen* zum Auslösen der Schrumpfung wird meist eine Temperatur knapp oberhalb der Erweichungstemperatur gewählt. Als Ursache der Schrumpfung kann der Abbau von Molekülorientierungen und Eigenspannungen im Formteil angesehen werden. Die Schrumpfung bei Warmlagerung wird vielfach zur Beurteilung der Verarbeitung (*Qualitätskontrolle*) herangezogen. Bestimmung der Längsschrumpfung nach Warmlagerung siehe DIN EN ISO 293.

In DIN EN ISO 7823 werden Angaben zur Bestimmung der Maßänderung beim Erwärmen (Schrumpfen) für PMMA-Halbzeuge gemacht.

Verzug an Formteilen entsteht durch unterschiedliche Schwindung in Fließrichtung S_p und quer dazu S_n. Unterschiedliche Temperaturen der Werkzeughälften (Kerntemperatur niedriger als Gesenktemperatur) ermöglichen verzugsärmere oder sogar verzugsfreie Formteile. Faserverstärkte Kunststoffe neigen wegen Anisotropien mehr zu Verzug als unverstärkte bzw. pulverförmig verstärkte. Ein großes Problem ist das Zusammenwirken von *Schwindung* und *Verzug*; eine Trennung der beiden ist nur schwer möglich.

Bei *Wärmeschrumpf-Folien* ist die Schrumpfung erwünscht. Für solche Folien aus Polyethylen, Ethylen-Copolymeren und deren Mischungen werden Schrumpf- und Kontraktionsspannungen nach DIN EN ISO 14616 bestimmt.

28 Chemische Beständigkeit von Kunststoffen

Normen:

DIN EN ISO 175	Kunststoffe – Prüfverfahren zur Bestimmung des Verhaltens gegen flüssige Chemikalien
DIN EN ISO 4611	Kunststoffe – Bestimmung des Verhaltens bei Einwirkung von warmfeuchtem Klima, Sprühwasser und Salznebel
DIN EN ISO 11403	Kunststoffe – Ermittlung und Darstellung vergleichbarer Vielpunkt-Kennwerte T3: Umgebungseinflüsse auf Eigenschaften
DIN 53393	Verhalten von glasfaserverstärkten Kunststoffen bei Einwirkung von Chemikalien
DIN 53756	Prüfung von Kunststoff-Fertigteilen – Lagerungsversuch bei chemischer Beanspruchung

Siehe auch Normen über Spannungsrissbildung (Kap. 31.2.2) und DIN EN ISO 22088:

Beständigkeitstabellen sind auch in CAMPUS 4.5 enthalten. Siehe auch Normen über Spannungsrissbildung (Kap. 3.1.2.2).

Kunststoffe werden von vielen Medien angegriffen. Das Verhalten der Kunststoffteile ist dabei abhängig von ihrem chemischen Aufbau und von ihrer Struktur. So kann durch Erhöhen des kristallinen Anteils der Widerstand gegen Quellung in einem Medium verbessert werden, ebenso durch Erhöhung der molaren Masse (Molekulargewicht). Beimengungen im Kunststoff, wie Weichmacher, monomere Anteile und Füllstoffe begünstigen meist den Angriff von Chemikalien und Lösemitteln. Die Widerstandsfähigkeit von Kunststoffen gegenüber chemischen Medien kann vielfach nicht nur durch Angabe der *chemischen Beständigkeit*, des *Löse-* und *Quellverhaltens* gesehen werden. Es muss vielmehr auch die Möglichkeit einer Schädigung durch *Spannungsrissbildung* (s. Kap. 31.2.2) berücksichtigt werden, die beim Vorhandensein von Chemikalien unter gleichzeitiger Wirkung von Eigen- und Betriebsspannungen im Formstoff ausgelöst werden kann. Durch Licht und erhöhte Temperatur, besonders in Gegenwart von Sauerstoff ändern sich im Laufe der Zeit viele Eigenschaften der Kunststoffe. So tritt oft nach Jahren eine *Versprödung* ein, wodurch Risse auftreten können. Diese „Alterung" ist wesentlich vom chemischen Aufbau des Kunststoffs und den Umgebungsbedingungen abhängig (s. auch Kap. 31.6).

In Tabelle 28.2 ist das chemische Verhalten der im Teil II besprochenen Kunststoffe gegen ausgewählte Medien bei einer Temperatur von 23 °C zusammengestellt. In Tabelle 28.1 ist das Verhalten der Kunststoffe gegen weitere Lösemittel zu finden. In manchen Fällen bietet das Löseverhalten von Kunststoffen auch eine zusätzliche Möglichkeit zur Kunststoffidentifizierung (siehe Kap. 18).

Tabelle 28.1 Chemische Beständigkeit von Kunststoffen in verschiedenen Medien bei 23 °C

	PE	PP	PVC-U	PVC-P	PS	SB	SAN	ABS	ASA	CA/CAB/CP	PMMA	PA 6	PA 66	PA 11	PA 12	PA amorph	POM
Aceton	○	+	●	●	●	●	●	●	●	●	●	+	+	+	+	○	+
Alkohol (Ethylalkohol)	+	+	+	●	+	+	+	○	○	●	+	+	+	+	+	○	+
alkoholische Getränke	+	+	+	○[3]	+	+	+	+	+	+	+	+	+	+	+		+
Ammoniak wäßrig	+	+	+	+	+	+	+	+	+	●	+	+	+	+	+	○	+
Benzin	○[2]	○	+	●[2]	●	●	+	+	+	+	+	+	+	+	+	+	+
Benzol	○	○	●	●[2]	●	●	●	●	●	○[2]	○	+	+	+	+	+	+
Dieselöl – Heizöl	+	+	+	○[2]	○	○	+	+	+	+	+	+	+	+	+	+	+
Dichlormethan	●	○	●	●	●	●	●	●	●	●	●	○	○	○	○	○	○
Essigsäure 10%	+	+	+	+	+	+	+	+	+	●	+	●	●	●	●	○	+
Ethylether	○	○	●	●	●	●	●	●	●	○[2]	+	+	+	+	+	+	+
Fluorkohlenwasserstoffe	●	○	●	●	●	●	●	●	●	●	●	+	+	+	+	+	○
Fruchtsäfte	+	+	+	○[3]	+	+	+	+	+	+[3]	+	○	○	+	+	+	+
Geschirrspülmittel	+	+	+	○	+	+	+	+	+	○	+	○	○	○	○	+	+
Methanol	+	+	+	●	+	+	○	○	○	●	●	○	○	○	○	●	+
Milch	+	+	+	○[3]	+	+	+	+	+	○[3]	+	+	+	+	+	+	+
Mineralöle, -fette	+	+	+	○	○	○	+	+	+	+	+	+	+	+	+	+	+
Ozon	○	○	○[4]	○	+	○	+	+	+	+	+	●	●	●	●	●	●
Perchlorethylen	●	●	●	●	●	●	●	●	●	●	●	○	○	●	●	+	+
Salzsäure bis 35%	+	○	+	○	○	○	○	○	○	●	●	●	●	●	●	●	●
Schwefelsäure bis 40%	+	○	+	○	○	○	○	○	○	●	●	●	●	●	●	●	●
Seifenlösung wäßrig	+	+	+	+	+	+	+	+	+	●	+	+	+	+	+	+	+
Speiseöle, -fette	+	+	+	○[3]	+	+	+	+	+	+[3]	+	+	+	+	+	+	+
Toluol	○	●	●	●	●	●	●	●	●	●	●	+	+	+	+	+	+
Trichlorethylen	●	●	●	●	●	●	●	●	●	●	●	○	○	●	●	+	○
Waschmittellaugen	+	+	+	○	+	+	+	+	+	○	+	+	+	+	+	+	+
Wasser, Seewasser, kalt	+	+	+	+	+	+	+	+	+	+	+	+	+	+	+	+	+
Wasser, heiß	+	+	○	○	+	+	+	+	+	○	+	○	○	○	○	●	+

+ beständig
○ bedingt beständig
● unbeständig

PE PP PVC-U PVC-P PS SB SAN ABS ASA CA/CAB/CP PMMA PA 6 PA 66 PA 11 PA 12 PA amorph POM

1) Verhalten bezieht sich auf PUR-Elastomere
2) Beständige Typen vorhanden
3) Nicht geeignet wegen Weichmacher
4) Abhängig von den Additiven der Öle/Fette
5) Nach Lebensmittelrecht nicht zugelassen

PET	PBT	PC	PPE	PSU/PES	PPS	PI	PTFE	PF	MF	MP	UF	UP	EP	PUR[1]	
+	○	●	●	●	+	+	+	○	○	○	○	●	●	○	Aceton
+	+	+	+	○[2]	+	+	+	+	+	+	+	○	+	○	Alkohol (Ethylalkohol)
+	+	+	+	+	+	+	+	○[5]	○[5]	○[5]	○[5]	○[5]	+	○[5]	alkoholische Getränke
+	+	●	+	+	+	●	+	○	+	+	+	○	+	○	Ammoniak wäßrig
+	+	+	○	+	+	+	+	+	+	+	+	+	+	+	Benzin
+	○[2]	●	○	●	○	+	+	+	+	+	+	●	+	+	Benzol
+	+	○	+[4]	+	+	+	+	+	+	+	+	+	+	+	Dieselöl – Heizöl
●	●	●	●	●	+	+	+	+	+	+	+	○	○	○	Dichlormethan
+	○[2]	+	+	+	+	+	+	○	○		○	+	●	○	Essigsäure 10%
+	+	●	●	+	+	+	+	+	+	+	+	○	+	+	Ethylether
+	+	●	●	●	+	+	+	○	○	○	○	○	○	●	Fluorkohlenwasserstof
+	+	+	+	+	+	+	+	+[5]	+	+[5]	+[5]	+[5]	○[5]	+[5]	Fruchtsäfte
+	+	○[2]	+	+	+	○	+	○	+	○	○	○	+	+	Geschirrspülmittel
+	+	●	+	○[2]	+	+	+	+	+	+	+	○	+	○	Methanol
+	+	+	+	+	+	+	+	+[5]	+	+[5]	+[5]	+[5]	+[5]	+[5]	Milch
+	+	+	○[4]	+[4]	+	+	+	+	+	+	+	+	+	+	Mineralöle, -fette
		+	+	+	+	○	+	+	+	+	+	○	+	○	Ozon
+	+	●	●	●	○	+	+	○	+	+	+	○	○	○	Perchlorethylen
○	●	○	+	+	+	○	+	●	●	●	●	●	+	●	Salzsäure bis 35%
●	●	+	+	+	+	○	+	●	●	●	●	●	+	●	Schwefelsäure bis 40%
+	+	+	+	+	+	○	+	○	+	+	+	+	+	+	Seifenlösung wäßrig
+	+	+	+	+	+	+	+	+[5]	+	+[5]	+[5]	+[5]	+[5]	+	Speiseöle, -fette
+	○	●	●	●	○	+	+	+	+	+	+	○	+	○	Toluol
	●	●	●	●	○	+	+	○	+	+	+	○	●	○	Trichlorethylen
+	+	○[2]	+	+	+	○	+	○	+	+	+	+	+	○	Waschmittellaugen
+	+	+	+	+	+	+	+	+	+	+	+	+	+	+	Wasser, Seewasser, kalt
○	○	○	+	○[2]	+	○	+	○[2]	+	+	○	●	○	●	Wasser, heiß

PET PBT PC PPE PSU/PES PPS PI PTFE PF MF MP UF UP EP PUR[1]

Tabelle 28.2 Lösungsverhalten von Kunststoffen (Beispiele)

Kunststoff	Kunststoffgruppe	Lösungsverhalten in kaltem Lösemittel							
		Benzin	Benzol	Dichlor-methan	Ethylether	Aceton	Ethylacetat	Ethylalkohol	Wasser
1)	2)								
PE	T	u/q	u/q	u	u/q	u/q	u/q	u	u
PP	T	u/q	u/q	u/q	u/q	u	u/q	u	u
PB	T	q	u/q	q	u/q	u	u/q	u	u
PVC-U	T	u	u/q	q/l	u/q	q/l	u/q	u	u
PVC-P	T	u/q	q	q	q	q	q	q	u
PS	T	q/l	l	l	l	l	l	u	u
SB	T	l	l	l	l	l	l	u	u
SAN	T	u	q	q	q	l	l	u	u
ABS	T	u/q	q	q	l	l	l	q	u
ASA	T	q	q	q	l	l	l	q	u
CA/CP/CA	T	u	u/q	q/l	u/q	l	u/l	q/l	u
PMMA	T	u	l	l	u	l	l	u	u
PA 6	T	u	u	u	u	u	u	u	u
PA 66	T	u	u	u	u	u	u	u	u
PA 11	T	u	u	u	u	u	u	u	u
PA 12	T	u	u	u	u	u	u	u	u
PA amorph	T	u	u	q/l	u	q/l	u	l	u
POM	T	u	u	q/l	u	u	u	u	u
PET	T	u	u	q	u	u	q	u	u
PBT	T	u	u/q	q	u	u/q	q	u	u
PC	T	u	q	l	q	q/l	q	u	u
PPE mod.	T	q	q	l	q/l	u/q	q	u	u
PSU/PES	T	u	l	l	u	q	u/q	u	u
PPS	T	u	u	u	u	u	u	u	u
PI	T, D	u	u	u	u	u	u	u	u
PTFE	TE	u	u	u	u	u	u	u	u
PVDF	T	u	u	u	u	u	u	u	u
PF 3)	D	u	u	u	u	u	u	u	u
MF 3)	D	u	u	u	u	u	u	u	u
MP 3)	D	u	u	u	u	u	u	u	u
UF 3)	D	u	u	u	u	u	u	u	u
UP	D	u	q	q	q	q	q	q	u
EP	D	u	u	q	u	q	q	u	u
PUR	T, D, E	u	u	q	u	q	q	q	u
Aramid	D	u	u	u	u	u	u	u	u

1) Angaben beziehen sich auf den Kunststoff ohne Zusatz

2) l: löslich
q: quellbar
u: unlöslich

3) Angaben beziehen sich auf Formstoffe mit Füllstoffen

29 Viskositätsmessungen

29.1 Viskositätsmessungen an Thermoplasten

Die Viskosität (Fließfähigkeit) ist in erster Linie ein Maß für die *mittlere molare Masse* (Molekulargewichtsverteilung). Die Viskositätsprüfungen dienen zur *Wareneingangsprüfung* von thermoplastischen Formmassen, zur *Überwachung der Gleichmäßigkeit der Chargen* und zur *Beurteilung der Verarbeitungsmöglichkeit* z. B. durch Spritzgießen und Extrudieren. Bei den verschiedenen Verarbeitungsprozessen von thermoplastischen Formmassen treten Veränderungen im Aufbau auf, z. B. Kettenabbau, thermische Schädigungen usw., die sich als Änderung der Viskosität im Formstoff äußern. Die Viskositätsmessungen können daher auch als *Qualitätsprüfung* nach der Verarbeitung im Vergleich zum Ausgangszustand der Formmasse herangezogen werden.

Füll- und Verstärkungsstoffe z. B. Glasfasern beeinflussen die Viskosität und wirken sich unterschiedlich bei den einzelnen Prüfmethoden aus. Bei der Ermittlung des *Schmelze-Massefließrate bzw. Schmelze-Volumenfließrate* (siehe Kap. 29.1.1) wird die Formmasse mit Füllstoff geprüft, bei *Lösungsviskositätsmessungen* (siehe Kap. 29.1.4) kann nur der thermoplastische Grundstoff geprüft werden, weil aus versuchstechnischen Gründen (enge Kapillare) der Füllstoff entfernt werden muss. Die Bestimmung der *Fließfähigkeit* und des *Erstarrens* von glasmattenverstärkten Thermoplasten (GMT) erfolgt nach DIN EN 14447.

Zur Kennzeichnung von thermoplastischen Formmassen nach DIN EN ISO werden je nach Kunststoff u. a. *Schmelze-Massefließrate* MFR, *Schmelze-Volumenfließrate* MVR, *Viskositätszahl* J (VZ, VN) und K-Wert herangezogen.

Zwischen Schmelze-Massefließrate MFR und Viskositätszahl J besteht ein direkter Zusammenhang; die Bestimmung des Schmelze-Massefließrate und vor allem der Schmelze-Volumenfließrate ist meist wesentlich einfacher.

29.1.1 Bestimmung von Schmelze-Massefließrate und Schmelze-Volumenfließrate

(früher Schmelzindex und Volumen-Fließindex)

Norm:

DIN EN ISO 1133	Kunststoffe – Bestimmung der Schmelze-Volumenfließrate (MVR) und Schmelze-Massefließrate (MFR) von Thermoplasten T1: Allgemeines Prüfverfahren T2: Verfahren für Materialien, die empfindlich gegen eine zeit- bzw. temperaturabhängige Vorgeschichte und/oder Feuchte sind

Kennwerte

MFR Schmelze-Massefließrate (Melt Flow Rate) **MVR Schmelze-Volumenfließrate** (Melt Volume Rate) **FRR Fließratenverhältnis** (flow rate ratio)

Mit diesem Prüfverfahren wird für thermoplastische Kunststoffe die *Schmelzviskosität* als *Schmelze-Massefließrate* MFR (Melt Flow Rate) oder *Schmelze-Volumenfließrate* MVR bei festgelegten, werkstoffspezifischen Temperaturen und Belastungen in einem speziellen Prüfgerät gemessen. Da die Prüfung bei niedrigen Schergeschwindigkeiten erfolgt, kann die ermittelte Schmelze-Massefließrate bzw. Schmelze-Volumenfließrate nur als Anhaltswert des Fließverhaltens bei Verarbeitungsprozessen mit höheren Schergeschwindigkeiten z. B. beim Spritzgießen oder Extrudieren dienen. Genauere Angaben über das Verhalten von Thermoplastschmelzen für die Verarbeitungsprozesse Spritzgießen und Extrudieren erhält man durch die Aufnahme von *Fließkurven* (siehe Kap. 29.1.2).

Höhere mittlere molare Masse (Molekulargewicht) entspricht kleinen Schmelze-Massefließraten, d. h. höherer Schmelzviskosität, wie sie für Extrusionsprozesse notwendig ist. Niedrige mittlere molare Masse (Molekulargewicht) entspricht großen Schmelze-Massefließraten, d. h. niedriger Schmelzviskosität, wie sie für Spritzgießprozesse notwendig ist. Übliche Schmelze-Massefließraten MFR liegen im Bereich zwischen 0,5 g/10 min und 40 g/10 min.

Beachte: Aus der Erhöhung der Schmelze-Massefließrate nach dem Spritzgießen kann man auf eine Verringerung der mittleren molaren Masse durch die Verarbeitung schließen, z. B. durch Kettenabbau durch zu lange Verweilzeiten im Zylinder. MFR- bzw. MVR-Messung können somit neben der *Wareneingangskontrolle* auch zur *Qualitätskontrolle* herangezogen werden.

Probe: Es werden 3 g bis 8 g Formmasse (Pulver oder Granulat) oder eine Probe aus einem Formstoff (Formteil, Halbzeug) in geeigneter Größe benötigt.

Prüfeinrichtung: Es ist ein Prüfgerät nach DIN EN ISO 1133 (Bild 29.1) zur Bestimmung der Schmelze-Massefließrate MFR oder der Schmelze-Volumenfließrate MVR notwendig.

Prüfung: Die Probenmenge wird in den auf Prüftemperatur aufgeheizten Prüfzylinder eingefüllt, gestopft, aufgeschmolzen und nach bestimmten Verweilzeiten mit einem für die Formmasse vorgeschriebenen Prüfgewicht durch die Düse gedrückt. Prüftemperaturen und Nennmassen (Prüfkräfte) sind den jeweiligen *Formmassenormen* zu entnehmen oder zu vereinbaren. In der Norm sind eine Vielzahl von Prüftemperaturen T und Nennmassen m_{nom} (Prüfkräfte) vorgesehen. Kombinationen von Prüftemperaturen und Nennmassen sind in den Formmassenormen festgelegt.

Übliche Temperaturen T in °C sind 100, 125, 150, 190, 200, 220, 230, 235, 240, 250, 260, 265, 275, 280 und 300.

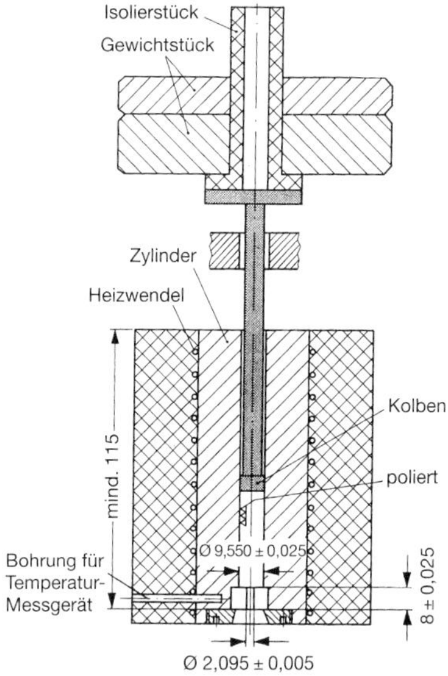

Bild 29.1 Prüfgerät zur Bestimmung des Schmelze-Massefließrate MFR bzw. der Schmelze-Volumenfließrate MVR (schematisch)

Übliche Prüfkräfte m_{nom} in kg sind: 0,325, 1,20, 2,16, 3,80, 5,00, 10,00 und 21,60.

Verfahren zur Bestimmung der Schmelze-Volumenfließrate MVR: Es wird der Weg des Kolbens auf ±0,1 mm genau gemessen; der austretende Strang muss blasenfrei sein.

Verfahren zur bestimmung der Schmelze-Massefließrate MFR: Die zur Auswertung aus der Düse austretenden Stränge sollen nach Norm eine Länge zwischen 10 mm und 20 mm aufweisen und blasenfrei sein. Mindestens 3 Stränge sind auszuwerten; sie werden auf 1 mg genau ausgewogen. Sind die Massenunterschiede der Stränge größer als 15 %, so ist die Messung zu verwerfen, bzw. zu wiederholen.

Kennwerte: Schmelze-Volumenfließrate MVR in $cm^3/10$ min oder dm^3/min
Schmelze-Massefließrate MFR in g/10 min oder dg/min
Fließratenverhältnis FRR

Die Schmelze-Volumenfließrate MVR wird ermittelt aus dem Volumen V in cm^3 des in der Zeit t in s aus der Düse ausgedrückten Massestranges. Meist wird der Kolbenweg l laufend elektronisch gemessen und der MVR-Wert automatisch ermittelt zu:

$$\mathrm{MVR}\,(\mathrm{T}, \mathrm{m_{nom}}) = \frac{\mathrm{A} \cdot 600 \cdot \mathrm{l}}{\mathrm{t}} \;\; \mathrm{cm^3/10\,min\ (auch\ dm^3/min)}$$

Die Schmelze-Massefließrate MFR wird ermittelt aus der Masse m in g des in der Zeit t in s aus der Düse ausgedrückten Massestranges zu:

$$\mathrm{MFR}\,(\mathrm{T}, \mathrm{m_{nom}}) = \frac{600 \cdot \mathrm{m}}{\mathrm{t}} \;\; \mathrm{g/10\,min\ (auch\ dg/min)}$$

Bei Werten von MVR und MFR, die höher als 75 $cm^3/10$ min bzw. 75 g/10 min liegen, werden die Kennwerte mit der „halben“ Extrusionsdüse (Bild 29.1) mit d = 1,050 ± 0,005) mm und l = (4,000 ± 0,025) mm verwendet. Die Kennzeichnung erfolgt dann mit MVR_h bzw. MFR_h.

Es bedeuten:

T	Prüftemperatur in °C
m_{nom}	Nennmasse in kg
m	Mittelwert der Masse der extrudierten Abschnitte in g
t	Zeitintervall in s für das Abschneiden (MFR) bzw. vorgegebene Messzeit (MVR)
ϱ	Dichte der Schmelze bei Prüftemperatur in g/cm^3, es gilt $\varrho = \frac{m}{A \cdot e}$
l	Kolbenweg in cm
A	Kolbenfläche = 0,711 cm^2
600	Faktor für die Umwandlung g/s in g/10 min (600 s)

Den ermittelten MFR- und MVR-Werten wird die *Prüftemperatur* T und die *Nennmasse* n_{nom} angehängt, z. B. MFR (300/1,2) oder MVR (190/2,16).

Anmerkung
Da sich die Schmelze-Volumenfließrate MVR einfacher automatisch ermitteln lässt (es muss nur der Weg des Stempels gemessen werden) wird sie meist in Datenblättern (z. B. auch in den CAMPUS-Dateien) angegeben.

Das Fließratenverhältnis FRR wird ermittelt als Quotient aus 2 Schmelze-Massefließ- oder –Volumenfließraten, die unter gleichen Temperaturen, aber unterschiedlichen Belastungen ermittelt wurden. Es gilt dann z. B.

$$\mathrm{FRR} = \frac{\mathrm{MFR}\ (190/10)}{\mathrm{MFR}\ (190/2{,}16)}$$

Das Fließratenverhältnis FRR zeigt an, wie das rheologische Verhalten von Thermoplastschmelzen durch die molekulare Massenverteilung beeinflusst wird. Wird ein Verhältnis MFR/MVR so ermittelt, dass für MVR und MFR gleiche Prüfbedingungen gelten, dann ergibt sich die Dichte der Schmelze bei Prüftemperatur. Es gilt dann (FRR) = MFR/MVR = ϱ

29.1.2 Rheometrie – Aufnahme von Fließkurven

Norm:

DIN 54811	Prüfung von Kunststoffen – Bestimmung des Fließverhaltens von Kunststoffschmelzen mit einem Kapillar-Rheometer
ISO 11443	Kunststoffe – Bestimmung der Fließfähigkeit von Kunststoffschmelzen unter Verwendung von Kapillar- und Schlitzdüsen-Rheometern

Kennwerte

Fließkurven Viskosität in Abhängigkeit von der Schergeschwindigkeit mit Parameter Temperatur

Fließkurven (Bild 29.2) von thermoplastischen Formmassen zeigen Schergeschwindigkeitsbereiche, wie sie bei der Verarbeitung in unterschiedlichen Verarbeitungsverfahren auftreten. Man kann dabei erkennen, dass die Formmassen für den jeweiligen Verarbeitungsprozess in ihrem Fließverhalten „passen“ müssen. Eine Extrusionsmasse würde beim Spritzgießen keine langen, dünnen Fließwege erlauben, eine Formmasse für das Spritzgießen würde dagegen kein stabiles Extrudat ermöglichen.

Prüfeinrichtung: Prüfgerät nach DIN 54811, ähnlich Bild 29.1, mit zusätzlichen Druckaufnehmern. Verwendet werden zylindrische Kapillaren mit unterschiedlichen Durchmessern d (=2r) und Kapillarlängen l, auch rechteckige Kapillaren sind möglich. Die Schergeschwindigkeiten lassen sich meist zwischen 10^{-1} 1/s und 10^5 1/s variieren. Temperaturen möglichst auf $\pm$ 0,5 °C konstant halten.

Proben: Proben können als Pulver, Granulat, zerkleinertem Formteil oder als Schmelze vorliegen, sie werden als Durchschnittsprobe entnommen. Menge abhängig vom Prüfgerät.

Prüfung: Probenmenge in den Prüfzylinder einfüllen und dafür sorgen, dass bei der Prüfung ein blasenfreier Strang aus der Kapillare austritt. Es gibt 2 Prüfmöglichkeiten, entweder wird bei einem vorgegebenen Volumendurchsatz der Prüfdruck gemessen (Verfahren A) oder bei einem vorgegebenen Prüfdruck der Volu-

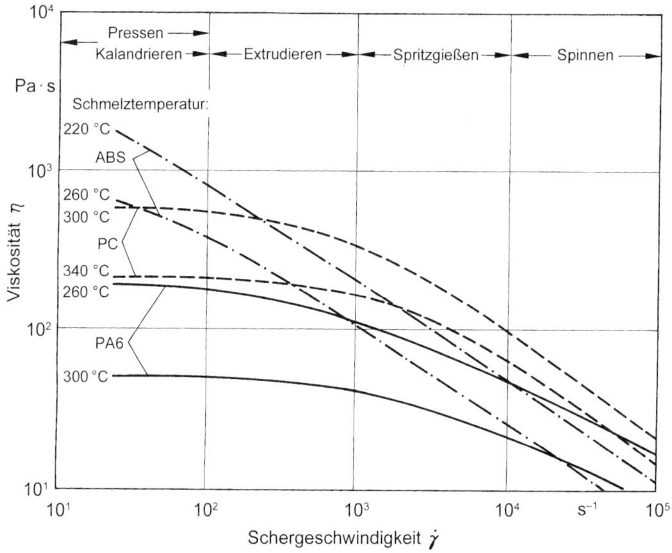

Bild 29.2 Schmelze-Viskosität in Abhängigkeit von der Schergeschwindigkeit für verschiedene Verarbeitungsverfahren einiger Thermoplaste mit oberen und unteren Temperaturgrenzen für die Verarbeitung der Schmelzen [nach Saechtling]

mendurchsatz ermittelt (Verfahren B). Geräteabhängig sind noch ggf. Korrekturen durchzuführen.

Durch Variation der Versuchsbedingungen erreicht man unterschiedliche Schergeschwindigkeiten und kann damit das Fließverhalten einer Formmasse in einen weiten Schergeschwindigkeitsbereich bestimmen (Bild 29.2).

Kennwerte: Die Ergebnisse für unterschiedliche Prüfbedingungen werden in Fließkurven zusammengefasst. In den Fließkurven nach Bild 29.2 erkennt man den Zusammenhang zwischen der Scherviskosität in Pas und der Schergeschwindigkeit in 1/s; Parameter für die Fließkurven ist die Schmelzetemperatur T.

Die Formmassen müssen für die entsprechenden Verarbeitungsverfahren geeignet sein. Formmassen zum Spritzgießen benötigen niedrige Viskositäten, Formmassen zum Extrudieren wesentlich höhere.

Anmerkung
Außer Kapillar-Rheometern gibt es auch noch andere Bauformen, z. B. Kegel-Platte-Rheometer, Platte-Platte-Rheometer oder Rotationsrheometer (DIN EN ISO 3219 und DIN 53019). Bei der Extrusion werden oft *Online-Rheometer* eingesetzt zur Überwachung der Gleichmäßigkeit des Extrusionsprozesses.

29.1.3 Aufnahme von pvT-Diagrammen

Norm:

ISO 17744 Kunststoffe – Bestimmung des spezifischen Volumens als Funktion von Temperatur und Druck (pvT-Diagramm) – Kolbengerät-Verfahren

Kennwerte

pvT-Diagramme: Dargestellt wird das spezifische Volumen v als Funktion der Temperatur T mit Parameter Druck p für den Bereich üblicher Drücke beim Spritzgießen.

Beim Spritzgießprozess sind pvT-Diagramme für die Qualitätssicherung von großer Bedeutung. Druck p, Temperatur T und spezifisches Volumen v beschreiben das Verhalten des Kunststoffs beim Erwärmen in den thermoplastischen Zustand, Einspritzen in das Werkzeug und Abkühlen unter Druck im Werkzeug. Das Verhalten amorpher und teilkristalliner Thermoplaste ist beim Erwärmen und Abkühlen verschieden, was sich in unterschiedlichen pvT-Diagrammen zeigt (Bild 29.4). Aus den pvT-Diagrammen lassen sich auch Hinweise über die Verarbeitungsschwindung S_M (s. Kap. 27.1) entnehmen.

Proben: Formmasse als Pulver oder Granulat oder geeignet zerkleinerte Formteile/Halbzeuge.

Prüfeinrichtung: Spezialkolbengerät mit beheizbarem Zylinder und zwischen Dichtungen befindlicher Probe (Kolbenprinzip). Die Volumenänderung bei Erwärmung (Ausdehnung) oder Abkühlung (Schrumpfung) unter Druck wird durch (induktive) Wegmessung ermittelt.

Prüfung: Die Probenmenge wird in den Prüfzylinder eingefüllt und sollte keine Lufteinschlüsse enthalten. Festgelegt wird eine Starttemperatur und eine Endtemperatur und eine entsprechende Kühl- und Heizrate. Bei Thermoplasten liegt die Starttemperatur etwa 20 °C bis 30 °C oberhalb der Schmelz- bzw. Glasübergangstemperatur; die Kühlrate beträgt maximal 5 °C/min. Bei Aufheizversuchen beträgt die Heizrate maximal 5 °C/min. Je nach Gerät sind Versuchsdrücke bis 2500 bar möglich. Für Thermoplaste werden meist pvT-Kurven mit mehreren Drücken, die für Spritzgießprozesse üblich sind, durchgeführt. Die Wegmessung ermöglicht Rückschlüsse auf die Volumenänderungen und damit auf das spezifische Volumen.

Kennwerte: pvT-Diagramme (Bild 29.3) zeigen den Ablauf eines Spritzgießprozesses vom Einspritzen (1), bis bei (2) der Spritzdruck aufgebaut und auf Nachdruck geschaltet ist. Bis (3) wird isobar abgekühlt (Nachdruck wirkt) und der Siegelpunkt erreicht. Dann fällt der Druck durch die Kontraktion der Schmelze beim Abkühlen ab auf 1 bar (4). Bis Raumtemperatur (5) löst sich das Formteil von der Werkzeugwand und schwindet dadurch. Diese *Volumenschwindung* lässt sich aus den spezifischen Volumina bei (4) und (5) errechnen. Unter der Annahme einer isotropen Schwindung ergibt sich die *Verarbeitungsschwindung* S_M (VS) zu etwa einem Drittel der Volumenschwindung (siehe auch Kap. 27.1).

Die Datenbank CAMPUS enthält für viele Kunststofffamilien sog. generische (herstellerübergreifende) pvT-Diagramme (Bild 29.4).

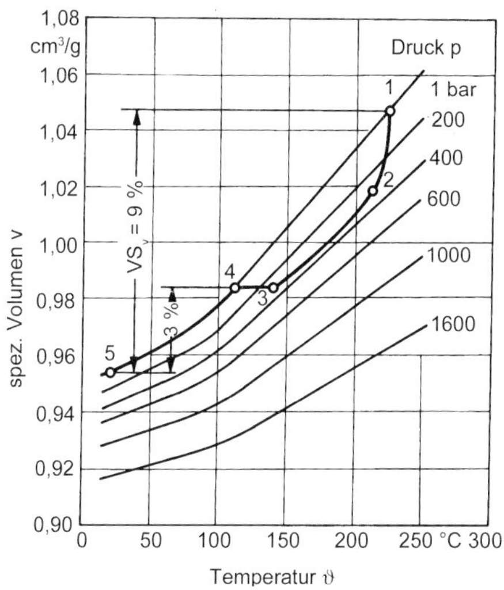

Bild 29.3 pvT-Diagramm für ABS mit dem Abkühlverlauf der Schmelze im Werkzeug VS_V: Volumenschwindung [nach Saechtling]

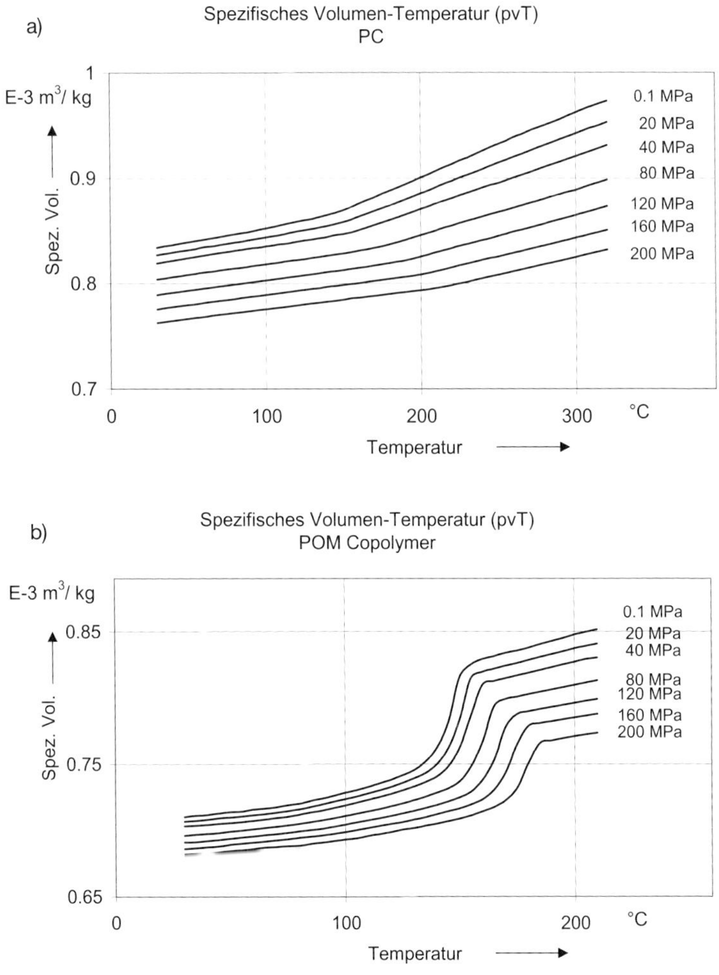

Bild 29.4 pvT-Diagramme nach CAMPUS
a) Für generisches, amorphes Polycarbonat PC
b) Für generisches, teilkristallines Polyacetalharz-Copolymer POM

Anmerkung

Außer dem Kolbenprinzip gibt es auch noch das (aufwendigere) Sperrflüssigkeitsprinzip.

Es können auch ggf. Kapillar-Rheometer mit optionaler Ausrüstung (z. B. Firma Göttfert) zur Ermittlung von pvT-Diagrammen eingesetzt werden.

29.1.4 Bestimmung der Viskositätszahl von Thermoplasten in verdünnter Lösung

Normen:

DIN EN ISO 1628	Bestimmung der Viskositätszahl von Polymeren in verdünnter Lösung durch ein Kapillarviskosimeter T1: Allgemeine Grundlagen T2: Vinylchlorid-Polymerisate T3: Polyethylen und Polypropylen
ISO 1628	Kunststoffe – Bestimmung der Viskosität von Polymeren in verdünnter Lösung durch ein Kapillarviskosimeter T4: Polycarbonat-Formmassen T5: Thermoplastische Polyester (TP) Homopolymere und Copolymere T6: Methymethacrylatpolymere
DIN EN ISO 307	Polyamide – Bestimmung der Viskositätszahl

Kennwert

I	**Viskositätszahl** (teilweise auch VZ oder VN)

Bei diesem Verfahren wird für thermoplastische Kunststoffe die *Lösungsviskosität* als *Viskositätszahl* I bei festgelegten Lösemitteln und vorgeschriebener Kapillare im *Ubbelohde-Viskosimeter* bestimmt. Meist wird die Viskositätszahl J für Thermoplaste in verdünnter Lösung ermittelt. In Normen sind für einige Thermoplaste die Bestimmung der Viskositätszahlen für Polyamide PA, PVC, PE, PP, PC, PET/PBT und PMMA beschrieben. Diese Normen werden sinngemäß auch für andere Thermoplaste angewendet; die vorgeschriebenen Lösemittel bzw. Konzentrationen und die Kapillaren sind in den jeweiligen Formmassenormen angegeben.

Die Viskositätszahl I steht in direkter Beziehung zur mittleren molaren Masse des Thermoplasten. Damit ist dieses Verfahren nicht nur geeignet für die *Eingangskontrolle*, sondern auch zur *Qualitätskontrolle*, d. h. zur Ermittlung von Werkstoffveränderungen durch die Verarbeitung oder durch Einwirkung von Chemikalien, Bewitterung usw.

Probe: Eine Durchschnittsprobe von meist unter 1 g der Formmasse wird nach der entsprechenden Formmassenorm oder nach Vereinbarung im entsprechenden Lösemittel gelöst. *Beachte:* Bei gefüllten oder pigmentierten Formmassen sind die Feststoffe vor der eigentlichen Prüfung aus der Lösung abzutrennen.

Prüfeinrichtung: Ubbelohde-Viskosimeter DIN 51562 mit für die Formmasse festgelegter Kapillare; Badthermometer, Einrichtung zur Herstellung der Lösungen; Lösemittel; Waage; Stoppuhr.

Versuchsdurchführung: Herstellen der Lösung nach den Angaben der Formmassenorm ggf. Abtrennen der Feststoffe wie Glasfasern, Pigmente usw. Messung der Durchlaufzeiten von Lösemittel alleine und der Lösungen bei den festgelegten Temperaturen in der entsprechenden Kapillare. Es sollten 3 bis 5 Messungen durchgeführt werden.

Kennwert: Viskositätszahl J in cm^3/g (10^{-3} m^3/kg)

Die *Viskositätszahl* I wird als relative Viskositätsänderung geteilt durch die Massekonzentration der Lösung ermittelt zu

$$I = \frac{t - t_0}{t_0 \cdot c}$$

Es bedeuten:

t	Mittelwert der Durchflusszeiten der Prüflösung in s
t_0	Mittelwert der Durchflusszeiten des reinen Lösemittels in s
c	Konzentration des Polymeren in der Prüflösung in g/cm^3

Die Viskositätszahl muss gegebenenfalls noch korrigiert werden, wenn die Durchflusszeiten bestimmte Werte unterschreiten. Die Korrektur ist abhängig vom verwendeten Viskosimeter.

Weitere Angaben bei Viskositätsmessungen:

Relative Viskosität (Viskositätsverhältnis) $\eta_r = \frac{\eta}{\eta_0}$

η: Viskosität der Polymerlösung; η_0: Viskosität des reinen Lösemittels

Viskositätszahl I (reduzierte Viskosität) $I = \frac{\eta - \eta_0}{\eta_0 \cdot c}$ in cm^3/g

Zunahme des Viskositätsverhältnisses (Zunahme der relativen Viskosität oder spezifische Viskosität)

$$\frac{\eta}{\eta_0} - 1 = \frac{\eta - \eta_0}{\eta_0}$$

Die Ergebnisse können auch als *Grenzviskositätszahl* [η] ausgedrückt werden, z. B. um Polymere mit unterschiedlichen mittleren molaren Massen zu vergleichen, die mit unterschiedlichen Konzentrationen geprüft werden müßten.

Grenzviskositätszahl (intrinsische-Viskosität)

$$[\eta] = \lim_{c \to 0} \left(\frac{\eta - \eta_0}{\eta_0 \cdot c} \right)$$

Anmerkung

In DIN EN ISO 1628-2 wird der *K-Wert* von Vinylchlorid (VC)-Polymerisaten bzw. die Viskositätszahl als kennzeichnende Größen ermittelt; es besteht ein direkter Zusammenhang zwischen Viskositätszahl J und K-Wert (siehe Bild 29.5 und nationaler Anhang zu DIN EN ISO 1628-2). Nach DIN EN ISO 1628-2 wird nur noch die Viskositätszahl ermittelt. DIN EN ISO 1628-2 enthält eine Tabelle zur Umwertung des Viskositätsverhältnisses in Viskositätszahl I und K-Wert.

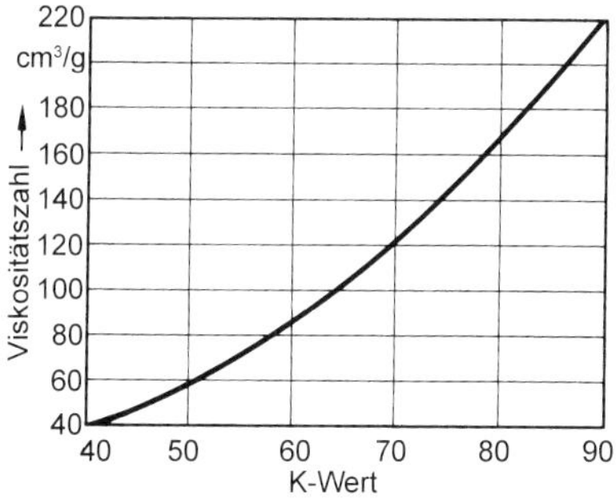

Bild 29.5 Zusammenhang Viskositätszahl J und K-Wert

In DIN EN ISO 1628 wird der *K-Wert* als Konstante definiert, die charakteristisch für das untersuchte Polymer ist, aber unabhängig von der Konzentration der Polymerlösung. Er ist ein Maß für den durchschnittlichen Polymerisationsgrad. Es gilt

$$\text{K-Wert} = 1000 \cdot k$$

k lässt sich nach *Fikentscher* errechnen, siehe Norm.

Die *Grenzviskositätszahl* $[\eta_k]$ kann aus k errechnet werden zu

$$\eta_k = 230{,}3 \cdot (75k^2 + k)$$

29.2 Fließ-Härtungsverhalten von härtbaren Formmassen

Beim Aufschmelzen härtbarer Formmassen erfolgt zunächst eine Viskositätsabnahme mit steigender Temperatur. Wenn aber die chemische Reaktion der *Vernetzung* einsetzt, steigt die Viskosität an, bis schließlich der „quasifeste" Zustand erreicht ist (Bild 29.6).

Das *Fließ-Härtungsverhalten* kann nur zur *Wareneingangsprüfung* herangezogen werden, nicht aber zur *Überprüfung der Formstoffqualität,* da bei der Verarbeitung (Vernetzung) chemische Veränderungen auftreten. Außer den in den Kapiteln 29.2.1 und 29.2.2 beschriebenen Verfahren kommen auch noch andere Prüfverfahren zur Anwendung, wie z. B. der *Orifice-Flow-Test* OFT nach DIN EN ISO 7808 oder der *Plattentest.*

29.2.1 Bestimmung der Schließzeit von härtbaren Formmassen (PMC)

Norm:

DIN 53465 Bestimmung der Schließzeit

Kennwert

SZ	**Schließzeit** (Becherschließzeit)

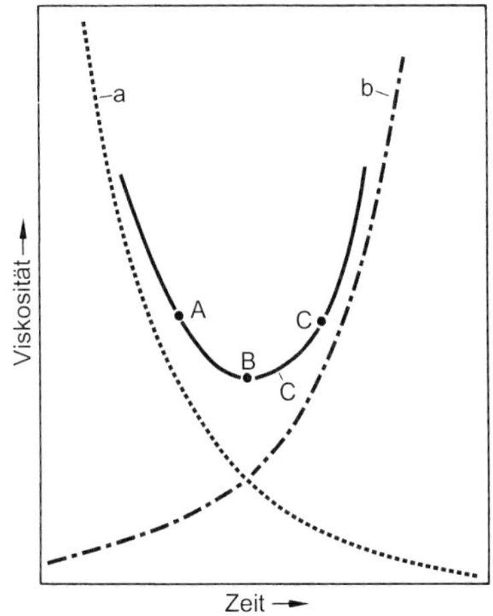

Bild 29.6 Viskositätsverlauf beim Vorwärmen härtbarer Formmassen (schematisch)
a Viskositätsabnahme bei Temperaturerhöhung
b Viskositätszunahme bei beginnender Vernetzung
c resultierender Viskositätsverlauf
A Vorwärmzeit für lange Fließwege
B Vorwärmzeit für mittlere Fließwege
C Vorwärmzeit für kurze Fließwege

Durch Bestimmung der Schließzeit SZ kann die Gleichmäßigkeit der Chargen von duroplastischen Formmassen überprüft werden. Es können auch Anhaltspunkte über das Verhalten der Formmassen beim Verarbeiten gewonnen werden.

Probe: Aus der Formmasse werden Durchschnittsproben entnommen. Gewicht entsprechend des Formmassetyps, abgestimmt auf den Becherwerkzeug-Füllraum nach DIN 53465; Gewicht des gepressten Bechers +5 % Zugabe. Vorbehandlung der Formmasse nach Absprache.

Prüfeinrichtung: Hydraulische Presse mit Presskraft bis 400 kN. Becherwerkzeug nach DIN 53465; Waage; Stoppuhr; HF-Vorwärmgerät.

Versuchsdurchführung und Auswertung: Presswerkzeug auf vereinbarte Presstemperatur aufheizen (PF: 165 °C; MF/UF: 145 °C). Presskraft 150 kN bei pulvrigen und feinfaserigen Formmassen, 250 kN bei grobfaserigen oder geschnitzelten Formmassen. Pressmasse, ggf. vorgewärmt, in Werkzeug einfüllen und Werkzeug schließen.

Kennwert: Schließzeit in s

Die *Schließzeit* SZ ist die Zeit vom Beginn des Druckanstiegs, abgelesen am Manometer, bis zum Stillstand des Werkzeugs, gemessen mit Messuhr. Mit elektrischen Druck- und Wegmesseinrichtungen kann die Schließzeit auch automatisch ermittelt werden.

Anmerkung: Aus der Schließzeit kann nicht auf die Eignung der Formmasse zur Herstellung von komplizierten Formteilen (Fließweg-Wanddickenverhältnis!) geschlossen werden. Außer der Bestimmung der Becherschließzeit SZ DIN 53465 kann das Fließ-Härtungs-Verhalten auch mit anderen Werkzeugen, z. B. Produktionswerkzeugen, speziellen Messeinrichtungen („Stäbchen-Methode") oder Geräten wie *Brabender-Kneter* oder *Kanavec-Plastometer* untersucht werden (siehe auch Kap. 29.2.2).

29.2.2 Bestimmung des Fließ-Härtungsverhaltens von rieselfähigen duroplastischen Formmassen (PMC)

Norm:

DIN 53764 (zurückgezogen)	Rieselfähige duroplastische Formmassen – Prüfung des Fließ-Härtungsverhaltens (stimmt mit ISO 15062 überein)

Die Prüfung nach dieser Norm dient dazu,

- die Entwicklung und Herstellung von Duroplasten zu überwachen und z. B. die *Aufschmelzung* und *Aushärtung*, sowie den Einfluss von *Additiven* und *Füllstoffen* messtechnisch zu erfassen
- die Gleichmäßigkeit verschiedener Fertigungschargen zu überprüfen
- duroplastische Formmassen hinsichtlich ihres Fließ-Härtungsverhaltens in Gruppen einzuteilen entsprechend der Verarbeitungsverfahren, wie z. B. *Pressen, Spritzpressen* und *Spritzgießen.*

Die Prüfung erfolgt in speziellen *Messknetern.*

Kennwerte

t_V Verweilzeit
t_R Hauptreaktionszeit
t_M Aufschmelzzeit
t_C Aushärtezeit
Diagramm des Drehmomentverlaufs

Probe: Rieselfähige Formmasse, sie ist auf ±0,1 g genau abzuwiegen und ist so zu wählen, dass das Knetervolumen optimal gefüllt ist:

$$G = 0{,}75 \cdot V \cdot \varrho$$

G	Probengewicht in g
V	freies Knetervolumen in l
ϱ	Dichte des Formstoffs in g/l

Prüfeinrichtung: Drehmoment-Rheometer mit Registriereinrichtung zur Erfassung und Registrierung von *Drehmoment* M und *Massetemperatur* T als Funktion der Zeit. Messkneter sollte einen freien Inhalt von 25 ml haben. Temperatur des Messkneters muss mit Flüssigkeits-Umlaufthermostat geregelt werden. Abmessungen der Knetkammer sind in DIN 53764 festgelegt.

Versuchsdurchführung: Die abgewogene Probenmenge wird in den laufenden und beheizten Messkneter eingebracht. Drehzahlen n = 30 l/min bis 60 l/min, meist 30 l/min; Temperatur des Kneters 120 °C bis 160 °C, vorzugsweise 140 °C. Auf die eingefüllte Masse wird ein Druckstempel mit 5 kg aufgesetzt. Nach Durchlaufen des Drehmomentminimums M_B (Bild 29.7) wird der Druckstempel abgenommen und das weitere Verhalten der Masse verfolgt. Weichen 2 aufeinanderfolgende Messungen um mehr als ±5 % voneinander ab, so muss die Messung wiederholt werden.

Auswertung: Bild 29.4 zeigt schematisch ein aufgenommenes Diagramm Drehmoment bzw. Temperatur als Funktion der Zeit mit den charakteristischen Punkten.

Es bedeuten:

M_A	Drehmoment-Maximum beim Einfüllen in Nm
M_B	Drehmoment-Minimum in Nm
M_V	Drehmoment M_B + X in Nm
M_R	Drehmoment M_B + Y in Nm
M_X	Drehmoment-Maximum in Nm
t_V	Verweilzeit der Masse in s bei einem Drehmoment M_B + X (meist X = 3 Nm)
t_R	Reaktionszeit in s bei einem Drehmoment M_B + Y (meist Y = 10 Nm)
t_M	Aufschmelzzeit ($t_{M,A}$ bis $t_{M,B}$) in s
t_C	Aushärtezeit ($t_{M,B}$ bis $t_{M,R}$) in s
$t_{M,X}$	Gesamtzeit bis zum Maximum in s
T	Massetemperatur in K

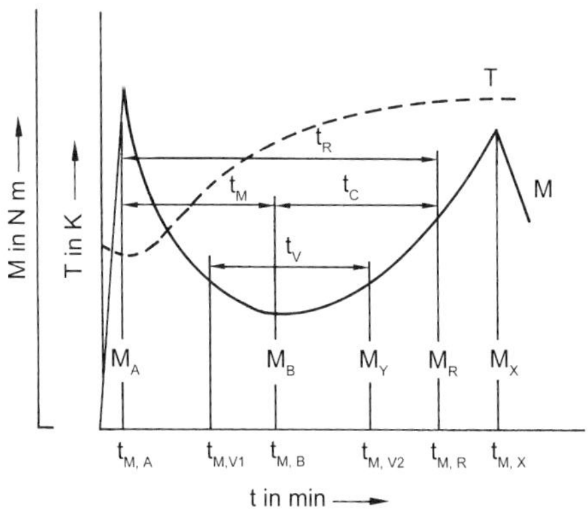

Bild 29.7 Drehmoment- und Temperaturverlauf in Abhängigkeit von der Zeit bei Ermittlung des Fließ-Härtungsverhaltens von duroplastischen Formmassen in einem Drehmoment-Rheometer (schematisch)

Die Linien t_V und t_R sind maßgeblich für die *Beurteilung* und genaue *Differenzierung* von Formmassen. t_V und t_R erhalten noch einen Index, der angibt mit welchem Wert X bzw. Y die Auswertung erfolgt. Da meist gilt X = 3 und Y = 10 ergibt sich t_{V3} bzw. t_{R10}.

Kennwerte:

Drehmoment-Minimum M_B bei $t_{M,B}$
Verweilzeit t_V
Reaktionszeit t_R

Weiter können noch angegeben werden:

Einfüllmaximum M_A bei $t_{M,A}$
Drehmoment-Maximum M_X bei $t_{M,X}$
Aufschmelzzeit t_M
Gesamtzeit $t_{M,A}$ bis $t_{M,X}$

Das aufgenommene Diagramm entsprechend Bild 29.7 sollte dem Versuchsbericht beiliegen.

29.2.3 Bestimmung des Härtungsverhaltens faserverstärkter härtbarer Kunststoffe

Norm:

DIN EN ISO 12114 Faserverstärkte Kunststoffe – Härtbare Formmassen und Prepregs – Bestimmung des Härtungsverhaltens

Verfahren I

Kennwerte

Reaktivität (maximale Steigung der Temperaturkurve)
t_1 Dauer bis zum Polymerisationsbeginn
T_1 Temperatur des Polymerisationsbeginns
t_2 Dauer bis zum Temperaturmaximum
T_2 Temperaturmaximum

Versuchsdurchführung: Verwendet wird eine zylindrische, beheizte Form aus Metall mit einem Innendurchmesser von 20 mm mit einem beheizten Stahlstempel. Im Zentrum des Bodens der Kavität ist ein Thermofühler mit 1 mm Durchmesser eingebaut; ein Temperaturregelsystem ist vorzusehen; Details siehe Norm. Ein Aufzeichnungsgerät muss ermöglichen die Temperatur als Funktion der Zeit aufzuzeichnen (Bild 29.8).

Bei *Formmassen* wird eine Probe von (6 ± 0,5) cm^3 verwendet, bei *Prepregs* Abschnitte mit einem Durchmesser von (19 ± 1) mm, ggf. sind Einzelstücke so zu schichten, dass ein Probekörper hergestellt werden kann.

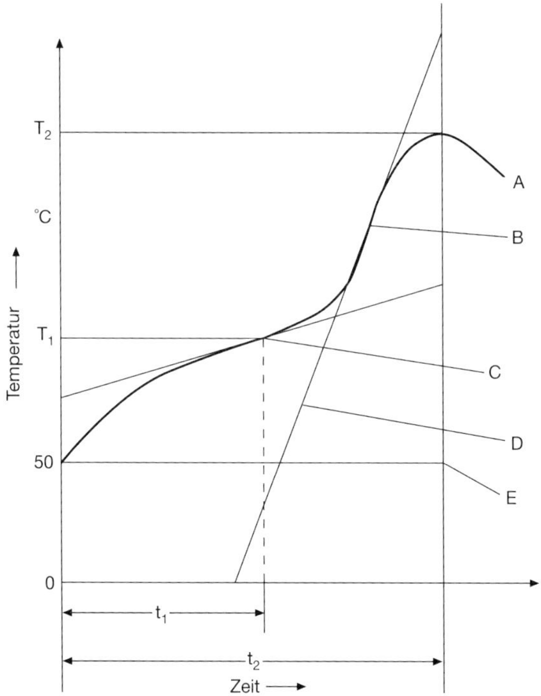

Bild 29.8 Typischer Reaktionsverlauf bei der Prüfung nach DIN EN ISO 12114
A Aufzeichnungsende
B zweiter Wendepunkt
C erster Wendepunkt
D Gradient entspricht der Reaktivität
E Messstart-Temperatur (50 °C)

Auswertung: Aus dem aufgenommenen Diagramm des Reaktionsverlaufs T = f(t) (Bild 29.8) werden ermittelt:

Reaktivität als maximale Steigung der Temperaturkurve in °C/s

t_1 Dauer bis zum Polymerisationsbeginn von Messstart-Temperatur 50 °C bis zum 1. Wendepunkt in s

T_1 Temperatur des Polymerisationsbeginns als Temperatur am 1. Wendepunkt in °C

T_2 Temperaturmaximum in °C

t_2 Dauer bis zum Temperaturmaximum T_2 in s

Außer den obigen Werten und dem typischen Reaktionsverlauf müssen noch Angaben gemacht werden über die *Formmasse*, die *Probennahme, Vorbereitung* der Probekörper und die genauen *Prüfbedingungen*.

Verfahren II

Kennwerte

RS	**Reaktionsschwindung**
NS	**Nettoschwindung**
CT	**Härtungszeit aus dem Temperaturverlauf**
CP	**Härtungszeit aus dem Druckverlauf**
STE	**spezifische Wärmeausdehnung**
	Dicke der gepressten Probe bei Presstemperatur

Versuchsdurchführung: Verwendet wird ein Tauchkantenwerkzeug mit einer Kavitätenoberfläche ≥ 200 cm^2, ausgestattet mit einem Druck- und Temperatursensor und einer Wegmesseinrichtung für 200 mm Weg auf 0,01 mm genau; Details siehe Norm. Aufgenommen werden der *Druckverlauf* p = f(t), der *Weg* s = f(t) und die Temperatur T = f(t). Der gepresste Probekörper sollte etwa die Dicke des betrachteten Formteils haben.

Auswertung:

Ermittelt werden folgende Größen (Bild 29.9):

a) Nullpunkt der Zeitachse (entspricht einem Forminnendruck von 10 bar).

b) **Härtungszeit** aus dem Temperaturverlauf (CT): Dauer vom Zeit-Nullpunkt bis Erreichen des Temperaturmaximums (Punkt 1).

c) Presstemperatur; nach dem Maximum (Punkt 1) geht der Temperaturverlauf dem Gleichgewicht mit dem Werkzeug zu (Punkt 2), dies ist die konstante Presstemperatur.

d) Beginn der Wärmeausdehnung (DS3): Der tiefste Punkt der Werkzeugbewegung (Punkt 3) gibt den Punkt an, an dem die Formmasse die Kavität gefüllt hat.

e) Maximum der Ausdehnung (DS4): Punkt 4 im Wegverlauf markiert das Ende der Ausdehnung und damit das beginnende Überwiegen der Schwindung.

f) **Spezifische Wärmeausdehnung** (STE):

$$\mathrm{STE} = \frac{\mathrm{DS4} - \mathrm{DS3}}{\mathrm{DS3}} \cdot 100$$

g) Schwindungsende (DS5). Punkt 5 im Wegverlauf.

h) **Reaktionsschwindung (RS)**

$$\mathrm{RS} = \frac{\mathrm{DS4} - \mathrm{DS5}}{\mathrm{DS5}} \cdot 100$$

DS5 entspricht der Enddicke der gepressten Probe im Werkzeug.

i) **Nettoschwindung (NS)**

$$\mathrm{NS} = \frac{\mathrm{DS3} - \mathrm{DS5}}{\mathrm{DS5}} \cdot 100$$

j) Pressdruck (MP) entspricht dem Bereich 6 der Druckverlaufskurve.

k) **Härtungszeit** aus dem Druckverlauf (CP): Zeit bis zum Erreichen von Punkt 7.

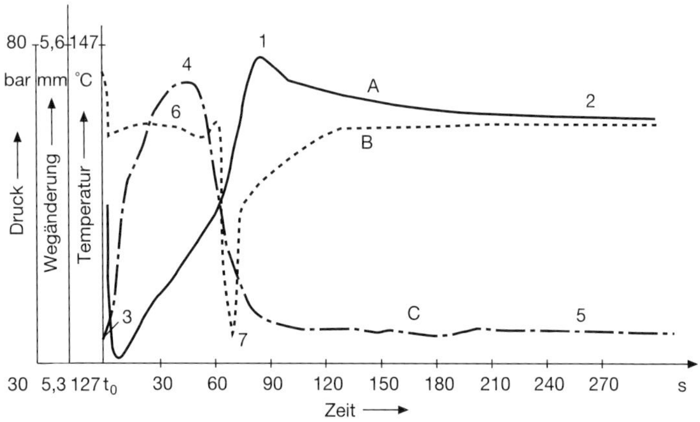

Bild 29.9 Verlauf von Temperatur (A), Druck (B) und Weg (C) in Abhängigkeit von der Zeit t
1 Temperaturmaximum
2 Temperaturgleichgewicht im Werkzeug
3 tiefster Punkt der Werkzeugbewegung (Formmasse hat Werkzeugkavität gefüllt)
4 Ende der Ausdehnung
5 Schwindungsende
6 Entspricht dem Pressdruck MP
7 Zeit bis Punkt 7 entspricht der Härtungszeit CP

Außer den obigen Werten und dem typischen Reaktionsverlauf müssen noch Angaben gemacht werden über die *Formmasse*, die *Probennahme, Vorbereitung* der Probekörper und die genauen *Prüfbedingungen.*

Beachte: Da es sich um neue Prüfverfahren handelt, liegen über die Genauigkeit der beschriebenen Verfahren noch keine Erfahrungen vor!

29.2.4 Bestimmung der Fließfähigkeit, Reifung und Gebrauchsdauer faserverstärkter, härtbarer Kunststoffe

Norm:

DIN EN ISO 12115 Faserverstärkte Kunststoffe – Härtbare Formmassen und Prepregs – Bestimmung der Fließfähigkeit, Reifung und Gebrauchsdauer

Definitionen nach Norm

Fließfähigkeit ist die zeitabhängige Fähigkeit einer reaktionsfähigen Formmasse zu fließen und einen gegebenen Formhohlraum unter definierten Bedingungen zu füllen.

Reifung ist der Prozess der Eindickung der reaktionsfähigen Formmasse bis zu einem definierten Maß an Fließfähigkeit, ohne dass merkbare Trennungen der Einzelbestandteile auftreten.

Gereifter Zustand ist das Niveau an Eindickung, bei dem die Fließfähigkeit einer reaktionsfähigen Formmasse dasjenige Maß erreicht hat, dass sie handhabbar ist und unter definierten Verarbeitungsbedingungen befriedigend zu einem Formteil verarbeitet werden kann.

Gebrauchsdauer ist die Periode der Produktion einer reaktionsfähigen Formmasse, während der die Fließfähigkeit ein Maß behält, bei dem die Formmasse ohne bemerkenswerte Änderung der normalerweise genutzten Formgebungsbedingungen verarbeitet werden kann.

Verfahren I

Kennwerte

Q_t	**Prozentuale Abnahme der Probendicke**
DQ	**Nicht-newtonscher Einfluss**

Versuchsdurchführung: Prüfwerkzeug nach Norm. Durch den Stempel des Werkzeugs soll die Probedicke unter Einwirkung der Prüflast während 45 s zwischen 30 % und 70 % der anfänglichen Dicke abgenommen haben; die Prüfkraft ist so

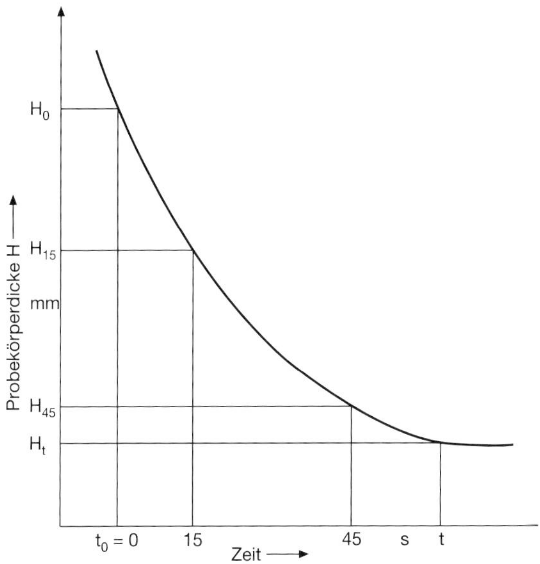

Bild 29.10 Typische Fließfähigkeitskurve nach DIN EN ISO 12115, Verfahren I

zu wählen, dass dies erreicht wird. Prüfung erfolgt bei Raumtemperatur. Proben aus Prepregs haben einen Durchmesser von 45 mm oder sind quadratisch mit Seitenlänge 50 mm; bei Sauerkrautmassen sind 20 g zwischen Aluminiumfolie zu legen und dann auf einen Durchmesser von 40 mm und eine Dicke von 3 mm zu verteilen. Probe wird dann unter konstante Last gesetzt durch einen Prüfstempel mit einem Durchmesser von 30 mm mit einem Eigengewicht von 11 N, die Prüflasten betragen 390 N, 1000 N und 2000 N und sind so zu wählen, dass gilt: Q_t zwischen 30 % und 70 % von H_0 beträgt.

Auswertung:

Nach Bild 29.10 werden folgende Größen ermittelt:

a) Prozentuale Abnahme der Probendicke (Q_t)

$$Q_t = \frac{H_0 - H_t}{H_0} \cdot 100$$

Wenn Q_t <30 % oder >70 % von H_0, dann muss andere Prüflast gewählt werden.

b) Nicht-newtonscher Einfluss (DQ)

$$DQ = Q_{45} - Q_{15}$$

Verfahren II

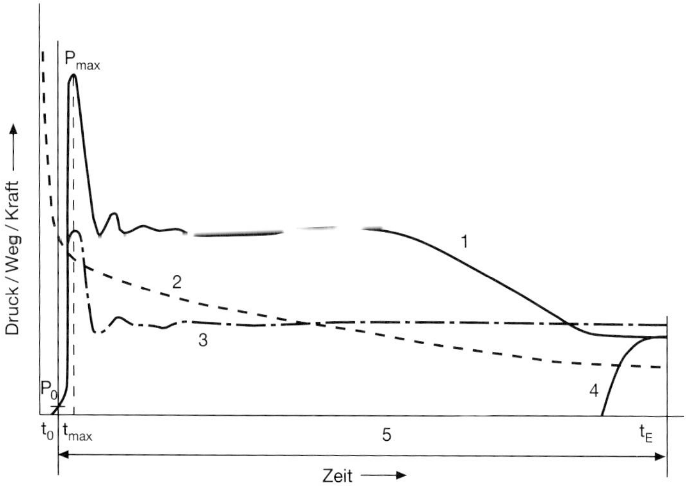

Bild 29.11 Typische Kurvenverläufe nach DIN EN ISO 12115, Verfahren II
1 Druck im Zentrum des Werkzeugs
2 Schließweg des Werkzeugoberteils
3 Schließkraft
4 Druck am Werkzeugrand
5 Füllzeit des Werkzeugs

Kennwerte (Bild 29.11)

t_0	**Fließbeginn**
t_E	**Ende der Füllphase**
PM	**Pressdruck zum Zeitpunkt t_E**
PG	**Druckgradient**
P	**Druckintegral**

Versuchsdurchführung: Beheiztes Tauchkantenwerkzeug mit Druck- und Temperatursensoren, sowie Wegmessung nach Norm. Bei Prepregs sind Pakete zu wählen mit Breite 200 mm und Länge (140 ± 10) mm oder (280 ± 10) mm, langfaserverstärkte Formmassen sind auf eine Größe von (200 × 140) mm oder (200 × 280) mm zu verteilen; die gepressten Platten müssen eine Dicke von etwa 4 mm aufweisen.

Auswertung

Ermittelt werden folgende Größen (Bild 29.11):

a) **Fließbeginn** (t_0), bei ansteigendem Forminnendruck
b) **Ende der Füllphase** (t_E)
c) **Pressdruck** (PM) zum Zeitpunkt t_E (entspricht Massedruck)
d) Anfangsdicke (H_0) zum Zeitpunkt t_0
e) Enddicke (H) zum Zeitpunkt t_E
f) **Druckgradient** (PG)

$$PG = \frac{P_{max} - P_{t0}}{t_{max} - t_0}$$

g) Füllzeit (t_F)

$$t_F = t_E - t_0$$

h) **Druckintegral** (P) aus der Druckmessung im Zentrum der Kavität zwischen t_0 und t_E durch Integration.

Außer den obigen Werten müssen noch Angaben gemacht werden über die *Formmasse*, die *Probennahme*, *Vorbereitung* der Probekörper und die genauen *Prüfbedingungen*.

Beachte: Da es sich um neue Prüfverfahren handelt, liegen über die Genauigkeit der beschriebenen Verfahren noch keine Erfahrungen vor!

30 Materialeingangsprüfungen

Zur Herstellung von Präzisions-Formteilen oder sonstigen technisch hochwertigen Produkten sind bestimmte *Eingangskontrollen* unumgänglich. Die Formteilhersteller (Verarbeiter) haben sich auch Gewissheit zu verschaffen, dass die eingehenden Kunststoff-Rohstoffe den Herstellerangaben entsprechen und mit den Normen übereinstimmen. Prüfzertifikate der Rohstoffhersteller können den Prüfaufwand entsprechend verringern. In vielen Fällen genügen folgende einfache betriebsnahe Materialeingangsprüfungen:

30.1 Bezeichnung von Formmassen

Bei Lieferung sollte eine sorgfältige *Kennzeichnung* der Formmassen und der Halbzeuge, sowie eine sachgemäße und übersichtliche Lagerung der Formmassen erfolgen. Die *definierte Lagerung* bzgl. Temperatur, Feuchte und Zeit ist, insbesondere bei *härtbaren Formmassen*, sehr wichtig, da diese häufig nur eine begrenzte Lagerfähigkeit aufweisen. Bei *Thermoplasten* soll die genaue Rohstoffbezeichnung nach der neuen Bezeichnungsmethode (vgl. Kap. 9) einschließlich der Chargennummer angegeben werden.

30.2 Erkennen der Kunststoffart

Einfache Möglichkeiten zum Erkennen der Kunststoffart sind in Kap. 18 behandelt. Wichtige Kriterien zum Erkennen sind dabei die *Dichte*, die *Reaktion der Zersetzungsschwaden*, der *Geruch der Schwaden* und die *Löslichkeit* (Kap. 28). *Copolymerisate* oder *Blends* sind nach diesen einfachen Methoden i. a. nicht exakt zu ermitteln; dazu sind dann aufwendigere Erkennungsmethoden, wie z. B. die Infrarotspektroskopie, thermische Analysen (Kap. 19) oder andere notwendig.

30.3 Viskositätsmessungen

Die Schmelze-Volumenfließrate MVR bzw. die Schmelze-Massefließrate MFR kennzeichnen die Fließfähigkeit thermoplastischer Kunststoffe bei festgelegten Temperaturen und Belastungen bei niedriger Schergeschwindigkeit. Bei hohen Schergeschwindigkeiten weren *Fließkurven* mit Kapillar-Rheometern aufgenommen (siehe Kap. 29.1.2). Außerdem wird die Lösungsviskosität von gelösten thermoplastischen Kunststoffen ermittelt. Bei härtbaren Formmassen wird die Schließzeit zur Kennzeichnung der Fließfähigkeit (Fließ-Härtungs-Verhalten) ermittelt. Nähere Angaben zu diesen Verfahren siehe Kap. 29.1 und 29.2.

30.4 Korngröße, Kornform

Für konstante Verarbeitungsverhältnisse, d. h. für konstanten Einzug der Schnecke und damit konstanten Durchsatz spielen Kornform und Korngröße, Schüttgewicht und Rieselfähigkeit eine wichtige Rolle. Ungleicher Einzug beim Spritzgießen und

Extrudieren führt zu unterschiedlichen Schmelzetemperaturen und dadurch zu unterschiedlichen Formteileigenschaften. Deshalb ist die einfache Überwachung der genannten Kenngrößen sinnvoll.

Die *Korngröße* des Granulats wirkt sich besonders ungünstig bei kleineren Spritzgießmaschinen aus, wenn die Abmessung des Granulats der Größenordnung der Gangtiefe der Schnecke in der Einzugszone entspricht (das ist auch wichtig bei der Verarbeitung von Mahlgut). In solchen Fällen sollte spezielles Granulat mit kleiner Korngröße verwendet werden.

Die *Kornform* und die *Korngrößenverteilung* (DIN 53477) beeinflussen wesentlich das *Schüttgewicht* und die *Rieselfähigkeit*. Durch die Kornform können auch die inneren und äußeren Reibungskoeffizienten (Kunststoff/Kunststoff bzw. Kunststoff/Stahl) verändert werden. Unterschiedliche Granulatherstellung (Kalt- oder Heißabschlag) ergibt unterschiedliche Granulatform (Zylinder-, Würfel-, Linsen-Granulat), wobei kalt abgeschlagene Granulate Schneidgrate und damit mehr Staubanteile enthalten können.

30.5 Schüttdichte und Stopfdichte

Normen:

DIN EN ISO 60	Kunststoffe – Bestimmung der scheinbaren Dichte von Formmassen, die durch einen bestimmten Trichter geschüttet werden können (Schüttdichte)
DIN EN ISO 61	Kunststoffe – Bestimmung der scheinbaren Dichte von Formmassen, die nicht durch einen gegebenen Trichter abfließen können (Stopfdichte)
DIN ISO 171	Kunststoffe – Bestimmung des Füllfaktors von Formmassen

Schüttdichte

Zur Ermittlung des Schüttgewichts oder der Schüttdichte wird über einen genormten Trichter von definierter Höhe ein Becher mit 100 ml Inhalt gefüllt und mit einem Messer unter 45° am oberen Rand abgestrichen (Bild 30.1). Aus dem Gewicht des Bechers *ohne* Füllung (m_0) und dem Gewicht des Bechers *mit* Füllung (m_1) ergibt sich dann die Schüttdichte zu

$$d_{Sch} = \frac{m_1 - m_0}{100} \quad \text{in g/ml}$$

Duroplaste werden häufig mit Volumendosierung verpresst, daher ist ein konstantes Schüttgewicht Voraussetzung für eine konstante Dosiermenge.

Stopfdichte

Bei nicht rieselfähigen, langfaserigen, schnitzelförmigen und teigigen Formmassen, z. B. Polyesterformmassen („Sauerkrautmassen") muss statt der Schüttdichte die Stopfdichte ermittelt werden. Es wird eine Formmasseprobe von $m = (60 \pm 0{,}2)$ g genau abgewogen, in einen genormten Messzylinder gegeben (Bild 30.2) und mit

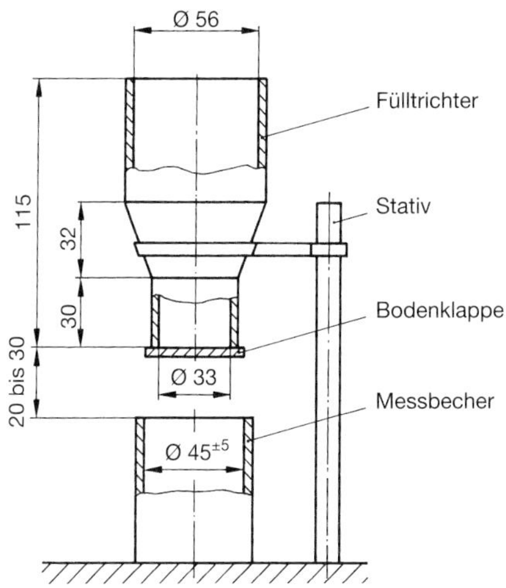

Bild 30.1 Gerät zur Ermittlung der Schüttdichte

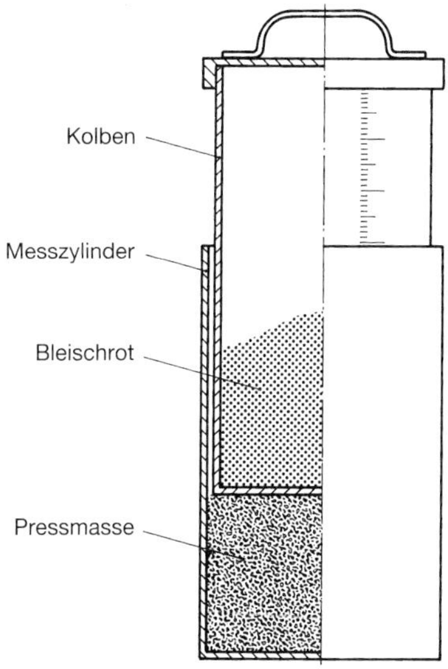

Bild 30.2 Gerät zur Ermittlung der Stopfdichte

einem Kolben von (2300 ± 20) g Gewicht belastet. Der Messzylinder hat ein Volumen von (1000 ± 20) ml und einen Innendurchmesser von (90 ± 2) mm mit polierter Oberfläche. Nach 1 min wird die Höhe h der komprimierten Masse gemessen und die Stopfdichte bestimmt zu

$$d_{St} = \frac{m}{A \cdot h} \quad \text{in g/cm}^3$$

A	innere Bodenfläche des Messzylinders in cm^2
h	Höhe der verdichteten Formmasseschicht im Messzylinder in cm
m	Masse im Messzylinder, meist 60 g

30.6 Rieselfähigkeit

Norm:

DIN EN ISO 6186 Kunststoffe – Bestimmung der Rieselfähigkeit

Die Rieselfähigkeit ist für eine störungsfreie automatische Produktion wichtig, da eine schlechte Rieselfähigkeit zur „Brückenbildung" im Trichter oder Trichterauslauf führen kann, wodurch eine gleichmäßige Formmassezufuhr zur Schnecke behindert wird. Erhöhte Oberflächenfeuchte, besonders in Verbindung mit Staubanteilen, z. B. bei Mahlgut, kann diesen Effekt verstärken. Zur Bestimmung der Rieselfähigkeit wird die Auslaufzeit oder *Rieselzeit* t_R in s einer Formmasse durch einen Trichter definierter Abmessungen gemessen.

30.7 Feuchtegehalt, Flüchte

Normen:

DIN EN ISO 15512	Kunststoffe – Bestimmung des Wassergehalts
ISO 760	Bestimmung von Wasser, Karl-Fischer-Methode (allgemeine Methode)
DIN 53715	Prüfung von Kunststoffen – Bestimmung des Wassergehalts durch Titration nach Karl Fischer

Einzelne Kunststoffe sind hygroskopisch oder können mit hygroskopischen Füll- und Verstärkungsstoffen versehen sein. Ein unterschiedlicher Feuchtegehalt kann die Verarbeitung beeinflussen und *Feuchtigkeitsschlieren* im Formteil bewirken. In solchen Fällen ist ein *Vortrocknen* der Formmassen oder eine Verarbeitung mit *Entgasungsschnecken* erforderlich. Bei einigen Duroplasten, die oft noch Feuchte durch die Vorkondensation in wässriger Lösung oder feuchtigkeitshaltige Füllstoffe enthalten, wird das Fließverhalten sehr stark durch den Feuchtegehalt beeinflusst. Je höher die Feuchte ist, desto besser fließt das Material. Andererseits führt aber eine zu hohe Feuchte bei Duroplasten zu Blasen und Schlieren, sodass eine Überwachung des Feuchtegehalts bei härtbaren Formmassen sehr wichtig ist.

In DIN EN ISO 15512 werden 3 Verfahren A, B und C zur Bestimmung des Wassergehalts beschrieben. Der Wassergehalt w wird in % angegeben.

Verfahren A: *Extraktionsverfahren* mit wasserfreiem Ethanol und anschließender Titration des Wassers nach Karl Fischer. Geeignet für alle Kunststoffe in Granulatform, Granulatkörner nicht größer als (4 × 4 × 3) mm.

Verfahren B: *Verdampfungsverfahren* mit aufgeheizter trockener Luft oder Stickstoff und anschießender Titration des Wassers nach Karl Fischer. Geeignet für alle Kunststoffe in Granulatform, Granulatkörner nicht größer als (4 × 4 × 3) mm.

Verfahren C: *Manometrisches Verfahren.* Der Wassergehalt wird aus dem Druckanstieg nach dem Verdampfen des Wassers unter Vakuum bestimmt. Dieses Verfahren kann nicht für Kunststoffe verwendet werden, die relativ viele weitere flüchtige Bestandteile enthalten, die entsprechend den Dampfdruck bei Raumtemperatur erhöhen.

Wird der Feuchtegehalt durch Erwärmen und Verdampfen ermittelt, so werden dabei auch andere flüchtige Bestandteile ausgetrieben, so z. B. bei Thermoplasten *Weichmacher* und *Monomere*, bei Phenolharzen *Formaldehyd* und *Ammoniak.* In solchen Fällen werden also alle flüchtigen Bestandteile, d. h. die sog. *Flüchte* ermittelt. Die Flüchte ist definiert als

$$\text{Flüchte F} = \frac{\text{Einwaage} - \text{Auswaage}}{\text{Einwaage}} \cdot 100\%$$

Die Auswaage wird nach Erwärmen auf 105 °C nach Gewichtskonstanz gemessen.

Die einfachste Methode, nur die Feuchte zu messen, ist die Lagerung im Exsikkator über einem Trocknungsmittel (P_2O_5) unter vermindertem Druck mit vorausgegangener und anschließender Wägung. Diese Messungen dauern relativ lange.

Eine einfachere und schnelle Methode ist die *manometrische* mithilfe eines Messgeräts, des sog. *Aquatrac* der Firma Brabender.

Ein sehr gebräuchliches Verfahren ist die Feuchtebestimmung durch Titration nach *Karl Fischer* (DIN 53715 und ISO 760), für das spezielle Prüfgeräte zur Verfügung stehen.

Nach der *TVI-Methode* (Tomasettis Volatile Indicator) kann die Feuchte sehr schnell und einfach ermittelt werden. Dieses Verfahren ist besonders für Polycarbonat geeignet. Zwei Objektträgergläser aus der Mikroskopie werden auf einer Kochplatte 1 min bis 2 min auf 270 °C aufgeheizt, dann drei bis vier Granulatkörner dazwischengelegt und auf einen Durchmesser von ca. 10 mm bis 13 mm zusammengedrückt. Aus der Anzahl und Größe der Blasen kann auf die Feuchte geschlossen werden.

31 Prüfung von Kunststoff-Formteilen

Norm:

DIN 53760 Prüfung von Kunststoff-Formteilen, Prüfmöglichkeiten, Prüfkriterien

Das Verhalten von Kunststoff-Formteilen ist abhängig von den Herstellungsbedingungen und von der konstruktiven Gestaltung des Formteils. Deshalb können Kennwerte des Kunststoffs, die an speziellen Probekörpern ermittelt wurden, meist nur als Anhaltswerte für das Verhalten der Formteile herangezogen werden. Um ein Versagen der Formteile im praktischen Einsatz zu vermeiden, sollen vor der Freigabe Prüfungen an Formteilen durchgeführt werden. Die Prüfverfahren sind meist umfangreich und teuer; eine sinnvolle Planung der Prüfverfahren ist daher zweckmäßig.

Die Prüfung von Kunststoff-Formteilen wird unterteilt in

- Prüfung des Formstoffs im Formteil
- Prüfung des ganzen Formteils einschließlich Gebrauchsprüfung.

31.1 Zusammenstellung von Formteilprüfungen

31.1.1 Prüfung des Formstoffs im Formteil

Diese Prüfverfahren entsprechen den üblichen Prüfverfahren für Formstoffe, die meist mit getrennt hergestellten Probekörpern durchgeführt werden. Bei einem Vergleich der Kennwerte der Formstoffe vom Formteil und vom speziellen Probekörper müssen jedoch die Verarbeitungseinflüsse berücksichtigt werden, insbesondere hinsichtlich Eigenspannungen und Orientierungen. Außerdem werden beim Herausarbeiten der Probekörper aus dem Formteil die Eigenschaften des Formstoffs oft verändert z. B. durch Abspanen der Oberflächenschicht.

Beachte: Die laufende Prüfung von Formteilen in der Fertigung umgeht man heute durch eine sog. *Prozessüberwachung.* Bei der Prozessüberwachung, z. B. beim Spritzgießen, werden die prozessrelevanten Verarbeitungsparameter *Schmelzetemperatur, Werkzeugtemperatur* und *Werkzeuginnendruckverlauf* von Schuss zu Schuss überwacht; damit wird eine 100-%-Prüfung ermöglicht. Die prozessrelevanten Parameter werden so gewählt, dass ein Formteil erzeugt wird, das den Qualitätsanforderungen des Kunden genügt. Durch die Prozessüberwachung wird gewährleistet, dass die einmal festgelegten Parameter in vorgegebenen Grenzen eingehalten werden und so die Qualität gewährleistet ist. Von der Prozessüberwachung angesteuerte *Qualitätsweichen* scheiden die Formteile aus, die nicht unter den festgelegten Verarbeitungsbedingungen hergestellt wurden.

Probekörper werden hergestellt durch Ausarbeiten aus dem Formteil, meist spanend. Die *Form* der Probekörper sollte möglichst entsprechend der Norm für das jeweilige Prüfverfahren gewählt werden; Vereinbarungen mit Lieferant oder Abnehmer sind zweckmäßig. *Probenahme* erfolgt nach vereinbartem Entnahmeplan an verschiedenen Stellen des Kunststoff-Formteils und meist in verschiedenen

Richtungen. Vermutete Schwachstellen im Formteil (z. B. Bindenähte) sind zu berücksichtigen.

Wichtige Prüfverfahren (Auswahl)

Biegeprüfungen DIN EN ISO 178, s. Kap. 21.3. Meist keine normgerechte Prüfung möglich, weil Normprobekörper wegen ihrer Abmessungen oft nicht aus einem Formteil herauszuarbeiten sind.

Härteprüfung durch Kugeleindruckversuch DIN ISO 2039-1 oder Rockwellhärteprüfung, s. Kap. 21.5.1. Die vorgeschriebene Probendicke von 4 bzw. 6 mm ist meist am Formteil nicht einzuhalten.

Schlagprüfungen DIN EN ISO 179 und DIN EN ISO 180, s. Kap. 21.6. Durch Herausarbeiten der Probekörper aus den Formteilen sind die Oberflächen nicht definiert gegenüber spritzgegossenen, vor allem, wenn ohne Kerbe geprüft wird.

Vicat-Erweichungstemperatur DIN EN ISO 306, s. Kap. 22.2.1. Der Abbau von Eigenspannungen im Formteil wirkt sich auf das Ergebnis aus.

Bestimmung des Oberflächenwiderstands DIN EN 60093, s. Kap. 24.1. Am Formteil werden haftende Strichelektroden angebracht. Die Probendicke beeinflusst wesentlich das Ergebnis.

31.1.2 Prüfung des ganzen Formteils

Bei den Prüfverfahren für ganze Formteile unterscheidet man *zerstörungsfreie* und *zerstörende* Prüfungen, die aus Kostengründen nur in kleinen Stückzahlen durchgeführt werden können. Die Formteile werden aus der Produktion nach den *Methoden der Qualitätssicherung* (Statistik) entnommen.

Zerstörungsfreie Prüfungen

Sichtkontrolle zur Feststellung von Farbveränderungen, Formfehlern, Fließmarkierungen, Einfallstellen.

Prüfung des Stückgewichts zur Feststellung von Materialverdichtungen und Formfüllungsfehlern, z. B. abgebrochene Stifte.

Kontrolle der Maßhaltigkeit zur Überwachung der funktionswichtigen Maße und Bestimmung der Verarbeitungsschwindung.

Spannungsoptische Untersuchungen an glasklaren Formteilen zur zerstörungsfreien Bestimmung von Molekülorientierungen.

Prüfung mit *Röntgenstrahlen* und *Ultraschall* zur Feststellung von Fehlstellen (Lunker, Gasblasen).

Zerstörende Prüfungen

Warmlagerungsversuch zur Feststellung von Eigenspannungen im Formteil (s. Kap. 31.2.1); DIN 53497 an Formteilen aus thermoplastischen Formmassen; DIN 53498 an Formteilen aus härtbaren Formmassen; DIN 53755 an Formteilen bei thermischer und äußerer mechanischer Beanspruchung.

Beurteilung des Spannungsrissverhaltens zur Ermittlung von Eigenspannungen und Molekülorientierungen und zur Aufdeckung von Schwachstellen bei thermoplastischen Formteilen (s. Kap. 31.2.2).

Gefügeuntersuchungen zur Beurteilung der Gefügeausbildung bei teilkristallinen Thermoplasten und zur Feststellung der Verteilung und Orientierung von Füll- und Verstärkungsstoffen bei gefüllten Kunststoffen (s. Kap. 31.3).

Prüfung bei *chemischer Beanspruchung* zur Bestimmung des Verhaltens von Formteilen bei Lagerung oder Kontakt mit bestimmten Medien (DIN 53 756).

Prüfung des *Alterungsverhaltens* z. B. zur Bestimmung des Verhaltens von Formteilen bei Außenanwendungen (s. Kap. 31.6).

Prüfung des *Brennverhaltens* nach DIN EN 60695-11-10, DIN EN 60695-11-20, UL 94 und UL 746C (s. Kap. 23).

Prüfung des *Aushärtungsgrades* von Formteilen aus härtbaren Formmassen im Kochversuch nach DIN 53499.

31.1.3 Gebrauchsprüfungen des Formteils

Durch Prüfungen unter *Betriebsbedingungen* wird die Gebrauchstauglichkeit eines Formteils ermittelt (Gebrauchsprüfung). Dazu müssen folgende Betriebsbedingungen genau erfasst werden: Einsatztemperaturbereich; Technoklima; Art und Höhe der Beanspruchung, Beanspruchungsgeschwindigkeit, geforderte Einsatzdauer (Lebensdauer). Entsprechend der genauen Betriebsbedingungen werden *Prüfverfahren* und *Prüfbedin*gungen festgelegt. Zur *Abkürzung* der *Prüfzeit erhöht* man vielfach die *Beanspruchung* und die Belastungsgeschwindigkeit (*Prüffrequenz*); eine unzulässige Erwärmung muss jedoch vermieden werden (Prüffrequenz <10 Hz).

Für erste Gebrauchsprüfungen werden meist Prototypen verwendet, die als Einzelstücke durch Spanen, Kleben, Warmumformen aus Halbzeug oder durch Rapid Prototyping hergestellt werden. Für Festigkeitsuntersuchungen und Zulassungsprüfungen müssen jedoch solche Formteile verwendet werden, deren Herstellverfahren dem späteren Produktionsverfahren entspricht.

Forderungen für Gebrauchsprüfungen

Die Prüfbedingungen sollten den praktischen *Einsatzbedingungen* entsprechen. Die *Versagensart* sollte die gleiche sein wie im praktischen Einsatz, z. B. gleiches Bruchaussehen. Weitere Forderungen sind: *Kurze Versuchsdauer, billiger Versuchsaufbau, reproduzierbare Versuchsergebnisse, einfaches Prüfverfahren.*

Beispiele für einfache mechanische Gebrauchsprüfungen

Statische Biegeprüfung auf Biegevorrichtungen unter Messung von Verformung und Bruchlast, z. B. bei Sitzschalen.

Beim *passiven Fallversuch* trifft ein Fallbolzen auf die kritische Stelle des Formteils. Es müssen dann festgelegte Grenzbedingungen wie *Fallhöhe* und *Fallgewicht* ohne Bruch ausgehalten werden, z. B. bei Schutzhelmen und Gehäusen (s. Kap. 31.4).

Beim *aktiven Fallversuch* fällt das Formteil aus bestimmter Höhe auf eine feste Unterlage. Es darf dann kein Bruch eintreten, z. B. bei Telefonhörern und Telefongehäusen.

Genormte Gebrauchsprüfungen für Formteile

DIN 16887	Prüfung von Rohren aus thermoplastischen Kunststoffen – Bestimmung des Zeitstand-Innendruckverhaltens
DIN 53755	Prüfung von Kunststoff-Fertigteilen – Lagerungsversuch bei thermischer und äußerer mechanischer Beanspruchung
DIN 53756	Prüfung von Kunststoff-Fertigteilen – Lagerungsversuch bei chemischer Beanspruchung
DIN 53757	Prüfung von Kunststoff-Fertigteilen – Zeitstand-Stapelversuch an Transport- und Lagerbehältern
DIN 53758	Prüfung von Kunststoff-Fertigteilen – Kurzzeit-Innendruckversuch an Hohlkörpern
DIN 53759	Prüfung von Kunststoff-Fertigteilen – Zeitstand-Innendruckversuch an Hohlkörpern

Weitere Prüfvorschriften für Kunststoff-Formteile enthalten die Veröffentlichungen des „Qualitätsverbandes Kunststofferzeugnisse e. V." zur Gütesicherung der Kunststoffwirtschaft (z. B. RAL-RG 720/1 Flaschenkasten aus thermoplastischem Kunststoff).

31.2 Ermittlung von Eigenspannungen

Eigenspannungen beeinflussen das gesamte Eigenschaftsbild von Kunststoff-Formteilen. Meist haben sie nachteilige Folgen für die Qualität eines Bauteils. In einigen Fällen, wie beim Recken und Verstrecken von Fasern, Bändern, Schläuchen, Folien und zur Verbesserung des *Filmscharniereffekts* werden Orientierungen bewusst und gezielt zur Erhöhung der Festigkeitseigenschaften erzeugt. Bei *Schrumpfschläuchen* oder Schrumpfelementen macht man gezielt von den Rückstellkräften Gebrauch, um die gewünschte Schrumpfung beim Wiedererwärmen zu erhalten. Neben den Änderungen der mechanischen Eigenschaften ergeben Eigenspannungen auch hohe richtungsabhängige Schrumpfungen bzw. Verzug beim Erwärmen. Eigenspannungen vermindern die Spannungsrissbeständigkeit.

Zur Beurteilung der Qualität von Kunststoff-Formteilen ist daher die Kenntnis und der Nachweis von Spannungszuständen wichtig. Eigenspannungen können als *Abschreckeigenspannungen* vorliegen nach schnellem Abkühlen, wobei die Randzonen zuerst erstarren und dann der Kern in seiner Kontraktion behindert wird. Unterschiedliche Wanddicken in Formteilen erzeugen unsymmetrische Eigenspannungen, die zu Verwerfungen und Verzug führen. Durch zu hohen Druck bei der Erstarrung der Kunststoffe im Werkzeug entstehen ebenfalls Eigenspannungen. Bei Fließprozessen, wie sie beim Spritzgießen und Extrudieren auftreten, werden die Makromoleküle gestreckt und durch die nachfolgende Abkühlung in diesem Zustand festgehalten. Man spricht dann von *Orientierungen*, die ebenfalls von den Verarbeitungsbedingungen abhängig sind. Mit abnehmender Massetemperatur erhöhen sich die Orientierungen durch höhere Scherspannungen.

Kennt man die Eigenspannungen, so kann man diese durch geeignete Maßnahmen beseitigen oder durch geeignete Verarbeitungsparameter minimieren.

Wichtige Verfahren zum Nachweis von Eigenspannungen sind:

- Warmlagerungsversuche
- Untersuchungen im polarisierten Licht
- Spannungsrissuntersuchungen.

Die vorgenannten Verfahren sind nicht universell einsetzbar.

Untersuchungen im polarisierten Licht sind nur für Formteile aus bestimmten, optisch aktiven, durchsichtigen Kunststoffen, wie z. B. PS und PC möglich. Es ist dann eine 100-%-Prüfung möglich, weil die Formteile nach der Prüfung weiterverwendet werden können.

Anmerkung: Aus spannungsfreiem EP können Modelle von Formteilen spanend hergestellt werden, die dann unter mechanischen Beanspruchungen spannungsoptisch untersucht und begutachtet werden können (Spannungsoptik).

31.2.1 Warmlagerungsversuch

Normen:

DIN 53497 Warmlagerungsversuch an Formteilen aus thermoplastischen Formmassen ohne äußere mechanische Beanspruchung

DIN 53498 Warmlagerung von Formteilen aus härtbaren Formmassen

Bei Warmlagerungsversuchen werden Kunststoff-Formteile bei kunststoffspezifischen Temperaturen über eine vorgegebene Zeit gelagert. Die dadurch auftretenden *Schrumpfungen* nach der Warmlagerung werden als Auswirkung abgebauter Eigenspannungen gedeutet. Der Spannungsabbau erfolgt um so weitgehender und schneller, je höher die Temperatur bei der Lagerung gewählt wird und je länger getempert wird. Es muss jedoch immer gewährleistet sein, dass bei den gewählten Warmlagerungsbedingungen *keine thermische Schädigung* des Kunststoffs auftritt. Die Formteile sind nach der Prüfung nicht mehr zu gebrauchen, d. h. es ist nur Stichprobenprüfung möglich.

Prüfung zum *qualitativen* bzw. *halbquantitativen* Nachweis von Spannungs- und Orientierungszuständen erfolgt nach zwei Verfahren:

- bei einer konstanten Lagerzeit werden die Lagertemperaturen von Versuch zu Versuch um 5 K erhöht und danach die Maßänderungen gemessen.
- bei einer bestimmten Lagertemperatur, meist 20 K über der Vicat-Erweichungstemperatur VSP/B (s. Kap. 22. 1.2) werden die Lagerzeiten von Versuch zu Versuch erhöht und danach die Maßänderungen ermittelt.

Über Warmlagerungszeiten können, wegen unterschiedlichen Formteilgeometrien und -wanddicken keine allgemeingültigen Angaben gemacht werden. Die Abkühlung sollte möglichst langsam erfolgen, um neue Spannungen zu vermeiden.

Auswertung erfolgt durch Ausmessen bestimmter Formteilmaße vor und nach der Warmlagerung. Die Maßänderungen werden als *Schrumpfungen* bezeichnet.

Beachte: Bei stark orientierten Formteilen oder Halbzeugen können senkrecht zur Fließ- bzw. Extrusionsrichtung (Orientierungsrichtung) bei der Warmlagerung Vergrößerungen von Maßen auftreten.

Anmerkung

Werden Formteile unterschiedlichen Verarbeitungszustandes und damit auch unterschiedlichen Orientierungszustandes untersucht, so erhält man bei gleichen Warmlagerungsbedingungen unterschiedliche Schrumpfungswerte. Ermittelt man dann noch die zugehörigen Festigkeitseigenschaften, so kann man durch Extrapolation auf 0 % Schrumpfung das sog. „mechanische Grundniveau" eines Kunststoffs ermitteln, d. h. die „verarbeitungsfreie" Eigenschaft, wie sie z. B. nach dem Pressen von Thermoplasten vorliegt (Bild 31.1). Dieses mechanische Grundniveau hat für verarbeitete Kunststoffen keine Bedeutung, da durch Verarbeitungsprozesse immer verarbeitungsbedingte Eigenschaften im Formteil vorliegen.

Tabelle 31.1 zeigt die Schrumpfung von Normkleinstäben aus Polystyrol PS in Abhängigkeit von den Verarbeitungsparametern.

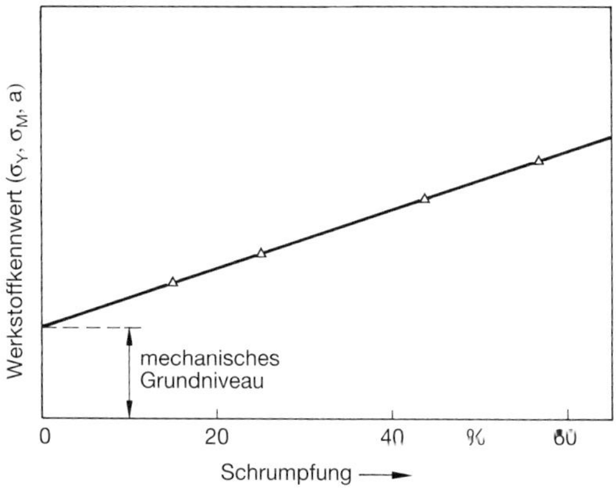

Bild 31.1 Zusammenhang zwischen Werkstoffkennwerten und Verarbeitungsbedingungen, gekennzeichnet durch die Schrumpfung S

Tabelle 31.1 Schrumpfung von Normkleinstäben 50 mm × 6 mm × 4 mm aus Polystyrol PS in Abhängigkeit von den Verarbeitungsparametern (nach BASF)

Massetemperatur °C	**Werkzeugtemperatur** C	**Schrumpfung S** %
gepresst		0
250	80	40
220	80	46
180	30	53

31.2.2 Spannungsrissverhalten von Thermoplasten

Normen:

DIN 55457	Verpackungsprüfung – Behältnisse aus Polyolefinen – Beständigkeit gegen Spannungsrissbildung
DIN EN 2155	Luft- und Raumfahrt – Prüfverfahren für transparente Werkstoffe zur Verglasung von Luftfahrzeugen T19: Bestimmung der Spannungsrissbeständigkeit T20: Bestimmung der bleibenden Festigkeit von Acrylgläsern nach Spannungsrissbildung
DIN EN ISO 22088	Kunststoffe – Bestimmung der Beständigkeit gegen umgebungsbedingte Spannungsrissbildung (ESC) T1: Allgemeine Anleitung T2: Zeitstandzugversuch T3: Biegestreifenverfahren T4: Kugel- oder Stifteindrückverfahren T5: Verfahren mit konstanter Zugverformung T6: Verfahren mit langsamer Dehnrate

Beachte: Beim Arbeiten mit spannungsrissauslösenden Medien sind die „Technischen Regeln für Gefahrstoffe“ *TRGS* einzuhalten.

Formteile aus Kunststoffen zeigen z. T. schon bei Raumtemperatur und bereits an Luft ohne äußere mechanische Beanspruchungen Schädigungen in Form von Rissen, sog. *Spannungsrissen*. Solche Spannungsrisse sieht man besonders deutlich bei glasklaren, amorphen Kunststoffen wie PS, PMMA, SAN, PC, weniger gut bei eingefärbten, amorphen Kunststoffen und teilkristallinen Kunststoffen wie PA, POM, PE, PP und PET/PBT. Spannungsrisse treten besonders dann auf, wenn die Formteile zusätzlichen mechanischen Betriebsspannungen oder Montagespannungen (durch Schrauben oder Schnappen) ausgesetzt sind und gleichzeitig noch Flüssigkeiten oder Dämpfe einwirken. Solche zusätzlichen Spannungen addieren sich selbstverständlich zu den bereits vorhandenen Eigenspannungen, die als Schrumpfungs- oder Orientierungsspannungen praktisch in jedem Formteil vorliegen, das durch Spritzgießen, Extrudieren oder Warmumformen hergestellt wurde, auch nach dem Schweißen.

Übliche *Beständigkeitstabellen* für Kunststoffe ermöglichen keine Aussage über das spannungsrissauslösende Verhalten von Medien. Spannungsrisse können auch von Medien ausgelöst werden, die den spannungsfreien Kunststoff nicht beeinflussen.

Spannungsrisse setzen die Belastbarkeit von Kunststoff-Formteilen herab, da sie sowohl *querschnittsvermindernd* als auch durch Kerbwirkung *spannungserhöhend* wirken. Die Kenntnis des *Spannungsrissverhaltens* ESC (Evaluation of environmental stress cracking) ist wichtig, da Kunststoffe praktisch nie spannungsfrei eingesetzt werden können. Außerdem kommen Formteile oft nachträglich mit Medien in Berührung, z. B. beim Reinigen, Kleben mit Klebelacken, beim Bedrucken oder beim Befüllen mit Medien.

Der ESC-Index ist das Verhältnis eines bestimmten Versagenswertes in einem Prüfmedium zu demselben Versagenswert in einem Referenzmedium (meist Luft).

Das ungünstige Verhalten der Spannungsrissbildung kann man sich aber auf der anderen Seite für Prüfzwecke nutzbar machen. Es zeigt sich nämlich, dass z. B. bei einwandfrei spritzgegossenen Formteilen in Kontakt mit einem bestimmten Medium keine Risse ausgelöst werden; verändert man aber die Verarbeitungsparameter, so können bei demselben Medium Risse ausgelöst werden. Für die Prüfung von Formteilen ergibt sich daraus die Nutzanwendung, dass man mit geeigneten Medien die *Verarbeitungsqualität* von Formteilen nachweisen kann. Sind solche Medien bzgl. ihrer Rissauslösung bekannt bzw. geeicht, dann spricht man von *Testmitteln*. Durch Medien bzw. Testmittel lassen sich Schwachstellen aufdecken, wie z. B. Bindenähte oder Fließorientierungen. Das Problem dieser Prüfungen liegt jedoch darin, dass nur vereinzelt Testmittel bekannt oder allgemein zugänglich sind. „Genormt" war z. B. der *TnP-Test* für Polycarbonat PC nach VDI/VDE 2475. In der Literatur sind einzelne Testmittel, vorwiegend für amorphe Kunststoffe genannt (siehe auch Tabelle 31.2).

Als Kriterien zur Kennzeichnung des Spannungsrissverhaltens dienen *optische Merkmale*, wie Rissbildung oder Trübung bzw. *mechanische Merkmale*, wie die Reduzierung von mechanischen Eigenschaften durch die Rissbildung.

Notwendig zum Nachweis der Schädigungen ist auf jeden Fall ein Verfahren, das schnell, objektiv und einfach erlaubt, alle Einflüsse aufzudecken.

Mit „Spannungsrisstests" kann bei ausreichender Erfahrung die Gebrauchstauglichkeit abgeschätzt und die „Qualität" des Verarbeitungsprozesses kontrolliert werden. Geprüfte Formteile dürfen auf keinen Fall weiterverwendet werden, d. h. es ist nur Stichprobenprüfung möglich.

Das Phänomen der Spannungsrissbildung wird schon seit vielen Jahren nach sehr unterschiedlichen Verfahren untersucht. Es handelt sich dabei um Prüfverfahren bei konstanter Verformung (Relaxations- oder Entspannungsversuche) bzw. bei konstanter Spannung (Retardations- oder Kriechversuche) mit verfahrensabhängigem Versuchsaufwand.

Spannungsrissbildung tritt nach bestimmten Zeiten auf; zu ihrer sichtbaren Auswirkung in aggressiven Medien erfordert sie oft nur Sekunden, in Luft zuweilen Jahre. Sie kann daher auch der Langzeitprüfung zugeordnet werden. Verfahren zur Beurteilung der Spannungsrissbildung ESC sind in DIN EN ISO 22088-1 bis -6 festgelegt und als *Bell-Telephone-Test* in ASTM – D 1693.

Ein Verfahren zur schnelleren Ermittlung der Spannungsrissbeständigkeit, vor allem bei Polyethylen-Rohrmaterialien, ist der *Full Notch Creep Test* (FNCT). Bei diesem Test wird der Widerstand eines Werkstoffs gegen langsames Risswachstum ermittelt. Untersucht wird dabei ein Prüfstab mit umlaufender Kerbe in Wasser oder Netzmittel. Die Prüfzeiten lieben, auch für sehr spannungsrissbeständige PE-HD-Formmassen, bei nur etwas 5 bis 100 Stunden.

Tabelle 31.2 Einige bekannte „Testmittel“. Die Eintauchzeiten sind formteilabhängig festzulegen (Beim Gebrauch dieser Mittel sind die Technischen Richtlinien für Gefahrstoffe TRGS zu beachten!)

Kunststoff	**Medium (Testmittel)**
PE	Netzmittel, Tensid-Lösung, z. B. Laventin W extra, 5%ig (BASF)
PP	Chromsäure bei 40 °C
PVC	Methanol; Methylenchlorid; Aceton
PS	n-Heptan; n-Heptan/iso-Propylalkohol 1 : 1 bis 1 : 10
SB	n-Heptan; Petroleumbenzin; Olivenöl/Ölsäure 1 : 1
SAN	Ethanol; n-Heptan/iso-Propylalkohol 1 : 10; Toluol/n-Propanol 1 : 5 bis 1 : 10
ABS	Methanol; Eisessig (80%); Olivenöl/Ölsäure 1 : 1; Toluol/n-Propylalkohol 1 : 3 bis 1 : 5
ASA	Olivenöl/Ölsäure 1 : 1, Isopropylalkohol
PMMA	Ethanol; n-Heptan/iso-Propylalkohol 1 : 10; n-Methyformamid
PA 6, PA 66	Zinkchlorid-Lösungen verschiedener Konzentrationen
PA NDT/INDT (alt: PA 6-3-T)	Methanol; Aceton
POM	Schwefelsäure bis 50%; Butanol
PBT	1-normale Natronlauge NaOH
PC	Toluol/n-Propylalkohol 1 : 3 bis 1 : 10; Tetrachlorkohlenstoff
PC + ABS	Methanol/Ethylacetat 1 : 3; Methanol/Eisessig 1:3
PPE+PS	2000 ml Ethylmethylketon mit 300 ml Aceton (Tri-n-Butylphosphat TnBP)
PSU	1,1,2-Trichlorethan; Aceton; Tetrachlorkohlenstoff
PES	Toluol; Ethylacetat
PEEK	Aceton

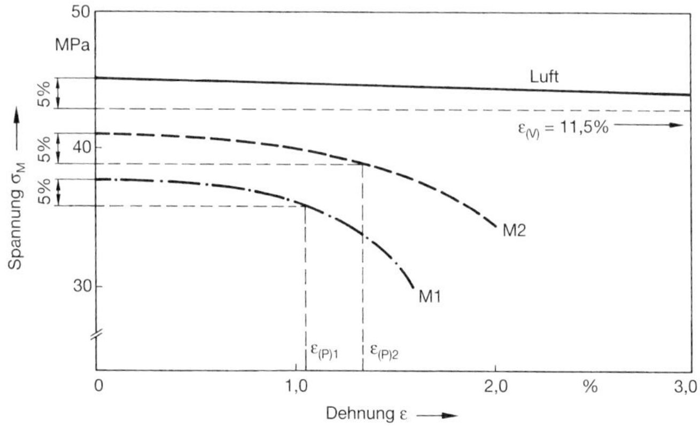

Bild 31.2 Schädigungsdeformationen von PA 6 in Abhängigkeit von den Medien M1 (40% $ZnCl_2$) und M2 (37% $ZnCl_2$)
Probekörper 60 mm × 10 mm × 4 mm, hergestellt mit Massetemperatur 250 °C und Werkzeugtemperatur 93 °C

Das gewählte Prüfverfahren ist abhängig vom zu prüfenden Formteil. Bei streifenförmigen Formteilen bietet sich das Biegestreifenverfahren an, bei kompliziert gestalteten Formteilen das Kugel- oder Stifteindrückverfahren.

Mit Probekörpern oder Probestäben werden *Grundlagenuntersuchungen* durchgeführt; so kann man z. B. die „Empfindlichkeit" von spannungsrissauslösenden Medien feststellen. Außerdem wird an Probekörpern der Zusammenhang zwischen Spannung, Medium (Art und Konzentration) und Lagerzeit festgestellt. Mit so ermittelten „Prüfmedien" können dann ggf. Formteile untersucht werden.

Die visuelle Beurteilung der Rissbildung ist oft nicht objektiv bzw. die Risse sind nicht zu erkennen. Die Ermittlung der Änderung der mechanischen Eigenschaften durch Spannungsrissbildung erlaubt bessere Aussagen, ist aber auch aufwendiger.

Für grundlegende Untersuchungen werden Probekörper eine gewisse Zeit t Beanspruchungen (Dehnungen oder Spannungen unterschiedlicher Höhe) in entsprechenden Prüfmedien P, sowie Vergleichsmedien V ausgesetzt. Danach wird die Veränderung einer mechanischen Eigenschaft durch die Vorbeanspruchung und das Medium untersucht. Ausgewertet wird so, dass die geprüfte Eigenschaft in Abhängigkeit von der Beanspruchung aufgetragen wird und daraus grafisch z. B. die Schädigungsdeformation ermittelt wird (Bild 31.2). Als *Kriterium* K wird eine prozentuale Abnahme von Eigenschaften festgelegt, z. B. 5 %, 20 % oder 50 %. Um einen Vergleich zu „normalen" Beanspruchungsmedien, z. B. Luft, zu bekommen, finden Parallelversuche in einem Vergleichsmedium (z. B. Luft) statt.

Die Bestimmung des ESC-Index ist aufwendig und kompliziert. Sie wird von einer Vielzahl von Faktoren beeinflusst:

- Probekörperabmessungen
- Probekörperzustand (Orientierung, Eigenspannungen)

- Probekörperherstellung (spritzgegossen, mechanisch bearbeitet oder aus Formteil entnommen)
- Spannung und Dehnung
- Prüftemperatur
- Zeitdauer
- Chemische Umgebung (Prüfmedium)
- Art der Aufbringung von Spannung und Dehnung
- Versagenskriterium

Bild 31.2 zeigt die Wirkung von Luft und 2 Medien unterschiedlicher Konzentration auf Probekörper aus PA 6.

Die Verfahren nach DIN EN ISO 22088 werden vorzugsweise wie nachstehend angewandt:

- Zeitstandzugversuch für PE, ABS, ABS+PC, ASA
- Biegestreifenverfahren für PMMA, PC, ABS, ABS+PC
- Verfahren mit konstanter Zugverformung für PVC, PA
- Kugel- bzw. Stifteindrückverfahren für Formteile
- Prüfung mit langsamer Dehnrate für PC, ABS
- Kriechversuch an Probekörpern mit umlaufender Kerbe (Full Notch Creep Test FNCT) für PE.

Weitere Prüfverfahren außer den in DIN EN ISO 22088 genannten Verfahren sind *Bell-Verfahren nach ASTM D 1693* (PE, PFA), *Zugversuch an Spitzkerbproben nach ASTM F 1473* (PE), *Viertelellipsen-Biegeversuch* (PC, ABS, POM, PBT, PPS, PS, PP, PVC, PA, PMMA, ABS+PC), *Halbparabel-Biegeversuch* (ASA, ABS) und *Verfahren mit einseitig eingespanntem Stab* (PC).

31.2.2.1 Beurteilung des Spannungsrissverhaltens durch Zeitstandzugversuch

Norm:

DIN EN ISO 22088 Kunststoffe – Bestimmung der Beständigkeit gegen umgebungsbedingte Spannungsrissbildung (ESC)
T2: Zeitstandzugversuch

Kennwerte

$\mathbf{t_B(\sigma,}T\mathbf{,}P\mathbf{)}$	**Zeitstand-Bruchzeit**
$\mathbf{\sigma_{B/100}}$ $\mathbf{(}T\mathbf{,}P\mathbf{)}$	**100-Stunden-Zeitstandfestigkeit**

Der Zeitstandzugversuch ist ein versuchstechnisch aufwendiger Langzeitversuch unter konstanter Belastung bei zunehmender Deformation, i. A. durchgeführt an Probekörpern. Vorgesehen ist der Zugstab 1BA nach DIN EN ISO 527-2 (siehe Kap. 21.1), Vorzugsdicke ist i. A. 2,0 mm ± 0,2 mm. Verwendet werden bei Verfahren A und B je 5 Probekörper pro aufgebrachter Spannung und je 2 Probeköper bei Verfahren C.

Prüfung: Die Probekörper werden in Luft oder Medien bei einer bestimmten Prüfspannung σ_0 und bei bestimmten Prüftemperaturen T beansprucht. Außer Normalklima 23/50 DIN EN ISO 291 kommen als Prüftemperaturen vorzugsweise 40 °C, 70 °C, 85 °C und 100 °C in Betracht oder werden vereinbart. Die Prüfspannungen σ_0 müssen kleiner sein als die jeweilige Streckspannung σ_y des Formstoffs für die vorgesehene Prüftemperatur.

Verfahren A: Bestimmung der Zugspannung, die nach 100 h zum Bruch führt.

Verfahren B: Bestimmung der Bruchzeit bei fest vorgegebener Zugspannung, wenn die Bruchzeit 100 h überschreitet.

Verfahren C: Bestimmung der Bruchzeiten für mehrere Zugspannungen. Ermittelt wird dann, ob die Bruchzeit für eine vereinbarte Zugspannung ausreichend ist.

Anwendung: Verfahren ist nur für streifenförmige Probekörper verwendbar, nicht für Formteile. Bei Probestäben mit Bindenähten in Prüfrichtung wird in diesem einachsigen Versuch diese „Schwachstelle" nicht erfasst. Prüft man Rohre unter Innendruck, so liegen verschärfte Bedingungen vor, weil mehrachsig beansprucht wird.

Auswertung

Verfahren A: Es sind Diagramme zu erstellen. Die gemessenen Bruchzeiten in Stunden sind als Abszisse und die Zugspannungen in MPa als Ordinate aufzutragen; die einer Bruchzeit von 100 h entsprechende Spannung wird durch Interpolation ermittelt.

Verfahren B: Aus den Bruchzeiten in Stunden der 5 Probekörper sind der arithmetische Mittelwert und die Standardabweichung zu ermitteln.

Verfahren C: Für jede gewählte Zugspannung in MPa ist der arithmetische Mittelwert der Bruchzeiten in h zu ermitteln.

Der Prüfbericht muss unbedingt nachfolgende Angaben enthalten:

a) das angewandte Verfahren A, B oder C
b) exakte Angaben über das geprüfte Material
c) das Prüfmedium
d) die Prüftemperatur(en)
e) Anzahl der geprüften Probekörper (wenn orientiert, Angaben über die Anisotropie), Breite und Dicke
f) Herstellungsmethode für die Probekörper
g) Vorbehandlung der Probekörper
h) Die aufgebrachten Zugspannungen
i) Einzel- und Mittelwerte für jede Zugspannung. Tritt nach 1000 h kein Bruch ein, so ist das zu vermerken
j) Bei Verfahren A die Spannung in MPa, die nach 100 h zum Bruch führt
k) Art des Bruchs – Spröd- oder Verformungsbruch

31.2.2.2 Beurteilung des Spannungsrissverhaltens im Biegestreifenverfahren

Norm:

DIN EN ISO 22088 Kunststoffe – Bestimmung der Beständigkeit gegen umgebungsbedingte Spannungsrissbildung (ESC)
T3: Biegestreifenverfahren

Kennwerte

M(ε_x)	**relativer Minderungsfaktor (ESC-Index)**
$\varepsilon_{(P)}$	**Biegezugdehnung, (Schädigungsdehnung) im Prüfmedium**
$\varepsilon_{(V)}$	**Biegezugdehnung (Schädigungsdehnung) im Vergleichsmedium**

Beim Biegestreifenverfahren erfolgt die Prüfung an streifenförmigen Probekörpern bei konstanter Deformation unter abklingender Spannung infolge Relaxation. Als Probekörper sind vorzugsweise Flachstäbe 80 mm × 10 mm × (2 bis 4) mm vorgesehen, entsprechend DIN EN ISO 178. Die entstehenden Spannungsrisse vermindern die Beanspruchbarkeit. Die Rissbildung wird visuell ermittelt oder durch Bestimmung einer Eigenschaft mit einem geeigneten Prüfverfahren. Durch Rissbildung wird die entsprechende Eigenschaft reduziert. Der ESC-Index ist das Verhältnis der Bruchdehnung im Prüfmedium zu der Bruchdehnung im Referenzmedium (meist Luft) für dieselbe Belastungsdauer.

Prüfung und Auswertung: Die streifenförmigen Probekörper werden auf kreisförmig gekrümmte Oberflächen gespannt und dadurch Vordehnungen ε_x (Biegezugdehnung ε_x auf der Zugseite des Probekörpers) unterworfen (Bild 31.3). Durch Änderung der Krümmungsradien können die Vordehnungen variiert werden. In der Dehnungszone (Zugzone) werden die Probekörper in Kontakt mit Medien gebracht. Prüftemperaturen siehe Kap. 31.2.2.1. Es werden sog. Dehnungsreihen, einschließlich Nulldehnung gefahren.

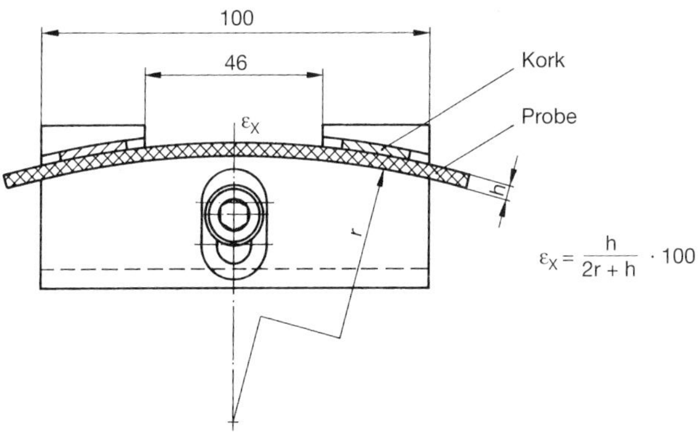

Bild 31.3 Probekörperanordnung bei der Biegestreifenmethode (schematisch)

Nach einer festgelegten Zeit werden die Probekörper (mindestens 3 Probekörper je Dehnungswert) visuell auf Veränderungen (Risse, Trübung usw. A1 bis A3) untersucht oder von den Schablonen genommen und einer *mechanischen Prüfung* (Zugversuch, Biegeversuch, Schlagbiege- oder Schlagzugversuch) unterzogen (Indikatoreigenschaften B1 bis B5). Indikatoreigenschaften siehe Tabelle 31.3. Durch das *Kriterium* K wird die Änderung einer Eigenschaft durch die Vordehnung ε_x gegenüber der Vordehnung Null festgelegt, z. B. 20 % Abnahme der Zugfestigkeit oder 50 % Abnahme der Schlagzähigkeit (siehe auch Tabelle 31.3). In manchen Fällen wird als Kriterium auch das „Abknicken" der Indikatoreigenschaft verwendet (vgl. Bayer ATI 521). Die *Indikatoreigenschaft* wird über den Vordehnungen aufgetragen (Bild 31.4).

Tabelle 31.3 Indikatoreigenschaften und Kriterien für die Biegestreifenmethode

Kurzbezeichnung	Indikative Eigenschaft	Prüfnorm	Versagens-Kriterium K
A1	Oberflächenbeschaffenheit (Sichtprüfung)	–	Risse oder Haarrisse an den Kanten
A2	wie A1	–	Risse oder Haarrisse an der Oberfläche
A3	wie A1	–	Änderungen von Farbe und/oder Aussehen
B1	Bruchspannung oder Streckspannung	DIN EN ISO 527	20% Abnahme gegenüber der unbelasteten Probe
B2	Biegefestigkeit	DIN EN ISO 178	20% Abnahme gegenüber der unbelasteten Probe
B3	Reißdehnung (Bruchdehnung)	DIN EN ISO 527	50% Abnahme gegenüber der unbelasteten Probe
B4	Charpy-Schlagzähigkeit	DIN EN ISO 179	50% Abnahme gegenüber der unbelasteten Probe
B5	Schlagzugzähigkeit	DIN EN ISO 8256	50% Abnahme gegenüber der unbelasteten Probe
B6	nach Vereinbarung		

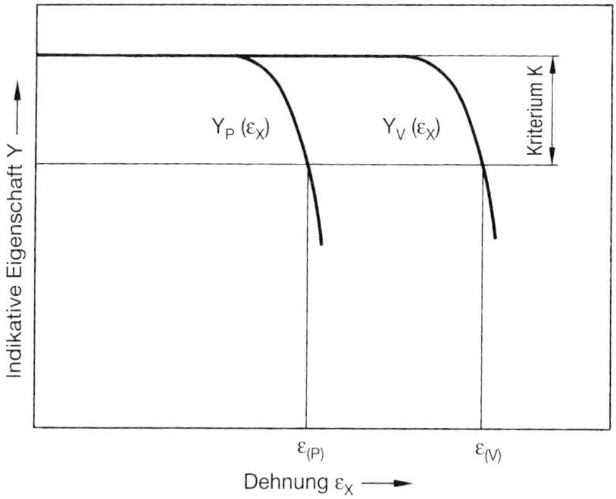

Bild 31.4 Ermittlung der Schädigungsdehnung aus der Reduktion einer mechanischen Eigenschaft bei der Biegestreifenmethode

Daraus ergeben sich dann *Schädigungsdeformationen* $\varepsilon_{(P)}$ für das Prüfmedium und $\varepsilon_{(V)}$ für das Vergleichsmedium, meist Luft. Aus beiden Schädigungsdehnungen kann man den ESC-Index bzw. den relativen Minderungsfaktor

$$M(\varepsilon_X) = \varepsilon_{(P)}/\varepsilon_{(V)}$$

bestimmen; es ergibt sich ein Hinweis auf die „Aggressivität" eines Prüfmediums z. B. im Vergleich zu Luft.

Beachte: Die Schädigungsdehnungen ε_X und damit auch die ESC-Indices $M(\varepsilon_X)$ sind abhängig vom gewählten Prüfverfahren, der Versagensbewertung, der Lagerungsdauer, der Lagerungstemperatur, dem Probekörperzustand und dem Prüfmedium. Die Schädigungsdehnungen ε werden grafisch ermittelt für einen Festigkeitsabfall von 20 % oder 50 %.

Ergibt sich bereits für die „Nulldeformation", d. h. die nicht beanspruchte Probe eine ESC-Index kleiner oder größer als 1, so kann vermutet werden, dass der Kunststoff durch das Prüfmedium durch Versprödung oder Weichmachung beeinflusst wird. Da spritzgegossene oder aus Formteilen entnommene Probekörper immer verarbeitungsbedingte Spannungen enthalten, kann auch in der Nulldeformation ein Minderungsfaktor M auftreten.

Anwendung: Nur für streifenförmige Kunststoffabschnitte bzw. Probekörper, nicht jedoch für Formteile einsetzbar. Ausnahmen sind Halbzeuge oder großflächige Formteile wie Stoßfängersysteme für Fahrzeuge. Es kann einfach auch der Einfluss pastöser Medien festgestellt werden.

Beachte: Schwachstellen, z. B. Bindenähte in Längsrichtung können nicht festgestellt werden, da nur einachsig geprüft wird. Es sind viele Schablonen notwendig, die weder den zu prüfenden Kunststoff beeinflussen, noch vom Prüfmedium selbst beeinflusst werden dürfen. Es muss unbedingt gewährleistet sein, dass die Probekörper exakt auf den Schablonen aufliegen.

31.2.2.3 Beurteilung des Spannungsrissverhaltens durch Kugel- oder Stifteindrückverfahren

Norm:

DIN EN ISO 22088 Kunststoffe – Bestimmung der Beständigkeit gegen umgebungsbedingte Spannungsrissbildung (ESC)
T4: Kugel- oder Stifteindrückverfahren

Kennwerte

M (d)	**ESC-Index (relativer Spannungsrissfaktor)**
$d_{(V)}$	**Biegezugdehnung, (Schädigungsdehnung) im Prüfmedium**
$d_{(P)}$	**Biegezugdehnung (Schädigungsdehnung) im Vergleichsmedium**

(Früher wurden ermittelt: *Rissbildungsgrenze* in Luft U_{RL}, *Rissbildungsgrenze in Medium* U_{RM} und die *relative Spannungsrissbeständigkeit* $R_t = U_{RM}/U_{RL}$)

Beim Kugel (K)- oder Stifteindrückverfahren (S) erfolgt die Prüfung bei konstanter Deformation und abklingender Spannung infolge Relaxation. Es können nach diesem Verfahren sowohl Formteile als auch Probekörper geprüft werden. Die entstehenden Spannungsrisse vermindern die Beanspruchbarkeit von Formteilen und Probekörpern. Die Rissbildung wird visuell ermittelt oder durch Bestimmung einer Eigenschaft mit einem geeigneten Prüfverfahren. Es wird dabei die Festigkeitsminderung durch die Rissbildung festgestellt.

Probekörper sind vorzugsweise Biegestäbe 80 mm × 10 mm × 4 mm DIN EN ISO 178; früher wurden auch Normkleinstäbe 50 mm × 6 mm × 4 mm DIN 53 453 verwendet. Für zähe Thermoplaste, wie z. B. PE, sind oft Zugstäbe DIN EN ISO 527 (vgl. 21.1) erforderlich. Es können auch Formteile geprüft werden, wenn deren Wanddicken groß genug sind, um die Kugeln zu halten; andernfalls, oder auch dann, wenn sehr hohe Deformationen aufzubringen sind, sind konisch angeschliffene Zylinderstifte vorteilhaft.

Probekörper Typ A: Formteil oder daraus entnommene Probekörper.

Probekörper Typ B: Spritzgegossene oder mechanisch bearbeitete Probekörper.

Je Deformationsstufe sind 5 Probekörper zu verwenden, bei Langzeitversuchen ggf. mehr. In die Probekörper werden Löcher mit Durchmesser 2,8 mm gebohrt, die auf Durchmesser 3 mm ± 0,05 mm aufgerieben werden. Probekörper sind vor der Prüfung im Normalklima 23/50 DIN EN ISO 291 zu lagern oder bei Polyamiden entsprechend zu konditionieren.

Prüfeinrichtung: Bohr- und Reibvorrichtung (z. B. handelsüblich Fa. Zwick, Ulm); Kugeln bzw. konisch angeschliffene Zylinderstifte; Kugeleindrückvorrichtung (z. B.

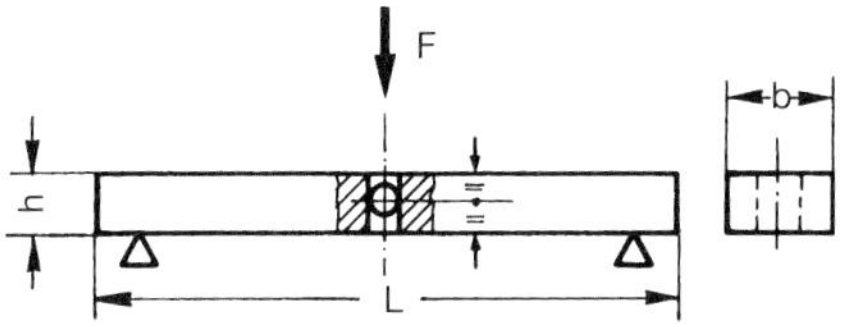

Bild 31.5 Probekörper mit eingedrückter Kugel, Versuchsanordnung zur Bestimmung der Biegefestigkeit

handelsüblich Fa. Zwick, Ulm); Glasgefäße für die Prüfung in Medien; Klimaprüfschrank; Zugprüf- oder Biegeprüfmaschine; Pendelschlagwerk mit Einrichtung für Schlagzugversuche.

Prüfung: In die ausgeriebenen Bohrungen der Probekörper werden Stahlkugeln oder Stifte ab 3 mm Durchmesser mit bestimmten Übermaßen d_d eingedrückt, wodurch sich Deformationen und damit Spannungen im Probekörper ergeben (Bild 31.5). Es gilt $d_d = d_B - d_h$ wobei d_B dem Stiftdurchmesser und d_h dem Bohrungsdurchmesser entspricht. Bei Kugeln liegt das Maximum der Beanspruchung in der Linienberührung des Kugeläquators; durch Einpressen der Kugeln am Rand oder im Kern kann man an den verschieden orientierten Stellen (bei amorphen Kunststoffen) oder in Bereichen unterschiedlicher Gefügeausbildung (bei teilkristallinen Kunststoffen) wahlweise Zusatzbeanspruchungen aufbringen. Bei Stiften wirken die aufgebrachten Spannungen über die gesamte Bohrungswand. Man wählt über Vorversuche geeignete Medien und darauf abgestimmte Deformationsstufen (gekennzeichnet durch das Übermaß d) und *Prüfzeiten* und erhält damit eine *Deformationsreihe*, mit i. A. 7 Deformationsstufen, die mit der Nulldeformation d_0 (nur gebohrter und geriebener Probekörper ohne Kugel oder Stift) beginnt.

Anmerkung:
Nach *Pohrt* kann die dem Übermaß U entsprechende Dehnung ε angenommen werden zu

$$\varepsilon \text{ in } \% \approx 10 \cdot d.$$

Eine Kugel mit Durchmesser 3,2 mm in eine Bohrung vom Durchmesser 3,0 mm eingedrückt, ergibt ein Übermaß d_d = 0,2 mm und somit eine dem einachsigen Zugversuch entsprechende Dehnung von 2 %.

Die Rissanfälligkeit in einem bestimmten Medium wird i. A. im Vergleich zu Luft ermittelt. Es sind daher zwei Versuchsreihen notwendig. Je Versuchsreihe benötigt man mindestens 40 Probekörper, zehn in der Nulldeformation und je fünf für die übrigen sechs Deformationsstufen. Die Deformationsstufen werden so gewählt, dass durch die Übermaße d keine Deformation auftritt, die über der Dehnung bei Streckspannung ε_Y liegt. Nach der o. a. Formel von *Pohrt* kann somit gelten, dass $\varepsilon_Y/10$ dem i. A. üblichen, größten Übermaß entspricht. Die sieben Deformationsstufen sind zweckmäßigerweise so zu verteilen, dass die Schädigungsdeformation in die Mitte zu liegen kommt.

Bei *Kurzzeitversuchen* beträgt die Prüfdauer 5 min bis 24 h, bei *Langzeitversuch* über 24 h oder ist zu vereinbaren.

Auswertung und Kennwerte

Nach der entsprechenden Lagerung werden die Probekörper oder Formteile *visuell* auf Risse untersucht (Indikatoreigenschaft A) oder es werden an den Probekörpern die *Indikatoreigenschaften* B1 bis B4 ermittelt. Die eingedrückten Stifte müssen für Biegeprüfungen entfernt werden, Kugeln können verbleiben, für Zugversuche können sowohl Kugeln als auch Stifte ggf. im Probekörper verbleiben.

B1: 5 % Reduzierung der maximalen Zugkraft
B2: 5 % Reduzierung der maximalen Biegekraft
B3: 20 % Reduzierung der Zug-Bruchdehnung

Die Indikatoreigenschaftswerte werden in Abhängigkeit von den Deformationsstufen d_x aufgetragen und daraus die *Schädigungsdeformationen* d ermittelt (Bild 31.6).

Es wird unterschieden

- $d_{(P)}$ Schädigungsdeformation für das Prüfmedium P
- $d_{(V)}$ Schädigungsdeformation für das Vergleichsmedium V (meist Luft)

Die Schädigungsdeformation ist keine werkstoffspezifische Größe, sondern abhängig von dem gewählten Prüfverfahren, der Versagensbewertung, der Indikatoreigenschaft J, dem Kriterium K, sowie von den Herstellungsbedingungen der Probekörper, der Lagerungsdauer, der Lagerungstemperatur, dem Medium und ob Kugeln oder Stifte verwendet wurden. Das Kriterium K ist die vereinbarte Änderung der gewählten Indikatoreigenschaft, z. B. 5 % oder 20 % Festigkeitsminderung gegenüber der Nulldeformation d_0.

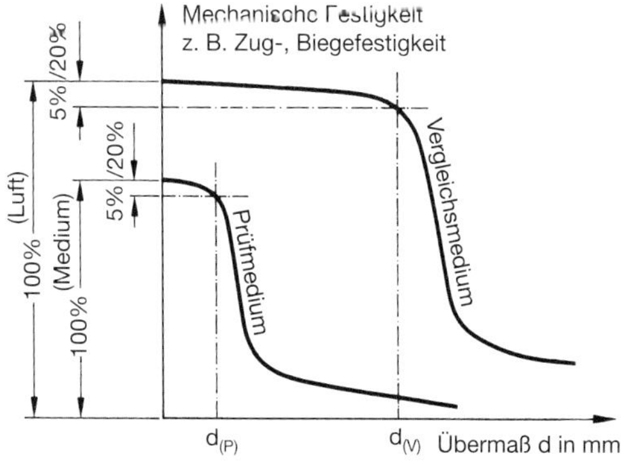

Bild 31.6 Ermittlung der Schädigungsdeformationen aus der Reduktion einer mechanischen Eigenschaft beim Kugeleindrückversuch

Für den ESC-Index bzw. den relativen Minderungsfaktor gilt

$$M(d_X) = d_{(P)}/d_{(V)}\,;$$

angegeben bei der Prüfung mit Kugeln als M_K (d_X) und bei der Prüfung mit Stiften als $M_S(d_X)$. $M(d_0)$ gibt an, ob ein Einfluss des Prüfmediums P bereits bei der Deformationsstufe U_0 gegeben ist.

Mit den Schädigungsdeformationen bzw. ESC-Indices sind unbedingt anzugeben *Form, Art, Abmessungen, Herstellungsbedingungen* und *Vorbehandlung der Probekörper; Lagerungstemperatur, Art der Medien, Zeitdauer der Lagerung in Luft und Medium; geprüfte Eigenschaft.*

Das Kugeleindrückverfahren kann eingesetzt werden zur

- Bestimmung der Aggressivität von Medien
- Schadensuntersuchung
- Formteiluntersuchung mithilfe von Testmitteln (Tabelle 31.2)
- Ermittlung von Testmitteln.

Eine sehr wichtige Nutzanwendung des Kugeleindrückverfahrens ist die *Ermittlung von Testmitteln*, die i. A. mit orientierungs- und eigenspannungsfreien Probekörpern „kalibriert" werden. Testmittel dienen zur Feststellung von zulässigen Spannungen und Dehnungen in Formteilen. „Kalibrierte" Testmittel bewerten nicht nur Dehnungen bzw. Spannungen, sondern beziehen auch den Gefügezustand oder die morphologischen Ausbildungen in ihrer Wirkung auf die Rissbildung mit ein, d. h. insgesamt die Widerstandsfähigkeit gegen die Beanspruchung. Anders ausgedrückt: Bei gleicher Dehnung bzw. Spannung entscheidet die Beschaffenheit des Probekörpers bzw. Formteils über den Bereich, in dem der Spannungsriss ausgelöst wird. Damit übernehmen die Testmittel auch die besonders nützliche Funktion einer *Kontrolle* der *erzielten Formstoffqualität.* In Tabelle 31.2 sind einige bekannte „Testmittel zusammengestellt, vorwiegend für amorphe Thermoplaste. Bei teilkristallinen Thermoplasten ist es wegen unterschiedlicher und nicht einwandfrei reproduzierbarer Gefügezustände schwieriger, Testmittel zu ermitteln. Einwirkzeiten sind *praxisgerecht* festzulegen.

Anmerkung

Die an sich sehr aussagekräftige Technik der Qualitätsüberwachung mit Testmitteln gehört in die Hand erfahrener Fachleute und sollte vom Kunststoffverarbeiter mit dem Rohstoffhersteller abgesprochen werden, solange noch keine „Normung" der bislang schon vorhandenen Testmittel besteht.

31.2.2.4 Bell-Telephone Test

Der Bell-Telephone-Test ASTM 1693 dient vorwiegend zur Prüfung von PE in Netzmitteln. Es wird unter konstanter Deformation bei abklingender Spannung geprüft.

Streifen aus PE werden dabei in einer Vorrichtung um 180° gebogen und im gespannten Zustand in das Medium eingelegt. Gemessen werden die Zeiten bis zum Bruch der Probekörper. Ausgewertet wird die Zeit in Stunden, in der 50 % der eingesetzten Probekörper gebrochen sind.

Das Prüfverfahren ist nur für streifenförmige Kunststoffabschnitte anwendbar, nicht für Formteile. Spröde, d. h. nicht um 180° biegbare Kunststoffe sind nicht prüfbar.

31.3 Mikroskopische Untersuchungen

Fehler im Gefüge von Kunststoff-Formteilen wirken sich auf die Eigenschaften aus. Sie können zu einem vorzeitigen Versagen bei Beanspruchung führen.

Durch lichtmikroskopische Untersuchungen an Formteilen aus *teilkristallinen Thermoplasten* kann man Fehlerursachen nachweisen. Diese können in der Formmassequalität und in der Verarbeitung liegen. So führen ungünstige Verarbeitungsbedingungen zu Fließzonen (Scherzonen), Lunkern oder einer Änderung der sphärolithfreien Randzone.

Bei Formteilen aus *amorphen Thermoplasten* kann durch lichtmikroskopische Untersuchungen eine ungleiche Verteilung der Gefügekomponenten, z. B. Pigmente oder Kautschukteilchen festgestellt werden.

Bei *gefüllten Kunststoffen* lassen sich Füllstofforientierungen und örtliche Entmischungen z. B. von Glasfasern erkennen.

Fehler *in Schweißnähten* (Lunker, schlechte Verschweißung) sind im Gefügebild sichtbar.

Bei der *Qualitätsprüfung* von Spritzgussteilen wird dieses Verfahren vielfach eingesetzt. Bei *Schadensfällen* lassen sich Gefügefehler als Schadensursache durch Gefügeuntersuchungen nachweisen.

In den meisten Fällen werden *Durchlichtuntersuchungen* durchgeführt; bei gefüllten Kunststoffen, insbesondere bei Glasfasern, sind *Auflichtuntersuchungen* üblich, ähnlich wie in der Metallographie.

31.3.1 Präparation für Durchlichtuntersuchungen

Für die Durchlichtmikroskopie werden lichtdurchlässige Präparate benötigt mit einer Dicke von 8 µm bis 10 µm bei teilkristallinen Thermoplasten und 1 µm bis 2 µm bei amorphen Kunststoffen und Elastomeren. Dazu sind zwei Methoden üblich. Die *Dünnschnitt*-Technik unter Verwendung eines Mikrotoms wurde in der Medizin zur Untersuchung von Gewebeschnitten (Histologie) entwickelt.

Die *Dünnschliff-Technik* unter Verwendung von Schleif- und Poliergeräten stammt aus der Metallographie. Bei einer weiteren Methode zur Herstellung dünner Präparate wird eine Spezialfräse eingesetzt. Diese Methode wird jedoch hauptsächlich in der Elektronenmikroskopie angewendet.

Aus dem Formteil wird an der zu untersuchenden kritischen Stelle eine Probe mit den Abmessungen von ca. 5 mm × 5 mm durch Sägen oder Schneiden entnommen. Kritische Bereiche liegen bei Spritzgussteilen in Angussnähe, an Materialanhäufungen und an Bindenähten. Wenn die Probe nicht direkt in die Probenhalterung eingespannt werden kann, wird sie vorher in kaltaushärtendes Kunstharz eingebettet. Entsprechende Einbettmittel sind handelsüblich.

31.3.1.1 Herstellung von Dünnschnitten

Dünnschnitte werden von der Probe mithilfe eines Mikrotoms abgenommen, das eine hohe mechanische Stabilität, eine exakte Probenhalterung und eine präzise Schlittenführung besitzen soll. Einwandfreie Schnitte lassen sich nur mit einem scharfen Messer erzielen, am besten mit Hartmetallschneide. Durch stumpfe Messer werden die Dünnschnitte gestaucht oder durch Riefen beeinträchtigt. Nachschleifen und Polieren der Hartmetallmikrotommesser wird i. A. von den Herstellerfirmen durchgeführt. Die üblichen Keilwinkel der Mikrotommesser betragen 15° für PE, 30° für PA, POM und PP, bzw. 45° für ABS, SB und PVC. Messer mit größerem Keilwinkel sind stabiler. Das Messer soll so befestigt werden, dass der Anschnitt der Probe etwa im Winkel von 45° erfolgt, um die Stauchung der Probe klein zu halten.

Beim Schneiden sollte die Probe nicht mehr als 2 mm aus der Probenhalterung des Mikrotoms herausragen, um genügend Steifigkeit für das Schneiden zu haben. Es ist wichtig, dabei auf die Lage des Dünnschnitts zum Formteil zu achten, um bei der späteren Auswertung Fehlinterpretationen zu vermeiden.

Bei *spröden Kunststoffen* (z. B. PF) kann ein Zerbrechen des Dünnschnitts durch Überkleben der Probe mit einem glasklaren Klebestreifen (Tesafilm) verhindert werden. Nach Überschneiden der Probe wird der Klebestreifen aufgeklebt und dann unter dem Klebestreifen geschnitten. Der brüchige Dünnschnitt bleibt auf dem Klebestreifen haften.

Zum Mikroskopieren wird der Dünnschnitt mithilfe von Pinzetten und Pinseln auf einen handelsüblichen Objektträger (76 mm × 26 mm) in Rhenohystol (künstlicher Kanadabalsam) montiert und dabei sorgfältig geglättet. Auf das dünne Deckglas (22 mm × 22 mm) wird ebenfalls Rhenohystol aufgetragen und dann das Deckglas auf den montierten Dünnschnitt gedrückt. Durch leichtes Anpressen wird das Rhenohystol gleichmäßig verteilt. Zweckmäßig ist ein anschließendes Erwärmen des Objektträgers mit montiertem Dünnschnitt auf einer Heizplatte bis 10 Minuten lang bei einer Temperatur von ca. 65 °C und bei gleichzeitiger Gewichtsbelastung von 350 g. Dadurch können Luftblasen im Rhenohystol beseitigt werden. Zum Abkühlen wird das warme Belastungsgewicht durch ein kaltes ersetzt. Die rasche Abkühlung verhindert ein Einrollen des Dünnschnitts und lässt eine ebene Lage des Dünnschnitts erreichen.

31.3.1.2 Herstellung von Dünnschliffen

Die zu untersuchende Probe wird in ein Kunstharz eingebettet. Bei der Auswahl des Einbettharzes muss beachtet werden, dass die Wärme, die beim Aushärten des Harzes entwickelt wird, die Kunststoffprobe nicht verändert. Außerdem soll das

Harz nicht zu sehr schrumpfen, damit die Probe beim Schleifen nicht aus dem Harzblock fällt.

Der Harzblock mit der eingebetteten Probe wird dann nach den Verfahren der Metallographie auf einer Nassschleifmaschine geschliffen. Man beginnt mit einer groben Körnung und schleift die Probe bis zu der Ebene ab, die untersucht werden soll. Darauf folgt der Feinschliff in Stufen bis zur feinsten Körnung von etwa 1200.

Die polierte Oberfläche wird dann auf einen Glasträger von 76 mm × 26 mm aufgeklebt. Als Klebstoff kann bei POM und PA Epoxidharz verwendet werden Die Klebschichtdicke soll gleichmäßig dünn sein, was durch ein Gewicht von ca. 500 g erreicht werden kann. Um die Zeit für den anschließenden zweiten Schleifvorgang abzukürzen, wird der Präparatblock etwa 1 mm oberhalb der Klebstelle abgesägt. Die restliche Schicht wird durch Schleifen wie beim ersten Schleifvorgang abgetragen (Körnung 320 bis Körnung 1200). Mithilfe eines Gummisaugers, wie er zum Schleifen von Motorventilen verwendet wird, kann der Glasträger gut gehalten werden bis die erforderliche Dicke des Dünnschliffs von etwa 10 µm erreicht ist. Soll das Präparat länger aufbewahrt werden, kann es wie bei der Herstellung von Dünnschnitten mit Rhenohystol und einem Deckglas abgedeckt werden.

Vorteile der Dünnschlifftechnik sind, dass sehr kleine Proben besser präpariert werden können als bei der Dünnschnittechnik und dass beim Schleifen Verstärkungsstoffe (z. B. Glasfasern) weniger herausgerissen werden als beim Schneiden auf dem Mikrotom. Allerdings dauert die Herstellung eines Dünnschliffs wesentlich länger. Die Nassschleifmaschine ist jedoch wesentlich billiger als das Mikrotom.

31.3.2 Präparation für Auflichtuntersuchungen

Die Probe wird an der zu untersuchenden Stelle des Formteils ausgesägt. Dabei sollte möglichst das ganze Querschnittsprofil, das ist die volle Wanddicke des Formteils, erfasst werden, um die Struktur über dem Fließquerschnitt erkennen zu können. Die Probe wird dann in Klemmbacken für die weitere Bearbeitung eingespannt. Falls dies Schwierigkeiten macht, wird die Probe in ein kalt aushärtendes Kunstharz eingebettet. Durch eine solche Einbettung können Kantenabrundungen beim Schleifen und Polieren vermieden werden.

Wie bei der Metallographie wird die Kunststoffprobe mit Nassschleifpapier in abnehmender Körnung bis ca. 1200 auf einer rotierenden Scheibe einer Nassschleifmaschine feingeschliffen. Zum anschließenden Polieren werden meist automatische Poliermaschinen mit Tonerdeschlämmen (Korngröße ca. 0,35 µm) eingesetzt. Die Polierdauer ist mit ca. 5 min bis 7 min relativ kurz, um ein Ausreißen der Verstärkungsfasern möglichst zu vermeiden. Nachteilig ist bei zu langem Polieren, dass die Oberfläche durch den Kunststoff oft verschmiert wird; die eingebetteten Fasern lassen sich dann schlechter erkennen. Dies tritt bei zähen Kunststoffen wie PA und PC häufig auf. Ein neueres Verfahren zum Glätten des Objekts ist das Fräsen mit der Ultrafräse, wobei allerdings noch nachgeläppt werden muss.

Wenn Fasern beim Schleifen aus der Oberfläche herausgerissen werden, dann lässt sich die frühere Lage kenntlich machen durch Anfärben der Oberfläche mit einem Farbmittel, das zum Kunststoff kontrastiert. Vor dem Betrachten muss dabei die Oberfläche kurz poliert werden.

31.3.3 Mikroskopierverfahren

Bei *Durchlichtuntersuchungen* der Dünnschnitte und Dünnschliffe benötigt man ein Mikroskop für Durchlicht mit Vergrößerungen bis ca. 500 : 1 und Fotografiereinrichtung. Die meisten Untersuchungen werden jedoch bei kleinen Vergrößerungen (rd. 50-fach) durchgeführt.

Teilkristalline Thermoplaste werden im *polarisierten Durchlicht* untersucht. Die Polarisationsfilter sind dabei im Winkel von 90° zueinander zu kreuzen, sodass der Hintergrund (Glas) schwarz erscheint. Vielfach wird in den Lichtgang zusätzlich ein Quarzfilter 1. Ordnung (Rotfilter) eingebaut. Dadurch erscheinen die Grautöne in unterschiedlichen Interferenzfarben (blau – gelb – rot).

Beim *Phasenkontrastverfahren* können einzelne Komponenten (z. B. Kautschukteilchen bei SB), die nur geringe Lichtabsorptionsunterschiede haben, noch besser sichtbar gemacht werden. Die Dünnschnitte müssen jedoch bei dieser Methode besonders dünn sein, da sonst der Kontrast durch starke Streuungen an den Objektstrukturen aufgehoben wird.

Bei *Auflichtuntersuchungen* von präparierten Kunststoffproben verwendet man ein Mikroskop für Auflicht, ein sog. Metallmikroskop. Zur Beurteilung von faserverstärkten Kunststoffen sind kleine Vergrößerungen (50-fach) zweckmäßig, da sie einen besseren Überblick über den zu untersuchenden Bereich ermöglichen. Oft genügt ein Photomikroskop mit einer stufenlosen Vergrößerung bis ca. 20 : 1. Eine bessere Differenzierung der Oberflächenstruktur wird durch Auflicht-Interferenz-Kontrast erzielt.

Um die Größe einzelner Gefügebestandteile auf einfache Weise ermitteln zu können, legt man in das Okular eine Rasterblende mit bekannter Teilung ein; das Raster wird für das jeweils verwendete Objektiv mit einem Maßstab kalibriert.

Durch fotografische Aufnahmen lassen sich die Gefüge leichter auswerten und dokumentieren. Die optimale Belichtungszeit wird bei *modernen Fotografiereinrichtungen* meist *halb- oder vollautomatisch* gewählt. Als Filme verwendet man für Schwarzweißaufnahmen feinkörnige Filme mittleren Kontrasts; für Farbaufnahmen sind Kunstlichtfilme zweckmäßig.

Für den Vergleich von Gefügebildern ist es wichtig, dass für Schnitte gleichen Materials und gleicher Schnittdicke immer die gleiche Belichtungszeit eingehalten wird. Durch unterschiedliche Belichtungszeiten können die einzelnen Gefügebestandteile mehr oder weniger stark hervorgehoben werden, was bei Versuchsreihen zu falschen Aussagen führen kann. Zur schnellen Dokumentation von Gefügen kann eine Sofortbildkamera eingesetzt werden oder entsprechende Videosysteme mit einem Videoprinter. Die besten Bilder bekommt man aber i. A. immer noch mit der Nassfotografie.

31.3.3.1 Beurteilung von teilkristallinen Thermoplasten

Bei Formteilen aus teilkristallinen Thermoplasten (PA, POM, PBT, PE, PP u. a.) beeinflusst die Kristallinität wesentlich die Eigenschaften z. B. Festigkeit und Zähigkeit, aber auch die Wasseraufnahme bei PA. Durch eine mikroskopische Gefügeuntersuchung kann man die Lage und Größe der teilkristallinen Überstrukturen im Formteil feststellen und daraus Rückschlüsse auf die *Verarbeitungsbedingungen* bei der Herstellung und auf das *Festigkeitsverhalten* ziehen. Beim Spritzgießen bilden sich Kristallisationskeime beim Abkühlen der Schmelze an der relativ kalten Werkzeugwandung. Die Makromoleküle ordnen sich vielfach zu kristallinen Bereichen (Bild 31.7). Aus diesen Kristallisationskeimen entstehen Überstrukturen, sog. *Sphärolithe,* deren Größe zur Formteilmitte zunimmt.

Bei hohen Werkzeugtemperaturen reichen die Sphärolithe bis zur Oberfläche des Formteils; bei niedrigen Werkzeugtemperaturen erhält man ggf. einen *sphärolithfreien* und damit zähen Rand des Formteils (siehe Bild 31.8). Die meisten Formmassen teilkristalliner Kunststoffe enthalten heute „Keimbildner" (Nukleierungsmittel), die grobe Sphärolithe vermeiden lassen.

Durch Nachdrücken von kalter Schmelze können die Sphärolithe zerschert werden. Solche *Scherzonen* lassen sich im Gefügebild gut erkennen (siehe Bild 31.9). Eine nachträgliche Wärmebehandlung ändert diese Scherzonen nicht. Das inhomogene Gefüge führt zu einer Festigkeitsabnahme und zu Verzug. Solche Verarbeitungsfehler werden durch zu niedrige Massetemperatur, zu niedrige Werkzeugtemperatur oder zu hohen Einspritzdruck beim Spritzgießen verursacht.

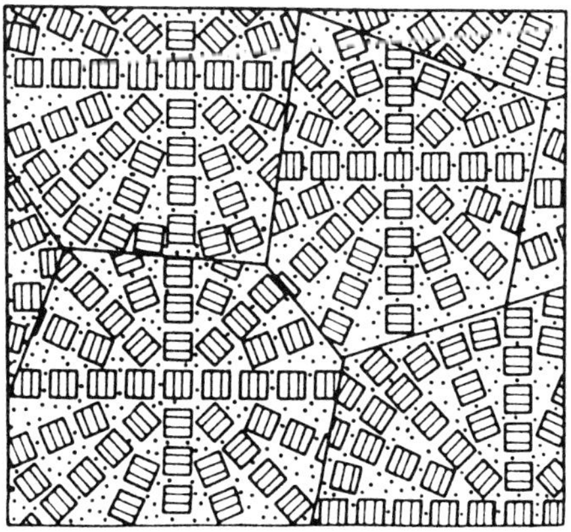

Bild 31.7 Schematische Darstellung des Aufbaus eines Stoffes aus Sphärolithen, die selbst wiederum aus kristallinen und nicht-kristallinen Bereichen bestehen

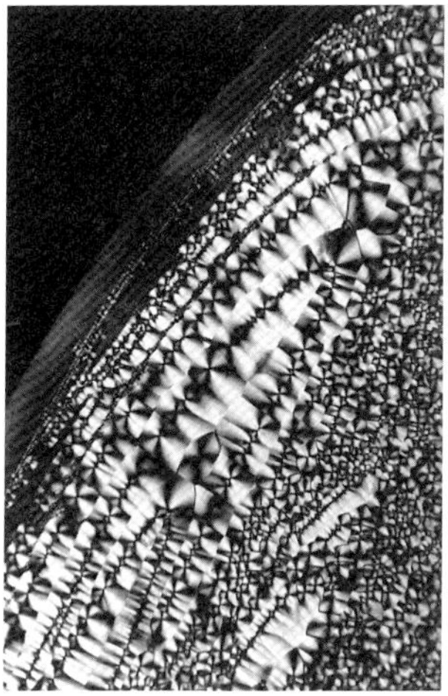

0,1 mm

Bild 31.8 Rundstab aus PA 66, spritzgegossen auf Kolbenspritzgießmaschine. Werkzeugtemperatur 40 °C, daher sphärolithfreier Rand; unterschiedliche Sphärolithgröße durch nicht gleichmäßige Schmelzetemperatur

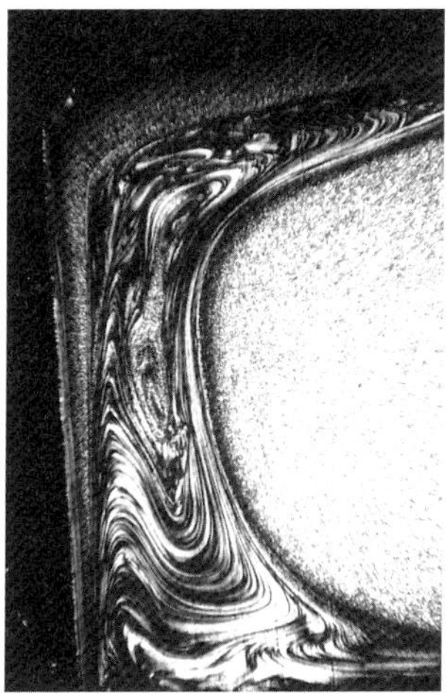

1 mm

Bild 31.9 Ausschnitt aus Pumpenkopfplatte aus PA 66, spritzgegossen auf Schneckenspritzgießmaschine. Starke Scherzonen infolge niedriger Schmelzetemperatur und hohem Nachdruck

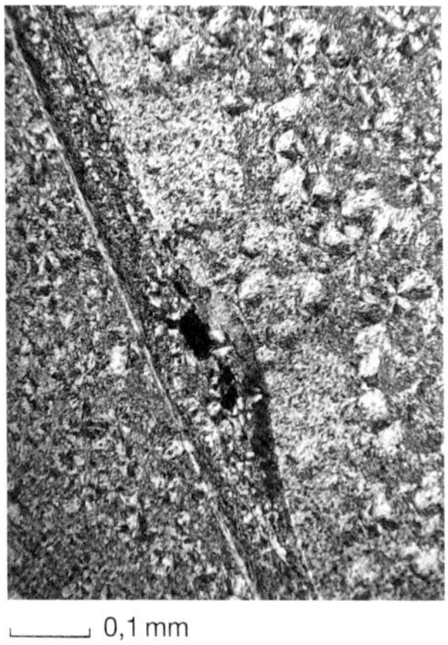

Bild 31.10 Schweißnaht einer Reibschweißung von Formteilen aus POM. Schlechte Schweißung mit Lunker in Schweißnaht

Bei geschweißten Formteilen aus teilkristallinen Thermoplasten gibt die lichtmikroskopische Gefügeuntersuchung die Möglichkeit, die Güte einer Schweißnaht zu beurteilen. Hierbei können Unstetigkeiten in der Struktur (Sphärolithe, Scherzonen) und Lunker festgestellt werden (siehe Bild 31.10).

31.3.3.2 Beurteilung der Füllstoffverteilung in Kunststoff-Formteilen

Zur Verbesserung der Eigenschaften z. B. Erhöhung der Festigkeit werden Duroplasten und Thermoplasten *Verstärkungsmaterialien* wie Glas- und Kohlenstoff-Fasern oder Mineralmehle zugesetzt. Durch die Verarbeitung werden die Fasern vielfach orientiert und teilweise ungleich verteilt, wodurch die örtliche Festigkeit im Formteil nicht gleichmäßig ist (Anisotropie). Dies kann bei der Beanspruchung zu einem vorzeitigen Versagen führen.

Durch lichtmikroskopische Untersuchungen im Auflicht kann man die *Faserverteilung* und *Faserorientierung* im Formteil nachweisen und daraus auf das Festigkeitsverhalten des Formteils schließen. Bei Spritzgussteilen ist die Füllstofforientierung wesentlich abhängig vom Füllvorgang (siehe Bild 31.11). Hierbei ist zu beachten, dass beim Spritzgießen von gefüllten duroplastischen Formmassen meist *Freistrahlfüllung* („Würstchenspritzguss") auftritt und nicht wie bei Thermoplasten *Quellfluss*. Die Füllstoffe sind dabei in Richtung des Freistrahls orientiert. Bei zähen thermoplastischen Formmassen, insbesondere mit Glasfaserverstärkung, wird ein ähnlicher Füllvorgang beobachtet. Am äußeren Rand des Formteils werden dann die Glasfasern meist senkrecht zur Spritzrichtung ausgerichtet.

Da ein enger Zusammenhang zwischen Füllvorgang und Füllstofforientierung besteht, ist es zweckmäßig beim Spritzgießen *Füllstudien* durchzuführen. Man

1 mm

Bild 31.11 Ausschnitt aus einem spritzgegossenen Formteil aus PA mit Langglasfasern. Deutliche Orientierung der Glasfasern mit örtlichen Anhäufungen

kann daraus leichter auf die Lage von Schwachstellen z. B. Bindenähte schließen. Moderne *Simulationsprogramme* (z. B. Moldflow®, Cadmould®) sind in der Lage, die Formfüllung bereits in der Konstruktionsphase aufzuzeigen; die Übereinstimmung mit der Praxis wird dann durch Füllstudien festgestellt.

31.3.4 Rasterelektronenmikroskopische Untersuchungen

Zur Begutachtung von Bruchflächen sind Untersuchungsmethoden notwendig, die gegenüber der Lichtmikroskopie große Vergrößerungen bei hoher Schärfentiefe erlauben. Besonders geeignet ist die *Rasterelektronenmikroskopie* REM. Kunststoffe als Nichtleiter können nicht direkt untersucht werden, sondern müssen zunächst durch Besputtern mit Gold im Hochvakuum leitend gemacht werden. Der Elektronenstrahl wird „rasterförmig" über die zu untersuchende Oberfläche bewegt, dabei entstehen Sekundärelektronen, die von einem Detektor aufgenommen werden und eine reliefartige Darstellung der Oberfläche ermöglichen. Typische Anwendungsbeispiele für REM sind:

- Begutachtung von Oberflächen
- Begutachtung von Bruchflächen
- Untersuchung poröser Bauteile (Schäume)
- Untersuchung von Faser-Verbundsystemen (Haftung zwischen Faser und Matrix)
- Untersuchung von Polymergemischen (Polymerblends).

Mit geeigneten Detektoren ist mit *der energiedispersiven Röntgenspektroskopie* EDX auch ein qualitativer oder quantitativer Nachweis kleinster Beimengungen möglich.

31.4 Stoßversuche

Norm:

DIN EN ISO 6603	Kunststoffe – Bestimmung des Durchstoßverhaltens von festen Kunststoffen T 1: Nichtinstrumentierter Schlagversuch T 2: Instrumentierter Schlagversuch
DIN EN ISO 7765	Kunststofffolien und -bahnen – Bestimmung der Schlagfestigkeit nach dem Fallhammerverfahren T1: Eingrenzungsverfahren
DIN ISO 7765	T2: Durchstoßversuch mit elektronischer Messwerterfassung

Bei Fall- oder Stoßversuchen werden Probekörper oder Formteile durch einen zylindrischen oder halbkugelförmigen Fallbolzen dynamisch beansprucht. Bei der Verwendung von halbkugelförmigen Fallbolzen überwiegt das Versagen durch

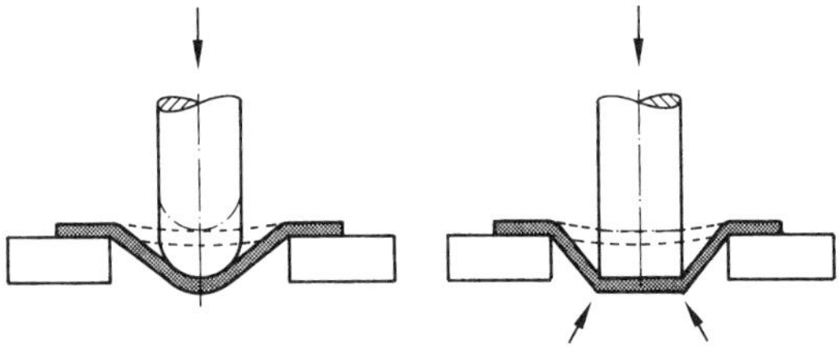

Bild 31.12 Beanspruchungsunterschiede durch verschiedene Fallbolzengeometrien

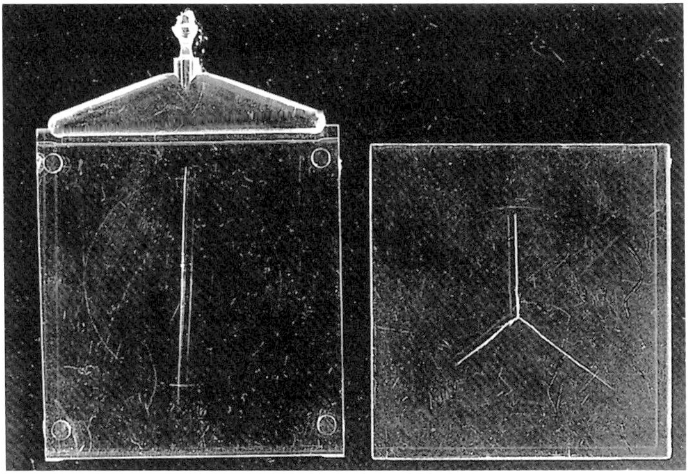

Bild 31.13 Unterschiedlicher Rissverlauf an spritzgegossener Probe aus PS mit Filmanguss (links) und gepresster Probe aus PS (rechts) nach Fallbolzenversuch

unzulässige Dehnungen an der Oberfläche, während bei Verwendung von zylindrischen Fallbolzen das Versagen durch *Scherung* überwiegt (Bild 31.12). Man erkennt daraus, dass die Ergebnisse von Fallversuchen nur dann vergleichbar sind, wenn sie mit gleichen Geometrien der Fallbolzen durchgeführt wurden.

Mithilfe von Fallversuchen können *Schwachstellen* (z. B. Bindenähte, Orientierungen) an Formteilen auf einfache Weise festgestellt werden (Bild 31.13).

31.4.1 Nichtinstrumentierter Schlagversuch DIN EN ISO 6603-1 (Fallbolzenversuch)

Der *Fallbolzenversuch* ist ein apparativ sehr einfacher Versuch. Bei der *Formteilprüfung* genügt meist eine Aussage „gut – schlecht", d. h. Schädigung oder *keine* Schädigung unter gleichen Versuchsbedingungen. Es kann so die Festigkeit an *vermuteten* oder *erkannten* Schwachstellen von Kunststoff-Formteilen wie z. B. Bindenähte, Anguss, hochbeanspruchte Stellen oder Füllstoffentmischungen oder -orientierungen beurteilt werden. Das Verfahren ist gut geeignet, eine Fertigungskontrolle durchzuführen, wenn durch entsprechende Vorversuche die Versagenskriterien festgelegt wurden. Außerdem kann der Versuch angewandt werden, um Werkzeuge einzufahren.

Das zu prüfende Formteil wird so auf die entsprechende Auflagevorrichtung aufgesetzt, dass der Fallbolzen mit einer Halbkugel aus nichtrostendem Stahl von 20 mm Durchmesser und entsprechendem Gewicht *zentrisch* auf die zu prüfende (Schwach-)Stelle trifft und dann eine gewisse *Schädigung* auftritt. Die Schädigung, die abhängig ist von *Fallhöhe* bzw. *Fallbolzengewicht*, kann Aufschluss geben über *Formmasseunterschiede*, *Verarbeitungsfehler* (z. B. falsche Prozessparameter) sowie bei Mehrfachwerkzeugen über das einzelne Werkzeugfachverhalten.

Beachte: Die *Einspannung* bzw. *Auflage* der Probekörper bzw. Formteile und der *Auftreffpunkt* des Fallgewichts wirken sich neben seinem *Gewicht* und seiner *Geometrie* stark auf die Versuchsergebnisse aus.

Kennwerte beim nichtinstrumentierten Schlagversuch

Schädigungsmerkmale:
Anriss, Durchriss, Durchstoß, Splittern

Schädigungsgrößen:

E_{50}	50 %-Schädigungsarbeit
M_{50}	50 %-Schädigungsmasse
H_{50}	50 %-Schädigungsfallhöhe

Bei der *Prüfung* von *Probekörpern* wird durch Variieren von *Gewicht* und/oder *Fallhöhe* und/oder *Masse* des Fallgewichts die Stoßenergie ermittelt, bei der ein bestimmte Anzahl von Probekörpern oder Formteilen ein *vereinbartes Schädigungsmerkmal* (z. B. Anriss, Durchriss, Durchstoß oder vorgegebene Beultiefe) zeigt. Probekörper haben vorzugsweise *Kantenlänge/Durchmesser* von (60 ± 2) mm bei einer Dicke von (2 ± 0,1) mm und einem Auflagering von 40 mm Durchmesser. Bei spröden Kunststoffen oder faserverstärkten Kunststoffverbunden sind die Abmessungen Kantenlänge/Durchmesser (140 ± 2) mm und Dicke (4 ± 0,2) mm und Auflageringdurchmesser von 100 mm. Die *Prüfung* erfolgt durch Auflagen oder Einspannen der Proben in eine Vorrichtung (Abmessungen siehe Norm). Die Kugel des Fallgewichts hat einen Durchmesser von (20 ± 0,2) mm, alternativ (10 ± 0,1) mm und sollte eine Härte von 54 HRC aufweisen. Der Probekörper kann auf den Auflagering aufgelegt oder fest eingespannt werden. Das Verfahren mit konstanter Fallhöhe (meist 1 m) und variierter Fallmasse ist vorzuziehen. Erfolgt bei diesem Verfahren kein Bruch (Schädigung), wird das Verfahren mit konstanter Fallmasse und variabler Fallhöhe zwischen 0,3 m und 2,0 m empfohlen. Die *Auswertung* erfolgt so, dass die 50 %-Schädigungsarbeit E_{50} in J i. A. nach dem *Eingabelungsverfahren (A)* oder nach dem *statistischen Verfahren (B)* ermittelt wird. (siehe Normen).

31.4.2 Instrumentierter Schlagversuch DIN EN ISO 6603-2 (Durchstoßversuch)

Kennwerte

F_M	**Höchstkraft**
l_M	**Verformung bei Höchstkraft**
l_P	**Durchstoßverformung** (Verformung, bei der die Kraft auf die Hälfte von F_M abgefallen ist)
E_M	**Energie bis Höchstkraft**
E_P	**Gesamtdurchstoßenergie**

Der *instrumentierte Durchstoßversuch* ist ein apparativ sehr aufwendiger Versuch, bei dem aber nur wenige Prüfkörper zu schnellen Ergebnissen über Kraft-Verformungs- oder Kraft-Zeit-Kurven führen. Der Versuch ist sehr universell einzusetzen, so können z. B. auch Folien geprüft werden. Meist werden ebene Platten geprüft (Abmessungen s. Kap. 31.4.1). Bei diesem Versuch ist in das Fallgewicht ein Miniatur-Kraftsensor eingebaut; es werden die Diagramme aufgenommen und daraus ermittelt:

Höchstkraft F_M
Verformung bei Höchstkraft l_M
Energie bis Höchstkraft E_M
Gesamtdurchstoßenergie E_P

Durchstoßverformung l_P (Verformung, bei der die Kraft auf die Hälfte von F_M abgesunken ist).

Bei sehr spröden Teilen gilt $E_M = E_P$.

Als Schädigungen durch Stoß sind festgelegt:

- YD Fließen mit nachfolgendem Tiefziehen
- YS Fließen mit anschließender stabiler Rissbildung

- YU Fließen mit anschließender instabiler Rissbildung
- NY kein Fließen (Sprödbruch).

31.4.3 Vergleich von Ergebnissen aus Fall- und Durchstoßversuchen

Zur schnellen und einfachen Beurteilung der (technischen) Eignung von 3 unterschiedlich teuren Kunststoffen wurden der einfache Fallbolzenversuch und der instrumentierte Durchstoßversuch angewendet und die Ergebnisse verglichen.

An spritzgegossenen Formteilen aus drei verschiedenen Kunststoffen wurden *Fallbolzenversuche* so durchgeführt, dass jeweils die Fallhöhe eines halbkugelförmigen Fallgewichts ermittelt wurde, die bei den 3 Kunststoffen „vergleichbare“ Risse ergaben. Beim *instrumentierten Durchstoßversuch* wurde an denselben Stellen wie beim Fallbolzenversuch die maximal auftretende Kraft F_{max} und die zum Durchstoß verbrauchte Energie E_{max} bestimmt (s. Tabelle 31.4).

Man kann aus den Ergebnissen erkennen, dass eine „tendenzmäßige“ Übereinstimmung der Ergebnisse des einfachen Fallbolzenversuchs und des aufwendigen instrumentierten Durchstoßversuchs besteht, trotz sehr unterschiedlicher Geometrie der Fallgewichte und unterschiedlicher Beanspruchungsgeschwindigkeit. Kunststoff 1 ist zäher als Kunststoff 2 und dieser wiederum zäher als Kunststoff 3, bei dem die geringsten Fallhöhen bzw. Energien notwendig waren, um gleiche Risse zu erzielen. Solche einfachen Aussagen von Fallbolzenprüfungen reichen in vielen Fällen bei der qualitativen Formteilprüfung völlig aus. Wie schon erwähnt, sind jedoch den Auflage- und Einspannbedingungen und dem Auftreffpunkt große Beachtung zu schenken.

Anmerkung
Der einfache Fallbolzenversuch an Formteilen ermöglicht eine schnelle und preiswerte Überwachung der Serienfertigung durch Stichproben. Die Prüfung ermöglicht eine erste Aussage über die Gleichmäßigkeit der Formmasse und der Verarbeitungsbedingungen, erlaubt jedoch keine Aussage über die Gebrauchstauglichkeit bzw. Funktionstüchtigkeit, die gesondert festgestellt werden müssen. Da bei der Prüfung eine Schädigung auftritt, dürfen geprüfte Formteile nicht weiterverwendet werden.

Tabelle 31.4 Vergleich Fallbolzenversuch mit Durchstoßversuch an 3 Kunststoffen

	Fallhöhe h in mm für „vergleichbare Risse“	Maximalkraft F_{max} N	Durchstoßenergie E_{max} J
Kunststoff 1	>1000	3600	15,4
Kunststoff 2	850	2820	10,5
Kunststoff 3	800	2560	5,1

31.5 Farbbeurteilung

Normen:

DIN 5031	Strahlungsphysik und Lichttechnik – Größen, Bezeichnungen und Einheiten
DIN 5033-1 bis -9	Farbmessung
DIN 5036	Strahlenphysikalische und lichttechnische Eigenschaften von Materialien
DIN 6164	DIN-Farbenkarte
DIN 6169	Farbwiedergabe
DIN 6172	Metamerie-Index von Probenpaaren bei Lichtartwechsel
DIN 6173	Farbabmusterung
DIN 6174	Farbmetrische Bestimmung von Farbmaßzahlen und Farbabständen im annähernd gleichförmigen CIE LAB-Farbenraum
DIN 53236	Mess- und Auswertebedingungen zur Bestimmung von Farbunterschieden bei Anstrichen, ähnlichen Beschichtungen und Kunststoffen
DIN 67530	Reflektometer als Hilfsmittel zur Glanzbeurteilung an ebenen Anstrich- u. Kunststoffoberflächen
ASTM E 308	Recommended practice for spectrophotometry and description of colour in CIE 1931 system

Farbe ist das vom menschlichen Auge erfasste sichtbare Licht, das durch eine Addition der Farbreize rot, grün und blau erzeugt wird; aus diesen drei Grundfarben lassen sich alle Farben zusammensetzen. Die Empfindlichkeit des Auges ist jedoch für die einzelnen Farben unterschiedlich. Der subjektive Farbeindruck ist weitgehend abhängig vom *Oberflächenzustand* der Proben (Glanz, Rauigkeit) und von den *Betrachtungsbedingungen* (Lichtart, benachbarte Farben, Feuchtigkeit, Wärme). So können zwei Kunststoff-Formteile, die aus der gleichen Formmasse hergestellt wurden, verschiedene Farben haben, wenn sie unterschiedliche Oberflächen aufweisen. Andere Kunststoff-Formteile aus verschiedenen Formmassen können bei einem bestimmten Tageslicht gleichfarbig und bei künstlichem Licht verschiedenfarbig aussehen. Die Farbe von Kunststoff-Formteilen wird auch beeinflusst von der Dicke der Formteile. Durch die Verarbeitungsbedingungen und durch eine *Bewitterung* (z. B. UV-Bestrahlung) kann die Farbe stark verändert werden. Bei der Herstellung und Lieferung von Kunststoff-Formteilen ist es oft wesentlich, dass vereinbarte Farbwerte eingehalten werden; deshalb hat die Farbbeurteilung in der Kunststoffprüfung eine große Bedeutung. *Farbnachstellung* und *Farbkonstanz* sind wichtige Faktoren.

Zur Beschreibung von Lichtarten, die zu Farbprüfungen verwendet werden, sind drei Bezeichnungen A, C und D_{65} festgelegt:

A: Künstliche Beleuchtung mit Glühlampenlicht

C: Künstliches Tageslicht.

D_{65}: Natürliches Tageslicht, entspricht C, jedoch mit UV-Anteil

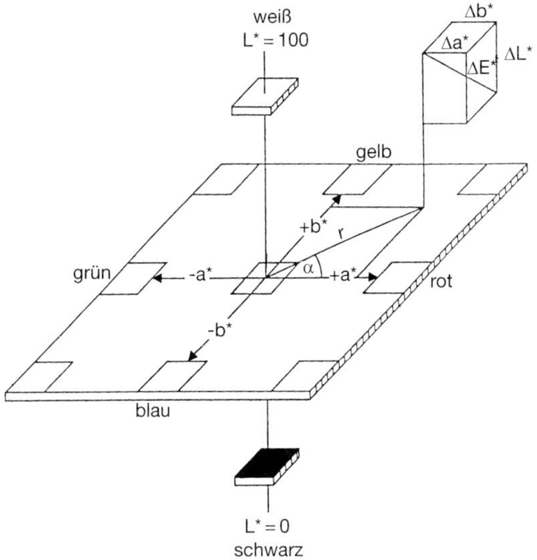

Bild 31.14 CIE LAB-Farbsystem

Das Licht D_{65} wird in den Normen zur Farbmessung empfohlen, da es am ehesten dem natürlichen Licht entspricht.

Um eine Beschreibung von Farben zu ermöglichen, wurden zunächst Farbmusterkarten, z. B. RAL-Farbkarten festgelegt, wobei jedoch die subjektive Wahrnehmung der Farbe zu beachten ist.

Eine numerische Beschreibung von Farben bietet die beste Möglichkeit, objektiv Farben zu beurteilen und zu dokumentieren. Es gibt unterschiedliche Bezeichnungen für Farbe, bei allen wird von drei Merkmalen ausgegangen *Buntton (Farbton), Helligkeit* und *Buntheit (Sättigung)*. Das CIE LAB-System (Bild 31.14) ist derzeit das gebräuchlichste Farbbeschreibungssystem; es gibt die 3 Merkmale:

- L^* Helligkeit
- a^* Buntton
- b^* Buntheit.

Das CIE LAB-System ist besonders anschaulich für die Erkennung der *Farbdifferenz* ΔE, die sich ergibt zu

$$\Delta E = \sqrt{L^{*2} + a^{*2} + b^{*2}}$$

Für die Farbbeurteilung gibt es zwei wichtige Prüfverfahren, die *Farbabmusterung* und die *Farbmessung*.

31.5.1 Farbabmusterung nach DIN 6173

Bei der Farbabmusterung werden *Farbgleichheit* oder *Farbverschiedenheit* von Muster und Probe mit derselben Lichtart durch das Auge beurteilt. Dabei müssen die Farbabmusterungslichtart, die geometrischen Abmessungen und die Oberflächen von Muster und Probe vereinbart werden. Grundsätzlich kann für eine Farbabmusterung jede Lichtart verwendet werden, z. B. Tageslicht, Glühlampenlicht, Kaufhauslicht und UV-Licht. Natürliches Tageslicht ändert sich durch Einflüsse wie Tageszeit, Witterungsbedingungen und reflektierende Umgebung. Deshalb sollte für *Farbvergleiche* bei Tageslicht eine Tageslichtleuchte mit konstantem mittlerem Tageslicht (Normallichtart D65) verwendet werden. Sie wird als Spezialleuchtstoffröhre in Hängeleuchten angeboten. Um die Umgebungseinflüsse bei der Farbabmusterung auszuschließen, werden spezielle *Farbabmusterungskammern* eingesetzt, die meist mit den Lichtarten *mittleres Tageslicht* D65, *Glühlampenlicht (Abendlicht), Kaufhauslicht* und *UV-Licht* ausgerüstet sind.

Die *visuelle Beurteilung der Farbabmusterung* sollte nur von farbennormalsichtigen Personen durchgeführt werden. Es ist zu beachten, dass die Lichtart vereinbart wird und dass bei den zu untersuchenden Proben *Form*, *Material* und *Oberflächenbeschaffenheit* mit dem Muster übereinstimmen. Beim Vergleich sollten die Proben möglichst nahe beieinander liegen.

Farbmuster und Farbabmusterungslichtart ändern sich im Laufe der Zeit. Deshalb müssen ungünstige Umgebungseinflüsse wie Tageslicht und Erwärmung von den Mustern ferngehalten werden. Die Farbabmusterungslampen sollten nach festgelegten Brennstunden durch neue Lampen ersetzt werden.

31.5.2 Farbmessungen

Für Farbmessungen werden meist das *Spektralverfahren* oder das *Dreibereichsverfahren* verwendet. Die Probe wird dabei mit einem Licht beleuchtet und die Intensität des reflektierten Lichts gemessen. Beim Spektralverfahren kann die gesamte Strahlungsfunktion aufgenommen werden, durch rechnerische Verarbeitung der Messwerte erhält man die *Normfarbwerte* bzw. die Werte des CIE LAB-Farbsystems (Bild 31.14). Beim Dreibereichsverfahren wird das reflektierte Licht mit 3 Filtern in die Bereiche *Blau, Rot* und *Grün* aufgeteilt.

Bei der *Farbnachstellung* bzw. *Farbrezeptierung* verwendet man Messgeräte, die nach dem Spektralverfahren arbeiten. Für *Farbvergleichsmessungen* werden Dreibereichsmessgeräte eingesetzt. Es können damit Normfarbwerte und Werte nach CIE LAB, sowie auch der *Farbabstand* ΔE ermittelt werden. Toleranzen für den Farbabstand ΔE können nicht angegeben werden, da sie stark von den Erfordernissen an das Produkt bzw. den Einsatz des Produktes abhängen. Im Bereich Kfz-Reparaturen werden Toleranzen der Farbunterschiede ΔE den Farbbereichen zugeordnet (Tabelle 31.5):

Wenn farbige Teile nicht *direkt* nebeneinander montiert werden, können die Werte aus Tabelle 31.5 verdoppelt werden. Im *Druckfarbenbereich* werden Farbunterschiede ΔE entsprechend Tabelle 31.6 bewertet.

Tabelle 31.5 Toleranzen für Farbunterschiede ΔE für Kfz-Reparaturen

Farbbereich	Toleranz für ΔE
weiß	bis 0,3
blau–türkis	bis 0,5
grün–gelb	bis 0,7
rot	bis 0,9

Tabelle 31.6 Wahrnehmbarkeit von Farbunterschieden ΔE im Druckfarbenbereich

Farbunterschied ΔE	Wahrnehmbarkeit
bis 0,2	nicht wahrnehmbar
0,2–0,5	sehr gering
0,5–1,5	gering
1,5–3,0	deutlich
3,0–6,0	sehr deutlich

Die Farbmessung ergibt eine *objektive* Aussage beim Vergleich der Probe mit dem Farbmuster. Allerdings sind die Kosten für Farbmessgeräte wesentlich höher als die Kosten für eine Farbabmusterungskammer. Ein Vorteil ist aber, dass die Messwerte in EDV-Anlagen abgespeichert und aufbewahrt werden können, ohne dass eine Beeinträchtigung der Farbwerte durch Umgebungseinflüsse auftritt.

31.6 Bewitterungsversuche

Normen:

DIN EN ISO 846	Kunststoffe – Bestimmung der Einwirkung von Mikroorganismen auf Kunststoffe
DIN EN ISO 877	Kunststoffe – Verfahren zur natürlichen Bewitterung, zur Bestrahlung hinter Fensterglas und zur beschleunigten Bewitterung durch Sonnenstrahlung mit Fresnelspiegeln
DIN EN ISO 4611	Kunststoffe – Bestimmung des Verhaltens bei Einwirkung von warmfeuchtem Klima, Sprühwasser und Salznebel
DIN EN ISO 4892	Kunststoffe – Künstliches Bestrahlen oder Bewittern in Geräten T1: Allgemeine Anleitung T2: Xenonbogenlampen T3: UV-Leuchtstofflampen

DIN EN 12280	Mit Kautschuk oder Kunststoff beschichtete Textilien – Beschleunigte Alterungsprüfung T1: Alterung in der Wärme T2: Physikalische Alterung: Einwirkung von Licht oder Bewitterung T3: Umweltbezogene Alterung
DIN ISO 1431	Elastomere und thermoplastische Elastomere – Widerstand gegen Ozonrissbildung T1: Statische und dynamische Prüfung
DIN 53508	Prüfung von Kautschuk und Elastomeren – Künstliche Alterung (zurückgezogen – stimmt überein mit ISO 188)
DIN 53509	Prüfung von Kautschuk und Elastomeren – Bestimmung der Beständigkeit gegen Rissbildung unter Ozoneinwirkung T1: Statische Beanspruchung (stimmt überein mit ISO 1431) T2: Referenzverfahren zur Bestimmung der Ozonkonzentration in Prüfkammern
ISO 188	Elastomere – Prüfung zur Bestimmung der beschleunigten Alterung und der Hitzebeständigkeit

Weitere Normen:

ASTM D 1435; ASTM D 1501; ASTM D 1499; ASTM D 2565; ASTM D 1920.

Witterungseinflüsse wie *Sonneneinstrahlung, Temperaturen, Niederschläge* und *Luftsauerstoff* bewirken bei Kunststoffen Abbauvorgänge (Alterung) z. B. *Versprödung* und vielfach *Farbänderungen*. Die Gebrauchseigenschaften von Kunststoff-Formteilen werden dadurch oft so stark verändert, dass im Betrieb nach Jahren ein Versagen auftritt. Die einzelnen Faktoren der Bewitterung überlagern sich gegenseitig, wobei sich insbesondere Wechselbeanspruchungen z. B. Wechsel der Temperaturen und Luftfeuchte ungünstig auswirken. Unter „Wetterbeständigkeit im Naturversuch" versteht man die Widerstandsfähigkeit von Kunststoff-Erzeugnissen gegen Veränderungen, die durch Einwirkung des Wetters am Prüfort entstehen; „Wetterechtheit im Naturversuch" bezieht sich dabei ausschließlich auf *Farbänderungen*.

Die „Wetterbeständigkeit im Kurzversuch" und die „Wetterechtheit im Kurzversuch" werden durch beschleunigte Prüfverfahren ermittelt. Es besteht jedoch meist kein direkter Zusammenhang zwischen den Ergebnissen aus dem Kurzversuch und aus dem Naturversuch.

Unter der *Lichtbeständigkeit* versteht man die Widerstandsfähigkeit von Kunststofferzeugnissen gegen Veränderungen, die durch Einwirkung von Tageslicht (Naturversuch) oder durch Dauerbestrahlung mit Tageslicht (Kurzversuch) hinter Fensterglas entstehen; *Lichtechtheit* bezieht sich dabei ausschließlich auf Farbänderungen.

Zuverlässige Ergebnisse über die *Wetterbeständigkeit* von Kunststoff-Formteilen erhält man jedoch nur, wenn man die Proben lange Zeit der natürlichen Bewitterung aussetzt. Dieses sehr zeitaufwendige Verfahren muss bei der Entwicklung von Kunststoff-Formteilen meist durch genormte Kurzversuche mit Simulation der Freibewitterung ersetzt werden.

31.6.1 Bewitterung in Naturversuchen (Freibewitterung)

Im Naturversuch DIN 53386 (zurückgezogen) war die Alterung von Kunststoffen und Elastomeren in einem *Freiluftklima* festgestellt worden. Die Freiluftklimate sind an verschiedenen geographischen Orten und zu verschiedenen Jahreszeiten sehr unterschiedlich. Der Einfluss von Klimaschwankungen am selben Ort nimmt mit zunehmender Bewitterungsdauer ab.

Die *Wetterechtheit* im Naturversuch kann als Farbänderung angegeben werden (zerstörungsfreie Prüfung) oder durch die Ermittlung der Veränderung einer festgelegten Eigenschaft (zerstörende Prüfung) von nicht bewitterten gegenüber bewitterten Proben.

Als Alterungskriterium dienen *Farb-* und *Oberflächenänderungen* (zerstörungsfreie Prüfung) sowie *Änderungen von mechanischen Eigenschaften* (zerstörende Prüfung). Bei Elastomeren spielt die Bildung von Ozonrissen im gedehnten Zustand eine wesentliche Rolle. Einflussparameter sind: *Bewitterungszeit* und *Strahlungsenergien* (Sonnenscheindauer bzw. Bestrahlung in J/m^2). Um die lange Zeitdauer bei der Bewitterung im Naturversuch abzukürzen, werden die Versuche vielfach unter extremen Klimabedingungen durchgeführt z. B. in Florida.

In DIN EN ISO 877 wird ein Versuch beschrieben, der dem Versuch nach DIN 53386 ähnelt, jedoch wird durch das Fensterglas die Globalstrahlung entsprechend gefiltert. Interessant ist das für Bauteile, die in Räumen hinter Fensterglas eingesetzt werden.

31.6.2 Bewitterung in Kurzprüfungen

Da die Freibewitterung meist sehr lange dauert bis deutliche Änderungen der Eigenschaften und der Farbe bei Kunststoffen festgestellt werden, wurden Laborversuche mit künstlichen Lichtquellen entwickelt, bei denen die Bestrahlungsdauer wesentlich kürzer ist.

Beim künstlichen Bewittern in Geräten soll die Alterung von Kunststoffen und Elastomeren festgestellt werden unter *einheitlichen, reproduzierbaren* und *zeitraffenden* Bedingungen in künstlich beleuchteten Räumen. Nach DIN EN ISO 4892 wird die Freibewitterung ersetzt durch Bestrahlung mit Xenonbogen- und fluoreszierenden UV-Lampen. Als Prüfgerät wird eine durchlüftete Prüfkammer verwendet, in deren Mitte die Xenon-Hochdrucklampe angeordnet ist. Die Proben rotieren langsam um die Lampe und können in bestimmten Zeitabständen zusätzlich beregnet werden. Die üblichen Probekörper haben eine Breite von mindestens 15 mm und eine Länge von mindestens 30 mm.

Als *Alterungskriterium* dienen vorwiegend *Farb- und Oberflächenveränderungen* sowie der *Abfall* von festgelegten *mechanischen Eigenschaften*, z. B. der Schlagzähigkeit um 50 % gegenüber den nicht bewitterten Proben.

Mit dem Xenontestgerät kann für einzelne Kunststoffgruppen eine Korrelation zur Freibewitterung festgestellt werden. Teilweise wird eine Verkürzung um den Faktor 10 angegeben. Eine allgemeine Umrechnungkonstante zwischen Alterung durch Freibewitterung und künstlicher Alterung besteht jedoch nicht.

Sehr schnell erfolgt eine Alterung der Kunststoffe im SUN-Testgerät. Die UV-Strahlung durch die Xenonlampe ist so stark, dass schon nach wenigen Tagen eine Alterung an den Kunststoffproben beobachtet wird. Dieser Versuch ist jedoch nicht genormt.

Die Testgeräte sind häufig gebrauchte Hilfsmittel um eine natürliche Bewitterung in kurzer Zeit zu simulieren.

Das Verhalten der Kunststoffe bei Kurzprüfungen sollte jedoch stets mit dem Verhalten bei natürlicher Bewitterung verglichen werden.

IV Anhang

32 Größen, Einheiten, Umrechnungsmöglichkeiten

Kraft

$1\ \text{N} = 1\ \text{kgm/s}^2$

alt: $1\ \text{kp} = 9{,}80665\ \text{N} \approx 10\ \text{N}$

angl.am. $1\ \text{lbf} = 4{,}448\ \text{N}$

$1\ \text{lb} = 0{,}4536\ \text{kg}$ (Masse)

Fläche

$1\ \text{m}^2 = 10^4\ \text{cm}^2 = 10^6\ \text{mm}^2$

angl.am. $1\ \text{sq.in} = 6{,}452 \cdot 10^{-4}\ \text{m}^2 = 6{,}452\ \text{cm}^2 = 645\ \text{mm}^2$

$1\ \text{sq.ft} = 9{,}290 \cdot 10^{-2}\ \text{m}^2 = 9{,}290 \cdot 10^2\ \text{cm}^2 = 9{,}290 \cdot 10^4\ \text{mm}^2$

Spannung, Festigkeit, Druck

$1\ \text{N/mm}^2 = 100\ \text{N/cm}^2 = 10^6\ \text{N/m}^2$

$1\ \text{N/m}^2 = 1\ \text{Pa} = 10^{-6}\ \text{N/mm}^2$

$1\ \text{MPa} = 1\ \text{N/mm}^2$

$1\ \text{GPa} = 10^3\ \text{N/mm}^2$

$1\ \text{bar} = 10^5\ \text{Pa} = 10^5\ \text{N/m}^2$

alt: $1\ \text{kp/cm}^2 = 9{,}81 \cdot 10^{-2}\ \text{N/mm}^2 \approx 0{,}1\ \text{N/mm}^2$

$1\ \text{kp/cm}^2 = 1\ \text{at} = 0{,}981\ \text{bar}$

angl. am. $1\ \text{lbf/sq.in} = 1\ \text{psi} = 0{,}6895 \cdot 10^{-2}\ \text{N/mm}^2$

$1\ \text{lb/sq.in} = 6{,}895 \cdot 10^{-2}\ \text{bar}$

$1\ \text{ton(UK)/sq.in} = 1{,}544 \cdot 10\ \text{N/mm}^2$

$1\ \text{ton(US)/sq.in} = 1{,}379 \cdot 10\ \text{N/mm}^2$

Dichte

$1\ \text{g/cm}^3 = 10^3\ \text{kg/m}^3$

angl.am. $1\ \text{lb/cu.ft} = 1{,}602 \cdot 10\ \text{kg/m}^3 = 1{,}602 \cdot 10^{-2}\ \text{g/cm}^3$

$1\ \text{lb/cu.in} = 2{,}768 \cdot 10^4\ \text{kg/m}^3 = 2{,}768 \cdot 10\ \text{g/cm}^3$

Energie, Arbeit, Wärmemenge

$1\ \text{J} = 1\ \text{Ws} = 1\ \text{Nm} = 1\ \text{kgm}^2/\text{s}^2$

alt: $1\ \text{mkp} = 9{,}80665\ \text{J} \approx 10\ \text{J}$

$1\ \text{kcal} = 4{,}1868\ \text{kJ} \approx 4{,}2\ \text{kJ}$

$1\ \text{kWh} = 3{,}6 \cdot 10^6\ \text{J}$

angl.am.: $1\ \text{HPh} = 2{,}684 \cdot 10^6\ \text{J}$

$1\ \text{BTU} = 1{,}055 \cdot 10^3\ \text{J}$

Leistung, Wärmestrom

$1\ \text{W} = 1\ \text{J/s} = 1\ \text{Nm/s} = 1\ \text{kgm}^2/\text{s}^3$

alt: $1\ \text{kcal/h} = 4{,}1868\ \text{kJ/h} = 1{,}163\ \text{W}$

$1\ \text{PS} \approx 736\ \text{W} = 736\ \text{J/s}$

angl.am.: $1\ \text{HP} \approx 746\ \text{W} = 746\ \text{J/s}$

Temperatur

$1\ \text{grd} = 1\ \text{K}$

$0\ ^\circ\text{C} = 273{,}15\ \text{K}$

angl.am.: $^\circ\text{C} = (5/9) \cdot (^\circ\text{F} - 32)$

Anmerkung: Die Angabe der Temperaturdifferenz in Kelvin K, hat sich in der Praxis nicht durchgesetzt; Temperaturdifferenzen werden heute meist wieder in °C angegeben.

Wärmeleitfähigkeit

$1\ \text{W/(m} \cdot \text{K)} = 1\ \text{J/(s} \cdot \text{m} \cdot \text{K)}$

alt: $1\ \text{kcal/(m} \cdot \text{h} \cdot \text{grd)} = 1{,}163\ \text{W/(m} \cdot \text{K)}$

angl.am.: $1\ \text{BTU/(ft} \cdot \text{h} \cdot {}^\circ\text{F)} = 1{,}731\ \text{W/(m} \cdot \text{K)}$

$1\ \text{BTU/(in} \cdot \text{h} \cdot {}^\circ\text{F)} = 2{,}077 \cdot 10\ \text{W/(m} \cdot \text{K)}$

Vorsätze zu den Einheiten, Vielfache und Teile

Name	Zeichen	Zehnerpotenz
Tera	T	10^{12}
Giga	G	10^{9}
Mega	M	10^{6}
Kilo	k	10^{3}
Hecto	h	10^{2}
Deca	da	10
Dezi	d	10^{-1}
Zenti	c	10^{-2}
Milli	m	10^{-3}
Micro	μ	10^{-6}
Nano	n	10^{-9}
Pico	p	10^{-12}
Femto	f	10^{-15}
Atto	a	10^{-18}

33 Literaturhinweise (Auswahl)

Abts, G.: Einführung in die Kautschuktechnologie. München: Hanser 2007.
Altstädt, V.; Mantey, A,: Schaumspritzgießen. München: Hanser 2010.
Baur/Brinkmann/Osswald/Schmachtenberg: Saechtling Kunststoff Taschenbuch. München: Hanser 2007.
Becker, G. W., Braun D. Hrsg.: Kunststoffhandbuch, Bd. 1: Grundlagen. 1990; Bd. 2, 1+2: Polyvinylchlorid. 1986; Bd. 3: Technische Thermoplaste, 3.1: Polycarbonate, Polyacetale, Polyester, Celluloseester. 1992; 3.2: Technische Polymer-Blends. 1992; 3.3: Hochleistungskunststoffe. 1993; 3.4: Polyamide. 1998; Bd. 4: Polystyrol. 1995; Bd. 7: Polyurethane. 1993; 10: Duroplaste. 1988 (alle München: Hanser).
Bleisch/Goldhahn/Stricker u. a.: Lexikon Verpackungstechnik. Heidelberg: Hüthig 2003.
Bonenberger, P. R.: The First Snap-Fit Handboock. München: Hanser 2005.
Bonten, C.: Kunststofftechnik für Designer. München: Hanser 2002.
Bonten, C.: Produktentwicklung – Technologiemanagement für Kunststoffprodukte. München: Hanser 2001.
Brandrup/Bittner/Michaeli/Menges: Die Wiederverwertung von Kunststoffen. München: Hanser 1995.
Braun, D: Erkennen von Kunststoffe. München: Hanser 2003.
Braun, D.: Kunststofftechnik für Einsteiger. München. Hanser 2003.
Brinkmann, Th.: Produktentwicklung mit Kunststoffen. München: Hanser 2007.
Brown, R. P.: Taschenbuch Kunststoff-Prüftechnik. München: Hanser 1984.
Campo, E. A.: The Complete Part Design Handbook. München: Hanser 2006.
CAMPUS: Kunststoffdatenbank von Rohstoffherstellern. M-Base GmbH, Dennewartstraße 27, 53068 Aachen, www.CAMPUSplastics.com
Carlowitz, B.: Kunststoff-Tabellen. München: Hanser 1995.
Carlowitz, B.: Tabellarische Übersicht über die Prüfung von Kunststoffen. Isernhagen: Giesel Verlag 1992.
DGQ-Schriften der Deutschen Gesellschaft für Qualität. Berlin: Beuth.
Dick, J. S.: Rubber Technology. München: Hanser 2001.
DIN-, DIN EN-, DIN EN ISO, DIN EN- und IEC-Normen: FNK Normenausschuss Kunststoffe (Anschrift siehe Kap. 34).
DIN-Taschenbücher mit Werkstoff- und Prüfnormen für Kunststoffe. Berlin: Beuth.
Domininghaus, H.: Kunststoffe. Heidelberg: Springer 2008.
Ehrenstein, G. W.: Faserverbund-Kunststoffe. München: Hanser 2006.
Ehrenstein, G. W.: Handbuch Kunststoff-Verbindungstechnik. München: Hanser 2004.
Ehrenstein, G. W.: Polymer-Werkstoffe, 2. Aufl. München: Hanser 1999.
Ehrenstein, G. W.: Kunststoffschadensanalyse. München: Hanser 1992.
Ehrenstein, G. W.: Mit Kunststoffen konstruieren, München: Hanser 2007.
Ehrenstein, G. W., Pongratz, S.: Beständigkeit von Kunststoffen. München: Hanser 2007.

Ehrenstein, G. W.; Riedel, G.; Trawiel, P.: Praxis der Thermischen Analyse von Kunststoffen. München: Hanser 2003.

Endres, H-J., Siebert-Raths, A.: Technische Biopolymere. München: Hanser 2009.

Erhard, G.: Konstruieren mit Kunststoffen. München: Hanser 2008.

Franck, A.: Kunststoff-Kompendium. Würzburg: Vogel 2006.

Frick, A., Stern, C.: DSC-Prüfung in der Anwendung. München: Hanser 2006.

Frick, A., Stern, C.: Praktische Kunststoffprüfung. München: Hanser 2010.

Gebhardt, A.: Generative Fertigungsverfahren. München: Hanser 2007.

Gent, A. N.: Engineering with Rubber. München: Hanser 2001.

Glenz, W.: A Glossary of Plastics, Terminology in 7 Languages. München: Hanser, 2010.

Gohl, W., Spies, K. H.: Elastomere – Dicht- und Konstruktionswerkstoffe. Renningen: Expert Verlag 2002.

Greif/Limper/Fattmann/Seibel: Technologie der Extrusion. München: Hanser 2004.

Grellmann, W., Seidler, S.: Kunststoffprüfung. München: Hanser 2005.

Holden/Kriecheldorf/Quirk: Thermoplastic Elastomers. München: Hanser 2004.

Hummel, D. O., Scholl, F.: Atlas der Polymer- und Kunststoffanalyse, Bd. 1: Polymere, Struktur und Spektrum; Bd. 2a: Kunststoffe, Fasern, Kautschuk, Harze – Spektren I und II; Band 2b: Spektren; Bd. 3: Zusatzstoffe und Verarbeitungshilfsmittel. München: Hanser 1979–1984.

Habenicht, G.: Kleben. Heidelberg: Springer 2003.

Hylton, D. C.: Understanding Plastics Testing. München: Hanser 2004.

Illig, A.: Thermoformen in der Praxis. München: Hanser 2008.

Jaroschek, C.: Spritzgießen für Praktiker. München: Hanser 2008.

Johannaber, F.: Kunststoff-Maschinenführer, 4. Aufl. München: Hanser 2003.

Johannaber/Michaeli: Handbuch Spritzgießen. München: Hanser 2004.

Kämpf, G.: Industrielle Methoden der Kunststoff-Charakterisierung. München: Hanser 1996.

Kaiser, W.: Kunststoffchemie für Ingenieure. München: Hanser 2007.

Kaisersberger, E., Möhler, H.: DSC an Polymerwerkstoffen, Bd. 1. Selb: Netzsch Gerätebau 1991.

Kaisersberger, E., Knappe, S., Möhler, H.: TA an Polymerwerkstoffen, Bd. 2. Selb: Netzsch Gerätebau 1992.

Klempner, D., Sendijarevic, V.: Polymeric Foams and Foam Technology. München: Hanser 2004.

Kleppmann, W.: Taschenbuch Versuchsplanung. München: Hanser 2003.

Köster, L., Perz, H., Tsiwikis, G.: Praxis der Kautschukextrusion. München: Hanser 2007.

Krahn/Eh, Lauterbach/Vogel: 1000 Konstruktionsbeispiele für den Werkzeug- und Formenbau beim Spritzgießen. München: Hanser 2008.

Krebs, C.; Avondet, A.: Langzeitverhalten von Thermoplasten. München: Hanser 1998.

Kremer, J., Hahn, W.: Einfärben von Kunststoffen. Würzburg: Vogel 2001.

Leute, K.: Kunststoffe und EMV. München: Hanser 1997.

Lepresa, G.: Industrielle Kunststoff-Coloristik. München: Hanser 1998.

Menges/Haberstroh/Michaeli/Schmachtenberg: Werkstoffkunde Kunststoffe, 5. Aufl. München: Hanser 2002.
Menges/Michaeli/Mohren: Anleitung für den Bau von Spritzgießwerkzeugen. München: Hanser 2007.
Mennig, G.: Werkzeuge für die Kunststoffverarbeitung. München: Hanser 2007.
Michaeli, W.: Einführung in die Kunststoffverarbeitung. München: Hanser 2010.
Michaeli/Brinkmann/Lessenich-Henkys: Kunststoff-Bauteile werkstoffgerecht konstruieren. München: Hanser 1995.
Michaeli, W., Greif, H., Wolters, L., Vossebürger, F.-J.: Technologie der Kunststoffe. München: Hanser 2008.
Michaeli, W., Greif, H., Kretschmar, G., Ehrig, F.: Technologie des Spritzgießens. München: Hanser 2009.
Michaeli/Haberstroh/Schmachtenberg/Menges: Werkstoffkunde Kunststoffe. München: Hanser 2002.
Michaeli, W., Wegener, M.: Einführung in die Technologie der Faserverbundwerkstoffe. München: Hanser 1990.
Michler/Lebek/Godehardt/Galetzka/Gnägi/Vastenhout: Ultramikrotomie in der materialforschung. München: Hanser 2004.
Müller, A.: Einfärben von Kunststoffen. München: Hanser 2002.
Okamoto, K. T.: Microcellular Processing: München: Hanser 2003.
Neitzel, M, Mitschang, P.: Handbuch Verbundwerkstoffe. München: Hanser 2004.
Nentwig, J.: Kunststoff-Folien. München: Hanser 2006.
Potente, H.: Fügen von Kunststoffen. München: Hanser 2004.
Röhrl, E.: PVC-Taschenbuch. München: Hanser 2007.
Röthemeyer, F., Sommer, F: Kautschuktechnologie, München: Hanser 2006.
Rotheiser, J.: Joining of Plastics: München: Hanser 2004.
Saechtling: Kunststoff-Taschenbuch, 30. Aufl. München: Hanser 2007.
Schmiedel, H.: Handbuch der Kunststoffprüfung. München: Hanser 1992.
Schnetger, J.: Lexikon der Kautschuktechnik. Heidelberg: Hüthig 2003
Schwarz: O., Ebeling, F-W.: Kunststoffkunde. Würzburg: Vogel 2007.
Schwarz, O., Ebeling, F-W.: Kunststoffverarbeitung. Würzburg: Vogel 2009.
Starke, L., Meyer, B.-R.: Toleranzen, Passungen und Oberflächengüte in der Kunststofftechnik. München: Hanser 2004.
Steinko, W.: Optimierung von Spritzgießprozessen. München: Hanser 2007.
Stitz, S., Keller, W.: Spritzgießtechnik. München: Hanser 2004.
Stoeckhert, L., Woebcken, W.: Kunststoff-Lexikon, 9. Aufl. München: Hanser 1998.
Throne, J. L.: Thermoplastic Foam Extrusion. München: Hanser 2004.
Throne, J. L., Beine, J.: Thermoformen. München: Hanser 1999.
Troitzsch, J.: Plastics Fammability Handbook. München: Hanser 2004.
Unger, P.: Gastrow – Spritzgießwerkzeugbau in 130 Beispielen. München: Hanser 2006.
Unger, P,: Heißkanaltechnik. München: Hanser 2004.
Uhlig, K.: Polyurethan-Taschenbuch, 3. Aufl. München: Hanser 2005.
VDI-Taschenbücher und Lehrgangsunterlagen über Kunststoffe und Verarbeitungstechnologien der VDI-Gesellschaft Kunststofftechnik (VDI-K). Düsseldorf: VDI-Verlag.

VDI-Bericht 906: Recycling – eine Herausforderung für den Konstrukteur. Düsseldorf: VDI-Verlag 1991.

Wolters u. a.: Kunststoff-Recycling. München: Hanser 1997.

White, J. L., Choi, D.: Polyolefins. München: Hanser 2004.

Wittfoht, A. M.: Plastics Technical Dictionary. München: Hanser 1992.

Wolters/Marwick/Regel/Lackner/Schäfer: Kunststoff-Recycling. München: Hanser 1997.

Zweifel, H.: Plastics Additives Handbook. München: Hanser 2009.

N. N.: Technische Kunststoffteile – Wichtige Elemente zur Qualitätssicherung. Frankfurt: TecPart GKV 2007.

34 Fachverbände und Fachorganisationen

(Auswahl)

Arbeitsgemeinschaft PVC und Umwelt e. V. (AGPU)
53113 Bonn
www.agpu.de

AVK Industrievereinigung Verstärkte Kunststoffe e. V.
60329 Frankfurt am Main
www.avk-tv.de

Arbeitskreis selbstständiger Kunststoff-Ingenieure und -Berater (KIB)
19079 Sukow
www.k-berater.de

Bundesverband Sekundärrohstoffe und Entsorgung e. V.
53119 Bonn
www.bvse.de

Deutsche Gesellschaft für Kunststoff-Recycling mbH (DKR)
51145 Köln
www.dkr.de

Deutsche Gesellschaft für Qualität e. V. (DGQ)
60433 Frankfurt am Main
www.dgq.de

Deutsche Kautschuk-Gesellschaft e. V.
60487 Frankfurt am Main
www.dkg-rubber.de

Deutsches Institut für Gütesicherung und Kennzeichnung e. V. (RAL)
53757 St. Augustin
www.ral.de

Deutsches Institut für Normung e. V. (DIN)
10787 Berlin
www.din.de

DIN - Normenausschuss Kunststoffe (FNK)
www.fnk.din.de

Duales System Deutschland AG (DSD)
51145 Köln-Porz
www.gruener-punkt.de

Fachverband Kunststoff-Konsumwaren (FVKK)
60329 Frankfurt am Main
www.fvkk.de

Fachverband Schaumkunststoffe e. V. (FSK)
60329 Frankfurt am Main
www.fsk-vsv.de

Gesamtverband Kunststoffverarbeitende Industrie e. V. (GKV)
60329 Frankfurt am Main
www.gkv.de

Gesellschaft zur Rückführung industrieller und gewerblicher Kunststoffverpackungen mbH (RIGK)
65039 Wiesbaden
www.rigk.de

Industrieverband Hartschaum e. V. (IVH)
69020 Heidelberg
www.ivh.de

Industrievereinigung Kunststoffverpackungen e. V. (IK)
61348 Bad Homburg
www.kunststoffverpackungen.de

Industrieverband Polyurethan-Hartschaum e. V. (IVPU)
70191 Stuttgart
www.ivpu.de

pro-K Industrieverband Halbzeuge und Konsumprodukte aus Kunststoff e. V.
60596 Frankfurt am Main
www.pro-kunststoff.de

Qualitätsverband Kunststofferzeugnisse e. V. (QKE)
53115 Bonn
www.qke-bonn.de

TecPart – siehe Verband Technische Kunststoffprodukte e. V.

Underwriter's Laboratories (UL)
81543 München
www.de.ul.com

Verband der Automobilindustrie e. V. (VDA)
60325 Frankfurt am Main
www.vda.de

Verband Kunststofferzeugende Industrie (VKE)
60329 Frankfurt am Main
www.vke.de

Verband Technische Kunststoff-Produkte e.V (TecPart)
60596 Frankfurt am Main
www.tecpart.de

VDI – Fachbereich Kunststofftechnik
40468 Düsseldorf
www.vdi.de

Wirtschaftsverband der deutschen Kautschukindustrie e. V. (W.D.K.)
60487 Frankfurt am Main
www.wdk.de

35 Hersteller und Lieferanten von Kunststoffen (Auswahl)

Kurzzeichen, wie sie bei den Handelsnamen in „Kapitel II Kunststoffe als Werkstoffe" aufgeführt sind.

Weitere Hersteller, Lieferanten von Kunststoffen und Handelsnamen können unter www.materialdatacenter.de abgerufen werden.

3M	3M Corporation, US; www.3m.com
AES	Advanced Elastomer Systems, B; www.santoprene.com
Airex	Alcan Airex AG, CH; www.alcanairex.com
Albis	ALBIS Plastic GmbH, DE; www.albis.com
AMST	Americas Styrenics LLC; US; www.amstyrenics.com
Arkema	Arkema, FR; www.arkema.com
Asahi	Asahi Kasei Corporation, JP; www.asahi-kasei.co.jp
Ascend	Ascend Performance Materials LLC, US; www.vydyne.com
Atofina	Atofina Deutschland GmbH, DE; www.atofina.de
Barlog	BARLOG plastics GmbH, DE; www.barlogplastics.de
Basell	LyondellBasell Industries, NL; www.lyondellbasell.com
BASF	BASF SE, DE; www.basf.com
BASF-Leuna	BASF Leuna GmbH, DE; www.basf-leuna.de
Bayer	Bayer MaterialScience AG, DE; www.bayermaterialscience.com
Bergmann	PolyOne Th. Bergmann GmbH, DE; www.polyone.com
Biesterfeld	Biesterfeld Plastic GmbH, DE; www.biesterfeld-plastic.com
Biomer	Biomer, DE; www.biomer.de
BIOP	BIOP Biopolymer Technologies AG, DE; www.biopag.de
BIOTEC	BIOTEC Biologische Verpackungen GmbH, DE; www.biotec.de
Borealis	Borealis A/S, DK; www.borealisgroup.com
BP	BP Petrochemicals, GB; www.bppetrochemicals.com
BP Amoco	BP Amoco Polymers Inc., GB; www.bp.com
Büfa	BaySystems BÜFA Polyurethane GmbH, DE; www.buefa.de
Chevron	Chevron Phillips Chemical Co., US; www.cpchem.com
Chi Mei	Chi Mei Corp., TW; www.chimeicorp.com
Cyro	Evonic CYRO LLC, US; www.cyro.com
Daikin	Daikin Industries Ltd., JP; www.daikin.com
Degussa	Evonik Degussa GmbH, DE; www.degussa.de
Dow	The Dow Chemical Company, US; www.dow.com
DSM	DSM Engineering Plastics, NL; www.dsm.com
	DSM Composite Resins AG, Distributor: www.euroresins.com
DuPont	DuPont, US; www.dupont.com
DuPont	DuPont Performance Elastomers, US; www.dupontelatomers.com
Dyneon	Dyneon LLC, 3M, US; www.dyneon.com
Eastman	Eastman Chemical Company, NL; www.eastman.com
Elastogran	Elastogran GmbH, DE; www.elastogran.de

EMS	EMS-Chemie, CH; www.ems-chemie.com
Eni	EniChem, D; www.enichem.de
Ensinger	Ensinger GmbH, D; www.ensinger-online.com
Exxon	ExxonMobil Chemical Company, US; www.exxonchemical.com
Feddersen	K.D. Feddersen GmbH, DE; www.feddersen.com
FKuR	FKuR Kunststoff GmbH, DE; www.fkur.com
Gobain	Saint Gobain – Norton, – Furon FR; www.plastics-saint-gobain.com Saint-Gobai Performance Plastics Pampus GmbH; D; www.saint-gobain.de
Helm	Helm AG, DE; www.helmag.com
Henkel	Henkel AG, DE; www.henkel.de
Hexion	Hexion Specialty Chemicals GmbH, DE; www.hexion.com
Hornitex	Hornitex Werke Gebr. Künnemeyer GmbH, DE; www.hornitex.de
Huntsman	Huntsman, US; www.huntsman.com
Ineos ABS	INEOS ABS, DE; www.ineos-abs.com
Ineos Nova	INEOS NOVA, CH; www.ineos-nova.com
Ineos Vinyls	INEOS Vinyls Ltd., GB; www.ineos.com
Innovia	Innovia Films Ltd., UK; www.innoviafilms.com
Isola	Isola GmbH, DE; www.isola.de
Krempel	August Krempel Soehne GmbH, DE; www.krempel.com
Kuraray	Kuraray Co., Ltd., JP; www.kuraray.co.jp
Lanxess	Lanxess Deutschland GmbH, DE; www.lanxess.com
Lati	Lati Industria Thermoplastici S.p.A., IT/US; www.lati.com
Lehmann	Lehmann & Voss & Co., DE; www.lehvoss.de
Lenzing	Lenzing AG, AT; www.lenzing.at
Leuna	BASF Leuna GmbH, DE; www.basf-leuna.de
Lucite	Lucite International Holland BV, UK; www.luciteinternational.com
Menzolit	Menzolit Compounds International GmbH, DE; www.menzolit.com
Mitsubishi	Mitsubishi Engineering Plastics Corp., JP; www.m-ep.co.jp
Mitsui	Mitsui & Co. Ltd., JP; www.mitsui.co.jp
Nordmann	Nordmann, Rassmann GmbH, DE; www.nrc.de
Nova	Nova Chemicals Corp., US; www.novachem.com
Perspex	Perspex Distribution Ltd:, UK; www.perspex.co.uk
P-Group	P-Group Deutschland GmbH, DE; www.p-group.de
Polimeri	Polimeri Europa, IT; www.polimerieuropa.com
Polyfea	Polyfea, DE; www.polyfea.com
Polykemi	Polykemi AG, SE; www.polykemi.se
Polyplast	Polyplastics Co. Ltd., JP; www.polyplastics.com
Radici	Radici Novacips SpA, IT; www.radiciplastics.com
Raschig	Raschig GmbH, DE; www.raschig,de

Reichhold	Reichhold GmbH, US; www.reichhold.com
Resopal	Resopal GmbH, DE; www.resopal.de
Rhodia	Rhodia Europe S.A., FR; www.rhodia.com
Röhm	Evonik Röhm GmbH, DE; www.roehm.de
Romira	Romira GmbH, DE; www.romira.de
Sabic	Saudi Basic Industries Corp., Saudi Arabien; www.sabic.com
Sabic IP	SABIC Innovative Plastics, NL; www.sabic-ip.com
Schulman	A. Schulman Inc., US; www.aschulman.com
SGL	SGL CARBON SE, DE; www.sglgroup.com
Solutia	Solutia Inc. ; www.solutia.com
Solvay	Solvay Plastics, BE; www.solvayplastics.com
Solvin	Solvin S.A., BE; www.solvinpvc.com
Taro	Taro Plast S.p.A., IT; www.taroplast.com
Teijin	Teijin Ltd., JP; www.teijin.co.jp
Tessenderlo	Tessenderlo Chemie N.V., BE; www.tessenderlo.com
Ticona	Ticona GmbH, DE; www.ticona.com
Topas	Topas Advanced Polymers, DE; www.topas.com
Total	Total Petrochemicals, BE, www.totalpetrochemicals.com
Vestolit	Vestolit GmbH & Co. KG, DE; www.vestolit.com
Victrex	Victrex Europa GmbH, DE/Victrex PLC, GB; www.victrex.com
Vinnolit	Vinnolit GmbH & Co. KG, DE: www.vinnolit.de
Vyncolit	Vyncolit N.V., BE; www.vyncolit.net
Wacker	Wacker Chemie GmbH, DE; www.wacker.com
Wolff	Wolff Walsrode AG, DE; www.wolff-walsrode.de

36 Prüfgeräte- und Prüfmittelhersteller (Auswahl)

Arbeitsbereiche:

A: Analytik (Gaschromatographie, Lösungsviskosimetrie, Röntgenanalyse, Spektroskopie, Thermoanalyse)

E: Elektrische Eigenschaften (Abschirmung, Aufladung, dielektrische Eigenschaften, Isolation, Kriechstromfestigkeit, Leitfähigkeit, Widerstand)

M: Mechanische Eigenschaften (Zug, Druck, Biegung, Schlagprüfung, dynamische Prüfung, Zeitstandprüfung, Härte, Verschleiß)

O: Optische Eigenschaften (Mikroskopie, Farbe, Glanz)

T: Thermische Eigenschaften (Wärmeformbeständigkeit, Wärmeleitfähigkeit, Wärmeausdehnung, spezifische Wärme)

U: Umwelt (Bewitterung, Klimaprüfung, Korrosionsprüfung)

V: Verarbeitungstechnische Eigenschaften (Rheologie, Viskosimetrie)

S: Sonstiges (Brennbarkeitsprüfung, Längenmessung, Gewichtsmessung, Durchlässigkeit für Gase und Flüssigkeiten, zerstörungsfreie Prüfung, Wassergehalt, Dichte, Rückstände, Messgeräte allgemein)

Abimed	(A, S)	www.abimed.de
AGR TopWave	(V, S)	www.agrtopwave.com
Ahlborn	(O,S)	www.ahlborn.com
Althen	(S)	www.althen.de
ASM	(S)	www.asm-sensor.com
Atlas Material Testing	(U)	www.atlas-mts.com
Bähr Thermoanalyse GmbH	(A, V)	www.baehr-thermo.de
Bizerba	(S)	www.bizerba.com
Brabender	(S, V)	www.brabender.com
Brugger	(S)	www.brugger-feinmechanik.de
Bruker	(A)	www.bruker.com
Buehler Met	(M, S)	www.buehler-met.de
Burster	(E, S)	www.burster.de
BYK-Gardner	(E, M, O, S)	www.bykgardner.com
C3-Analysentechnik	(T)	www.c3-analysentechnik.de
CEAST	(E, M, T)	www.ceast.com
Coesfeld	(M, S, T, U, V)	www.coesfeld.com
Datacolor	(O)	www.datacolor.com
Deutsch, K.	(S)	www.karldeutsch.de
Dyna-Mess-Prüfsysteme GmbH	(M)	www.dyna-mess.de
Dynisco	(S, V)	www.dynisco.com
Eisbär Trockentechnik	(S)	www.eisbaer.at
Elektrophysik	(O, S)	www.elektrophysik.com
Eltex-Elektrostatik-Gesellschaft	(E, S)	www.eltex.com
Erichsen GmbH	(M, O)	www.erichsen.de
Fetronic	(E)	www.fetronic.de

Fischer GmbH	(E, M, S)	www.helmut-fischer.de
GABO Qualimeter	(M)	www.gabo.com
Göttfert	(V)	www.goettfert.de
Graeff GmbH	(T, S)	www.graeff-gmbh.com
Hach-Lange	(O)	www.hach-lange.de
Heidenhain	(S)	www.heidenhain.de
Hess MBV	(M, S, T, U, V)	www.hess-mbv.de
Hildebrand	(M, S)	www.hildebrand-gmbh.de
Hitec	(A)	www.hitec.lu
Hottinger	(S)	www.hbm.com
Institut für Prüftechnik	(M, O, T, V)	www.iptnet.de
Instron	(M, T, V)	www.instron.com
JUMO	(T, S)	www.jumo.net
Käfer	(S)	www.kaefer-messuhren.de
Keithley	(E)	www.keithly.com
Kistler	(S, V)	www.kistler.com
Knick	(E)	www.knick.de
Konica Minolta	(O)	www.konicaminolta.de
Land Instruments	(S)	www.landinst.com
LAUDA	(A, T)	www.lauda.de
Leica	(O)	www.leica-microsystems.com
Liebisch	(U)	www.liebisch.de
Linseis	(A)	www.linseis.de
Lloyd Instruments	(M)	www.lloyd-instruments.de
Mahr	(S)	www.mahr.com
Memmert	(U)	www.memmert.com
Mettler-Toledo	(A, S, V)	www.mt.com
Mitutoyo	(M, O, S)	www.mitutoyo.de
Moldflow	(V)	www.moldflow.com
Mora	(S)	www.mora-cmt.de
Myrenne	(T)	www.myrenne.biz
Netzsch	(A, T)	www.netzsch.com
Pausch	(O, U)	www.pausch.com
Pentacon	(S)	www.pentacon.de
PerkinElmer	(A)	www.perkinelmer.de
Polytec	(O)	www.polytec.com
PTL Grabenhorst	(E, M, S, T)	www.ptl-test.de
Raczek	(O, T)	www.raczek.de
Sartorius	(S)	www.sartorius.com
Schneider Messtechnik	(S)	www.dr-schneider.de
Schneider Optische Werke	(O)	www.schneiderkreuznach.com
Shimadzu	(A, M, V)	www.shimadzu.eu
Stiefelmayer	(S)	www.stiefelmayer.de
TA Instruments	(A, V)	www.tainstruments.com

Test GmbH	(M)	www.test-gmbh.com
Tinius Olsen	(M)	www.tiniusolsen.com
Varian	(A)	www.varianinc.com
Vötsch	(U)	www.v-it.com
Waters	(A)	www.waters.com
Wazau	(E, M, S)	www.wazau.com
Wegener	(E, S)	www.wegenerwelding.de
Weiss	(T, U)	www.wut.com
Werth Messtechnik	(S)	www.werth.de
Binder	(U)	www.binder-world.com
X-Rite	(O)	www.xrite.com
Zeiss	(O)	www.zeiss.de
Zwick	(M, T, V)	www.zwick.de

37 Sachverzeichnis mit Handelsnamen und Anwendungsbeispielen

(Handelsnamen von Kunststoffen sind *kursiv* gedruckt)

B

L

W